内容提要

本教材分为两篇。上篇选编动物传染病140余种，下篇选编动物寄生虫病70余种。动物种类主要针对猪、牛、羊、家禽、犬、猫和兔。在阐述了动物传染病和动物寄生虫病基本理论的基础上，对疾病的病原体、流行病学、症状、病理变化、诊断要点、治疗以及预防措施等进行了较为详尽的阐述，并配有实践技能训练。在选编疾病时，充分考虑了我国不同地域动物生产和人类保健以及国际贸易的实际，基本包括了重要的动物疫病病种。

本教材力求加强对教学和实际生产的针对性、适应性和实用性，努力反映当今新知识、新方法和新技术；其结构体系既适合于教学，又适用于生产第一线的实际工作。可作为高等职业教育的教材，又可作为从事动物医学管理或技术工作以及动物疫病防治和养殖业人员的参考书。

21世纪农业部高职高专规划教材

动 物 疫 病

第二版

张宏伟　董永森　主编

中国农业出版社

图书在版编目（CIP）数据

动物疫病/张宏伟，董永森主编．—2版．—北京：中国农业出版社，2009.1（2014.5重印）
21世纪农业部高职高专规划教材
ISBN 978-7-109-13353-2

Ⅰ.动… Ⅱ.①张…②董… Ⅲ.兽疫-防治-高等学校：技术学校-教材 Ⅳ.S851

中国版本图书馆CIP数据核字（2009）第004474号

中国农业出版社出版
（北京市朝阳区农展馆北路2号）
（邮政编码 100125）
责任编辑 叶 岚

北京通州皇家印刷厂印刷　　新华书店北京发行所发行
2001年7月第1版　　2009年2月第2版
2014年5月第2版北京第4次印刷

开本：820mm×1080mm 1/16　　印张：23.25
字数：542千字
定价：35.00元

第二版编审人员

主　编　张宏伟　董永森

副主编　金璐娟　张进隆

编　者　（按姓氏笔画排列）

张宏伟（黑龙江生物科技职业学院）

张进隆（甘肃畜牧工程职业技术学院）

邹洪波（黑龙江畜牧兽医职业学院）

金璐娟（黑龙江畜牧兽医职业学院）

董永森（青海畜牧兽医职业技术学院）

韩晓辉（黑龙江畜牧兽医职业学院）

主　审　宋铭忻（东北农业大学）

王春仁（八一农垦大学）

才学鹏（中国农业科学院兰州兽医研究所）

第一版编审人员

主　编　张宏伟

编　者　（按姓氏笔画排列）

杨德凤　张宏伟

金璐娟　贺生中

韩晓辉

主　审　才学鹏

参　审　冯　伟

第二版前言

本教材是在《教育部关于加强高职高专教育人才培养工作的意见》、《关于加强高职高专教育教材建设的若干意见》、《关于全面提高高等职业教育教学质量的若干意见》等文件精神的指导下修编。

我国高等职业教育事业的发展十分迅速，在教育教学模式、专业建设、课程建设等方面的改革与探索取得丰硕成果，所有这些，都为教材建设奠定了坚实的基础。本教材修编过程中，我们紧紧围绕高等职业教育的培养目标，遵循其教育教学规律和特点，注重学生专业素质养成和综合能力的提高，尤其突出对实践能力的培养，以增强学生的职业能力。基础理论以实用为主，以“必需、够用”为度，适当扩展知识面和增加信息量；实践技能则着重突出岗位能力的需要。正确处理理论与实践、局部与整体、微观与宏观、个性与共性、现实与长远、深与浅、宽与窄、详与略等方面的关系。在内容上力求反映当代新知识、新方法和新技术，以保证其先进性；在结构体系上力求既适应于教学，又适用于实际工作，以保证其实用性；在阐述上力求精练，又尽可能地加大信息量，以保证其完整性。

本教材所确立的结构体系主要遵循以下原则：

动物传染病按动物种类划分，即：猪、牛、羊、禽、犬、猫、兔传染病；每种动物所患的传染病则按“征候群”划分，如“以消化系统症状为主症”等，但多数动物传染病都具有多个征候群，对此则以相对明显或重要的为主分别归类。

动物寄生虫病按动物种类划分，即：反刍动物、猪、禽、犬、猫、兔寄生虫病；每种动物所患的寄生虫病则按病原体所寄生的部位划分，如“消化系统寄生虫病”等，而一些动物寄生虫病的病原体可寄生于多个部位，对此则以主要的寄生部位为主进行划分。

对于多种动物共患的传染病或寄生虫病，则划分到最敏感或相对重要的动物种类中，而在其他动物疾病类别中只列出其名称；一些重要的疾病会在不同动物种类中分别阐述，但内容的侧重面和详略不同，尽可能避免重复。

这种结构体系有利于重新组合为其他不同的结构体系。教师在教学中即可以按此结构体系讲授，也可按以病原体分类的传统结构体系讲授，亦可开展不同组合形式的“模块式”教学。

本教材重新设计了“实践技能训练”。将“实验实训项目”与“操作技术”有机地融为一体。对每个实训的各个环节均有较为详细的阐述，为教师进行实践教学提供了极大方便。有些实训项目可与课堂理论教学结合进行，有些可在集中实践教学和岗前综合实践训练中进行。教材的实训顺序并不绝对，教师可根据实际教学的需要进行调整和编排。

动物传染病以动物微生物与免疫学为基础，故本书对病原体只是重点阐述了形态特点和抵抗力。为了节省篇幅，将一些传染病流行病学中的传染源、传播途径等归纳为“传播特性”，易感动物、易感年龄、发病诱因、流行方式等归纳为“流行特点”；诊断要点中的临床诊断、病理学诊断归纳为“临床综合诊断”，病理学诊断主要阐述实际工作中实用的病理解剖学变化，病原学诊断、血清学诊断等归纳为“实验室诊断”；防制措施中的一般性防疫措施、免疫接种、发病后的扑灭措施等合并阐述。

动物寄生虫病的病原体只是对常见或重要的代表性虫种的形态构造进行了描述；将一些寄生虫病生活史中的中间宿主、终末宿主、补充宿主、贮藏宿主等归纳为“寄生宿主”；流行病学中的感染来源、感染途径、虫卵和幼虫抵抗力等归纳为“传播特性”，年龄动态、季节动态、地理分布、流行方式等归纳为“流行特点”。

教师在备课时，可将合并的条目和内容重新分解，使条理更加清晰，层次更加鲜明。

本教材结构体系、实践技能训练以及阐述方式等方面的特色，使之既适用于教学，又适用于生产实际，不但有利于教师教学和学生学习，更重要的是使课堂教学与生产实际联系得更加紧密，更加符合生产现场和岗位群的需要，同时为开发和制作课件奠定了基础。将会对提高教育教学质量，培养和提高学生的职业能力起到积极作用；亦会使教材的适用面更加宽阔，具有更强的生命力。

由于动物疫病分布具有地区性特点，加之各区域所饲养的优势动物种类各异，因此，在教学中可根据当地需要和教学时数，对疫病种类有针对性地选定。另外，虽然当地所饲养的动物种群数量较少，但如果该种动物的一些疫病对人类威胁较大，在公共卫生上具有重大意义，或者根据出入境检验检疫工作的需要，亦应有所侧重地加以选择。

本教材编写人员分工为（按章顺序排列）：张宏伟编写上篇动物传染病绪论、第1～3章，下篇动物寄生虫病绪论、10～11章，设计和绘制了插图，并对全书统稿；金璐娟编写第4～6章、第9章；张进隆编写第7～8章；韩晓辉编写第12～14章；邹洪波编写第15～18章。

本教材承蒙东北农业大学博士研究生导师宋铭忻教授，八一农垦大学硕士研究生导师王春仁教授、中国农业科学院兰州兽医研究所博士研究生导师才学鹏研究员主审；中国农业出版社对修编工作给予了悉心指导；各位编者所在院校给予了大力支持；在此亦向“参考文献”的作者一并表示诚挚的谢意。

由于编者水平所限，难免有不足之处，恳请专家和读者赐教指正。

编　者

2009年1月

第一版前言

动物疫病包括动物传染病和动物寄生虫病，它们分别为两门独立的学科，但均属于预防动物医学范畴。为了便于学习和实际生产需要，在此合编为一，分为上、下两篇。教材中所指的“动物”，主要以家畜和家禽为主；兼顾饲养较多的特种经济动物以及一些野生动物。

本教材《实践技能训练课指导》的项目，可配合理论授课分散进行；《集中实践技能训练指导》的项目，亦应在教学计划中安排集中时间连续进行。

本教材所选编的疫病种类，充分考虑了我国不同地域动物种类有所差异的生产实际，动物疫病与人类保健的密切关系，以及动物进出口贸易的需要等，尽可能满足不同类型学校和更多的专业以及人员层次的需要。对于职业教育而言，在以能力为本位教育教学思想的指导下，遵循职业教育的教学规律，充分体现职业教育特点，尤为注重知识和技能的应用性和实用性，突出能力和素质的培养和提高。在结构体系上，注重便于读者学习和使用；在内容阐述上，力求反映当代新知识、新方法和新技术，保证其先进性。

本教材编写分工是：张宏伟编写动物传染病绪论和总论；动物寄生虫病绪论、总论和第7～12章，以及实践技能训练课指导、集中实践技能训练指导；并对全书进行编排、统稿和绘制全部插图。金璐娟编写动物传染病第3、7章，实践技能训练课指导、集中实践技能训练指导。贺生中编写动物传染病第4～6章。韩晓辉编写动物寄生虫病第4章。杨德凤编写动物寄生虫病第5、6章。

本教材由中国农业科学院兰州兽医科学研究所博士研究生导师才学鹏研究员主审；承德民族职业技术学院冯伟教授也参加了审定，在此谨致谢忱。

由于编者水平所限，难免有不足之处，祈请读者赐教指正。

编　者

2001年3月

目　录

下篇　动物寄生虫病

上　篇

动物传染病

绪　论

一、动物传染病学及其研究意义

动物传染病学是研究动物传染病的发生和发展规律，以及诊断、预防、控制和消灭传染病方法的科学。

动物传染病学通常分为基础理论和传染病两个部分。前者研究动物传染病发生和发展的规律，以及预防、控制和消灭传染病的原则性措施；后者则研究各种动物传染病的病原体、流行病学、发病机理、症状、病理变化、诊断、治疗和防制措施等。

动物传染病是对动物危害最严重的一类疾病，它不仅使动物大批死亡，亦造成动物产品的严重损失。尤其是现代化养殖业，养殖规模较大，动物调运频繁，加之动物及其产品进出口贸易不断增加，致使传染病更易发生和流行。某些人兽共患传染病直接威胁人类健康。由动物传染病所造成的经济损失巨大，甚至对有些国家的国民经济都会产生重大影响。衡量一个国家动物医学的发展水平，甚至社会文明和发达程度，其重要标志之一就是看对主要动物传染病的控制和消灭程度。因此，研究动物传染病并做好预防、控制及其治疗工作，对于发展养殖业生产和国民经济，保障人们的身体健康具有重大意义。

二、动物传染病的分类

动物传染病的种类繁多，其分类方法也很多。如果按病原体的种类划分，则有细菌性传染病、病毒性传染病、支原体病、螺旋体病、放线菌病、真菌病、立克次体病和衣原体病等；如果按动物种别划分，则有猪、牛、羊、禽、犬、猫、兔、马等传染病；如果按是否为人兽共患传染病划分，则有人兽共患传染病和非人兽共患传染病。人兽共患传染病是指人与动物之间能互相传染的疾病，如炭疽、结核病、口蹄疫、破伤风、狂犬病、高致病性禽流行性感冒等。

动物传染病与动物医学的许多学科联系密切，主要有动物微生物学、动物免疫学、动物病理学、动物临床诊断学、动物流行病学和公共卫生学等。尤其是研究动物传染病的病原学诊断、免疫预防等内容，均以动物微生物学和动物免疫学的理论和技术作为基础，关系尤为密切。

三、动物传染病的研究发展概况

动物传染病的知识萌芽可追溯到几千年前。在圣经《旧约全书》“出埃及记”中就有大批动物发生瘟疫死亡的记载；《荷马史诗》记载了公元前1200年狂犬病的流行。我国《左传》、《汉书》、《齐民要术》中，分别对狂犬病、牛瘟和羊痘做过论述；唐代时对破伤风、马腺疫的病因、症状和防治方法都有详细记载。

1683年，荷兰人雷文虎克（Antony van Leeuwenhoek）发明了显微镜，观察到了球菌、杆菌和螺旋菌等。19世纪中叶以后，随着显微镜的改进，很多传染病的病原体被发现。法国科学家巴斯德（Louis Pasteur，1822—1895），通过实验确定了微生物对发酵和传染病的作用，奠定了微生物学的基础，并研究成功以致弱的病原微生物使动物获得免疫的方法，如炭疽、狂犬病、猪丹毒、禽霍乱等弱毒疫苗，为应用免疫学奠定了坚实的基础；此外，他还创造了巴氏消毒法和高压蒸气消毒法。德国医生柯赫（Robert Koch，1843—1910）发明了细菌涂片染色法及细菌纯培养法，为发现和分离传染病病原体开创了道路，同时发现了炭疽杆菌和结核杆菌，并创立了传染病发生和传播的学说，为传染病的研究发展奠定了可靠的基础。

但是，即使在近代的早期，人们对动物传染病还缺乏本质上的认识，因而也就没有得力的预防控制措施，致使动物大批死亡而造成巨大的经济损失。18世纪牛瘟在欧洲猖獗流行，仅法国在30年间就有1 100万头牛死亡。我国1938—1941年在青海、甘肃、四川诸省的牛瘟大流行，致使100余万头牛死亡。

20世纪以来，由于电子显微镜、鸡胚培养、细胞培养、无特定病原动物、抗菌药物、生物制品和免疫血清技术的应用，使动物传染病的理论研究和实际应用都取得了重大进展。尤其是20世纪80年代以来，随着细胞生物学、分子生物学、生物化学、遗传学等领域的发展，对传染病病原体的认识已经达到分子水平，从而也促进了传染病研究的发展。目前许多国家致力于基因工程疫苗的研究，其中大肠杆菌性腹泻疫苗和伪狂犬病疫苗等已经在实际中得到应用。利用基因工程技术生产诊断抗原、干扰素、白细胞介素、胸腺素等药品和诊断用核酸探针，以及单克隆抗体技术的发展，对传染病的诊断、防治都具有重大意义。

四、我国对动物传染病的研究和应用成果

（一）动物传染病的预防和控制

自新中国成立至1955年，我国只用了6年时间即在全国消灭了流行猖獗的牛瘟；1996年正式宣布消灭了牛肺疫。目前，一些牛、羊、马主要传染病已经基本得到控制，如口蹄疫、布鲁菌病、牛流行热、牛病毒性腹泻/黏膜病、牛白血病、蓝舌病、羊痘、炭疽、马鼻疽、马传染性贫血等。

猪的主要传染病得到有效控制，如猪瘟、猪丹毒、猪肺疫、猪传染性胸膜肺炎、猪萎缩性鼻炎、猪支原体性肺炎（猪气喘病）、伪狂犬病、猪细小病毒病、流行性乙型脑炎、猪衣原体病、猪繁殖与呼吸综合征、猪传染性胃肠炎、猪流行性腹泻、猪轮状病毒感染等。

对禽传染病的预防和控制成就显著，如鸡新城疫、鸡马立克病、鸡传染性法氏囊病、鸡传染性支气管炎、鸡传染性喉气管炎、鸡慢性呼吸道病、鸡大肠杆菌病、鸡沙门氏菌病、鸡毒支原体

感染、鸭瘟、小鹅瘟等。

小动物传染病基本控制了流行，如兔病毒性出血症、伪狂犬病等。

对人兽共患传染病的防制也取得了显著成绩，如布鲁菌病、结核病、狂犬病、巴氏杆菌病、炭疽、破伤风、钩端螺旋体病等。

（二）动物传染病的诊断

我国在国际上首先确诊了小鹅瘟、兔病毒性出血症等传染病。

对牛等大动物传染病的诊断技术研究成就显著，如布鲁菌病、口蹄疫、牛流行热、牛病毒性腹泻/黏膜病、牛白血病、蓝舌病、羊痘、马传染性贫血等。近年来开展单克隆抗体、核酸探针和聚合酶链反应（PCR）诊断技术研究，建立了马传染性贫血、布鲁菌病、牛白血病、牛病毒性腹泻/黏膜病、牛传染性鼻气管炎等分子诊断技术。

猪传染性繁殖障碍综合征中的伪狂犬病、猪细小病毒病、流行性乙型脑炎和猪衣原体病都具有相应的检测方法。国际上公认的危害现代养猪业的五大疾病中的猪传染性胸膜肺炎、猪萎缩性鼻炎和猪支原体性肺炎，均已研制成快速简便的诊断方法。猪瘟单克隆抗体诊断试剂盒已广泛应用。能同时检测猪传染性胃肠炎、猪流行性腹泻、猪轮状病毒病感染的酶联免疫吸附试验（ELISA）试剂盒已经问世。

对禽传染病的诊断检测技术研究成果卓著，如鸡新城疫、鸡马立克病、鸡传染性法氏囊病、鸡传染性支气管炎、鸡传染性喉气管炎、鸡慢性呼吸道病、小鹅瘟等。对一些新进入的禽病的系统研究也取得较大进展，如高致病性禽流感、产蛋下降综合征、网状内皮组织增殖症、鸡传染性贫血、鸡传染性支气管炎、鸡肿头综合征、番鸭细小病毒病等。禽流感琼脂免疫扩散试验、酶联免疫吸附试验（ELISA）和斑点 ELISA 诊断技术，已分别有诊断试剂盒。单克隆抗体、核酸探针、聚合酶链反应、质粒 DNA、酶切图谱分析和核酸序列测定等，已经用于禽病诊断。另外，对主要禽病病原体的研究，已经达到分子生物学水平，如病毒载体的构建、有关免疫原性基因的分离鉴定以及克隆和表达、基因表达产物的生物学功能、核酶剪切 RNA 病毒等。

对动物传染病的特异性诊断方法，正向着微量化、标准化、系列化和高新技术方向发展，有些已经在实际生产中广泛应用。

（三）疫苗研制

我国在疫苗研制方面成就卓著。研制成具有国际先进水平的牛瘟兔化弱毒疫苗、牛瘟山羊化兔化弱毒疫苗、牛瘟绵羊化兔化弱毒疫苗。马传染性贫血弱毒疫苗是国际上唯一的活毒疫苗。还有布鲁菌羊型 5 号、猪型 2 号弱毒菌苗，牛流行热灭活疫苗和亚单位疫苗，蓝舌病鸡胚化弱毒疫苗和羟胺灭活疫苗，羊痘鸡胚化弱毒疫苗，羊快疫、猝击、肠毒血症三联苗等数十种免疫预防制剂。

许多国家用我国研制的猪瘟兔化弱毒疫苗，成功地控制或消灭了猪瘟。首创猪气喘病兔化弱毒疫苗和猪气喘病兔化弱毒菌苗。还有猪丹毒弱毒菌苗和灭活苗，猪瘟、猪丹毒、猪肺疫三联和猪瘟、猪丹毒二联疫苗，猪传染性胃肠炎疫苗，猪流行性腹泻和轮状病毒疫苗及其联苗。猪大肠杆菌 K88、K99、987P 三价灭活苗已推广应用，表达 K88LTB 两种抗原的双价基因工程菌苗已投入批量生产。猪伪狂犬病基因工程疫苗的研究已取得可喜进展。已经构建仔猪副伤寒-大肠杆菌腹泻双价基因工程菌株，制苗试用可产生较高的抗体水平。

近年来研制的禽病疫苗已经广泛应用，如鸡马立克病弱毒疫苗、鸡传染性法氏囊病细胞疫苗、鸡传染性喉气管炎弱毒疫苗、鸡传染性支气管炎灭活疫苗、鸡传染性鼻炎灭活疫苗、鸡败血性支原体灭活疫苗、小鹅瘟弱毒疫苗、鸭瘟弱毒疫苗等。禽流感灭活疫苗已经推广应用。

另外，近年来在微生态制剂（非致病性活菌制剂）的研究和应用取得显著成果。该制剂具有安全、无副作用、疗效高、使用方便、价格低廉等优点。

（四）建立健全法律法规

国家先后颁布了《家畜家禽防疫条例》、《中华人民共和国进出境动植物检疫法》、《中华人民共和国动物防疫法》等有关法规。各省、直辖市和自治区又制定了相应的地方性法规和实施细则，建立健全适应社会主义市场经济需要，与国际接轨的动物医学行政法规体系，使我国的动物传染病防治工作步入了法制的轨道。不断强化各级各类动物传染病研究和成果应用推广机构，不断加大经济投入，注重提高基层防疫人员的业务素质和能力，保证了各项法规的贯彻执行。

五、动物传染病的研究发展方向及任务

我国是畜牧业大国，畜牧业产值已经超过农业总产值的三分之一，肉、蛋产量早已居世界首位，但每年由于动物疫病所造成的直接经济损失达300亿元。因此，提高对动物传染病的基础性研究、应用性研究和发展性研究的整体水平，提高科学技术成果转化率，对尽快成为畜牧业强国具有重大意义。

（一）基础性研究

对一些重要的动物传染病，加强病原生态学、分子病原学、分子流行病学、致病机理和免疫机理的研究。对病原基因结构、遗传变异规律、耐药性机理和免疫原性等进行分析，探明一些传染病免疫保护和治疗效果欠佳的原因，可为选择疫苗种毒、提高疫苗效力、研发新型疫苗和兽药等提供依据。掌握同一种传染病不同病原体在毒力、血清型、抗原性、免疫原性等方面的差异，提高诊断的准确性、治疗效果和免疫保护率。建立流行病学数据库和流行趋势模拟预测模型，掌握致病机理和免疫机理，可为免疫预防提供依据。

在疫苗方面，研究适应变异性强、多型和多价疫苗，小剂量内含有多种足量抗原；开发抗原保护剂、稀释剂、佐剂和免疫增强剂，以提高疫苗的稳定性，降低运输、保存条件，延长保存期和免疫期；探索DNA疫苗技术研究。

（二）应用性研究

研究主要动物传染病的疫情监测预报、免疫程序、控制净化、消毒、环境卫生监测等配套措施；抗原、诊断试剂、种毒、生物制剂、监测方法等标准化；建立快速、敏感、准确、简便的诊断方法，并组装成标准化的试剂盒；符合国际标准的集约化养殖的防疫、检疫、诊断等技术；科学技术成果加速转化为生产力的方法、途径，建立符合市场经济发展的科技运行机制。

第一章　动物传染病的特性

第一节　感染及其类型

一、感染的概念

病原微生物侵入动物机体，并在其一定的部位定居、生长繁殖，从而引起机体一系列病理反应的过程称为感染。亦称为传染。

病原微生物进入动物机体后不一定都能引起感染。多数情况是动物机体抑制其生长繁殖，或是迅速动员防御力量将其消灭，从而不出现病理变化和症状，这种状态称为抗感染免疫，亦称抵抗力；反之，动物机体对某一病原微生物没有免疫力，则称为动物对某一病原微生物有易感性。病原微生物只有侵入对其具有易感性的动物机体，才有可能引起感染过程。

二、感染的类型

病原微生物侵入动物机体后，在诸多复杂因素的影响下，与其相互作用而产生错综复杂的关系，而使感染过程表现出多种形式。从不同的角度可将感染划分为不同的类型，但各型之间会出现相互交叉和转化。

1. 外源性感染和内源性感染　这是按感染来源划分。病原微生物从外界侵入机体而引起的感染过程，称为外源性感染，此类传染病最多。寄生在动物机体内的条件性病原微生物，正常情况下不表现其病原性，但由于某些不良因素的作用，致使动物机体抵抗力下降时，病原微生物活化，大量繁殖，毒力增强，从而引起机体发病，称为内源性感染，如猪肺疫有时以此种方式感染。

2. 单纯感染、混合感染、原发感染和继发感染　这是按感染病原体的种类划分。由一种病原微生物所引起的感染，称为单纯感染，或称为单一感染，此种类型最多。由两种以上病原微生物同时感染，称为混合感染，如牛同时患结核病和布鲁菌病等。动物感染一种病原微生物后，又由新侵入或原来已存在于体内的另一种病原微生物引起的感染，称为继发感染，最初的感染则称为原发感染。如慢性猪瘟时常出现由多杀性巴氏杆菌或猪霍乱沙门菌引起的继发感染。混合感染和继发感染的疾病，都表现严重而且复杂的症状，从而大大增加了诊断和防治的难度。

3. 显性感染和隐性感染　这是按症状是否典型划分。动物表现出所患疾病特有的明显症状，称为显性感染。其中，表现出特征性症状者称为典型感染；而表现出或轻或重、不具有代表性症状者，称为非典型感染。动物感染后不表现任何症状而呈隐蔽经过的感染，称为隐性感染，该动物可称为亚临床型。隐性感染的动物虽然无症状，但体内可能出现一定的病理反应或变化，并能排出和散播病原体，因此是最危险的传染源之一。隐性感染可以转化为显性感染。

4. 一过型感染和顿挫型感染　这是按病初症状轻重划分。动物病初症状较轻，特征性症状还未出现即行恢复，称为一过型感染，或称为消散型感染。动物病初症状较重，与急性病例相似，但特征性症状尚未出现即迅速消退而恢复健康，称为顿挫型感染，常见于传染病的流行后期。有些患病动物虽然表现出症状，但轻微缓和，常称为温和型，如温和型猪瘟。

5. 局部感染和全身感染　这是按感染的范围划分。当动物机体抵抗力较强，侵入的病原微生物毒力较弱或数量较少时，可被局限在一定的部位生长繁殖，只是引起局部病理反应和变化，称为局部感染，如化脓性葡萄球菌、链球菌等所引起的化脓创。如果动物机体抵抗力较弱，病原微生物可突破机体的防御屏障而侵入血液向全身扩散，则发生全身感染，主要表现有菌血症、病毒血症、毒血症、败血症、脓毒症、脓毒败血症等。

6. 良性感染和恶性感染　这是按发病严重程度划分。该病如果没有引起动物大批死亡的感染，称为良性感染；反之则称为恶性感染。一般常以动物死亡率作为判定的指标，如牛口蹄疫死亡率不超过2%时，可视为良性感染。

7. 最急性、急性、亚急性和慢性感染　这是按病程长短划分。病程短促，症状和病理变化不明显，动物常在数小时或一天内突然死亡，称为最急性感染。病程较短，自几天至二、三周不等，并伴有明显的典型症状，称为急性感染。病程长达3～4周，症状不如急性型显著而比较缓和，称为亚急性感染。病程发展缓慢，常在一个月以上，症状不明显甚至不表现，称为慢性感染。

8. 病毒的持续性感染和慢病毒感染　侵入动物机体的病毒不能杀死宿主细胞，二者形成共生平衡，使动物长期处于感染状态，称为持续性感染。持续性感染的动物可长期或终生带毒，而且经常或不定期地向体外排出病毒，但常无症状或表现与免疫病理反应有关的症状。疾病潜伏期长，呈进行性发病，最后以动物死亡为转归的病毒感染，称为慢病毒感染，亦称长程感染。与持续性感染不同的是虽然疾病过程缓慢，但不断发展而且常以死亡而告终。

第二节　动物传染病的特征及发展阶段

一、动物传染病的特征

凡是由病原微生物引起具有一定的潜伏期和临床表现，并具有传染性的疾病称为传染病。传染病具有以下主要特征：

1. 具有特定病原体　传染病是由于病原微生物与动物机体相互作用而引起，每一种传染病都有其特异的致病性微生物，如鸡新城疫的病原体为鸡新城疫病毒。

2. 具有传染性　从患病动物体内排出的病原微生物，侵入另一个有易感性的健康动物体内，所能引起同样症状疾病的现象，称为传染性。这是区别传染病与非传染病的一个重要特征。

3. 具有流行性　传染病不仅仅是个体之间的传播，而且在群体之间传播蔓延，称为流行性。

4. 具有免疫性　在感染发展过程中，由于病原微生物的抗原刺激动物机体产生特异性抗体，使其痊愈后获得特异性免疫，在一定时期或终生不再感染该种传染病。这种特异性免疫，可用血清学和变态反应等方法特异地检测出来。

5. 具有特征性症状　大多数传染病都具有该病所特有的特征性综合症状（症候群），以及一定的潜伏期和病程经过。

二、疫源地和自然疫源地

（一）疫源地

1. 概念　把具有传染源及排出的病原体所存在的地区称为疫源地。疫源地比传染源的含义广泛，除了传染源外，还包括被污染的环境以及该范围内的可疑动物群和贮藏宿主等。

2. 疫源地的范围　疫源地的范围大小要根据传染源的分布和污染范围的具体情况确定。通常将范围小的或单个传染源所构成的疫源地称为疫点；若干个疫源地连接成片且范围较大时称为疫区，不但指正在流行某种传染病的地区，亦包括患病动物发病前、后曾经活动过的地区。

3. 疫源地的存在时间　疫源地的存在具有一定的时间性，时间的长短由多方面的复杂因素所决定。只有当最后一个传染源消失，或动物不再携带病原体，或已经离开该疫源地，对所污染的环境进行彻底消毒，并且达到该病最长潜伏期时，不再有新的病例出现，还要通过血清学检查动物群体均为阴性反应时，才能认为该疫源地被消灭。

（二）自然疫源地

1. 概念　有些传染病在自然条件下，既使没有人类或动物参与，也可以通过传播媒介感染动物造成流行，并且长期在自然界循环延续，这些传染病称为自然疫源性疾病。存在自然疫源性疾病的地区，称为自然疫源地。

2. 自然疫源性传染病　主要有流行性出血热、森林脑炎、狂犬病、伪狂犬病、犬瘟热、流行性乙型脑炎、黄热病、非洲猪瘟、蓝舌病、口蹄疫、鹦鹉热、恙虫病、Q热、鼠型斑疹伤寒、蜱传斑疹伤寒、鼠疫、土拉杆菌病、布鲁菌病、李氏杆菌病、蜱传回归热、钩端螺旋体病、弓形虫病等。

三、动物传染病的发展阶段

在多数情况下，动物传染病的发展过程具有一定的规律性，一般分为四个阶段：

1. 潜伏期　从病原体侵入机体到最早症状出现为止的期间称为潜伏期。不但各种传染病的潜伏期不同，即使是同一种传染病，其潜伏期的长短也有很大的变动范围，但相对来说有一定的规律性。一般情况，急性传染病的潜伏期差异较小，慢性和症状不明显的传染病潜伏期差异较大，并且常常不规则。同一种传染病潜伏期短促时，疾病经过常较严重；反之，疾病经过常较轻缓。潜伏期的差异主要是由于动物种属、品种或个体差异，以及病原体的种类、数量、毒力和侵入途径、部位等因素所致。从流行病学的角度来看，对处于潜伏期的动物更要引起注意，他们是危害最大的传染源。

2. 前驱期　从潜伏期后到呈现症状这段时期称为前驱期。特点是虽然有该病的一般症状，但特征性症状还不明显。一般只是在体温、脉搏、呼吸、食欲、精神等方面有所异常，但此时很难确诊。前驱期通常只有数小时至一两天。

3. 明显（发病）期　从前驱期后到该病的特征性症状逐渐明显地表现出来这段时期称为明显期。此期是疾病发展的高峰阶段，在诊断上具有重要意义。

4. 转归期（恢复期）　为传染病发展到最后结局时的时期。如果病原体的致病性增强，或动物机体的抵抗力减弱，则感染过程以动物死亡为转归；如果动物机体的抵抗力得到增强，则逐渐恢复健康，表现为症状减轻，体内的病理变化逐渐减弱，正常的生理机能逐步恢复，机体在一定时期内保留免疫学特性。此期虽然在一定时间内还有带菌（毒）排菌（毒）现象存在，但病原体最终被消灭清除。

第三节　动物传染病的流行过程

动物传染病能够在动物之间直接传染，或通过生物及非生物媒介物间接传染的过程，称为流行过程，或称为流行。亦是传染病在动物群中发生和发展以及终止的过程。

一、动物传染病流行过程的条件

传染病在动物群中流行，必须具备三个相互连接的条件，或谓三个基本环节，即：传染源、传播途径和对传染病有易感性的动物。

（一）传染源

传染源是指体内有病原体寄居、生长、繁殖，并能将其排出体外的动物或人，即患病动物和病原携带者，亦包括一切可能被病原体污染并使其传播的物体。

1. *患病动物*　指已经表现出症状的动物，是主要的传染源。处于不同阶段的患病动物，作为传染源的意义不尽相同。患病动物处于前驱期和明显期时，可以排出大量毒力强的病原体，传染源的作用最大；而潜伏期和恢复期，它们作为传染源的流行病学意义主要是病原携带者。患病动物能排出病原体的整个时期称为传染期，并以此确定动物的隔离期。

2. *病原携带者*　指没有任何症状表现，但体内存在并排出病原体的动物，是更具危险性的传染源。如果检疫不严或失误，常被认为是健康动物而参与流动，将病原体散播到其他地区，从而造成新的流行。另外，病原携带者排出病原体有间歇现象，反复多次病原学检查均为阴性时，才可确定排除病原携带状态。对于非疫区，防止引入病原携带者的意义重大。病原携带者一般可分为以下三种类型：

（1）潜伏期病原携带者：多数患传染病的动物在这一时期不具备排出病原体的条件，一般不作为传染源。但狂犬病、口蹄疫和猪瘟等，在潜伏期的后期即能排出病原体。

（2）恢复期病原携带者：指患病动物症状消失后仍能排出病原体，如猪气喘病、布鲁菌病等。一般来说，此时的传染性很弱或没有传染性，需多次病原学检查方能查明。

（3）健康病原携带者：指没有患过某种传染病，但却能排出该种病原体的动物。一般认为这是隐性或是条件性病原体感染，这种状态时间短暂，作为传染源的意义有限。但巴氏杆菌病、沙门菌病、猪丹毒和马腺疫等病此种情况较多，可成为重要的传染源。

（二）传播途径

病原体从传染源传播给其他易感动物的途径，称为传播途径。每种传染病都有其特定的传播途径，可能为一种，亦可为多种。掌握传播途径将有助于对传染病的诊断，切断传播途径是预防和控制传染病的重要环节之一。传播途径可分为水平传播和垂直传播。

1. *水平传播*　是指传染病在动物群体或个体之间横向传播的方式。

（1）直接传播：是指在没有任何外界因素的参与下，患病动物或病原携带者与其他易感动物直接接触而引起感染，如交配、舔咬、触嗅等，最具代表性的是狂犬病。仅能以此方式传播的传染病为数不多，一般不易造成广泛流行。

（2）间接传播：是指必须在外界环境因素参与下，病原体通过传播媒介传播而使易感动物发生感染。根据媒介物不同将其分为：

饲料饮水及物体传播：这是最多的一种方式。患病动物或病原携带者的分泌物、排泄物、尸体及其流出物，污染了饲料、饮水、牧草、土壤、饲槽、用具、圈舍、车船等，均可引起主要以消化道为侵入门户的传播，如口蹄疫、猪瘟、牛瘟、新城疫、沙门菌病、结核病、炭疽、破伤风、钩端螺旋体病等。

空气传播：是以飞沫和尘埃为媒介。呼吸道中的病原体随着咳嗽或喷嚏，形成微细飞沫漂浮于空气中，易感动物吸入后感染，如结核病、牛肺疫、牛流行热、猪气喘病、猪流行性感冒、鸡传染性喉气管炎等。经尘埃传播是指被动物的分泌物、排泄物污染的尘埃在空气中飞扬，被易感动物吸入后引起感染。只有少数能耐过干燥的病原体才能经尘埃传播，故其传播作用比飞沫要小，如结核病、炭疽、痘等。

生物媒介传播：主要是指节肢动物、野生动物和人类。

节肢动物主要有虻类、螯蝇、蚊、蠓、家蝇和蜱等。主要是机械性传播，通过在患病与健康动物之间的刺螯吸血而传播病原体。虻和螯蝇可传播炭疽、气肿疽、土拉杆菌病、马传染性贫血等败血性传染病。蚊和蠓可传播日本脑炎、赤羽病、牛流行热、茨城热、蓝舌病等。家蝇虽不吸血，但广泛存在于圈舍和动物体，可传播消化道传染病。亦有少数是生物性传播，如立克次体，必须先在蜱体内经过一定的发育阶段才能致病。

野生动物传播分为机械性传播和生物性传播。前者是自身对病原体并无易感性，但可传递病原体，如乌鸦啄食炭疽动物尸体后，从粪便排出炭疽杆菌芽孢，鼠类传播猪瘟和口蹄疫等；后者是本身对病原体有易感性，受感染后再传染给其他易感动物，亦起到了传染源的作用，如狐、狼、吸血蝙蝠等传播狂犬病等，鼠类传播沙门杆菌病、钩端螺旋体病、布鲁菌病、伪狂犬病等。

人类除了在人兽共患病中作为传染源外，饲养人员和动物医学人员不遵守卫生防疫制度，衣物和器械消毒不严时，容易机械性传播病原体。人为因素致使体温计、注射针头等器械消毒不严，可能成为马传染性贫血、猪瘟、炭疽、鸡新城疫等病的传播媒介。

2. 垂直传播　是指母体将疫病或病原体传播给子代的传播方式。

（1）经卵传播：卵细胞携带有病原体，在发育时使胚胎受到感染，主要见于禽类，如鸡白痢、鸡毒支原体、禽白血病、鸡传染性贫血、禽脑脊髓炎等。

（2）经胎盘传播：经胎盘感染胚胎是繁殖障碍性疾病发生流产、死胎、不孕、弱仔等的主要原因，如布鲁菌病、猪瘟、牛弯曲菌流产、猪细小病毒感染、牛黏膜病、蓝舌病、伪狂犬病、钩端螺旋体病等。

（3）经产道传播：病原体经妊娠动物产道通过子宫颈口到达绒毛膜或胎盘引起胎儿感染；或胎儿从羊膜腔穿出，暴露于严重污染的产道时感染，如大肠杆菌、葡萄球菌、链球菌、沙门菌和疱疹病毒等。

（4）经母乳传播：哺乳期动物哺乳时可被感染，如牛支原体肺炎、猪支原体肺炎、猪传染性萎缩性鼻炎等。

（三）动物群体的易感性

动物群体的易感性是指动物群体对于某种传染病病原体的感受性，易感性的大小主要取决于动物遗传特征和特异免疫状态，其次是病原体的种类、毒力强弱和外界环境条件等。该区域动物群体易感性的高低和易感个体所占的比例，直接影响到传染病能否造成流行以及严重程度。

1. 动物自身因素　遗传因素决定了不同种类的动物对于同一种病原体感染后，所表现的症状有很大差异；不同品系的动物对传染病抵抗力的遗传性差别，往往是抗病育种的结果。

2. 特异免疫状态　当易感动物群发生传染病后，免于死亡者逐渐恢复而获得免疫，从而使群体的免疫水平提高。但随着时间的推移，由个体免疫水平逐渐下降而导致群体免疫水平降低，若与新生动物世代交替则降低得更快，当降低到一定水平时，该传染病会再度流行。评价群体免疫水平常用的方法是监测血清中的特异性抗体，分析群体免疫率是制定免疫计划的科学依据。

一般情况下，动物对感染的抵抗力，随着年龄的增长而增强，到老龄时又下降，如多数肠道传染病对新生动物的致死率很高。另外，随着动物年龄的增长，由于特异免疫状态的变化而导致病型也产生变化，如猪大肠杆菌病，新生仔猪表现为败血症，断奶期为白痢，断奶后为水肿病，而成年期则呈现关节炎和乳房炎等局灶性病变。

3. 外界环境因素　外界环境因素如气候、温度、湿度，以及各种应激因素，还有饲养管理因素包括饲料质量、圈舍卫生、粪便处理、饲养密度、饥渴程度以及隔离检疫等，都是与疾病发生有关的重要因素。

二、动物传染病流行过程的表现形式

根据动物传染病在流行过程中，一定时间内发病率和传播范围，可将流行过程的表现形式分为四种：

1. 散发性　病例以少量散在形式发生，且发病时间和地点没有明显联系时，称为散发。其主要原因：一是动物群体对某病的免疫水平较高，但对于流行性很强的传染病，由于防疫密度不高所致，如猪瘟；二是某些传染病多呈隐性感染，在一定条件下出现散在病例，如钩端螺旋体病；三是某病的传播需要特定的条件，如破伤风，只有破伤风梭菌和厌氧深创同时存在时方可发生；四是个体抵抗力明显减弱或个体传播条件具备时，如散发性巴氏杆菌病。

2. 地方流行性　某种传染病发病数量较多，但传播范围仅限于一定的地区，称为地方流行性。如猪丹毒、猪气喘病等，常以地方流行性的形式出现。

3. 流行性　某种传染病在一定时间内发病率较高，传播范围较广，称为流行性。在此，发病率并无数量标准，各地往往差距很大，如防制不利可传播到若干个乡、县甚至省，如口蹄疫、猪瘟、鸡新城疫等。在一定地区或某一动物群体中，某种传染病在短时期内突然出现很多病例时，可称为暴发，其核心含义是时间和数量标志。

4. 大流行　某种传染病传播范围广，动物群体发病率高，可称为大流行。可涉及全国，甚至若干国家和整个大陆，如口蹄疫、牛瘟和流行性感冒等都曾出现过大流行。

上述几种流行形式之间并无严格的界限，只是相对而言，并且可以转化或升级。

三、动物传染病流行过程的特点及影响因素

（一）流行特点

1. 季节性　某些动物传染病在一定季节出现发病率显著上升的现象，称为流行过程的季节性。其原因是季节变换对病原体、生物传播媒介和易感动物等产生诸多影响所致。

（1）对病原体的影响：不同季节的温度和降雨量等有很大差别，直接影响着病原体存活的时间，从而影响传染病的流行。夏季气温高，日照时间长，口蹄疫病毒在强烈日光下很快失去活力，因此可以减缓流行或平息；土壤中的炭疽芽孢或气肿疽梭菌芽孢可随洪水散播，因而多雨年份就可能增多。

（2）对生物传播媒介的影响：夏、秋季节有利于蝇、蚊、虻类等吸血昆虫滋生，凡是由他们传播的疾病都易于发生，如猪丹毒、日本乙型脑炎、马传染性贫血、炭疽等。

（3）对易感动物的影响：季节变化直接影响气温和饲养环境以及饲料的变化。冬季舍饲期间，如果舍内温度低、湿度大、通风不良，动物聚集拥挤，接触机会增多，加之青绿饲料减少，使动物机体抵抗力下降，常常促使经由空气传播的呼吸道传染病发生，尤其对于由条件性病原微生物所引起的传染病更为明显。

2. 周期性　某些动物传染病规律性地间隔一定时间（通常以年计）再度流行，这种现象称为流行过程的周期性。出现周期性的原因和周期时间，主要取决于动物的特异免疫状态。在传染病流行后期，存活的动物获得免疫力，使流行逐渐停息。经过一定时间后，由于动物群体免疫力下降或消失，或新生动物增多，或引入新的易感动物，使动物群体的易感性再度增高，结果可能导致重新流行。大动物群每年更新数量不多，因此周期性比较明显。猪和禽等食用动物每年更新或流动数量很大，每年都可以发生流行，故周期性一般不太明显。

如果掌握动物传染病流行过程的特性和规律，加强动物饲养管理，增强机体抵抗力，做好预防接种，综合性防疫措施得力，完全可以使传染病不发生季节性或周期性流行。

（二）影响流行过程的因素

1. 自然因素　对动物传染病流行过程具有影响的自然因素，称为环境决定因素。

对于传染源而言，水流、森林、荒野、高山等地理条件，对其转移能起到一定程度的限制作用，成为天然的隔离屏障。隐性感染的气喘病病猪，在寒冷潮湿季节病情加重，而在干燥或温暖季节则病情好转。

对于生物传播媒介而言，自然因素对其影响更为明显。日照和干燥不利于病原体的存活，但适宜的温度和湿度环境、季节，不但延长病原体的存活时间，也有利于生物传播媒介的活动，因此增加了传染病流行的机会。泛发洪水可促使钩端螺旋体病、炭疽等传染病的流行和蔓延。

对于易感动物而言，不同季节可以提高或降低动物机体的抵抗力，从而减少或增加传染病的发生和流行。如低温高湿环境，飞沫的作用时间延长，有利于呼吸道传染病的流行；高温则使胃肠道传染病增多。另外，应激反应是促使机体抵抗力下降，从而使传染病发生和流行的不可忽视的因素。

2. 社会因素　影响动物传染病流行过程的社会因素主要包括社会制度、生产力和科学技术水平、人们的经济状况和文化素质以及贯彻执行有关法令法规的情况等。这些既是促使传染病流

行的原因，也可以是有效消灭和控制传染病流行的关键，其中核心是严格执行法规和防治措施。要尽全力将人为因素导致的传染病发生和流行的可能降至最低，它所产生的效益将会十分巨大。

复习思考题

1. 基本概念

感染　抗感染免疫　易感性　显性感染　隐性感染　最急性感染　急性感染　亚急性感染　慢性感染　传染病　传染性　流行性　疫源地　自然疫源地　潜伏期　流行过程　流行过程的季节性　流行过程的周期性　传染源　传染期　病原携带者　传播途径　水平传播　直接传播　间接传播　垂直传播　传播媒介　散发性　地方流行性　流行性　大流行

2. 感染的类型及特点。

3. 动物传染病的特征。

4. 动物传染病的四个发展阶段及主要表现；潜伏期在传染病防制中的意义。

5. 动物传染病流行过程的三个基本环节及之间的联系，在传染病防制中各自的重要意义。

6. 如何理解患病动物是主要传染源，而病原携带者是更危险的传染源。

7. 动物传染病传播途径的主要内容，了解传播途径的意义。

8. 间接传播的主要方式。

9. 影响动物群体易感性的因素。

10. 动物传染病流行过程的形式及其特点。

11. 了解动物传染病流行过程的季节性和周期性的意义。

12. 影响动物传染病流行过程的因素，如何辩证地看待这些因素。

第二章　动物传染病的诊断、治疗及预防控制

第一节　动物传染病的诊断

对动物传染病及时而正确地做出诊断，直接决定能否有效地组织落实预防和控制措施。一般分为流行病学诊断、临床诊断、实验室诊断。临床诊断的内容和方法，完全按照《动物临床诊断学》进行，故不赘述。

一、流行病学诊断

1974年世界卫生组织（WHO）设计出医学流行病学课程后，国内外学者将动物流行病学定义为：动物流行病学是研究动物群体中疾病频率分布及其决定因素的学科。

（一）流行病学调查

对动物传染病或其他群发性疾病的发生、频率、分布、发展过程、原因以及自然和社会条件等相关因素进行系统调查，以查明其发生、发展趋向和规律，评价预防控制和治疗效果，称为流行病学调查。其目的就是有效地预防、控制和消灭动物传染病。

动物流行病学调查的内容，因调查的目的和类型的不同而异。在此只是针对生产中经常需要的疫区流行病学调查（即疫情调查），以诊断传染病和制定防制措施为目的的内容进行阐述。调查者可根据调查内容设计出简明、直观、便于统计分析的表格及提纲，并做好调查记录。

1. 基本情况调查

（1）一般情况：疫区、疫点的名称及地址；疫区、疫点内动物医学人员的数量、文化程度、技术水平和对岗位职责的态度；疫区内居民点与邻近居民点在经济和业务上的联系；动物数目、品种和用途。

（2）时间动态：包括动物最初发病的时间，患病动物最早死亡的时间，死亡出现高峰以及高峰持续的时间，以及各种时间之间的关系等。

（3）空间分布：最初发病动物所在的地点，随后疫情蔓延的速度、范围，目前疫情的分布及蔓延趋向等。

2. 针对传染源的调查

（1）既往病史：本地曾否发生过类似的疫病，发生的年代，流行和维持的方式，间歇期限，是否呈周期性流行；是否经过确诊及结论，采取过哪些防治措施及效果，有无历史资料可查，附近周边地区曾否发生；本次发病是否诊断，所采用的诊断方法，鉴别诊断；本次发病前曾否由外地引进动物及其产品或饲料，输出地有无类似疾病存在等。

（2）致病因子：可能存在的生物、物理和化学等各种致病因子，可能长时间保存病原微生物的地点，如动物倒毙的地点、尸坑、不安全的贮水池等，死亡动物尸体、屠宰废弃物和粪便的处理方法等。

3. 针对传播途径和方式的调查

（1）饲养管理：动物饲养管理情况；动物舍及其邻近环境卫生状况；饲料的品质、来源地及其保藏、调配和饲喂方法；水源状况和饮水卫生；放牧地的性质及放牧方式；洗涤水的排出及处理方法；动物的引入和流动情况等。

（2）自然环境：疫区或疫点的地理、地形、河流、交通、气候、植被等。

（3）传播媒介：生物传播媒介、鼠类和野生动物的分布和活动情况，它们与疫病的发生及蔓延传播关系如何等，有哪些助长疫病传播蔓延的因素。

4. 针对易感动物群的调查

（1）动物群体资料：易感动物群的背景及现状资料，疫区内各种动物的数量和分布，发病和受威胁动物的种类、品种、数量、年龄、性别等。

（2）防疫检疫：预防消毒、一般性预防措施和检疫计划的执行；已采取的防疫措施及其效果；交通检疫、市场检疫和屠宰检疫情况；预防控制和扑灭传染病的经验；按细菌学、血清学、变态反应等检查的资料记述等。

（3）统计频率指标：动物感染率、发病率、病死率等。

5. 相关资料　动物防疫检疫机构的工作情况，当地有关人员对疫情的看法等；执行和解除封锁的日期，封锁规则有无破坏，解除封锁前采取的措施；该地区的政治、经济基本情况，人们生产和生活活动以及流动的基本情况和特点。

6. 结论及建议　根据调查是否能做出初步结论，提出控制和扑灭动物传染病措施的建议。调查者在调查材料上签名，标明调查日期。

（二）流行病学调查的主要方法

动物流行病学作为一门独立的学科，已经形成一套自成体系且较为复杂的研究方法。在此只是对疫区流行病学调查的一般方法进行阐述。

1. 询问调查　这是流行病学调查中最主要的方法。询问对象主要是动物饲养管理和防疫检疫以及生产技术管理等有关知情人员。建议在询问调查中采用座谈的方式进行，以免单独询问时带有更多的主观因素，从而使材料失实。要注意尊重客观事实，避免凭主观臆断而进行诱导。

2. 现场观察　在询问调查的基础上，调查人员要进行实地现场观察，进一步验证和补充询问调查所获得的资料。可根据不同种类的疾病进行重点项目的调查，例如在发生消化系统传染病时，应特别注意饲料来源和品质、水源卫生、粪便和尸体的处理等相关情况。

3. 实验室检查　为了确定诊断，往往还需要对患病动物或可疑动物应用病原学、血清学、变态反应、尸体剖检和病理组织学等各种诊断方法进行检查，发现隐性感染，证实传播途径，测定动物群体免疫水平和有关病因因素等。为了掌握外界环境因素在流行病学上的作用，可对有污染嫌疑的各种材料（饮水、饲料、土壤、动物产品）和生物传播媒介进行微生物学和理化学检验，以确定可能的传播媒介和传染源。

4. 生物统计　在调查后可应用生物统计学的方法对各项数据进行统计。必须对所有的动物发病数、死亡数、屠宰数以及预防接种数等重要数据加以统计、登记和分析整理。

（三）流行病学分析

1. 分析的方法　流行病学分析是用流行病学调查材料来揭示传染病流行过程的本质和相关

因素。将流行病学调查所获得的全部资料进行汇总，然后对原来提出的假设作直观分析，如果需要还可作统计分析。当一个假设被否定后，必须提出另一个假设，周期性地形成假设和检验假设，这种方法称为逐次逼近法。得出结论后，对有效措施作出正确评价，提出预防和消灭传染病的计划和建议，以指导防疫实践。

2. 流行病学分析中常用的频率指标

（1）发病率：是指一定时期内，某动物群中某病新病例数与同期内动物总平均数的比率。"新病例数"包括已死亡、痊愈和正在患病的病例数；"动物总平均数"是指特定期内（如1个月或1周）存养的平均数。

$$\text{发病率}=\frac{\text{某病新病例数}}{\text{同期内动物总平均数}}\times 100\%$$

（2）患病率（流行率、病例率、现患率）：是指一定时期内，某动物群中某病病例数与同期内检查动物总数的比率。"病例数"包括新、老病例数，但不包括已经死亡和痊愈的病例数。

$$\text{患病率}=\frac{\text{某病病例数}}{\text{同期内检查动物总数}}\times 100\%$$

（3）感染率：是指一定时期内，某动物群中感染（含隐性感染）某病的动物数量与被检查动物总数的比率。

$$\text{感染率}=\frac{\text{感染某病动物数}}{\text{同期内检查动物总数}}\times 100\%$$

（4）死亡率：有两种情况，一种是指在一定时期内，某动物群体中死亡总数与同期动物总平均数的比率；另一种是按疾病种类计算，则是指在一定时期内，某动物群体中某病死亡数与同期动物总平均数的比率。

$$\text{（某动物群体）死亡率}=\frac{\text{死亡动物总数}}{\text{同期内动物总平均数}}\times 100\%$$

$$\text{（某病）死亡率}=\frac{\text{某病动物死亡总数}}{\text{同期内动物总平均数}}\times 100\%$$

（5）致死率（病死率）：是指一定时期内，因某病死亡的动物数与患该病动物总数的比率。它能表示某病的严重程度，比死亡率更为精确地反映出疫病的流行过程。

$$\text{致死率}=\frac{\text{某病动物死亡数}}{\text{同期内患该病动物总数}}\times 100\%$$

二、实验室诊断

（一）病理学诊断

病理学诊断通常包括眼观检查和组织学检查。对于具有特征性眼观病理变化的传染病，可以通过病理剖检直接作出诊断，如结核病、猪瘟、鸡新城疫、山羊传染性胸膜肺炎、副结核病、口蹄疫等。对于没有特征性眼观病理变化时，亦可以为进一步诊断提供启示和线索。有些传染病还需要进行病理组织学检查。

（二）病原学诊断

病原学诊断是运用微生物学方法检查病原体，这是诊断动物传染病的重要方法之一。

1. 病料采集　病料采集是微生物学检查的重要环节，直接影响到检验结果的准确性。最好能在濒死期或死后数小时内采取，力求新鲜。用具、器皿应予以灭菌，采取时无菌操作。根据流行病学、症状和病理变化能够做出初步诊断时，可有目的性地采取病料。例如，怀疑猪瘟时可采取淋巴结和脾脏；鸡新城疫和鸭瘟时采取整个头部、肝或脾；口蹄疫、水疱病等采取水疱皮和水疱液；痘病则刮取结痂；大肠杆菌病、沙门菌病和产气荚膜梭菌病等以消化道病变为主的传染病，应采取肠内容物、肠系膜淋巴结；有母畜流产时采取其阴道分泌物、有病变的胎盘及流产胎儿。若难以怀疑是何种疫病时，应全面地采集，即采取血、肝、脾、肺、肾、脑、淋巴结、骨髓、肠内容物等，同时要注意采取带有病变的部分作为病料。

2. 显微镜检查　一些病原体如炭疽杆菌、巴氏杆菌、坏死杆菌、腐败梭菌、钩端螺旋体等具有特征性形态结构，将病料涂片、染色后，用光学显微镜检查即可较快地做出诊断。有一些病原体如结核杆菌、副结核杆菌、布鲁菌等，形态特征不明显，但用特殊的鉴别染色法，也可迅速得出结论。但对大多数传染病来说，显微镜检查只能为进一步检查提供依据或线索。

电子显微镜负染技术对于由某些病毒引起的传染病，特别是轮状病毒、冠状病毒、痘病毒、腺病毒、细小病毒和一些疱疹病毒等，可根据病毒形态结构快速作出诊断。根据需要还可以采用免疫电镜方法，提高特异性鉴别的能力。

3. 分离培养和鉴定　选择适当的人工培养基，将病原体从病料中分离出来，如细菌、真菌、螺旋体等，对所分离的细菌可进行形态学、培养特性、生化试验等鉴定。分离病毒可选用鸡胚、鸭胚、细胞培养或实验动物接种等方法，其鉴定常用已知的抗血清做血清学试验。随着组织细胞培养技术的发展，现在已很少使用实验动物来分离培养病原体，但乳鼠脑内接种法仍常用于多种病毒的分离培养。

4. 动物接种试验　将采取的病料经一定的处理后，选择对该种病原体最敏感的实验动物进行人工感染，然后根据对不同动物的致病力、症状、病理变化特点、病料涂片检查和分离鉴定等进行辅助诊断。动物接种方法易受多种环境因素的影响，加之实验动物经常携带传染病等，因此需考虑使用无菌动物或SPF动物。通过动物接种试验分离出的微生物，虽然是确诊的重要依据，但应注意“健康带菌”现象，其分离结果还要与症状和流行病学以及病理变化等综合分析。有时既使没有发现病原体，也不能完全否定某种传染病的诊断。

（三）免疫学诊断

1. 血清学诊断　血清学诊断是利用抗原和抗体特异性结合的免疫学反应进行的诊断。可以用已知抗原来测定被检动物血清中的特异性抗体，也可以用已知的抗体（免疫血清）来鉴定被检材料中的抗原。常用于可疑病例的确诊，或对某种病原体感染程度进行检测。常用的血清学试验有以下几种：

（1）沉淀试验：适量的可溶性抗原和相应抗体在溶液和凝胶中结合后，形成特异的、眼观可见的不溶性复合物。主要有环状沉淀试验、琼脂扩散沉淀试验和免疫电泳等。

（2）凝集试验：某些病原微生物和红细胞等颗粒性抗原与相应抗体结合后，在适量电解质存在时，出现眼观可见的凝集小块。主要有直接凝集试验、间接凝集试验、间接血凝试验、SPA

协同凝集试验和血细胞凝集抑制试验。

(3) 中和试验：病毒与相应的抗体相结合时，抗体可阻止病毒吸附于宿主细胞，从而抑制病毒感染细胞，即病毒中和试验，该抗体称为中和抗体。毒素抗毒素中和试验时将抗毒素和相应毒素以适当比例混合后，接种于易感实验动物，通过观察能否保护动物免于死亡或有无毒性反应出现，可鉴定产气荚膜梭菌等毒素类型。

(4) 补体结合试验：可溶性抗原和相应的抗体结合时，补体非特异性地结合于抗原抗体复合物而被消耗。这种反应眼观见不到，要以绵羊红细胞和溶血素（抗绵羊红细胞抗体）作为指示系统共同孵育，根据有无溶血现象出现，检查被检系统中有无相应的抗原抗体存在。常用已知抗原检测未知血清，也可以用已知血清检测未知的相应抗原。如果不出现溶血反应，则补体结合反应结果为阳性。这种方法广泛应用于细菌、病毒、立克次体等传染病及原虫病的诊断。

(5) 与标记抗体有关的试验：包括荧光抗体试验、酶联免疫吸附试验。

荧光抗体试验是将抗体或抗原标记上荧光素后，与相应的抗原或抗体发生特异性结合，在荧光显微镜下可看到发出荧光的抗原-抗体反应，从而可对标本中相应抗原或抗体进行鉴定和定位。

酶联免疫吸附试验是根据抗原抗体反应的特异性和酶催化反应的高度敏感性而建立起来的免疫检测技术。分为固相酶联免疫吸附试验和酶免疫组织化学技术。前者具有极高的敏感性，可用于抗体和抗原的检测，其应用涉及细菌、病毒、真菌或寄生虫病的诊断，激素、药物、血清成分、胎儿蛋白的检测以及肿瘤、自身免疫性疾病等非传染性疾病的诊断；后者是利用酶标记抗体作为组织或细胞内抗原或抗体定位的标记物，在光学显微镜下进行细胞或普通组织切片的抗原或抗体定位。

(6) 单克隆抗体的应用：利用免疫动物制备的抗体属于多克隆抗体，不只针对一种抗原决定簇，因而影响血清学试验的特异性。而应用淋巴细胞杂交瘤技术制备的单克隆抗体，是针对单一抗原决定簇的抗体，它具有特异性强、敏感性高、质量稳定、易于标准化等优点，越来越多地代替前者。

2. 变态反应诊断　动物患慢性传染病时，对其病原体或其产物再接触后，会产生强烈的反应。能引起变态反应的病原体及其产物或抽提物，称为变态原。迟发型变态反应常用于临床诊断，如提纯结核菌素皮内变态反应，具有操作简单、特异性较高的优点，但对于牛结核病重症病例，常常检出率不高。另外，由于结核菌素存在类属反应，有时出现假阳性。此方法还常用于检查鼻疽、副结核病、布鲁菌病、弓形虫病等。

(四) 分子生物学诊断

分子生物学诊断又称为基因诊断，主要是针对不同病原微生物所具有的特异性核酸序列和结构进行检测。具有代表性的技术主要有：

1. 核酸探针技术　又称为基因探针、核酸分子杂交技术。主要有原位杂交、斑点杂交、Southen 杂交、Northem 杂交。主要应用是：对病毒、细菌、支原体、立克次体、原虫等，都能作出快速、准确的诊断；在混合感染物中能直接检测出主要致病原；对病原微生物进行准确分类鉴定；检出隐性感染的动物；可对动物产品或食品进行检验。

2. PCR 技术　又称为体外基因扩增技术。是根据已知的病原微生物特异性核酸序列确定致病性微生物，进而确诊某种传染病。已经应用的有：口蹄疫、猪瘟、猪伪狂犬病、猪细小病毒病、鸡白痢、马立克病、禽流感、鸡新城疫、鸡支原体感染、猪支原体感染、鸡传染性贫血等。

3. *DNA芯片技术* 是在核酸杂交、测序的基础上发展而来。应用DNA碱基配对和序列互补原理。目前在动物医学上还处于起步阶段。

综上所述，每一种诊断方法都有其特定的作用和使用范围，单靠某一种方法不能诊断所有的传染病和带菌（毒）动物，有些传染病应尽可能应用几种方法进行综合诊断。

第二节 动物传染病的治疗

对动物传染病的治疗，是综合性防制措施的组成部分。治疗必须在严密封锁或隔离的条件下进行，务必使治疗的动物不至于成为传染源。治疗必须及早进行，既要针对病原体消除病因，又要注重对动物机体抗病能力的调整。当认为无法治愈，或患病动物对周围有严重的传染威胁时，尤其未曾发生过的危害性较大的新病时，应在严密的消毒下进行淘汰处理。

一、病因治疗

（一）抗生素治疗

抗生素是细菌性急性传染病的主要治疗药物，但如果应用不合理，不但影响疗效，还会引起一些不良后果，如药物残留、产生耐药菌株或机体不良反应等。使用抗生素时应注意以下问题：

1. *严格掌握适应症* 选择药物时，应全面考虑患病动物的全身状况、症状、病原体种类及其对药物的敏感性等。尽量选择对病原体高度敏感、抗菌作用强或效果好、不良反应较小的抗生素。若治疗有效，患病动物一般在24h内可出现精神和食欲好转、体温下降，48～72h后体温降至正常。如果5～7d还没有明显效果，应立即停药，改用其他疗法。

2. *用量、用法及疗程* 抗生素的首次剂量要大，以后再根据病情酌减用量。疗程应根据疾病的类型及具体病情决定。对急性感染的疗程不宜过长，一般在感染得到控制后3d左右即可停药。用药期间应密切注意可能产生的不良反应，以便及时停药或改换用药，或采取相应的解救措施。对于肝、肾功能不全的动物要特别慎重，以免发生意外。

3. *切忌滥用* 对原因不明的发热动物，除病情严重者外，不宜轻易采用抗生素治疗，以免影响正确诊断和延误治疗。对病毒性传染病除了有继发感染外，一般不宜应用抗生素。可不用时尽量不用，可用窄谱时不用广谱，一种能奏效时不必使用多种。联合用药时应注意配伍禁忌。

（二）化学治疗

化学治疗是指用化学药物所进行的治疗。化学药物主要有：

1. *抗菌类*

（1）磺胺类：是临床上最常用的一类化学药物，能抑制多数革兰氏阳性菌和部分阴性菌，对放线菌和一些大型病毒亦有一定的作用。分为用于全身感染、肠道和外用三类。

（2）抗菌增效剂：是甲氧苄啶类药物，与磺胺或某些抗生素合用，能大大增加其疗效。以甲氧苄氨嘧啶（TMP）和二甲氧苄氨嘧啶（DVD）为代表。

（3）喹诺酮类：又称为吡酮酸类或吡啶酮酸类。抗菌谱广，对革兰氏阴性和阳性菌均有良好疗效，对厌氧菌和分支杆菌也有很好效果。此类药物品种很多，以恩诺沙星（乙基环丙沙星）、沙拉沙星等为代表。

2. 抗病毒类

(1) 甲红硫脲：对痘病毒具有明显的抑制作用。

(2) 阿糖腺苷：具有广谱抗病毒活性，是有前途的疱疹病毒感染治疗剂。

(3) 三氮唑核苷（病毒唑）：具有广谱抗病毒作用。对流感病毒、副流感病毒、白血病病毒、口蹄疫病毒和鼠肝炎病毒等都有抗病毒活性。人医证明对甲型肝炎、流感和疱疹病毒感染有效。

(4) 无环尿苷：用于疱疹病毒感染。与干扰素合用可治疗人乙型肝炎。

对人体应用的还有金刚烷胺盐酸盐、异喹啉、吗啉双胍（病毒灵）、磷甲酸盐等。

(三) 免疫血清治疗

免疫血清治疗是应用针对某种传染病的高免血清（或蛋黄）、痊愈血清（或全血）、免疫球蛋白等特异性生物制品的治疗方法。主要用于某些急性传染病的治疗，如炭疽、急性猪瘟、猪丹毒、小鹅瘟、破伤风和巴氏杆菌病等。本法具有高度的特异性，如破伤风抗毒素血清只对破伤风有效。在诊断明确的基础上，如能早期应用，常能取得一定的疗效。如果缺乏高免血清，可用耐过动物或人工免疫动物的血清或血液代替，但用量必须加大。为提高疗效、减少注射量及副作用，也可应用由免疫血清提取的免疫球蛋白。在使用异种动物血清或免疫球蛋白进行治疗时，应特别注意防止过敏反应，可采用分次脱敏注射。由于高免血清很少生产，因此在实际工作中，对细菌性疾病远不如抗生素和磺胺类药物应用广泛。

二、对症治疗

(一) 治疗原则

无论治疗何种类型动物传染病，总体原则均是在积极治疗原发病的基础上，加强对症治疗。根据某一特殊症状，有针对性地施行内、外科疗法，以减轻或消除症状，调节和恢复机体生理机能，如退热、止痛、止血、止泻、解痉、强心、补液、利尿、抗过敏、防止酸中毒、调节电解质平衡等。

(二) 原则性治疗方法

各种动物传染病都有其明显以一个或几个症状为主的症候群。以不同症候群为主症的传染病的原则性治疗方法归纳如下：

以消化系统症状为主症的表现为腹泻，应消炎补液，缓泻止泻，健胃消食。

以呼吸系统症状为主症的表现为咳嗽、流鼻液和呼吸困难，应镇咳化痰平喘，强心消炎补液。

以败血症症状为主症的表现皮肤和全身浆膜、黏膜出血或淤血，发病后迅速陷于衰竭状态，高热稽留，表现消化系统、呼吸系统甚至神经系统等全身性症状，应注重提高机体免疫力。

以神经系统症状为主症的表现为沉郁或兴奋，应镇静、解热、止痛、营养神经、补液等。

以皮肤和黏膜出现水疱或溃疡为主症的表现为皮肤和黏膜出现大小不等的丘疹、水疱、脓疱、溃疡、结痂，应消炎止痛。

以贫血和黄疸为主症的表现为皮肤、结膜苍白和黄染，动物出汗易疲劳，应保肝利胆，补充造血物质。

以关节炎为主症的表现为关节肿大、行动困难，应消炎止痛。

以角膜结膜炎为主症的表现为结膜潮红，羞明流泪，应消炎止痛。

以繁殖障碍为主症的表现为流产、早产、死胎、木乃伊胎和产弱仔，应加强护理，消炎补液。

第三节 动物传染病的预防和控制

对动物传染病的预防和控制，要坚决贯彻落实“预防为主”、“防重于治”的方针，实施综合性防制措施，搞好平时的饲养管理、消毒、预防接种、检疫、隔离治疗等工作，注重提高动物的抗病能力和健康水平。落实和执行法规是预防和控制动物传染病的基本保证。动物传染病的防制工作与农业、商业、外贸、卫生、交通等部门和人们的经济活动有着密切关系，需要密切配合并通力合作。

一、对传染源的措施

（一）消毒

消毒是贯彻“预防为主”方针和执行综合性防制措施中的重要环节，其目的是消灭被传染源散播在外界的病原体，切断传播途径，阻止疫病继续蔓延。

1. 消毒的种类

（1）预防消毒：结合平时的饲养管理对栏舍、场地、用具和饮水等进行定期消毒，以达到预防一般传染病的目的。

（2）随时消毒：在发生传染病时，为及时消灭动物排出的病原体而进行的不定期消毒；在解除封锁前而进行定期多次消毒；患病动物隔离舍应每天和随时消毒。

（3）终末消毒：在动物解除隔离、痊愈或死亡后，或者在疫区解除封锁之前，为了消灭疫区内可能残留的病原体所进行的全面彻底的大消毒。

2. 消毒方法

（1）机械性清除法：是指用清扫、洗刷、通风、过滤等机械方法清除病原微生物的方法。机械性清除不能达到彻底消毒的目的，必须配合其他消毒方法。

（2）物理消毒法：是指用阳光、紫外线、干燥、高温（火焰、煮沸和蒸气）等物理方法杀灭病原微生物。

日光消毒：光谱中的紫外线有较强的杀菌能力，所引起的干燥有杀菌作用。

人工紫外线消毒：主要用于空气消毒。革兰氏阴性菌对紫外线消毒最敏感，其次为革兰氏阳性菌，有些病毒也较敏感，但对细菌芽孢无效。

高温消毒：动物粪便、垫草、垃圾等均可以焚烧；圈舍地面、墙壁等可喷火消毒。煮沸是常用的方法，非芽孢微生物在沸水中迅速死亡，多数芽孢煮沸 15～30min 即可致死，1～2h 可消灭所有微生物。蒸汽消毒多用于车皮、船舱、包装品和用具消毒，如果加入甲醛等化学药品，可以提高杀菌效果。

（3）化学消毒法：是指用化学药物杀灭病原微生物，该化学药物称为消毒剂。在选择消毒剂时应考虑对该病原体的消毒力强、对人和动物毒性小、不损害被消毒的物体、易溶于水、在消毒环境中比较稳定、消毒持续时间长、使用方便和价格低廉等。常用的消毒剂有：

氢氧化钠：又称苛性钠、烧碱。1%～2%热水溶液消毒被细菌和病毒污染的圈舍、地面和用具等。本品有腐蚀性和刺激性，消毒后要冲洗。

碳酸钠：粗制品称为碱。4%热水溶液洗刷衣物、用具、车船、地面等。

石灰乳：是生石灰（氧化钙）与水 1∶1 混合制成的熟石灰（氢氧化钙），应随用随配。用水配成 10%～20%混悬液，适用于粉刷墙壁、栏舍，地面、沟渠和粪尿消毒。

漂白粉：有效氯低于 16%时消毒无效。5%溶液可杀死一般性病原菌，10%～20%溶液可杀死芽孢。用于圈舍、地面、沟渠、车船、水井、粪便等。

二氯异氰尿酸钠、氯异氰尿酸钠：对细菌、病毒均有显著的杀灭作用，后者优于前者。1∶100 或 1∶200 水溶液可用于喷洒地面和笼具；1∶400 用于浸泡消毒种蛋、器皿等。

过氧乙酸：低浓度水溶液易于分解失效。能杀死细菌、真菌、芽孢和病毒。除金属和橡胶外，可用于各种物品。分解后形成无毒产物，因此 0.01%溶液可用于水果、蔬菜、蛋类等；0.2%～0.3%溶液可用于 10 日龄以上鸡的带鸡喷雾消毒。

乙醇：75%水溶液为常用的皮肤消毒剂。常与碘酊合用。可杀死一般细菌，对芽孢无效。

来苏儿：又称为煤酚皂溶液。常用浓度为 3%～5%，有良好的杀菌作用，但对芽孢和结核杆菌作用差。用于圈舍、用具、器械、手臂消毒。

新洁尔灭、消毒净、洗必泰：对一般病原菌均有强大的杀灭作用。0.1%新洁尔灭或消毒净可用于皮肤消毒；0.01%～0.02%洗必泰用于伤口或黏膜冲洗消毒。使用时避免与肥皂或碱类接触。

福尔马林：为甲醛的水溶液，粗制福尔马林为含 36%甲醛的水溶液。1%福尔马林水溶液可用于动物体表消毒；2%～4%水溶液用于喷洒墙壁、地面、用具、饲槽等。还可用于圈舍、孵化器的熏蒸消毒。

菌毒敌：对细菌、病毒均有较好的杀灭作用。可用于喷洒或熏蒸消毒。

（4）生物热消毒法：主要用于粪便的无害化处理。但这种方法不适于产芽孢的病菌所致疫病的动物粪便消毒。

（二）检疫

检疫就是应用各种动物医学的诊断方法，对动物及其产品进行疫病检查，并采取相应措施，防止疫病的发生和传播。

1. 检疫的范围

（1）动物：包括各种家畜、家禽、皮毛兽、实验动物、野生动物和蜜蜂、鱼苗、鱼种等。

（2）动物产品：包括生皮张、生毛类、生肉、脏器、血液、种蛋、鱼粉、兽骨、蹄角等。

（3）运载工具及其他：包括运输动物及其产品的车船、飞机，还有包装和铺垫材料、饲养工具和饲料等。

2. 检疫对象　检疫对象主要是指我国尚未发生而国外常发生的动物疫病；烈性传染病；危害较大或目前防治困难的疫病；人兽共患的动物疫病；国家规定和公布的检疫对象。除此，两国签订的有关协定和贸易合同中规定的某些疫病，以及各地根据实际补充规定的某些疫病均可列为检疫对象。1999年2月农业部公布的动物疫病病种名录，共计116种，其中传染病95种，寄生虫病21种。

(1) 一类动物疫病：口蹄疫、猪水疱病、猪瘟、非洲猪瘟、非洲马瘟、牛瘟、牛传染性胸膜肺炎、牛海绵状脑病、痒病、蓝舌病、小反刍兽疫、绵羊痘和山羊痘、禽流行性感冒（高致病性禽流感）、鸡新城疫。

(2) 二类动物疫病：

多种动物共患病：伪狂犬病、狂犬病、炭疽、产气荚膜梭菌病、副结核病、布鲁菌病、弓形虫病、棘球蚴病、钩端螺旋体病。

牛病：牛传染性鼻气管炎、牛恶性卡他热、牛白血病、牛出血性败血病、牛结核病、牛焦虫病、牛锥虫病、日本血吸虫病。

绵羊和山羊病：山羊关节炎脑炎、梅迪-维斯纳病。

猪病：猪乙型脑炎、猪细小病毒病、猪繁殖与呼吸综合症、猪丹毒、猪肺疫、猪链球菌病、猪传染性萎缩性鼻炎、猪支原体肺炎、旋毛虫病、猪囊尾蚴病。

马病：马传染性贫血、马流行性淋巴管炎、马鼻疽、巴贝斯焦虫病、伊氏锥虫病。

禽病：鸡传染性喉气管炎、鸡传染性支气管炎、鸡传染性法氏囊病、鸡马立克病、鸡产蛋下降综合征、禽白血病、禽痘、鸭瘟、鸭病毒性肝炎、小鹅瘟、禽霍乱、鸡白痢、鸡败血支原体感染、鸡球虫病。

兔病：兔病毒性出血病、兔黏液瘤病、野兔热、兔球虫病。

水生动物病：病毒性出血性败血病、鲤春病毒血症、对虾杆状病毒病。

蜜蜂病：美洲幼虫腐臭病、欧洲幼虫腐臭病、蜜蜂孢子虫病、蜜蜂螨病、大蜂螨病、白垩病。

(3) 三类动物疫病：

多种动物共患病：黑腿病、李氏杆菌病、类鼻疽、放线菌病、肝片吸虫病、丝虫病。

牛病：牛流行热、牛病毒性腹泻/黏膜病、牛生殖器弯曲菌病、牛滴虫病、牛皮蝇蛆病。

绵羊和山羊病：肺腺瘤病、绵羊地方性流产、传染性脓疱皮炎、腐蹄病、传染性沙眼、肠毒血症、干酪性淋巴结炎、绵羊疥癣。

马病：马流行性感冒、马腺疫、马鼻腔肺炎、溃疡性淋巴管炎、马媾疫。

猪病：猪传染性胃肠炎、猪副伤寒、猪密螺旋体痢疾。

禽病：鸡病毒性关节炎、禽传染性脑脊髓炎、传染性鼻炎、禽结核病、禽伤寒。

鱼病：鱼传染性造血器官坏死、鱼鳃霉病。

其他动物病：水貂阿留申病、水貂病毒性肠炎、鹿茸真菌病、蚕型多角体病、蚕白僵病、犬瘟热、利氏曼病。

3. 检疫类型　根据动物及其产品的动态和运转形式，动物检疫可分为以下几种类型。

(1) 产地检疫：是指在动物生产地区的检疫。

集市检疫：到集市出售动物，必须持有由当地检疫部门发放的检疫合格证。在检疫中发现有患病动物则进行隔离、消毒、治疗或扑杀处理；对未预防注射的动物进行预防接种。

收购检疫：任何个人和集体出售动物时，由收购部门与当地检疫部门配合进行检疫。

屠宰场检疫：动物屠宰前、后进行的检疫。

(2) 运输检疫：对铁路、公路、水路、空中运输各种动物及其产品，在起运前必须经过检疫，认为合格并签发检疫证明，方可允许委托装运。

铁路检疫：铁路动物检疫部门对托运的动物及其产品进行检疫，并查验产地（或市场）签发的检疫证明，证明动物健康才能托运。如发现患病动物时，根据有关规定进行处理。

交通要道检疫：一般在动物运输频繁的车站、码头等交通要道上设立检疫站进行检疫。

(3) 国境口岸检疫：为了维护国家主权和国际信誉，保障我国农牧业生产安全，不允许动物疫病传入或传出。为此，必须根据《中华人民共和国进出境动植物检疫法》的规定实施检疫。国境口岸检疫按性质不同可分为：

进出境检疫：是对贸易性的动物及其产品在进出国境口岸时进行的检疫。

旅客携带检疫：是对进入国境的旅客、交通员工携带或托运的动物及其产品的现场检疫。

国际邮包检疫：邮寄入境的动物产品经检疫发现检疫对象时，进行消毒处理或销毁，并分别通知邮局和收寄人。

过境检疫：载有动物及其产品的列车等通过我国国境时，对其进行检疫和处理。

(三) 动物传染病的扑灭

1. *疫情报告*　任何饲养、生产、经营、屠宰、加工、运输动物及其产品的单位和个人，当发现或疑似动物传染病时，必须立即报告当地动物防疫检疫机构。尤其可疑为口蹄疫、炭疽、狂犬病、牛瘟、猪瘟、新城疫、牛流行热、禽流行性感冒等重要传染病时，一定要迅速向上级部门报告，并通知邻近有关单位注意预防工作。上级部门接到报告后，除及时派人到现场协助诊断和紧急处理外，根据法规的规定逐级上报。

2. *现场措施*　当动物医学人员尚未到达现场或尚未作出诊断前，应对现场采取以下措施：将疑似传染病的动物进行隔离，派专人管理；对患病动物停留过或疑似污染的环境、用具等进行消毒；尸体应保留完整；非动物医学人员不得对动物进行宰杀；宰杀后的皮、肉、内脏未经检验不许食用。

(1) 隔离：对患病和可疑感染的动物进行隔离，是防制传染病的重要措施之一。其目的是为了控制传染源，以便将疫情控制在最小范围内就地扑灭。根据检疫和诊断结果，将全部动物分为患病、可疑感染和假定健康三类进行隔离。

患病动物：指具有典型症状或类似症状，或其他检查为阳性者，它们是最主要的传染源。应选择不易散播病原体、消毒处理方便的场所进行隔离。如果动物数量较多，可集中在原来的舍内，特别注意严格消毒，加强卫生和护理，指定专人看管并及时治疗。

可疑感染动物：指未发现任何症状，但与患病动物及其污染环境有过明显接触的动物。这类动物有可能处在潜伏期，并有排菌（毒）的危险，应在消毒后另选地点将其隔离，限制其活动，详细观察，出现症状者则按患病动物处理。有条件时应立即进行紧急免疫接种或预防性治疗。隔离观察时间的长短，可根据该病潜伏期的长短而定，经一定时间不发病者，可取消其限制。

假定健康动物：除上述两类外，疫区内其他易感动物均属此类。应与上述两类严格隔离饲养，加强防疫消毒和相应的保护措施，立即进行紧急免疫接种。必要时可根据实际情况分散饲养或转移至偏僻地点。

（2）封锁：当发生某些重要传染病时，应对疫源地进行封闭，防止疫病向安全区散播和健康动物误入疫区而被传染，以达到迅速控制疫情和集中力量就地扑灭的目的。

封锁的原则：执行封锁时掌握“早、快、严、小”的原则，即：疫情报告和执行封锁要早，行动要快，封锁要严，范围要小。

封锁确定：根据《中华人民共和国动物防疫法》的规定，当确诊为口蹄疫、猪水疱病、猪瘟、非洲猪瘟、非洲马瘟、牛瘟、牛传染性胸膜肺炎、牛海绵状脑病、痒病、蓝舌病、小反刍兽疫、绵羊痘和山羊痘、禽流行性感冒、鸡新城疫等一类传染病，或当地新发现传染病时，当地县级以上地方畜牧兽医行政管理部门，应当立即派人到现场，划定疫点、疫区和受威胁区，采集病料，调查疫源，及时报请同级人民政府决定对疫区实行封锁，将疫情等情况逐级上报国务院畜牧兽医行政管理部门。

封锁区的划分：根据所怀疑或诊断的传染病的特点、流行规律、动物分布、地理环境、居民点以及交通等条件确定疫点、疫区和受威胁区。

封锁实施：根据《中华人民共和国动物防疫法》的规定，采取以下措施：

县级以上地方人民政府应当立即组织有关部门和单位采取隔离、扑杀、销毁、消毒、紧急免疫接种等强制性控制、扑灭措施，迅速扑灭疫病，并通报毗邻地区。

在封锁期间，禁止染疫和疑似染疫的动物、动物产品流出疫区，禁止非疫区的动物进入疫区，并根据扑灭动物疫病的需要对出入封锁区的人员、运输工具及有关物品采取消毒和其他限制性措施；

疫区范围涉及两个以上行政区域时，由有关行政区域共同的上一级人民政府决定对疫区实行封锁，或者由各有关行政区域的上一级人民政府共同决定对疫区实行封锁。

解除封锁：疫区（点）内最后一头患病动物扑杀或痊愈后，经过该病一个潜伏期以上的检测、观察，再未出现患病动物时，经彻底消毒清扫，由县级以上畜牧兽医行政管理部门检查合格后，经原发布封锁令的政府发布解除封锁，并通报毗邻地区和有关部门。病愈动物则根据带菌（毒）时间，控制在原疫区范围内，不得将其调到安全区。

（3）紧急接种：是指在发生传染病时为了迅速控制和扑灭其流行，对疫区和受威胁区尚未发病的动物进行的应急性接种。在疫区仅能对假定健康动物实施，而对患病动物和可疑感染动物，不能再接种疫苗，否则，正处在潜伏期的动物，接种后不但不能获得保护，反而会促使发病。因而在紧急接种后一段时间内，动物群中发病数可能增多。急性传染病一般潜伏期较短，而接种疫苗后又很快使动物产生抵抗力，最终可能使发病下降，致使流行平息。发生口蹄疫、鸡新城疫和鸭瘟等一些急性传染病时，用疫苗进行紧急接种，效果较好。

对于受威胁区的紧急免疫接种，其目的是建立“免疫带”包围疫区，以防传染病的蔓延。受威胁区的大小视疫病的性质而定，某些流行性强的传染病如口蹄疫等，其免疫带在疫区周围5～10 km以上。

（四）动物尸体处理

传染病动物尸体含有大量病原体，是一种特别危险的传染源。因此，合理而及时地处理尸体，在防制动物传染病和公共卫生上都具有重大意义。主要方法如下：

1. 化制　尸体在特设的加工厂中加工处理，既进行了消毒，而且可以加工利用，如工业用油脂、骨粉、肉粉等。

2. 掩埋　方法简便易行，但不是彻底的处理方法。掩埋尸体应选择干燥，平坦，距离住宅、道路、水源、牧场及河流较远的偏僻地点，深度至少在2m以上。

3. 焚烧　此种方法最为彻底。更适用于特别危险的传染病尸体处理，如炭疽、气肿疽等。禁止地面焚烧，应在焚尸炉中进行。

二、对传播途径的措施

(一) 控制非生物传播途径

通过检疫，对患病动物尤其是隐性感染的动物及时隔离治疗，避免与健康动物群有任何形式的接触。消除飞沫和尘埃传播的条件，创造良好的卫生环境，如圈舍干燥、光亮、温暖和通风良好，动物饲养密度合理等。保证饲料、饮水、土壤等不被污染。避免通过工具、车辆等传播传染病。

(二) 控制和消灭生物传播媒介

主要是指控制和消灭虻、蝇、蚊、蜱等节肢动物和鼠类等生物传播媒介。

1. 杀虫方法

(1) 物理杀虫法：机械性的拍打捕捉、火焰烧杀、沸水或蒸气热杀等。

(2) 药物杀虫法：用化学杀虫剂杀灭。作用方法主要是胃毒药剂、接触毒药剂、熏蒸毒药剂和内吸毒药剂等。如有机磷类的敌百虫、敌敌畏、倍硫磷、马拉硫磷、双硫磷、辛硫磷等；拟除虫菊脂类的胺菊酯等；昆虫生长调节剂如保幼激素、发育抑制剂等；驱避剂如邻苯二甲酸二甲酯、避蚊胺等。

(3) 生物杀虫法：是以昆虫的天敌或病菌及雄虫绝育技术等方法杀灭昆虫。如养柳条鱼灭日蚊；用辐射使雄性昆虫绝育；使用过量的激素，抑制昆虫的变态和蜕皮；利用病原微生物感染昆虫使其死亡。这些方法具有无公害、不产生抗药性的优点，已日益受重视。另外，注意改造昆虫滋生的环境以减少滋生等。

2. 灭鼠　鼠类是许多人兽共患病的传播媒介和传染源，它们可以传播的动物传染病有炭疽、布鲁菌病、结核病、土拉杆菌病、李氏杆菌病、钩端螺旋体病、伪狂犬病、口蹄疫、猪瘟、猪丹毒、巴氏杆菌病和立克次体病等。

可根据鼠类的生态学特点防鼠、灭鼠，从动物圈舍建筑和卫生措施上，防止鼠类的滋生和活动；还可采取各种方法直接扑杀鼠类。器械灭鼠用各种工具以不同方式扑杀鼠类，如关、夹、压、扣、套、翻、堵、挖、灌等。药物灭鼠根据毒物进入途径又分为消化道药物和熏蒸药物两类。消化道药物主要有磷化锌、杀鼠灵、安妥、敌鼠钠盐和氟乙酸钠。熏蒸药物包括氯化苦（三氯硝基甲烷）和灭鼠烟剂。

三、对易感动物群的措施

任何针对易感动物群的措施都具有消除传染源的意义。

（一）净化动物群

净化动物群是加强动物群体防疫的有效措施。封闭式饲养管理可以防止病原携带者的进入，切断传播途径，避免外源性传染病的发生。但有些传染病则很难净化和预防，如猪支原体肺炎、猪传染性萎缩性鼻炎、猪痢疾、鸡白痢、鸡毒支原体等。对有些传染病，培育 SPF 动物则是唯一途径。

（二）预防接种

平时有计划地为动物群体进行免疫接种，激发动物机体产生特异性抵抗力，使易感动物转化为不易感动物的一种方法，称为预防接种。有计划地实施免疫接种，是预防和控制传染病的重要措施之一。

预防接种通常使用疫苗、菌苗、类毒素等生物制剂作为抗原激发免疫。用于人工自动免疫的生物制剂统称为疫苗，包括用细菌、支原体、螺旋体制成的菌苗，用病毒制成的疫苗和用细菌外毒素制成的类毒素。根据其品种的不同，采用皮下、皮内、肌肉注射或皮肤刺种、点眼、滴鼻、喷雾、口服等不同的接种方法。接种后一定时间可获得数月至一年以上的免疫力。

1. *制定免疫预防接种计划*　对于经常发生传染病的地区，或有某些传染病潜在的地区，或受邻近地区某些传染病威胁的地区，均要针对所发生过的或可能发生的传染病以及流行季节等情况，制定每年的预防接种计划。对幼年、体质弱、有慢性病和怀孕后期的动物，如果不是已经受到传染病的威胁，最好暂时不予接种，待以后上述情况改变后再补种。从外地引入的动物或当时因故未接种的动物也必须补种，以提高防疫密度。

2. *制定科学的免疫程序*　一定区域或养殖场，可能会发生多种动物传染病，这就需要多种疫苗联合使用，而所使用的疫苗的性质和免疫期又各不相同，因此，要根据各种疫苗的免疫特性，合理地制定预防接种次数和间隔时间，即免疫程序。免疫接种须按免疫程序进行，但目前还没有共用的标准免疫程序，应该根据实际情况合理制定，并且不断改进。

已经进行免疫接种的妊娠动物，所产仔体在一定时间内存在有母源抗体，可建立一定程度的自动免疫，因此，对幼龄动物免疫接种，一般效果不佳。例如：母猪于配种前后接种猪瘟疫苗，所产仔猪由于从初乳中获得母源抗体，在 20 日龄以前对猪瘟具有坚强的免疫力，30 日龄以后母源抗体急剧衰减，40 日龄以后几乎完全丧失。据此，确定哺乳仔猪在 20 日龄左右首次免疫接种，65 日龄左右进行第二次，这是目前国内认为较为合理的猪瘟免疫程序。另据报道，初生仔猪在吃初乳以前接种猪瘟弱毒疫苗，可免受母源抗体的影响而获得可靠的免疫力。

3. *疫苗的联合使用*　使用多联多价制剂和联合免疫的方法，可能是彼此促进，有利于产生抗体；也可能相互抑制，阻碍产生抗体。动物机体对疫苗的刺激反应也有一定的限度，同时注入种类过多，不仅可能引起较剧烈的反应，而且还有可能减弱机体产生抗体的机能，从而降低预防接种的效果。因此，哪些疫苗可以同时接种，还必须通过试验来确定。

目前已经得到应用的联苗有：猪瘟、猪丹毒、猪肺疫三联冻干苗；鸡新城疫、鸡痘联合疫苗；鸡新城疫、传染性支气管炎联合疫苗；牛传染性鼻气管炎、副流感、巴氏杆菌联合苗；牛传染性鼻气管炎、病毒性腹泻联合疫苗；口蹄疫、钩端螺旋体病和布鲁菌联合苗；牛瘟、炭疽、立谷热联合苗等；犬瘟热、犬传染性肝炎联合苗等。联合疫苗是预防接种的发展方向，将会不断有新的联合疫苗出现。

4. 预防接种反应　预防接种后发生反应的原因复杂。生物制剂对机体来说是异物，接种后总会有反应过程，只不过反应的性质和强度不同。有的不良反应可引起持久的或不可逆的组织器官损害或功能障碍而导致后遗症。

(1) 正常反应：是由制品本身的特性而引起的反应，制品不同，其反应的性质与强度亦不同。接种活菌苗或活疫苗后，实际是一次轻度感染，会发生局部或全身反应。正常反应一般在几个小时或1～2d可自行消失。

(2) 严重反应：与正常反应性质相同，只是动物反应较重或发生反应的动物数量较多。可能由于某批生物制品质量较差，或是接种剂量过大或途径错误，或个别动物对制品过敏等引起。使用时一定按说明书操作。

(3) 合并症：与正常反应的性质不同。超敏感型如血清病、过敏休克、变态反应等，扩散为全身感染或诱发潜伏感染等。

(三) 化学药物预防

以安全的化学药物加入饲料或饮水中进行动物群体药物预防（保健添加剂），在一定条件下，对有些传染病效果明显。常用的有磺胺类药物和抗生素，还有氟哌酸、吡哌酸和喹乙醇等，对预防仔猪腹泻、雏鸡白痢、猪气喘病、鸡慢性呼吸道病等具有较好效果。但长期使用化学药物预防，容易产生耐药菌株，动物一旦发病则影响治疗效果，因此需要选用有高度敏感性的药物。耐药菌株亦会对人体治疗带来严重影响。化学药物预防须慎重。

复习思考题

1. 基本概念

流行病学　流行病学调查　发病率　患病率　感染率　死亡率　致死率　消毒　检疫　紧急接种　预防接种　免疫程序　疫苗

2. 流行病学调查的主要内容及方法。

3. 病原学诊断的主要内容。

4. 血清学诊断的主要方法及其原理。

5. 流行病学诊断、临床诊断、实验室诊断，在动物传染病综合诊断中各自的地位和作用。

6. 动物传染病的治疗原则。

7. 应用抗生素治疗需要注意的问题。

8. 病因治疗与对症治疗的关系。

9. 预防和控制动物传染病的基本原则。

10. 消毒的种类及其含义，常用消毒方法和主要消毒剂。

11. 检疫的范围、对象，检疫的类型及其主要含义。

12. 疫情报告和现场措施在扑灭动物传染病中的作用。

13. 隔离和封锁在扑灭动物传染病措施中的作用。

14. 封锁的原则和实施。

15. 控制传播途径的措施以及对预防和控制动物传染病发生和流行的作用。

16. 杀虫和灭鼠的目的意义。

17. 预防接种的类型，对预防和控制传染病发生和流行的重要意义。

18. 预防接种反应的处理。

19. 化学药物预防的目的和作用。

第三章　猪的传染病

第一节　以消化系统症状为主症

以消化系统症状为主症的猪传染病主要包括大肠杆菌病（仔猪黄痢、仔猪白痢）、猪副伤寒——肠炎型、猪梭菌性肠炎、猪密螺旋体痢疾、猪传染性胃肠炎、猪流行性腹泻、猪轮状病毒感染等。

一、大肠杆菌病

本病是由大肠杆菌引起的人和多种动物共患的传染病。病型复杂多样，尤其对婴儿和幼龄动物，常引起严重腹泻和败血症。还可引起猪水肿病。

病原体　大肠杆菌，中等大小，有鞭毛，无芽孢，一般无荚膜，革兰氏阴性。病原性与非致病性大肠杆菌只是抗原构造不同，其他均相同。根据大肠杆菌O抗原、K抗原和H抗原的不同，可分成不同的血清型，用O∶K∶H、O∶K、O∶H表示。猪主要为O8、O138、O141等，并往往带有K88抗原。但即使在同一地区，不同疫群的优势血清型也不尽相同。

本菌抵抗力弱，常用的化学消毒剂数分钟即可灭活。

感染仔猪时，分为黄痢型、白痢型、水肿型；犊牛分为败血型、肠毒血型、肠型；羔羊分为败血型、肠型；禽分为急性败血症、气囊炎、关节滑膜炎、全眼球炎、输卵管炎和腹膜炎、脐炎、肉芽肿。还常感染幼驹、兔、貂、鹿、狐等。

（一）仔猪黄痢

本病是由大肠杆菌引起初生仔猪的急性致死性传染病。又称为早发性大肠杆菌病。主要特征为排黄色液状粪便。

流行病学

传播特性　传染源主要是病猪和带菌猪，病菌随粪便排出，污染饲料和饮水。感染途径为消化道。母猪皮肤和乳头可带菌，仔猪吮乳或舔母猪时感染。

流行特点　以1～3日龄多见，7日龄以上很少发生。同窝仔猪发病率常在90%以上，病死率很高。猪场内如果措施不当，可不断地发生，并很难根除。仔猪未及时吸吮初乳，饥饱不均，饲料配比不当或突然改变，气候骤变等因素，均可促使本病的发生。

症状　潜伏期短者12h，长者1～3d。出生时正常，然后同窝仔猪中突然有1～2头表现全身衰弱，很快死亡。随后相继发生腹泻，粪便呈黄色浆状，内含凝乳片，迅速消瘦，昏迷死亡。

病理变化　身体脱水严重，皮下常有水肿。肠道内有多量黄色液状内容物和气体，肠黏膜尤其是十二指肠呈急性卡他性炎症。肠系膜淋巴结有弥漫性小出血点。肝、肾有小坏死灶。

诊断要点

临床综合诊断　发生于1周龄以内的新生仔猪，排出黄色粥样便。肠道病变仅限于小肠。发病率和病死率均很高。

实验室诊断　采取新鲜尸体的小肠前段内容物，接种于伊红美蓝琼脂培养基上，挑选有金属光泽、紫色带黑心菌落进行生化反应鉴定。血清学诊断有平板凝集试验和试管凝集试验，鉴定分离菌的血清型。用DNA探针技术和PCR技术鉴定大肠杆菌，是目前最特异、敏感和快速的检测方法。

鉴别诊断　与猪梭菌性肠炎、猪传染性胃肠炎、猪痢疾、轮状病毒或冠状病毒引起的仔猪腹泻等鉴别。

治疗　往往来不及治疗。只要发现1头病猪，应尽快对全窝进行预防性治疗。最好作药敏试验。可选用磺胺间甲氧嘧啶、磺胺脒、痢特灵、卡那霉素、庆大霉素、环丙沙星、氟哌酸等。辅以止泻、补液、补盐和强心等对症疗法。

防制措施　重在预防，搞好综合性防制措施。坚持自繁自养，严格引种；加强怀孕母猪产前、产后的饲养管理；搞好环境卫生，哺乳前要清洗乳房和消毒；注意新生仔猪的防寒保暖，及早饲喂初乳。可用大肠杆菌基因工程疫苗免疫接种。仔猪在生后12h内，口服敏感的抗生素预防，常用氟哌酸、恩诺沙星、环丙沙星、利高霉素、痢菌净等。

（二）仔猪白痢

本病是由大肠杆菌引起仔猪常发的急性肠道传染病。主要特征为排出乳白或灰白色糨糊样稀便。

流行病学　传播特性同仔猪黄痢。发生于10～30日龄仔猪，10～20日龄较多见，1月龄以上很少发生。发病率高，病死率较低。同窝仔猪发病有先后，持续时间较长，症状轻重不一。几乎所有的猪场都有本病。本病的发生与饲养管理及猪舍卫生条件有很大关系。卫生不良、阴冷潮湿、气候骤变、母猪乳汁不足或过浓等因素均可诱发本病。

症状　仔猪突然腹泻，排出乳白或灰白色糨糊样稀便，含有气泡并有腥臭味。随着病情加重，腹泻次数增加，粪呈水样。病猪消瘦、拱背、寒战、发育迟缓。病程2～3d，亦可达1周左右，绝大部分能自行康复。

病理变化　尸体苍白、消瘦，肠黏膜卡他性炎症。肠系膜淋巴结轻度肿胀。

诊断要点　参照仔猪黄痢。

治疗　参照仔猪黄痢。

防制措施　尚无有效疫苗。其他参照仔猪黄痢。

二、猪梭菌性肠炎

本病是由C型产气荚膜梭菌引起仔猪的高度致死性传染病。又称传染性坏死性肠炎、仔猪红痢。主要特征为出血性下痢，肠坏死，病程短，病死率高，小肠后端弥漫性出血或坏死性变化。

病原体　为C型产气荚膜梭菌，有荚膜，不运动的厌氧大杆菌，革兰氏阳性。芽孢呈卵圆形，位于菌体中央或近端，但在人工培养基中则不易形成。本菌可产生致死毒素，主要是α和β毒素，引起仔猪肠毒血症、坏死性肠炎。

本菌形成芽孢后对外界抵抗力强，80℃15～30min，100℃几分钟才能杀死。冻干保存至少

10年，其毒力和抗原性不发生变化。常用5%氢氧化钠消毒。

流行病学

传播特性　本菌常存在于一部分母猪肠道中，随粪便排出，污染乳头及垫料，初生仔猪吮吸母乳或吞人污染物时感染。本菌在自然界中分布很广，存在于人和动物肠道、土壤、下水道和尘埃中。

流行特点　主要侵害1～3日龄仔猪，1周龄以上很少发病。同一猪群各窝仔猪的发病率不同，最高可达100%，病死率一般为20%～70%。猪场一旦发生本病则不易清除。除猪和绵羊易感以外，还可感染马、牛、鸡、兔等。

症状　按疾病经过分为最急性型、急性型、亚急性型和慢性型。

最急性型　仔猪出生后1d内发病，症状不明显，只见后躯沾满血样稀粪，虚弱，很快进入濒死状态。少数病猪没有血痢，便昏倒死亡。

急性型　最为常见。病猪排出含有灰色组织碎片的红褐色液状稀粪，贯穿整个病程，日益消瘦和虚弱，一般在第3天死亡。

亚急性型　病猪持续性腹泻，病初排黄色软粪，以后变成液状，内含坏死组织碎片，极度消瘦、脱水，一般5～7d死亡。

慢性型　病猪呈间隙性或持续性腹泻，粪便呈黄灰色糊状，逐渐消瘦，生长停滞，数周后死亡。

病理变化　主要病变在空肠，有的可扩展到回肠。空肠呈暗红色，肠腔充满含血的液体，绒毛坏死，肠系膜淋巴结呈鲜红色。病程长的以坏死性炎症为主，黏膜呈黄色或灰色坏死性假膜，易剥离，肠腔内混有坏死组织碎片。脾边缘点状出血。肾呈灰白色，皮质部小点出血。腹水增多呈血性。肠黏膜下层和肌层有炎性细胞浸润。

诊断要点

临床综合诊断　发生于1周龄以内的新生仔猪，小肠可见出血性坏死性病变，死亡率很高。

实验室诊断　查明病猪肠道是否存在C型产气荚膜梭菌的毒素，对诊断具有重要意义。取病猪肠内容物，加等量灭菌生理盐水，以3 000r/min离心沉淀30～60min，上清液经细菌滤器过滤，取滤液0.2～0.5ml，静脉注射一组小鼠；另取滤液与C型产气荚膜梭菌抗毒素血清混合，作用40min后，注射另一组小鼠。如果单注射滤液的小鼠死亡，而另一组小鼠无死亡，即可确诊。目前用PCR方法快速鉴定各种毒素型。

治疗　本病发生迅速，病程短促，发病后用药物治疗往往疗效不佳。

防制措施　搞好猪舍环境卫生和消毒，特别是产房更为重要；接生前对母猪乳头进行清洗和消毒，可以减少发生和传播。最有效的预防办法，是给怀孕母猪注射C型魏氏梭菌氢氧化铝菌苗和仔猪红痢干粉菌苗，临产前一个月肌肉注射5ml，两周后再注射8ml，仔猪吮吸初乳可获得被动免疫。仔猪出生后，按每千克体重3ml注射抗猪红痢血清，可获得充分保护，注射过晚则效果不佳。必要时对刚出生的仔猪口服抗生素，每日2～3次，作为紧急药物预防。

三、猪副伤寒——肠炎型

本病是由沙门菌引起人和多种动物共患的传染病。主要特征为大肠弥漫性纤维素性坏死性肠炎。

病原体 沙门菌，为两端钝圆的中等大杆菌，无荚膜，无芽孢，革兰氏阴性。除鸡白痢和鸡伤寒沙门菌外，都有周鞭毛。本属细菌有肠道沙门菌（猪霍乱沙门菌）和邦戈尔沙门菌2个种，前者又分6个亚种。根据其抗原结构的不同分成许多血清群及型。本病主要为猪霍乱沙门菌、猪霍乱沙门菌 Kunzendorf 变型、猪伤寒沙门菌、猪伤寒沙门菌 Voidagsen 变型、鼠伤寒沙门菌、德尔卑沙门菌、肠炎沙门菌等。

本菌对干燥、腐败、日光等具有一定的抵抗力，在外界可生存数周或数月。一般消毒剂均能灭活。

流行病学

传播特性 传染源主要是病猪和带菌猪，康复猪可带菌数个月。病菌随粪便、尿、乳汁以及流产的胎儿、胎衣和羊水排出，污染饲料、饮水和环境。传播途径为主要消化道，交配及子宫内也可感染。人接触感染动物或其食品可感染，并成为传染源。健康动物带菌十分普遍，病菌存在于消化道、淋巴组织和胆囊内，当抵抗力降低时，发生内源性感染。病菌连续通过动物可使毒力增强而扩大感染。

流行特点 常发于6月龄以内的仔猪，1～4月龄较多，20日龄以内及6月龄以上极少发生。多呈散发或地方流行性，四季均可发生，但潮湿多雨季节多发。多与猪瘟混合感染，发病率和死亡率均高，病程短促。还可感染牛、羊、马、兔、禽类、毛皮动物等。环境不洁、潮湿、拥挤、长途运输、气候恶劣、分娩、手术、缺乳、内寄生虫和病毒感染、饲料和饮水不良等，均可促使本病的发生。

症状 与肠型猪瘟表现相似。体温升高，精神不振，食欲减退，寒战，常堆积一起。初便秘后下痢，粪便呈灰黄色或灰绿色，混有血液和坏死组织，恶臭。有的发生黏液性或脓性结膜炎；有些于中、后期皮肤出现湿疹；有些出现咳嗽等呼吸道症状。病程2～3周或更长，最后消瘦、衰竭死亡。病死率25％～50％。耐过猪生长发育不良。急性猪副伤寒则表现为败血型。

人以胃肠炎型即食物中毒最为常见，还有败血症型、局部感染性化脓型。

病理变化 特征性病变为盲肠、结肠坏死性肠炎。肠壁增厚，黏膜上覆盖弥漫性坏死性腐乳状物质，剥开后底部呈红色，并有边缘不规则的溃疡面，有时波及回肠。肠系膜淋巴结索状肿胀，部分呈干酪样变。脾稍肿大。肝有时可见黄灰色坏死小点。

诊断要点

临床综合诊断 多发于1～4月龄仔猪，排出灰黄色或灰绿色水样便，内含坏死组织和血液，肠道病变主要限于盲肠和结肠。

实验室诊断 取尸体的血液、肝、脾、淋巴结、肠内容物等，接种于伊红美蓝琼脂培养基上，挑取无色菌落进行生化反应，以鉴定分离本菌。

治疗 土霉素、新霉素、磺胺类药物均有一定疗效。

防制措施 严格执行防疫卫生制度，加强饲养管理，消除发病诱因，增强机体抵抗力；初生仔猪应早吃初乳，断奶分群时，不要突然改变环境；在常发地区和猪场，对1月龄以上仔猪用猪副伤寒弱毒疫苗预防接种，用苗前3d和用苗后7d应停止使用抗菌药物，以免影响免疫效果。发病后将病猪隔离治疗，被污染的猪舍、场地、用具应彻底消毒。耐过猪多数带菌，应隔离肥育。

病死猪尸体要无害化处理。禁止宰杀和食用病猪，以防引起食物中毒及散播病原。

公共卫生　食品污染本菌可使人发生食物中毒。病死动物要严格执行无害化处理，加强屠宰卫生检验，尤其是急宰动物的检验和处理；肉要充分煮熟；避免鼠类污染食物。经常与动物及其产品接触的人员，要注意自身防护。

四、猪痢疾

本病是由致病性猪痢疾蛇形螺旋体引起猪的肠道传染病。曾称为血痢、黏液出血性下痢、弧菌性痢疾。主要特征为大肠黏膜发生卡他性出血性炎症，有的发展为纤维素性坏死性炎症，表现为黏液性或黏液出血性下痢。

病原体　猪痢疾蛇形螺旋体，又称为猪痢疾短螺旋体，为4～6个疏螺弯曲，两端尖锐，能自由运动，革兰氏阴性。苯胺染料或姬姆萨染色着色良好。为严格厌氧菌。

本菌在土壤中存活18d；纯培养在厌氧条件下4～10℃最少存活102d。对一般消毒剂及高温、氧、干燥等敏感。

流行病学

传播特性　病猪和带菌猪从粪便中排出大量病菌，康复猪可带菌数月，污染周围环境、饲料、饮水、用具等。主要经消化道感染。

流行特点　猪是唯一的易感动物，各年龄均可发病，但7～12周龄发生较多。流行无季节性，经过较缓慢，持续时间较长，且可反复发病。人和其他动物如犬、鼠类、鸟类等都可传播本病。拥挤、寒冷、过热、运输和环境卫生不良等，均能促使本病的发生。

症状　自然感染潜伏期多为1～2周。最急性病例往往突然死亡，随后出现急性病例。

急性型　精神稍差，食欲减少，粪便变软，表面附面条状黏液。以后迅速下痢，粪便黄色，柔软或水样，腹痛，体温稍高，维持数天后降至常温。随着病程的进展，病猪脱水，消瘦，口渴，粪便恶臭且血液、黏液和坏死上皮组织碎片增多，弓背缩腹，极度衰弱而死。病程约1周。

亚急性和慢性型　病情较轻，下痢，便中黏液及坏死组织碎片较多、血液较少，病程较长，进行性消瘦，生长停滞。许多病例能自然康复，但部分病例可能复发甚至死亡。病程1个月以上。

病理变化　病变局限于大肠、回盲结合处。大肠黏膜肿胀，并覆盖有黏液和带血块的纤维素。肠内容物软至稀薄，并混有黏液、血液和组织碎片。当病情发展时，黏膜表面坏死形成假膜，有时黏膜上只有散在成片的薄而密集的纤维素，剥离假膜露出糜烂面。

诊断要点

临床综合诊断　发生于各种年龄的猪，以2～3月龄多发，粪便中含大量黏液和血液。病变限于大肠，出血性坏死性肠炎变化，剥离假膜后仅见黏膜表层糜烂，以区别猪副伤寒——肠炎型。

实验室诊断　取急性病例的猪粪便或肠黏膜涂片染色，暗视野镜检，每个视野见有3～5条蛇形螺旋体，可作为定性诊断的依据。但确诊还需从结肠黏膜或粪便中分离和鉴定病原体。急性型后期、慢性、隐性及用药后的病例，粪便中病原体数量大大减少，需要进行人工培养和鉴定才能确诊。可用ELISA或凝集试验进行猪群检疫和综合诊断。

鉴别诊断　与猪副伤寒——肠炎型、猪肠腺瘤（增生性肠炎）相鉴别，还有猪瘟、传染性胃肠炎、猪流行性腹泻、鞭虫、胃肠出血和下痢性疾病。

治疗　可选用痢立清、痢菌净、四环素类抗生素、新霉素、林可霉素、泰乐菌素等。对剧烈下痢者还应采用补液、强心等对症疗法。

防制措施　猪场实行全进全出饲养制；严禁从疫区引进猪，必须引进时，应隔离检疫2个月；进猪前应对猪舍进行消毒；加强饲养管理，保持舍内干燥；严格灭鼠；粪便无害化处理；饮水消毒处理。发病猪场全群淘汰，彻底清理和消毒，空舍2～3个月，再引进健康猪。

五、猪传染性胃肠炎

本病是由猪传染性胃肠炎病毒引起猪的高度接触性肠道传染病。主要特征为呕吐、严重腹泻和失水。

病原体　猪传染性胃肠炎病毒（TGEV），属于冠状病毒科冠状病毒属。病毒具有囊膜，呈圆形、椭圆形或多边形等多种形态，基因组为单股RNA。病毒只有一种血清型，与猪流行性腹泻病毒（PEDV）和猪血凝性脑脊髓炎病毒（HEV）无抗原关系，与冠状病毒（CCV）、猫传染性腹膜炎病毒（FIPV）有抗原交叉。病毒可在犬肾细胞和猫传代细胞上生长繁殖。在病的早期，呼吸道和肾脏中的含毒量相当高。

病毒不耐热，56℃45min、65℃10min失去活性，在阳光下曝晒6h即灭活，紫外线下迅速灭活。病毒在pH4～8时稳定，pH2.5时则被灭活。

流行病学

传播特性　猪是唯一的易感动物。病猪和带毒猪是主要传染源，从粪便、呕吐物、乳汁、鼻分泌物以及呼出气体排出病毒，污染饲料、饮水、空气、用具等，经消化道和呼吸道感染。

流行特点　各种年龄的猪都可发病，10日龄以内的病死率近100%，5周龄以上的死亡率很低。主要有三种流行形式：流行性多发生于新疫区和冬季，所有年龄的猪都可感染，10日龄以内的死亡率很高。地方流行性多发生疫区，多见于经常有仔猪出生或哺乳仔猪被动免疫力低的猪场，发病率较低，病情较轻。周期性地方流行性是在流行间隙期，病毒重新侵入猪场引起重新感染。

症状　潜伏期一般为15～18h，有的可延长2～3d。数日内便可蔓延全群。仔猪突然发病、呕吐，继而水样腹泻，粪便呈黄色、绿色或白色，常有未消化的凝乳块，极度口渴，明显脱水，体重迅速减轻。日龄越小，病程越短，死亡率越高。病愈仔猪生长发育不良。

幼猪、肥猪和母猪的症状轻重不一，在一日至数日内出现食欲不振或废绝，个别发生呕吐，有灰褐色呈喷射状水样腹泻，5～8d腹泻停止而康复，极少死亡。

病理变化　尸体脱水明显。胃内充满凝乳块，胃底黏膜轻度充血。肠管扩张呈半透明状，充满白色至黄绿色液体，肠管扩张呈半透明状。小肠黏膜绒毛变短和萎缩。肠系膜淋巴结肿大。肾混浊肿胀和脂肪变性，并含有白色尿酸盐。有些仔猪并发肺炎病变。

诊断要点

临床综合诊断　发生于各种年龄的猪，冬春季多发，呈喷射状水样腹泻，10日龄以内的仔猪发病率和死亡率较高，架子猪和成年猪几乎没有死亡。病变局限在小肠。

实验室诊断　采取病猪粪便、肠内容物或空场、回肠，接种于猪肾细胞培养，盲传 2 代以上，分离病毒，再人工感染易感仔猪，看其是否发病；或以标准抗血清在细胞上作中和试验进行鉴定。

取急性期和康复期的双份血清，作血清中和试验，康复期血清滴度超过急性期 4 倍以上者即为阳性。取早期腹泻病猪空、回肠作冰冻切片，或其刮取物涂片，直接或间接荧光染色，镜检上皮细胞和肠绒毛细胞浆内有无荧光。

鉴别诊断　与仔猪大肠杆菌病相区别。仔猪黄痢只发生于新生仔猪，白痢发生在 10～30 日龄仔猪，抗生素药物治疗有一定效果。还有猪流行性腹泻和轮状病毒感染，这两种病感染率均很高，但发病率和病死率低，症状轻缓，通过病毒学检查和血清学试验相区别。

治疗　目前尚无特效药物。对症治疗可以减轻失水、纠正酸中毒和防止细菌继发感染。加强护理，防寒保温，可在饮水中加有电解质和营养成分，停止哺乳或喂料。

防制措施　避免从疫区和疫场引猪；及时隔离病猪；做好卫生消毒。用我国研制的猪传染性胃肠炎弱毒疫苗，妊娠母猪于产前 45d 肌肉注射 1ml，15d 再滴鼻 1ml，可产生母源抗体，出生仔猪每隔 2h 吸吮一次免疫母猪乳汁。也可对出生后 1～2 日龄的仔猪进行口服接种，4～5d 产生免疫力。

六、猪流行性腹泻

本病是由猪流行性腹泻病毒引起猪的急性接触性肠道传染病。主要特征为呕吐、腹泻和脱水。

病原体　猪流行性腹泻病毒（PEDV），属于冠状病毒科冠状病毒属。病毒粒子呈多形性，倾向圆形，外有囊膜。病毒对乙醚和氯仿敏感。

流行病学

传播特性　病猪是主要传染源，病毒存在于肠绒毛上皮和肠系膜淋巴结中，随粪便排出后污染环境、饲料、饮水及用具等，经消化道感染。

流行特点　本病仅发生于猪，各种年龄都能感染。病毒可不断感染失去母源抗体的断乳仔猪，致使呈地方流行性，使 5～8 周龄的仔猪在断乳期呈顽固性腹泻。架子猪或育肥猪的发病率很高，母猪发病率为 15%～90%。本病多发生于寒冷季节。

症状　潜伏期一般为 5～8d。水样腹泻，或在腹泻之间呕吐，呕吐多发生于吃食或吃奶后。年龄越小，症状越重。1 周龄内新生仔猪发生腹泻后 3～4d，呈现严重脱水而死亡，死亡率可达 50%～100%。病猪体温正常或稍高，精神沉郁，食欲减退或废绝。断奶猪、母猪常呈现精神委顿，厌食和持续腹泻，1 周后逐渐恢复正常。育肥猪全圈都发生腹泻，1 周后康复。成年猪症状较轻，有的仅表现呕吐，重者水样腹泻，3～4d 可自愈。

病理变化　小肠扩张，内充满黄色液体。肠系膜充血，肠系膜淋巴结水肿。小肠绒毛缩短。组织学变化为空肠上皮细胞空泡形成和表皮脱落，肠绒毛明显萎缩。

诊断要点

临床综合诊断　多发生于寒冷季节。各种年龄都可感染，年龄越小，发病率和死亡率越高。病猪呕吐，水样腹泻和脱水。

实验室诊断 取病猪小肠段内容物，经滤器除菌处理后，将滤液接种于胎猪肠组织原代细胞或 Vero 细胞系等培养分离病毒。用已知猪流行性腹泻病毒荧光抗体做直接免疫荧光试验鉴定分离毒。还可用仔猪人工感染试验，选 2～3 日龄不喂初乳的新生仔猪，经口感染病猪肠内容物悬液，如试验猪发病，再取小肠组织做免疫荧光检查。

取病猪或人工感染发病的仔猪小肠，作冰冻切片或肠黏膜抹片，风干后丙酮固定，加荧光抗体染色、镜检，细胞内有荧光颗粒者为阳性。还有 ELISA、病毒中和试验。

鉴别诊断 本病的流行病学和症状与猪传染性胃肠炎无显著差别，只是病死率比传染性胃肠炎稍低，在猪群中传播的速度也较缓慢。

防制措施 参照猪传染性胃肠炎。在流行严重地区的猪场，以病猪粪便或小肠内容物喂服分娩前 2 周的母猪，使其产生乳源抗体，仔猪出生后吃初乳可获得被动免疫，从而缩短本病在猪场中的流行时间。用我国研制的 PEDV 甲醛氢氧化铝灭活疫苗预防接种；还可用 PEDV 和 TGE 二联灭活苗免疫妊娠母猪，以保护吃初乳的仔猪。

七、猪轮状病毒感染

本病是由轮状病毒引起猪和多种幼龄动物以及儿童的急性肠道传染病。主要特征为呕吐、腹泻、脱水。

病原体 轮状病毒，属于呼肠孤病毒科轮状病毒属。病毒呈圆形，有双层衣壳，因其形状类似车轮而得名，为 RNA 型病毒。根据存在于病毒内衣壳的群特异性抗原，将其分为 A、B、C、D、E、F 6 群，多数哺乳动物及人的轮状病毒在 A 群。

病毒对外界环境抵抗力较强，在粪便及不含抗体的乳汁中，18～20℃半年仍有感染性。室温能保存 7 个月。63℃经 30min 灭活。0.01％碘、1％次氯酸钠或 70％酒精可使病毒丧失感染力。

流行病学

传播特性 患病动物、人和隐性感染的带毒者为传染源，病毒随其粪便排出，经消化道感染。幼龄动物和儿童最易感染，成人和成年动物一般为隐性感染。

流行特点 多发于晚秋至早春季节，常呈地方流行性。感染率可达 90％～100％，但发病率和病死率均低。各种动物的轮状病毒之间有一定的交互感染。犊牛、羔羊、犬、幼兔、幼鹿、鸡、鸭、珍珠鸡、猴、小鼠、火鸡、雉等幼龄动物，均可自然感染发病。饲养管理不良、合并感染、应激因素、寒冷潮湿、卫生不良时，可促进本病发生，并使病情加剧，病死率增高。

症状 潜伏期 12～24h。病初精神沉郁，食欲减少，食后呕吐，继而腹泻，粪呈黄白、暗黑色水样或糊状，脱水明显。病情发展随日龄和免疫状态而异。缺乏母源抗体保护的新生仔猪症状重，病死率可达 100％；10～21 日龄的症状轻，腹泻 1～2d 即可痊愈；3～8 周龄的病死率一般为 10％～30％，严重时可达 50％。如果环境温度降至 10～20℃或有合并感染，则症状加重，病死率更高。成年猪血清阳性率为 70％～80％。

儿童的急性胃肠炎，近 60％为本病毒感染所致。潜伏期为 2～4d，主要表现腹痛、腹泻、呕吐、发热等，50％的人脱水，持续 3～5d 可恢复。

病理变化 胃壁弛缓，胃内充满凝乳块和乳汁。小肠壁薄呈半透明，内容物呈液状，灰黄或灰黑色。有时小肠出血，肠系膜淋巴结肿大。

诊断要点　仅凭症状和病理变化很难与猪传染性胃肠炎及猪流行性腹泻相区别，但本病多发于8周龄以内的仔猪。一般在腹泻开始24h内采取小肠，作冰冻切片或涂片进行荧光抗体检查。用ELISA检测血清中的抗体。

注意与猪传染性胃肠炎、猪流行性腹泻、仔猪黄痢、仔猪白痢相区别。

防制措施　加强饲养管理和一般性防疫措施，增强抵抗力。疫区的新生仔猪要及早吃到初乳，接受母源抗体的保护以减少或减轻发病。发病后停止哺乳，加强对症治疗，如收敛止泻、防止细菌继发感染以及脱水和酸中毒等。

用我国研制的猪源弱毒疫苗免疫母猪，可使仔猪腹泻率下降60%以上，且增加成活率。我国还研制出猪轮状病毒感染和猪传染性胃肠炎二联弱毒疫苗，新生仔猪哺乳前30min肌肉注射，免疫期1年以上；妊娠母猪分娩前注射，其仔猪可获得良好的被动免疫。

公共卫生　人要注意清洁卫生，尤其是哺乳卫生。尽量用母乳喂养婴儿，提高婴幼儿的抵抗力。

第二节　以呼吸系统症状为主症

以呼吸系统症状为主症的猪传染病包括猪巴氏杆菌病（猪肺疫）、猪传染性萎缩性鼻炎、猪接触传染性胸膜肺炎、猪支原体肺炎（猪气喘病）、猪流行性感冒（猪流感）。

一、猪巴氏杆菌病

本病是由多杀性巴氏杆菌引起的多种动物共患传染病。猪巴氏杆菌病又称猪肺疫。主要特征为急性型呈败血症变化，故又称出血性败血症；慢性型表现为皮下织、关节、各器官的局灶性化脓性炎症，多与其他传染病混合感染或继发。

病原体　多杀性巴氏杆菌，为两端钝圆的球杆菌，无芽孢，无鞭毛，新分离的强毒株有荚膜，革兰氏阴性。病料组织或体液涂片，用瑞氏、姬姆萨或美蓝染色，呈现典型的两极着色，故称两极杆菌。在加有血液、血清的培养基上生长良好，血琼脂上培养24h，形成灰白色露滴样小菌落，不溶血。

本菌按菌株间抗原成分的差异分为不同的血清型。根据荚膜抗原（K）的不同，分为A、B、D、E、F 5个群；根据菌体抗原（O）的不同，分为12个血清型，K抗原与O抗原组合成15个血清型。不同动物感染的血清型也不同，猪以5：A和6：B为主，其次为8：A和2：D。各型之间多无交互保护或保护力不强，但在一定条件下，各种动物之间可发生交叉感染。

本菌抵抗力较弱，对热、日光敏感，阳光直射10min，或在60℃ 10min，可被杀死，在干燥空气中只生存2～3d。常用的消毒药短时间内可将其杀死。

流行病学

传播特性　患病或带菌动物是主要传染源，随其分泌物、排泄物及咳嗽、喷嚏排出，污染饲料、饮水、用具和空气。经消化道、呼吸道感染，也可经损伤的皮肤黏膜感染，吸血昆虫可传播。人多经伤口感染。

流行特点　各种年龄都可感染，但以中猪和小猪发病率较高。多无明显的季节性。一般散发，有时呈地方流行性。常与猪瘟、猪气喘病等混合感染。可感染多种动物，其中以猪、家禽和兔最常见，其次是黄牛、牦牛和水牛；绵羊、鹿、骆驼和马也可发病。本菌属于条件性病原菌，在饲养管理不良、过度疲劳、长途运输、气候多变等因素使畜禽抵抗力降低时，均可引发内源性传染。

症状

最急性型　俗称“锁喉风”，呈败血症症状，常不见症状而突然死亡。

急性型　最为常见，潜伏期1～14d。除有败血症的一般症状外，主要呈现纤维素性胸膜肺炎症状。病初体温一般在40～41℃，痉挛性干咳，呼吸困难，鼻汁黏稠，后为湿咳，咳嗽痛感，触诊胸部剧烈疼痛，听诊有啰音和摩擦音。病情继续发展，呼吸极度困难，黏膜发绀，呈犬坐姿势。先便秘后腹泻，后期皮肤有紫斑。病程5～8d。耐过者转为慢性。

慢性型　多见于流行后期，主要表现慢性肺炎和慢性胃肠炎。持续性咳嗽，呼吸困难，体温时高时低，精神不振，食欲减退，逐渐消瘦。有时关节肿胀，皮肤发生湿疹。最后发生腹泻，常衰弱死亡。病程约2周。

病理变化

最急性型　呈败血症变化，全身浆膜、黏膜和皮下组织广泛出血，有大量出血点，尤以咽喉炎及其周围组织的出血性浆液性炎症最为特征。

急性型　败血症变化较轻，主要呈大叶性肺炎变化。肺脏有大小不等的肝变区，周围有水肿和气肿，肝变区中央常有干酪样坏死灶。肺小叶间质增宽，充满胶冻样液体，切面呈大理石样。气管、支气管含有多量泡沫状黏液。胸腔及心包积液，胸腔淋巴结肿大，切面发红、多汁。胸膜附有黄白色纤维素，病程较长时，胸膜与肺发生粘连。

慢性型　肺组织大部分发生肝变，并有大量坏死灶或化脓灶，外面有结缔组织包囊。胸膜常与病肺粘连。心包和胸腔积液。胃肠呈卡他性炎症。

诊断要点

临床综合诊断　最急性型呈败血症和咽喉部肿胀。急性型表现大叶性纤维素性胸膜肺炎，肺常见不同程度的肝变区。慢性型表现慢性肺炎和胃肠炎。应注意与其他传染病混合感染。

实验室诊断　取心、肺、脾或炎性水肿液，涂片镜检可见到两极着色的卵圆形短杆菌，可疑为本病。必要时将病料接种于10%血液琼脂培养基进行细菌分离培养，对分离菌作生化试验。用间接血凝试验和琼脂扩散沉淀试验，对病原菌进行分群和血清分型。

鉴别诊断　急性型可与猪瘟混合感染；慢性型与猪气喘病鉴别。还注意与猪炭疽、猪传染性胸膜肺炎、猪丹毒等鉴别。

治疗　早期应用高免血清治疗效果良好。也可用土霉素、四环素、磺胺、青霉素、泰乐霉素、氨苄青霉素、喹诺酮类等，这些药物与高免血清合用效果更好。大群治疗时，可将四环素族抗生素混在饲料或饮水中连用3～4d。

防制措施　平时加强饲养管理，增强机体抵抗力，消除发病诱因；一般进行春、秋两次预防接种，猪肺疫氢氧化铝甲醛苗，皮下注射5ml，免疫期9个月，或口服猪肺疫弱毒冻干菌苗。发生本病时，将猪隔离，严格消毒，猪群封锁；假定健康猪注射高免血清，隔离观察1周后，如果没有新病例，再注射疫苗。

二、猪传染性萎缩性鼻炎

本病是由 Bb 和 Pm 联合感染引起猪的慢性呼吸道传染病。主要特征为鼻炎、鼻梁变形和鼻甲骨发生萎缩，导致打喷嚏、鼻塞、颜面变形、呼吸困难和生长缓慢。

病原体　I 相支气管败血波氏杆菌（Bb）和多杀性巴氏杆菌毒素源性菌株（Pm）是原发性感染因子。单独某一菌不易引起发病，只有 2 个联合感染才能引起鼻甲骨变形。Bb 为球杆菌，呈两极染色，革兰氏阴性，不产生芽孢，有的有荚膜，有周鞭毛，需氧。培养基中加入血液能促进其生长，呈 β 溶血。在葡萄糖中性红琼脂平板上，菌落中等大小，呈透明烟灰色。

本菌的抵抗力不强，一般消毒剂均可杀灭。

流行病学

传播特性　病猪或带毒猪是主要传染源，犬、猫、家畜、家禽、兔、鼠、狐及人均可带菌，甚至引起鼻炎、支气管肺炎等，因此也可能成为传染源。主要是飞沫传播，经呼吸道感染。

流行特点　任何年龄均可感染，但以仔猪最易感，6～8 周龄发病较多。多为散发或地方流行性。发病率一般随年龄的增长而下降，1 个月龄内感染，常在数周后发生鼻炎，并引起鼻甲骨萎缩；断奶后感染，一般只产生轻微病变。不同月龄猪再通过水平传播扩大到全群。各种环境卫生因素不良，长期饲喂粉料或任何营养成分缺乏，各种应激因素，甚至遗传因素，均可促使本病发生。绿脓杆菌、放线菌、猪细胞巨化病毒、疱疹病毒可参与致病过程，并使病变加重。

症状　表现鼻炎、喷嚏、流涕，吸气时鼻孔开张，发出鼾声，明显的张口呼吸。常因鼻炎刺激黏膜而表现极度不安。鼻泪管阻塞，泪液流出眼外。特征性症状是继鼻炎后出现鼻甲骨萎缩，致使鼻腔和面部变形。鼻甲骨萎缩程度与感染周龄、是否重复感染以及应激因素有关。有的鼻炎延及筛骨板，进而扩散至脑而发生脑炎。此外，病猪常发生肺炎，并与鼻甲骨萎缩相互促进，同时加重。病猪生长停滞。

病理变化　特征性的变化是鼻腔软骨和鼻甲骨软化和萎缩，最常见的是鼻甲骨下卷曲，重者鼻甲骨消失。

诊断要点　根据流行病学、症状和病理变化基本可以诊断。

临床综合诊断　依据频繁喷嚏，呼吸困难，鼻黏膜发炎，生长停滞和鼻面部变形等，容易作出现场诊断。早期可用 X 射线作诊断。病理剖检是最实用的诊断方法，在第一和第二对前臼齿间锯开，其横断面上可发现典型的病理变化。

实验室诊断　通过鼻拭子采样，分离培养和鉴定 Bb 及 Pm。用间接血凝试验和琼脂扩散沉淀试验，对病原菌进行分群和血清分型。血清学诊断可用已知 Bb 抗原检查猪血清中的 Bb 凝集抗体。猪感染 2～4 周后，血清中即出现凝集抗体，至少维持 4 个月，但一般感染仔猪需在 12 周龄后才能检出抗体。

鉴别诊断　与传染性坏死性鼻炎和骨软病区别。传染性坏死性鼻炎是由坏死杆菌引起，多发生于外伤后感染，引起骨坏死。骨软病时头部肿大变形，骨质疏松，但鼻甲骨不萎缩，无喷嚏和流泪症状。

治疗　可用磺胺及抗生素治疗，能减轻症状，改善猪群饲料利用率。

防制措施 改善饲养管理，实行全进全出饲养制度，避免引进大量年轻母猪；降低饲养密度，保持猪舍清洁、干燥、卫生，定期消毒；对新购入猪必须隔离检疫。对发病猪群进行检疫，阳性及有明显症状的应及时淘汰，其余的隔离观察3～6个月，如仍有病猪出现，应禁止出售种猪和仔猪，并严格消毒。

现有Bb灭活油剂苗及Bb－Pm灭活油剂二联苗，产仔前2个月和1个月分别接种于母猪，以提高母源抗体滴度，保护仔猪初生几周内免受感染。可对7～21日龄仔猪进行免疫接种，1周后补注1次，种公猪每年注射1次。

为了控制仔母链传染，应在母猪妊娠最后1个月内给予预防性药物。磺胺嘧啶按每千克饲料加入0.1g，或土霉素按每千克饲料加入0.4g。乳猪出生3周内，注射敏感的抗生素3～4次，或鼻内喷雾，每周1～2次，每鼻孔0.5ml，直到断乳为止。育成猪也可用磺胺或抗生素防治，连用4～5周，肥育猪宰前应停药。

三、猪接触传染性胸膜肺炎

本病是由猪胸膜肺炎放线杆菌引起猪的呼吸道传染病。主要特征为急性纤维素性胸膜炎或慢性局灶性坏死性肺炎。

病原体 猪胸膜肺炎放线杆菌，因与林氏放线杆菌的DNA具有同源性，故列入放线杆菌属。本菌为典型的球杆菌，瑞氏染色呈两极着色，有荚膜和菌毛，革兰氏阴性。在血琼脂上的溶血能力具有鉴别意义。本菌有12个血清型，有些血清型之间可有交叉反应。

本菌对外界抵抗力不强，易被常用的消毒剂所杀灭，一般60℃ 5～20min内可杀死。

流行病学 病猪或带菌猪是主要传染源，以隐性带菌猪更为重要。主要通过飞沫经呼吸道传播。在大规模饲养的猪群中最容易接触传播。各种年龄均易感，但3月龄最为易感。无季节性。饲养密度过大、气候骤变、湿度大和通风不良等应激因素，可促使本病的发生和传播，同时增高发病率和死亡率。

症状 潜伏期1～2d。因猪的免疫状态、各种应激因素和病原体的毒力和数量不同，症状存在差异。

最急性型 一头或几头猪突然发病，体温升高至41.5℃，食欲废绝，短时下痢和呕吐，卧地不起，心跳加快，皮肤发绀。最后严重呼吸困难，呈犬坐姿势。一般在24～36h内，从口、鼻流出大量带血色泡沫而死亡。

急性型 体温升高，精神沉郁，拒绝采食。有呼吸困难，张口呼吸，咳嗽等严重呼吸系统症状。极度痛苦状，鼻盘和耳朵发绀。如不及时治疗，可于1～2d内窒息死亡。

亚急性和慢性型 发生在急性症状消失之后。体温不高，间歇性咳嗽，食欲不振，增重缓慢。慢性感染的猪群，常与肺炎支原体和巴氏杆菌混合感染而使病情加重。

病理变化 以小叶性肺炎和纤维素性胸膜炎为特征。肺炎大多为两侧性，多发生在心叶和尖叶以及膈叶的一部分。病变区色深，质地坚实，切面易碎。纤维素性胸膜炎时胸膜有纤维素性渗出物。慢性病例在肺膈叶上有大小不一的脓肿样结节。

诊断要点

临床综合诊断 有明显的呼吸道症状，并具有特征性的小叶性肺炎和纤维素性胸膜炎病变。

实验室诊断 采取支气管、鼻腔分泌物或肺部病变组织，接种于50%小牛血液琼脂培养基，用葡萄球菌与病料交叉划线培养方法分离本菌，在二氧化碳条件下，24h后在葡萄球菌生长线周围有β溶血小菌落。

用荧光抗体或协同凝集试验，检测肺脏抽提物中的血清型特异抗原，可作出特异性快速诊断。用改良补体结合试验，感染后2周即可检出抗体，3～4周达到高峰，可持续数月。因为与其他呼吸道传染病无交叉反应，故能有效地检测出慢性或隐性感染猪群。

治疗 早期应用抗生素治疗可减少死亡。青霉素、氨苄青霉素、四环素族、磺胺类药物疗效明显，需大剂量并重复给药。未发病群可在饲料中添加土霉素等预防。

防制措施 禁止健康猪与病猪接触，严防引入带菌猪；坚持自繁自养，加强检疫，严格消毒。对母猪和2～3月龄猪接种多价灭活疫苗，能有效地控制本病的发生。发现病猪立即隔离，猪舍彻底消毒，对猪群及时检疫，清除带菌猪，施以抗菌素治疗，在饲料中添加敏感的抗生素对其他同群猪进行药物预防。

四、猪支原体肺炎

本病是由猪肺炎支原体引起猪的慢性呼吸道传染病。又称气喘病。主要特征为咳嗽和气喘，肺脏呈“肉样”或“虾肉”样变化。

病原体 猪肺炎支原体，因无细胞壁，故呈多形态，有环状、球状、点状、杆状和两极状，革兰氏阴性。不易着色，用姬姆萨或瑞氏染色良好。能在无细胞的人工培养基上生长，但生长条件要求较为严格。在固体培养基上生长缓慢，接种7～10d后长出针尖和露珠状菌落。

猪肺炎支原体对外界环境抵抗力不强，一般在2～3d失活。加热45℃ 15～30min，55℃ 5～15min即被杀死，常用消毒剂均能灭活。

流行病学

传播特性 病猪和带菌猪为传染源。通过咳嗽、喷嚏和气喘喷出病原体，通过飞沫经呼吸道感染。

流行特点 乳猪和断乳仔猪发病率和死亡率较高，其次是怀孕后期和哺乳母猪，育肥猪较少且病情较轻，母猪和成年猪多呈慢性和隐性经过。哺乳仔猪可从患病的母猪受到感染。四季均可发生，但在寒冷、潮湿和气候骤变时较为多见。新发病猪群常呈暴发流行性，病势剧烈，发病率和病死率较高。而在老疫区，病猪多呈慢性经过。本病一旦传入猪群，如不采取严格的净化措施，则很难彻底扑灭。当继发感染时，症状加剧，病死率升高。饲料质量差、猪舍潮湿、饲养密度过大、通风不良等，是影响发病率和死亡率的重要因素。如果继发多杀性巴氏杆菌、肺炎球菌、猪鼻支原体等，症状加剧，死亡率升高。

症状 潜伏期11～16d，最短3～5d，最长可达1个月以上。根据病的经过，可分为三种类型。

急性型 多见于新疫区和新感染的猪群，病初精神不振，头下垂，站立一隅或趴在地，呼吸次数增至60～120次/min。随着病情的发展，呼吸困难加剧，严重者张口喘气，发出喘鸣声，有明显的腹式呼吸，咳嗽次数少而低沉，有时会发生痉挛性阵咳。体温一般正常，如有继发感染则可升至40℃以上。病程一般1～2周，病死率较高。

慢性型　由急性型转来，也有部分病猪开始时就取慢性经过，常见于老疫区的架子猪、育肥猪和后备母猪。主要为咳嗽，清晨采食和剧烈运动时最明显。出现不同程度的呼吸困难，呼吸次数增加，有腹式呼吸。病程可拖至2～3个月，甚至半年以上。病程和预后，视饲养管理和卫生条件差异很大。

隐性型　可由急性或慢性转变而来，在较好的饲养管理条件下不显症状，但用X射线检查或剖检可见肺炎病变，此型在老疫区的猪中占有相当大的比例。如果加强饲养管理，肺炎病变可逐步消退而康复；反之则会出现急性或慢性症状，甚至引起死亡。

病理变化　主要病变发生于肺、肺门淋巴结和纵隔淋巴结。急性死亡可见肺脏有不同程度的水肿和气肿，早期病变发生在心叶，呈淡红色或灰红色，半透明状，病变部界限明显，像鲜嫩的肌肉样，俗称"肉变"。随着病程延长或病情加重，病变部转为浅红色、灰白色或灰红色，半透明状程度减轻，俗称"胰变"或"虾肉样变"。继发细菌感染时，引起肺和胸膜的纤维素性、化脓性和坏死性病变。

诊断要点

临床综合诊断　体温一般正常，咳嗽、气喘。肺的心叶、尖叶有界限明显的肉样变、胰样变和肺门淋巴结显著肿大。

实验室诊断　取病肺组织接种于支原体培养基进行分离培养，并对纯培养物作生化试验。血清学诊断有微量补体结合试验、免疫荧光、微量间接血凝试验、微粒凝集试验、ELISA等。

鉴别诊断　与猪肺疫和猪肺丝虫病鉴别。猪肺疫为散发性或地方流行性，体温升高，食欲废绝，病程1～2d；主要病变为败血症变化或纤维素性肺炎。猪肺丝虫可引起小猪咳嗽；主要病变是支气管炎；切开病变可发现肺丝虫；粪便检查可见到肺丝虫幼虫。

治疗　猪肺炎支原体对青霉素和磺胺类药物不敏感，但对壮观霉素、土霉素和卡那霉素敏感。

防制措施　主要在于坚持采取综合性防制措施。在疫区以康复母猪培育无病的后代，建立健康猪群。利用各种检疫方法清除病猪和可疑病猪，逐渐扩大健康猪群。未发病地区和猪场坚持自繁自养，尽量不从外地引进猪只，如必须引进时，一定要严格隔离和检疫。

健康猪群鉴定标准是观察猪群3个月以上，未发现有气喘病，放入2头易感小猪同群饲养，也不被感染；1年内整个猪群未发现气喘病，所宰杀的肥猪、死亡猪检查肺部，均无气喘病病变；母猪连续生产两窝仔猪，从哺乳期、断奶后到架子猪，经观察无气喘病症状，1年内每月经X射线检查全部无气喘病病变。

五、流行性感冒

本病是由流行性感冒病毒引起人和多种动物共患的高度接触性传染病。主要特征为发热、咳嗽、全身衰弱无力，伴有不同程度的急性呼吸道炎症。

病原体　流行性感冒病毒，分为A、B、C三型，分别属于正黏病毒科A型流感病毒属、B型流感病毒属、C型流感病毒属。A型和B型流感病毒粒子呈多形性，含有由8个节段组成的单股RNA，C型流感病毒7个节段组成的单股RNA。核衣壳呈螺旋对称，外有囊膜，其上有辐射状突起，一种是血凝素（HA），另一种是神经氨酸酶（NA）。A型流感病毒的HA和NA容易变异，已知HA有16个亚类（H_1—H_{16}），NA有9个亚类（N_1—N_9），它们之间的不同组成，使A型流感病毒有许多亚型，各亚型之间无交互免疫力。B型流感病毒的HA和NA不易变异，无亚型之分。

病毒不耐热，60℃ 20min可灭活；对低温和干燥的抵抗力强；对酸、乙醚、甲醛、紫外线很敏感；一般消毒剂均可杀灭。

流行病学

传播特性　病猪是主要传染源，康复和隐性感染猪在一定时间内也可带毒并排毒。病毒主要在呼吸道黏膜细胞内增殖，当患病动物喷嚏、咳嗽时病毒随飞沫排出，通过飞沫经呼吸道感染。

流行特点　在猪群中初次发生感染时，呈流行性和大流行性。多发于气候骤变的早春、晚秋和冬季，不良诱因常可促进本病的发生。传播迅速，流行猛烈，发病后迅速波及全群，但病死率一般很低，如有继发感染时，常使病性复杂化。

A型流感病毒可自然感染猪、马、禽类和人，也可感染貂、海豹、鲸等。B型、C型流感病毒只感染人，但可能有宿主转移现象，即在不同动物或动物与人之间可互相传播，如猪型流感病毒引起人类的流感，从猪群中分离出感染人的C型流感病毒等。

症状　潜伏期很短，平均为4d。突然发病，几乎全群同时感染，体温至40.5～41.5℃，食欲减退甚至废绝，精神委顿，常卧地不起，呼吸急促，腹式呼吸，结膜炎，流鼻汁。极少死亡，多数于6～7d后康复。如继发感染，发生支气管炎、支气管肺炎等则病程延长。

人感染的潜伏期1～2d。A型和B型流感的症状相似，C型流感症状较轻，常被误认为伤风感冒。突然发病，发热，畏寒，头痛，肌肉酸痛，常发结膜炎，流泪，干咳，喷嚏，流鼻涕。一般1周可以恢复。并发细菌感染时，常有支气管炎或支气管肺炎，尤以老人和儿童多见。

病理变化　主要在呼吸器官。鼻、喉、气管和支气管黏膜充血、肿胀、被覆黏液。肺的病变部呈紫红色且组织萎陷（无气肺）。颈淋巴结和纵隔淋巴结肿大、充血、水肿。脾脏轻度肿大。胃肠有卡他性炎。

诊断要点

临床综合诊断　多发生于早春及寒冷季节，发病率高，死亡率低，体温升高、咳嗽、结膜炎、流鼻汁，多于6～7d后康复等。

实验室诊断　在猪发热初期采取新鲜鼻液，或用灭菌的棉花拭子擦拭鼻、咽部分泌物，接种于9～11日龄的鸡胚尿囊腔或羊膜腔内，培养5d后，收获尿囊液或羊水作血凝试验，如果呈阳性，再通过补体结合试验鉴定型、以血凝抑制试验鉴定亚型。

鉴别诊断　与猪肺疫、急性猪气喘病鉴别。

治疗　对病猪可试用金刚烷胺、利巴韦林（病毒唑）。用解热镇痛药物等对症治疗，用抗生素或磺胺类药物控制继发感染。

防制措施　疫苗的研究虽然取得了很大进展，但由于流感病毒抗原复杂且易变异，亚型多且各亚型之间缺乏明显的交互保护性，因此给疫苗的应用带来了很大困难。当前预防的主要方法仍是采取一般性综合防疫措施。搞好猪舍及周围环境卫生，保持猪舍清洁、干燥、保暖、通风良好；尽量不在寒冷多雨、气候骤变的季节长途运输猪群。发现病猪应立即隔离和治疗，加强猪群的饲养管理，补充富含维生素的饲料，严格消毒，妥善处理病死猪尸体，防止本病蔓延扩大。

公共卫生 体弱者可接种同型的灭活疫苗。复方金刚烷胺片防治效果较好。

第三节 以败血症为主症

以败血症为主症的猪传染病包括猪丹毒、猪链球菌病、猪副伤寒——败血型、猪瘟等。

一、猪 丹 毒

本病是由猪丹毒杆菌引起人和多种动物共患的急性热性传染病。主要特征为急性型表现为败血症，亚急性型出现皮肤疹块，而慢性则表现为关节炎、心内膜炎和皮肤坏死。人感染称为类丹毒。

病原体 红斑丹毒丝菌，又称丹毒杆菌。是纤细的小杆菌，从慢性病灶（如心内膜炎、关节炎）中分离的菌常呈分支的长丝状。在组织触片或血片中，呈单在、成对或丛状。不运动，无芽孢和荚膜，革兰氏阳性。

本菌能在普通培养基上生长，如加入少许血液或血清，则生长更佳。强毒力菌株在培养基上形成光滑型小菌落，荧光强。毒力低的菌株在培养基上形成粗糙型菌落，无荧光，一般见于久经人工培养或从慢性病猪、带菌猪分离的菌株。毒力介于中间的菌株在培养基上形成金黄色的菌落，荧光弱。目前已确认有25个型，主要为1a和2型，毒力均较强。

本菌对腐败和干燥环境有较强的抵抗力，在污水中可存活15d，深埋的尸体中可存活9个月。在2%福尔马林、1%漂白粉、1%氢氧化钠、5%石灰乳中很快死亡，但对石炭酸的抵抗力较强。对热的抵抗力较弱。

流行病学

传播特性 病猪和带毒猪是传染源，有35%～50%健康猪的扁桃体和其他淋巴组织中存在此菌。排出的病菌污染饲料、饮水、土壤、用具和场舍等。主要经消化道感染，也可以通过损伤的皮肤以及蚊、蝇、虱、蜱等吸血昆虫传播。本菌在弱碱性土壤中可存活3～14个月，因此，土壤的污染在流行病学上具有重要意义。

流行特点 主要发生于架子猪，随着年龄的增长而易感性降低。老龄猪和哺乳猪虽也有发病，但通常以3～12月龄多见。四季均有发生，但主要发生在炎热多雨的夏季，有的地方冬春也可形成流行，常呈散发或地方流行性，但可以发生暴发性流行。食入屠宰和加工厂的废弃物、食堂残羹、鱼粉和骨粉等动物性蛋白质饲料，均可引起发病。

已知50多种哺乳动物、几乎半数的啮齿动物和30种野鸟中分离到本菌。家畜如牛、羊、犬、马，禽类如鸡、鸭、鹅、火鸡、鸽、麻雀、孔雀等也有病例报道。

症状 在临诊上分为三型：

急性败血型 在流行初期有一头或数头猪不表现任何症状而突然死亡，其他相继发病。体温升高达42～43℃，稽留热型，体质虚弱，不愿走动，卧地不起，食欲废绝，有时呕吐，结膜充血，先便秘，后腹泻。重者呼吸增快，黏膜发绀。部分病猪皮肤出现潮红，继而发紫，以耳、颈、背等部位较多见。病程3～4d，病死率80%左右。耐过者转为疹块型或慢性型。哺乳和刚断乳的仔猪，突然发病，表现神经症状，抽搐，倒地而死，病程一般不超过1d。

亚急性疹块型 特征是皮肤表面出现疹块。病初少食，口渴，便秘，有时呕吐，体温升高至41℃以上。发病后2～3d，在胸、腹、背、肩、四肢等部的皮肤上出现疹块，初期疹块充血，指压褪色；后期淤血，紫蓝色，压之不褪。出现疹块后，体温开始下降，病势减轻，病猪可能康复。若病势较重或长期不愈，则有部分或大部分皮肤坏死，久之变成革样痂皮。也有部分病猪病情恶化，转变为败血型而死。病程为1～2周。

慢性型 常见有关节炎、心内膜炎及皮肤坏死。关节炎时四肢关节肿胀、变形，跛行，虚弱，消瘦，生长缓慢，病程数周至数月。心内膜炎时表现消瘦，贫血，喜伏卧，不愿走动，听诊心脏有杂音，心跳加速，心悸亢进，呼吸急促，常因心脏麻痹而死亡。皮肤坏死常发生于背、肩、耳、蹄和尾部，局部皮肤隆起、坏死、色黑、干硬，经2～3个月坏死皮肤脱落，遗留疤痕而自愈。

人多由皮肤损伤感染而引起，发生于手部，肿胀，暗红，灼热，疼痛，发硬。常伴有腋窝淋巴结肿胀，间或有败血症、关节炎和心内膜炎，甚至肢端坏死。青霉素可治愈。

病理变化 败血型主要以急性败血症的全身变化和体表皮肤出现红斑为特征。鼻、唇、耳及腿内侧等处皮肤和可视黏膜呈不同程度的紫红色。全身淋巴结发红肿大，切面多汁，呈浆液性、出血性炎症。脾肿大，呈樱桃红色。心内、外膜有小点状出血。胃底及幽门部黏膜发生弥漫性出血，十二指肠、空肠前段黏膜有出血性炎症。肾皮质点状出血，体积增大，呈弥漫性暗红色。

疹块型是以皮肤疹块为特征性变化，疹块与生前无明显差异。

慢性关节炎表现关节肿胀，关节囊内有多量浆液、纤维素性渗出液，黏稠或带红色，后期滑膜绒毛增生肥厚。慢性心内膜炎常为溃疡性或花椰菜样疣状赘生性心内膜炎，一个或数个瓣膜，多见于二尖瓣膜，是由肉芽组织和纤维素性凝块组成。

诊断要点

临床综合诊断 多发于炎热多雨的夏季。急性型表现为皮肤潮红，高热稽留，脾肿大，呈樱桃红色病变；亚急性型皮肤有紫红色疹块；慢性型表现非化脓性关节炎和疣状心内膜炎。青霉素治疗效果好。

实验室诊断 急性型采集病猪耳静脉血，死后取心血、肝、脾、淋巴结等脏器；亚急性取疹块边缘皮肤；慢性型取关节液和心内膜的增生物。用病料抹片，染色镜检，为革兰氏阳性细小杆菌。分离培养时，将病料接种于血琼脂，37℃培养36～48h，出现表面圆整光滑、呈微蓝绿色露珠状菌落。

血清学检查主要用于猪丹毒流行病学调查和鉴别诊断。血清抗体检测及免疫效果评价可用血清培养凝集试验；菌的鉴别和菌株分型可用SPA协同凝集试验、琼脂扩散试验；荧光抗体可直接检查病料中的细菌，可用于快速诊断。

鉴别诊断 急性败血型猪丹毒应与猪瘟、猪肺疫、猪链球菌病和李氏杆菌病等相区别。

治疗 发病早期治疗有显著疗效。青霉素对猪丹毒高度敏感，每天静脉注射1次，同时常量肌肉注射，直至体温和食欲恢复正常后继续用药24h，过早停药易于复发和转为慢性。四环素、土霉素、红霉素也有良好的疗效。

防制措施 预防接种最有效的办法。仔猪免疫可能受到母源抗体的干扰，应在断奶后进行。如在哺乳期免疫，应于断乳后补免。每隔6个月免疫一次。使用得最多的是弱毒疫苗GT（10）

和 GC_{42}，还有猪丹毒氢氧化铝甲醛菌苗。联苗有猪瘟-猪丹毒、猪瘟-猪丹毒-猪肺疫弱毒苗。

加强饲养管理，保持猪舍卫生，严密进行消毒；发现病猪后及时隔离治疗；尸体化制或深埋，用具和场地严格消毒，粪和垫草烧毁或堆积发酵处理；同群未发病猪应用青霉素治疗，待药效消失后接种猪丹毒弱毒疫苗。

公共卫生 人感染猪丹毒杆菌是一种职业病，多发生于动物医学、屠宰加工人员及渔民等，必须注意防护和消毒。

二、猪链球菌病

本病是由多种血清型链球菌引起的多种传染病的总称。主要特征为急性的表现出血性败血症和脑炎，慢性的表现为关节炎、心内膜炎。

病原体 链球菌属的细菌，呈圆形或卵圆形，常排列成长短不一的链状，在固体培养基上常呈短链，液体培养基上常呈长链。不形成芽孢，一般无鞭毛，有的菌株在体内或含血清的培养基内能形成荚膜，革兰氏阳性。在含鲜血或血清的培养基上生长较好，菌落较小，透明，呈β溶血，致病力强。链球菌分为 20 个血清群，本病主要由 C 群马链球菌兽疫亚种及类马链球菌所引起。

本菌对外界环境抵抗力较强，在 29～33℃的场地上能存活 6d。对热敏感，常用消毒剂均能很快将其杀死。

流行病学

传播特性　患病、隐性感染和康复后带菌猪是主要传染源。隐性感染猪在扁桃体和上呼吸道正常带菌，因此是最危险的传染源。病猪的鼻液、唾液、尿、血液、肌肉、内脏和关节内均可检出病原体。经呼吸道、消化道、受伤皮肤和黏膜等各种途径均可感染。

流行特点　猪无年龄、品种和性别差异，但哺乳和断奶仔猪最易感，怀孕母猪的发病率也高。四季均可发生，但以 5～11 月较多，7～10 月可出现大流行。地方性流行时多呈败血型，短期波及全群，猪群一旦发生往往持续不断，很难清除。病的发生常与气候炎热等诱因有密切关系。仔猪感染主要是引进隐性感染的母猪。未经无害化处理的病死猪肉、内脏及废弃物是散播本病的主要原因。

症状 在临诊上分为猪败血性链球菌病、猪链球菌性脑膜炎和猪淋巴结脓肿 3 个类型。

猪败血性链球菌病　最急性型常见于流行初期，突然发病，多不见异常表现而突然死亡，或突然食欲废绝，精神委顿，体温达 41～42℃，卧地不起，呼吸促迫，多在 1d 内死于败血症。

急性型表现为突然发病，体温达 42～43℃，呈稽留热，呆立，嗜卧，食欲减退或废绝，喜饮水，眼结膜潮红，流泪，呼吸促迫，间有咳嗽，流鼻汁，颈部、耳郭、腹下及四肢下端皮肤呈紫红色并有出血点。哺乳和断奶仔猪表现神经症状。多于 3～5d 因心力衰竭而死亡。

慢性型多由急性型转化而来。主要表现多发性化脓性关节炎，关节肿胀，高度跛行，有疼痛感，站立困难，严重时后肢瘫痪，最后因体质衰竭麻痹而死。

猪链球菌性脑膜炎　多见于哺乳和断奶仔猪，以脑膜脑炎为主症。体温升高，拒食，便秘，流浆液或黏液性鼻汁。之后迅速出现神经症状，盲目走动，步态不稳，转圈运动，触动时尖叫或抽搐，口吐白沫，四肢划动。多在 1～2d 死亡。

猪淋巴结脓肿　以颌下、咽部、颈部等处淋巴结化脓和脓肿为特征。康复猪的扁桃体可带菌6个月以上，在疾病传播上起着重要作用。病猪体温升高，食欲减退，由于脓肿压迫，致使采食、咀嚼、吞咽困难，甚至呼吸障碍。脓肿破溃后，全身症状明显减轻，浓汁排净后逐渐康复。病程为2～3周，一般为良性经过。

病理变化　败血型的猪以出血性败血症病变和浆膜炎为主，血凝不良，皮肤有紫斑，黏膜、浆膜和皮下出血。胸腔积液，含有纤维素。全身淋巴结水肿、充血和出血。肺充血肿胀。心包积液，心肌柔软，色淡呈煮肉样，右心内膜有出血斑点。脾脏明显肿大，呈暗红色或紫蓝色，柔软而易碎，包膜下有出血点，边缘有出血梗死区，切面隆起，结构不清。肝脏边缘钝厚，质地较硬，结构不清。肾脏肿大，皮质髓质界限不清，有出血点。胃肠黏膜和浆膜有小点出血。脑膜和脊髓软膜充血、出血。有不同程度的充血，偶有出血。关节炎病变是关节囊膜面充血、粗糙，滑液混浊，关节周围组织有多发性化脓灶。

诊断要点　本病的症状和剖检变化比较复杂，易与猪丹毒、李氏杆菌病等相混淆，因此应进行综合性诊断，并须做微生物学检查方可确诊。

采取肝、脾、肾、血液、关节液、脑脊髓液、脑组织等，制成涂片，用碱性美蓝或革兰氏染色，镜检见到革兰氏阳性单个、成对、短链或成长链的球菌，可以确诊为本病。注意与双球菌和两极染色的巴氏杆菌等相区别。应用鲜血琼脂培养基分离培养细菌，能产生β溶血，进一步进行生化试验和血清群鉴定。用病料接种家兔或小鼠，动物死后再作细菌分离培养和鉴定。

治疗　如已分离出本菌，通过药敏试验选用最敏感的抗菌药物。如未分离出本菌而又怀疑本病时，可选用青霉素、四环素、土霉素、庆大霉素等。

防制措施　免疫接种是预防本病的重要措施。可使用猪链球菌病灭活疫苗，每头皮下注射3～5ml；或用猪败血性链球菌病弱毒疫苗，每头皮下注射1ml，或口服4ml。免疫期均为6个月。

保持猪舍清洁、干燥和通风；建立严格的消毒制度；外地引入猪实行隔离观察。发现疫情后尽快确诊，封锁疫区，隔离病猪，对污染的猪舍、用具进行彻底清洗并严格消毒；对病猪施以治疗，可疑猪用药物预防或紧急接种；患病猪严格禁止自行宰杀和处理，一律送到指定屠宰场宰杀后化制处理。

三、猪副伤寒——败血型

本病是由沙门菌引起人和多种动物共患的传染病。主要特征表现为败血症。

病原体　沙门菌为两端钝圆的中等大杆菌，无荚膜，无芽孢，除鸡白痢和鸡伤寒沙门菌外，都有周鞭毛，革兰氏阴性。

本菌对干燥、腐败、日光等因素具有一定的抵抗力，在外界可生存数周或数月。一般消毒剂均能灭活。

流行病学

传播特性　传染源主要是病猪和带菌猪，康复猪可带菌数个月。病菌随粪便、尿、乳汁以及流产的胎儿、胎衣和羊水排出，污染饲料、饮水和环境。主要经消化道感染，交配及子宫内也可感染。人与感染动物或动物性食品接触可感染，并成为传染源。健康动物带菌十分普遍，病菌存在于消化道、淋巴组织和胆囊内，当抵抗力降低时，发生内源性感染，连续通过动物使毒力增强而扩大感染。

流行特点 常发于6月龄以内的仔猪，以1～4月龄较多，20日龄以内及6月龄以上的极少发生。多呈散发或地方流行性。四季均可发生，但潮湿多雨季节多发。多与猪瘟混合感染，发病率和死亡率均高，病程短促。沙门菌还可感染牛、羊、马、兔、禽类、毛皮动物等。环境不洁、潮湿、拥挤、长途运输、气候恶劣、分娩、手术、缺乳、内寄生虫和病毒感染、饲料和饮水不良等，均可促使本病发生。

症状 潜伏期2d到数周不等。急性败血型猪体温达41～42℃，精神不振，食欲废绝，排黏液性下痢便或便秘，呼吸困难，耳根、胸前和腹下皮肤淤血呈紫斑，经过1～4d死亡。

人感染分为三型，胃肠炎型，即食物中毒，最为常见，还有败血症型和局部感染性化脓型。

病理变化 急性型主要为败血症变化，全身黏膜、浆膜均有不同程度的出血斑点。脾肿大呈暗蓝色，质度似橡皮，切面呈蓝红色，髓质不软化是特征性病变。肝脏肿大，充血和出血，有时肝实质呈糠麸状，有极为细小的黄灰色坏死灶。肾肿大、充血和出血。胃肠黏膜可见急性卡他性炎症。肠系膜淋巴结索状肿大，其他淋巴结也肿大。

亚急性和慢性的特征性病变为坏死性肠炎。

诊断要点 断乳及4月龄猪发病，以体温升高、后期间有下痢、胸前和腹下皮肤有紫红色斑点为主要特征。剖检主要为败血症变化。取尸体的血液、肝、脾、淋巴结、肠内容物等，接种于伊红美蓝琼脂培养基上，挑取无色菌落进行生化反应，以鉴定分离本菌。

治疗 土霉素、新霉素、磺胺类药物均有一定疗效。

防制措施 参照猪副伤寒——肠炎型。

公共卫生 食品污染本菌可使人发生食物中毒。病死动物要严格执行无害化处理，加强屠宰卫生检验，尤其是急宰动物的检验和处理。肉要充分煮熟。食物避免鼠类污染。经常与动物及其产品接触的人员，要注意自身防护。

四、猪 瘟

本病是由猪瘟病毒引起猪的急性、热性和高度接触性传染病。主要特征为发病急、高热稽留和细小血管壁变性，组织器官的广泛性出血，脾梗死。由强毒引起的急性猪瘟，发病率和死亡率高；弱毒引起的为隐性感染。

病原体 猪瘟病毒（HCV），属于黄病毒科、瘟病毒属。是一种小RNA病毒，呈20面体球状，具有囊膜。它与同属的牛病毒性腹泻病毒（BVDV）基因组序列有高度同源性，抗原关系密切，存在交叉反应。猪肾细胞是最常用的培养猪瘟病毒的细胞，病毒在细胞浆内复制，不产生细胞病变。

病毒对环境的抵抗力不强，60℃10min可使细胞培养液失去传染性，而脱纤血中的病毒在68℃30min尚不能灭活。含毒的猪肉和猪肉制品几个月后仍有传染性，因此，具有重要的流行病学意义。2%氢氧化钠仍是最合适的消毒药。

流行病学

传播特性 猪是本病唯一的自然宿主，病猪和带毒猪是最主要的传染源，其中低毒力株持续性感染猪是最危险的传染源。以淋巴结、脾脏和血液含毒量最高，粪、尿及分泌物中也含有较多量的病毒。感染猪在发病前即可从口、鼻及泪腺分泌物、尿和粪中排毒，并延续整个病程。康复猪在出现特异抗体后停止排毒。因此，强毒株感染在10～20d内大量排出病毒，而低毒株的出生后感染以排毒期短为特征。慢性感染猪不断排毒或间歇排毒。

当低毒株感染妊娠母猪时，病毒可侵袭子宫中的胎儿。如果这种先天性感染的仔猪在出生时正常，并保持健康几个月，它们可作为散布病毒的持续来源并很难被发现。这种持续的先天性感染，在流行病学上具有重要意义，尤其在毒力减弱的病毒占优势的地区。

易感猪与病猪的直接接触是传播的主要方式。在自然条件下，主要经消化道、呼吸道、结膜和生殖道黏膜感染，可经胎盘垂直传播。病毒可通过猪肉和其制品传播，未经煮沸消毒的含毒残羹是重要的传播媒介。人和其他动物也能机械地传播病毒。经口和注射感染后，病毒复制的主要部位是扁桃体，然后经淋巴管进入淋巴结继续增殖，随即到达外周血液。病毒在脾、骨髓、内脏淋巴结和小肠的淋巴组织繁殖到高滴度，导致高水平的病毒血症。

流行特点　疾病的流行形式主要取决于病毒的毒力。强毒株感染呈流行性，中等毒力毒株感染呈地方流行性，而低毒力毒株感染一般呈散发性。各种年龄均易感。无明显的流行季节性，但一般以春秋多发。猪群引进外表健康的感染猪是猪瘟暴发最常见的原因。急性暴发时，先是几头猪突然发病死亡，经过一段时间后病猪数量不断增加，待3周左右逐渐趋向低潮，这是本病的流行特点。

近年来，猪瘟的流行发生变化，出现散发的非典型猪瘟，也称温和型猪瘟，表现症状轻、死亡率低、病理变化不典型，必须经实验室检查才能确诊。

症状　潜伏期为3～5d。根据症状和其他特征，可分为三种类型。

急性型　由强毒引起。病初猪群仅有少数表现症状，精神萎靡，呈弓背或怕冷状，或低头垂尾。食欲减少，进而停食。体温可达42℃以上。初期便秘，随后下痢，有的呕吐。伴随体温升高，白细胞数量显著减少。眼结膜炎，两眼有多量黏液-脓性分泌物，严重时眼睑完全封闭。少数可发生惊厥，常在几小时至几天内死亡。

随着病程的发展，群内更多的猪发病，最初步态不稳，随后常发生后肢麻痹。腹下、鼻端、耳和四肢内侧等部位皮肤充血，后期变为紫绀区或出血。大多数病猪在感染后10～20d死亡，症状较缓和的亚急性病程一般在30d之内。

慢性型　病程分为三期。早期即急性期，表现食欲不振、精神委顿、体温升高和白细胞减少。几周后进入中期，食欲和一般状况显著改善，体温降至正常或略高于正常，但仍有白细胞减少。后期又出现食欲不振，精神委顿，体温再次升高，直至临死前不久才下降。病猪生长迟缓，慢性病猪可存活100d以上。

迟发型　是由低毒力猪瘟病毒持续感染所引起怀孕母猪的繁殖障碍。病毒通过胎盘感染胎儿可导致流产，产木乃伊、畸形胎和死胎，以及有颤抖症状的弱仔或外表健康的感染仔猪。正常产的仔猪，则终生有高水平的病毒血症，而不产生对猪瘟病毒的中和抗体，是一种免疫耐受现象。子宫内感染的仔猪在出生后几个月可表现正常，随后表现轻度食欲不振，精神沉郁，结膜炎，皮炎，下痢和运动失调等，但体温不高，大多数能存活6个月以上，但最终仍以死亡为转归。

近年常出现“温和型猪瘟”，又称“非典型猪瘟”。表现症状轻缓，体温一般在40～41℃，皮肤一般无出血点，腹下多见淤血和坏死，尾巴和耳部皮肤发生坏死，病期可达2～3个月。

病理变化 最急性型常缺乏明显病变。

急性和亚急性型主要是以多发性出血为特征的败血症变化，消化道、呼吸道和泌尿生殖道有卡他性、纤维素性和出血性炎症反应。具有诊断意义的特征性病变是脾梗死，脾脏边缘有针尖大小的出血点并有出血性梗死灶，突出于表面呈紫黑色。肾脏和淋巴结最易出现病变。肾脏皮质上有针尖大小的出血点或出血斑。全身淋巴结水肿、周边出血，呈大理石样外观。全身黏膜、浆膜以及会厌软骨、心脏、胃肠、膀胱及胆囊等，均出现大小不等、多少不一的出血点或出血斑。胆囊和扁桃体有溃疡。回盲瓣附近淋巴滤泡有出血和坏死。多数有脑炎变化。

慢性型主要是坏死性肠炎，特征性病变是肠管的扣状溃疡。在回盲瓣口和结肠黏膜，出现坏死性固膜性溃疡性炎症，溃疡突出于黏膜似纽扣状。肋骨的变化常见，表现突然钙化，从肋骨、肋软骨联合到肋骨近端，出现明显的横切线。浆膜、黏膜出血和脾脏梗死性病变缺乏或不明显。

迟发型感染时，突出的变化是胸腺萎缩，外周淋巴器官严重缺乏淋巴细胞和生发滤泡。胎儿木乃伊化、死产和畸形。死产和出生后不久死亡的胎儿全身性皮下水肿，胸腔和腹腔积液，皮肤和内脏器官有出血点。

诊断要点 早期确诊对于及时采取防制措施，防止疫情蔓延和迅速扑灭具有重要意义。常根据流行病学特点、症状和病理变化特征进行综合诊断。必要时做实验室检查和类症疾病鉴别诊断。

流行病学诊断 一般在流行开始，猪群中仅有1～2头发病，并呈最急性经过，1～3周出现发病高峰。了解猪群免疫注射情况、药物治疗效果、邻近猪群是否发生类似疾病、传染来源等。

临床综合诊断 最急性型死亡迅速，症状不典型。最具有诊断意义的是急性型的临诊特征。尸体剖检可见全身淋巴结特别是内脏淋巴结边缘出血，呈大理石样；脾脏边缘有出血性梗死灶；肾脏贫血、有出血点；全身黏膜、浆膜以及脏器均有出血点。病程长的亚急性或慢性型在回盲瓣口和结肠黏膜有扣状溃疡。

实验室诊断 取脾和淋巴结接种于猪肾或睾丸原代培养细胞分离病毒，并用已知猪瘟抗血清做病毒中和试验，鉴定分离的病毒。血清学诊断有荧光抗体病毒中和试验和ELISA，用于检测血清中的抗体水平。

采用可疑病猪的扁桃体、淋巴结、肝、肾等，制作冰冻切片、组织切片或组织压印片，用猪瘟荧光抗体处理后，在荧光显微镜下观察，如见细胞中有亮绿色荧光斑块为阳性，青灰或带橙色为阴性。2～3h即可以作出诊断。是特异性高的快速诊断方法。

动物接种试验 将病料乳剂接种于兔做兔体交互免疫试验，是一种准确而实用的病原学诊断方法。原理是猪瘟病毒不能使家兔发病，但能使之产生免疫，而兔化猪瘟病毒则能使家兔产生热反应。将病猪的病理材料，经抗生素处理后接种兔体，经7d后再用兔化猪瘟病毒静脉注射，每隔6h测温一次，连续3d，如发生定型热反应，则不是猪瘟，如无任何反应即是猪瘟。试验时应设对照组。

鉴别诊断 最急性猪瘟在临诊上与急性猪丹毒、最急性猪肺疫、急性猪副伤寒类似。此外，注意与败血性链球菌病和弓形虫病鉴别。

防制措施　平时预防原则上要做到杜绝传染源的传入和传染媒介的传播，提高猪群的抗病力。严格执行自繁自养，从非疫区引进新猪，并及时免疫接种，隔离观察2～3周；保持猪场、圈舍清洁卫生，坚持定期消毒；严禁非工作人员、车辆和其他动物进入猪场；加强饲养管理，利用残羹喂饲前应充分煮沸；严格对猪市场交易、运输、屠宰和进出口的检疫。

预防接种是预防猪瘟发生的主要措施。用猪瘟兔化弱毒疫苗，免疫后4d产生坚强免疫力，免疫期为1年以上。可参照下列免疫程序：20日龄左右仔猪首免，65日龄左右进行第2次免疫接种，这是目前国内认为较合适的猪瘟免疫程序。另外，也可采用新生仔猪出生后立即接种猪瘟弱毒疫苗，2h后再哺以初乳，免疫效果确实。对发生猪瘟时的假定健康群，每头猪的剂量可加至2～5头份。

另外，还有猪瘟、猪肺疫和猪丹毒三联苗，猪瘟兔化弱毒苗和猪丹毒弱毒苗混合的二联苗。

第四节　以神经症状为主症

以神经症状为主症的猪传染病包括猪水肿病、李氏杆菌病、破伤风、狂犬病、猪伪狂犬病。另外，伴发神经症状的还有4周龄以内哺乳仔猪的猪繁殖与呼吸综合征和猪链球菌病。

一、猪水肿病

本病是由大肠杆菌引起的仔猪的肠毒血症性传染病。主要特征表现为神经症状，胃壁和其他部位水肿。

病原体　参照猪大肠杆菌病。

流行病学　传染源和传播途径同仔猪黄痢。断奶仔猪易感，肥胖和发育良好的猪最易发病。四季均可发生，以春秋发病较多，气候突变和阴雨过后多发，有时呈地方流行性。发病率一般在10%～30%，死亡率可高达90%。

症状　是仔猪的一种肠毒血症，初生仔猪发生过黄痢的一般不发生本病。突然发病，精神沉郁，食欲减少，心跳加快，呼吸浅表。特征性症状是在脸部、眼睑、结膜等部位出现水肿，有时波及颈部和腹部皮下，但有的没有水肿症状。触动时表现敏感，尖叫或嘶哑的鸣叫，随后出现神经症状，四肢无力，共济失调，盲目前进或作转圈运动，肌肉抽搐，四肢麻痹，最后死亡。病程为1～2d，个别可达7d以上，病死率约为90%。

病理变化　以胃贲门、胃大弯和肠系膜呈胶冻样水肿为特征。胃、肠黏膜呈弥漫性出血。心包腔、胸腔和腹腔有大量积液。淋巴结水肿、充血和出血。

诊断要点　主要发生于断奶后不久的仔猪，其中肥胖猪最易发病，常突然发病，病程短，死亡率高，头部和眼睑及母猪外阴部水肿。胃贲门、胃大弯及肠系膜水肿。其他参照仔猪黄痢。

治疗　病势发展迅速，常来不及救治。早期治疗有一定的治疗效果。其他参照仔猪黄痢。

防制措施　参照仔猪黄痢。

二、李氏杆菌病

本病是由李氏杆菌引起的人和多种动物共患的传染病。主要特征为脑膜脑炎、败血症和流产。

病原体 产单核细胞李氏杆菌，革兰氏阳性小杆菌，在抹片中单在或两菌呈“V”形排列，无荚膜，无芽孢，有鞭毛。现已知有7个血清型、16个血清变种。猪以1型较多见。

本菌抵抗力较强。在土壤、粪便中可存活数月。巴氏消毒法不能将其杀死，65℃经30～40min才能灭活。一般消毒剂均有效。对链霉素、四环素和磺胺类药物敏感。

流行病学

传播特性 主要是病猪和其他带菌动物，通过粪、尿、乳汁、流产胎儿和子宫分泌物等排菌。自然感染可能是通过消化道、呼吸道、眼结膜及损伤的皮肤。污染的饲料和饮水可能是主要的传播媒介。

流行特点 无年龄界限，以幼龄较易感，发病较急。通常散发，以冬季和早春多发。气候骤变，缺乏青饲料，内寄生虫或沙门菌感染时，均可诱发本病。已从40余种哺乳动物、20余种禽类，以及鱼类、甲壳类动物中分离出本菌。自然感染以绵羊、猪、兔、鸡、火鸡、鹅较多，牛和山羊次之，犬、猫、马、鸭较少，许多野生动物和鼠类都有易感性。它们都是重要的贮藏宿主。

症状 潜伏期为2～3周。主要表现神经症状，意识障碍和运动失常，盲目行走，转圈运动，有的头颈后仰，前肢或后肢张开，呈典型的观星姿势，肌肉震颤，阵发性痉挛，口吐白沫，侧卧倒地，四肢乱划。一般经1～4d死亡，长的可达7～9d。孕母猪常发生流产。

仔猪多发生败血症，体温升高，精神沉郁，食欲废绝，全身衰竭，咳嗽，呼吸困难，皮肤发绀，腹泻等。病程为1～3d，病死率高。

人主要经消化道感染，也可经胎盘和产道感染胎儿，眼睛和皮肤与患病动物接触，可发生局部感染。感染后表现脑膜炎、粟粒性脓肿、败血症、心内膜炎等，以脑膜炎较为多见。孕妇可流产。

病理变化 有神经症状的猪，脑膜和脑有充血、水肿病变，脑脊液增多、混浊，脑干软化，有小脓灶。肝有小坏死灶。败血症仔猪有败血症病变和肝坏死灶。

诊断要点 根据流行病学资料及剖检变化可疑为本病，确诊需进行实验室诊断。

临床综合诊断 各种年龄的猪均可感染，断奶后的仔猪表现以运动失调为特征的神经症状，妊娠母猪常发生流产，仔猪多发生败血症，肝脏有坏死灶，可疑为本病。

实验室诊断 采取血液、脑、脑脊液、肝、脾等，涂片镜检。或将病料经增菌培养后，移植到胰蛋白胨琼脂培养基及加有5%绵羊红细胞的胰蛋白胨琼脂培养基上，37℃培养48h，观察有无β溶血或蓝绿光泽的菌落，钓取菌落纯培养后做生化试验鉴定分离菌。直接荧光抗体染色法可快速、准确地检出病原菌。用凝集试验和补体结合试验检测血清中的抗体。

鉴别诊断 注意与表现神经病状的其他疾病进行鉴别。牛、羊脑多头蚴病，体温不高，病程发展缓慢，剖检可见虫体。狂犬病，传播较快，大猪发病时症状较轻，不表现神经症状，取脑组织接种兔，表现剧痒症状。猪传染性脑脊髓炎，表现特殊的神经过敏，遇突然刺激时发生肌肉痉挛和角弓反张，以病变脑组织悬液滴鼻或腹腔注射，只能使猪发病。

治疗 常用链霉素或其他广谱抗生素，病初大剂量应用效果较好。

防制措施 平时加强卫生防疫及饲养管理；不从疫区引进畜禽；驱除鼠类及寄生虫。发病时采取隔离、消毒、治疗等防疫措施。

公共卫生　人接触易感动物及其产品或剖检时，应注意自身防护。注意饮食卫生，防止被污染的乳、肉、蛋和蔬菜感染。

三、破伤风

本病是由破伤风梭菌引起人和多种动物共患的急性中毒性传染病。又名强直症，俗称锁口风。人医又称牙关紧闭症。主要特征为运动神经中枢应激性增高和全身骨骼肌持续性痉挛。

病原体　破伤风梭菌，为两端钝圆的细长杆菌，无荚膜，有鞭毛，芽孢呈圆形位于菌端，使菌体呈鼓槌状。革兰氏阳性，培养48h后转为阴性。本菌在厌氧的条件下生长繁殖产生两种外毒素。一种为破伤风痉挛毒素，毒力非常强，可引起神经兴奋性异常增高和骨骼肌痉挛；另一种为破伤风溶血素，可溶解马及家兔的血细胞，与破伤风梭菌的致病性无关。

本菌繁殖体抵抗力不强，一般消毒剂均能在短时间内将其杀死，但芽孢体抵抗力强，在土壤中可存活几十年，5%石炭酸10～15h才可将其杀死。

流行病学

传播特性　破伤风梭菌广泛存在于自然界，尤其是施肥的土壤、腐臭淤泥中。本菌必须经创伤才能感染，特别是钉伤、脐带伤、阉割伤、鞍伤及大手术伤等创伤深、创面组织损伤复杂的更易感染发病。但有些病例不见外伤，是因为在潜伏期中创伤已经愈合，或经损伤的胃肠道黏膜感染而发病。

流行特点　本病散发，没有季节性。患病动物不能直接传染给健康动物。本病与动物的品种、性别、年龄无关，但幼龄较老龄更为易感。许多动物均有易感性，其中马、骡、驴最易感，其次是猪、牛、羊和犬，禽类和变温动物无感受性。人的易感性也很高。

症状　潜伏期一般为7～14d，短者1d，长者达40d。常因去势而感染。全身肌肉强直性痉挛，瞬膜外露，是猪、马、牛、羊破伤风的特征性症状。从头部肌肉开始痉挛，牙关紧闭，流涎，应激性增高，随后四肢痉挛、僵硬，最后全身肌肉痉挛，角弓反张，难于站立。病死率较高。多在1～3d内死亡。

人感染后大多体温正常，头痛，咽肌和咀嚼肌痉挛，牙关紧闭，随后全身肌肉发生阵发性强直痉挛，不能进食，有时出现便秘和尿闭，重者角弓反张。任何刺激均可引起痉挛发作或加重，并可转为持续性痉挛。患者表情惊恐，但神志始终清楚。

诊断要点　根据特殊症状，如骨骼肌持续性痉挛、反应兴奋性增高、体温正常等，结合创伤病史可以确诊。对于症状不明显的应注意与急性肌肉风湿、狂犬病等鉴别。用棉拭子由创口深处取脓汁及坏死组织接种于普通培养基上，在厌氧条件下分离培养，经纯培养后作生化试验鉴定分离菌。

治疗　以消除病原、中和毒素、镇静、解痉及加强护理为主，辅以对症治疗。

感染创要进行清创，创伤深、创口小的要进行扩创，然后用3%过氧化氢或1%高锰酸钾消毒，彻底清除创内脓汁、坏死组织、异物等，再用5%～10%碘酊涂擦，然后撒布碘仿磺胺粉。全身应用青霉素、链霉素混合肌肉注射。当猪兴奋不安和强直性痉挛时，可使用镇静解痉药；心衰时用强心剂；胃肠机能紊乱时用健胃剂；体温升高或有继发感染时用抗生素或磺胺类药物治疗。此外，可用加减千金散、防风散等中药治疗。

早期使用抗破伤风血清，可在机体内保持2周左右，因此集中使用效果较好。同时应用40%乌洛托品，每日一次，连用7～10d。

将猪置于光线较暗的厩舍内，避免各种刺激，给予充足的饮水和易消化的饲料。不能采食者，用胃管投给流食。

防制措施 常发地区每年定期用破伤风类毒素对易感动物进行免疫接种。发生外伤时应及时治疗，如创伤大而深，应注射抗破伤风血清。动物在做手术或去势时，最好注射抗破伤风血清。

四、狂犬病

本病是由狂犬病病毒引起的人和多种动物共患的急性接触性传染病。又称"恐水症"俗称"疯狗病"。主要特征为神经兴奋和意识障碍，继而局部或全身麻痹而死亡，死亡率100%。

病原体 狂犬病病毒，属于弹状病毒科狂犬病病毒属，为RNA型病毒。病毒呈子弹状，有囊膜，主要存在于中枢神经组织、唾液腺和唾液内，在唾液腺和中枢神经细胞（尤其在海马角、大脑皮层、小脑）的胞浆内形成包涵体，呈圆形或卵圆形，染色后呈嗜酸反应，称为内基氏小体。病毒具有血凝特性，能够凝集1日龄雏鸡和鹅的红细胞，这种血凝特性可被相应抗体所抑制，故可进行血凝抑制试验。

病毒易被紫外线、70%酒精、0.01%碘液、1%～2%肥皂水等灭活，对酸、碱、福尔马林等消毒药敏感。100℃ 2 min可使其灭活，但在冷冻或冻干条件下可长期保存毒力。

流行病学 几乎所有的温血动物均易感，最易感的是犬科、猫科动物以及某些啮齿类动物和蝙蝠，他们也是病毒的主要自然贮藏宿主和传染源。对人和家畜的主要传染源是狂犬，其次是带毒犬和猫。近年国内报道外观健康的家犬带毒率平均为14.9%。病毒主要通过咬伤传播，也可由带毒的动物唾液经损伤的皮肤和黏膜而引起感染，亦有经呼吸道、消化道和胎盘感染的病例。本病散发，无季节性，流行的链锁性明显，致死率高达100%。

症状 潜伏期因感染病毒的数量、毒力、伤口距中枢的距离及动物的易感性不同而长短不一。一般为2～8周，最短的8d，长的可达数月或一年以上。猪、犬、猫、羊、狼平均为20～60d，牛、马为30～90d，人为30～60d。病猪兴奋不安，盲目乱跑，横冲直撞，叫声嘶哑，流涎，应激性增强，攻击人畜，最后麻痹而死亡。病程为2～4d。

人感染后，病初焦躁不安，头痛，体温略高，感觉异常，被咬伤部位疼痛难忍。随后兴奋，对光和声音极度敏感，瞳孔放大，流涎增多。随着病情发展，咽肌痉挛，吞咽困难，看到液体时即发生咽喉部痉挛，称为"恐水症"。兴奋期可能持续到死亡，或在最后出现麻痹，病程2～6d或更长，死亡率100%。

诊断要点

临床综合诊断 根据病犬咬伤的病史，攻击人畜等明显的神经症状可初步诊断。

实验室诊断 取大脑海马角或小脑作触片，用复红美蓝液染色8～10s，水洗、干燥、镜检，如在胞浆内见有染成鲜红色椭圆形的内基氏小体，可以确诊。但有的病例在脑内查不到包涵体，大脑的阳性检出率为70%左右。还可取脑或唾液腺制成乳剂接种乳鼠，死后取其脑组织检查包涵体。

荧光抗体法是诊断狂犬病特异、敏感、快速的方法，其阳性检出率可达95%。此外常用的方法有中和试验和补体结合试验。近年来研究的ELISA检查抗原和抗体，应用基因探针位点杂交技术检测实验感染小鼠中枢神经系统中狂犬病病毒的RNA，都取得了成功或进展。

防制措施 病犬和猫及吸血蝙蝠是人类和动物狂犬病的主要传染源，所以应加强犬和猫的管理，对家犬进行大规模免疫接种和消灭野犬，是预防人和动物狂犬病最有效的措施。当犬的免疫覆盖率连续数年达到75%以上时，就能有效地控制狂犬病的发生。对发病的动物应立即捕杀，将尸体焚烧或深埋。猪被可疑狂犬病动物咬伤时，先压迫局部，使其出血，后用3%碘酊消毒伤口，紧急接种狂犬病疫苗，使被咬动物在潜伏期内产生免疫，可免于发病。

五、伪狂犬病

本病是由伪狂犬病病毒引起多种动物的急性传染病。主要特征为发热、新生仔猪表现神经症状。

病原体 伪狂犬病病毒（PRV），属于疱疹病毒科狂犬病病毒属。病毒呈球形，有囊膜和纤突。基因组为线状双股DNA。病毒只有一个血清型，但毒株间存在差异。

病毒对外界环境的抵抗力很强。在猪舍内能活30d以上。对0.5%～1%氢氧化钠、福尔马林和日光敏感，常用消毒剂均有效。

流行病学

传播特性 病猪、带毒猪及带毒鼠是主要传染源，尤其隐性感染的猪是最危险的传染源，有的可持续排毒一年。通过眼鼻分泌物、唾液、乳汁等排毒。鼠类既是带毒者，又是传播者。经消化道感染，也可经呼吸道、生殖道及损伤的皮肤感染。妊娠母猪感染后可经胎盘感染胎儿。母猪感染后6～7d乳中便有病毒，持续3～5d，仔猪哺乳时感染。

流行特点 本病多发于冬、春季节，一般为散发，有时呈地方性流行。哺乳仔猪日龄越小，发病率和病死率越高，几乎达100%，随着日龄增长而下降。断奶后的仔猪多不发病，即使发病也轻微。成年猪一般呈隐性感染。本病自然发生于猪、牛、羊、犬、猫、兔、鼠及野生动物中，其中以猪、牛最易感，马属动物对本病有抵抗力。人偶尔可以感染。

病状 潜伏期一般为3～6d，少数达10d。随着年龄的不同其症状有所不同，但都无奇痒症状。

2周龄以内的仔猪病情严重。体温升高，精神委顿，厌食，呕吐，下痢，有的呼吸困难，呈腹式呼吸，然后出现神经症状，全身抖动，运动失调，阵发性痉挛，后躯麻痹，作前进或后退运动，倒地划动四肢，最后昏迷死亡。

3～4周龄的猪，症状与2周龄以内的猪相似，病程稍长。部分耐过猪常有偏瘫和发育受阻等后遗症。

2月龄以上的猪，症状较轻或隐性感染，仅表现一过性发热，咳嗽，便秘，有时出现呕吐，几天内可完全恢复。如果体温继续升高，则会出现神经症状，也可死亡。

怀孕母猪表现为发热、咳嗽，常发生流产、死胎、木乃伊胎和弱仔。弱仔猪表现呕吐、腹泻、运动失调，痉挛，角弓反张，常于生后2～3d内死亡。

病理变化 一般无特征性病变。有神经症状的仔猪脑膜充血、出血和水肿，脑脊髓液增多。

肺水肿，有小叶间质性肺炎病变。扁桃体、肝、脾均有灰白色小坏死灶。全身淋巴结肿胀、出血。肾布满针尖样出血点。胃底黏膜出血。流产胎儿的脑和臀部皮肤有出血点，肾和心肌出血，肝和脾有灰白色坏死灶。

诊断要点 根据流行病学和特征性症状可初步诊断，确诊需进行实验室检查。

动物接种试验是诊断本病常用的方法。采取患病部水肿液、脊髓或脑组织等，制成10倍稀释乳剂，取离心后上清液1～2ml皮下接种家兔，48～72h注射部位奇痒，奇痒出现后1～2d死亡，结合症状基本可以确诊。

可用直接免疫荧光法检查病料中的特异抗原。最常用的血清学方法是用中和试验检查血清抗体，还有琼脂扩散试验、补体结合试验、ELISA。

治疗 尚无特效药物，一般施以对症治疗。

防制措施 消灭鼠类具有重要意义；引进猪应隔离观察，严防带入病原体；注意检测带毒猪，每3～4周对猪群进行一次严格检疫，阳性者淘汰，直到两次检疫全部为阴性。

流行地区可定期进行预防接种，可用伪狂犬病弱毒苗、弱毒灭活苗、野毒灭活苗和基因缺失苗。但只靠疫苗接种不能消灭本病，只是缓解发病后的症状，因此，无病猪场一般禁用疫苗。尤其在同一头猪只能用一种基因缺失苗，以避免疫苗毒株间的重组。

发病时应立即隔离或扑杀病畜，尸体销毁或深埋；疫区内未发病的易感动物进行紧急免疫接种；圈舍、用具及污染的环境，用2%氢氧化钠、20%漂白粉等彻底消毒；粪便发酵处理。

第五节 以皮肤和黏膜水疱为主症

以皮肤和黏膜水疱为主症猪的传染病有口蹄疫、猪水疱病、猪水疱性疹、水疱性口炎等。

一、口 蹄 疫

本病是由口蹄疫病毒引起人和偶蹄动物的急性热性高度接触性传染病。俗称口疮、蹄癀。主要特征为在口腔黏膜、蹄部和乳房皮肤发生水疱和溃烂。

病原体 口蹄疫病毒（FMDV），属于微核糖核酸病毒科口蹄疫病毒属。病毒呈球形或六角形，无囊膜，基因组为RNA。可在胎牛肾、胎猪肾、乳仓鼠肾原代细胞及其传代细胞中增殖。

口蹄疫病毒具有多型性和易变异性。已知的病毒有7个血清型，即A、O、C、南非1、2、3型和亚洲1型，每一主型又分若干亚型，目前已发现65个亚型。各主型之间无交互免疫性，同一主型各亚型之间有一定的交叉免疫性。病毒在实验和流行中都能出现变异，疫苗的毒型与流行毒型不同时，不能产生预期的防疫效果。我国口蹄疫的毒型为O、A型和亚洲1型。

病毒对外界环境的抵抗力很强。被病毒污染的饲料、土壤和毛皮的传染性可保持数周至数月。对紫外线、热、酸和碱敏感，1%～2%氢氧化钠、3%～5%福尔马林、0.2%～0.5%过氧乙酸、0.1%灭菌净等均是良好的消毒剂。

流行病学

传播特性 患病和带毒动物是主要传染源。病毒随排泄物和分泌物排出，其中以水疱液、水疱皮、奶、尿、唾液和粪便含毒量最高，毒力最强。特别是猪通过气溶胶排毒量最大。潜伏期和康复后动物是危险的传染源。通过直接接触和间接接触传播，主要经消化道感染，经呼吸道、损伤的皮肤黏膜也可感染。近年来证明通过污染的空气经呼吸道传染更为重要。饲料、垫草、用具、饲养管理人员，以及犬、猫、鼠类、家禽等都可成为传播媒介。

流行特点　本病传播迅速、流行猛烈、发病率高、死亡率低。四季均可发生，但在牧区一般从秋末开始，冬季加剧，春季减少，夏季平息，在农区这种季节性则不明显。该病常呈流行性或大流行性，自然条件下每隔1～2年或3～5年流行一次，往往沿交通线蔓延扩散或传播，也可跳跃式地远距离传播。单纯性猪口蹄疫仅猪发病，不感染牛、羊，不出现迅速扩散和跳跃式流行，主要发生于猪集中饲养的地区及交通密集的沿线。

易感动物多达30余种，但主要是偶蹄动物，其中奶牛、黄牛最易感；其次为猪、牦牛和水牛；再次为绵羊、山羊、骆驼。一般幼龄动物较成年动物易感。人也可感染。实验动物中豚鼠、10日龄以内的乳鼠易感，后者是检出病料中微量病毒最好的实验动物。

症状　潜伏期为1～2d。发病迅速，很快蔓延全群。病初体温达40～41℃，精神沉郁，食欲减少或废绝。不久在口腔、舌、唇、齿龈、颊黏膜形成小水疱，破溃后形成糜烂。蹄冠、蹄叉、蹄踵等处红肿，跛行，形成米粒或蚕豆大水疱，破溃后形成出血性溃疡面。鼻盘、乳房也可见到水疱和烂斑。哺乳仔猪多呈急性胃肠炎和心肌炎而突然死亡，病死率达60%～80%。一般取良性经过，如无继发感染，约经1周即可痊愈。但继发感染后患部出现化脓、坏死，严重时蹄匣脱落。

人主要由于饮食带毒乳，或通过挤奶接触患病动物等引起感染。主要表现为唇、齿龈、颊部黏膜及指尖、指甲基部等处发生水疱，水疱破裂后形成薄痂或溃烂。病程1周左右，愈后良好。儿童感染后发生胃肠卡他，严重者可因心肌麻痹而死亡。

病理变化　除口腔、蹄部水疱和烂斑外，咽喉、气管、支气管黏膜有时可发生圆形烂斑和溃疡，上盖有黑棕色痂皮，胃肠黏膜可见出血性炎症。幼龄急性死亡的动物，心肌变性和出血。取慢性经过死亡的动物，心肌有灰白或淡黄色斑点或条纹，似虎皮上的斑纹，故称"虎斑心"，具有诊断意义。

诊断要点　根据流行病学特点、症状及剖检变化等可初步诊断。但在提供疫苗时必须进行毒型鉴定。

临床综合诊断　在口腔内各部形成小水疱，破溃后形成糜烂；蹄部红肿，跛行，形成水疱，破溃后形成出血性溃疡面。慢性经过死亡的动物，心肌有"虎斑心"变化。

实验室诊断　采取患病动物的水疱皮或水疱液为病料。水疱皮用PBS液制备浸出液，或直接用水疱液接种于BHK细胞或猪甲状腺细胞进行病毒培养分离，然后作饰斑试验。

血清学诊断有ELISA、免疫荧光抗体技术、中和试验、补体结合试验或微量补体结合试验、琼脂免疫扩散试验、反向间接血凝试验等。阻断夹心酶联免疫吸附试验等新方法已用于进出口动物血清的检测，国内外报道利用生物素标记探针技术检测病毒。

鉴别诊断　为区别猪口蹄疫、猪水疱病、猪水泡性疹和水疱性口炎，可做乳鼠接种试验。取病料分别给2日龄、7～9日龄乳鼠做腹腔内或皮下接种，观察1～4d。2日龄和7日龄组均健活的为猪水疱性疹；2日龄组死亡，而7日龄组健活即为猪水疱病；2日龄组和7日龄组均死亡即为口蹄疫或水疱性口炎。为区别口蹄疫和水疱性口炎，将病料肌肉注射接种牛，如不发病，则是水疱性口炎，反之为口蹄疫。

治疗 早期可使用高免血清或康复血清治疗。其他主要是对症治疗，对口腔病变可用10%盐水、食醋或0.1%高锰酸钾冲洗，溃烂面上涂以1%～2%明矾或碘甘油，也可用冰硼散撒布(冰片16g、硼酸160g、芒硝160g，共研为末)。对蹄部病变可用3%来苏儿洗净蹄部，擦干后涂以松馏油或鱼石脂软膏，绷带包扎。乳房病变可用肥皂水或2%～3%硼酸水洗净，然后涂以青霉素等抗炎软膏。

防制措施 平时加强检疫，禁止从疫区购入动物、动物产品、饲料、生物制品等；购入动物必须隔离观察，确认健康方可混群。

常发地区定期应用相应毒型的口蹄疫疫苗进行预防接种。猪O型口蹄疫BEI（二乙烯亚胺）灭活油佐剂苗，免疫期可达6个月。弱毒苗有A型、O型和AO型联苗，对牛、羊均安全有效，但对猪有致病力。

发生本病后，应及时上报疫情，尽早确诊，划定疫点、疫区和受威胁区，按“早、快、严、小”的原则及时隔离封锁；病猪及同群猪应隔离急宰，被污染的圈舍、场所及用具等彻底消毒；疫点严格消毒，粪便发酵处理，圈舍和场地用2%氢氧化钠、10%石灰乳、2%福尔马林或含氯制剂消毒，毛皮用环氧乙烷或甲醛蒸气消毒，肉自然熟化产酸处理；对受威胁区的易感动物进行紧急预防接种；在最后一头病猪痊愈或屠宰后14d内，未再出现新的病例，经终末消毒后可解除封锁。

二、猪水疱病

本病是由猪水疱病病毒引起猪的急性传染病。主要特征为蹄部、口部、鼻端和腹部、乳头周围皮肤发生水疱。症状与口蹄疫极为相似，但牛、羊等家畜不发病。

病原体 猪水疱病病毒（SVDV），属于微RNA病毒科肠道病毒属。RNA核酸型病毒，对乙醚不敏感，说明无类脂质囊膜。猪水疱病病毒同口蹄疫病毒、水疱性口炎病毒和水疱疹病毒没有交叉免疫反应，4种病毒虽然都能使动物产生相似的症状，但抗原性不同。

病毒不耐热，60℃30min和80℃1min即可灭活，在低温中可长期保存。在污染的猪舍内存活8周以上。病猪肉腌制后3个月仍可检出病毒。常用消毒剂在常规浓度下均不能在短时间内杀死，在低温条件下效果更差。消毒剂以氨水效果较好，1%过氧乙酸作用60min，可使病毒灭活。

流行病学

传播特性 病猪、潜伏期和病愈带毒猪是主要传染源，通过粪、尿、水疱液、奶排出病毒。直接接触是主要传播方式，也可通过粪便、屠宰病猪污染的周围环境、未经煮沸的泔水等，经消化道黏膜、呼吸道黏膜和损伤的皮肤感染。

流行特点 在自然流行中仅发生于猪，而不感染其他偶蹄动物。四季均可发生。猪群发病率差异很大，为20%～100%。在猪高度集中或调运频繁的单位和地区，容易造成流行。在分散饲养时则很少引起流行。健康猪与病猪同居24～45h，虽未出现症状，但体内已含有病毒。

病状 潜伏期在自然感染一般为2～5d，有的延至7～8d或更长。

典型的水疱病，其水疱常见于主趾和附趾的蹄冠，也见于鼻盘、舌、唇和母猪乳头，严重时蹄壳脱落，可因细菌继发感染而形成化脓性溃疡。体温升高至40～42℃，水疱破裂后体温下降至正常。如无并发症一般不引起死亡，但初生仔猪可造成死亡。病猪康复较快，两周后创面可痊愈，如蹄壳脱落，则需相当长时间才能恢复。

温和型的传播缓慢，症状轻微，只有少数出现水疱。隐性型的不表现任何症状，但可以排毒。

病理变化　特征性病变是在蹄部、鼻盘、唇、舌面、乳房出现水疱。个别病例在心内膜有条状出血斑。水疱破裂，水疱皮脱落后，暴露出创面，有出血和溃疡。

诊断要点　临诊症状无助于区分猪水疱病、口蹄疫和猪水疱性口炎，因此必须依靠实验室诊断加以区别。本病与口蹄疫区别更为重要，常用下列实验室诊断方法：

动物接种诊断　将病料分别接种于1～2日龄和7～9日龄乳小鼠，如2组乳小鼠均死亡者为口蹄疫；1～2日龄乳小鼠死亡，而7～9日龄乳小鼠不死者，为猪水疱病。病料经pH 3～5缓冲液处理后，接种1～2日龄乳小鼠，死亡者为猪水疱病，反之则为口蹄疫。或者以可靠的猪水疱病免疫猪或病愈猪与商品猪混群饲养，如两种猪都发病者为口蹄疫。

1～2日龄乳鼠很敏感，皮下接种病猪水疱液或水疱皮乳剂，经3～10d，因痉挛、麻痹而死，以区别口蹄疫病毒。

血清学诊断　常用以下方法：

反向间接血凝试验：用口蹄疫A、O、C型的豚鼠高免血清与猪水疱病高免血清抗体球蛋白（IgG）致敏，用1%戊二醛、甲醛固定的绵羊红细胞，制备抗体红细胞与不同稀释程度的待检抗原，进行反向间接血凝试验，可在2～7h内快速诊断猪水疱病和口蹄疫。

补体结合试验：用豚鼠制备的诊断血清与待检病料进行补体结合试验，可用于猪水疱病和口蹄疫的鉴别诊断。

荧光抗体试验：用直接和间接免疫荧光抗体试验，可检出病猪淋巴结冰冻切片和涂片中的感染细胞，也可检出水疱皮和肌肉中的病毒。

此外，放射免疫、对流免疫电泳、中和试验等都可作为猪水疱病的诊断方法。

防制措施　控制本病很重要的措施是防止病源传到非疫区，应特别注意监督交易和转运的猪及产品，运输时对交通工具应彻底消毒。屠宰下脚料和泔水经煮沸方可喂猪。环境和猪舍要严格消毒，常用过氧乙酸、氨水和次氯酸钠等。

猪感染水疱病病毒7d左右，在猪血清中出现中和抗体，28d达高峰。因此用猪水疱病高免血清和康复血清进行被动免疫有良好效果，免疫期达1个月以上，为此在商品猪中大量应用被动免疫，对控制疫情扩散和减少发病率，均起到良好作用。

人要加强自身防护。

三、猪水疱性疹

本病是由猪水疱性疹病毒引起猪的急性热性传染病。主要特征是口腔黏膜、蹄部和乳房皮肤发生水疱和溃烂。

病原体　猪水疱性疹病毒，属杯状病毒科杯状病毒属。无囊膜，基因组为单股RNA。本病毒至少有13个血清型，它们彼此之间没有交叉保护力。

流行病学　自然感染仅发生在猪，病猪和带毒猪是主要传染源。主要是直接接触传播，也可通过污染的饲料、未经煮沸的泔水等途径传播。无明显季节性。由于猪的易感性、饲养管理和病毒毒力的差异，猪群发病率差异较大，为10%～100%。

其他参照口蹄疫。

四、水疱性口炎

本病是由水疱性口炎病毒引起的人和多种动物共患的急性热性传染病。主要特征为口腔黏膜、间或在蹄冠和趾间皮肤上发生水疱，流泡沫样口涎。

病原体 水疱性口炎病毒，属于弹状病毒科水疱性口炎病毒属，为RNA型病毒。病毒呈子弹或圆柱状，有囊膜，可在7～13日龄的鸡胚中增殖使鸡胚死亡。人工接种马、牛、猪、绵羊、兔、豚鼠舌面内可发生水疱，但接种牛肌肉内则不发病，以区别口蹄疫病毒。病毒对环境因素不稳定，2%氢氧化钠或1%福尔马林能在数分钟内杀死病毒。

病毒对环境的抵抗力不强，日光及常用的消毒药数分钟内可将其杀死。在－10～－20℃可存活数月至一年。

流行病学 患病动物为传染源，病毒随其水疱液和唾液排出。通过损伤的皮肤和黏膜引起感染，也可通过污染的饮水及饲料经消化道感染，还可通过昆虫叮咬而传播。本病有明显的季节性，以夏季和秋初多发，传染力不强，一般呈散发。自然条件下，猪、马、牛、人易感，绵羊、山羊、犬、兔一般不易感染。

症状 潜伏期自然感染为3～5d。病初体温升高，随后在口腔和蹄部出现水疱，经1～2d后，水疱破裂，形成浅表的边缘不齐的鲜红色烂斑，不久愈合。病程1～2周，转归良好，多能自行康复。

人感染后呈流感样病状，少数病人发生口炎、轻度肾炎和扁桃体炎，多数于1周内康复。

病理变化 猪在口腔和蹄部都发生水疱，蹄部病变严重时可使蹄匣脱落。

诊断要点 根据流行病学特点、典型的水疱病变以及发病率和病死率均低可作出初步诊断。应与猪口蹄疫、猪水疱性疹及猪水疱病鉴别。其他参照口蹄疫。

防制措施 参照口蹄疫。

第六节 以繁殖障碍综合征为主症

以繁殖障碍综合征为主症的猪传染病包括猪衣原体病、流行性乙型脑炎（日本乙型脑炎）、猪细小病毒感染、猪繁殖与呼吸综合征，以及已经阐述的猪伪狂犬病、猪瘟、猪流行性感冒、钩端螺旋体病等。猪对布鲁菌不敏感。

一、猪衣原体病

本病是由鹦鹉热衣原体引起的人和多种动物共患的传染病。主要特征为流产、肺炎、肠炎、结膜炎、多发性关节炎和脑炎等。

病原体 鹦鹉热衣原体。衣原体是专性细胞内寄生，有细胞壁，既有RNA，又有DNA。在形态上有大、小两种：一种是小而致密的原生小体，呈球状、椭圆形或梨形，具有高度传染性；另一种是大而疏松的初体，呈圆形或椭圆形，是一种繁殖型中间体，无传染性。革兰氏阴性。

衣原体对脂溶剂和去污剂，以及常用的消毒剂均非常敏感，在几分钟内即可使其失去感染力。

流行病学　患病和带菌动物，通过粪便、尿、乳汁，以及流产的胎儿、胎衣和羊水排菌，污染饲料和饮水。经消化道感染，污染的尘埃可经呼吸道或眼结膜感染，交配、人工授精及子宫内也可感染。厩蝇和蜱可能是传播媒介。季节性不明显，不同年龄、品种的猪均可感染，常呈地方流行性。饲养密度过大，运输中拥挤，营养失衡等应激因素，均可促使本病的发生和发展。以猪、羊、牛、鹦鹉较易感，还有犬、猫、兔、鼠等。

症状　怀孕母猪常在妊娠后期，不见任何症状发生流产，产死胎、弱仔，在围产期新生仔猪大批死亡。

2～8周龄仔猪易发生角膜结膜炎，结膜充血，流泪，眼睑水肿，经5～6d开始痊愈。断奶仔猪易发生脑炎症状，表现精神委顿，体温升高，稽留热型，皮肤震颤。有的病猪高度兴奋，尖叫，突然倒地，四肢呈游泳状，后肢轻度麻痹，呼吸困难，病死率20%～60%。

2月龄以内的仔猪常表现胃肠炎症状，体温高达41.0～41.5℃，精神沉郁，衰竭无力，食欲减退或废绝，流浆液性、黏液性或脓性鼻汁，呼吸加速，流泪，咳嗽，腹泻，粪便稀薄，后期粪便带黏液或血液，呈褐色，还可发生心包炎。

公猪引起睾丸炎、阴茎炎、尿道炎。本病也可发生关节炎，表现四肢关节肿大，有热痛，运步困难，个别发生跛行。

人感染鹦鹉热衣原体后，能引起鹦鹉热和Reiter综合征。鹦鹉热以发热、头痛、肌痛和阵发性咳嗽为主的间质性肺炎为特征。Reiter综合征主要发生于20～40岁的男性，以尿道和结膜炎为特征。

病理变化　流产胎儿皮肤有淤血斑，皮下水肿，肝肿大呈红黄色。心内外膜有出血点。脾脏肿大。肾有点状出血。呼吸道和消化道黏膜卡他性炎症，气管内充满黏液，肺的尖叶、心叶或部分隔叶有紫红色或灰红色的实变区，界线清楚，肺间质水肿，膨胀不全，支气管增厚，切面多汁呈红色。腹腔和胸腔以纤维素性炎症为主要病变，积有多量淡红色渗出液，腹腔内脏器发生纤维素性粘连，心包膜与心外膜、胸壁发生纤维素性粘连。胃和小肠黏膜充血水肿，有点状出血和小溃疡，肠内容物稀薄，混有黏液及血液。肠系膜淋巴结充血、肿胀。

诊断要点

临床综合诊断　妊娠母猪发生流产，产死胎、木乃伊胎、弱仔，2月龄以内的仔猪发生肺炎和肠炎，断奶仔猪发生脑脊髓炎，公猪发生睾丸炎和尿道炎，胃肠炎仔猪胸腔和腹腔有纤维素性炎症。

实验室诊断　采集流产母猪的胎衣，流产胎儿的肝、脾、肺及胃液，公猪精液，肺炎病例取肺、肝组织，接种于5～7d的鸡胚卵黄囊内进行分离，并作荧光抗体试验鉴定分离菌。血清学诊断常用补体结合反应，也可用血清中和试验、毒素中和试验、免疫荧光抗体试验、间接血凝试验、ELISA。

治疗　选用青霉素、庆大霉素、红霉素、四环素、泰乐菌素等进行治疗，将药物拌在饲料或饮水中喂服。对链霉素、磺胺类杆菌肽有抵抗。

防制措施 衣原体的自然宿主很广泛，因此密闭饲养是防制本病的有效措施；用2%苛性钠、2%氯胺、5%来苏儿等，对产房、圈舍、场地进行严格消毒；加强饲养管理，避免应激因素；对确诊的种公猪和母猪要及时进行隔离、淘汰处理，其后代一般不宜做种用。

受威胁的猪群用衣原体灭活苗进行免疫接种，对繁殖母猪在配种前后1个月免疫接种1次，对种公猪在春秋两季各免疫接种1次。将四环素或土霉素按每千克饲料添加300g进行药物预防，可达到良好效果。

二、流行性乙型脑炎

本病是由日本乙型脑炎病毒引起的人和多种动物共患的传染病。又称日本乙型脑炎，简称乙脑。主要特征为流产、死胎和睾丸炎。

病原体 日本乙型脑炎病毒，属于黄病毒科黄病毒属。为单股RNA。病毒呈球形，有囊膜。人与动物感染后，无论发病还是隐性感染，血中均可产生补体结合抗体、血凝抑制抗体和中和抗体，有助于诊断。

病毒对外界抵抗力不强。常用消毒剂均有良好的灭活作用，1%煤酚皂液5min、5%煤酚皂液1min可灭活。56℃ 2min可杀死。

流行病学

传播特性 病猪和带毒猪是主要传染源。猪感染后病毒血症持续的时间很长，血中病毒含量高，且猪分布面、饲养数量多，易被蚊虫等吸血昆虫叮咬而扩大传播，亦是危险的传染源。本病是自然疫源性疾病，许多动物和人感染后都可成为传染源。主要通过蚊虫的叮咬而传播。蚊虫感染病毒后不仅可以传播，还可以带毒越冬或经卵传代，成为本病的增殖宿主和贮藏宿主，造成动物 — 蚊 — 动物的循环传播。

流行特点 猪不分品种和性别均易感，发病年龄多在性成熟期。猪感染率高、发病率低，绝大多数病愈后可获得终生免疫而成为带毒猪。本病有明显的季节性，多发于夏秋蚊虫活跃时期，约有80%的病例发生在7～9月份。一般为散发，但在新疫区常出现猪、马集中发生。除猪以外，马属动物、牛、羊、鸡、鸭、鹅和野鸟等都有易感受性，其中马最易感，猪和人次之，其他动物多呈隐性感染，幼龄动物较成年动物易感。实验动物中各年龄小鼠均易感。

症状 人工感染潜伏期一般为3～4d。猪的脑炎症状不如马明显。常突然发病，体温升高到40～41℃，稽留热，沉郁嗜眠，食欲减少，渴欲增加，粪便干硬，尿色深黄。有的表现明显的神经症状；有的后肢呈轻度麻痹，关节肿大，跛行；有的视力减退，摆头，乱冲乱撞。最后后躯麻痹，倒地不起而死亡。

妊娠母猪感染时，主要是突然性流产或早产，流产有死胎、木乃伊胎，弱胎在生后几天内发生痉挛而死亡。母猪流产后症状很快减轻，体温和食欲逐渐恢复正常。公猪除有一般病状外，常发生睾丸炎，多呈一侧性肿胀，有时为两侧，有的萎缩变硬。

人感染后潜伏期一般7～14d。主要表现发热，头痛，呕吐，嗜睡，儿童出现颈部强直和痉挛。部分病人出现惊厥、麻痹、昏迷等。死亡率高，病愈后常有神经系统后遗症。

病理变化 病变主要在脑、脊髓、睾丸和子宫。脑膜和脑实质充血、出血、水肿；肿胀的睾丸实质充血、出血并有坏死灶。流产或早产胎儿有脑水肿，腹水增多，皮下血样浸润。

诊断要点

临床综合诊断　发病具有明显的季节性和地区性，妊娠母猪突发流产或早产，公猪出现睾丸肿大。剖检时胎儿常见脑水肿，皮下水肿，有出血性浸润，胸腹腔积液。

实验室诊断　动物感染后，无论显性感染还是隐性感染，血清中都出现抗体，所以仅凭血清学反应阳性，而无临诊症状，则不能诊断为本病。特异性IgM抗体于发病后3～4d即可查出，2周达到高峰。所以，早期诊断需采集病期和恢复期双份血清作血凝抑制试验，如果恢复期血清效价为病期的4倍以上，则可诊断为本病。荧光抗体法、ELISA、反向间接血凝试验、免疫黏附血凝试验等也用于本病的诊断。

鉴别诊断　与猪布鲁菌病、猪细小病毒感染和猪伪狂犬病鉴别。

治疗　无特效疗法，可采用对症疗法和支持疗法，并加强护理。

防制措施　应从免疫接种、消灭传播媒介两方面采取措施。在当地流行开始前1个月内，给马和猪接种我国研制的乙型脑炎弱毒疫苗，不但可预防流行，还可降低动物的带毒率，也为控制人群中乙脑的流行发挥作用。杜绝传播媒介以灭蚊和防蚊为主，选用毒死蜱、双硫磷等有效杀虫剂，对圈舍定期进行超低容量喷洒。发现病猪应及时隔离，防止蚊虫叮咬。

三、猪细小病毒感染

本病是由猪细小病毒引起母猪繁殖机能障碍的传染病。又称为猪繁殖障碍。主要特征是母猪本身无明显症状，但产出死胎、畸形胎、木乃伊胎及病弱仔猪，偶有流产。

病原体　猪细小病毒，属于细小病毒科细小病毒属。病毒粒子呈圆形或六角形，无囊膜，基因组为单股DNA。病毒只有1个血清型，与其他细小病毒无抗原关系。

病毒对外界抵抗力很强，能耐受56℃ 48h，72℃ 2h，但80℃ 5min可使其失去活力。0.5%漂白粉、2%氢氧化钠5min可杀死病毒。

流行病学

传播特性　猪是唯一的易感动物，病猪和带毒猪是主要传染源。被感染母猪所产的死胎、活胎、仔猪及子宫分泌物中均含有高滴度的病毒。子宫内感染的仔猪至少可带毒9周，有些具有免疫耐受性的仔猪可能终生带毒和排毒。被感染公猪的精子、精索、附睾和副性腺都可分离到病毒，除通过胎盘、交配和人工授精感染以外，母猪、育肥猪和公猪还可通过被污染的食物、环境经消化道和呼吸道感染。

流行特点　一般呈地方流行性或散发。不同年龄、性别的猪都可感染，常见于初产母猪。猪群感染后，可能在猪场中连续不断地出现母猪繁殖失败。被污染的猪舍在病猪移出后空圈4.5月，经一般方法清扫后，放进的猪仍有可能被感染。

症状　主要是母猪繁殖障碍，产出死胎、木乃伊胎或流产等，也可能引起不孕，产仔数减少，初生仔猪活力减弱，有的能终生带毒而成为重要的传染源。对公猪的精子或性欲无明显影响。

病理变化　母猪子宫内膜有轻度炎症，胎盘有部分钙化，胎儿在子宫内被溶解、吸收。胎儿还有充血、水肿、出血、体腔积液、脱水及坏死等。

诊断要点 如果产出死胎、木乃伊胎或流产等，而母猪又没有其他症状，同时能证明是传染病时可考虑本病。可采取小于70日龄死胎的淋巴组织或肾脏，接种易感细胞培养，再以荧光抗体检查感染细胞中的病毒抗原。用血凝抑制试验检查猪血清中的抗体，血凝抑制价达1∶256者判为阳性。

防制措施 坚持自繁自养的原则，必须引进种猪时，应隔离饲养半个月，经过两次血清学检测，血凝抑制价在1∶256以下或为阴性时，方可混群饲养。流行地区将母猪配种时间推迟至9月龄以后，欲提前配种，须用血凝抑制试验检测免疫母猪的抗体水平，如抗体滴度高时才能进行配种。母猪在配种前2个月接种猪细小病毒灭活疫苗，每头猪2ml，免疫期6个月。猪场发生本病后，严格对猪舍和周围环境进行消毒，将仔猪从污染猪群移到清净区。凡经确诊的流产母猪的后代，不能留作种用。

四、猪繁殖与呼吸综合征

本病是由猪繁殖与呼吸综合征病毒引起猪的接触性传染病。又称为猪蓝耳病。主要特征为发热、繁殖机能障碍和呼吸困难。

病原体 猪繁殖与呼吸综合征病毒（PRRSV），属于动脉炎病毒科动脉炎病毒属，病毒粒子呈卵圆形，有囊膜，基因组为单股RNA。病毒不断出现变异。

病毒在外界环境中生存能力较弱。在深冻组织中可存活数年，4℃时存活1个月，在pH5.0以上环境时易失活，37℃48h则完全丧失感染力。对氯仿等有机溶剂敏感。

流行病学

传播特性 猪是唯一的易感动物，病猪和带毒猪是主要传染源，感染猪带毒至少5个月。病毒经粪、尿、分泌物以及流产的胎儿、胎衣、羊水排出体外，污染饲料、饮水、外界环境。主要经呼吸道感染，可也垂直传播，亦可经自然交配或人工授精传播。

流行特点 为高度接触性传染病，传播迅速。感染无年龄差异。主要侵害繁殖母猪和仔猪，肥育猪发病温和。猪场卫生条件差，气候恶劣，饲养密度大、调运频繁等因素可促使本病的流行。

症状 潜伏期一般为14d。不同年龄和性别的猪感染后症状差异很大，常为亚临床型。

母猪感染后精神沉郁，食欲下降，发热。妊娠后期流产、早产，产死胎、木乃伊胎、弱仔。6周后可重新发情，但常出现不育或产乳量下降。少数耳部发紫，皮下出现一过性血斑。

仔猪症状与日龄有关，以2～28日龄感染后症状明显，表现呼吸困难，肌肉震颤，后肢麻痹，共济失调，喷嚏，昏睡，有时还发生结膜炎和眼周水肿。有的耳紫和躯体末端皮肤发绀，死亡率高达80%。较大日龄仔猪则较少死亡，但在整个育成期出现生长发育不良现象。

育成猪双眼肿胀，结膜发炎，腹泻，并出现肺炎症状。

公猪食欲不振，精神倦怠，食欲不振，咳嗽，喷嚏，呼吸急促和运动障碍，性欲减弱，精液质量下降。

病理变化 母猪、公猪和育肥猪一般可见弥漫性间质性肺炎，并伴有细胞浸润和卡他性肺炎。流产胎儿可见胸腔内积有多量清亮液体，偶见有肺实变区。

诊断要点

临床综合诊断 妊娠母猪后期发生流产，新生仔猪死亡率高，2～28日龄仔猪呼吸困难，间质性肺炎，有的耳部发紫和躯体末端皮肤发绀。

实验室诊断　采取可疑病猪血清、死亡胎儿的体液和肺，接种于肺巨噬细胞培养物进行病毒分离，用已知抗血清作病毒中和试验鉴定分离的病毒。从死胎、弱仔的血液、腹水、肺、脾等处可分离到病毒。血清学试验包含免疫过氧化物酶单层细胞试验、间接免疫荧光技术、间接ELISA和阻断ELISA法。

鉴别诊断　伴发流产的应与猪伪狂犬病和猪瘟加以区别。

治疗　尚无有效的治疗方法。流行时可给仔猪注射抗生素并配合支持疗法，以防止细菌继发感染，降低病死率。

防制措施　实施全面而严格的防疫卫生措施；禁止从疫区引进猪只，若从场外引进猪只，应隔离饲养3周，并进行2次血清学检查，阴性者方可入舍混群。现有灭活疫苗和弱毒疫苗。

复习思考题

1. 猪及其他动物共患的传染病，主要为猪所患的传染病。
2. 人与猪共患传染病，其防制在公共卫生上的意义。
3. 引起仔猪腹泻的传染病在流行特点和症状上的异同。
4. 猪梭菌性肠炎诊断的依据，与肠型猪瘟的鉴别诊断。
5. 比较猪痢疾与猪副伤寒——肠炎型病理变化。
6. 猪流行性腹泻的流行病学特点和防制措施。
7. 猪巴氏杆菌病急性型和慢性型的症状特点，应与哪些传染病相鉴别。
8. 猪支原体性肺炎的流行特点，病理变化特点，建立健康猪群的主要措施。
9. 流行性感冒临床诊断要点，防制措施。
10. 猪丹毒亚急性疹块型的临诊表现特点，防制措施。
11. 猪链球菌病的类型，各自的临诊特点。
12. 猪副伤寒——败血型的流行特点，公共卫生意义。
13. 猪瘟的传播特性，急性型猪瘟具有诊断意义的特征，慢性型的病理变化特点。
14. 迟发型猪瘟的症状、病理变化特点。
15. 如何预防和扑灭猪瘟。
16. 急性猪瘟症状、病理变化特点。
17. 李氏杆菌病的类症鉴别。
18. 破伤风的病因及典型症状。
19. 狂犬病的防制措施。
20. 伪狂犬病的防制措施。
21. 口蹄疫的病理变化特点。
22. 猪口蹄疫、水疱病、水疱性疹和水疱性口炎的鉴别诊断要点。
23. 母猪和仔猪繁殖与呼吸综合征的症状特点。
24. 制定某猪场或乡镇猪主要传染病的综合性防疫措施。

第四章　牛的传染病

第一节　以消化系统症状为主症

以消化道症状为主症的牛传染病包括牛大肠杆菌病、牛沙门菌病、牛产气荚膜梭菌肠毒血症、副结核病、弯曲菌性腹泻、牛病毒性腹泻/黏膜病、牛轮状病毒感染、牛冠状病毒感染。

一、牛大肠杆菌病

本病是由大肠杆菌引起犊牛的急性传染病。主要特征为不同的病型分别表现为败血症、肠毒血症和白痢。

病原体　大肠杆菌，中等大小，有鞭毛，无芽孢，一般无荚膜，革兰氏阴性。病原性大肠杆菌与人兽肠道内正常寄居的非致病性大肠杆菌的形态、染色反应、培养特性和生化反应等相同，只是抗原构造不同。

病原性大肠杆菌主要有：肠致病性大肠杆菌（EPEC）、肠产毒素性大肠杆菌（ETEC）、肠侵袭性大肠杆菌（EIEC）、肠出血性大肠杆菌（EHEC）。根据大肠杆菌O抗原、K抗原和H抗原的不同，可分成不同的血清型，用O∶K∶H、O∶K、O∶H表示。感染不同动物和人的血清型各有所不同。牛主要为O8、O78、O101等，并往往带有K99抗原。

常用的化学消毒药数分钟内可杀死本菌。

流行病学

传播特性　传染源为患病和带菌犊牛。犊牛吸吮乳汁或饮水时，经消化道感染，还可经子宫内和脐带感染。

流行特点　1～2周龄犊牛最易感，日龄较大者少见。多呈地方流行性或散发，多发于冬、春季舍饲期间。常与轮状病毒、冠状病毒及球虫发生混合感染。本病的发生与诱因有密切的关系，如母牛体质不良，饲料中缺乏维生素和蛋白质，犊牛饥饿或哺乳不及时，乳房不洁，气候骤变等。

大肠杆菌可感染多种动物和人。感染犊牛时，分别表现为败血型、肠毒血型、肠型；感染仔猪时，分别表现为黄痢型、白痢型、水肿型；感染羔羊时，分别表现为败血型、肠型；感染禽时，分别表现为急性败血症、气囊炎、关节滑膜炎、全眼球炎、输卵管炎和腹膜炎、脐炎、肉芽肿。还常感染幼驹、兔、貂、鹿、狐等。

症状　潜伏期数小时。

败血型　呈急性败血症经过。病犊表现发热，精神沉郁，间有腹泻，常于出现症状后数小时至1d内死亡，有的未出现腹泻即死亡。可在血液和内脏中分离到病原菌。

肠毒血型　较少见，常突然死亡。病程稍长者，可见到中毒性神经症状，先兴奋后沉郁，最后昏迷而死，死前多有腹泻。

白痢型（肠型）　病初体温升高至40℃，数小时后开始下痢，随后体温降至正常。粪便初为黄色粥样，后呈白色水样，内含气泡和凝乳块、血块，有酸臭味。后期腹痛，肛门失禁。脱水严重者，被毛无光泽，病情急剧恶化，经2～3d衰竭而死。病死率一般为10%～50%。病程长者恢复很慢，并有肺炎、脐炎和关节炎，发育迟缓。

病理变化　剖检急性败血型、肠毒血症死亡的犊牛，多无特异性病变。白痢型主要为急性胃肠炎病变。皱胃内容物呈黄灰色液状，内含凝乳块，黏膜充血。十二指肠和小肠呈卡他性炎症变化，黏膜充血、出血，肠壁菲薄，内充满水样物，直肠黏膜充血或有时出血。肠系膜淋巴结肿胀。肝、肾有时有出血点，胆囊内充满胆汁。心内膜有出血点。病程长的有肺炎和关节炎病变。

诊断要点

临床综合诊断　以1～2周龄犊牛最易感，排白色水样便。皱胃、小肠和直肠黏膜充血、出血等卡他性炎症变化。注意与犊牛副伤寒相鉴别。

实验室诊断　败血型取血液和内脏；肠毒血型取小肠前段肠黏膜；白痢型取发炎的肠黏膜。接种于伊红美蓝琼脂培养基上，挑选有金属光泽、紫色带黑心菌落，对分离的大肠杆菌进行生化反应并鉴定血清型。用平板凝集试验和试管凝集试验用于鉴定分离菌的血清型。用DNA探针技术和PCR技术进行大肠杆菌鉴定，是目前最特异、敏感和快速的检测方法。

治疗　尽早诊断和治疗，可获得较好效果。选择抑菌作用强的药物效果会更好，如磺胺间甲氧嘧啶、磺胺脒、痢特灵、卡那霉素、庆大霉素、环丙沙星、氟哌酸等。另外，辅以止泻、腹腔内补液、补盐和强心等对症疗法。

防制措施　加强母牛产前、产后的饲养管理和护理；分娩之前对圈舍要彻底消毒；新生犊牛应及时吸吮初乳；改善饲育环境，防止各种应激因素。常发地区可试用当地分离的特定血清型大肠杆菌制备的灭活疫苗接种妊娠母牛。对发病的犊牛及时隔离治疗，同时对同群犊牛使用经药敏试验筛选的敏感抗生素进行药物预防。

二、牛沙门菌病

本病是由沙门菌引起人和多种动物的共患传染病。又称副伤寒。主要特征为急性出血性肠炎。

病原体　沙门菌，为两端钝圆的中等大杆菌，无荚膜，无芽孢，有周鞭毛，革兰氏阴性。在各种普通培养基上均生长良好。在伊红美蓝琼脂上形成与培养基颜色一致的淡粉红色或无色菌落。根据其抗原结构的不同分成许多血清群及型。本病主要是鼠伤寒沙门菌、都柏林沙门菌或纽波特沙门菌。

本菌对干燥、腐败、日光等因素具有一定的抵抗力，在外界可生存数周或数月。一般消毒剂均能灭活。

流行病学

传播特性　患病和带菌牛是主要传染源。随粪便、尿、乳汁及流产的胎儿、胎衣和羊水排出病菌，污染饲料和饮水。主要经消化道感染，交配、人工授精和子宫内也可感染。鼠类可传播本病。本菌存在于健康动物的消化道、淋巴组织和胆囊内，当抵抗力降低时而引起内源性感染。

流行特点　一般以30～40日龄以上的犊牛最易感。成年牛发病多为慢性经过或带菌者，呈散发性，多发于夏季放牧期。犊牛发病后传播迅速，往往呈地方性流行，死亡率较高。环境卫生不良，潮湿，拥挤，长途运输，气候骤变，饲养管理不当等，均能促进本病的发生。本菌还可感染猪、羊、马、兔、禽类、毛皮动物等。不同的沙门菌分别引起的禽病有鸡白痢、禽伤寒、禽副伤寒。

症状 犊牛病初体温至40～41℃，精神沉郁，食欲废绝。经2～3d排出灰黄色液状便，混有黏液和血丝，有恶臭味，最后由于脱水迅速衰竭死亡。病程一般为5～7d，病死率可达50%。病期延长时，腕和跗关节可能肿大，还有可能出现支气管肺炎。

成年牛感染后多呈隐性经过，轻者可自行恢复。急性病例多见于弱牛，症状与犊牛相似，多于发病后1～5d内死亡。病程延长时，脱水消瘦，剧烈腹痛，孕牛流产。

人分为三型，胃肠炎型即食物中毒，最为常见；还有败血症型和局部感染性化脓型。

病理变化 犊牛的急性病例在心内外膜、腹膜、皱胃、小肠、结肠和膀胱黏膜有出血点；脾充血肿大，有时见出血点；肠系膜淋巴结水肿，有时出血。病程较长者肝和肾有时有坏死灶。关节受损时，腱鞘和关节腔内含有胶样液体。

成年牛主要是急性出血性肠炎病变。小肠黏膜充血、出血，大肠黏膜脱落，有局灶性坏死区。肠系膜淋巴结水肿、出血。肝脏脂肪性变性或有坏死灶，胆囊肿大，胆汁混浊。脾常充血肿胀。病程稍长者有肺炎病变。

诊断要点

临床综合诊断 犊牛多发于30～40日龄以后，皱胃、小肠、膀胱黏膜和腹膜有出血点，脾脏充血肿大，肝和肾有时有坏死灶。成年牛有出血性肠炎病变，脾脏肿大，肝脏脂肪变性或有坏死灶。与犊牛大肠杆菌病区别。

实验室诊断 采脾、肠系膜淋巴结、胃肠内容物及流产的子宫和胎膜等，接种于伊红美蓝琼脂培养基，取无色菌落纯培养，生化试验鉴定分离菌。单克隆抗体技术和ELISA已用于快速诊断。

治疗 尽早使用敏感的抗菌素，如庆大霉素、氨苄青霉素、磺胺嘧啶、磺胺二甲基嘧啶等。及时补液、补盐以防止脱水，大量补给维生素C可增加机体抵抗力，出现休克症状时应用皮质类激素，酌情使用强心剂。

防制措施 平时加强饲养和卫生管理，圈舍、用具和环境要定期消毒。常发地区可用当地分离的菌株，制成灭活疫苗进行预防接种，可获得良好效果。发病牛应及时隔离治疗，对同群牛用敏感的抗菌素进行预防，圈舍要彻底消毒。对病死牛应严格执行无害化处理，防止人食物中毒。

公共卫生 本菌污染食品可使人发生食物中毒。加强屠宰卫生检验，尤其是急宰动物的检验和处理；肉要充分煮熟；避免鼠类污染食物。经常与动物及其产品接触的人员，要注意自身防护。

三、牛产气荚膜梭菌肠毒血症

本病是由产气荚膜梭菌引起牛的急性消化道传染病。主要特征为十二指肠和空肠呈高度出血性肠炎。

病原体 C型产气荚膜梭菌，有荚膜，不运动的厌氧大杆菌，革兰氏阳性。芽孢卵圆形，位于菌体中央或近端，但在人工培养基中则不易形成。本菌可产生α和β致死毒素，引起仔猪肠毒血症、坏死性肠炎。

本菌形成芽孢后对外界抵抗力强。80℃15～30min，100℃几分钟才能杀死。冻干保存至少10年其毒力和抗原性不发生变化。常用5%氢氧化钠消毒。

流行病学 传染源是病牛和带菌牛。病菌随粪便排出，污染饲料、饮水和周围环境等，经消化道或创伤感染。多发于春、秋和冬季。突然转换蛋白质丰富的多汁青饲料，在低洼地放牧以及长期在湿度过大的环境中饲养易引起发病。

症状 最急性者无任何症状突然死亡。多数呈急性经过，一般体温正常，从口腔流出大量泡沫样液体，精神高度沉郁，食欲废绝，脉搏增快，腹痛，血便中有坏死的肠黏膜片，肌肉震颤，结膜发绀。濒死期四肢麻痹，常于18h之内死亡。

病理变化 十二指肠和空肠高度出血性肠炎变化，肠浆膜和黏膜大面积重度出血，肠内容物呈红色含有血液和坏死的肠黏膜片。肠系膜淋巴结肿胀并有出血。心内外膜有点状出血，严重者呈喷血状。喉头和肺有出血并伴有水肿。肝脏褪色，并散在充血斑，呈典型的毒血症病变。肾脏褪色，被膜有点状出血。脾脏被膜见有出血点。

诊断要点 不分年龄均突然发病猝死。十二指肠和空肠高度出血性肠炎变化，呈血肠样外观，肝脏褪色，并散在充血斑。查明病牛肠道是否存在C型产气荚膜梭菌的毒素，对诊断具有重要意义。目前用PCR方法快速鉴定各种毒素型。

治疗 发病时几乎来不及治疗，因此诊断为本病时，对未发病的同群牛选用林可霉素、氟哌酸、环丙沙星等大剂量口服预防。

防制措施 平时加强饲养管理和卫生措施，圈舍和周围环境定期消毒，冬季要注意牛舍通风和保温。常发地区，在日粮中加入金霉素、四环素等进行药物预防。尸体要深埋处理，彻底消毒圈舍，对同群未发病牛用敏感抗菌素进行药物预防。用当地分离的菌株制成灭活疫苗进行预防接种。

四、副结核病

本病是由副结核分枝杆菌引起的主要发生于牛的慢性传染病。又称副结核性肠炎。主要特征为顽固性腹泻和逐渐消瘦；肠黏膜增厚并形成皱襞。

病原体 副结核分枝杆菌。革兰氏阳性小杆菌，抗酸染色阳性（本菌为红色，其他菌为蓝色）。

本菌对自然环境抵抗力较强，在外界环境中能生存11个月，3%来苏儿、3%福尔马林等常用消毒剂均能杀死。

流行病学

传播特性 病牛和带菌牛是主要传染源。本菌存在于肠黏膜和肠系膜淋巴结，随同粪便排出；有些病例存在于血液，随乳汁和尿排出。污染饲料、饮水和牧草，经消化道感染。母牛通过子宫的感染率在50%以上。

流行特点 潜伏期可达6～12个月，甚至更长，幼年感染后，2～5岁才表现出症状，尤其是母牛在妊娠、分娩和泌乳时，易于出现症状。因此流行过程比较缓慢，病例之间往往间隔较长时间，呈散发或有时成为地方流行性。乳牛最易感，幼龄易感性更高。绵羊、山羊、猪、马属动物、骆驼、鹿等均可感染。

症状 主要为持续性下痢，病初体温和食欲无明显变化，间断性腹泻，以后逐渐变为顽固性腹泻，有的呈喷射状，粪便稀薄、恶臭，带有气泡、黏液和血凝块。随着时间的延长，食欲减退，脱水，眼窝下陷，消瘦，被毛粗乱，下颌及胸垂可见水肿。有时腹泻暂时停止，粪便也恢复常态，体重有所增加，然后再度腹泻。一般经过3～4个月因衰竭而死亡。感染牛群的死亡率每年高达10%左右。绵羊和山羊的症状与牛相似。

病理变化 主要变化在肠和肠系膜淋巴结，并常限于空肠、回肠和结肠前段。肠壁显著增厚，呈硬而弯曲的皱褶，肠黏膜呈灰白色或灰黄色，皱褶突起处充血。肠系膜淋巴结高度肿胀，呈条索状。肠系膜显著水肿。

诊断要点 根据流行病学、症状和病理变化可初步诊断，确诊需做皮内变态反应试验，必要时做病原分离和鉴定。

临床综合诊断 顽固性腹泻，消瘦。空肠、回肠壁增厚，呈硬而弯曲的皱褶。

实验室诊断 取粪便中的黏液、血丝，加3倍量的0.5%氢氧化钠液，混匀，55℃水浴乳化30min，以4层纱布滤过，取滤液以1 000r/min离心5min，去沉渣后，再以3 000～4 000r/min离心30min，去掉上清，取沉淀物涂片，用抗酸染色镜检，本菌为红色，常呈丛状。阳性结果可确诊。

ELISA敏感性和特异性均很高，尤其适用于隐性感染和症状出现前补体结合试验呈阴性的牛。免疫斑点试验敏感度很高，而且简便、快速，更适用于生产现场。补体结合试验会出现假阳性，可与变态反应配合使用。

以副结核菌素或禽结核菌素作皮内变态反应试验，能检出大部分隐性病牛。

治疗 尚无有效药物。对症治疗如止泻、补液、补盐等只能减轻症状，一旦停药又可复发。

防制措施 平时加强饲养管理，不从疫区引进牛，必须引进时，应在严格隔离的条件下，用变态反应进行检疫，确认健康时方可混群。发生本病时，及时隔离病牛，被污染的牛舍、场地、用具等，用生石灰、漂白粉、氢氧化钠、石炭酸等严格消毒，粪便发酵处理。

尚无有效疫苗。据报道有人从国外引进副结核弱毒株，研制出副结核弱毒苗，在无结核的牛场试验，免疫期可达4年。

五、弯曲菌性腹泻

本病是由弯曲菌引起人和多种动物的共患传染病。原名弧菌病，又称冬痢或黑痢。主要特征为腹泻。

病原体 弯曲菌，细长，在感染组织中呈弧形、撇点或S型，有鞭毛，无芽孢，有些菌株有荚膜，革兰氏阴性。菌落呈光滑、隆起、半透明状。本病主要是空肠弯曲菌。引起其他动物流产和腹泻的还有胎儿弯曲菌、唾液弯曲菌、结肠弯曲菌和简洁弯曲菌。

本菌对外界环境的抵抗力不强。对干燥、阳光和一般消毒药敏感。

流行病学 主要传染源是病牛和带菌牛。通过粪便排出的菌污染饲料和饮水，经消化道感染。在鸡和猪肠道中隐性感染率很高，这对流行病学具有重要意义。本菌在自然界的分布非常广泛。多发于秋冬季节的舍饲牛，呈地方流行性。本菌还可引起绵羊流产，引起羊、猪、犬、猫、猴、幼驹、雏鸡及人的腹泻。

症状 潜伏期3d。突然发病，之后1～2d内大、小牛几乎都腹泻，排出水样棕色稀粪，常带有血液，恶臭，奶牛产奶量大幅下降，但体温、脉搏、呼吸、食欲无明显变化。个别牛病情较重，病程2～3d。如果及时治疗则很少死亡。患牛还可发生乳房炎，并从乳中排出病菌。

人感染后，病情不一。初期发热，头痛，肌肉酸痛，全身无力，婴儿抽搐。然后在脐周围间歇性腹痛，排便后有所缓解。发病后12～24h后有水样腹泻，有的出现黏液便或脓血便。1周后可缓解，少数可持续几周，反复腹泻。

病理变化 胃肠黏膜出现肿胀、充血、出血等急性卡他性胃肠炎的病变。

诊断要点

临床综合诊断 不分年龄均可发病，传播迅速，常于冬季发生，虽有水样腹泻，但预后良好。胃肠卡他性炎症病变。

实验室诊断 取腹泻粪便直接接种于改良Camp-BAP琼脂培养基，在一个大气压的85% N_2、10% CO_2 和5% O_2 的混合气体环境条件下，37℃或25℃进行分离培养，经生化试验鉴定分离本菌。用试管凝集试验、间接血凝试验、补体结合试验、ELISA等，检测血清中的抗体。基因探针技术已用于本菌的检测。

治疗 选用链霉素、四环素类抗生素等抗菌药物，同时应用肠道防腐、收敛药物，松节油和克辽林的等量混合液25～50ml，每12h口服一次，一般服2次即可痊愈。对于病重虚弱者，还应输液、补充电解质等。

防制措施 尚无有效疫苗。加强饲养和卫生管理，避免牛摄食被病菌污染的饲料和饮水；定期消毒。病牛隔离治疗，其粪便和垫草、垫料要及时清除，发酵处理；圈舍、用具要彻底消毒，并空舍1周以上。

公共卫生 加强肉及其制品和乳制品的卫生监督，注意饮食卫生。空肠弯曲菌还常引起儿童肠道外感染，如败血症、脑膜炎、胆囊炎、腹膜炎、心内膜炎、血栓性静脉炎和反应性关节炎等。

六、牛病毒性腹泻/黏膜病

本病是由牛病毒性腹泻病毒引起牛等动物共患的传染病。简称为牛病毒性腹泻或牛黏膜病。主要特征为黏膜发炎、糜烂、坏死，腹泻。

病原体 牛病毒性腹泻病毒，又名黏膜病病毒，属于黄病毒科瘟病毒属。有囊膜，呈圆形，基因组为单股RNA。本病毒与猪瘟病毒、边界病毒有共同抗原。

病毒对乙醚、氯仿、胰酶及温度敏感，56℃很快灭活，在低温下稳定。一般消毒剂均可杀灭。

流行病学

传播特性 患病牛和隐性感染牛及康复后带毒牛（可带毒6个月）是主要传染源。绵羊、山羊、猪、鹿、水牛、牦牛等多为隐性感染，也可成为传染源。通过粪便、呼吸道分泌物、眼分泌物排毒，污染周围环境。主要经消化道和呼吸道感染，亦可通过胎盘感染，公牛精液带毒也可传染。各种年龄的牛均易感，发病以6～18个月龄居多。

流行特点　常年均可发生，但易发生于冬春季节。新疫区急性病例多，发病率通常约为5%，但病死率可达90%以上。老疫区急性病例少，发病率和病死率很低，但隐性感染率可达50%以上。

症状　潜伏期7～14d。在牛群中仅有少数发病，多数是隐性传染。

急性型　突然发病，体温至40～42℃，并持续4～7d，有的还有第二次体温升高。精神高度沉郁，食欲减退或废绝。常为水样腹泻，粪有恶臭，内含黏液、纤维素性絮片和血液。眼鼻有黏液性分泌物，口腔黏膜潮红，唾液增多。经2～3d，在鼻镜和鼻孔周围及口腔黏膜有糜烂，有时糜烂连成一片坏死，舌面上皮坏死，流涎增多，呼出气恶臭。有的常有蹄叶炎及趾间皮肤糜烂、坏死，跛行。多数1～2周内死亡，少数病程可拖延1个月。母牛时常流产，或产先天缺陷的犊牛，最常见的是小脑发育不全，或患犊呈现程度不同的共济失调，或不能站立，有的失明。

慢性型　蹄叶炎和趾间皮肤糜烂、坏死，跛行是最明显的症状。鼻镜糜烂，眼常有浆液性分泌物，在颈部和耳后的皮肤成为皮屑状。多数病牛在2～6个月内死亡。

病理变化　主要病变在整段消化道，黏膜充血、出血、糜烂或溃疡等。特征性病变是食道黏膜有大小不等和形状不一的直线排列的糜烂，肠系膜淋巴结肿胀。

诊断要点

临床综合诊断　多数为隐性感染，仅有少数发病，但病死率很高。主要病变在整段消化道黏膜，其中食道黏膜有直线排列的糜烂是特征性病变。

实验室诊断　采取急性发热期病牛的血液、尿、鼻液或眼分泌物，剖检可采取脾、骨髓或肠系膜淋巴结等病料，常规处理后接种于易感犊牛或乳兔，也可用牛胎肾或牛睾丸细胞分离病毒，用已知抗血清作病毒中和试验鉴定分离的病毒。应用最广的是血清中和试验，还可用补体结合试验、免疫荧光抗体技术、琼脂扩散试验和PCR等。

鉴别诊断　与牛瘟、口蹄疫、牛传染性鼻气管炎、牛恶性卡他热、牛水疱性口炎、牛蓝舌病等区别。

治疗　目前尚无特效疗法，应用收敛剂和补液、补盐等对症疗法可减轻症状。为防止继发性细菌感染，可投给抗菌素和磺胺类药物。

防制措施　本病的隐性感染率高达50%以上，而且能较长时间保持中和抗体，因此，加强口岸和交易检疫，以防止引入带毒动物至关重要。猪和羊作为隐性感染带毒者，成为危险的传染源。可用弱毒苗或灭活苗预防。一旦发生本病，对病牛要隔离治疗或急宰；被污染的圈舍、用具及周围环境要彻底消毒。

七、牛轮状病毒感染

本病是由轮状病毒引起牛和多种幼龄动物以及儿童的急性肠道传染病。主要特征为呕吐、腹泻、脱水。

病原体　轮状病毒，属于呼肠孤病毒科轮状病毒属。病毒呈圆形，有双层衣壳，因其形状类似车轮而得名，为RNA型病毒。病毒很难在细胞培养中生长繁殖，有的既使能够增殖，也不产生或仅产生轻微的细胞病变。只有犊牛、猪、鸡、火鸡及人轮状病毒的某些毒株能在一些细胞培养中繁殖。根据衣壳的群特异性抗原，将其分为A、B、C、D、E、F 6群。多数哺乳动物及人的轮状病毒在A群。

病毒对外界环境抵抗力较强，在粪便及不含抗体的乳汁中，18～20℃半年仍有感染性。室温能保存7个月。63℃经30min灭活。0.01%碘、1%次氯酸钠或70%酒精可使病毒丧失感染力。

流行病学

传播特性　病牛和隐性感染带毒牛是主要传染源。随粪便排出的病毒污染环境、饲料和饮水，经消化道感染。

流行特点　传播迅速，无明显的季节性，但秋冬季节多发。1周龄以内的犊牛多发。成人和成年动物一般为隐性感染。多种动物之间可互相传播，如人轮状病毒传染给猴、仔猪和羔羊；犊牛和鹿轮状病毒可传染给仔猪。本病的发生与寒冷、潮湿、不良的卫生环境和饲料有密切关系。其他幼龄动物，如仔猪、羔羊、犬、幼兔、幼鹿、鸡、鸭、珍珠鸡、猴、小鼠、火鸡、雉等，均可自然感染发病。

症状　潜伏期为15～96h。病犊牛体温正常或略有升高，精神不振，吮乳减少，随后很快排黄白色水样便，有时带有黏液和血液，腹泻延长时脱水明显，病情加重，常有死亡。病程1～8d。

儿童的急性胃肠炎，近60%为本病毒感染所致。潜伏期为2～4d，表现腹痛、腹泻、呕吐、发热等，3～5d可恢复。

病理变化　主要病变在小肠和肠系膜淋巴结。小肠黏膜条状或弥漫性出血，肠壁菲薄、半透明，小肠绒毛萎缩，肠内容物呈灰黄或灰黑色液状。肠系膜淋巴结肿大。

诊断要点　1周龄以内犊牛多发，主要病变为小肠卡他性炎症。一般在腹泻开始24h内采取小肠，作冰冻切片或涂片进行荧光抗体检查。用ELISA检测血清中的抗体。应注意与犊白痢相区别。

防制措施　加强饲养管理和卫生措施，增强母牛和犊牛抵抗力。病犊牛应及时隔离治疗，停止哺乳，静注葡萄糖盐水和5%碳酸氢钠，防止脱水、脱盐而引起酸中毒及休克，给予收敛药物。有细菌继发感染时使用抗菌素。

除牛以外的其他动物尚无有效疫苗。美国研制的弱毒疫苗在新生犊牛吃初乳前经口接种，2～3d后可产生坚强免疫。灭活疫苗免疫孕牛，产前30d和60d各接种1次，使犊牛获得免疫保护。

公共卫生　人要注意清洁卫生，尤其是哺乳卫生。尽量用母乳喂养婴儿，提高其抵抗力。

八、牛冠状病毒感染

本病是由冠状病毒引起牛的消化道传染病。主要特征为水样腹泻。

病原体　冠状病毒，属于冠状病毒科冠状病毒属。病毒表面有棒状突起和血凝素纤突，基因组为RNA。病毒与由牛呼吸道分离的冠状病毒有类属抗原，但其致病性尚不清楚。

流行病学　病牛是主要传染源。病毒随粪便排出污染环境、饲料和饮水，经消化道传染。常发于新生犊牛和成年牛。传播迅速，冬季多发。

症状　新生犊牛潜伏期为1～2d，成年牛为2～3d。病初有轻度发热，随后突然发生水样腹泻。新生犊牛腹泻便呈乳白色，迅速脱水，当继发细菌感染时预后不良。成年牛腹泻便为淡褐色，有时含有黏液和血液。乳牛泌乳量明显下降或停止。

病理变化 小肠和结肠段肠绒毛萎缩，肠上皮细胞脱落或呈扁平状。

诊断要点 新生犊牛和成年牛常发，排水样便，乳牛泌乳量明显减少或停止。用电子显微镜从腹泻便中直接观察病毒粒子，或用牛冠状病毒荧光抗体从粪便中检出本病毒。必要时将病料接种于 BEK－1 进行病毒分离培养，用中和试验鉴定分离的病毒。用血凝抑制试验或病毒中和试验检测血清中的抗体。

治疗 尚无有效的治疗药物。常用抗菌素控制并发感染，并辅以强心、补液等对症疗法。

防制措施 美国已研制出弱毒疫苗用于免疫接种。

第二节 以呼吸系统症状为主症

以呼吸道症状为主的牛传染病包括牛巴氏杆菌病——肺炎型、犊牛地方流行性肺炎、牛结核病、牛流行热、牛传染性鼻气管炎、牛副流行性感冒。另外，昏睡嗜组织杆菌也能引起肺炎。1997 年我国宣布在全国范围内消灭了牛传染性胸膜肺炎。

一、牛巴氏杆菌病——肺炎型

本病是由多杀性巴氏杆菌引起的人和多种动物共患的传染病。又称牛出血性败血症，简称牛出败。主要特征为表现纤维素性胸膜肺炎症状，多与其他传染病混合感染或继发。

病原体 多杀性巴氏杆菌，为小球杆菌，无芽孢，无鞭毛，新分离的强毒株有荚膜，革兰氏阴性，碱性美蓝染色呈现典型的两极着色。在加有血液、血清的培养基上生长良好，血琼脂上培养 24h，形成灰白色露滴样小菌落，不溶血。

据菌落的荧光情况将本菌分为 Fg、Fo 和 Nf 三型。Fg 型对猪、牛和羊等是强毒，对禽类的毒力微弱；Fo 型对鸡和兔等是强毒，对畜类的毒力较弱；Nf 型对畜禽的毒力都很弱。根据荚膜抗原（K）结构的不同，将本菌分为 A、B、D、E、F 5 个群；根据菌体抗原（O）的不同，分为 1～12 个血清型，K 抗原与 O 抗原组合成 15 个血清型。不同动物感染的血清型也不同，如牛常见的是 6：B、6：E。各型之间多无交互保护或保护力不强，但在一定条件下，各种动物之间可发生交叉感染。

本菌抵抗力较弱，对热、日光敏感，常用的消毒剂短时间内可将其杀死。

流行病学

传播特性 内源性感染是主要传染来源，患病和带菌动物亦是主要传染源。本菌随其分泌物、排泄物及咳嗽、喷嚏排出，污染饲料、饮水、用具和空气。经消化道、呼吸道感染，也可经损伤的皮肤黏膜及吸血昆虫的传播而引起传染。

流行特点 各种年龄的动物都可感染，但以幼龄较为多见。多无明显的季节性。一般散发，有时呈地方流行性。各种畜、禽和野生动物都可感染，其中猪、家禽和兔最常见，其次是黄牛、牦牛和水牛，绵羊、鹿、骆驼和马也可发病。人也感染。一般情况下不同动物种间不易相互传染，但有时猪巴氏杆菌可传染给牛，牛和水牛之间可相互传染，而禽与家畜之间则很少传染。本菌为牛上呼吸道的常在菌，当呼吸道黏膜受损伤，厩舍通风不良，氨气过多，寒冷、潮湿，饲养和卫生环境不良，过度疲劳，长途运输，气候多变等，使机体抵抗力下降时，本菌大量繁殖而发病。

症状　本病分为败血型、水肿型和肺炎型，但败血型以猝死为特征，而水肿型和肺炎型是在败血型的基础上发展而来，因此以肺炎型为主的混合型最为常见。

潜伏期 2～5d。主要是纤维素性胸膜肺炎症状。体温达 41～42℃，精神不振，食欲减退或废绝，呼吸促迫。继而呼吸困难，黏膜发绀，咳嗽，流泡沫样鼻汁，有时带血，后变黏液脓性，胸部听诊有啰音，有时有摩擦音，触诊有痛感。病程为 3～7d 左右。病死率高达 80%以上。病愈牛可产生坚强的免疫力。

病理变化　主要病变是大叶性纤维素性胸膜肺炎。胸腔内积有大量浆液性纤维素性渗出物，肺脏和胸膜覆有一层纤维素膜，心包与胸膜粘连，双侧肺前腹侧病变部位质地坚实，切面呈大理石样外观，并见有不同肝变期变化和弥漫性出血，不同肝变期还间有坏死灶或脓肿。病程较长者肺充血、水肿。有时还有纤维素性腹膜炎，胃肠卡他性病变。脾脏几乎无变化。

诊断要点

临床综合诊断　呈纤维素性胸膜肺炎症状和病变。

实验室诊断　从病变部位、渗出物、脓汁等采取病料，涂片镜检，如见到两极着色的卵圆形短杆菌可疑为本病。必要时将病料接种于 10%血液琼脂培养基进行细菌分离培养，对分离菌做生化试验。可用间接血凝试验和琼脂扩散沉淀试验，对病原菌进行分群和血清分型。

鉴别诊断　应注意与牛肺疫进行鉴别。牛肺疫的经过缓慢，肺脏大理石变化明显。

治疗　早期应用对本菌敏感的药物有效果，如青霉素、氨苄青霉素、链霉素、红霉素、林可霉素、四环素、土霉素、环丙沙星、恩诺沙星及磺胺类，但晚期和重症病例难以奏效。辅以抗炎、解热、支气管扩张、抗组织胺等。

防制措施　每年定期用牛出血性败血症氢氧化铝菌苗进行预防接种。平时改善舍内的通风和饲养管理，及时清除粪尿，以减少舍内的湿度，是预防本病最有效的措施。一旦发病尽早确诊，选用对本菌敏感的抗菌素，在隔离的条件下进行治疗；改善舍内的通风，加强消毒，尸体要深埋或高温处理。

二、犊牛地方流行性肺炎

本病是由溶血性曼氏杆菌引起的犊牛传染病。主要特征为纤维素性支气管肺炎。

病原体　溶血性曼氏杆菌。无芽孢，有荚膜和菌毛，革兰氏阴性，瑞氏染色呈两极浓染。本菌抵抗力不强，易被常用消毒剂杀死。

流行病学　内源性感染是主要传染来源。经呼吸道感染。主要发生于断奶不久的犊牛和幼龄牛。多呈地方流行性。本病常与牛传染性鼻气管炎或牛呼吸道合胞体病或支原体混合感染。本菌在健康牛呼吸道似乎是常在菌，在长途运输等应激因素的作用下，机体抵抗力下降而发病，故有“运输热肺炎”之称。

症状　急性病例体温高达 42℃，精神沉郁，厌食，流涎，流鼻汁，痛性湿咳，呼吸加快。重症病例出现呼吸困难，张口呼吸，胸部听诊时双侧肺前腹侧有干性或湿性啰音，如胸部积水则听不到。如果治疗不及时，则于 2d 内死亡。

病理变化　主要病变为双侧纤维素性支气管肺炎，肺尖叶和心叶下部质地坚实，间质增宽水肿，并有肺气肿，肺切面可见肉样病变，支气管充满纤维蛋白、黏液和血液，支气管黏膜肿胀出血，若继发链球菌和化脓棒状杆菌感染，则可见有化脓灶。胸腔积液呈黄色或红黄色，胸膜的脏层和壁层均有纤维素覆着。

诊断要点

临床综合诊断　主要为双侧纤维素性支气管肺炎症状和病变。常与牛巴氏杆菌病——肺炎型混合感染，不易鉴别，需做病原分离和鉴定才能确诊。

实验室诊断　采病变肺组织接种于10%血液琼脂培养基，钓取具有β溶血环的半透明菌落，经纯培养后做生化试验鉴定分离菌。本菌在形态上与多杀性巴氏杆菌不易区别，但前者除具有溶血特征之外，可在麦康凯培养基上生长。用间接血凝试验鉴定分离本菌的血清型。

治疗　参照牛巴氏杆菌病——肺炎型。

防制措施　参照牛巴氏杆菌病——肺炎型。

三、牛结核病

本病是由结核分枝杆菌引起的人和多种动物共患的慢性传染病。主要特征为在多种组织器官形成结核结节、干酪样坏死和钙化病变。

病原体　结核分枝杆菌，是直或微弯的细长杆菌，多为棍棒状，间有分枝状，呈单独或平行相聚排列。无荚膜，无芽孢，无鞭毛，革兰氏阳性。一般染色不易着色，常用 Ziehl-Neelson 氏抗酸染色法。本菌为专性需氧菌，对营养要求严格，在培养基上生长缓慢。有结核分枝杆菌、牛分枝杆菌和禽分枝杆菌三个种。牛分枝杆菌稍短粗，且着色不均。禽分枝杆菌短小，为多形性。

本菌对外界环境的抵抗力很强，在干燥痰液、病变组织和尘埃内能存活 2～7 个月，在水和粪便中可存活 5 个月。但对热敏感，在直射阳光下经数小时死亡，60℃30min 即可死亡，70～80℃经 5～10min 即可杀死。对消毒剂抵抗力较强，5%石炭酸、5%来苏儿需 24h 才能将其杀死。

对磺胺、青霉素及其他广谱抗生素均不敏感，但对链霉素、异烟肼、对氨基水杨酸和环丝氨酸等敏感。

流行病学

传播特性　传染源为患病和带菌牛，通过咳嗽、飞沫、呼吸道分泌物、粪尿和乳汁等排出结核杆菌，污染空气、饲料、饮水和环境。主要经呼吸道和消化道感染，也可经生殖道、胎盘和损伤的皮肤黏膜感染。

流行特点　牛型结核分枝杆菌主要引起牛结核病，其他家畜和野生反刍动物及人均可感染，但对家禽无致病性。人型结核分枝杆菌主要引起人结核病，多数动物均可感染，但对牛毒力较弱，多引起局限性病灶，且缺乏眼观变化，即所谓的“无病灶反应牛”，通常这种牛不能成为传染源；山羊和家禽不敏感。禽型结核分枝杆菌主要引起禽结核病，对人有致病性，但对牛毒力较弱，成为无病灶反应牛。

约有 50 种哺乳动物，25 种禽类可患本病。家畜中牛最易感，特别是乳牛，其次是黄牛、牦牛和水牛，猪和家禽易感性也较强，单蹄兽和羊极少发病，野生动物中猴、鹿感染较多见。

症状　潜伏期长短不一，一般为 10～45d，长者达数月至数年。通常呈慢性经过，初期症状不明显，仅见消瘦、倦怠，随病情发展症状逐渐明显。

最常见的是肺结核、乳房结核和淋巴结核，也可发生肠结核、生殖器结核、脑结核、浆膜结核及全身性结核。

肺结核时，病初易疲劳，常发短而干的咳嗽，尤其当起立、运动和吸入冷空气时易发咳嗽。随病情进展，转为湿咳并加重，呼吸加快或气喘，肺部听诊有干性或湿性啰音，严重的可听到胸膜磨擦音，叩诊有浊音区。常见肩前、股前、腹股沟、颌下、咽及颈淋巴结肿大。

乳房结核时，病初乳房上淋巴结（腹股沟浅淋巴结）肿大，继而后方乳腺区发生局限性或弥漫性硬结、无热无痛，泌乳量减少，严重时乳汁呈水样稀薄。

犊牛多发肠结核，多在空肠和回肠。主要表现顽固性下痢和迅速消瘦。

牛的生殖器官结核较少见，表现性机能紊乱，如发情频繁，性欲亢进，慕雄狂，不孕或孕牛流产。公畜睾丸、附睾肿大，有硬结，有的阴茎前部有结节或糜烂等。

人患结核时全身不适，倦怠乏力，食欲不振，体重减轻，长期低热，心悸和盗汗等共同症状，其他症状随结核菌侵害器官不同而异。常见的有肺结核、颈淋巴结核、肠结核、结核性腹膜炎、结核性脑膜炎、肾结核、骨关节结核、结核性胸膜炎等。

病理变化　特征病变是在患病组织器官上发生增生性结核结节和渗出性干酪样坏死或钙化灶。肺结核的眼观变化最常见于肺，其次为淋巴结。在肺脏或其他器官的病变有两种：一是结核结节，二是干酪样坏死。结核结节大小为粟粒大至豌豆大，呈灰白色，切开后见有干酪样坏死。有些病例肺脏表面似乎正常，但触摸时可发现坚硬的结核结节，是病理剖检诊断的关键。肺结核结节有的钙化，切开时有沙砾感，有的坏死组织溶解，排出后形成空洞。有的病例在胸膜和腹膜可见大小不等的密集的灰白色坚硬结节，即为所谓的“珍珠病”。乳房结核病变多数为弥漫性干酪样坏死。

诊断要点　确诊需做变态反应诊断，必要时做病原分离和鉴定。

临床综合诊断　不明原因的渐进性消瘦、咳嗽、肺部异常、慢性乳房炎、顽固性下痢、体表淋巴结肿胀等。牛结核病在肺脏、淋巴结、乳房、肠道等部位，有其特征性的灰白色结核结节和干酪样坏死。对无明显症状的牛，常用变态反应法检查。对开放性动物和病变组织可进行细菌学检查。

实验室诊断　采取可疑结核结节的肺组织、淋巴结等做成10%乳剂，取2～4ml，加等量5%氢氧化钠溶液，充分振摇5～10min液化，经3 000r/min离心15～30min，沉淀物加1滴酚红指示剂，以2mol/L盐酸中和至淡红色后，接种于配氏培养基和罗杰氏培养基进行分离培养，或将沉淀物直接涂片，经抗酸染色镜检呈红色即可诊断。用荧光抗体技术和ELISA检查病料，诊断快速、准确、检出率高。

变态反应诊断　是动物结核检疫的主要方法。目前普遍使用提纯结核菌素（PPD），性质稳定，特异性强，使用方便，检出率高。按我国现行乳牛检疫规程要求，以结核菌素皮内注射和点眼同时进行。

治疗　早期应用链霉素、对氨基水杨酸钠、异烟肼等有一定疗效，但很难根除。故治疗价值不大。

防制措施　目前还没有理想的疫苗。预防主要是采取检疫、分群隔离、培育健康犊牛群的措施，以达到无本病牛群的目的。另外，还要加强卫生和消毒措施。

严格检疫　用牛型结核分枝杆菌素皮内变态反应试验。对无结核病史、连续3次检疫均为阴性反应的健康牛群，每年春秋两季各进行1次检疫。对曾经检出结核阳性牛，每年检疫阳性率在3%以下的假定健康牛群，每年检疫4次。对阳性检出率在3%以上的结核污染牛群，每年进行4次以上或反复多次检疫，每次间隔30～45d，直至检净为止，尽快过渡到假定健康牛群或健康牛群。对犊牛群于生后20～30d、100～120d和6个月龄各检疫一次。

分群隔离　根据检疫结果把牛群分为健康牛群、假定健康牛群、结核污染牛群（阳性病牛群），牛分群隔离饲养。对阳性反应牛，应立即送到隔离牛群；对疑似反应牛，经30～45d后应进行复检；对有症状的重症病例（开放性结核病牛）应予扑杀，有病变的内脏应销毁或深埋。

培育健康犊牛群　对隔离牛所生的母犊牛，喂以3～5d初乳或健康牛初乳，之后喂健康消毒乳进行培育。牛群于生后20～30d、100～120d和6个月龄各检疫一次。阳性反应牛应立即送到隔离牛群，对疑似者经30～45d后应再进行复检，若经3次检疫均为阴性反应牛，可转入假定健康牛群。随后进行定期检疫、隔离、淘汰和分群的方法，培育出健康牛群。

定期消毒　定期用5%来苏儿、3%氢氧化钠或0.1%～0.5%过氧乙酸消毒圈舍、饲养用具和运动场等。

公共卫生　人虽然对三型结核分枝杆菌都易感，但多数是由牛型结核分枝杆菌感染所致，尤其是儿童饮用带菌的生牛乳而患病，所以，消毒牛奶是预防人结核病的一项重要措施。

四、牛流行热

本病是由牛流行热病毒引起牛的急性热性传染病。主要特征为突发高热，泡沫样流涎，呼吸急促，后躯僵硬，良性经过，大部分病牛经2～3d即恢复正常，故又称三日热或暂时热。

病原体　牛流行热病毒，又称牛暂时热病毒，属于弹状病毒科暂时热病毒属。呈子弹或圆锥形，基因组为单股RNA，有囊膜。

病毒能耐反复冻融，对热敏感，56℃10min，37℃18h灭活。

流行病学　病牛是主要传染源。病毒存在于血液、脾、全身淋巴结、肺、肝等脏器中。经吸血昆虫传播感染。主要侵害奶牛和黄牛，水牛较少感染，肥胖的牛病情较严重，产奶量高的母牛发病率高。多发于3～5岁牛，犊牛和9岁以上的老龄牛很少发病。本病传播迅速，传染力强，呈流行性或大流行性，但死亡率低。具有明显的季节性和周期性，一般多发生于夏末秋初蚊、蠓滋生旺盛的季节，一次流行之后隔6～8年或3～5年流行一次。

症状　潜伏期3～7d。体温突然升高，达39.5～42.5℃，经2～3d后恢复正常。食欲废绝，反刍停止，流泪，结膜充血，眼睑水肿。病初流线状鼻汁，后变黏稠，呼吸促迫，严重时张口呼吸。口腔发炎，口流浆液性泡沫样涎。由于四肢关节水肿和疼痛，呆立不动，呈现跛行。皮温不整，耳和肢端有冷感，有的便秘和腹泻。孕牛常发生流产、早产或死胎，泌乳量大幅下降或停止。病程3～4d。多数病例取良性经过。

病理变化　主要为间质性肺气肿、肺充血和肺水肿。病变多集中在肺的尖叶、心叶和膈叶前缘，肺脏膨胀，间质明显增宽，可见胶冻样水肿，并有气泡，触摸有捻发音，切面流出大量泡沫样暗紫色液体，有的病例见有暗红色实变区。淋巴结通常肿胀和出血。消化道黏膜充血、出血等卡他性炎症变化。

诊断要点

临床综合诊断　大群发病，传播迅速，发病率高，病死率低，有明显的季节性，一过性高热，呼吸促迫，因关节疼痛而引起跛行。剖检病变多为间质性肺气肿。

实验室诊断　采病牛发热期血液，接种于仓鼠肾传代细胞或绿猴肾传代细胞进行病毒分离，用已知抗血清作病毒中和试验鉴定分离的病毒。用微量病毒中和试验检测血清中的抗体。

治疗　尚无特效疗法，常用对症治疗。

防制措施　本病具有明显的季节性，因此在流行季节到来之前，用牛流行热灭活疫苗在疫区和周边地区实施疫苗接种。加强消毒，扑灭蚊、蠓等吸血昆虫，以切断传播途径。本病传播迅速，一旦发生时，应限制牛群的流动，对未发病的牛进行紧急预防接种；及时隔离病牛，进行退热、强心、补液等对症治疗，用抗菌素防止继发细菌感染。

五、牛传染性鼻气管炎

本病是由牛传染性鼻气管炎病毒引起牛的接触性传染病。又称红鼻病、坏死性鼻炎。主要特征为呼吸道黏膜炎症、呼吸困难、流鼻汁。可引起生殖道感染、结膜炎，脑膜脑炎、流产、乳房炎等多种病型。

病原体　牛传染性鼻气管炎病毒，又称牛疱疹病毒。属于疱疹病毒科水痘病毒属。呈圆形，有囊膜，基因组为双股 RNA。

病毒对 0.5%氢氧化钠、1%来苏儿、1%漂白粉溶液均敏感。

流行病学

传播特性　主要传染源是病牛和带毒牛，隐性感染带毒牛在三叉神经结和腰、荐神经结中长期带毒，当受到应激因素的作用时，潜伏的病毒被活化，并出现于鼻汁与阴道分泌物中，因此是最危险的传染源。病毒随呼吸道分泌物排出，经呼吸道感染。经人工授精和交配也可传染，病毒可经胎盘侵入胎儿。

流行特点　以肉用牛多发，其中 20～60 日龄犊牛最易感，且病死率也较高。多发生于寒冷季节。舍饲牛群过分拥挤，可促进本病的传播。

症状　潜伏期一般为 4～6d，有的可达 20d 以上。最常见的为呼吸道型，另外还有生殖道型、脑膜脑炎型和流产型，往往同时存在，很少单独发生。

呼吸道型　病牛发高热，达 39.5～42℃，精神委顿，食欲不振或废绝，鼻镜高度充血、发炎，称为“红鼻子”，鼻腔流出大量黏液脓性鼻汁，鼻黏膜高度充血，并散在灰黄色小豆大脓疱性颗粒，有时可见假膜或浅溃疡。呼吸急促、困难，呼出气有臭味，常有咳嗽。重症病例发病后数小时内即死亡，大多数病程在 10d 以上。

生殖道型　外阴部肿胀，阴道黏膜充血，尿频且有痛感，阴道有黏液脓样分泌物。重者阴门黏膜散发水疱或脓疱，破裂后形成溃疡和坏死假膜。公牛龟头、包皮充血肿胀，包皮上可见与阴道黏膜相同的病变。公牛长期带毒和排毒，成为传染源。生殖道型有时伴随呼吸道型。

脑膜脑炎型　主要发生于 4～6 个月龄犊牛，病初体温达 40℃，流鼻汁，流泪，呼吸困难。随后表现肌肉痉挛，兴奋，惊厥，口吐白沫，最后不能站立，角弓反张，四肢划动，昏迷而死亡。

流产型　流产主要发生于妊娠4～7个月的母牛，流产后约半数胎衣不下。常与呼吸道型、生殖道型并发。

病理变化　呼吸道型在鼻、咽喉、气管黏膜见有卡他性炎症。慢性病例见有支气管肺炎，甚至有化脓灶。皱胃黏膜有溃疡，大肠和小肠有卡他性炎症。

生殖道感染型的病变基本同症状。脑膜脑炎型呈非化脓性脑炎变化。流产型为流产胎儿皮肤水肿，肝、脾有坏死灶。

诊断要点

临床综合诊断　主要是鼻、咽喉、气管黏膜见有坏死性纤维素性假膜，并常见糜烂和溃疡为特征的呼吸道型，另外还伴有结膜角膜炎和生殖道感染。

实验室诊断　在感染发热期采取鼻腔洗涤物、流出胎儿胸腔液或胎盘子叶，接种于牛肾细胞培养分离病毒。用中和试验或荧光抗体鉴定病毒。间接血凝试验或ELISA可作诊断或流行病学调查。另外，应用核酸探针、PCR技术检测潜伏的病毒，效果良好。

治疗　尚无特效药物。为防止继发细菌感染，可选用土霉素、磺胺二甲基嘧啶等。

防制措施　本病的隐性感染率较高，形成传染源，因此每年定期进行检疫，是防制的重要措施。发生本病时，应采取隔离、封锁、消毒、淘汰或扑杀等综合性措施。

目前有弱毒疫苗、灭活疫苗和亚单位疫苗，但是，疫苗免疫并不能阻止野毒和潜伏病毒的持续感染，只有防御发病的作用。所以，对阳性牛予以扑杀是目前根除本病的唯一办法。

六、牛副流行性感冒

本病是由副流感病毒引起牛的急性接触性传染病。简称牛副流感，又称运输热。主要特征为多在运输后或气候骤变时发生呼吸道症状。

病原体　副流感3型病毒，属于副黏病毒科呼吸道病毒属。病毒呈圆形或卵圆形，具有囊膜，基因组为单股RNA。

病毒对热敏感，在室温中迅速降低感染力，在4℃条件下感染力能保持几天。

流行病学　病牛和带毒牛是主要传染源。通过空气、飞沫经呼吸道感染，也可经子宫内感染。主要感染牛、猪、人及猴等。牛单纯感染，只引起轻微症状，或呈亚临床状态，但很少有单纯感染，多数为混合感染，如牛呼吸道合胞体病毒、牛腺病毒、牛鼻病毒、牛传染性鼻气管炎病毒、牛病毒性腹泻/黏膜病病毒、衣原体、支原体、溶血性曼氏杆菌等，其结果使病性复杂，预后不良。本病常见于晚秋和冬季。在长途运输、气候骤变和拥挤时，病情加重，出现典型症状。

症状　体温达41℃以上，精神不振，食欲减退，流黏性、脓性鼻汁，流泪，有脓性结膜炎。咳嗽，呼吸困难，有时张口呼吸。听诊肺前下部有啰音，有时有摩擦音。有时出现腹泻。孕畜可能流产。发病率不超过20%，病死率一般为1%～2%。若有混合感染，则预后不良。

病理变化　肺的病变主要在间叶、心叶和膈叶。肺间质增宽、水肿，病变部位呈灰色及暗红色，肺切面呈特殊斑状，见有灰色或红色肝变区，气管内充满浆液，肺门和纵隔淋巴结肿大，部分有坏死病变。心内外膜有出血点，胃肠道黏膜有出血斑点。

诊断要点

临床综合诊断　多在运输后发生呼吸道症状时，应首先疑为本病。另外，在感染细胞胞浆和核内同时检出包涵体时，也可怀疑本病。

实验室诊断　取呼吸道分泌物和病变肺组织制成乳剂，接种于犊牛肾细胞分离培养牛副流感3型病毒，用已知抗血清作病毒中和试验或血凝抑制试验鉴定分离的病毒。用血凝试验、血凝抑制试验及病毒中和试验，检测血清中的抗体。

治疗　无特效药物。用抗菌素防止继发感染，并辅以强心、解热、补液、补盐等。

防制措施　本病的发生与长途运输、气候骤变等诱因有密切的关系，因此，消除发病诱因、平时加强饲养管理和卫生消毒等，是预防本病的主要措施。发生本病时，为了防止细菌继发感染，早期应用四环素、卡那霉素和磺胺类药物，并结合对症疗法，效果较好。

第三节　以败血症为主症

以败血症为主症的牛传染病包括炭疽、牛巴氏杆菌病——败血型、牛肺炎链球菌病、牛大肠杆菌败血症。

一、炭　疽

炭疽是由炭疽杆菌引起的人和多种动物共患的急性热性败血性传染病。主要特征为脾脏显著肿大，皮下及浆膜下结缔组织出血性浸润，血液凝固不良，呈煤焦油样。

病原体　炭疽杆菌，是两端平截的粗大杆菌，单在、成双或链状排列，在体外能形成芽孢，而在活体中不形成芽孢，在动物组织和血液中具有荚膜，无鞭毛，革兰氏阳性。在普通琼脂平板上形成扁平、灰白色、不透明、干燥、边缘不整齐的火焰状菌落。在普通肉汤培养基中培养24h，管底形成白色絮状沉淀，下层液体澄清。

本菌繁殖体的抵抗力不强，但芽孢的抵抗力很强，在自然条件下能存活数十年，煮沸需15～25min、160℃干热灭菌需1h才能破坏芽孢。芽孢对碘敏感，0.1%碘液、0.1%氯化汞、20%漂白粉、0.5%过氧乙酸、次氯酸钠、环氧乙烷等均有效。本菌对青霉素、磺胺类药物等敏感。

流行病学

传播特性　患病动物是主要传染源。当动物处于菌血症时，可通过粪、尿、唾液及天然孔出血等排菌。死后尸体的各脏器、组织、血液、皮毛、骨骼都含有细菌，如果未及时深埋或任意剖检，被其污染的土壤、饮水、牧草都可成为传染源，这是本病扩散的重要原因。尤其是污染牧场后形成芽孢，成为长久疫源地。主要经消化道感染，也可经损伤的皮肤、黏膜及吸血昆虫叮咬感染，还可经呼吸道感染。

流行特点　各种家畜、野生动物、人均有易感性，其中以草食兽最易感。猪感受性较低，犬和猫更低。人的感受性较低。呈地方流行性，一般认为没有严格的季节性，但天气炎热有利于芽孢的繁殖，故6～8月常见，冬季少见。干旱或多雨、洪水涝积、吸血昆虫都是促进暴发的因素。从疫区输入病畜产品也常引起暴发。野生动物吞食病畜尸体，也能扩大传播。

症状　潜伏期一般1～3d，最长可达14d。根据病程长短可分为最急性、急性和亚急性三型。

最急性型　牛很少，突然昏迷倒地，呼吸困难，可视黏膜发绀，全身战栗，心悸，濒死期天然孔出血。病程很短，数分钟至数小时。

急性型　牛多见，体温达40～42℃，精神委顿，食欲减退或废绝，常伴有寒战，心悸亢进，脉搏快而细，可视黏膜发绀，并有出血点，呼吸困难。病初便秘，后期腹泻并带有血液，甚至排出大量血块。尿呈暗红色，有时带血。怀孕母牛多数流产。在濒死期呼吸高度困难。病程一般为1～2d。

亚急性型　症状较轻微，表现体温升高，食欲减退，在颈部、胸前、下腹、肩胛部及口腔、直肠黏膜等处出现炎性水肿，初期有热痛，后期转变为无热无痛，最后中心部位发生坏死，即所谓“炭疽痈”。发生肠道炭疽痈时，病牛下痢，粪中带血。病程为2～5d。

病理变化　尸体迅速腐败而膨胀，尸僵不全，由天然孔流出暗红色凝固不全的血液，黏稠似煤焦油样。全身浆膜、皮下、肌间、咽喉及肾周围结缔组织有黄色胶冻样浸润，并有出血点。除最急性型外，脾脏肿大2～5倍，软化如泥状，质地脆易破裂，切面脾髓呈暗红色，脾小梁和脾小体模糊不清。肝及肾充血肿胀，质软易脆。心肌呈灰红色，脆弱。呼吸道黏膜及肺脏充血水肿。全身淋巴结肿大，尤其是胶冻样浸润处的淋巴结更为明显，切面呈黑红色并有出血点。消化道黏膜有出血性坏死性炎症变化。

诊断要点　炭疽动物严禁解剖，凡急性死亡、原因不明而又疑为炭疽时，必须进行细菌学和血清学诊断，以防散布病原。

突然高热发病死亡，或体表上出现“炭疽痈”，濒死期天然孔流出凝固不全的血液。全身有黄色胶冻样浸润，并有出血点。脾脏显著肿大、质脆、软化呈泥状。

生前将耳部消毒后取血液，病变部取水肿液或渗出液等直接涂于载玻片，经碱性美蓝染色镜检，菌体为深蓝色，其周围荚膜染成粉红色，呈竹节状排列的粗大杆菌，可初步确定为炭疽杆菌。

死后将耳割下，以5%苯酚溶液浸湿的棉布包好，放广口瓶中待检，并用烙铁烧灼切口止血。已错剖的疑似炭疽动物的尸体，可取肝、脾、肾等作为分离用病料。用白金耳钓取耳部血液，接种于普通肉汤琼脂培养基或2%绵羊血液琼脂培养基。脏器病料切成几个不同的断面，压印于上述培养基进行分离培养，挑取边缘卷发状不溶血的菌落，经纯培养后做生化试验鉴定分离的细菌。用已知抗血清做沉淀试验进行抗原性鉴定。

炭疽沉淀原耐腐败和高温，对于陈旧和腐败的病料仍能检出结果，所以常用于可疑皮张及其动物产品的检疫。但炭疽的菌体抗原与某些需氧芽孢杆菌（如蜡样芽孢杆菌）有一定的类属性，判定反应结果时应注意交叉反应。

治疗　在严格隔离和专人护理的条件下及时进行治疗。早期用大剂量青霉素和链霉素有良好的治疗效果，如有条件用抗炭疽血清与青霉素和链霉素联合治疗，其效果更佳。磺胺类药物可选用磺胺嘧啶、磺胺噻唑、氨苯磺胺及磺胺吡啶，均有良好的疗效。

防制措施　常发地区，每年应定期进行预防接种。常用的疫苗有无毒炭疽芽孢苗，牛皮下注射1ml，14d产生免疫力，免疫期为1年。不能食用患炭疽病的动物肉品。

发病时应早期诊断，立即上报疫情，划定疫点、疫区，采取隔离、封锁措施；对假定健康牛群进行紧急接种；被污染的土壤铲除15～20cm，并与20%漂白粉液混合后深埋；圈舍及环境用20%漂白粉液或10%氢氧化钠喷洒3次，每次间隔1h；垫草和粪便要焚烧处理；尸体要深埋或焚烧。最后一头病畜死亡或痊愈后经 15d，如再无病畜出现，进行 1 次终末消毒后，则可解除封锁。

公共卫生　人感染炭疽有皮肤炭疽、肺炭疽和肠炭疽三种类型，均可继发败血症及脑膜炎。

二、牛巴氏杆菌病——败血型

本病是由多杀性巴氏杆菌引起的人和多种动物共患的传染病。又称牛出血性败血症，简称牛出败。主要特征为败血症和炎性出血。多与其他传染病混合感染或继发。

病原体　多杀性巴氏杆菌。病原特性参照牛巴氏杆菌病——肺炎型病原体。

流行病学　参照牛巴氏杆菌病——肺炎型。

症状　潜伏期 2～5d。常突然发病而死亡。体温达 41～42℃，心跳加快，精神沉郁，食欲减退或废绝，随后开始腹泻，呈粥样或水样，粪中混有黏液或血液，并有腹痛，不久体温下降而死亡。病程很短，为 12～24h。

病理变化　主要是败血症变化。皮下、肌肉、浆膜、黏膜均有出血点。内脏器官充血。肝及肾实质变性。脾有出血点，但不肿胀。淋巴结水肿。胸腔内积有大量渗出物。

诊断要点　在皮下、肌肉、浆膜、黏膜均有出血点，胸腔内积有大量渗出物，脾有出血点，但不肿胀。可从病变部位、渗出物、脓汁等采取病料，涂片镜检，如见到两极着色的卵圆形短杆菌可疑为本病。必要时将病料接种于 10%血液琼脂培养基进行细菌分离培养，对分离菌做生化试验。可用间接血凝试验和琼脂扩散沉淀试验，对病原菌进行分群和血清分型。

治疗　早期应用高免血清或青霉素、链霉素、土霉素等药物，治疗效果良好，或将两者同时应用，效果更佳。

防制措施　平时加强饲养管理和卫生消毒，消除发病诱因。当发生本病时，在严格隔离的条件下，对病牛和可疑病牛进行治疗。

三、牛肺炎链球菌病

本病是由肺炎链球菌引起牛的急性败血性传染病。曾称为肺炎双球菌感染。主要特征为脾脏充血肿大，脾髓呈黑红色，质地韧如硬橡皮，即所谓“橡皮脾”。

病原体　肺炎链球菌，革兰氏阳性球菌，常成双，菌形似瓜子仁状，在组织和血清培养基中，具有明显的荚膜。5%石炭酸等常用消毒药均可杀死。

流行病学　主要是内源性感染。本菌常存在于动物上呼吸道中，当机体抵抗力下降时，本菌大量繁殖而发病。也可外源性感染，病牛为传染源。主要经呼吸道感染。以 3 周龄以内的犊牛最易感染，呈散发或地方流行性。

症状　最急性型突然发病，仅持续几小时而死亡。病程稍缓解的病牛，呈现鼻镜潮红，流脓样鼻汁。有的出现支气管肺炎症状，咳嗽，呼吸困难，胸部听诊有啰音等。有的有结膜炎，腹泻，共济失调等。

病理变化　主要是急性败血症变化。可见黏膜、浆膜、心包出血。胸腔有渗出液，含有血液。脾脏充血肿大，脾髓呈黑红色，质地韧如硬橡皮，即所谓“橡皮脾”，是本病特征性病变。肝和肾充血、出血，有脓肿。成年牛可见子宫内膜炎和乳房炎。

诊断要点

临床综合诊断　主要发生于3周龄以内的新生犊牛，"橡皮脾"是特征性病变。牛大肠杆菌败血症发生于2周龄以内的新生犊牛，常突然发病死亡，缺乏特征性眼观病变。

实验室诊断　取肝、脾、肾组织或心血，接种于10%血液琼脂培养基。涂片后经瑞氏染色镜检，若发现成双、似两个瓜子仁状具有荚膜的细菌，可初步确诊。用间接血凝试验检测血清抗体。

治疗　早期应用大剂量抗生素进行治疗，如青霉素、土霉素、四环素及磺胺嘧啶等均有效。

防制措施　尚无疫苗。消除发病诱因，加强饲养管理，以增强机体抵抗力，作好乳房、乳头和脐带的卫生消毒工作。发生疫情时，尽早确诊，病畜在严格隔离的条件下进行治疗；被污染的圈舍和用具彻底消毒；对发病牛群中的可疑病牛用药物进行预防性治疗。

四、牛大肠杆菌败血症

本病是由大肠杆菌引起犊牛的急性传染病。主要特征为2周龄以内的新生犊牛突然发病死亡。

病原体　大肠杆菌。病原特性参照牛大肠杆菌病。

流行病学　参照牛大肠杆菌病。

症状　最急性病例，多为初生24h至1周龄以内的犊牛，常无任何症状而突然死亡。病程稍长者体温升高，精神沉郁，虚弱无力，食欲废绝，心动过速，黏膜高度充血，脱水。急性和亚急性病例常发生于14日龄以内的犊牛，表现发热，脐带严重肿胀，腹泻，脱水，关节肿胀，眼色素层发炎，还出现神经症状。慢性病例呈现体质衰弱，消瘦或关节疼痛而躺卧。

病理变化　突然死亡的病例缺乏特征性眼观病变。病程稍长者，胸腔、腹腔及心包腔积有纤维素性渗出液，脾脏有时见有点状出血。脑膜炎时可见脑膜充血并有小出血点。

诊断要点　多发生于2周龄以内的新生犊牛，常突然发病死亡，缺乏特征性眼观病变。病原学和血清学诊断参照牛大肠杆菌病。

治疗　重症病例几乎来不及治疗。病情稍缓的可用庆大霉素、丁胺卡那霉素、恩诺沙星、磺胺三甲氧苄氨嘧啶等，并辅以输液疗法。有神经症状的犊牛可使用安定等。

防制措施　加强妊娠母牛的饲养管理，以提高初乳中免疫球蛋白的含量和质量，对犊牛提高免疫力至关重要；加强母牛舍内的卫生，避免皮肤和乳房被粪便污染，产房要彻底消毒。犊牛初生后在24h内获得高质足量的初乳，冬春季避免冷应激的刺激，以免影响免疫球蛋白的吸收；新生犊牛单独饲养，保持清洁的卫生环境等；发病时在隔离的条件下，选用敏感的抗生素治疗。

第四节　以神经症状为主症

以神经症状为主症的牛传染病包括牛昏睡嗜组织杆菌感染、李氏杆菌病、牛散发性脑脊髓炎、牛海绵状脑病、伪狂犬病、狂犬病。

一、牛昏睡嗜组织杆菌感染

本病是由昏睡嗜组织杆菌引起牛的传染病。主要特征为神经症状并伴随呼吸道症状。

病原体　昏睡嗜组织杆菌，无芽孢、无鞭毛、有荚膜，具有多形性，革兰氏阴性。需氧或兼性厌氧菌。抵抗力较弱，对干燥、温度及常用消毒剂敏感，60℃ 5～20min 可灭活。

流行病学　本菌是牛体内的正常寄生菌，当有应激因素或并发其他疾病时会导致本病发生。传播方式还不完全清楚，一般认为通过呼吸道、生殖道分泌物或飞沫和尿传染。主要发生于肥育牛和奶牛，6 月龄到 2 岁的牛易感。肥育牛病死率较高。常呈散发性，无明显季节性，但多见于秋末、初冬或早春寒冷潮湿的季节。

症状　主要表现神经症状。常于短期死亡，有的甚至无先兆症状突然死亡。呼吸道、生殖道症状也常出现，还有心肌炎、耳炎、乳房炎和关节炎等症状。

病理变化　表现神经症状的病例，典型病理变化是脑脊髓炎，心肌、体肌、肾、浆膜、瘤胃、皱胃及肠管可见出血，咽喉黏膜形成假膜或溃疡。表现呼吸道症状的病例，肺和胸膜有纤维素黏着，副鼻窦有化脓性渗出物，咽喉黏膜覆有纤维素性坏死性假膜，气管黏膜出血等。表现生殖道症状的病例，可见胎盘坏死和出血，胎儿四肢可见到广泛水肿。

诊断要点　发病牛群中既出现神经症状，又出现呼吸道症状的病例，可怀疑为本病。因昏睡嗜组织杆菌抵抗力较弱，应在发病早期采取新鲜病料，如产生病变的脑组织、脑脊髓液和血液等接种于巧克力培养基培养，取纯培养的分离菌，做生化试验鉴定。用微量凝集试验、补体结合试验、ELISA 及对流免疫电泳等检测血清中的抗体。但由于动物多为带菌或隐性感染，所以血清中存在抗体，并不能完全作为曾经患病的依据。

治疗　早期治疗效果较明显，可选用杆菌肽、红霉素、林可霉素、土霉素、卡那霉素及磺胺类等。当出现神经症状后抗生素治疗无效。

防制措施　尚无有效的疫苗。因多为自发性感染，所以主要是采取加强饲养管理，减少应激因素等综合性防制措施。新引进的牛要进行 1～3 个月的隔离观察。常发地区，可在饲料中添加敏感抗生素预防。

二、李氏杆菌病

本病是由李氏杆菌引起的人和多种动物共患的传染病。主要特征为表现脑膜脑炎、败血症和流产。

病原体　产单核细胞李氏杆菌，革兰氏阳性小杆菌，在抹片中单在或两菌呈“V”形排列，无荚膜，无芽孢，有鞭毛。在血琼脂平板上生长良好，形成露滴状小菌落，有 β 溶血。现已知有 7 个血清型、16 个血清变种。猪以 1 型较多见。

本菌抵抗力较强。在土壤、粪便中可存活数月。巴氏消毒法不能将其杀死，65℃经 30～40min 才能灭活。一般消毒剂均有效。对链霉素、四环素和磺胺类药物敏感。

流行病学

传播特性　本菌在健康家畜、野生动物及人的粪便中普遍存在，因此很难确定传染来源。传播途径尚不完全清楚。多数是因饲喂粗饲料损伤口腔和鼻腔黏膜时，不良青贮饲料中的李氏杆菌侵入机体而发生。

流行特点　自然感染以绵羊、猪、兔、鸡、火鸡、鹅较多，牛和山羊次之，犬、猫、马、鸭较少，许多野生动物和鼠类都有易感性。已从 40 余种哺乳动物、20 余种禽类，以及鱼类、甲壳类动物中分离出本菌。它们都是重要的贮藏宿主。小于 18～24 月龄的犊牛较少发生。在冬季和早春发生较多，一般为散发。气候骤变，缺乏青饲料，内寄生虫或沙门菌感染时，均可诱发本病。

症状　潜伏期为 2～3 周，有的可能只有数天，也有长达 2 个月。病初体温升高，不久降至正常。脑膜炎发生于大龄牛，主要表现头颈一侧性麻痹，弯向对侧，转圈运动，有的角弓反张。后期侧卧倒地，强行翻身又恢复原状。妊娠牛常发流产。病程 2～3d，长的 1～3 周或更长。水牛突发脑炎，病程短死亡率高。

羊初期体温升高至 40.5～41.5℃，不久降至常温。最特征性症状为平衡失调，强制运动时表现单方向旋转运动，继而站立不稳、斜颈。口流大量涎液，耳下垂，咬肌和舌麻痹，经 1～10d 死亡。

人主要经消化道感染，也可经胎盘和产道感染胎儿，眼睛和皮肤与病畜接触，可发生局部感染。感染后表现脑膜炎、粟粒性脓肿、败血症、心内膜炎等，以脑膜炎较为多见。孕妇可流产。

病理变化　主要眼观病变在延髓，脑干髓膜水肿，延髓切面偶尔可见灰黄色微小病灶。

诊断要点

临床综合诊断　表现以平衡失调为主的神经症状。应注意与表现神经症状的其他疾病进行鉴别。牛、羊脑多头蚴病，体温不高，病程发展缓慢，剖检可见虫体。

实验室诊断　取病畜的延脑和脑桥交界处的病变部位，做成 1∶10 的乳剂，接种于 10%绵羊血胰蛋白胨琼脂培养基，挑取有光泽的露滴样菌落纯培养后，做生化试验鉴定分离菌。直接荧光抗体染色法可快速、准确地检出病原菌。凝集试验和补体结合试验，用于检测血清中的抗体。

治疗　早期大剂量应用氨苄青霉素有较好的治疗效果，还可选用土霉素和磺胺类药物。同时对消化不良和脱水等进行对症治疗，但当神经症状出现后，各种治疗方法基本无效。

防制措施　尚无有效的疫苗。本菌在自然界分布广泛，加之流行病学上还存在许多未知要素，因此需采取综合性防制措施。但本病的发生可能与青贮饲料有关，因此应避免饲喂品质不良的青贮饲料，还应避免损伤口腔黏膜的粗饲料。

三、牛散发性脑脊髓炎

本病是由衣原体引起人和多种动物共患的传染病。主要特征为引起脑炎和脑脊髓炎。

病原体　衣原体，是专性细胞内寄生，有细胞壁，既有 RNA，又有 DNA。在形态上有大、小两种：一种是小而致密的原生小体，呈球状、椭圆形或梨形，具有高度传染性；另一种是大而疏松的初体，呈圆形或椭圆形，是一种繁殖型中间体，无传染性。革兰氏阴性。认为有 4 个种，其中主要的是鹦鹉热亲衣原体、反刍动物衣原体。

衣原体对脂溶剂和去污剂，以及常用的消毒剂均非常敏感，在几分钟内失去感染能力。

流行病学　病畜和隐性感染者是主要传染源。传播途径不完全清楚。3 岁以内的牛最易感。本病传播缓慢，发病率低，呈散发性。

症状　自然感染潜伏期为 4～27d。重度精神沉郁，发病早期就出现体温升高至 40～41℃，直至康复或死亡。表现无意识，虚弱，消瘦，疲劳等。共济失调，角弓反张，之后出现麻痹，经 3～5 周死亡，死亡率为 40%～60%。

病理变化　无特征性病变，一般可见脱水，腹腔液和胸腔液增多。

诊断要点　表现一般的神经症状，大脑通常无明显病变。病原学和血清学诊断参照猪衣原体病。

治疗　多数抗菌素均有治疗效果，但链霉素最为敏感，并结合对症疗法。

防制措施　除综合性防疫措施外，尚无有效的免疫方法。

四、牛海绵状脑病

本病是由朊病毒引起的牛传染病。又称疯牛病。主要特征为潜伏期长，病情逐渐加重，行为反常，运动失调，轻瘫，体重减轻，脑灰质海绵状水肿和神经元空泡形成，终归死亡。

病原体　朊病毒。是一种没有核酸、具有传染性的蛋白颗粒。对物理化学因素具有非常强的抵抗力。

流行病学　患痒病的绵羊、种牛及带毒牛为传染源，带毒动物肉骨粉污染的饲料亦是主要的传染源。经消化道感染，亦可水平或垂直传播。3～11 岁牛易感，以 4～6 岁青壮年牛多发。流行无明显的季节性。感染与气温、季节、性别、品系、遗传因素、泌乳期、妊娠期和管理等因素无关。绵羊也易感，羚羊曾感染本病，野生反刍动物也能感染。据报道可传染给人。

症状　潜伏期长达 4～6 年。症状各异。行为异常，不安、恐惧、异常震惊或沉郁，不自主运动，磨牙，震颤。感觉或反应过敏，对颈部触摸、光线的明暗变化以及外部声响过度敏感。运动异常，步态呈“鹅步”状，共济失调，四肢伸展过度，有时倒地，难以站立。体重和体况下降，最后消耗衰竭而死。病程为 14d 至 6 个月。

病理变化　其特征是牛大脑灰质神经基质的海绵状病变和大脑神经元空泡病变，空泡样变的神经元一般呈双侧对称分布，主要分布于延髓和脑干。

诊断要点　目前尚无朊病毒体外分离培养的方法，亦不能进行血清学诊断。因此，诊断的主要依据是行为异常、恐惧和过敏为主的神经症状，特征性的病理组织学变化。

防制措施　我国尚未发现，但应采取严密的预防措施。发生本病的国家采取的主要措施有：建立持续监察和强制申报制度；呈现症状动物的任何部分或产品不得进入人和动物的食物链；病牛全部扑杀、销毁，可疑病牛及其产品，严禁出口和消费；禁止反刍动物饲料中使用反刍动物组织；某些特定产品重新进行安全性评价。

对未发生本病的国家除采取以上措施外，还应做到：禁止从疫区进口活牛、牛胚胎和精液、脂肪等牛的产品；有计划地对过去从疫区进口的牛和以胚胎和精液生产的牛进行兽医卫生监控；对具有神经症状的病牛必须采取脑组织，进行病理学检查，以确定是否为本病。

五、伪狂犬病

本病是由伪狂犬病病毒引起多种动物的急性传染病。主要特征为皮肤奇痒和后期神经症状。

病原体　伪狂犬病病毒（PRV），属于疱疹病毒科狂犬病病毒属。病毒呈球形，有囊膜和纤突，基因组为线状双股 DNA。病毒只有一个血清型，但毒株间存在差异。能在鸡胚和多种哺乳动物细胞（其中以兔肾、猪肾细胞最敏感）内增殖，并产生核内包涵体。

病毒对外界环境的抵抗力很强。在猪舍内能活 30d 以上，8℃可存活 46d，60℃经 30min 可灭活。对0.5%～1%氢氧化钠、福尔马林和日光敏感，常用消毒剂均有效。

流行病学

传播特性　病猪、带毒猪及带毒鼠是主要传染源，尤其隐性感染的猪是最危险的传染源，有的可持续排毒一年。病猪通过眼鼻分泌物、唾液、乳汁等排毒，带毒鼠经尿液排毒。鼠类既是带毒者，又是传播者。牛常因接触病猪而发病，但病牛不会传染其他牛。经消化道感染，也可经呼吸道、生殖道及损伤的皮肤感染。

流行特点　一般为散发，有时呈地方性流行。冬春两季多发。牛感染后致死率很高，达80%～90%。本病自然发生于猪、牛、羊、犬、猫、兔、鼠及野生动物中，其中以猪、牛最易感，马属动物对本病有抵抗力。人偶尔可以感染。

症状　病初精神沉郁，食欲减退，前胃弛缓，泌乳减少，头颈肌肉痉挛，头、颈、肩、后腿等皮肤剧痒，无休止地舔患部，使皮肤变红，由于发痒而疯狂地摩擦患部，引起擦伤。当病情发展到延髓时，表现咽麻痹，流涎，用力呼吸，磨牙，吼叫，痉挛而死。常于发病后48h内死亡。

病理变化　剖检时很少见到眼观变化，脑膜充血，伴有过量的脑脊髓液。

诊断要点　特征性症状是在身体的某些部位发生奇痒。菌采取死亡或活体处死病牛的大脑、三叉神经节、扁桃体及肺等组织，制成10倍稀释乳剂，取离心后上清液1～2ml皮下接种家兔，48～72h注射部位奇痒，奇痒出现后1～2d死亡，结合症状基本可以确诊。可用直接免疫荧光法检查病料中的特异抗原。最常用的方法是用中和试验检查血清抗体，还有琼脂扩散试验、补体结合试验、ELISA。

治疗　尚无特效药物，一般施以对症治疗。

防制措施　以预防免疫为主。主要采取以接种伪狂犬病氢氧化铝灭活疫苗为主的综合性防制措施，牛的免疫期可达1年，山羊为6个月。

消灭鼠类具有重要意义；注意带毒猪的存在，引进猪应隔离观察，严防带入病源；每3～4周对猪群进行一次严格检疫，阳性者淘汰，直到两次检疫全部为阴性。

发病时应立即隔离或扑杀病畜，尸体销毁或深埋；疫区内未发病的易感动物进行紧急免疫接种；圈舍、用具及污染的环境，用2%氢氧化钠、20%漂白粉等彻底消毒；粪便发酵处理。

六、狂 犬 病

本病是由狂犬病病毒引起的人和多种动物共患的急性接触性传染病，俗称疯狗病。主要特征为神经兴奋和意识障碍，继而局部或全身麻痹而死亡，死亡率100%。

病原体　狂犬病病毒，属于弹状病毒科狂犬病病毒属。病毒呈子弹状，有囊膜，为RNA型病毒。在动物体内主要存在于中枢神经组织、唾液腺和唾液内，在唾液腺和中枢神经细胞（尤其在海马角、大脑皮层、小脑）的胞浆内形成包涵体，呈圆形或卵圆形，染色后呈嗜酸反应，称为内基氏小体。

病毒具有血凝特性，能够凝集1日龄雏鸡和鹅的红细胞，这种血凝特性可被相应抗体所抑制，故可进行血凝抑制试验。

病毒易被紫外线、70%酒精、0.01%碘液、1%～2%肥皂水等灭活，对酸、碱、福尔马林等消毒药敏感。100℃ 2 min可使其灭活，但在冷冻或冻干条件下可长期保存毒力。

流行病学　几乎所有的温血动物均易感，最易的是犬科、猫科动物以及某些啮齿类动物和蝙蝠，他们是主要的自然贮藏宿主和传染源。对人和家畜的主要传染源是狂犬，其次是带毒犬和猫。近年国内报道外观健康的家犬带毒率平均为14.9%。病毒主要通过咬伤传播，也可由带毒的动物唾液经损伤的皮肤和黏膜而感染，亦有经呼吸道、消化道和胎盘感染的病例。本病散发，无季节性，流行的链锁性明显，致死率高达100%。

症状　潜伏期因感染病毒的数量、毒力、伤口距中枢的距离及动物的易感性不同而长短不一。一般为2～8周，最短的8d，长的可达数月或一年以上。牛、马为30～90d。

牛多为狂暴型。体温40℃左右，有的可达41℃，初期精神不振，反刍和食欲减少，不久废绝。继而表现不安，前肢搔地，阵发性兴奋，表现冲撞墙壁、跃槽、磨牙、性欲亢进、流涎，很少攻击人畜。随后出现麻痹，如吞咽麻痹、伸颈、臌气。最后倒地不起，衰竭而死。

人感染后，病初焦躁不安，头痛，体温略高，感觉异常，被咬伤部位疼痛难忍。随后兴奋，对光和声音极度敏感，瞳孔放大，流涎增多。随着病情发展，咽肌痉挛，吞咽困难，看到液体时即发生咽喉部痉挛，称为“恐水症”。兴奋期可能持续到死亡，或在最后出现麻痹，病程2～6d或更长，死亡率100%。

病理变化　无明显的眼观病变。脑及脑膜肿胀、充血和出血。大脑、小脑、延髓的神经细胞胞浆内出现特征性的内基氏小体，但检出率一般为66%～93%。

诊断要点

临床综合诊断　有被病犬咬伤的病史，临诊无特征性表现，病理组织学检查具有特征性。

实验室诊断　取大脑海马角或小脑作触片，用复红美蓝液染色8～10s，水洗、干燥、镜检，如在胞浆内见有染成鲜红色椭圆形的内基氏小体，可以确诊。但有的病例在脑内查不到包涵体，大脑的阳性检出率为70%左右。还可取脑或唾液腺制成乳剂接种乳鼠，死后取其脑组织检查包涵体。

荧光抗体法是特异、敏感、快速的方法，其阳性检出率可达95%。常用的方法还有中和试验和补体结合试验。近年来研究用ELISA检查抗原和抗体，应用基因探针位点杂交技术检测实验感染小鼠中枢神经系统中的狂犬病病毒的RNA，都取得了成功或进展。

治疗　无有效的治疗方法，早期注射抗血清具有一定的疗效。

防制措施　病犬是主要的传染源，所以要坚决扑杀野犬。在有可能感染时，应采取紧急预防接种。任何可疑接触狂犬病毒，如被外表健康动物咬伤、抓伤，有外伤的皮肤或黏膜被动物舔过，都必须接种狂犬疫苗。在被病犬咬伤后3d内注射高免血清，3～5d再注射1次，然后再注射疫苗。在疫区或有接触病毒机会时，应接种狂犬病疫苗进行预防。

第五节　以皮下和肌肉炎性水肿为主症

以皮下和肌肉炎性水肿为主症的牛传染病包括气肿疽、恶性水肿、牛巴氏杆菌病——水肿型。

一、气肿疽

本病是由气肿疽梭菌引起牛的急性发热性传染病。又称黑腿病或鸣疽。主要特征为肌肉丰满的部位发生炎性气性肿胀，并常有跛行。

病原体 气肿疽梭菌。为革兰氏阳性梭菌，两端钝圆，常呈多形性，无荚膜，以区别炭疽杆菌等。在菌体中央或近端易形成卵圆形的芽孢，菌体因形成芽孢而呈梭状，腹腔渗出液涂片镜检，为单个或3～5个菌体形成的短链，以区别腐败梭菌。

本菌的繁殖体对理化因素的抵抗力不强，而芽孢的抵抗力极强，在土壤中可以生存20年以上，0.2%氯化汞10min，3%福尔马林15min杀死芽孢。

流行病学 主要传染源虽是病牛，但不直接传播给易感动物。病原体在自然环境中广泛存在，并以芽孢的形式长期存在于土壤中，当牛采食被污染的饲草和饮水时感染。主要经消化道感染，少数通过创伤和吸血昆虫叮咬传播。6个月龄至2岁期间的健壮黄牛最易感。潮湿和沼泽地区常发，多见于夏季，呈地方流行性。

症状 潜伏期一般为3～5d。牛突然发病，体温达42℃，精神不振，食欲减退或废绝，呼吸困难，心跳加快，多数牛呈跛行。不久在体表，特别是肌肉丰满的部位（胸部、肩胛部、臀部等）出现大小不等多形状肿胀，先热痛，后变冷无痛。患部皮肤干硬呈暗红色或黑色，有时形成坏疽，触诊时有捻发音。后期体温下降，倒地，随即死亡。病程很短，常为1～3d。

病理变化 由于气肿使尸体显著膨胀，从天然孔流出血样泡沫，因此常怀疑为炭疽。切开体表肿胀部位，皮下有血样胶冻样浸润，肌肉呈黑红色，呈海绵状，质脆，富含血液，并带有一些泡沫，有酸臭气味。胸腔和腹腔内积有血样渗出物。心内外膜有出血点，心肌变性。肝切面有大小不等的坏死灶。肾和膀胱有出血点。脾脏不肿大。

诊断要点

临床综合诊断 主要发生于黄牛，在肌肉丰满部位发生炎性气性肿胀，触诊有捻发音，并常呈跛行。切开肿胀部位，流出带气泡的酸臭液体，肌肉呈灰白或暗红色，含有气泡。

实验室诊断 采取肿胀部位的肌肉、肝、脾及水肿液，接种于葡萄糖血液琼脂培养基，做细菌分离培养。用厌气肉肝汤纯培养物作生化试验鉴定分离菌。尚无特异、敏感的血清学诊断方法。

鉴别诊断 主要与恶性水肿相区别，还有炭疽、巴氏杆菌病。

治疗 早期治疗可用抗血清静脉或腹腔注射，同时应用青霉素、四环素效果较好。

防制措施 预防接种是控制本病的有效措施。常发地区可使用气肿疽甲醛灭活苗，不分年龄一律皮下接种5ml，效果较好。平时加强卫生和消毒工作，特别要注意土源清洁。发病时及时上报疫情；尽早进行确诊，对病牛立即隔离治疗；死牛严禁剥皮吃肉，应深埋或焚烧；被污染的圈舍、围栏、用具及环境，用20%漂白粉液或0.2%氯化汞彻底消毒。

二、恶性水肿

本病是由以腐败梭菌为主的多种梭菌引起的多种动物共患的传染病。主要特征为创伤局部发生气性炎性水肿，并伴有发热和全身毒血症。

病原体 主要病原为腐败梭菌，其次是产气荚膜梭菌，还有诺威氏梭菌和溶组织梭菌等。腐败梭菌为革兰氏阳性杆菌，无荚膜，在菌体的中央或近端易形成椭圆形芽孢。在患病动物体的腹膜或肝脏表面触片染色镜检，常呈无关节微弯曲的长丝状。本菌与气肿疽梭菌有许多共同抗原成分，但两者的毒素抗原具有特异性。

腐败梭菌芽孢体的抵抗力很强，在腐败的尸体中可存活3个月，土壤中保持活力20年以上。常用1∶500氯化汞、3%福尔马林、20%漂白粉、3%～5%氢氧化钠、3%～5%硫酸石炭酸等消毒剂，但需长时间才能杀死。

流行病学　病原体广泛存在于自然界和草食动物肠道中，成为传染源。主要是由于外伤，未经严格消毒而感染，如去势、断尾、注射、剪毛、外科手术及助产等。马、绵羊最易感，牛、猪、山羊较少发生，一般为散发。

症状　潜伏期一般为12～72h。病初体温升高，食欲减退，在伤口周围发生气性炎性肿胀，并迅速弥散性扩展，肿胀部位初期硬，热痛，后变无热无痛，触诊时有捻发音。感染部位为产道时，后躯特别是从外阴部至臀部明显肿胀。随着炎性气性水肿的发展，全身症状加重，可视黏膜发绀，呼吸困难。后期表现痛苦，不能站立而倒地死亡。常预后不良，病程多为1～3d。

病理变化　感染部位皮下和肌肉有明显的炎性水肿，当以气性坏疽为主时，病变部位可见胶冻样浸润、出血、坏死及气肿，含有酸臭、泡沫样黄色液体，有的呈暗红色。有时肝和肾脏呈海绵状，并含有泡沫。腹腔和心包腔积有大量渗出液。

诊断要点　根据流行病学、症状和病理变化基本可以诊断。

临床综合诊断　本病虽是炎性气性肿胀，但多因创伤引起，因此病变在伤口周围，发生部位不定，无年龄差异，呈散发。肌肉无海绵状病变，而有时肝和肾呈海绵状，切面含有泡沫。

实验室诊断　取病变组织，尤其是肝脏浆膜，制成涂片或触片，染色镜检，见到长丝状菌体时，可怀疑为本菌。将病料制成乳剂接种于试验动物，或将病料接种于葡萄糖血液琼脂培养基分离培养，根据其培养特性和生化特性鉴定分离菌。尚无特异、敏感的血清学诊断方法。

鉴别诊断　主要与气肿疽相区别，还有炭疽、巴氏杆菌病。

治疗　本病因创伤感染，炎性水肿发展很快，且全身中毒症状严重，因此治疗时应从早从速，从局部和全身两方面同时进行。感染局部应尽早切开，用大量的1%～2%高锰酸钾液或用3%过氧化氢冲洗，后撒入磺胺碘仿合剂，并用浸湿过氧化氢液的纱布填塞创腔。肿胀部周围注射青霉素和链霉素进行封闭，同时施以强心、补液、补碱解毒等对症疗法。

防制措施　平时应注意防止外伤，发生外伤后正确治疗，手术或注射应注意无菌操作。我国已研制成预防梭菌病的多联疫苗，在梭菌病常发地区常年注射，能有效预防本病。

三、牛巴氏杆菌病——水肿型

本病是由多杀性巴氏杆菌引起的人和多种动物共患的传染病。又称牛出血性败血症，简称牛出败。主要特征为某些部位胶冻样水肿。多与其他传染病混合感染或继发。

病原体　多杀性巴氏杆菌，为小球杆菌，无芽孢，无鞭毛，新分离的强毒株有荚膜，革兰氏阴性，碱性美蓝染色呈现典型的两极着色。

根据荚膜抗原（K）结构的不同，将本菌分为A、B、D、E、F 5个群；根据菌体抗原（O）的不同，分为1～12个血清型，K抗原与O抗原组合成15个血清型。不同动物感染的血清型也不同，如牛常见的是6∶B、6∶E。各型之间多无交互保护或保护力不强，但在一定条件下，各种动物之间可发生交叉感染。

本菌抵抗力较弱，对热、日光敏感，常用的消毒剂短时间内可将其杀死。

流行病学

传播特性　本菌为条件性病原菌，内源性感染是主要感染来源，患病和带菌动物亦是传染源。本菌随其分泌物、排泄物及咳嗽、喷嚏排出，污染饲料、饮水、用具和空气，经消化道、呼吸道感染，也可经损伤的皮肤黏膜及吸血昆虫的传播而引起传染。

流行特点　各种年龄的动物都可感染，但以幼龄较为多见。多无明显的季节性。一般散发，有时呈地方流行性。一般情况下不同动物种间不易相互传染。在个别情况下，猪巴氏杆菌有时传染给牛，牛和水牛之间可相互传染，而禽与家畜之间则很少相互传染。各种畜、禽和野生动物都可感染，其中猪、家禽和兔最常见，其次是黄牛、牦牛和水牛，绵羊、鹿、骆驼和马也可发病。人也感染。

本菌为牛上呼吸道的常在菌，当呼吸道黏膜受损伤，厩舍通风不良，寒冷，潮湿，饲养和卫生环境不良，过度疲劳，长途运输，气候多变等，使机体抵抗力下降时，本菌大量繁殖而发病。

症状　本病分为败血型、水肿型和肺炎型。水肿型潜伏期一般为2～5d。最急性型无任何症状而突然死亡。急性型常发热，精神沉郁，反刍停止，流涎，流泪，流黏液样鼻汁，下颌和颈部肿胀，常伴有咳嗽，呼吸困难，后期倒地，体温下降即死亡。病程为数小时至2d。

病理变化　在急性病例中，颈部、下颌及胸前皮下高度胶冻样水肿，切开后流出深黄色透明液体，胃壁、肠道浆膜和黏膜及心肌等部位有充血和出血点。

诊断要点

临床综合诊断　肿胀部主要见于咽喉部和颈部，为炎性水肿，硬固热痛，但不产气，无捻发音，常伴有急性纤维素性胸膜肺炎的症状与病变。

实验室诊断　采取发热期血液、水肿部位渗出物或实质脏器病料。分离培养和鉴定参照猪巴氏杆菌病。可用间接血凝试验和琼脂扩散沉淀试验，对病原菌进行分群和血清分型。

治疗　早期应用对本菌敏感的抗菌素，如青霉素、氨苄青霉素、链霉素、红霉素、林可霉素、四环素、土霉素、环丙沙星、恩诺沙星及磺胺类药物有效果。当咽喉部和颈部水肿严重，引起呼吸困难时，应及早进行气管切开术，以减轻症状。

防制措施　最有效的措施是平时注意改善舍内通风和饲养管理，及时清除粪尿，以减少舍内的湿度，避免各种应激因素。用当地分离菌株作氢氧化铝甲醛灭活苗进行预防接种，具有较好的免疫效果。一旦发病，尽早确诊，病牛应在严格隔离条件下，选用对本菌敏感的抗菌素进行治疗，同时改善舍内的通风，加强消毒，尸体要深埋或高温处理。

第六节　以角膜结膜炎为主症

以角膜结膜炎为主症的牛传染病有包括牛传染性角膜结膜炎、恶性卡他热 。伴发角膜结膜炎的还有牛传染性鼻气管炎，具体内容参照有关章节。

一、牛传染性角膜结膜炎

本病是由牛摩勒氏杆菌引起牛等反刍动物的接触性传染病。主要特征为角膜结膜炎。

病原体　牛摩勒氏杆菌，大小及形态不一，呈杆状，往往短而圆，也可呈纤细杆状等，不形成芽孢，无鞭毛，有些种可形成荚膜和菌毛，革兰氏染色阴性。

流行病学

传播特性　病牛或带菌牛是主要传染源。在康复牛的眼和鼻中，本菌可存活数月。自然传播的途径还不十分明确，同种动物可以通过直接接触而传染，蝇类或某种飞蛾也可机械性传播。牛和羊之间一般不能交互感染。

流行特点　牛、绵羊、山羊、骆驼、鹿等均易感。主要发生于天气炎热和湿度较高的夏秋季节。一旦发病，传播迅速，发病率高，多呈地方流行性或流行性。刮风、尘土等因素有利于本病的传播。

症状　一般无全身症状，很少有发热。初期患眼羞明、流泪、眼睑肿胀、疼痛。其后角膜凸起，角膜周围血管充血、舒张，结膜和瞬膜红肿，在角膜上发生白色或灰色角膜翳。多数病例起初一侧眼患病，后为双眼感染。病程一般为 20～30d。多数可以自然痊愈。

病理变化　眼观病变仅限于结膜角膜，参照症状。

诊断要点　根据流行病学、症状和病理变化基本可以诊断。多发生于夏秋两季，发病率高，传播迅速，取良性经过，虽有结膜和角膜炎，但无全身症状。采取病牛眼结膜囊内分泌物或鼻汁，接种于血液琼脂培养基上，在 33～35℃培养 24h，钓取典型菌落纯培养后作生化试验鉴定分离菌。用凝集试验、间接血凝试验等检测血清抗体。

治疗　眼部使用阿托品，保持睫状肌松弛。可用 2%～4%硼酸水通过鼻泪管洗眼，拭干后再用 3%～5%弱蛋白银溶液滴入结膜囊，每日 2～3 次。也可滴入青霉素溶液（5 000IU/ml）或涂四环素眼膏。如有角膜混浊或角膜翳时，可涂 1%～2%黄降汞软膏。

防制措施　现有多种抗摩勒氏杆菌的菌苗，虽不能完全阻止新病例的产生，但可降低发病率。本菌有许多免疫性不同的菌株，用具有菌毛和血凝性的菌株制成多价苗才有预防作用。犊牛注苗后约 4 周产生免疫力。患病后的动物对再感染具有一定的抵抗力。

二、恶性卡他热

本病是由狷羚疱疹病毒引起牛的致死性淋巴增生性传染病。又称恶性头卡他。主要特征为持续发热，消化道、呼吸道黏膜脓性坏死性炎症，典型病例具有眼部症状。

病原体　狷羚疱疹病毒Ⅰ型，属于疱疹病毒科猴病毒属。主要由核芯、衣壳和囊膜组成，核芯由双股线状 DNA 组成。病毒存在于血液、脑、脾等组织中，血液中的病毒附着于白细胞上。

病毒在疱疹病毒中最脆弱，不易保存。无论在低温冷冻或冻干条件下，存活期均不过数天。感染动物血液中的病毒含量虽然很高，但因迅速死亡，毒力很快下降。

流行病学　一般认为绵羊和无症状带毒是牛群暴发的来源。直接接触传播。自然情况下主要发生于黄牛和水牛，其中 1～4 岁的牛较易感，老牛少见。病牛不能直接感染健康牛，发病牛多与绵羊有接触史。多见于冬季和早春，多呈散发。多数地区发病率低，而病死率可高达60%～90%。

症状　有最急性型、头眼型、消化道型、良性型及慢性型。但头眼型被认为最典型。

最急性型　病初体温高达 41～42℃，眼结膜潮红，呼吸困难，有时出现急性胃肠炎症状，多在 1～2d 内死亡。

头眼型　最初高热稽留，精神不振，意识不清，食欲、反刍减少或停止，初便秘，后腹泻。典型病例几乎均具有眼部症状，双眼剧烈发炎、畏光、流泪、眼睑闭合，继而发展为虹膜睫状体炎和角膜炎。口腔和鼻腔黏膜充血潮红、坏死及糜烂，口腔中流出带有臭味的涎液。常伴有神经扰乱，肌肉震颤，共济失调，有时出现吼叫、冲撞的兴奋症状，最后全身麻痹。病程 4～14d。

消化道型　高热稽留，严重腹泻，粪便恶臭，混有黏液、纤维素性假膜和血液，后期大便失禁。

病理变化　病理变化依症状而定。最急性病例没有或只有轻微变化。头眼型以类白喉性坏死性变化为主，可能由骨膜波及骨组织，特别是鼻甲骨、筛骨和角床的骨组织。消化道型以消化道黏膜变化为主。

诊断要点

临床综合诊断　发病率较低，但死亡率高，呈散发，病牛有与绵羊密切接触史。除眼结膜角膜炎症状外，还有口腔黏膜溃疡，体表淋巴结肿大，高热稽留等明显的全身症状，有的还有神经症状。

实验室诊断　用特异性抗血清进行免疫荧光试验鉴定分离。可用病毒中和试验、免疫印迹法、ELISA、免疫荧光法和免疫细胞化学法检测血清抗体。

鉴别诊断　本病与巴氏杆菌病在体温和全身症状上有很多相似之处，但后者无角膜炎及神经症状，细菌学检查可发现巴氏杆菌。牛传染性角膜结膜炎表现只限于眼部，无全身症状。

治疗　尚无特效治疗方法。

防制措施　在流行地区应避免牛与绵羊接触。发现本病，应立即隔离、消毒，并采取对症治疗，以防继发感染。

第七节　以口腔黏膜水疱糜烂或溃疡为主症

以口腔、鼻腔黏膜出现水疱糜烂或溃疡症状为主症的牛传染病包括茨城病、口蹄疫。另外，还有牛病毒性腹泻、牛传染性鼻气管炎、恶性卡他热、牛瘟，内容参照有关章节。

一、茨城病

本病是由茨城病病毒引起牛的急性热性传染病。主要特征为突发高热、咽喉麻痹、关节疼痛性肿胀。

病原体　茨城病病毒，属于呼肠孤病毒科环状病毒属，鹿流行性出血病病毒群成员。呈球形或圆形，无囊膜，基因组为双股 RNA。

病毒对氯仿、乙醚有抵抗力。对酸性环境（pH5.15 以下）敏感，在 4℃放置稳定，－20℃冰冻时迅速丧失感染力。

流行病学　病牛和带毒牛是主要传染源。病毒由库蠓传播，发生与季节、地理、气候及节肢动物有密切关系。一般 1 岁以下牛不发病。

症状　人工接种的潜伏期为3～5d。突发高热，达40℃以上，持续2～3d，少数可达10d。发热时伴有精神沉郁，厌食，反刍停止，泡沫样流涎，结膜充血、水肿，白细胞数减少。病情多轻微，2～3d完全恢复健康。重症病例在口腔、黏膜、鼻镜和唇上发生糜烂或溃疡，易出血。腿部常有疼痛性关节肿胀。有的咽喉麻痹。由于饮水逆出，而引起脱水及消瘦。常发生吸入性肺炎。

病理变化　死亡病牛黏膜充血、糜烂等。皱胃黏膜明显充血、出血、水肿，胃壁增厚。

诊断要点　发生与季节、地理、气候条件以及节肢动物的传递密切相关。表现为突发高热、咽喉麻痹、关节疼痛性肿胀。用荧光抗体试验或病毒中和试验鉴定分离毒。用中和试验、血凝抑制试验和琼脂扩散试验，检测血清中的抗体。

治疗　只要无吞咽障碍，预后一般良好。发生吞咽障碍者，由于严重脱水和误咽性肺炎，可造成死亡。因此，补充水分和防止误咽是治疗的重点，并辅以强心疗法等。

防制措施　在无本病的国家和地区，重点是加强进口检疫，防止引入病牛和带毒牛。

二、口蹄疫

本病是由口蹄疫病毒引起人和偶蹄动物的急性热性高度接触性传染病。俗称口疮、蹄癀。主要特征为在口腔黏膜、蹄部和乳房皮肤发生水疱和溃烂。

病原体　口蹄疫病毒（FMDV），属于微核糖核酸病毒科口蹄疫病毒属。病毒呈球形或六角形，无囊膜，基因组为RNA型。可在胎牛肾、胎猪肾、乳仓鼠肾原代细胞及其传代细胞中增殖。

病毒具有多型性和易变异性。已知有7个血清型，即A、O、C、南非1、2、3型和亚洲1型，每一主型又分若干亚型，目前已发现65个亚型。各主型之间无交互免疫性，同一主型中的各亚型之间有一定的交叉免疫性。病毒在实验和流行中都能出现变异，疫苗的毒型与流行毒型不同时，不能产生预期的防疫效果。我国口蹄疫的毒型为O、A型和亚洲1型。

病毒对外界环境的抵抗力很强。被病毒污染的饲料、土壤和毛皮传染性可保持数周至数月。但对紫外线、热、酸和碱敏感，1%～2%氢氧化钠、3%～5%福尔马林、0.2%～0.5%过氧乙酸、0.1%灭菌净等是其良好的消毒剂。

流行病学

传播特性　病畜是最危险的传染源。在症状出现前，即开始排大量病毒，发病极期排毒量最多。病毒随分泌物和排泄物排出。水疱液、水疱皮、奶、尿、唾液及粪便含毒量最多，毒力也最强，富于传染性。牧区的病羊由于患病期症状轻微，易被忽略，因此可成为长期的传染源。病猪排毒量远远超过牛、羊，因此认为猪对本病的传播起着相当重要的作用。隐性带毒者主要为牛、羊及野生偶蹄动物，猪不能长期带毒。一般认为疫苗毒株的散毒和变异是引起口蹄疫暴发的主要根源。感染口蹄疫的人也可常带毒和散毒。皮毛、肉品、奶制品等畜产品，还有饲料、草场、饮水和水源交通运输工具、饲养管理用具等，一旦被病毒污染，均可成为传染源。

感染途径主要是直接接触感染，在大群放牧和集中饲养时较为多见。通过各种媒介物间接接触传递也具有实际意义。近年来证明，空气也是口蹄疫的重要传播媒介。

流行特点　口蹄疫病毒侵害多种动物，但主要为偶蹄兽。家畜以牛易感，其次是猪，再次为绵羊、山羊和骆驼。仔猪和犊牛不但易感，而且死亡率也高。本病的发生没有严格的季节性，但其流行却有明显的季节规律。一般冬春季较易发生大流行，夏季减缓和平息，但有些地区常年均有发生。暴发流行有周期性的特点，每隔一二年或三五年就流行一次。

症状 潜伏期平均2～4d，最长可达一周左右。体温达40～41℃，精神委顿，食欲减退，闭口，流涎，开口有吸吮声。1～2d后在唇内面、齿龈、舌面和颊部黏膜发生蚕豆至核桃大的水疱，口温高，口角流涎增多，呈白色泡沫状，常常挂满嘴边，采食、反刍完全停止。水疱约经一昼夜破裂，形成浅表的红色糜烂，此时体温降至正常，糜烂逐渐愈合，全身症状逐渐好转。如有细菌感染则糜烂加深，发生溃疡，愈合后形成瘢痕。

在口腔发生水疱的同时或稍后，趾间及蹄冠的柔软皮肤上表现红肿疼痛，迅速发生水疱，并很快破溃，出现糜烂或干燥结成硬痂，然后逐渐愈合。若病牛衰弱，或饲养管理不当，糜烂部位可能发生继发性感染化脓、坏死，病牛站立不稳，跛行，甚至蹄匣脱落。

乳头皮肤有时也出现水疱，很快破裂形成红斑，如涉及乳腺可引起乳房炎，泌乳量显著减少，有时乳量减少达75%，甚至停乳。

本病一般为良性经过，约经一周即可痊愈。如果蹄部出现病变时，病期可延长至2～3周或更久。病死率很低，一般不超过1%～3%。但在某些情况下，当水疱病变逐渐痊愈，病牛趋向恢复时，有时可突然恶化，全身虚弱，肌肉发抖，特别是心跳加快，节律失调，反刍停止，食欲废绝，行走摇摆，站立不稳，因心脏麻痹而突然倒地死亡。这种病型称为恶性口蹄疫，病死率高达20%～50%，主要是由于病毒侵害心肌所致。

哺乳犊牛患病时，水疱症状不明显，主要表现为出血性肠炎和心肌麻痹，死亡率很高。病愈牛可获得一年左右的免疫力。

病理变化 除口腔和蹄部的水疱和烂斑外，在咽喉、气管、支气管和前胃黏膜可见到圆形烂斑和溃疡，皱胃和肠黏膜可见出血性炎症。心脏的病理变化具有重要的诊断意义，心包膜有弥散性及点状出血，心肌松软，心肌表面和切面有灰白色或淡黄色斑点或条纹，似老虎皮斑纹，故称“虎斑心”。

诊断要点

临床综合诊断 四季均可发生，常呈流行性或大流行性，并有一定的周期性，主要侵害多种偶蹄兽，口腔和蹄部有特征性的水疱和烂斑。死后剖检可见“虎斑心”和出血性胃肠炎病变。

实验室诊断 采取患病动物的水疱皮或水疱液为病料。水疱皮用PBS液制备浸出液，或直接用水疱液接种于BHK细胞或猪甲状腺细胞进行病毒培养分离，然后作饰斑试验。

血清学诊断可用ELISA、免疫荧光抗体技术、中和试验、补体结合试验或微量补体结合试验、琼脂免疫扩散试验、反向间接血凝试验等。阻断夹心酶联免疫吸附试验等新方法已用于进出口动物血清的检测，国内外报道利用生物素标记探针技术检测病毒。

鉴别诊断 与牛瘟、牛恶性卡他热、传染性水疱性口炎极易混淆，注意鉴别。

治疗 轻症者经过一周左右多能自愈。但为了促进早日痊愈，缩短病程，防止继发感染，应在隔离条件下及时治疗。多饮清水，给予柔软的草料，对症状较重而能吃草的病牛，应该喂以糠麸稀粥、米汤或其他饮食，防止因过度饥饿而使病情恶化，引起死亡。

对口腔病变，用清水、食醋或0.1%高锰酸钾溶液洗漱，溃烂面涂以1%～3%硫酸铜或1%～2%明矾或碘甘油，也可用冰硼散撒布。对蹄部病变，用3%来苏儿洗净，然后涂龙胆紫溶液、碘甘油，绷带包扎。然后涂以氧化锌鱼肝油软膏。

防制措施　无本病国家一旦暴发本病，对患病动物一律扑杀。已消灭了本病的国家，禁止从有本病国家输入动物及其产品。有本病的地区或国家，多采取以疫苗注射为主的综合防制措施。弱毒疫苗可能在畜体和肉品内长期存在，而病毒在多代通过易感动物后，可能出现返祖现象，因此许多国家禁止使用弱毒疫苗。

一旦发生本病，应立即实施封锁、隔离、检疫、消毒等措施，同时对易感畜群用与流行株相同血清型的疫苗进行紧急接种。对受威胁区内的健康牛群预防接种，建立免疫带防止疫情扩展。

公共卫生　人感染口蹄疫主要是通过破损皮肤或由于食用消毒不彻底的感染乳。可并发胃肠炎、神经炎和心肌炎等。小儿发生胃肠卡他，似患流感样，严重者可因心肌麻痹而死亡。因此必须注意个人的防护。

第八节　以繁殖障碍综合征为主症

以繁殖障碍综合征为主症的牛传染病有包括牛布鲁菌病、牛生殖道弯曲菌病、牛地方流行性流产、赤羽病（阿卡斑病）。赤羽病多见于热带、温热带地区。此外，伴发流产引起繁殖障碍的还有成年牛沙门菌病、牛无浆体病、牛病毒性腹泻/黏膜病、牛流行热、牛传染性鼻气管炎和牛瘟等。

一、布鲁菌病

本病是由布鲁菌引起的人和多种动物共患的传染病。简称布病。主要特征为生殖器官和胎膜发炎，引起流产、不育、睾丸炎。

病原体　布鲁菌，为细小的球杆菌，无芽孢和荚膜，有毒力的菌株有时形成菲薄的荚膜，无鞭毛，革兰氏阴性。常用的染色方法是柯氏染色，本菌染成红色，其他细菌染成蓝色或绿色。

布鲁菌属共分 6 个种及多个生物型，各种间和生物型菌株之间的形态及染色特性无明显差别。分别是马耳他布鲁菌（羊布鲁菌）、流产布鲁菌（牛布鲁菌）、猪布鲁菌、犬布鲁菌、沙林鼠布鲁菌和绵羊布鲁菌。牛的病原体主要是流产布鲁菌。马耳他布鲁菌主要感染山羊和绵羊，但可以传入牛群。

本菌对自然因素的抵抗力较强。在患病动物内脏、乳汁内、毛皮上能存活 4 个月左右。对阳光、热力及一般消毒剂的抵抗力较弱，2%石炭酸、来苏儿、烧碱溶液或 0.1%氯化汞，可在 1h 内将其杀死。对链霉素、庆大霉素、卡那霉素及四环素等敏感。

流行病学

传播特性　传染源主要是患病和带菌动物。病母畜流产或分娩时排出大量的布鲁菌，流产后还可长时间随乳汁排菌，有时经粪便排菌，污染环境、饲料和饮水。主要经消化道感染，其次是通过皮肤、黏膜感染，也可通过吸血昆虫的叮咬而感染。患睾丸炎的公畜精液中含有病菌，可随交媾而传播。人类布鲁菌病主要是由于接触带有病原菌的各种污染物及食品，如患病动物的流产物、乳、肉和毛皮等，通过皮肤、黏膜、眼结膜引起感染，也可经消化道、呼吸道感染。

流行特点　动物的易感性似乎随着性成熟年龄的接近而增高。性别对易感性无明显差别，但公牛似乎有抵抗力。易感动物范围广，如羊、牛、猪、水牛、牦牛、羚羊、鹿、骆驼、野猪、马、犬、猫、狐、狼、野兔、猴、鸡、鸭及一些啮齿类动物等。家畜中羊、牛最易感。人的易感性很强，由马耳他布鲁菌和猪布鲁菌引起的布鲁菌病，病情严重，治疗困难。无明显的季节性，但在产仔季节多发。母畜感染后一般只发生一次流发，以后则带菌免疫，使本病的流行有一定的特点，即初发时流产率高，以后则逐年减少。

症状 牛的潜伏期 2 周至 6 个月。母牛最明显的症状是流产，妊娠后的第 6～8 个月最多。流产胎儿多为死胎、弱胎。多数流产后胎衣滞留，从阴道流出污秽不洁的红褐色恶臭液体，如果引起子宫内膜炎可长期不育。如流产后胎衣不滞留，可迅速康复并再次受孕。还常见关节炎、滑液囊炎，偶见腱鞘炎和乳房炎。公牛感染后发生睾丸炎和附睾炎。

羊常不表现症状。流产多发生于妊娠后 3～4 个月，有的山羊流产 2～3 次，流产前症状一般不明显。还可能有乳房炎、支气管炎、关节炎和滑液囊炎。乳山羊的乳房炎出现较早，乳汁有结块，乳量减少，乳腺有硬结节。公羊感染后常发生睾丸炎、附睾炎。

人布鲁菌病的急性和亚急性患者表现菌血症。主要以波型热为特征，另外还有寒战，盗汗，全身不适，关节炎，神经痛，肝、脾肿大等。男性主要表现睾丸炎和附睾炎，孕妇可能流产。有些病例急性发作后可能恢复健康，有的则反复发作。

病理变化 牛、羊的病变大致相同。主要病变为胎衣水肿，呈胶冻样浸润，有些部位覆有纤维蛋白絮片和脓液，有的伴有出血点，绒毛叶部分覆有灰色或黄绿色纤维蛋白、脓液絮片或脂肪状渗出物。胎儿淋巴结、脾和肝肿大，胃内有淡黄色或白色黏液絮状物，但以皱胃最为明显，肠、胃和膀胱的浆膜下可能见有点状或线状出血点，脐带常呈浆液性浸润、肥厚。公牛生殖器官精囊内可能有出血点和坏死灶，睾丸和附睾可能有炎性坏死灶和化脓灶。

诊断要点

临床综合诊断 本病与牛生殖道弯曲菌病和牛地方流行性流产，从流行病学、症状和流产胎儿病理变化上很难区别，需作病原分离鉴定或血清学诊断才能确诊。

实验室诊断 取胎儿、胎衣、母畜阴道分泌物、乳汁及肿胀部的渗出液涂片，经柯氏染色，镜检发现红色的细小球杆菌。但检出率很低，必要时应同时进行分离培养或动物实验。

用虎红平板凝集试验检疫牛群中血清阳性牛，但此法对处于潜伏期、少数怀孕后期及慢性病牛还不能全部检出。对初步筛选的阳性或疑似牛，用补体结合试验或 ELISA，更具有敏感性和特异性。

鉴别诊断 与流产性疾病相鉴别，如弯曲菌病、钩端螺旋体病、乙型脑炎、衣原体病、沙门菌病、胎儿毛滴虫病和弓形虫病等。

治疗 本菌是兼性细胞内寄生菌，致使药物不易生效。一般采用检疫、淘汰病畜来防止流行和扩散。

防制措施 突出体现“预防为主”的原则，采取综合性防制措施。

严格检疫 对非疫区以舍饲为主的清净牛群，一年至少检疫一次，阳性牛及时送隔离区饲养或淘汰。引进牛时需经产地检疫，并隔离观察 2 个月，期间进行 2 次血清学检疫，均为阴性者方可混群。在疫区每年至少对易感动物进行两次检疫，阳性淘汰；阴性者作为假定健康动物进行多次检疫，经一年以上无阳性者出现，可认为是健康群。

培养健康牛群 由犊牛培育健康牛群，也是根除本病的有效措施之一。即新生犊牛立即隔离，以母牛初乳人工哺乳 5～10d，后喂以健康牛乳或灭菌乳，至 5 月龄和 9 月龄时各检疫一次，均为阴性时即可认为是健康犊牛。

严格消毒　流产胎儿、胎衣应深埋或烧毁，被污染的圈舍、场地、用具等以 2%热烧碱液或 10%石灰乳进行彻底消毒，粪便经生物热发酵消毒，乳与乳制品加热后食用，皮张、羊毛在收购地点消毒、包装后方可外运。

定期免疫接种　常用的疫苗有我国选育的猪布鲁菌 2 号弱毒活苗和马耳他布鲁菌 5 号弱毒活苗，前者对牛、绵羊、山羊和猪均有较好的免疫效果，后者用于反刍动物。

公共卫生　本病多发生于畜牧、动物医学及屠宰加工等人员，因此要严加防护，工作时必须穿工作服，工作后注意消毒，尤其助产时应特别注意。必要时用弱毒疫苗皮肤划痕接种，但必须先进行变态反应检查，阴性者可以施行接种。

二、牛生殖道弯曲菌病

本病是由胎儿弯曲菌引起牛和羊的接触性传染病。原名弧菌病。主要特征为暂时性不育，发情期延长以及流产。

病原体　弯曲菌，细长，呈弧形、撇点或 S 型，有鞭毛，无芽孢，有些菌株有荚膜，革兰氏阴性。致病的主要有胎儿弯曲菌和空肠弯曲菌，本病由前者的两个亚种所引起，即：胎儿弯曲菌胎儿亚种、胎儿弯曲菌性病亚种。羊生殖道弯曲菌病由胎儿弯曲菌胎儿亚种和空肠弯曲菌引起。

本菌对外界环境的抵抗力不强，对干燥、阳光和一般消毒剂敏感。

流行病学　患病和带菌动物是最主要的传染源。胎儿弯曲菌胎儿亚种存在于胎盘和胎儿胃内容物、人和动物血液和肠内容物以及胆汁中。胎儿弯曲菌性病亚种存在于生殖道、流产胎盘和胎儿组织中。母牛感染后一周即可从子宫颈、阴道黏液中分离出本菌，感染后 20～90d 最多。胎儿弯曲菌胎儿亚种经消化道感染，引起牛和绵羊流产以及人的发热。胎儿弯曲菌性病亚种主要通过交配和人工授精感染，引起牛的不育和流产。成年母牛和公牛大多数有易感性，未成年者稍有抵抗力。

症状　公牛一般没有明显症状，精液正常，但可带菌，包皮黏膜可发生暂时性潮红。母牛感染后，病菌在阴道和子宫颈繁殖，引起阴道卡他性炎症，黏膜发红，特别是子宫颈，黏液分泌增加，有时可持续 3～4 个月。至妊娠期，病菌侵入引起子宫内膜炎和输卵管炎，可持续数周到数月。母牛生殖道病变致使胚胎早期死亡并被吸收，从而不断虚情。有些牛发情周期不规则，至感染后 6 个月，大多数牛才可再次受孕。母牛多在妊娠的第 5～6 个月发生流产。

绵羊常在妊娠之后 3 个月流产。多数流产母羊流产前无先兆症状，并能于流产后迅速康复。有的羊因死亡胎儿滞留子宫内，发生子宫炎和脑膜炎而死亡。流产率平均为 20%～25%，有的羊群可高达 70%。母羊流产康复后产生特异性免疫力。

病理变化　胎盘水肿，胎儿淋巴结、脾和肝肿大。胃内有黏液絮状物，肠、胃和膀胱的浆膜下可能见有出血点，脐带常呈浆液性浸润、肥厚。

诊断要点　本病的症状与其他生殖道疾病很难区别，确诊需进行实验室检查。

临床综合诊断　特征性症状是暂时性不育，发情期延长以及流产。

实验室诊断　种公牛采黏液或包皮垢，流产母牛采阴道黏液，流产胎儿采胃内容物，接种于 10%血液琼脂培养基，在微需氧条件下培养，钓取典型菌落纯培养，做生化试验鉴定分离菌。用已知抗原对牛群的流产牛阴道黏液进行凝集试验，是血清流行病学调查的最佳方法，但不能确定个体感染，仅能查出50%的感染牛。

鉴别诊断　与流产性疾病相鉴别，如布鲁菌病、钩端螺旋体病、乙型脑炎、衣原体病、沙门菌病、胎儿毛滴虫病和弓形虫病等。

治疗　一般认为局部治疗比全身治疗有效。流产母牛可按子宫内膜炎进行常规处理。对公牛施行硬脊膜轻度麻醉，将阴茎拉出，用多种抗生素软膏涂擦于阴茎和包皮上；也可用红霉素水溶液每天冲洗包皮一次，连续3～5d。

防制措施　由于主要是交配传染，因此淘汰有病种公牛、选用健康种公牛进行配种或人工授精，是控制本病的重要措施。疫苗接种有较好的效果，常用氢氧化铝甲醛灭活苗，第一次免疫后间隔4～6周进行第二次免疫，每次免疫剂量为5ml。牛群暴发本病时，应暂停配种3个月，流产胎儿和胎衣要深埋处理，产房和污染的环境要进行彻底消毒，在严格隔离的条件下，对流产母牛应用敏感的抗生素进行治疗。

三、牛地方流行性流产

本病是由衣原体引起的人和多种动物共患的传染病。主要特征为流产、肺炎、肠炎、结膜炎、多发性关节炎和脑炎等。

病原体　衣原体，参照牛散发性脑脊髓炎。

流行病学　主要是病牛和带菌牛。牛粪、尿，流产胎衣、胎儿和羊水等污染饲料和饮水，经消化道感染，也可由污染的空气经呼吸道感染。交配或人工授精亦可传播。蜱和其他昆虫可作为传播媒介。发生没有明显的季节性，多呈地方流行性。

症状　潜伏期一般为数月。体温升高。母牛一过性高热之后突然流产，阴道变狭窄和呈现黄颜色是流产前的征兆，用阴道分泌物涂片染色常可见有原生小体。初产的怀孕母牛50%以上会发生流产，而且多数发生在怀孕的第8或9个月，产出死胎或弱胎，但一些早产牛犊可幸存。公牛尤其小公牛易发生精囊炎、附睾炎和睾丸炎，被感染的公牛精液质量下降，有的睾丸萎缩。

病理变化　主要病变限于胎衣和胎儿。胎衣增厚和水肿。胎儿贫血，皮肤和黏膜通常有斑点状出血，皮下组织水肿，结膜、咽喉、气管黏膜有点状出血；腹、胸腔积有黄色渗出物；肝肿大并有灰黄色突出于表面的小结节；在气管、舌、胸腺和淋巴结上经常可见斑点状出血；淋巴组织由于相关淋巴液的滞留而肿大；各个器官可见有肉芽肿样损伤。

诊断要点　根据流行病学、症状和病理变化可初步诊断，确诊需作病原分离和鉴定。

无特征性症状，只表现流产。采集流产胎衣，流产胎儿的肝、脾、肺及胃液，公牛精液，接种于5～7d的鸡胚卵黄囊内进行分离，用荧光抗体试验鉴定分离菌。

治疗　常用四环素、庆大霉素和磺胺类治疗。敏感药物拌料喂服可取得预防和治疗作用。

防制措施　除综合性防制措施外，尚无安全可靠的疫苗。

复习思考题

1. 牛及其他动物共患的传染病，主要为牛所患的传染病。

2. 人与牛共患传染病，其防制在公共卫生上的意义。
3. 牛大肠杆菌病各型的特点，与牛沙门菌病的鉴别诊断。
4. 牛产气荚膜梭菌肠毒血症流行病学、症状和病理变化特点。
5. 副结核的诊断要点。
6. 防制弯曲菌性腹泻的公共卫生意义。
7. 牛病毒性腹泻/黏膜病与哪些病相鉴别。
8. 牛轮状病毒感染的流行特点。
9. 牛巴氏杆菌病——肺炎型与牛肺疫的鉴别诊断。
10. 犊牛地方性肺炎的流行病学特点。
11. 牛结核的诊断要点。肺结核、乳房结核的症状和病理变化特点。
12. 牛传染性鼻气管炎的类型，各自的主要特征。
13. 牛副流行性感冒的病因及防制措施。
14. 炭疽的病理变化特点，禁止剖检的原因。
15. 牛肺炎链球菌病的病理变化特点。
16. 牛昏睡嗜组织杆菌感染的症状特点。
17. 李氏杆菌病的类症鉴别。
18. 狂犬病的防制措施。
19. 伪狂犬病的防制措施。
20. 气肿疽的症状特点。
21. 恶性水肿的病因，防制措施。
22. 牛巴氏杆菌病——水肿型临床诊断要点。
23. 牛传染性角膜结膜炎的症状特点。
24. 恶性卡他热的类症鉴别。
25. 口蹄疫的传播特性、流行特点、病理变化、防制措施。
26. 布鲁菌病应与哪些疾病相鉴别，防制措施。
27. 牛生殖道弯曲菌病的防制措施。
28. 牛地方性流产的特征。
29. 制定某牛场或乡镇牛的主要传染病的综合性防疫措施。

第五章　羊的传染病

第一节　以消化系统症状为主症

以消化系统症状为主症的羊传染病是由梭状芽孢杆菌属中的病原体所引起的一类疾病，包括羊快疫、羊猝击、羊肠毒血症、羊黑疫、羔羊痢疾等。

一、羊 快 疫

本病是由腐败梭菌引起绵羊的急性致死性传染病。主要特征为病程急促，迅速死亡，皱胃出血性炎症。

病原体　腐败梭菌，厌气大杆菌，无荚膜，有椭圆形芽孢，革兰氏阳性。病羊血液或脏器抹片染色镜检，常有单在或2、3个相连的粗大杆菌。尤其肝脏被膜触片时，常呈无关节的长丝状形态，具有重要的诊断意义。本菌能产生4种毒素、12种强烈的外毒素，本病主要是α毒素。

本菌芽孢体的抵抗力很强，在腐败尸体中可存活3个月，土壤中保持活力20年以上。常用3%福尔马林、20%漂白粉、3%～5%氢氧化钠、3%～5%硫酸石炭酸等消毒剂，但需长时间才能灭活。

流行病学　患病和带菌绵羊为传染源，其排泄物污染牧草、饲料和饮水。本菌常以芽孢的形式存在于低洼的水塘、沼泽、土壤及人兽粪便中。经消化道感染。如经伤口感染可引起恶性水肿。本菌属于条件性致病菌，当因各种应激因素的不良刺激，或患其他疾病引起抵抗力下降时，本菌大量繁殖，释放外毒素进入血液并侵害神经系统，引发中毒性休克，导致快速死亡。绵羊最易感染，山羊和鹿偶有感染。多为营养中上等的6～18个月的小羊。

症状　潜伏期一般仅为数小时，未见明显症状便已死亡。常见羊当天正常，次日早晨却已死亡。病羊离群、卧地、拒食、磨牙、腹胀、腹痛，强迫运动时表现虚弱和运动失调。随后昏迷，呼吸困难，口鼻流出泡沫样液体，口舌黏膜肿胀，排粪困难，粪球常呈黑绿色而柔软。有些病例体温升高。病羊死前痉挛，结膜急剧充血，呼吸极度困难，经数分钟至几小时死亡。

病理变化　腐败梭菌在尸体繁殖迅速，使其极度膨胀，故尸体剖检应尽早进行。新鲜尸体腹部膨胀，天然孔内有血样分泌物，可视黏膜发紫，皮下组织有浆液性浸润。最主要的病变在皱胃，黏膜呈出血性、坏死性炎症，黏膜下组织水肿，甚至形成溃疡，由于水肿液的浸润，使胃壁显著增厚，胃底和幽门部黏膜有出血斑。胸腔、腹腔和心包大量积液，呈淡黄色或红色，暴露于空气中易于凝固，心内、外膜出血点，左心室尤为严重。肝脏肿大、质脆，胆囊肿大。肠道和肺脏浆膜出血。

诊断要点　只根据流行病学、症状及病理变化很难确诊，确诊需做病原分离鉴定。

临床综合诊断　生前很难与羊猝击和羊肠毒血症相鉴别。本病多与羊猝击混合感染。如果羊突然发病，剖检见皱胃有出血性、坏死性炎症，胸腔、腹腔和心包大量积液等，可疑为本病。

实验室诊断　取肝脏浆膜，制成涂片或触片染色镜检，除有两端钝圆、单在及呈短链的菌体外，还可见到长丝状菌体。必要时进行细菌的分离培养和实验动物感染。尚无检出毒素的有效方法。

鉴别诊断　注意与羊猝击、羊肠毒血症、羊黑疫、巴氏杆菌病、炭疽等鉴别。

治疗　突然发病死亡，来不及治疗。

防制措施　由于发病急、病程短，因此，必须坚持“预防为主”的原则，做好平时的防疫工作。在易发季节前用疫苗预防，可用羊快疫、猝击二联苗，或快疫、猝击、肠毒血症三联苗，也可用绵羊快疫、猝击、肠毒血症、黑疫和羔羊痢疾五联苗，还有羊快疫、羊猝击、羔羊痢疾、肠毒血症、黑疫、肉毒中毒、破伤风七联干粉苗。在羔羊经常发病的羊场，除对羔羊免疫接种外，对母羊产前1～1.5月和15～30d各免疫1次。有些羊在接种后1～2d发生跛行，可自行恢复。

在易感季节，要加强饲养管理，防止应激因素诱发本病。发生病时及时隔离病羊，尽早把尸体、粪便及污染的土壤全部深埋，严禁剥皮吃肉，注意保护水源。如病情严重，应更换牧场和饮水处。羊舍严格消毒。

二、羊猝击

羊猝击是由C型产气荚膜梭菌产生毒素所引起的绵羊毒血症。主要特征为急性死亡、腹膜炎或溃疡性肠炎。

病原体　C型产气荚膜梭菌。有荚膜，不运动，厌氧大杆菌，革兰氏阳性。芽孢卵圆形，位于菌体中央或近端，但在人工培养基中则不易形成。致死毒素主要是β毒素。

形成芽孢后对外界抵抗力强，80℃15～30min，100℃几分钟才能杀死。冻干保存至少10年其毒力和抗原性不发生变化。常用5%氢氧化钠消毒。

流行病学　患病和带菌绵羊为传染源，其排泄物污染土壤、牧草、饲料和饮水，经消化道感染。本菌属于条件性致病菌，当各种应激因素或患其他疾病等引起抵抗力下降时，细菌在小肠特别是十二指肠和空肠内大量繁殖，产生β毒素而形成毒血症，导致快速死亡。以1～2岁的绵羊发病较多。绵羊最敏感，山羊也能感染。常见于低洼、沼泽地区。常呈地方流行性。冬春季节多见。常与羊快疫混合感染。

症状　病程急促，常不见症状而突然死亡。病羊掉群、卧地、不安、衰弱和痉挛。新生羔羊发生紧张性痉挛、虚脱。病程一般数小时。

病理变化　最显著的病变是腹膜炎及出血性肠炎。腹水增多，心包和胸腔积液，暴露在空气中可形成纤维絮块。十二指肠和空肠充血、糜烂，有的溃疡。病羊刚死亡时骨骼肌正常，但在死后8h内，由于细菌在骨骼肌增殖，使肌间隔积聚血样液体，肌肉出血，有气性裂孔，此变化与“黑腿病”极为相似。

诊断要点　根据流行病学、症状及病理变化不易确诊，确诊需做病原分离鉴定。

生前很难与羊快疫和羊肠毒血症鉴别。病变是腹膜炎及出血性肠炎。从体腔渗出液、脾脏取病料作细菌的分离鉴定，以及用小肠内容物离心上清液，静脉接种小鼠，证明有无β毒素。注意与羊快疫、羊肠毒血症、羊黑疫、巴氏杆菌病、炭疽等鉴别。

治疗　突然发病死亡，来不及治疗。

防制措施 以预防为主，可进行疫苗接种。对免疫母羊所产下的羔羊，从母乳中获得的被动免疫可维持 30d，故在 30 日龄以前不宜接种多价疫苗，会抑制主动免疫的形成。对于非免疫母羊所产羔羊，可从 15～20 日龄接种疫苗。

三、羊肠毒血症

本病是由产气荚膜梭菌产生毒素引起绵羊的急性毒血症。死后肾组织易于软化，因此又称软肾病。本病在症状上类似于羊快疫，故又称类快疫。主要特征为急性死亡，肾脏变软。

病原体 主要为 A 型产气荚膜梭菌，少数为 C 型和 D 型产气荚膜梭菌。厌气性粗大杆菌，无鞭毛，不能运动，在动物体内能形成荚膜，芽孢位于菌体中央，革兰氏阳性。

一般消毒药均易杀死本菌繁殖体，但芽孢抵抗力较强，在 95℃下需 2.5h 方可杀死。本菌能产生强烈的外毒素，具有酶活性，不耐热，有抗原性，用化学药物处理可变为类毒素。

流行病学 病羊和带菌羊为传染源，其排泄物污染土壤、牧草、饲料和饮水。本菌为土壤常在菌，也存在于污水中。经消化道感染。2～12 月龄的羊最易发病，且膘情较好的多发。有明显的季节性，多发于春末夏初和秋季收割季节。多呈散发性。

健康羊的消化道内也有本菌，但不引发疾病。而当饲料突然改变，尤其由干草变为谷类或青嫩多汁和富含蛋白质饲料后，瘤胃内菌群不能适应，肠蠕动减弱或弛缓时，细菌大量繁殖，毒素在肠道内积聚，进入血液而引发毒血症。胃肠道损伤时也能引发本病。

症状 潜伏期短，一般只有几小时到 1d。由于发病急、死亡快，故很少见到症状。病死率高，罕见痊愈者。最急型最常见，以搐搦为其特征，病程极短。急性型病程不急，以昏迷和静静死去为特征。这两种类型的差别是因吸收的毒素多少不同所致。

病理变化 主要病变为肾脏。幼羊肾呈血色乳糜状，故有“髓样肾病”之称。成年羊肾脏变软，在死后 6h 后最为明显。皱胃、空肠、回肠的某些区段呈出血性炎症变化。肝、胆肿大。肺充血、水肿。胸腺常出血。胸、腹腔及心包积液，心内外膜出血。全身淋巴结肿大，呈急性淋巴结炎。

诊断要点 生前很难与羊快疫和羊猝击鉴别。主要病理变化是心包积液、肺充血、水肿，胸腺出血。成年羊死后肾脏变软。高血糖和糖尿具有诊断意义。采取病变严重的肠道内容物进行病原分离和鉴定。毒素的检查和鉴定可用小鼠或豚鼠作中和试验。与羊黑疫、巴氏杆菌病、炭疽等鉴别。

治疗 突然发病死亡，来不及治疗。

防制措施 以促进肠蠕动为主要的预防措施。经常运动，不要喂食过多精料和青嫩牧草。在常发地区应定期接种疫苗，2 周即可产生免疫力，持续 6 个月。羔羊可从初乳获得抵抗力，5 周龄时再进行接种。在饲料中加入金霉素有利于预防。当羊群发病时，应立即搬圈，更换牧场，改变饲养方式，加强运动，增强肠道蠕动，能有效地控制疾病蔓延。

四、羊 黑 疫

本病是由诺维氏梭菌引起绵羊和山羊的急性高度致死性毒血症。又称传染性坏死性肝炎。主要特征为肝实质坏死。

病原体　B型诺维氏梭菌。又称水肿梭菌或巨大杆菌。分为A、B、C、D四型。革兰氏阳性，大杆菌，单在、成双或呈3～4个短链，周边有鞭毛，能运动，无荚膜，严格厌氧。易形成芽孢，多位于菌体近端或中央，直径大于菌体。

本菌的芽孢抵抗力较强，但对次氯酸盐敏感，95℃可存活15min，湿热105～120℃ 5～6min可杀死芽孢，在5%石炭酸、1%福尔马林或0.1%硫柳汞中能存活1h。

流行病学　病羊和带菌羊为传染源，其排泄物污染土壤、牧草、饲料和饮水，经消化道感染。主要侵害1岁以上的绵羊，2～4岁最易感，多为营养良好的肥胖羊。本病的发生与肝片吸虫感染密切相关，故易发于肝片吸虫病流行的低洼潮湿地区。春、夏季节多发，冬季少见。绵羊和山羊最易感，牛、猪也可感染。

症状　与羊快疫、肠毒血症等极其类似。病程十分急促，不超过3d。完全不食，呼吸困难，体温41.5℃左右，呈昏睡俯卧状态，并在此状态下毫无痛苦地突然死去。其原因是芽孢侵入血液进入肝脏，细菌繁殖，释放毒素，使之中毒死亡。病死率近100%。

病理变化　病羊尸体因皮下静脉充血、淤血而呈暗黑色，故称"黑疫"。胸部皮下组织水肿，内含胶样液体，暴露于空气中易凝固。胸、腹腔及心包积液，心室内膜下出血。皱胃幽门部和小肠充血、出血。肠淋巴结水肿。最显著的病变是肝脏肿胀、充血，表面或内面有一个到数个略呈圆形的凝固性坏死灶，界限清晰，呈黄白色或灰黄色，直径可达2～3cm，周围显著充血呈鲜红色的环带。坏死灶内常有肝片吸虫童虫。

诊断要点

临床综合诊断　在肝片吸虫流行的地区，发现急死或昏睡状态下死亡的病羊，剖检见特殊的肝脏坏死性变化，有助于诊断。

实验室诊断　本菌严格厌氧，分离困难，如有污染时更为不易。所以应及时无菌采取病料，立即划线接种，经纯培养后做生化试验鉴定。本菌在正常羊的肝、脾可能以芽孢形式存在，因此，只分离到本菌还不能完全确诊，必须结合流行病学和病理变化等综合诊断。毒素检验可用卵磷脂酶试验。

鉴别诊断　与羊快疫、羊猝击、羊肠毒血症、巴氏杆菌病、炭疽等鉴别。

治疗　可用抗诺维氏梭菌血清治疗。

防制措施　首要是控制肝片吸虫的感染。免疫预防可使用甲醛菌苗，也可用羊厌氧菌五联苗，每只羊皮下或肌注5ml，注后2周产生免疫力，保护期为半年。平时应在较高燥地块放牧。

五、羔羊痢疾

本病是由产气荚膜梭菌引起初生羔羊的急性毒血症。主要特征为剧烈腹泻和小肠溃疡。

病原体　B型产气荚膜梭菌，有时A、C、D型产气荚膜梭菌也能引起本病。为厌气性粗大杆菌，无鞭毛，不能运动，在动物体内能形成荚膜，芽孢位于菌体中央，革兰氏阳性。

流行病学　母羊为主要传染源。主要经消化道感染，或经脐带、伤口感染。以2～3日龄发病率最高，7日龄以上则很少发病。本病有一定的季节性与规律性，每年立春前后发病率常骤然增加。母羊在怀孕期间营养不良，所产羔羊体质衰弱，以及气候变化急骤，产房不洁或过冷时可诱发本病。

症状 自然感染的潜伏期一般为1～2d，根据细菌毒力的强弱而症状有所不同，病程由数小时至数日。多为急性型，病初精神委靡，不吃奶，低头拱背，腹痛，继而持续性腹泻，由粥状变为水样，呈黄白或灰白色，后期成为血便。由于腹泻导致严重脱水、虚弱，卧地不起，最后昏迷而死。病死率近100％。发生过本病的地区，有时会出现亚急性型，但病程稍长。慢性型少见。

病理变化 主要为小肠（特别是回肠）黏膜出血性炎症，小的溃疡周围有一出血带环绕，有时已糜烂。皱胃内有未消化的凝乳块，肠内容物有时呈血色。肠系膜淋巴结肿大、充血和出血。心包积液，心内膜有时有出血点。尸体严重脱水。

诊断要点 根据流行病学、症状和病理变化可初步诊断，鉴别诊断需做病原分离和鉴定。

发生于1周龄以内的羔羊，以腹泻和小肠出血性炎症为特征，以此区别羊快疫、羊猝击和羊肠毒血症。查明肠道是否存在B型产气荚膜梭菌的毒素，对诊断具有重要意义。

应与羔羊大肠杆菌病（肠型）、羔羊沙门菌病（下痢型）加以区别。前者也是1周龄以内的羔羊发病，症状和病理变化与本病相似，但发病羔羊群中有化脓性纤维素性关节炎；后者主要发生于4月龄断乳前后的羔羊，皱胃和肠道黏膜充血、水肿。

治疗 病初应用抗羔羊痢疾血清，或用大剂量的青霉素、链霉素、环丙沙星等抗菌药物，同时口服止泻药等对症治疗。

防制措施 发病因素复杂，因而应综合预防。加强孕羊的饲养，适时抓膘，以增强抵抗力，使胎羔发育良好；注意产期卫生消毒和护理；调整配种季节，避开最冷的时期产羔。在常发地区可采用抗生素预防，羔羊出生后12h内灌服土霉素0.15～0.2g，每日1次，连服3～5d；秋季注射羔羊痢疾或厌氧菌七联干粉苗。对怀孕母羊产前2～3周再次接种，使羔羊获得保护力。一旦发病，应迅速隔离，彻底消毒，同群未发病羔羊用抗菌素进行药物预防。

第二节　以呼吸系统症状为主症

以呼吸系统症状为主症的羊传染病包括羊支原体肺炎、山羊和绵羊肺炎、绵羊巴氏杆菌病、羊肺腺瘤病、梅迪-维斯纳病（梅迪病）。绵羊和山羊结核病参照牛结核病，但诊断本病时应注意鉴别假结核棒状杆菌引起的干酪样淋巴结炎。绵羊巴氏杆菌病参照牛巴氏杆菌病——肺炎型。

一、羊支原体肺炎

本病是由丝状支原体山羊亚种引起山羊的高度接触性传染病。又称传染性胸膜肺炎。主要特征为高热、咳嗽，胸和胸膜发生浆液性和纤维素性炎症，病死率很高。

病原体 丝状支原体山羊亚种。细小、多形性，革兰氏阴性。姬姆萨和美蓝染色着色良好。近年我国分离出一种与丝状支原体山羊亚种无交互免疫性的绵羊肺炎支原体，也为细小且多形性，但在培养基上菌落很小。本支原体对理化因素的抵抗力很弱。

流行病学 病羊是主要传染源，肺和胸腔渗出液中含有大量病原体，主要经呼吸道分泌物排菌。耐过羊也有散播病原的危险。主要通过飞沫经呼吸道传播。多发生在山区和草原地区。冬季和早春枯草季节多发，病死率也高。呈地方流行性。阴雨连绵，寒冷潮湿，羊群拥挤等有利于传播。

症状　潜伏期长短不一，短者5～6d，长者3～4周。

最急性病例初期体温达41～42℃，精神极度委顿，食欲废绝，呼吸急促而有痛苦的鸣叫。数小时后出现肺炎症状，听诊肺泡呼吸音减弱、消失或呈捻发音，12～36h内渗出液充满病肺并进入胸腔。病羊卧地不起，四肢伸直，每次呼吸则全身颤动。黏膜高度充血、发绀。不久窒息死亡。病程一般不超过4～5d，有的仅为12～24h。

急性病例最常见，初体温升高，短而湿的咳嗽，伴有浆液性鼻汁。4～5d后，变为干咳，鼻汁转为黏液脓性并呈铁锈色。听诊呈支气管呼吸音和摩擦音，按压胸壁表现敏感、疼痛，此时高热稽留不退，食欲锐减，呼吸困难，眼睑肿胀，眼有黏液脓性分泌物。头颈伸直，腰背拱起，腹部紧缩。孕羊大批流产。最后病羊卧地，极度衰竭。濒死前体温降至常温以下。病程可达7～15d，有的可达一个月。耐过者转为慢性。

慢性病例全身症状轻微，体温40℃左右，间有咳嗽和腹泻，鼻涕时有时无。此期间由于某种因素使机体抵抗力降低时，很容易转为急性或出现并发症而迅速死亡。

病理变化　病变多局限于胸腔，内常有淡黄色液体，暴露于空气后有纤维蛋白凝块。急性病例多为一侧性纤维素性肺炎，间或有两侧，切面呈大理石样，纤维素渗出液的充盈使得肺小叶间组织变宽，小叶界限明显，支气管扩张，血管内血栓形成。胸膜变厚而粗糙，上有黄白色纤维素层附着，直至胸膜与心包发生粘连。支气管淋巴结和纵隔淋巴结肿大，切面多汁并有出血点。心包积液，心肌松弛、变软。肝、脾肿大，胆囊肿胀。肾肿大，被膜下小点出血。病程延长者肺、肝变区机化，结缔组织增生，甚至有包囊化的坏死灶。

诊断要点　胸腔和胸膜发生浆液性和纤维素性炎症，肺的肝变区凸出于肺表，切面呈大理石样。病理变化与巴氏杆菌病相似，但病原体不同。采取肺组织或胸水，经纯培养后做生化试验，鉴定分离菌。可用补体结合试验检测血清中的抗体。

治疗　对红霉素高度敏感。用足够剂量的土霉素、四环素可达到治疗效果，也可试用磺胺嘧啶钠皮下注射。同时加强护理，结合饮食疗法和必要的对症治疗。对青霉素和链霉素不敏感。

防制措施　平时预防除加强一般性措施外，关键是防止引入病羊和带菌羊。若引进羊只必须隔离检疫1个月以上，确认健康后方可混群。免疫接种是预防有效措施，目前有山羊传染性胸膜肺炎氢氧化铝疫苗和鸡胚化弱毒疫苗。发病羊群应进行封锁，及时对全群进行逐头检查，对病羊、可疑羊只和假定健康羊分群，分别隔离和治疗。对圈舍、场地、用具和粪便进行彻底的消毒或无害处理，尸体要深埋。

二、山羊和绵羊肺炎

本病是由鹦鹉热衣原体引起羊的传染病。主要特征为小叶性肺炎。

病原体　鹦鹉热衣原体。衣原体是专性细胞内寄生，有细胞壁，既有RNA，又有DNA。革兰氏阴性。衣原体对常用的消毒剂均非常敏感，在几分钟内失去感染能力。

流行病学　病羊和隐性感染或带菌者是主要传染源。经呼吸道传播，冬季多发。本病与绵羊滤泡性结膜炎可以互相传染。

症状　体温升高，精神沉郁，嗜睡，食欲不振或废绝。鼻流浆液性或黏液性分泌物，咳嗽，流泪，呼吸急迫，听诊有啰音。常伴有滤泡性结膜炎，有时腹泻。如有继发感染，病情加重。

病理变化 气管、支气管黏膜可见大量黏液性分泌物。肺的尖叶、心叶有暗红色或灰红色实变区，病灶与健康组织界线清楚，肺间质水肿，膨胀不全。

诊断要点 取肺、肝组织，接种于5～7d的鸡胚卵黄囊内进行分离，并用作荧光抗体试验鉴定分离病原体。血清学诊断常用间接血凝试验。

治疗 选用青霉素、庆大霉素、红霉素、四环素、泰乐菌素等进行治疗，将药物拌在饲料或饮水中喂服。对链霉素、磺胺类杆菌肽有抵抗。同时应配以对症疗法。

防制措施 目前尚无有效的疫苗。主要是一般常规性防制措施。

三、羊肺腺瘤病

本病是由绵羊肺腺瘤病病毒引起绵羊及山羊的传染病。主要特征为潜伏期长和肺脏癌病变。

病原体 绵羊肺腺瘤病病毒，是一种反转录病毒，不易在体外培养，而只能依靠人工接种易感绵羊来获得。病毒抵抗力不强，56℃ 30min可以灭活，对氯仿和酸敏感。在－20℃保存的病肺细胞内可存活数年。

流行病学 病羊是传染源。通过飞沫经呼吸道传播。羊只拥挤或密闭圈养有利于传播。天气寒冷或在冬季，病情加重，死亡增多，并易继发细菌性肺炎。

症状 自然感染的潜伏期在半年以上，甚至几年。成年羊以虚弱、消瘦、呼吸困难为主要特征。病情可因放牧中赶路而加重，故称“驱赶病”。听诊和叩诊有湿啰音和肺实变区，尤其是下部更为明显。发病率为2%～4%，死亡率为100%。

病理变化 一侧或双侧肺出现大量灰白色结节，质地坚实，切面呈明显的颗粒状突起物，反光强。继而病肺出现肿瘤组织所构成的大小不同的结节，细支气管周围淋巴结显著肿大。后期肺的切面有水肿液流出。

诊断要点 本病毒很难分离培养，用病料经鼻或气管接种绵羊，经3～7个月的潜伏期后出现症状，在肺脏及其分泌物中含有较多的病毒。血清学诊断可作病毒中和试验、琼脂扩散试验、补体结合试验、免疫荧光和ELISA等。

治疗 尚无有效的治疗方法。

防制措施 平时加强羊群的防疫工作，建立无本病的羊群，严禁从疫区引进羊只。一旦发生本病，病羊应立即隔离、淘汰或屠宰。

四、梅迪-维斯纳病

本病是由梅迪-维斯纳病毒引起成年绵羊的接触性传染病。主要特征是经过漫长的潜伏期之后，表现间质性肺炎或脑膜炎，病羊衰弱、消瘦，最后终归死亡。

梅迪和维斯纳原来是用来描述绵羊两种症状不同的慢性增生性传染病，梅迪是一种增进性间质性肺炎，维斯纳则是一种脑膜炎。当确定了病因后，则认为梅迪和维斯纳是由特性基本相同的病毒所引起，但具有不同病理组织学和症状的疾病。

病原体 梅迪-维斯纳病毒，是两种在许多方面具有共同特性的病毒，属于反转病毒科慢病毒属，含有单股RNA，纤突从病毒囊膜伸出。

病毒对乙醚、氯仿、乙醇、过碘酸盐和胰酶敏感，能被0.1%福尔马林、4%酚和乙醇灭活。

流行病学　病羊是传染源，终身带毒，随唾液、鼻汁和粪便排出体外。通过飞沫经呼吸道感染，也可能经胎盘和乳汁垂直传播。吸血昆虫可能是传播媒介。多见于2岁以上的绵羊，山羊也可感染。四季均可发生。多呈散发性。

症状　潜伏期为2年或更长。以呼吸道症状为主的病例，病羊发生进行性肺部损害，症状发展缓慢，经过数年或数月逐渐加重。当病情恶化时，呼吸次数达80～120次/min，但仍有食欲，体温一般正常。听诊肺背侧有啰音。最后因缺氧和并发细菌性肺炎而死亡。

以神经症状为主的病例，病初表现步态不稳，后肢发软易失足摔倒，而后关节不能伸直，后肢轻瘫，行走困难，易疲劳，唇和眼睑等颜面肌肉震颤，头稍微偏向一侧。最后全身瘫痪，麻痹而死亡。体温无明显变化。病程由数月至数年不等，病情发展常呈波浪式。

病理变化　病变主要见于肺和肺淋巴结。肺体积膨大2～4倍，打开胸腔时肺塌陷，各叶之间以及肺和胸壁粘连，肺重量增加，颜色呈淡灰色或暗红色，质地坚实，略似橡皮，肺的前腹区坚实，支气管淋巴结增大，切面均质发白。胸膜下常可见许多针尖大、半透明、暗灰白色的小点，严重时突出于表面。小点看不清楚时，可以用50%～98%的醋酸涂擦于肺表面，2min后，于灰黄色背景上出现十分明显的乳白色小点。

诊断要点

胸膜下的点状病灶具有诊断参考价值。采取病羊的肺及其淋巴结，接种于绵羊的脉络丛或肾细胞进行分离培养，可用已知特异性抗血清做病毒中和试验进行鉴定。血清学方法包括病毒中和试验、琼脂凝胶免疫扩散试验、补体结合试验、间接血凝试验、免疫荧光、ELISA等。注意与肺腺瘤病、蠕虫性肺炎、肺脓肿和其他肺部疾病相鉴别。

治疗　尚无有效的治疗方法。

防制措施　防制本病的关键在于防止感染羊接触健康羊。加强进口检疫，引进的羊必须隔离观察，确认健康时才能混群。定期对羊群做血清学调查。感染羊群全部扑杀，尸体要深埋处理，对污染物要彻底销毁。

第三节　以败血症为主症

以败血症为主症的羊传染病包括羊炭疽（参照牛炭疽）、羊败血性链球菌病、羔羊大肠杆菌败血症。

一、羊败血性链球菌病

本病是由马链球菌兽疫亚种引起羊的接触性传染病。主要特征为各脏器泛发性出血。

病原体　马链球菌兽疫亚种，原称兽疫链球菌。病原特性参照猪链球菌病病原体。

流行病学　病羊和带菌羊是主要传染源，病菌随分泌物与排泄物排出，经呼吸道或损伤的皮肤感染，经口不易发病。绵羊最易感，山羊次之。发生有明显的季节性，冬春季节多发，2～3月间最为严重。多呈地方流行或流行性，发病率一般为15%～24%，病死率60%～80%，有时可达90%以上。

症状 自然潜伏期为2～7d，少数可长达10d。根据病程长短可分为最急性、急性、亚急性、慢性4种类型。以急性型居多。

最急性型 病程短，24h内死亡，很少见明显症状，常在清晨发现死于圈内。

急性型 病程一般为2～3d，病初体温达41℃以上，精神委顿，厌食，咳嗽，全身症状明显。而后食欲废绝，停止反刍，颌下淋巴结增大，咽喉肿胀，呼吸困难，流浆液性脓性鼻汁。粪便有时带有黏液或血液。孕羊阴门红肿，多发生流产。最后衰竭倒地，窒息死亡。

亚急性型 病程为1～2周。体温升高，食欲不振，不愿走动，嗜卧，步态不稳，流黏性鼻汁，咳嗽，呼吸困难，粪便稀软有黏液或血液。

慢性型 病程可持续1个月左右，轻度发热，食欲不振，消瘦，步态僵硬，偶有咳嗽和关节炎。

病理变化 特征性病理变化是各脏器泛发性出血。呼吸道和消化道的病变明显。鼻、咽喉、气管黏膜出血，气管内有泡沫性黏液，肺水肿、气肿、出血，有的出现肝变区。消化道黏膜充血、出血，黏膜上皮脱落。淋巴结肿大、出血。肝脏肿大呈土色，边缘钝厚，包膜下有出血点。胆囊肿大，可达正常的2～4倍，胆汁外渗。脾有出血点。肾脏软化，有贫血性梗塞区，包膜不易剥离。膀胱黏膜出血。各脏器的浆膜面附有黏稠的纤维素性渗出物。

诊断要点 急性型病程一般为2～3d，各脏器泛发性出血。病原学和血清学诊断参照猪链球菌病血清学诊断。

治疗 可用青霉素和磺胺类药物，可有较好的疗效。

防制措施 改善饲养管理，注意防寒，加强保膘，增强机体的抵抗力。在发病季节前进行预防接种，可以使用羊链球菌甲醛疫苗和羊链球菌氢氧化铝甲醛疫苗，绵羊和山羊不分年龄一律皮下注射3ml。3月龄以下的羔羊，在第一次注射后2～3周再注射1次，保护力可持续6个月以上。当疫病发生时，采取封锁、隔离、严格消毒等综合性防制措施；对同群未发病的羊注射油剂青霉素0.5～1.0ml或抗羊链球菌血清40ml，可以预防发病。

二、羔羊大肠杆菌败血症

本病是由败血性大肠杆菌引起的羔羊败血性传染病。主要特征为败血症变化。

病原体 为特定的败血性大肠杆菌。病原特性参照仔猪黄痢病原体。

流行病学 带菌母羊是主要传染源。感染途径主要经消化道，少数可以通过子宫内或经脐带和损伤的皮肤感染。多发于2～3周龄的羔羊。在冬、春舍饲时期常发。多呈地方流行性，也有散发。本病的发生与气候不良、营养不足、饲养管理不当有关。

症状 常于发病后4～12h突然死亡。病初体温升高，可达41.5～42℃，病羔精神委靡，运动失调，结膜充血潮红，四肢僵硬，头常弯向一侧或后仰，继而卧地磨牙，一肢或数肢呈游泳样运动。病程稍长者有时出现胸膜炎或肺炎而呼吸加快，有些病羔出现关节炎。

病理变化 由于死亡迅速，一般无明显的特征性变化。

诊断要点 根据流行病学、症状和病理变化可初步诊断，确诊需做病原分离和鉴定。

多发于2～3周龄羔羊，常于发病后4～12h突然死亡，病初表现神经症状，病程稍长者呈现肺炎和关节炎。病原学和血清学诊断参照仔猪黄痢。

治疗　本病发病急，往往来不及救治。常用土霉素、磺胺甲基嘧啶、磺胺嘧啶等药物。最好由脏器分离菌进行药敏试验，筛选敏感的抗菌素进行治疗。

防制措施　首先要做好饲养管理和卫生消毒工作。预防接种可使用羊大肠杆菌甲醛菌苗，3月龄以下羔羊皮下注射 0.5～1ml/只，3 月龄以上大羔羊皮下注射 2ml/只。免疫期 6 个月。亦可室外大群气雾免疫。

第四节　以神经症状为主症

以神经症状为主症的羊传染病包括羊李氏杆菌病（参照牛李氏杆菌病）、痒病、山羊病毒性关节炎-脑炎。梅迪-维斯纳病（参照以呼吸道症状为主症的羊传染病）。另外，羊梭菌性疾病濒死期均有神经症状，应加以区别。

一、绵羊痒病

本病是由朊病毒引起绵羊的缓慢发展的中枢神经系统传染病。又称驴跑病、搔痒病、慢性传染性脑炎。主要特征为潜伏期长，剧痒，运动失调，终归死亡。

病原体　朊病毒，它仅是一种大分子，不含核酸，无免疫反应。病毒对不良的理化影响很稳定，脑组织中的病原能耐高温和消毒药。对氯仿、乙醇、乙醚、高碘酸钠和次氯酸钠敏感，pH 2.5～10 的酸和碱溶液对其无影响。病原主要存在于中枢神经系统、脾脏和淋巴结中。

流行病学　传染源为病羊。传播途径还不完全清楚，一般认为主要通过接触传播，也可通过垂直传播。主要发生于 2～4 岁的成年绵羊。多呈散发性，羊群一旦被感染则很难清除。发生无季节性。发病率可达 20%。病死率 100%。

症状　潜伏期很长，可达 18～60 个月，甚至更长。主要表现奇痒和共济失调两种明显症状。后期机体衰弱，卧地不起，昏迷，死于衰竭。体温始终保持正常。病程为 6 周到 8 个月，甚至更长。

病理变化　剖检时可见皮肤创伤、脱毛、消瘦，但内脏器官常无眼观可见变化。

诊断要点　主要发生于成年绵羊，表现以剧痒和运动失调为主的神经症状，病理组织学在脑干和脊髓神经元空泡变性和灰质海绵状病变具有诊断意义。尚无分离培养病毒的方法，病原学诊断主要靠病理组织学和免疫组化法。感染的羊无免疫应答反应，因此尚无血清学诊断方法。与螨病和虱病相鉴别，虽然都出现擦痒、抓伤、咬伤、皮炎，但可找到螨与虱。

治疗　目前尚无有效疗法。

防制措施　因本病具有潜伏期长，病情发展缓慢，无免疫应答等特征，普通的预防措施无效。唯一的办法是迅速确诊，立即隔离、封锁，对发病羊群进行扑杀，尸体立即焚烧，严禁食用，不能制成饲料。从可疑地区引进羊只应隔离 5 年，每 6 个月检查一次。

二、山羊病毒性关节炎-脑炎

本病是由山羊病毒性关节炎-脑炎病毒引起山羊的传染病。主要特征为运动失调和面部神经麻痹。

病原体 山羊病毒性关节炎-脑炎病毒，属于反转病毒科慢病毒属，含有单股RNA。病毒抵抗力弱，56℃ 30min即可灭活。

流行病学 患病与隐性感染的山羊是主要传染源。主要经消化道感染，羔羊可经吮乳感染。以成年山羊隐性感染居多，但一旦受到各种应激因素，则会出现症状。发生无季节性。呈地方流行性。病死率可达100%。

症状 有关节炎型、脑炎型、间质性肺炎或间质性乳房炎型。关节炎型主要发生于1岁以上的成年山羊，病程缓慢。脑炎型主要发生于2～4月龄的羔羊。间质性肺炎和间质性乳房炎型较少见，无明显年龄界限。也有混合发生的病例。

病理变化 在脑和脊髓白质切面上有软化灶。

诊断要点 主要发生于2～4月龄的山羔羊，表现以运动失调和面部神经麻痹为主的神经症状。一般不一定要进行病原分离鉴定，必要时用中和试验鉴定分离的病毒。可用抗原和抗血清做血清学试验。

治疗 目前尚无有效的治疗药物。

防制措施 主要以加强饲养管理和采取综合性卫生防疫措施为主。定期检疫，监视羊群状态；不从疫区进羊，引进的羊只必须隔离1年，进行两次检疫，确定无本病后才能混群。一旦发病，全部扑杀。隔离饲养新生羔羊，并对羔羊定期检疫，严格与感染群隔离饲养或放牧，以建立健康羊群。羊群至少需经2次（间隔半年）血清学检查，结果呈阴性后，才可认为该羊群已净化为健康群。

第五节　以皮肤和黏膜水疱及糜烂为主症

以皮肤和黏膜出现水疱及糜烂为主症的羊传染病包括肝肺坏死杆菌病、绵羊痘、羊传染性脓疱、口蹄疫、蓝舌病。还有尚未分类的一种病毒引起的绵羊溃疡性皮肤病。

一、肝肺坏死杆菌病

本病是由坏死杆菌引起羔羊的传染病。俗称羊烂肺肝病。主要特征为口疮病变，肝、肺同时出现灰白色坏死病灶。

病原体 坏死杆菌，是一种多形态的革兰氏阴性菌，专性厌氧，无芽孢，在组织中生长成丝状，并能产生很强的毒素，易引起凝固性坏死。细菌抵抗力不强，一般消毒剂有效。

流行病学 本菌为羊瘤胃内常在菌，在环境中分布广泛。到达肝脏后进而转移到肺脏和其他器官。羔羊可因脐带感染而发病，通过门脉循环侵入肝脏。常为羊传染性脓疱（口疮）造成的继发感染，经损伤的消化道黏膜进入门静脉到达肝脏。1～4月龄的羔羊发病较多，死亡率很高。

症状 羔羊出生时健康状况良好，数天或一周内突然不愿吮乳，沉郁，并很快死亡。有典型口疮病变，病羊多流涎，不愿采食，迅速消瘦。一般体温正常。个别病例无口疮病变。

病理变化 肝脏质硬，均匀散布着蚕豆至胡桃大的灰白色坏死病灶，其周围绕有红晕，肝表面有纤维素性炎症。肺部有大小不等的白色坏死病灶。心脏肌肉散在米粒大的圆形白色坏死灶。

诊断要点　主要侵害4个月以下的羔羊，肝、肺散布着大量的灰白色坏死灶。取肝、肺典型坏死组织，接种于葡萄糖血液琼脂培养基中，经纯培养后，作生化试验鉴定分离菌。尚无特异、敏感的血清学诊断方法。

治疗　用青霉素或磺胺及时治疗，效果良好。

防制措施　羊只分娩前，对产房进行严格消毒。羔羊出生后，用碘酊消毒脐带。对群饲羔羊应及时接种口疮疫苗。由粗饲料改喂精饲料时，要逐渐进行，以防发生前胃炎。

二、绵羊痘

本病是由绵羊痘病毒引起羊的热性接触性传染病。主要特征为皮肤与黏膜发生特异的痘疹，出现典型的斑疹、丘疹、水疱、脓疱和结痂等病理过程。

病原体　绵羊痘病毒，属痘病毒科山羊痘病毒属。多呈砖形或椭圆形，基因组为单一分子的DNA，较其他动物痘病毒稍小而细长。

本病毒耐寒耐干燥，但对热敏感，55℃ 20min或37℃ 24h即可灭活。对常规消毒剂有一定的抵抗力，常用为3%碳酸、30%热草木灰水或20%石灰水。

流行病学　病羊是主要传染源。主要经呼吸道、受损的皮肤或黏膜感染，各种媒介因素均可传播。绵羊易感，山羊较少。羔羊较成年羊易感，病死率高。病愈羊可获得终身免疫。多呈流行性。流行有季节性，多发生于冬末春初。气候寒冷、饲草缺乏、饲养管理不良等因素均可引发本病，并使病情加重。

症状　潜伏期为2～3d，天冷时可达15～20d。根据症状分为典型与非典型两种。

典型的绵羊痘，体温至41～42℃，精神沉郁，食欲不振，呼吸及脉搏加快，眼睑肿胀，结膜潮红，鼻腔流出浆液、黏液或脓性分泌物。手压脊柱时有严重的疼痛表现，尤以腰部为甚，此时称为前驱期，一般持续1～2d。而后开始发痘，在无毛区或少毛区出现红色绿豆大斑点（斑疹），突起后形成丘疹，而后丘疹变大，变成灰白色或淡红色，呈黄豆大球状隆起结节，几天后变为水疱，内容物最初为淋巴液样，后变为脓性，即为脓疱。如无继发感染，几天后脓疱干燥成为褐色结痂，痂块脱落，形成红斑，3～4周颜色消失后痊愈。在整个病程中，体温随病症而波动，初期体温升高，痘疹发齐后体温稍降，脓疱期体温再次升高，结痂期好转。

非典型的绵羊痘不呈现上述典型症状或经过。抵抗力强的绵羊仅表现呼吸道及眼结膜卡他症状，不出现或仅出现少量痘疹，出现丘疹后不变为水疱，数日内脱落消失，即所说的顿挫型或“石痘”，脓疱多，互相融合，形成融合痘。有时水疱或脓疱内部出血，全身症状明显，形成溃疡及坏死，称为“黑痘”或“出血痘”。若伴发整块皮肤坏死及脱落，则称为“坏疽痘”，通常引起死亡。

病理变化　除皮肤与黏膜痘疹外，呼吸道有卡他性出血性炎症变化，气管、支气管内有黏性液体，咽喉、气管黏膜亦常有痘疹。食道、胃肠等黏膜上有大小不同的扁平灰白色痘疹，其中有些表面糜烂和溃疡，尤以前胃和皱胃黏膜为甚。肺内有干酪样结节，单个或融合存在。如继发化脓菌感染，则有脓毒症和败血症变化。

诊断要点　根据流行病学、症状和病理变化基本可以诊断。典型痘疹具有典型的斑疹、丘疹、水疱、脓疱和结痂等病理过程。羊痘病毒可在绵羊、山羊和牛源组织细胞上生长，但初代分离株需培养14d，或需要多次传代，分离的病毒以特异性抗血清做免疫荧光试验鉴定。用病毒中和试验和琼脂扩散试验，检测血清抗体。

治疗 本病尚无特效药，常采取对症治疗等综合性措施。局部可用0.1%高锰酸钾溶液洗涤，擦干后涂抹紫药水或碘甘油。康复血清有一定的防治作用，免疫血清效果较好。抗菌素对痘无效，但可以防止并发感染。

防制措施 主要措施是定期接种疫苗，常用羊痘鸡胚化弱毒苗，在尾部或股内侧皮内注射0.5ml，4～6d产生可靠的免疫力，免疫期一年。一旦发病，对病羊及时隔离，封锁疫区，对环境要严格消毒。病死羊尸体深埋处理。

三、羊传染性脓疱

本病是由传染性脓疱病毒引起的急性接触性人兽共患传染病。又称传染性脓疱病性皮炎，俗称口疮。主要特征为口唇等处皮肤和黏膜形成丘疹、脓疱、溃疡和结成疣状厚痂。

病原体 传染性脓疱病毒，又称羊口疮病毒，属痘病毒科副痘病毒属。呈砖形，含有双股DNA核心和由脂类复合物组成的囊膜。

病毒的抵抗力强，在炎热的夏季阳光下暴露30～60d才能丧失活性，秋冬散播在土壤中的病痂到第二年春季仍有传染性，而且能存活数年。对温度较为敏感。常用的消毒药为2%氢氧化钠溶液，10%石灰乳、20%热草木灰溶液。

流行病学 病羊与带毒羊是主要传染源，特别是病羊的痂皮带毒时间较长，常为新感染暴发的来源。经损伤的皮肤和黏膜感染。主要感染绵羊和山羊，尤以3～6个月的羔羊为甚。无明显的季节性，但以春夏发病较多。幼羊常呈流行性，成年羊则呈散发性。人多因与病羊接触而感染，人与人可相互传染，手和臂伤口可增加感染机会。

症状 潜伏期为4～7d。根据发病部位不同，分为唇型、蹄型和外阴型，偶见混合型。唇型是本病最常见的病例，病程2～3周。常伴有化脓菌与坏死杆菌的继发感染，引起深部组织的化脓与坏死。蹄型一般仅发生于绵羊，多单独发生，偶有混合型。外阴型较少见，且很少导致死亡。

人感染后呈稽留热，口腔发生口炎后形成溃疡，或在手、臂或眼睑出现伴有疼痛的皮疹、水疱或脓疱，局部发痒，局部淋巴结肿胀。水疱或脓疱破溃形成溃疡，10d后可愈合。

病理变化 口唇等处皮肤和黏膜形成丘疹、脓疱、溃疡和结成疣状厚痂。

诊断要点 发生有季节性，春夏较多，主要感染3～6个月的羔羊，以口唇处及其附近发生病变为特征，一般无体温反应，脓疱的上皮细胞浆内有嗜酸性包涵体。取水疱或水疱皮接种于绵羊睾丸细胞分离病毒，用病毒中和试验鉴定。血清学诊断可用补体结合试验、琼脂扩散试验、反向间接血凝试验、ELISA、免疫荧光技术和变态反应等。

治疗 本病尚无特效治疗方法。脓疱按常规外科处置。为防止继发感染，可注射抗生素类或口服磺胺类药物。

防制措施 避免皮肤、黏膜发生损伤是预防的关键。对流行地区可以接种疫苗预防，可用羊口疮睾丸细胞苗和羊口疮细胞苗，还有减毒疫苗，可用于待产母羊免疫，通过初乳能使羔羊获得一定免疫力。灭活苗的免疫效果不佳。一旦发病，则对病羊隔离治疗，重症者应淘汰。对圈舍、工具、垫草、环境进行消毒。

公共卫生　人接触病羊要注意防护，手、臂有伤口时应避免接触。

四、蓝舌病

本病是由蓝舌病病毒引起的绵羊传染病。主要特征为发热、消瘦，口、鼻和胃黏膜溃疡性炎症变化。

病原体　蓝舌病病毒，属于呼肠孤病毒科环状病毒属。病毒粒子呈圆形，20面体对称，无囊膜，双层衣壳，核酸为双股RNA。已知病毒有24个血清型，各型之间无交互免疫力。

病毒抵抗力强，能耐受干燥，抵抗氯仿、乙醚和去氧胆酸钠，对胰酶、2%～3%氢氧化钠敏感。

流行病学　病羊及病愈后4个月内的带毒绵羊是主要传染源。尤以1岁左右的绵羊最易感，哺乳的羔羊有一定的抵抗力。牛和山羊以及其他反刍动物症状轻缓或不明显，以隐性感染为主。天然传播媒介为库蠓，因此常发生于湿热的夏季和早秋，特别是池塘、河流较多的低洼地区。

症状　潜伏期3～10d。常呈现急性型。病初体温至40～42℃，稽留5～6d。以口腔黏膜和舌充血后呈蓝色，发绀（蓝舌），随后出现黏膜上皮坏死、溃疡为特征。病羊迅速消瘦，全身衰弱。急性病程通常达6～14d，致死性病例，即在这一期间死亡，否则这种虚弱情况可保持数周。

病理变化　主要变化见于口腔、瘤胃、心脏、肌肉、皮肤和蹄部。口腔黏膜和舌充血后发绀呈蓝色，随后出现黏膜上皮坏死、溃疡。

诊断要点　主要侵害绵羊，1岁左右的最易感，哺乳羔羊有抵抗力；发生与库蠓的分布习性和生活史密切相关；口腔黏膜和舌充血后呈蓝色。可用已知抗血清做病毒中和试验鉴定分离的病毒。琼脂扩散试验、补体结合反应、免疫荧光抗体技术具有群特异性，可用于病的定性；微量血清中和试验具有型特异性。

治疗　本病尚无特效疗法。对口唇等发炎部位局部处理。

防疫措施　消灭库蠓的各种措施均能降低发病率。及时检测并淘汰急性发病期及患病毒血症的病羊，血清阳性的无症状羊应隔离饲养。常发地区采用与当地血清型相符的毒株制苗或多价苗。

第六节　以关节炎为主症

以关节炎为主症的羊传染病包括羔羊非化脓性多发性关节炎、绵羊多发性关节炎。还有山羊关节炎-脑炎、绵羊大肠杆菌病、羔羊副伤寒及羔羊双球菌性肺炎，具体内容参照有关章节。

一、羔羊非化脓性多发性关节炎

本病是由猪丹毒菌引起羔羊的传染病。主要特征为非化脓性多发性关节炎。

病原体　红斑丹毒丝菌，俗称丹毒杆菌。病原特性参照猪丹毒病原体。

流行病学　发生主要由外伤如断脐带、断尾及去势时感染所致。出生后数周至2、3个月龄的绵羔羊易感。

症状　急性病例四肢关节部发热、疼痛及肿胀，发病后经2～3周可恢复，但其中10%～15%

出现关节异常。病死率很低。

病理变化 呈非化脓性多发性关节炎变化。

诊断要点 发生于初生后几周至 2、3 个月龄羔羊，有断脐、断尾及去势等手术创史。病原学和血清学诊断参照猪丹毒诊断。

治疗 用青霉素治疗有效果。

防制措施 羔羊断脐、断尾及去势手术时注意消毒和无菌手术，并加强卫生管理，使创口尽早愈合，是防制本病的主要措施。

二、绵羊多发性关节炎

本病是由牛、羊亲衣原体引起绵羊的传染病。主要特征为关节炎而致跛行，发病率高，病死率低。

病原体 牛羊亲衣原体。病原特性参照猪衣原体病病原体。

流行病学 主要传染源是病羊。分泌物如眼泪、鼻汁、粪、尿中含有大量衣原体，经消化道和结膜感染。绵羊易感，发病率虽很高，但病死率低于1%。

症状 急性病羊体温升高，食欲减退，由于关节炎呈跛行。有时发生结膜炎，结膜充血、流泪、羞明。慢性病例关节肿大，康复需 2～4 周。

病理变化 关节周围发炎，关节浆液性纤维素性滑膜炎，腱鞘有渗出物，水肿、充血。

诊断要点 取关节炎滑液进行涂片、染色，镜检发现衣原体即可确诊。

治疗 用四环素类抗菌素治疗有效果。

防制措施 加强饲养管理和环境卫生等常规性措施。

第七节 以繁殖障碍综合征为主症

以繁殖障碍为主症的羊传染病包括山羊和绵羊布鲁菌病、羊流产沙门菌病、羊生殖道弯曲菌病、绵羊地方性流产。山羊和绵羊布鲁菌病、羊生殖道弯曲菌病参照牛以繁殖障碍综合征为主症的相关部分。另外，还有羊链球菌病、羊支原体性肺炎，应注意鉴别。

一、羊流产沙门菌病

本病是由沙门菌引起羊的传染病。主要特征为流产。

病原体 鼠伤寒沙门菌、羊流产沙门菌及都柏林沙门菌。沙门菌为两端钝圆的中等大杆菌，无荚膜，无芽孢，革兰氏阴性。除鸡白痢和鸡伤寒沙门菌外，都有周鞭毛。

本菌对干燥、腐败、日光等因素具有一定的抵抗力，在外界可生存数周或数月。一般消毒剂均能灭活。

流行病学 传染源是病羊和带菌羊。经消化道、交配、人工授精感染，也有可能子宫内感染。

症状 病羊流产前体温达 40～41℃，部分羊只有腹泻症状，流产前后均可见阴道分泌物，一般孕母羊流产发生于妊娠后期，病羊产下的羔羊表现衰弱，并有腹泻。有的母羊也可在流产后或无流产的情况下死亡，死亡率为 5%～7%；流产率和病死率可达 60%。

病理变化　流产、死产胎儿表现败血症病变，死亡母羊有坏死性子宫内膜炎。

诊断要点　本病与山羊和绵羊布鲁菌病、羊生殖道弯曲菌病、绵羊地方性流产四种繁殖障碍性羊传染病，根据流行病学、症状及病理变化很难鉴别，确诊需做病原分离和鉴定。取流产胎儿胃内容物做分离培养。尚无特异敏感的血清学诊断方法。

治疗　可选用经药敏试验有效的抗菌素，如土霉素、环丙沙星等，并辅以对症治疗。

防制措施　尚无有效的菌苗。可用当地分离的菌株制成灭活苗，常能收到良好的预防效果。

二、绵羊地方性流产

本病是由流产亲衣原体引起的羊传染病。主要特征为流产。

病原体　流产亲衣原体。衣原体是专性细胞内寄生，有细胞壁，既有RNA，又有DNA。革兰氏阴性。对脂溶剂和去污剂，以及常用的消毒剂均非常敏感，在几分钟内失去感染能力。

流行病学　主要传染源是病羊。流产、死产胎儿、胎衣及子宫分泌物中含有大量的衣原体，污染周围环境，通过污染的饲料和饮水感染。感染羊可传播给人，引起流产。

症状　妊娠30～120日龄可感染本病，体温不高，感染后50～90日龄发生流产或死产，病羊所产的一般为弱仔。病羊大部分可恢复健康，不影响产仔。

病理变化　主要可见胎盘绒毛膜水肿和坏死及流产胎儿水肿和充血病变。

诊断要点　本病的流行病学、症状和病理变化，与布鲁菌病、羊流产沙门菌病、羊生殖道弯曲菌病等繁殖障碍性羊传染病难于鉴别。采集流产羊的胎衣，流产胎儿的肝、脾、肺及胃液，接种于5～7d的鸡胚卵黄囊内进行分离，并用荧光抗体试验鉴定分离菌。血清学诊断常用补体结合反应。

治疗　选用青霉素、庆大霉素、红霉素、四环素、泰乐菌素等进行治疗，将药物拌在饲料或饮水中喂服。对链霉素、磺胺类杆菌肽有抵抗。

防制措施　欧美用甲醛灭活苗接种于初产前的羊只。

复习思考题

1. 羊及其他动物共患的传染病，主要引起羊的传染病。
2. 人与羊共患传染病，其防制在公共卫生上的意义。
3. 羊快疫、羊猝击、羊肠毒血症、羊黑疫的鉴别诊断。
4. 羔羊痢疾的类症鉴别。
5. 以呼吸道症状为主症传染病的鉴别诊断。
6. 羊败血性链球菌病的防制措施。
7. 绵羊痒病的特征。
8. 山羊病毒性关节炎-脑炎的特征。
9. 绵羊痘的症状、防制措施。
10. 羊传染性脓疱的特征。
11. 羊流产沙门菌病的症状。
12. 制定某羊场或乡镇羊主要传染病的综合性防疫措施。

第六章 家禽的传染病

第一节 以消化系统症状为主症

以消化系统症状为主症的禽传染病包括鸡白痢、禽伤寒、禽副伤寒、鹅口疮。

一、鸡 白 痢

本病是由鸡白痢沙门菌引起雏鸡的急性败血性传染病。主要特征为排白色糊状粪便。

病原体 鸡白痢沙门菌，属于沙门菌属。革兰氏阴性小杆菌，菌体两端钝圆，不形成荚膜和芽孢，无鞭毛，不能运动。

本菌对干燥、腐败和日光具有一定的抵抗力，在外界环境中可存活数周到数月，对热和消毒剂敏感。

流行病学

传播特性 病鸡和带菌鸡是主要传染源。雏鸡耐过或成年鸡感染后，多成为慢性和隐性带菌者。母鸡感染后可产带菌蛋，孵化时菌在蛋内繁殖，可使鸡胚死亡。孵出的幼雏粪便内带有大量病菌。孵化出雏时雏禽啄食被污染的蛋壳感染，或通过被污染的饲料和饮水感染。经呼吸道和眼结膜也可传播。

流行特点 以2～3周龄以内的雏鸡最易发病，呈流行性，成年鸡呈慢性或隐性感染。近年来，育成鸡发病也日趋严重。

症状 雏鸡和成年鸡表现有明显差异。经卵感染后孵出的幼雏多于1周内发病或死亡。出壳后感染的雏鸡，7～10日龄出现症状，到2～3周时达到高峰。病雏最急性者无任何症状而突然死亡。急性者精神委顿，不愿走动，拥挤成堆，食欲减少或停食，之后排白色糊状稀粪，因粪便干结封住肛门，影响排便，另外由于肛门周围发炎而常引起疼痛性尖叫，最后因呼吸困难和心衰而死亡。有的出现失明，有的因关节炎呈跛行。耐过雏鸡发育不良，成为隐性带菌者。

成年鸡多无症状，只是产蛋量和受精率降低，极少数发生腹泻，有的发生卵黄性腹膜炎，出现“垂腹”现象。有时成年鸡亦可呈急性发病。

病理变化 急性死亡的雏鸡一般无明显病变。病程稍长者，在肝、心、脾、肺、肾、肌胃等有黄白色坏死灶和灰白色结节。胆囊充盈。输尿管充满白色尿酸盐而扩张。盲肠有干酪样物阻塞肠腔。常见腹膜炎。几日龄内的雏鸡有出血性肺炎，稍大者肺有结节和灰色肝变。

育成阶段的鸡肝肿至正常2～3倍，呈暗红或深紫色，有的略带土黄色，表面散在或弥漫小红色或黄白色坏死灶，质脆易碎，因此常有内出血，腹腔内有大量血水，肝表面有凝血块。

成年鸡主要病变在生殖系统。母鸡卵变形、变色、变厚，呈囊状，内含油脂或干酪样物。有的卵泡脱离卵巢游离腹腔或黏附于腹膜上，引起腹膜炎和脏器粘连。常有心包炎。公鸡睾丸肿大或萎缩，有点状坏死灶，输精管增粗，充满黏稠的渗出物。

诊断要点

临床综合诊断　鸡白痢对2～3周龄以内雏鸡最易感，排白色糊状稀粪。成年鸡一般无症状。

实验室诊断　采集病死鸡的肝、脾、卵巢、输卵管等脏器，进行病原分离和鉴定。用快速全血凝集试验、快速血清凝集试验、试管凝集试验、微量凝集试验，检测血清抗体。全血平板凝集试验适用于成年鸡的诊断。

鉴别诊断　与鸡球虫病、鸡伤寒、鸡副伤寒相鉴别。关键在于病原体不同。

治疗　磺胺类、抗菌素类、喹诺酮类等药物都有疗效。用药物治疗雏鸡急性病例，可以减少死亡，但愈后成为带菌鸡，并注意耐药性菌株的出现。可选用磺胺嘧啶、磺胺甲基嘧啶和磺胺二甲基嘧啶，抗菌素选用土霉素、四环素、庆大霉素、卡那霉素，喹诺酮类可用氟哌酸，拌入饲料或加入饮水中。使用"促菌生"或其他活菌制剂预防雏鸡白痢，均取得较好的效果。

防制措施　对种蛋、孵化器、出雏器和育雏室严格消毒；平时注意鸡舍和用具消毒，搞好鸡场的环境卫生；定期对种鸡群进行检疫，一般每年进行2次或3次，坚持淘汰阳性鸡和可疑鸡，逐步净化种鸡场；特别注意在引入种蛋和种雏时，防止引入传染源；用抗菌药物进行预防。

二、禽伤寒

本病是由鸡伤寒沙门菌引起的禽传染病。主要特征为黄绿色腹泻，肝脏肿大。

病原体　鸡伤寒沙门菌，属于沙门菌属。革兰氏阴性杆菌，不产生芽孢，无荚膜，不运动。

本菌对干燥、腐败和日光具有一定的抵抗力，在外界环境中可存活数周到数月，对热和消毒剂敏感。

流行病学　主要发生于成年鸡，也有人认为6月龄以下的鸡更易感。其他禽类如鸭、火鸡、鹌鹑、孔雀等也可感染，但野鸡、鹅和鸽不易感。一般呈散发。

症状　潜伏期一般为4～5d。雏鸡和雏鸭症状与鸡白痢相似。日龄较大的鸡和成年鸡突然发病，停食，排黄绿色稀便，体温升高，冠与肉髯苍白或皱缩，突然死亡。病死率10%～50%或更高。

病理变化　成年鸡最急性的病变轻微或无病变。急性者常见肝、脾、肾充血肿大。亚急性和慢性者肝肿大，呈淡绿色、棕色或青铜色，肝和心肌有灰白色粟粒大小的坏死结节。雏鸡和雏鸭的病变以及成年鸡卵巢和腹膜炎病变同鸡白痢。

诊断要点

临床综合诊断　本病主要发生于成年鸡，雏鸡和雏鸭症状与鸡白痢相似，日龄较大或成年鸡突然发病，排黄绿色稀便，常突然发病死亡。

实验室诊断　采取肝、脾、肺、心血、十二指肠等进行病菌的分离和鉴定。由于引起本病的沙门菌的血清型多，而且与其他肠道菌有交叉反应，不易判定，故不能像鸡白痢、鸡伤寒一样采用血清学方法检出慢性或带菌鸡。可用快速全血凝集试验、快速血清凝集试验、试管凝集试验、微量凝集试验、微量抗球蛋白试验、免疫扩散试验、血凝试验、ELISA等。对慢性病鸡的生前诊断，目前还没有可靠的方法。

鉴别诊断　注意与鸡白痢、禽霍乱相区别。鸡白痢主要发生于3周龄以内的雏鸡，成年鸡呈慢性或隐性经过，最后鉴别依靠病原体分离鉴定。禽霍乱有明显全身性出血，肝、脾肿大不明显，病程较短，病料涂片镜检可见极染的巴氏杆菌。

治疗 参照鸡白痢。

防制措施 主要依靠对孵化场和养鸡场实施严格的卫生消毒和隔离措施，方法参照鸡白痢。由于本菌易产生耐药性，治疗时应进行药敏试验。病愈后的家禽长期带菌，不可留作种用。

公共卫生 人沙门菌病由多种沙门菌引起，常由于吃入带有病菌的肉、蛋及其制品而感染，发生食物中毒，表现急性胃肠炎症状。

三、禽副伤寒

本病是由鼠伤寒沙门菌引起鸡等禽类的传染病。主要特征为下痢和内脏器官灶性坏死。

病原体 包括许多血清型的沙门菌，但主要是鼠伤寒沙门菌，属于沙门菌属。革兰氏阴性，不产生芽孢，菌体带有周鞭毛，能运动。

流行病学 病禽和带菌禽是主要传染源。家禽中鸡和火鸡最常见，2周龄以内的雏鸡最易发病，呈流行性，成年鸡呈隐性带菌。耐过鸡长期带菌，所产的蛋作为种蛋时可世代相传。鸡场一旦传入本病，将会长期蔓延，难以根除。本病能引起人的感染和食物中毒。

症状 鸡的症状与鸡白痢相似。在出壳后2周内发病，6～10d时达到高峰。表现为精神委顿，闭眼，嗜睡，翅膀下垂，拒食，饮水增加，下痢，肛门周围污染粪便。经带菌蛋或在孵化器内感染者常呈败血症经过，往往无症状突然死亡。中雏主要表现水样腹泻，很少死亡。成年鸡一般无症状，呈隐性带菌者。

雏鸭可见颤抖、喘息和眼睑肿胀，常猝然死亡。成年鸭主要为水样下痢。

病理变化 最急性死亡的雏鸡无可见病变。急性病例可见肝、脾充血，有条纹状或点状出血和坏死灶。肺和肾出血。有心包炎。常有出血性肠炎。成年鸡慢性感染或带菌时，常无明显病变，少数可见肝、脾、肾充血肿胀，有出血性或坏死性肠炎，心包炎，腹膜炎，卵泡异常，但不如鸡白痢明显和常见。雏鸭肝肿大，有坏死灶。

诊断要点 2周龄以内雏鸡最易发病，呈地方流行性，成年鸡感染呈隐性带菌。除肝有坏死灶外，其他实质器官出血性炎症以及出血性坏死性肠炎。由于沙门菌种类多，并与其他肠道菌发生交叉凝集，因此血清学诊断尚未广泛应用。

治疗 参照鸡白痢。

防制措施 参照鸡白痢。

公共卫生 人感染沙门菌和食物中毒常来源于感染的禽类、蛋品或其他产品。

四、鹅口疮

本病是由白色念珠菌引起雏鹅等雏禽的传染病。主要特征为口腔黏膜干酪样坏死。

病原体 白色念珠菌，属于半知菌纲的酵母菌，为假丝酵母菌。菌体呈圆形或卵圆形，革兰氏阳性。2%甲醛溶液或1%氢氧化钠溶液处理1h后该菌受到抑制。

流行病学 病雏鹅和雏鸡是主要传染源。本菌在健康的鸡、鹅、家畜及人的口腔、上呼吸道和消化道内寄居，当黏膜受损伤时或存在诱因时易发生内源性感染。也可通过蛋壳传染。2月龄以内的幼禽多发。牛、猪、人也感染。一些诱因能促使本病发生。

症状　雏鸡和雏鹅精神委顿，羽毛粗乱，嗉囊扩张、下垂、松软，生长发育不良，在口腔黏膜上出现乳白色或黄色斑点，后融合成白膜，有干酪样的典型鹅口疮。最后消瘦而死亡。

病理变化　除口腔病变外，嗉囊等黏膜增厚，形成白色豆粒大小结节和溃疡，其上覆盖一层白色假膜，剥离后可见红色的出血性溃疡面。食道和腺胃等处也有上述病变。

诊断要点　根据流行病学、口腔黏膜的变化，采取病变组织或渗出物做抹片检查，观察有酵母状菌体和假菌丝基本可以诊断。尚未采用血清学诊断方法。

治疗　选用制霉菌素，按每千克饲料添加50～100mg，连喂1～3周。还可用二性霉素B等抑制霉菌的药物。将口腔假膜剥去后涂碘甘油，嗉囊中注入2%硼酸水。饮用0.03%硫酸铜水溶液也有一定效果。

防制措施　病的发生与养禽场的卫生条件和禽机体的抵抗力有密切的关系，因此平时要加强饲养管理，改善卫生条件，注意通风和干燥，做好种蛋和孵化器的消毒。发生本病时，病禽应及时隔离治疗，搞好消毒，人员要做好自身防护。

第二节　以呼吸系统症状为主症

以呼吸系统症状为主症的禽传染病包括鸡毒支原体感染、传染性鼻炎、禽曲霉菌病、传染性喉气管炎、传染性支气管炎。

一、鸡毒支原体感染

本病是由鸡毒支原体引起鸡的慢性呼吸道传染病。主要特征为咳嗽、流鼻液、呼吸道啰音和张口呼吸。

病原体　鸡毒支原体，是支原体属的禽支原体种。呈细小球杆形，姬姆萨染色着色良好。在液体培养基中可分解葡萄糖产酸，使培养液呈黄色。在固体培养基上生长缓慢，形成微小光滑透明的露珠状菌落。

鸡毒支原体对外界抵抗力不强，一般消毒药能将其杀死。对链霉素、红霉素、泰乐菌素和利高霉素敏感，但对新霉素和磺胺类药物有抵抗力。

流行病学

传播特性　患病和隐性感染鸡是主要传染源，通过咳嗽、喷嚏排出病原体，通过飞沫和尘埃经呼吸道感染。可通过被污染的饲料、饮水、用具在鸡群之间传播。

流行特点　4～8周龄雏鸡最易感，症状典型，其他年龄也可感染。在鸡群中传播较缓慢，但在新发病的鸡群中传播较快。四季均可发生，以寒冷季节流行严重。成年鸡多表现散发性。如果并发或继发其他病时使病情更加严重，主要有传染性支气管炎、传染性喉气管炎、新城疫、传染性法氏囊、副鸡嗜血杆菌病和大肠杆菌病等。病的发生与诱因有密切关系。隐性感染率较高，用新城疫苗等气雾或滴鼻免疫时往往能激发本病。

症状　潜伏期为10～21d。4～8周龄的幼鸡症状较为典型，食欲不振，鼻流浆液或黏液性分泌物，堵塞鼻孔，呼吸困难，频频摇头，喷嚏，咳嗽。炎症蔓延至下呼吸道时，喘气和咳嗽更为明显，能听到气管啰音。后期由于鼻腔和眶下窦中蓄积渗出物，引起眼睑肿胀、流泪，发生结膜炎。如无继发感染，死亡率不高，但生长发育受到抑制。转为慢性后，常继发感染多种病毒和细菌，使病情变为复杂，死亡率增高。

成年鸡症状不明显，很少死亡，如并发其他疾病，常使症状复杂化。产蛋鸡只表现产蛋量下降，孵化率降低，孵出的雏鸡活力弱。感染鸡滑液膜支原体引起鸡和火鸡急性、慢性关节滑液膜炎，呈现跛行。

病理变化 单纯感染时，鼻、气管、支气管和气囊内有黏稠分泌物，气囊膜变厚和混浊，严重的有干酪样渗出物。自然感染的病例多为混合感染，可见呼吸道黏膜水肿、充血、肥厚，窦腔内充满黏液或干酪样渗出物。有时上述病变波及肺、鼻窦和腹腔气囊。如有大肠杆菌混合感染，则可见纤维素性肝周炎或肝被膜炎和心包炎等。

诊断要点 以4～8周龄的幼鸡最易感，上呼吸道有黏稠渗出物。气囊膜变厚和混浊，表面有结节性病灶。活禽从鼻腔、气管、泄殖腔中取病料；死禽从鼻腔、气管或气囊采样。将病料接种于支原体固体培养基中，置含5%二氧化碳的培养箱中37℃分离培养，经纯培养后做生化试验鉴定分离菌。用快速血清凝集试验检测血清抗体。

治疗 早期治疗一般能收到较好的疗效。常用链霉素、红霉素、泰乐菌素、利高霉素，壮观霉素、螺旋霉素、土霉素、四环素等。可用于饮水或拌料，疗程为5～7d。使用上述抗菌素时，可考虑交叉使用，单用一种抗菌素往往在停药后复发。

防制措施 平时加强饲养管理，消除引起机体抵抗力下降的一切因素；饲养密度适宜，鸡舍通风良好、阳光充足，并经常注意消毒；防止受凉，饲料配合适当。常发病的鸡场应搞好免疫接种。灭活疫苗用于1～2月龄的母鸡，10～16周龄开产前再注射1次。弱毒疫苗对1、3和20日龄雏鸡点眼免疫，无不良反应，免疫期6个月。感染鸡多为隐性感染的带菌者，很难根除病原，故最有效措施是建立无本病的种鸡群。

二、传染性鼻炎

本病是由副鸡嗜血杆菌所引起的急性呼吸道传染病。主要特征为鼻窦炎、流鼻涕、打喷嚏、面部肿胀和结膜炎。

病原体 副鸡嗜血杆菌，属于巴氏杆菌科嗜血杆菌属。呈多形性，幼龄时为革兰氏阴性的小球杆菌，不形成芽孢，无囊膜和鞭毛，不能运动，用美蓝染色时两极浓染。对培养要求严格，是兼性厌氧菌。对外界理化因素抵抗力很弱，对热及消毒药敏感。

流行病学 病鸡和隐性带菌鸡是主要传染源。通过飞沫及尘埃经呼吸道传染，也可通过污染的饲料和饮水经消化道传播。4周龄至3年的鸡最易感。潜伏期短，传播速度很快。多发生于秋冬季节。鸡舍通风不良，氨气浓度过大，寒冷潮湿，维生素A缺乏，或受寄生虫侵袭等均能促使鸡群严重发病。接种鸡痘疫苗引起的全身反应也常常是发病的诱因。

症状 潜伏期一般为1～3d。因鼻腔和鼻窦发炎，初期流出稀薄的分泌物，后转为浆液黏液性，打喷嚏。如炎症蔓延至下呼吸道，则呼吸困难并有啰音，病鸡常摇头欲将呼吸道内的黏液排出。眼周及脸水肿，引起结膜炎。若无继发感染，则仔鸡仅表现生长发育受阻，产蛋鸡产蛋量减少甚至停止。一旦继发或并发其他疾病，就会病情加重，死亡率也增高。

病理变化 鼻腔和鼻窦黏膜卡他性炎症变化，黏膜充血肿胀，表面覆有大量黏液。重者在鼻窦和眶下窦内及眼结膜囊内有干酪样物。

诊断要点

临床综合诊断　病变限于鼻腔和鼻窦黏膜的卡他性炎症，表面有大量黏液，严重时有干酪样渗出物。

实验室诊断　无菌切开可疑病鸡的眶下窦，用灭菌棉拭子蘸取其中黏液或浆液，在10%鲜血琼脂培养基上横向划5～7条线，然后取产烟酰胺腺嘌呤二核苷酸（或辅酶Ⅰ，NAD）的表皮葡萄球菌从横线中间划一纵线接种培养。取葡萄球菌周围生长的菌落，经纯培养后做生化试验鉴定分离菌。用血清平板凝集试验、血凝抑制试验、ELISA、阻断固相酶联免疫吸附试验，检测血清抗体。

治疗　抗生素和磺胺类药物联用效果较好，有磺胺类、庆大霉素、链霉素和红霉素等。

防制措施　加强饲养管理，鸡舍保持通风良好，防止密度过大；供给营养丰富的饲料和清洁饮水；定期带鸡消毒；执行全进全出的饲养制度。接种疫苗是防制的重要措施，有传染性鼻炎A型油乳剂灭活苗和A、C型二价油乳剂灭活疫苗。一般在30～40日龄首免，开产前再免疫一次。发生本病时，鸡舍带鸡消毒；对尚未发病的鸡群紧急接种疫苗，并配合抗菌素治疗。

三、禽曲霉菌病

本病是由曲霉菌引起禽的传染病。主要特征为组织器官尤其是肺和气囊炎症和结节。

病原体　主要为烟曲霉菌，其次为黄曲霉菌，还有多种曲霉菌，属于曲霉菌属。曲霉菌的气生菌丝一端膨大形成顶囊，上有小梗呈放射状排列，并分别产生许多分生孢子，似葵花状。本菌可产生毒素。

本菌的孢子抵抗力很强，煮沸后5min才能杀死。常用的消毒剂有5%甲醛溶液、石炭酸、过氧乙酸和含氯消毒剂。

流行病学

传播特性　曲霉菌广泛存在于自然界，在土壤、饲料、垫料、孵化器及育雏器上，在适宜的温度和湿度条件下，生长繁殖产生大量菌丝和孢子，散布于空气中。发霉的饲料中含有本菌。经呼吸道和消化道感染，还可通过外伤、眼结膜、注射等感染。另外，孵化时曲霉菌孢子能穿过蛋壳，引起死胚或出壳后不久出现症状。

流行特点　各种禽类均有易感性，以4～12日龄的幼禽易感性最高。常呈流行性，幼禽常见急性、群发性暴发，成年禽为慢性和散发。本病由于潜伏期短，一旦发病便很快传播全群。禽舍阴暗潮湿、通风不良，多雨季节，饲料中缺乏维生素和矿物质及疫苗接种等诱因均能促使本病发生。

症状　精神沉郁，闭目昏睡，羽毛松乱，伏卧，拒食，张口呼吸，肉髯发绀，饮水增多，常有下痢。有的由于毒素的作用导致神经症状，如共济失调、两腿麻痹等。病原体侵害眼时，结膜充血、肿胀，下眼睑有干酪样物，严重者失明。病程1周左右，死亡率可达50%以上。

病理变化　一般以侵害肺为主，典型病例均可在肺部发现粟粒大乃至黄豆大的黄白色或灰白色结节，结节硬度似橡皮或软骨样，切开见有层次结构，中心为干酪样坏死组织，内含大量菌丝体，外层为类似肉芽组织的炎性反应层。气管和气囊有时也能见到类似的结节。

诊断要点

临床综合诊断　以4～12日龄幼禽最易感发病，并很快波及全群。肺、气囊和胸腹腔浆膜上有灰白色或淡黄色的霉斑结节，内含干酪样物。

实验室诊断　无菌采取肺或气囊结节中心的菌丝体，置于载玻片上，加1～2滴乳酸棉蓝染色液或生理盐水，用大头针将组织块或菌团撕开，制成压滴标本，用显微镜观察菌体形态，经棉蓝染色的菌体呈蓝色，即可确定为本病。

治疗　可使用制霉菌素，剂量为100只雏鸡1次用50IU，每日2次，连用2～3d；或用克霉唑（三苯甲咪唑），每100只雏鸡用1g拌料喂服，连用2～3d。

防制措施　不使用发霉的垫料和饲料尤为重要；严格消毒种蛋、孵化器和孵化室，育雏室要注意通风和干燥；入雏前对育雏室进行彻底消毒，一般用福尔马林熏蒸，0.4%过氧乙酸或5%石炭酸喷雾后密闭数小时，经通风后使用。发病后立即更换垫料和饲料，进行环境和用具消毒，病禽及时治疗。

四、传染性喉气管炎

本病是由传染性喉气管炎病毒引起鸡的急性呼吸道传染病。主要特征为呼吸困难，咳出物带有血丝，喉部和气管黏膜肿胀、出血和糜烂。

病原体　传染性喉气管炎病毒（ILTV），属于α疱疹病毒亚科中的禽疱疹病毒1。病毒粒子有囊膜，中心由双股RNA组成。病毒容易在鸡胚中繁殖，使鸡胚感染后2～12d死亡，胚体变小，绒毛尿囊膜增生、坏死，形成混浊的斑块病灶。

病毒抵抗力很弱。55℃存活10～15min，37℃存活22～24h。对一般消毒剂均敏感，3%来苏儿或1%苛性钠溶液1min即可杀死。

流行病学

传播特性　病鸡和带毒鸡是主要传染源。病毒存在于气管和上呼吸道分泌液中，随着黏液和血液咳出，经上呼吸道感染。易感鸡与接种弱毒苗的鸡长时间接触也可感染。

流行特点　不同年龄的鸡均易感，但成年鸡呈典型症状。本病在易感鸡群内传播很快，感染率可达90%，病死率为5%～70%，高产的成年鸡病死率较高。野鸡、孔雀、幼火鸡也可感染。

症状　潜伏期为6～12d。初期常有急性死亡，随后见有明显症状。病初流半透明状鼻汁，流泪，呼吸困难，有啰音，咳嗽，严重时咳出带血的黏液，有时由于窒息而死亡。喉黏膜上有淡黄色凝固物附着。产蛋量迅速减少或停止。病程5～7d或更长，有的逐渐康复后成为带毒者。

有些毒力较弱的毒株流行较缓和，表现生长迟缓，产蛋减少，流泪，结膜发炎，严重病例眶下窦肿胀。病程较长，发病率仅为2%～5%，死亡率也较低，大部分病鸡可以耐过。

病理变化　轻者喉头和气管黏膜呈卡他性炎症，黏膜水肿、充血。重者喉和气管黏膜肿胀、充血、出血或有出血斑，其上覆有纤维素性干酪样假膜，气管内有血性渗出物。

诊断要点　根据特征性症状和典型的病变，结合流行病学即可诊断。在症状、病变不典型时，与传染性支气管炎、鸡支原体感染、禽流感等病不易区别，须进行实验室诊断。

临床综合诊断　成年鸡症状典型，呼吸困难，咳出血性黏液。喉头及气管黏膜充血、出血、肿胀，并覆有纤维素性干酪样假膜。

实验室诊断　活体采样时，用灭菌棉拭子伸入口咽或气管采集分泌物，放入含青霉素、链霉素的灭菌生理盐水中；病死鸡可无菌采取喉头和气管，经处理后接种于9～12日龄的鸡胚绒毛尿囊膜上，4～5d鸡胚死亡，绒毛尿囊膜上有痘斑形成。取发病后2～3d的喉头黏膜上皮或有灰白色坏死斑的绒毛尿囊膜做包涵体检查，可见细胞核内包涵体。可作荧光抗体、免疫琼脂扩散试验。

治疗　尚无特异的治疗方法。给发病鸡群投服抗菌药物，对防止继发感染和并发症有一定效果。喉部坏死性假膜堵塞呼吸道造成窒息时，用镊子取出后涂碘甘油，缓解呼吸困难。

防制措施　有效方法是坚持严格隔离、消毒等，避免将康复鸡或接种疫苗的鸡与易感鸡混群饲养。常发生本病的鸡场，应用鸡传染性喉气管炎弱毒疫苗进行预防接种，首免在28日龄左右，二免是在70日龄左右进行。免疫鸡可出现轻重不同的反应，甚至引起死亡，接种剂量和途径应严格按说明书进行。发现疫情时应立即封锁疫点，减少可能污染的人员、饲料、用具和鸡只的移动。对鸡群立即用弱毒疫苗紧急接种，可控制疫情蔓延扩大。

五、传染性支气管炎

本病是由传染性支气管炎病毒引起鸡的急性高度接触性传染病。主要特征为咳嗽、喷嚏和气管啰音，传播极其迅速。

病原体　传染性支气管炎病毒（IBV），属于冠状病毒科冠状病毒属。多数呈圆形，带有囊膜和纤突，基因组为单股正链RNA。

多数毒株经56℃ 15min和45℃ 90min被灭活。对一般消毒药敏感。在0.01%高锰酸钾3min内死亡。病毒在室温中能抵抗1%盐酸（pH 2）、1%石炭酸和1%氢氧化钠（pH 12）1h，而鸡新城疫、传染性喉气管炎和鸡痘病毒在室温中不能耐受pH 2环境，据此有一定鉴别意义。

流行病学

传播特性　病鸡和带毒鸡是主要传染源，康复鸡带毒长达49d，在35d内有传染性。从呼吸道排病毒。主要通过飞沫经呼吸道感染，数日内传遍全群。也可通过饲料、饮水经消化道传播。

流行特点　仅发生于鸡，以1～4周龄的雏鸡发病最严重，死亡率也高。有母源抗体的雏鸡有1个月的抵抗力。无季节性，一旦发病很快传播全群。雏鸡病死率可达25%～40%。过热、严寒、拥挤、鸡舍通风不良，维生素、矿物质和其他营养缺乏，以及疫苗接种等均可促进本病的发生。气雾、滴鼻免疫也可诱发本病。

症状　潜伏期一般为1～2d。突然出现呼吸道症状，并迅速传播至全群是本病的特征。4周龄以内的雏鸡症状典型，表现精神不振，食欲减少，羽毛松乱，闭目昏睡，翅膀下垂，呼吸困难，喷嚏，咳嗽，有啰音。康复鸡发育不良。5～6周龄以上鸡，表现气喘，咳嗽，呼吸有啰音，减食，下痢等。

成年鸡出现轻微的呼吸道症状。产蛋量下降，并产软壳蛋、畸形蛋、粗壳蛋，蛋白如稀水样，蛋黄和蛋白分离。病程一般为1～2周，有的拖延至3周。死亡率很低，康复后的鸡具有免疫力。

肾型传染性支气管炎毒株感染，多发生在20～30日龄雏鸡，仅表现轻微呼吸道症状或不出现。白色水样下痢，消瘦，饮水量增加。雏鸡死亡率为10%～30%，6周龄以上鸡死亡率低。

病理变化 鼻腔、鼻窦、气管、支气管呈卡他性炎症，其黏膜表面有黏液性或干酪样渗出物，气管或支气管有干酪样栓子。产蛋母鸡腹腔内有卵黄样液体，卵泡充血、出血、变形，有的输卵管发育异常，致使成熟期不能产蛋。肾型病变为肾肿大出血，多呈斑驳状的“花肾”，肾小管和输尿管因尿酸盐沉积而扩张。

诊断要点

临床综合诊断 以1～4周龄雏鸡发病最严重，表现咳嗽，打喷嚏，张口呼吸，有啰音。产蛋异常。肾型时肾肿大，有尿酸盐沉积。

实验室诊断 取支气管分泌物或肺组织，肾型取肾。将病料常规处理后，接种于9～11日龄鸡胚尿囊腔内，经几次盲目传代后，如病毒生长，可使鸡胚呈卷曲、僵硬乃至死亡等特征性病变。分离的病毒用已知抗血清作病毒中和试验进行鉴定。ELISA、免疫荧光及免疫扩散，一般用于群特异血清检测。中和试验、血凝抑制试验用于初期反应抗体的型特异抗体检测。另外，病毒在鸡胚内可干扰NDV-B_1株（即Ⅱ系苗）血凝素的产生，因此可进行干扰试验。

治疗 尚无特异的治疗方法。鸡群可采用对症疗法，防止继发感染，降低死亡率。

防制措施 平时加强饲养管理，补充维生素和矿物质；注意鸡舍环境卫生，保持通风良好，防止鸡群密度过大，做好冬季保温。发病后采取严格隔离、消毒等措施，进行紧急免疫接种；淘汰发病鸡，彻底消毒鸡舍及环境后，从无病鸡场再引入新鸡群。

呼吸型传染性支气管炎有两种疫苗。一种是H_{120}，毒力较弱，适用于20日龄以内的雏鸡；另一种是H_{52}，毒力较强，适用于20日龄以上雏鸡和成年鸡。一般的免疫程序是5～7日龄用H_{120}首免，25～30日龄用H_{52}二免，120～140日龄用灭活油乳剂苗三免。弱毒苗可采用滴鼻、点眼、饮水及气雾免疫，油乳剂灭活苗可做皮下注射。

肾型传染性支气管炎用MA_5弱毒疫苗，对1日龄和15日龄雏各免疫1次，方法同上。还有多价（2～3个型毒株）灭活疫苗。

第三节 以败血症为主症

以败血症为主的禽传染病包括禽大肠杆菌病、禽霍乱、禽葡萄球菌病、禽链球菌病新城疫、禽流感、鸭瘟、小鹅瘟。

一、禽大肠杆菌病

本病是由大肠杆菌引起禽的肠道传染病。主要特征为急性败血症变化及其他器官炎症。

病原体 大肠杆菌，中等大小，有鞭毛，无芽孢，一般无荚膜，革兰氏阴性。病原性大肠杆菌与人兽肠道内正常寄居的非致病性大肠杆菌的形态、染色反应、培养特性和生化反应等相同，只是抗原构造不同。

病原性大肠杆菌主要有：肠致病性大肠杆菌（EPEC）、肠产毒素性大肠杆菌（ETEC）、肠侵袭性大肠杆菌（EIEC）、肠出血性大肠杆菌（EHEC）。根据大肠杆菌O抗原、K抗原和H抗原的不同，可分成不同的血清型，用O∶K∶H、O∶K、O∶H表示。鸡主要为O_1、O_2、O_{36}、O_{78}等。

大肠杆菌可感染多种动物和人，但病原菌血清型有所不同。感染禽时，分别表现为急性败血症、气囊炎、关节滑膜炎、全眼球炎、输卵管炎和腹膜炎、脐炎、肉芽肿。

常用的消毒剂数分钟内可杀死本菌。

流行病学

传播特性　本菌在鸡肠道正常寄生率可达10%～15%，诱因可以诱发本病，故病鸡作为传染源的意义有限。外表健康鸡和病鸡的粪便污染饲料、饮水、垫草及用具等，经消化道感染；通过污染的尘埃经呼吸道感染；当种鸡卵巢和输卵管受到感染，或种蛋被污染时，可经种蛋垂直感染，引起胚胎或雏鸡死亡。鸡已经感染鸡毒支原体、传染性支气管炎和新城疫后，可经受损的上呼吸道黏膜感染而引起气囊炎、心包炎和肝周炎，亦使病情复杂化。

流行特点　由病鸡分离的大肠杆菌只感染禽类，对家畜和人类似乎无致病性。不分年龄、季节均可发病，以5～8周龄的鸡感染和发病最多。发病率和病死率与菌株毒力、有无并发或继发病、饲养管理条件、采取措施是否及时有效等因素密切相关。雏鸡发病率可达50%左右，病死率可达100%。冬春寒冷季节、气温多变和饲养管理不当时容易发生。

症状　急性败血型多见于幼禽，一部分雏鸡突然死亡，另一部分则体温升高，精神沉郁，呼吸困难，停食，排黄白色稀粪，一般3～5d死亡。

亚急性和慢性型多见于成年禽类，病情温和，病期较长。精神不振、食欲减少、渴欲增加、剧烈腹泻和消瘦等。还常见有气囊炎，出现咳嗽，呼吸困难，有啰音等呼吸道症状。

肠炎型表现腹泻，消瘦，最后衰竭而死。关节炎时关节肿大，跛行。全眼球炎时则见流泪，结膜潮红，角膜混浊，有脓性分泌物。有的鸡群还见有大肠杆菌性脑炎或腹膜炎。

母禽还有卵巢炎和输卵管炎，表现腹部肿大，产蛋率降低。经种蛋感染时，除孵化后期胚胎死亡和孵化率降低外，孵出的雏鸡体质较弱，可在1周内因脐带炎死亡。

病理变化　根据病情和病型不同而病理变化各异。

急性败血症时，肠浆膜、心内膜和心外膜有明显的出血点。肠黏膜附有大量黏液。脾脏明显肿大。心包腔积有大量渗出物。

全眼球炎时，眼结膜充、出血，眼前房液混浊，其中有纤维素性渗出物。

关节炎滑膜炎时，病变多见于肩关节和膝关节，关节明显肿大，关节周围组织充血水肿，滑膜囊内有不等量灰白色或淡红色渗出物。

气囊炎时，气囊增厚，表面有纤维素性渗出物。由此继发心包炎、肝周炎和输卵管炎。由于输卵管堵塞，畸形卵或破裂卵落入腹腔，从而引起卵黄性腹膜炎，可见内脏粘连并有纤维素性渗出物。

幼雏脐炎时，脐部肿大，闭合不全，可见脓性分泌物。

诊断要点

临床综合诊断　5～8日龄幼雏因急性败血症突然死亡，其他日龄鸡常见气囊炎、心包炎、肝周炎、关节炎滑膜炎、腹膜炎和全眼球炎等病变。

实验室诊断　采集病鸡脏器组织、血液及肠黏膜等，接种于10%血液琼脂培养基，进行分离培养和鉴定。常用已知抗血清作凝集试验，鉴定分离菌的血清型。

治疗　对病鸡及时使用抗生素或磺胺类药物治疗，可控制早期感染，促使痊愈，同时可防止新发病例。可选用庆大霉素、卡那霉素、土霉素、氨苄青霉素等，饮水或拌料给药，最好经药敏试验选择药物。后期出现气囊炎、肝周炎、腹膜炎等，往往疗效不佳，甚至无效。

防制措施 种鸡场应及时收捡和消毒种蛋，已被污染的种蛋不宜孵化；搞好种蛋、孵化器及孵化全过程的清洁卫生和消毒工作；做好育雏期的饲养管理，控制鸡群的饲养密度，保持空气流通，防止有害气体污染；定期消毒鸡舍、用具及周围环境。啮齿类动物的粪便中含有致病性大肠杆菌，应经常清洗水槽，必要时可在饮水中加入适当浓度的消毒药。应用鸡大肠杆菌多价氢氧化铝苗和多价油佐剂苗，均有一定的预防效果。

鸡群发病后，应迅速确诊，隔离病群，及时用敏感的抗菌药物治疗。病死禽应无害化处理，禽场及周围环境严格消毒处理。

二、禽霍乱

本病是由多杀性巴氏杆菌引起禽的高度致死性传染病。又称禽霍乱或禽出血性败血症。主要特征为急性型呈败血症和炎性出血。

病原体 多杀性巴氏杆菌，为两端钝圆的球杆菌，无芽孢，无鞭毛，新分离的强毒株有荚膜，革兰氏阴性。病料组织或体液涂片，用瑞氏、姬姆萨或美蓝染色，呈现典型的两极着色，故称两极杆菌。

本菌按菌株间抗原成分的差异分为不同的血清型。根据荚膜抗原（K）的不同，分为A、B、D、E、F 5个群；根据菌体抗原（0）的不同，分为12个血清型，K抗原与O抗原组合成15个血清型。不同动物感染的血清型也不同，各型之间多无交互保护或保护力不强，但在一定条件下，各种动物之间可发生交叉感染。禽以5：A最多，其次为8：A和2：D。

本菌抵抗力较弱，对热、日光敏感，阳光直射10min，或在60℃ 10min，可被杀死，在干燥空气中只生存2～3d。常用的消毒药短时间内可将其杀死。

流行病学

传播特性 病原为条件性病原菌，存在于健康鸡的呼吸道，因此，病禽作为传染源的意义有限。主要经消化道和呼吸道感染，也可经损伤的皮肤感染。

流行特点 各种家禽和野禽均可感染。雏鸡有一定抵抗力，发病较少。四季均可发生和流行，但春秋气候多变季节发生较多。饲养管理不当，气候骤变，营养不良，维生素、矿物质和蛋白质缺乏，长途运输以及其他疾病等诱因，均使机体抵抗力降低，体内细菌大量繁殖、毒力增强而发病。

症状 潜伏期为2～9d。

最急性型 常见于流行初期，以高产蛋鸡最常见。突然发病，倒地挣扎，短时间内抽搐而死亡。

急性型 最为常见。体温升高，全身症状明显，厌食，闭目昏睡，羽毛粗乱，口、鼻流黏液性分泌物。常剧烈腹泻，排出黄绿色或灰白色稀粪。呼吸加快，鸡冠和肉髯发绀。最后衰竭，昏迷而死亡。病程短的约半天，长的1～3d。病死率很高。

慢性型 由急性型转来，多见于流行后期，以慢性肺炎、慢性呼吸道炎和慢性胃肠炎、关节炎为特征。肉髯肿大，可能有脓性干酪样物或干结或坏死、脱落。有的局部关节肿大、疼痛，发生跛行，病程可拖至1个月以上。

鸭霍乱多为急性型，表现不愿下水，不愿活动，呆立一处，闭目缩颈，两翅和尾羽下垂，羽毛蓬乱，口、鼻有黏液流出，张口呼吸，常常摇头试图甩出黏液，故俗称“摇头瘟”。剧烈腹泻，排灰白或铜绿色稀粪，有时带血。有的双脚瘫痪，不能行走，经1～3d死亡。病程稍长者发生关节炎，多见于跗、腕及肩关节。

成年鹅症状与鸭相似。仔鹅发病以急性为主，常于发病后1～2d死亡。

病理变化

最急性型　只见心外膜有少量出血点，其他无可见病变。

急性型　可见明显的全身性出血，心包变厚，心包腔内积液，有时含纤维素性絮状片。肺充血和出血。肝稍肿，质地脆，呈棕色或黄棕色，肝表面散在灰白色坏死灶。肌胃出血明显。十二指肠有出血性和卡他性炎症，肠内容物含血液。脾无明显病变。

慢性型　因侵害的器官不同而有差异，多呈局限性感染，如鼻窦炎、肺炎、气囊炎、化脓性关节炎、肠炎。当以呼吸道症状为主时，鼻腔内有大量黏液性分泌物，肺有时见硬变。当以关节炎为主时，关节肿大，有炎性渗出物和干酪样坏死。母鸡的卵巢明显出血，有的在卵巢周围有坚实、黄色的干酪样物，有的附着在内脏器官的表面。

鸭和鹅的病变与鸡基本相似。育成鸭以败血症为主。

诊断要点

临床综合诊断　突然发病，腹泻，肝肿大，质变脆，肝表面散在许多灰白色、针头大的坏死灶。慢性型发生肉髯水肿和关节炎。

实验室诊断　采取心血、心包液、肝脏等涂片，经美蓝染色后，镜检可见两极着色的球杆菌。可进行分离培养和动物试验。用已知抗原作琼脂扩散试验，监测免疫效果和诊断。

鉴别诊断　鸡霍乱注意与鸡新城疫鉴别，鸭霍乱注意与鸭瘟鉴别。鸡新城疫只发生于鸡，鸭、鹅一般不感染；有神经症状；腺胃乳头出血，肝脏无坏死灶变化；抗菌药物治疗无效；心血镜检无细菌存在。鸭瘟有肿头流泪，食道黏膜有灰黄色假膜；肝脏的坏死点外周有出血环，有些坏死点中央还有出血点；抗菌药物治疗无效。

治疗　可选用磺胺类、青霉素、红霉素、庆大霉素、喹诺酮类和喹乙醇。采用拌饲料或饮水途径投药，一般在2～3d即可控制疾病的发展。

防制措施　加强饲养管理，坚持自繁自养的原则，引进种禽时，应从无本病禽场购进并隔离观察1个月；采取全进全出的饲养制度，搞好清洁卫生和消毒工作；在禽霍乱流行的地区应做好免疫接种工作。弱毒菌苗有禽霍乱克190 E40苗等，免疫期为3～3.5个月；灭活苗有禽霍乱氢氧化铝疫苗、油乳剂灭活苗、蜂胶疫苗等，一般10～12周龄首免，16～18周龄再加强免疫1次。免疫期为3～6个月。弱毒苗一般在6～8周龄进行首免，10～12周龄再次免疫。

禽群发病时，及时隔离治疗，必要时应进行紧急宰杀加工；病死禽应深埋或焚烧；禽舍、用具及周围环境进行严格消毒；假定健康禽应进行紧急接种；可在饲料中添加抗菌药物，以控制发展。

三、禽葡萄球菌病

本病是由葡萄球菌引起禽的败血性传染病。主要特征为急性败血症、关节炎和脐炎。

病原体 金黄色葡萄球菌，属于葡萄球菌属，有 20 多种，致病性强的为金黄色葡萄球菌，可产生多种毒素和酶。菌体为圆形或卵圆形，常呈葡萄状排列，无鞭毛、荚膜和芽孢，革兰氏阳性。

本菌对外界抵抗力较强，60℃30min 能杀死，煮沸迅速死亡。以 3%～5%石炭酸和 0.2%～0.3%过氧乙酸消毒效果较好。

流行病学

传播特性 本菌是动物和人的体表及上呼吸道的常在菌，广泛存在于自然界。主要是经受损的皮肤和黏膜感染，也可经呼吸道、消化道、汗腺和毛囊感染。

流行特点 所有禽类均易感，一般 1～2 个月龄雏鸡发病最多。本病的发生与一些诱因密切相关，如连续使用未经消毒的鸡舍及不同日龄鸡混养，种蛋、孵化器及孵化室未经消毒连续使用，舍内过冷、过热、拥挤、通风不良、潮湿等，饲养管理不当，营养不全，滥用抗生素引起菌群失调。当患有鸡痘及免疫抑制病，如传染性法氏囊病、鸡传染性贫血、网状内皮组织增殖症时，更易发病。

症状 主要表现为急性败血症、关节炎和脐炎三个类型。急性败血症时在皮肤出现广泛的炎性水肿，呈紫黑色，内含血样渗出物，皮肤脱毛、坏死，有时破溃，流出污秽血水，并带有恶臭味。

关节炎时不能站立，卧地不起，趾关节肿胀，皮肤坏死呈紫黑色，严重者趾尖干固脱落。

脐炎是孵出不久的雏鸡多发的一种病型，雏鸡脐孔发炎肿大，有时脐部有暗红色或黄色液体，病程稍长则变成干固的坏死物。

病理变化 急性败血症时除皮肤和皮下病理变化同症状外，肝脏和脾脏均有坏死灶。关节炎时关节囊内有化脓性或干酪样坏死物及骨髓炎。

诊断要点

临床综合诊断 病的发生常与外伤性感染因素有关，表现胸、腹及股内皮下泛发性、出血性水肿，外观呈紫黑色，皮肤脱毛坏死和出血、关节炎和脐炎等。

实验室诊断 采取化脓灶的脓汁或败血症病例的血液、肝、脾等涂片，革兰氏染色镜检。也可接种于 10%血液琼脂培养基，经纯培养后作生化试验鉴定分离菌。还可作动物接种试验。

用对流免疫电泳或 ELISA 检查血清中的抗体，或用对流免疫电泳检查脑脊液和胸腔液中抗原，或用放射免疫法检测感染动物血清中的抗原。对诊断均有一定的参考意义。

治疗 治疗前对分离的致病菌株作药敏试验。可选用庆大霉素、红霉素、卡那霉素和磺胺类药物等，单用或合用。

防制措施 防止发生外伤，做好皮肤外伤的消毒处理，刺种鸡痘苗时应做好消毒和环境卫生工作；对种蛋、孵化器、出雏器、育雏舍严格消毒；保持舍内通风和干燥，鸡群密度不易过大，适时断喙，防止互啄。常发鸡场可用多价油乳剂灭活苗，给 20 日龄左右的雏鸡进行免疫接种，经 2 周产生免疫，免疫期为半年。发现病禽时及时隔离治疗，对舍、笼进行彻底消毒。

四、禽链球菌病

本病是由链球菌引起鸡的急性败血性传染病。主要特征为败血症变化。

病原体　链球菌属的细菌，呈圆形或卵圆形，常排列成长短不一的链状，在固体培养基上常呈短链，液体培养基上常呈长链。不形成芽孢，一般无鞭毛，有的菌株在体内或含血清的培养基内能形成荚膜，革兰氏阳性。分为20个血清群，本病主要由C群所引起。

本菌对外界环境抵抗力较强，对热敏感，常用消毒剂均能很快将其杀死。

流行病学　病禽和带菌禽是主要传染源，通过消化道排出病菌，污染环境，经消化道或呼吸道感染，也可发生内源性感染。笼养鸡还可经皮肤和黏膜伤口感染，新生雏可经脐带感染。种蛋被粪便污染而感染鸡胚，造成晚期胚胎死亡或孵出弱雏或成为带菌雏。对各种日龄的禽均有致病性，但多侵害幼龄鸡及鸡胚。病的发生常与一些应激因素有关。一般为散发或地方流行性。

症状　急性型多不显症状或在出现症状后4～7h突然死亡。慢性型一种是患雏精神不振，眼半闭，昏睡，停食，流出黏液性口水，步态不稳，胫骨下关节红肿或趾端发绀，经1～3d死亡；另一种是神经症状明显，阵发性转圈运动，角弓反张，两翼下垂和足麻痹、痉挛，肌间隙和胸腹壁水肿，个别患雏表现结膜炎，多于3～5d死亡。

病理变化　主要是败血症变化，多数病例见有卵黄性腹膜炎及卡他性肠炎。慢性病例主要是纤维素性关节炎。

诊断要点　根据流行病学、症状和病理变化可初步诊断，病原学检查即可确诊。

表现胫骨下关节红肿或趾端发绀等症状后1～3d内突然死亡，并有神经症状。剖检呈败血症变化。采取病死禽的肝、脾、血液、皮下渗出物、关节液或卵黄囊等病料，用碱性美蓝或革兰氏染色，镜检见到特征性球菌可以确诊。用鲜血琼脂培养基分离培养细菌，能产生β溶血，进一步进行生化试验和血清群鉴定。还可用病料接种家兔或小鼠，死后再做细菌分离培养和鉴定。

治疗　可选用庆大霉素、卡那霉素、红霉素、青霉素、氯苄青霉素、土霉素、四环素及喹诺酮类，均有较好的疗效。最好对分离的菌株作药敏试验。

防制措施　主要是减少应激因素，预防和消除降低禽体抵抗力的疾病和因素，防止皮肤创伤感染。被粪便污染的种蛋不能孵化，入孵的种蛋须用甲醛熏蒸消毒，孵化室及用具应彻底消毒，对控制疫情具有良好的作用。发现病禽时立即采取紧急防制措施，尽快做出确诊，隔离治疗，禽舍、用具应严格消毒。发病鸡同群的假定健康鸡可应用抗菌类药物作预防性治疗。

五、新城疫

本病是由新城疫病毒引起是鸡和火鸡的急性高度接触性传染病。又称亚洲鸡瘟或伪鸡瘟。主要特征为呼吸困难、下痢、神经机能紊乱、黏膜和浆膜出血，常呈败血经过。

病原体　新城疫病毒（NDV），属于副黏病毒科腮腺炎病毒属。病毒粒子近圆形，有囊膜，在囊膜的外层有放射状排列的纤突，核酸为单股、负链、不分节段的RNA。根据不同毒力毒株感染鸡的表现不同，将病毒分为几种类型：速发型或强毒型毒株、中发型或中毒型毒株、低毒型或无毒型毒株。

病毒对各种理化因素的抵抗力较强。在60℃ 30min失去活力，直射日光下，病毒经30min死亡，在冷冻尸体中可存活6个月以上。常用消毒剂为70%酒精、2%氢氧化钠、5%漂白粉等。

流行病学

传播特性　主要是病鸡和流行间歇期的带毒鸡，感染的鸟类亦不容忽视。感染鸡在出现症状前一天，即可随口、鼻分泌物和粪便排毒。主要经消化道、呼吸道感染，也可经卵垂直传播，创伤和交配也可感染。

流行特点　幼鸡雏和中鸡雏最易感，2岁以上的鸡易感性较低。四季都可发生，但以春秋两季较多。一些鸡场常常出现免疫失败，或免疫鸡群出现非典型新城疫，从而给防制带来困难。新城疫病毒一旦在鸡群建立感染，就在鸡群内长期存在，通过疫苗免疫的方法，无法将其清除，当鸡群的免疫力下降时，就可能表现出症状。非易感的野禽、外寄生虫、人畜均可机械地传播。

鸡、火鸡、鸽子、鹌鹑及野鸡都有易感性，以鸡最易感。鸭、鹅对本病有抵抗力，但可从体内分离到病毒。从麻雀、鹦鹉、孔雀、乌鸦、燕雀、燕八哥、猫头鹰等鸟类也分离出病毒。哺乳动物有很强的抵抗力。但人可感染，表现为结膜炎或类似流感症状。

症状　潜伏期一般为3～5d。根据临诊症状和病程，可分为以下三种类型。

最急性型　突然发病，无明显症状而迅速死亡，多见于流行初期和雏鸡。

急性型　最为常见，体温升高达43～44℃，精神不振，闭目昏睡，食欲减退或废绝，垂头缩颈或翅膀下垂，鸡冠及肉髯变暗红至暗紫色。母鸡产蛋停止或产软壳蛋等。随着病程的发展呈现典型症状，鼻流黏液性分泌物，咳嗽，呼吸困难，张口呼吸，嗉囊内充满液体内容物，倒提时常有大量酸臭液体从口流出，排黄白色或黄绿色稀便，有时混有少量血液，后期排出蛋清样排泄物。有的病鸡有神经症状，如翅膀、腿麻痹，最后昏迷而死。病程2～5d，1月龄以内的鸡病程短，症状不明显，病死率高。

亚急性或慢性型　症状与急性型相似，只是表现轻微，但神经症状明显，翅和腿麻痹，跛行或站立不稳，头颈向后或向一侧扭转，常伏地旋转，动作失调，一般经10～20d死亡。此型多见于流行后期的成年鸡，病死率较低。

非典型性病例多见于免疫程序不当的鸡群，当鸡群内新城疫强毒循环传播，或有新的强毒侵入时，则可发生。仅表现呼吸道和神经症状，其发病率和病死率较低。

病理变化　主要病变是全身黏膜和浆膜出血，淋巴系统肿胀、出血和坏死，尤其是以消化道和呼吸道病变最为明显。嗉囊内充满酸臭液体，肌胃角质膜下常见出血点，腺胃乳头和乳头间有出血点，黏膜水肿，或有溃疡和坏死，这是本病的特征性病变。小肠、盲肠和直肠黏膜均有出血点和坏死性假膜，其下有溃疡。盲肠扁桃体常见肿大、出血和坏死。呼吸道病变为气管黏膜出血或坏死，周围组织水肿，肺淤血或水肿。心冠脂肪有出血点。产蛋母鸡卵泡和输卵管显著充血，卵泡膜极易破裂，以致卵黄落入腹腔内引起卵黄性腹膜炎。肝、脾、肾无明显病变。脑膜充血或出血。

非典型新城疫仅见黏膜卡他性炎症，喉头和气管黏膜充血，腺胃乳头出血少见，直肠黏膜、泄殖腔和盲肠、扁桃体多见出血，且回肠黏膜表面常有枣核样肿大突起。

诊断要点

临床综合诊断　严重下痢，呼吸困难，或有神经症状。腺胃乳头和肌胃角质膜下出血，小肠出血性、坏死性炎症，扁桃体肿大、出血或坏死。

实验室诊断　采取病死鸡的脾、脑、肺等病料，磨碎，制成组织悬液，离心取上清液0.1ml，接种于9～11日龄非免疫鸡胚（或SPF胚）尿囊腔内，进行分离培养。用已知抗血清做血凝和血凝抑制试验鉴定分离的病毒。

用已知抗原做血凝抑制试验，检测待检鸡血清中的特异性抗体。当未接种新城疫苗的鸡，HI效价在1∶40以上时，可判定为新城疫阳性鸡。对已免疫接种的鸡群，HI效价达1∶128以上时，表明鸡群中有强毒感染。

鉴别诊断　与禽霍乱、传染性支气管炎和禽流感相区别。

治疗　尚无有效的治疗方法。

防制措施　建立严格的卫生防疫制度，防止一切带毒动物特别是鸟类和污染物品进入鸡群，进入人员和车辆应严格消毒；不从疫区购进饲料、种蛋和鸡苗，新购进的鸡必须接种疫苗，并隔离观察2周以上，证明健康者方可混群。

注意选择疫苗及使用方法，制定合理的免疫程序。目前使用的疫苗分为活疫苗和灭活苗两类。活疫苗中的Ⅰ系苗为中等毒力疫苗，绝大多数国家已禁止使用。Ⅱ、Ⅲ、Ⅳ系苗均是弱毒苗，大小鸡均可使用，饮水、点眼、滴鼻均可，应慎重使用气雾免疫方法，易于诱发其他呼吸道疾病。V_4弱毒苗适用于热带地区。

母鸡经过鸡新城疫苗接种后，可将其抗体通过卵黄传递给雏鸡，雏鸡在3日龄抗体滴度最高，以后逐渐下降，每日大约下降13%。具有母源抗体的雏鸡既有一定的免疫力，抵抗强毒的侵袭，但对疫苗的接种有干扰作用。定期对免疫鸡群抽样采血做HI试验，既可以作为制定程序的理论依据，又可以了解疫苗免疫接种的效果。

疫苗免疫接种后，抗体产生受到抑制，其保护能力受到影响。感染传染性法氏囊病、传染性贫血、网状内皮增生症等，传染性支气管炎疫苗与新城疫疫苗同时使用，营养缺乏、应激因素等，均会导致免疫抑制。因此在进行疫苗免疫接种时，应注意其他传染病的防疫及饲养管理。

发生本病时，封锁发病鸡场，紧急消毒，分群隔离，尽快用疫苗进行紧急接种，经2～3周可控制疫情；对病鸡和死亡鸡应焚烧或深埋处理，常可阻止蔓延和缩短流行过程；发病鸡群，在最后一个病例处理后2周内如无新病例出现，则经严格的终末消毒，方可解除封锁。

六、禽流感

本病是由流行性感冒病毒引起的禽以及人和多种动物共患的高度接触性传染病。又称为鸡瘟。主要特征为发热、咳嗽、全身衰弱无力，伴有不同程度的急性呼吸道炎症。

病原体　流行性感冒病毒，分为A、B、C三型，分别属于正黏病毒科A型流感病毒属、B型流感病毒属、C型流感病毒属。

A型和B型流感病毒粒子呈多形性，含有由8个节段组成的单股RNA，C型流感病毒7个节段组成的单股RNA。核衣壳呈螺旋对称，外有囊膜，其上有辐射状突起，一种是血凝素（HA），另一种是神经氨酸酶（NA）。A型流感病毒的HA和NA容易变异，已知HA有16个亚类（H_1—H_{16}），NA有9个亚类（N_1—N_9），它们之间的不同组成，使A型流感病毒有许多亚型，各亚型之间无交互免疫力。B型流感病毒的HA和NA不易变异，无亚型之分。

病毒不耐热，60℃ 20min可灭活，对低温和干燥的抵抗力强，不耐酸和乙醚，对紫外线、甲醛很敏感，一般消毒剂均可杀灭。

流行病学

传播特性　病禽、野生水禽是病毒循环感染的自然宿主。病毒主要在呼吸道黏膜细胞内增殖，当患病动物喷嚏、咳嗽时随飞沫排出。主要通过飞沫经呼吸道感染，也可通过被污染的饲料和饮水经消化道传播。目前尚不能完全排除垂直传播的可能性，所以污染鸡群的蛋不能用作种蛋。

流行特点　本病可有所有 HA 和 NA 不同组合的型所引起，其中大多数致病性低，只有 H_5 和 H_7 中的少数亚型具有高致病性，并伴有高死亡率。本病的发病率和病死率受多种因素影响，既与禽的种类及易感性有关，又与毒株的毒力有关，还与年龄、性别、环境因素、饲养条件和并发大肠杆菌病、新城疫等有关。

A 型流感病毒可自然感染猪、马、禽类和人，在禽类中鸡和火鸡最易感，鸭和鹅的易感性较低，某些野禽也可感染，也可感染貂、海豹、鲸等。B 型、C 型流感病毒只感染人。但有事实证明流感病毒可能有宿主转移现象，即在不同动物或动物与人之间可互相传播，如猪型流感病毒引起人类的流感，从猪群中分离出感染人的 C 型流感病毒等。

症状　急性型多见于高致病性禽流感病毒引起感染的病例，潜伏期几小时到数天，发病急剧，发病率和死亡率均高，传播范围一般较小，常突然暴发，无明显症状而迅速死亡。病程稍长时，体温升高，精神沉郁，羽毛松乱；咳嗽、呼吸时啰音和呼吸困难；鸡冠、肉髯、眼睑水肿、发绀或坏死；眼结膜发炎，眼、鼻有浆液性或黏液性或脓性分泌物；腿部鳞片有红色或紫黑色出血；排出黄绿色稀便；产蛋鸡产蛋量明显下降，可见软皮蛋、畸形蛋；有的鸡有神经症状。

亚急性或低毒力型的病例潜伏期稍长，发病较缓和，发病率和死亡率较低，疫情范围逐渐扩大，疫情持续期稍长。主要侵害产蛋鸡，一旦发病，疫情难以控制，疫区难以根除。病鸡采食量减少，饮水量增加；从鼻腔流出分泌物，鼻窦肿胀；眼结膜发炎，流出分泌物；头部肿胀，鸡冠、肉髯淤血，变厚、变硬，触之有热痛；腿部鳞片出血；呼吸道症状明显，但程度不一；产蛋量下降 20%～30%。

慢性型病势缓和，病程长，一般症状不明显，仅表现轻微的呼吸道症状，产蛋量下降 10%左右。

病理变化　因感染病毒株毒力的强弱、病程长短和鸡的品种不同而变化不一。眼、鼻有分泌物，鸡冠、肉髯发紫或水肿。有的可见颜面、头部肿大，鼻窦肿大、充满黏液，有结膜炎。喉头、气管黏膜充血、出血，严重时有水肿，并伴有黄色纤维素性渗出物或干酪样物。腺胃乳头、腺胃与肌胃交接处有出血点，腺胃黏膜有大量脓性分泌物，十二指肠和泄殖腔黏膜、扁桃体充血或出血。输卵管黏膜、卵巢充血、出血，卵泡变形，卵黄变稀且易破裂，引起卵黄性腹膜炎。肾肿大，尿酸盐沉积。

诊断要点　确诊必须进行实验室检查。

临床综合诊断　急性型表现禽冠、肉髯、眼睑水肿，头肿大，眼、鼻有分泌物，腿部鳞片出血，有呼吸道症状和腹泻；剖检时见有黏膜和脏器出血，腺胃乳头、腺胃与肌胃交界处出血，卵巢萎缩、出血，输卵管出血，肾肿大，直肠黏膜出血等，可以做出初步诊断。

实验室诊断　一般应在感染初期或发病急性期从死禽或活禽采取病料。死禽采取气管、肺、肝、肾、脾、泄殖腔等病料，活禽用棉拭子涂擦喉头、气管或泄殖腔。用病料的离心上清液，接种于 9～11 日龄 SPF 鸡胚尿囊腔进行分离培养。用已知抗血清做琼脂扩散试验鉴定分离的病毒。

用已知抗血清做琼脂扩散试验和 ELISA，鉴定 A 型禽流感病毒的型特异性抗原，血凝和血凝抑制试验用于禽流感病毒的血凝素亚型的鉴定。

鉴别诊断　应与鸡新城疫鉴别。

治疗　尚无特效药物。

防制措施　加强平时的兽医卫生管理工作，建立严格的消毒制度；引进禽类和产品时，一定要从无禽流感的养禽场引进；加强禽流感的监测，做好集市、屠宰场等检疫；对种禽场定期进行血清学监测；在受威胁地区的禽施用疫苗预防接种；对中低毒力的禽流感，使用油乳剂灭活疫苗，一般能收到较好的免疫效果。

一旦发现高致病性的禽流感，及早确诊，鉴定所分离病毒的血清亚型、毒力和致病性；立即上报主管部门，并立即采取严格的防疫措施；出现可疑疫情时，应进行流行病学调查，根据发病禽场的位置、地势，划定疫点、疫区及受威胁区；严格加以封锁，禁止禽类及禽类产品外运；扑杀所有感染高致病力禽流感的禽类，对尸体进行销毁或深埋；对禽舍、养鸡环境和用具等进行彻底消毒，常用酚类消毒药、氯制剂、苛性钠、甲醛等，采用喷洒、气雾和火焰等消毒方法；鸡场内垃圾应掩埋或焚烧，然后再喷洒消毒药。

鉴于国内禽流感分离株多为中等和低毒力毒株的特点，为控制本病的发生和流行，对疫区和受威胁区内的易感群应进行高密度的紧急免疫接种。但禽流感病毒众多的血清亚型之间缺乏明显的交叉保护，给免疫预防带来很大困难。制作疫苗毒株的亚型一定要与发病地区的流感毒株亚型一致才能收到良好的预防效果。

七、鸭　瘟

本病是由鸭瘟病毒引起鸭和鹅的急性接触性传染病。主要特征为流泪和眼睑水肿，两腿麻痹，食道和泄殖腔黏膜有坏死性假膜和溃疡，肝脏坏死灶和出血点。

病原体　鸭瘟病毒，属于疱疹病毒科甲疱疹病毒亚科。病毒粒子呈球形，双股DNA，有囊膜。

病毒对外界抵抗力不强，80℃经5min即可死亡，夏季直射阳光照射9h灭活，在4～20℃污染禽舍内存活5d，在低温条件下存活时间较长。对一般浓度的常用消毒药较敏感，1%～3%苛性钠、10%～20%漂白粉、5%甲醛均能较快地杀灭病毒。

流行病学

传播特性　主要是病鸭和潜伏期的感染鸭以及病愈不久的带毒鸭，排泄物污染饲料、饮水、用具和运输工具。主要经消化道感染，还可经交配、呼吸道、眼结膜感染。吸血昆虫可机械性传播。

流行特点　成年鸭和产蛋母鸭发病和死亡较为严重，1月龄以下的雏鸭发病较少。主要发生于鸭，各种年龄、性别和品种都有易感性。鹅也能感染发病。鸡的抵抗力强。四季均可发生，但一般以春末、夏和秋季流行严重，这与鸭群放牧、上市、接触频率有关。流行多在低洼多水地区。

症状　潜伏期一般为3～4d。初期出现一般症状，之后两腿麻痹无力，行走困难，全身麻痹时伏卧不起，流泪和眼睑水肿，均是本病的特征性症状。鼻流浆液或黏性分泌物，呼吸困难，咳嗽。腹泻，排绿色或灰白色稀便。病程一般为2～5d，慢性拖至1周以上。

鹅自然条件也感染鸭瘟，出现体温升高，两眼流泪，鼻流浆液和黏液性分泌物，生长发育不良，肛门水肿，食道和泄殖腔黏膜有一层灰黄色假膜，黏膜充血或斑点状出血和坏死。

病理变化 呈败血症病变，体表皮肤有许多散在的出血点，眼睑常粘连在一起。特征性病变是食道黏膜有纵向排列的灰黄色假膜覆盖或小出血斑点，假膜易剥离，剥离后食道黏膜可见出血并有溃疡；泄殖腔黏膜有坏死性假膜、出血斑和水肿，假膜不易剥离。肠黏膜充血、出血，尤以十二指肠和泄殖腔最为严重。肝脏不肿大，表面和切面有灰黄色或灰白色坏死灶，且间有出血点。雏鸭法氏囊呈深红色，表面有针尖状坏死灶，囊腔内有凝固性渗出物。

诊断要点

临床综合诊断　流泪和眼睑水肿；全身浆膜、黏膜出血，食道和泄殖腔黏膜有坏死性假膜和溃疡，肝脏坏死灶和出血点。

实验室诊断　采取肝、脾等组织病料，接种于9～14日龄鸭胚绒毛尿囊膜进行分离培养。用已知抗血清做病毒中和试验鉴定分离的病毒。

鉴别诊断　鸭瘟和鸭巴氏杆菌病某些症状很相似，又易并发或继发感染，应注意鉴别诊断。

治疗 目前尚无特效的治疗药物。

防制措施 坚持自繁自养，需要引进种蛋、种雏或种鸭时，一定要严格检疫；禁止到鸭瘟流行区域和水禽出没的水域放牧。用鸭瘟弱毒苗进行预防接种，20日龄首免，4～5月后加强免疫1次。1周龄以内雏鸭免疫期1个月，2月龄以上的鸭免疫期6～9个月。一旦发生鸭瘟，应划定疫区，进行严格的封锁、隔离、焚尸、消毒等；禁止病鸭外调和出售，停止放牧；对疫区假定健康鸭群，应立即紧急接种疫苗。

八、小 鹅 瘟

本病是由小鹅瘟病毒引起雏鹅的一种急性或亚急性败血症性传染病。主要特征为主要侵害20日龄以内的雏鹅，传染快而病死率高；急性型表现全身败血症，急性卡他性-纤维素性坏死性肠炎。

病原体 小鹅瘟病毒（GPV），属于细小病毒科细小病毒属。单股DNA，无囊膜。与一些哺乳动物细小病毒不同，无血凝性，与其他细小病毒亦无抗原关系，仅有一种血清型。病毒在细胞核内复制，病雏的内脏组织、肠、脑及血液都含有病毒。

病毒对外界环境的抵抗力强，加热56℃可抵抗3h。2%～5%氢氧化钠、10%～20%的石灰乳能杀灭。对乙醚等有机溶剂不敏感。

流行病学

传播特性　患病的雏鹅和带毒成鹅，病毒随粪便排出。主要经消化道感染，直接或间接接触传播。带毒母鹅可经种蛋垂直传播，使之在雏鹅群暴发。受污染的孵化室是最常见的传播地。

流行特点　鹅和番鸭幼雏最易感。主要发生于20日龄以内的雏鹅，其易感性随年龄的增长而减弱。一周龄以内最易感，其死亡率为100%；10日龄以上死亡率一般不超过60%；20日龄以上发病率低；而1月龄以上则极少发病。

暴发与流行具有明显的周期性，在全部更新种鹅的地区，在流行后的1～2年内不会再次流行。而每年只是部分更新种鹅的地区，流行不表现明显的周期性，每年均有发病，但死亡率较低。鸭和鸡有抵抗力。

症状　潜伏期与感染时的日龄有关，1日龄感染为3～5d，2～3周龄为5～10d。3～5日龄雏鹅发病常取最急性经过，往往无前驱症状，发病即陷入极度衰竭，倒地乱划，不久而死亡。5～15日龄雏鹅发病常为急性，病初精神委顿，食欲减少或废绝，常离群，打瞌睡，随后腹泻，排灰白或黄绿稀便，并混有气泡；呼吸困难，鼻流浆液性分泌物，喙端色泽变暗；临死前出现两腿麻痹或抽搐。15日龄以上雏鹅以精神委顿、腹泻和消瘦为主要症状，少数幸存者生长发育受阻。

病理变化　最急性除肠道呈急性卡他性炎症外，其他器官无明显病变。15日龄左右的急性病例，表现全身败血症变化，全身脱水，皮下组织显著充血；特征性病变是空肠和回肠的急性卡他性-纤维素性坏死性肠炎，整片肠黏膜坏死脱落，与凝固的纤维素性渗出物形成栓子，或坏死脱落的肠黏膜与纤维素性渗出物构成假膜，包裹肠内容物而堵塞肠管，使回盲部肠段极度膨大，质地坚实食道和泄殖腔黏膜有坏死性假膜和溃疡，肝脏坏死灶和出血点；心脏有明显的急性心力衰竭变化。

诊断要点

临床综合诊断　主要侵害4～20日龄雏鹅，传染快而病死率高，排黄绿或灰白色粪便，有神经症状；严重的渗出性肠炎变化，肠黏膜和脏器有明显的出血。

病原学诊断　采取死亡雏的肝、脾、胰等组织，制成混悬液，离心取上清液接种于12～15日龄鹅胚尿囊腔内进行分离培养。用已知抗血清做琼脂扩散试验鉴定分离的病毒。

实验室诊断　用已知抗血清做琼脂扩散试验、病毒中和试验和ELISA等。也可用已知抗原作上述试验，进行鹅群检疫、流行病学调查和检测免疫鹅群的抗体水平。

治疗　目前尚无有效的治疗药物。可用抗小鹅瘟血清或卵黄抗体，能收到一定的防治效果。

防制措施　本病主要通过孵化传播，要搞好孵化室的清洁卫生，彻底清洗和消毒一切孵化用具，种蛋用甲醛熏蒸消毒。从已被污染的孵化室孵出的雏鹅，在出壳后用小鹅瘟高免血清预防注射，每只雏鹅注射0.5～1ml，有一定的预防效果。一旦发现疫情，对感染雏鹅群全部注射抗血清或卵黄抗体，受威胁的雏鹅群及成鹅一律注射弱毒疫苗，病死雏鹅应焚烧或深埋，污染的用具和场地要严格消毒。

第四节　以神经症状为主症

以神经症状为主症的禽传染病包括鸭传染性浆膜炎、禽脑脊髓炎、鸭病毒性肝炎。

一、鸭传染性浆膜炎

本病是由鸭疫里默氏杆菌引起鸭的接触性传染病。主要特征为共济失调、角弓反张等神经症状。

病原体　鸭疫里默氏杆菌。无芽孢，不能运动，有荚膜的小杆菌，革兰氏阴性，瑞氏染色呈两极浓染。

本菌对外界环境的抵抗力弱，常用的消毒药都可将其杀灭。

流行病学 引进的带菌鸭常为传染源。主要经呼吸道和脚部皮肤伤口传播，被污染的空气是重要的传播媒介。1～8周龄鸭易感，但以2～3周龄小鸭最易感。鹅也可感染发病。传播迅速，无明显季节性。发生与饲养环境、缺乏维生素或微量元素和蛋白质等诱因有密切关系。

症状 潜伏期为1～3d。最急性病例常无症状突然死亡。急性病例多见于2～4周龄小鸭，一般症状以后，出现共济失调、角弓反张等神经症状，病程一般为1～3d。4～7周龄雏鸭多呈亚急性和慢性，病程1周以上。除上述症状外，有时出现头颈歪斜，不断鸣叫，转圈或倒退运动，存活时间较长，但发育不良。

病理变化 特征性病变是全身浆膜以及心包、肝、气囊均有纤维素性渗出性炎症。

诊断要点 本病和禽脑脊髓炎、鸭病毒性肝炎均发生于3周龄以内的雏鸭，均有神经症状，但各有特征性病变。取心血、肝脏、脾脏或脑做涂片，瑞氏染色镜检可见到两极浓染的小杆菌，可初步诊断。将病料接种于培养基上，经纯培养后做生化试验鉴定分离菌。用免疫荧光抗体检查病鸭组织或渗出液内的病原体。用ELISA检测血清抗体。

治疗 选用土霉素、四环素及磺胺类等药物有良好的治疗效果。用药前最好进行药物敏感试验。

防制措施 改善育雏的卫生条件，特别注意通风、干燥、防寒以及饲养密度；实行“全进全出”饲养制度；可用土霉素等药物预防有良好的效果。对种鸭和雏鸭进行免疫接种。发病鸭群除严格消毒以外，及时选用敏感药物进行治疗。

二、禽脑脊髓炎

本病是由禽脑脊髓炎病毒引起雏鸡中枢神经系统病变的病毒性传染病。主要特征为共济失调，头颈肌肉震颤和两肢轻瘫及不完全麻痹，母鸡产蛋量急速下降。

病原体 禽脑脊髓炎病毒（AEV），属于小RNA病毒科中的肠道病毒，无囊膜。病毒抗原集中存在于鸡胚的胃肠道（腺胃、肌胃、肠道）肌层中，这些器官的组织匀浆是琼脂扩散试验的最佳抗原。

病毒对氯仿、酸、胰酶和去氧核酸酶有抵抗力；在－20℃低温可保存428d；病毒耐热。福尔马林可迅速灭活。

流行病学 携带病毒的雏鸡是主要传染源，垂直传播在病毒的传播中起重要的作用。垫料污染的饲料和饮水等是主要的传播媒介，同群健康鸭可经水平传播。1～2周龄雏鸡症状明显，但2周龄以上的鸡虽可感染却很少有症状。

症状 经胚胎感染的雏鸡的潜伏期为1～7d，而通过接触传播时至少11d。最初症状是目光呆滞，随后出现进行性共济失调，最终倒卧一侧，头颈颤抖明显，虚脱而死亡。少数耐过鸡可存活，但其中部分失明。本病有明显的年龄抵抗力，2～3周龄后感染很少出现症状，成年鸡感染可发生暂时性产蛋下降，但不出现神经症状。

病理变化 脑和脊髓的眼观病变不明显。主要的病理组织学变化是在中枢神经系统和某些内脏器官，脊髓膨大部和中脑神经细胞变性、坏死，其周围形成套管状细胞浸润。但外周神经不受影响，具有鉴别诊断意义。

诊断要点 取脑、胰和十二指肠病料，接种于5～7日龄鸡胚（或SPF胚）卵黄囊，出壳后

10d内如有症状时，取病鸡脑、胰和腺胃做病理组织学检查，或用已知荧光抗体鉴定病毒抗原。用已知抗原作病毒中和试验、荧光抗体法、ELISA等，检测血清中的特异性抗体。

治疗　尚无有效的治疗药物。可使用康复鸡或免疫鸡的卵黄抗体，每只0.5～1.0ml。

防制措施　预防主要采用免疫接种。用弱毒疫苗通过饮水或喷雾的途径免疫产蛋前4周的母鸡，这样可保证母鸡性成熟后不被本病毒感染，以此防止垂直感染，产生的母源抗体能保护2～3周龄雏鸡不受本病毒的接触感染，还可以防止产蛋鸡群感染后引起的暂时性产蛋下降。产蛋鸡群也可使用灭活苗，但要注意接种疫苗后对产蛋有影响。鸡群一旦发病，必须隔离病禽，以减少传染源，并采用常规的综合性防制措施。

三、鸭病毒性肝炎

本病是由鸭肝炎病毒引起小鸭的高度致死性传染病。主要特征为病程短促、死亡率高，死前角弓反张，肝脏肿大并有出血斑点。

病原体　鸭肝炎病毒（DHV），属于小RNA病毒科肠道病毒属，单股RNA，无囊膜。病毒有三个血清型，即1、2、3型。我国主要为1型。

病毒对氯仿、乙醚均有抵抗力；对外界环境抵抗力强；对消毒药也有较强抵抗力，2%漂白粉、1%甲醛、2%苛性钠需要2～3h才能杀死。增加消毒温度可提高消毒效果。

流行病学　病鸭和带毒鸭以及带毒野生水禽是传染源。主要通过直接接触传播，经呼吸道亦可感染。1周龄以内的雏鸭最易感，4～5周龄的小鸭发病率和病死率较低。具有极强的传染性，四季均可发生，无明显季节性。不良因素能促使本病的发生。

症状　潜伏期为1～4d。发病急，传播快，病程短，死亡多发生在3～4d内。雏鸭病初表现精神委靡，缩颈，翅下垂，行动呆滞，常蹲下，眼半闭、厌食，有的出现腹泻，粪便稀薄带绿色。随后发生全身性抽搐，多侧卧，两腿发生痉挛，十几分钟至数小时死亡。死前头颈扭曲于背上，腿向后伸直呈角弓反张姿势，喙端和爪尖淤血呈暗紫色。雏鸭发病率为100%，病死率因日龄大小而异。成年鸭感染可发生暂时性产蛋下降，但不出现神经症状。

病理变化　肝肿大，脂肪变性，质地脆，色暗或发黄，肝表面有大小不等的出血斑点。胆囊肿大，充满胆汁，胆汁呈褐色、淡茶色或淡绿色。脾脏肿大，呈斑驳状。多数病例肾肿胀、充血。

诊断要点　以突然发病、传播迅速和病程短促为特征，表现抽搐，死前角弓反张，肝肿胀和出血。要注意与鸭瘟、禽霍乱、传染性浆膜炎相鉴别。确诊可用病料接种1～7日龄的雏鸭和具有母源抗体的雏鸭，前者应复制出该病的典型症状和病变，后者则应有80%～100%受到保护。

治疗　尚无有效的治疗方法。

防制措施　最重要的是平时加强饲养、卫生和消毒等；坚持自繁自养和全进全出饲养制度；接种疫苗是预防的有效方法。发生本病时，除隔离、消毒等防疫措施外，对发病或受威胁的雏鸭用高免血清或卵黄抗体进行治疗。

第五节　以贫血症状为主症

以贫血症状为主症的禽传染病包括鸡包涵体肝炎（贫血综合征）、鸡传染性贫血。

一、鸡包涵体肝炎

本病是由鸡包涵体肝炎病毒引起鸡的传染病。主要特征为经卵垂直传播，贫血和黄疸。

病原体 鸡包涵体肝炎病毒，属于腺病毒科禽腺病毒1群，无囊膜，基因组为双股DNA。能抵抗乙醚、氯仿，在室温下存活时间较长。

流行病学 病鸡和隐性感染母鸡是主要传染源。多由母鸡经卵垂直传播，消化道也可传播。多发于4～10周龄鸡，以5周龄鸡最易感，产蛋鸡很少发病。春、秋两季多发，如有其他病混合感染时，病情加剧，病死率上升。鸡场内本病一旦传入，很难根除。

症状 自然感染潜伏期为1～2d。除一般症状外，有的病鸡出现贫血和黄疸，感染后3～4d突然大批死亡，第5天后死亡减少或逐渐停止，病程一般为10～14d。

病理变化 胸部和腿部肌肉有出血点或出血斑，肝肿胀、脂肪变性、质地脆易碎，有点状出血或血肿，并有坏死灶，常因肝破裂引起内出血，腹腔积大量血块。肾肿胀呈灰白色，有出血点。脾有白色斑点状或环状坏死灶。早期感染在肝实质细胞核内见有包涵体。

诊断要点

临床综合诊断 多发于4～10周龄鸡，出现贫血和黄疸，肝脏肿大，有点状出血或血肿，并有坏死灶，常见肝破裂引起的内出血，腹腔积大量血块。

实验室诊断 采取病鸡的肝，制备悬液，离心取上清液接种于腺病毒阴性的5d鸡胚卵黄囊内，进行分离培养病毒，用病毒中和试验鉴定分离的病毒。用已知抗原做病毒中和试验，检测发病期和恢复期双份血清的抗体水平，如恢复期抗体效价比发病期增加4倍，则判为阳性。

治疗 尚无有效的治疗方法和可靠的疫苗。

防制措施 加强饲养管理，杜绝传染源传入，防止和消除应激因素，搞好禽舍和环境消毒；饲料中补充微量元素和复合维生素，以增强鸡的抵抗力。发病时实行严格隔离措施，搞好鸡舍环境卫生，可用次氯酸钠和碘制剂对被污染的场所和用具进行彻底消毒；发病鸡群应全部淘汰。

二、鸡传染性贫血

本病是由鸡传染性贫血病毒引起的鸡的传染病。主要特征为再生障碍性贫血，全身淋巴组织萎缩，免疫抑制。

病原体 鸡传染性贫血病毒（CIAV），属于圆环病毒科圆环病毒属，是近似细小病毒的环状单股DNA病毒，呈球形，无囊膜。

病毒加热56℃或70℃ 1h，80℃ 15min仍有感染力，100℃ 15min完全失活；用5%酚处理5min即失去感染性；福尔马林和次氯酸钠等含氯制剂可用于消毒。

流行病学 病鸡和带毒母鸡是传染源。主要是经卵垂直传播，也可通过消化道和呼吸道水平传播。鸡是唯一的易感宿主，自然感染常见于2～4周龄，2周龄以上的鸡感染不发病。本病与鸡马立克病、传染性法氏囊病、网状内皮组织增殖症混合感染时，能增强病毒的传染性和降低母源抗体的抵抗力，从而增加鸡的发病率和死亡率。本病能诱导雏鸡的免疫抑制，不仅增加对继发感染的易感性，而且能降低疫苗的免疫力，特别是对鸡马立克病疫苗的免疫。

症状 潜伏期为8～12d。主要特征是贫血，皮肤出血，有的皮下出血，可能继发坏疽性皮炎。红细胞和血红素明显降低，红细胞压积降至20%以下（25%以下为贫血），白细胞和血小板减少，血液中出现幼稚型红细胞，吞噬细胞内有变性的红细胞。成年鸡感染后，一般不出现症状，但可通过种卵传播病毒，危害很大。

病理变化　全身贫血，血液稀薄。胸腺萎缩，骨髓萎缩是最有特征性的变化，表现股骨骨髓脂肪化呈淡黄红色。

诊断要点　主要是2～3周龄鸡易感，日龄越小，发病和死亡越严重，贫血为主要特征。常用肝脏病料制成悬液加等量氯仿处理后接种于1日龄SPF雏鸡或鸡胚卵黄囊，进行病毒分离培养。用已知抗原做病毒中和试验、ELISA，检测感染鸡血清中的抗体。

治疗　尚无有效的治疗方法。

防制措施　重视鸡群的饲养管理及卫生措施，防止从疫区引种时引入带毒鸡；对种鸡加强检疫，及时淘汰阳性鸡是控制本病的最主要措施。鸡群应注意传染性法氏囊病和马立克病的防制。目前国外已试用鸡传染性贫血弱毒疫苗。病毒感染后伴有淋巴器官的萎缩，使免疫应答受到明显抑制，易使其他病毒、细菌和霉菌等发生继发感染，使鸡群的病情复杂化，发病率和死亡率增高。

第六节　以肿瘤为主症

以肿瘤为主症的禽传染病包括鸡马立克病、禽白血病、网状内皮组织增殖症。

一、鸡马立克病

本病是由鸡马立克病病毒引起的最常见的一种鸡淋巴组织增生性传染病。主要特征为外周神经、性腺、虹膜、各种脏器、肌肉和皮肤的单核细胞浸润。

病原体　马立克病病毒（MDV），属于疱疹病毒。基因组为线状双股DNA。病毒在鸡体内以两种形式存在，一是无囊膜的裸体病毒，即不完全病毒；另一是有囊膜的完全病毒。不完全病毒与细胞紧密结合，离开了活体组织和活细胞很快死亡，也失去传染性。只有在羽毛囊上皮细胞中的有囊膜的完全病毒，为非细胞结合性，可脱离细胞而存活，具有高度传染性，在传播上具有极其重要的作用。病毒的毒力对发病率和死亡率影响很大。根据其毒力差异，分为温和毒、强毒和超强毒。

病毒对理化因素作用的抵抗力不强，对热、酸、有机溶剂及消毒药抵抗力弱。5%福尔马林、3%来苏儿、2%火碱甲醛蒸汽熏蒸等均可杀死病毒。

流行病学

传播特性　病鸡和带毒鸡是最主要的传染源，通过直接或间接接触经空气传播。在羽囊上皮细胞中复制的传染性病毒，随羽毛、皮屑排出，通过污染的饲料和饮水，鸡舍被污染的灰尘长期保持传染性。经消化道感染。

流行特点　感染时的年龄对发病的影响很大。出雏和育雏室的早期感染可导致很高的发病率和死亡率。年龄大的鸡感染后大多不发病，但作为带毒者可持续性地排毒。

症状　自然感染的潜伏期因毒株的毒力、数量、鸡的年龄、品种等多种因素不同，长短不一，短的3～4周，长的为几个月。表现与病毒的毒力有关，一般可分为神经型、内脏型、眼型和皮肤型，有时亦可混合发生。种鸡和产蛋鸡常在16～20周龄时出现症状，可延后至24～30周龄或60周龄以上，最早的有3～4周龄出现症状。

急性暴发时，多数病鸡精神委顿，没有明显症状突然死亡。少数鸡几天后出现共济失调，随后发生单侧或双侧肢体麻痹。

在发病的鸡群中，有症状的只是一小部分。特征性症状是一个或多个肢体非对称的进行性不全麻痹，随后发展为全麻痹，因侵害的神经不同而表现不同的症状。翅膀神经受害时，翅膀下垂；控制颈部肌肉的神经受害时可导致头下垂或头颈歪斜；迷走神经受害时引起嗉囊扩张或喘息；坐骨神经受侵害的结果，步态不稳，随后完全麻痹，不能行走，蹲伏地上或一腿伸向前方，另一腿伸向后方的似"劈叉"特征性姿势；虹膜受害时导致失明，表现为虹膜周围有同心环状或斑点状以至弥漫性的灰白色肿瘤浸润，使瞳孔缩小，后期仅见针尖大小孔。

病程长者，出现食欲不振、腹泻、消瘦等一般症状。常由于饥饿、失水或鸡的踩踏引起死亡。

病理变化 病变部位主要在外周神经、内脏和法氏囊。外周神经肿瘤病变最恒定，受害神经横纹消失，变为灰白色或黄白色，有时呈水肿样外观，肿大增粗。检查时将两侧对比有助于诊断。内脏器官病变最常侵害的是卵巢，其次为肾、脾、肝、心、肺、胰、肠系膜、腺胃和肠道，肌肉和皮肤也可受害。在上述器官的组织中可见大小不等的肿瘤块，呈灰白色，质地坚硬而致密，有时肿瘤呈弥漫性。内脏器官的病变很难与禽白血病等其他肿瘤病相区别。法氏囊通常萎缩，极少数情况下发生弥漫性增厚的肿瘤病变。禽白血病时很少出现法氏囊萎缩，以此区别两种病。

诊断要点

临床综合诊断 多发生于1月龄以上的鸡，2～7月龄为发病高峰时间，病鸡呈现特征性的翅膀下垂、"劈叉"、麻痹、法氏囊萎缩和内脏器官及外周神经肿瘤等。本病与网状内皮组织增殖症和禽白血病仅根据症状和剖检变化难以区别，需作病理组织学检查。

实验室诊断 常用鸭胚成纤维细胞和鸡胚肾细胞分离Ⅰ型毒，鸡胚成纤维细胞分离Ⅱ、Ⅲ型病毒，用已知抗血清做琼脂扩散试验鉴定病毒抗原。用已知抗原做琼脂扩散试验，可检出感染3周后血清中的抗体。还可用直接或间接免疫荧光试验、病毒中和试验、ELISA等。

治疗 目前尚无有效的治疗方法。

防制措施 应采取综合性防疫措施，接种疫苗是关键。防止出雏器和育雏室早期感染为中心的综合性防制措施，对提高免疫效果具有十分重要的意义。雏鸡出壳后，应在1日龄内接种疫苗。常用的疫苗有火鸡疱疹病毒疫苗和鸡马立克病CVI988/Rispens弱毒疫苗。接种疫苗后需7d才能产生坚强免疫力，在这段时间内，出雏器和育雏室内发生早期感染是免疫鸡群超量死亡的最重要原因。传染性法氏囊病、网状内皮组织增殖症病毒、呼肠孤病毒、鸡传染性贫血病毒、禽流感和强毒新城疫等感染鸡群，均有免疫抑制作用，因此会抑制疫苗的免疫。超强毒马立克病病毒的感染，常是疫苗免疫失败的原因之一，改用Ⅱ、Ⅲ型双价苗或Ⅰ、Ⅱ、Ⅲ型三价苗可以控制疫情，因为Ⅱ、Ⅲ型之间有显著的免疫协同作用，另外双价苗是细胞结合性疫苗，很少受母源抗体的影响。发生疫情时，应采取严格的兽医卫生管理措施。

二、禽白血病

本病是由禽白血病/肉瘤病毒群中的病毒引起的禽类多种肿瘤性疾病的统称，在自然条件下以淋巴白血病最为常见，其他如成红细胞白血病、成髓细胞白血病、髓细胞瘤、纤维瘤和纤维肉瘤、肾母细胞瘤、血管瘤、骨石症等出现频率很低。主要特征为大多数鸡群均感染病毒，但出现症状的数量较少。

病原体　禽白血病/肉瘤病毒群，属反转录病毒科禽C型反转录病毒群，单股RNA。病毒对脂溶剂和去污剂敏感，对热的抵抗力弱。

流行病学　病鸡和带毒鸡是主要传染源，通过蛋垂直传播，也可通过直接或间接接触传播。鸡是自然宿主。通常在感染鸡群中只有一小部分发生淋巴白血病，但不发病的鸡可带毒并排毒。感染时的年龄对发病的影响很大，出生后几周内感染本病毒时淋巴白血病发病率高，如感染的时间延迟，则发病率迅速下降。

症状　人工感染雏鸡的潜伏期14～30周。以淋巴白血病最为常见。大多数鸡均感染，但出现症状的较少。发生于16周龄以上的鸡，通常以性成熟时发病率最高，但无特征性症状。有的可表现鸡冠苍白、皱缩，间或发绀、食欲不振、清瘦和衰弱。腹部增大，可触摸到肿大的肝脏、法氏囊和肾。蛋鸡和种鸡的产蛋性能受到严重影响，性成熟迟，蛋小而壳薄，受精率和孵化率低。肉鸡的生长速度亦受影响。

病理变化　最常见的肿瘤病变在肝、法氏囊、脾、肾、肺、性腺、心、骨髓，肿瘤的大小不一，可为结节性、粟粒性或弥漫性。除法氏囊、内脏肿瘤病变以外，同鸡马立克病很难区别，但在外周神经无肿瘤病变。

诊断要点　发生于16周龄以上的鸡，尤其以性成熟时发病率最高，肝显著肿大并有肿瘤，法氏囊一般不萎缩，常有肿瘤。在诊断中很少进行病毒分离鉴定。

治疗　目前尚无有效的治疗方法。

防制措施　由于具有垂直传播的特性，先天感染的免疫耐受鸡是最重要的传染源，所以疫苗接种对防制本病的意义不大。目前，通常的做法是用ELISA检疫母鸡群，对阳性鸡应行淘汰，彻底清洗和消毒孵化器、出雏器、育雏室等，一般可达到防制本病的目的。

第七节　以免疫抑制为主症

以免疫抑制为主症的禽传染病主要有传染性法氏囊病。另外，伴发免疫抑制的疾病还有网状内皮组织增殖症、鸡马立克病、禽白血病、鸡传染性贫血病等。

传染性法氏囊病

本病是由传染性法氏囊病病毒引起幼鸡的急性高度接触性传染病。主要特征为腹泻、颤抖、极度虚弱、法氏囊、腿肌和胸肌、腺胃和肌胃交界处出血；幼鸡感染后发病率高、病程短、死亡率高，导致免疫抑制，并可诱发多种疫病或使多种疫苗免疫失败。

病原体 传染性法氏囊病病毒（IBDV），属于双股双节RNA病毒科双股双节RNA病毒属，基因组由两个片段的双股RNA构成。病毒能在鸡胚上生长繁殖，经尿囊腔接种后3～5d鸡胚死亡，胚胎全身水肿，头部和趾部充血和小点出血，肝有斑驳状坏死。由变异株引起的病变仅见肝坏死和脾肿大，不致死鸡胚。

目前已知IBDV有2个血清型，即血清Ⅰ型（鸡源性毒株）和血清Ⅱ型（火鸡源性毒株）。血清Ⅰ型毒株中可分为6个亚型（包括变异株），这些亚型毒株在抗原性上存在明显的差别，这种毒株之间抗原差异性可能是免疫失败的原因之一。

病毒在外界环境中极为稳定，能够在鸡舍内长期存在。次氯酸钠、甲醛溶液和含碘的消毒药效果好。

流行病学

传播特性 病鸡和带毒鸡是传染源。病鸡粪便中含有大量的病毒，污染饲料、饮水、垫料、用具和人员等，通过直接接触和间接接触传播，另外小粉甲虫蚴是本病的传播媒介。病毒可长期存在于鸡舍中，鸡是唯一的自然宿主。经消化道感染。

流行特点 主要发生于2～15周龄的鸡，3～6周龄鸡最易感，2周龄以内雏感染后不表现症状，但免疫抑制作用明显。成年鸡一般呈隐性经过。本病一旦发生，在短时间内很快传播全群，在感染后第3天开始死亡，5～7d达到高峰，以后很快停息。死亡率一般为15%～20%，但超强毒感染，则死亡率高达70%。本病发生后，由于出现免疫抑制，通常易与大肠杆菌病、新城疫、鸡毒支原体病混合感染，使病情复杂，死亡率也提高。

症状 潜伏期为2～3d。发病初病鸡啄自己的泄殖腔，精神委顿，食欲减退，畏寒，常堆在一起，羽毛松乱，随即腹泻，排白色黏稠的稀便，泄殖腔周围的羽毛被粪便污染，严重者脱水，衰竭，闭目昏睡而死亡。近几年来，发现传染性法氏囊病毒亚型毒株或变异株感染的鸡，表现为亚症状，炎症反应弱，法氏囊萎缩，死亡率较低，但产生严重的免疫抑制，因此其危害性更大。

病理变化 病死雏脱水，腿部和胸部肌肉出血。法氏囊水肿，出血，切开后法氏囊皱褶混浊不清，黏膜有点状或弥漫性出血，严重者在法氏囊内有干酪样渗出物；腺胃和肌胃交接处见有条状出血；肾有不同程度的肿胀。病程稍长的法氏囊萎缩。

诊断要点

临床综合诊断 3～6周龄的雏鸡最易感，常突然发病，并迅速波及全群，发病率高，腹泻和极度衰弱，法氏囊肿大和出血，黏膜皱褶多混浊不清，严重者法氏囊内有干酪样分泌物等。

实验室诊断 取病鸡的法氏囊和脾，经研磨制成悬液，接种于9～12日龄SPF鸡胚绒毛尿囊膜上，进行分离培养。用已知抗血清做病毒中和试验鉴定分离的病毒。可用已知抗原做琼脂扩散试验、病毒中和试验、ELISA等，检测血清中的抗体。

治疗 在发病早期，使用高免血清、卵黄抗体有一定的治疗效果，可减轻症状，降低死亡，控制疫情。高免血清每只雏鸡可注射0.3～0.5ml，卵黄抗体为1ml。

防制措施 控制本病的根本措施是加强环境卫生和消毒，且必须贯穿种蛋、孵化、育雏的全过程。选用有效的消毒药对育雏舍、用具、鸡笼等进行喷洒消毒，隔4～6h，反复消毒2～3次。

用传染性法氏囊病油乳剂灭活苗对18～20周龄种鸡进行第一次免疫，于40～42周龄时第二次免疫，母源抗体能保护雏鸡至2～3周龄，以提高种鸡的母源抗体水平，保护子代雏鸡避免早期感染。

对雏鸡进行免疫接种，有弱毒疫苗和灭活疫苗。中等毒力苗弱毒疫苗接种后对法氏囊有轻微的损伤，但保护率高，在污染场使用这类疫苗效果较好，现常用 Cu－IM、D_{78}、TAD、B_{87}、BJ_{836}疫苗。灭活疫苗是用鸡胚成纤维细胞毒或鸡胚毒的油佐剂灭活苗，一般用于弱毒疫苗免疫后的加强免疫。

确定雏鸡首次免疫日龄十分重要。首免时间常以琼脂扩散试验测定雏鸡母源抗体水平来确定。对 1 日龄雏鸡琼扩抗体阳性率不到 80％的雏鸡群，首免时间为 10～16 日龄。阳性率达 80％～100％的雏鸡群，待到 7～10 日龄时再测一次抗体水平，其阳性率达 50％时，首免时间为 14～18 日龄。在养鸡生产中由于传染性法氏囊病病毒变异株感染引起免疫失败时，可用当地分离的毒株制成灭活苗进行免疫接种，常收到良好的效果。

鸡群发病后，必须立即清除患病鸡、病死鸡，应深埋或焚烧；选择适宜的消毒药对鸡舍、鸡体及周围环境，进行严格彻底的消毒；与病鸡同群的鸡可使用双倍剂量的中等毒力的弱毒疫苗进行紧急免疫接种。加强饲养管理，降低饲料中的蛋白含量，提高维生素含量；饮水中加 5％的糖或 0.1％的盐，供应充足的饮水，或在饮水中加入口服补盐液，有利于减少对肾脏的损害；投服抗生素或磺胺药物，防止继发感染。

第八节　以痘疹及糜烂为主症

以痘疹及糜烂症状为主症的禽传染病主要有禽痘。

禽　痘

本病是由禽痘病毒引起禽类的接触性传染病。主要特征为发生痘疹，或在口腔、咽喉部黏膜形成纤维素性坏死性假膜，故又称禽白喉。

病原体　禽痘病毒，属于痘病毒科禽痘病毒属。基因组为单一分子的双股 RNA。各种禽痘病毒与哺乳动物痘病毒不能交叉感染或交叉免疫，但各种禽痘病毒之间在抗原性上极为相似，且都具有血细胞凝集性。

病毒在 pH 4.0～12.0 稳定，在 50℃ 30min、60℃ 20min 可杀死；1％火碱、1％醋酸可于 5～10min 内杀死。

流行病学

传播特性　病禽是主要的传染源。病毒随病变部上皮细胞和口腔、鼻腔分泌物排出体外。脱落和碎散的痘痂是病毒散布的主要形式。主要是通过皮肤或黏膜的伤口感染，蜱和蚊等吸血昆虫也可机械性传播。

流行特点　家禽中以鸡的易感性最高，以雏鸡和中雏最易发病，病情较严重。一年四季中都能发生，以秋冬两季最易流行。不良因素均可促使本病的发生和病情加剧。如有传染性鼻炎、葡萄球菌病、慢性呼吸道病等并发感染，可造成大批死亡。

症状　潜伏期 4～10d。根据病禽的症状和病变，可以分为皮肤型、黏膜型和混合型。

皮肤型　主要发生在鸡体无毛或毛稀少部位，初期出现细薄的灰色麸皮状覆盖物，迅速长出结节，后呈黄灰色，逐渐增大如豌豆，呈干而硬的结节。一般无明显的全身症状，但重者精神不振，拒食，体重减轻等。蛋鸡产蛋减少或停止。

黏膜型　主要发生在口腔、咽喉和气管等黏膜表面。初为鼻炎症状，2～3d后生成一种黄白色小结节，逐渐扩散为大片的假膜，随后变厚而形成棕色痂块，不易脱落，强行撕脱则留下易出血的表面。假膜有时伸入喉部，引起呼吸和吞咽困难，甚至窒息而死。多发生于中雏，病死率高达50%。

混合型　皮肤和口腔黏膜同时发生上述病变，病情较严重，死亡率也较高。

病理变化　与症状相似。只是重度黏膜型禽痘，可以蔓延到气管、支气管、食道和肠，见到相似的病理变化。

诊断要点　根据流行病学、症状和病理变化可以初步诊断。

临床综合诊断　症状典型，鉴于无毛或毛少部分的痘痂病灶，以及口腔或咽喉部黏膜上的假膜就能做出诊断。单纯的黏膜型易与传染性鼻炎混淆，应注意区别。

实验室诊断　取病变痘痂或假膜用生理盐水制成1∶5～1∶10悬液，离心取上清液划痕接种于易感雏鸡的冠部或腿部，如有痘病毒存在，接种5～7d后出现典型的皮肤型鸡痘。病料接种鸡胚绒毛尿囊膜上，如见有典型的痘斑，证明病毒生长。再用已知抗血清作病毒中和试验鉴定分离病毒。血清学诊断有琼脂扩散试验、免疫荧光法、ELISA及病毒中和试验等。

治疗　本病尚无特效药。黏膜型禽痘试用镊子剥掉假膜后，涂上碘甘油，有一定治疗效果。

防疫措施　加强饲养管理，搞好鸡舍内的清洁卫生工作，减少不良因素的刺激，防止发生外伤。我国目前使用的鸡痘病毒鹌鹑化弱毒疫苗，首免在10～20日龄，二免在开产前进行。一旦发生本病，应隔离病鸡，轻者治疗，重者淘汰，病死鸡深埋或焚烧，假定健康鸡应进行紧急接种，同时对鸡舍及周围环境严格消毒。

第九节　以关节炎为主症

以关节炎为主症的禽传染病主要有禽呼肠孤病毒感染。另外，伴发关节炎的还有禽大肠杆菌病、慢性禽霍乱、禽葡萄球菌病和鸡滑液膜支原体感染等。

禽呼肠孤病毒感染

禽呼肠孤病毒感染是由呼肠孤病毒引起鸡的多种疾病的总称，主要有病毒性关节腱鞘炎、矮小综合征、呼吸道疾病、肠道疾病和吸收不良综合征。主要特征为关节炎、跛行。

病原体　呼肠孤病毒。不同毒株在抗原性和致病性方面有差异，据此可将病毒分为不同的血清型，之间有交叉中和反应。病毒对2%～3%氢氧化钠、70%乙醇、0.5%有机碘较为敏感。

流行病学　病毒广泛存在于自然界。粪便污染是接触传播的主要来源。鸡和火鸡是本病毒引起关节炎—腱鞘炎的自然宿主。病毒性关节炎主要见于4～6周龄肉鸡，1日龄鸡最易感，随年龄的增长有抵抗力。呼肠孤病毒引起的吸收不良综合征主要发生于1～3周龄肉鸡。

症状　病毒性关节炎的急性感染鸡可见跛行，慢性感染鸡跛行更为严重。有时不见症状，但在屠宰时可见趾屈肌腱已肿大。鸡生长发育缓慢，饲料转换率低，总死亡率高，属于不明显感染。

由呼肠孤病毒引起的吸收不良综合征，以生长参差不齐，羽毛发育异常，骨骼变形和死亡率增高为特征。

病理变化　病毒性关节炎表现趾屈肌腱和跖伸肌腱肿胀水肿，踝关节常含有枯草色或带血色的渗出物，踝上滑膜常有出血点。腱区炎症转为慢性时，腱鞘硬化并融合在一起。胫跗远端的关节软骨出现小的溃疡。吸收不良综合征主要病变是腺胃增大，并可能有出血或坏死，肠道可见卡他性炎症。此外，还可能有关节炎和骨质疏松。

诊断要点　根据病鸡跛行和跗关节肿胀、腱鞘肿胀的表现，可怀疑为本病。但临诊上与下列疾病有类似之处，由滑膜支原体引起的鸡传染性滑膜炎、致病性葡萄球菌引起的鸡传染性骨关节炎、多杀巴氏杆菌引起的慢性型禽霍乱关节炎、大肠杆菌引起的关节炎等伴发性关节炎，均可根据相应的原发性症状和病理变化做出初步鉴别诊断。

取关节腔内的渗出液，接种于9～12日龄鸡胚绒毛尿囊膜，进行分离培养，用已知荧光抗体鉴定分离的病毒。用已知抗原做琼脂扩散试验、ELISA，检测鸡血清中特异性抗体。

治疗　本病尚无有效的治疗方法。

防制措施　病毒广泛存在于自然界中，对环境抵抗力强，既可垂直传播，又可水平传播，因此在鸡群中消除感染十分困难。应坚持严格的卫生防疫措施。预防接种是目前最有效的防制办法。

第十节　以产蛋下降为主症

以产蛋下降为主症的禽传染病主要有产蛋下降综合征。另外，伴发产蛋下降的有成年鸡大肠杆菌病、成年母鸡沙门菌病（鸡白痢、禽伤寒、禽副伤寒）、禽霍乱、鸡毒支原体感染、传染性鼻炎、禽流感、传染性支气管炎、鸡马立克病、新城疫、禽呼肠孤病毒感染、禽脑脊髓炎等。

产蛋下降综合征

本病是由禽腺病毒引起鸡的传染病。主要特征为群发性产蛋率下降，产软壳蛋和畸形蛋及蛋质低劣。

病原体　产蛋下降综合征病毒，属于禽腺病毒科禽腺病毒属。无囊膜，基因组为双股DNA型。

病毒在70℃ 20min完全灭活，室温条件下，至少可存活6个月以上。0.3%福尔马林48h可使病毒完全灭活。

流行病学　患病母鸡和种公鸡是主要的传染源。主要以垂直传播为主，还可通过公鸡精液传播，亦可经消化道水平传播。产褐壳蛋的鸡易感，主要侵害26～32周龄鸡，35周龄以上较少发病，其他年龄虽可感染，但无症状。鸭和鹅也易感本病。

症状　感染鸡无明显症状，主要以突然出现群体性产蛋下降为特征。产蛋率可比正常鸡下降20%～30%，甚至50%。产的蛋出现软壳蛋、无壳蛋、大小不均蛋、畸形蛋、褐壳蛋褪色，蛋壳表面粗糙、蛋白呈水样，蛋黄色淡或蛋白中有血液或异物等。对受精率和孵化率没有影响。发病后第5周开始恢复正常。

病理变化 无明显病变。有些鸡发现卵巢变小、萎缩。子宫和输卵管黏膜出血和卡他性炎症。

诊断要点

临床综合诊断 在养鸡生产中，密集饲养的鸡群发生产蛋下降的原因很多，在诊断时应注意综合分析和判断。本病与鸡传染性支气管炎很难区别，两种病均有群发性产蛋率下降，产软壳蛋和畸形蛋及蛋质低劣的特征，但后者有呼吸道症状。

实验室诊断 采集病鸡的输卵管、子宫黏膜、泄殖腔、咽喉部拭子，劣质蛋清、抗凝血等的一种或数种病料，经处理后，接种于10～12日龄鸭胚（无腺病毒抗体）尿囊腔，进行分离培养，用已知抗血清作血凝抑制试验或病毒中和试验鉴定分离的病毒。

用已知抗原做血凝抑制试验，检测血清抗体。如果鸡群血凝抑制效价在1∶16以上，则证明此鸡群已感染本病。还有琼脂扩散试验、病毒中和试验、免疫荧光法和ELISA等。

鉴别诊断 成年鸡大肠杆菌病、成年母鸡沙门菌病（鸡白痢、禽伤寒、禽副伤寒）、禽霍乱、鸡毒支原体感染、传染性鼻炎、禽流感、鸡马立克病、新城疫、禽呼肠孤病毒感染、禽脑脊髓炎等传染病均有原发性症状和病理变化，易与产蛋下降综合征加以区别。

治疗 尚无有效的治疗方法。

防制措施 主要是防止病毒侵入，禁止从疫区引进种鸡，引进时应严格隔离检测，产蛋后确认血凝抑制抗体阴性者才能作种用；加强鸡场和孵化场消毒；在日粮配合中注意氨基酸和维生素的平衡；鸡在4个月龄左右时免疫接种灭活疫苗，7～10日龄后可检测到血凝抑制抗体，免疫期为1年。也可接种产蛋下降综合征与新城疫二联灭活疫苗。

复习思考题

1. 沙门菌引起的以消化道症状为主症的鸡传染病的鉴别诊断。
2. 鸡毒支原体的流行特点、防制措施。
3. 传染性喉气管炎的流行特点、防制措施。
4. 传染性支气管炎雏鸡的典型症状，该病的病理变化、防制措施。
5. 禽大肠杆菌病各型的特点，防制措施。
6. 鸡霍乱与鸡新城疫的鉴别诊断，鸡霍乱的防制措施。
7. 禽葡萄球菌病各型的特点。
8. 禽链球菌病的诊断要点。
9. 新城疫的流行特点、典型症状，非典型新城疫的病理变化特点。
10. 新城疫的预防和扑灭措施。
11. 禽流感的流行病学特点、诊断要点、防制措施。
12. 鸭瘟与鸭巴氏杆菌病在症状、病理变化上的异同点，两者并发时应如何扑灭。
13. 小鹅瘟的流行特点、特征性病理变化、防制措施。
14. 鸭传染性浆膜炎与禽脑脊髓炎的鉴别诊断。

15. 鸭病毒性肝炎的特征。
16. 鸡包涵体肝炎的病理变化特点。
17. 鸡马立克病的症状、防制措施。
18. 禽白血病的病理变化特点，与鸡马立克病的鉴别要点。
19. 传染性法氏囊炎的病理变化特点、防制措施。
20. 禽痘各型的特点。
21. 产蛋下降综合征的症状和病理变化特点，与鸡传染性支气管炎的区别。
22. 制定某鸡场或乡镇鸡主要传染病的综合性防疫措施。

第七章 犬的传染病

第一节 以消化系统症状为主症

以消化系统症状为主症的犬传染病主要包括弯曲菌病、犬细小病毒感染、犬冠状病毒病、犬轮状病毒感染等。

一、弯曲菌病

本病是由空肠弯曲菌引起犬的接触性传染病。主要特征为多发生于幼犬、呈水样腹泻。

病原体 空肠弯曲菌，细长，在感染组织中呈弧形、撇点或S型，有鞭毛，无芽孢，有些菌株有荚膜，革兰氏阴性。菌落呈光滑、隆起、半透明状。

本菌对外界环境的抵抗力不强。对干燥、阳光和一般消毒药敏感。

流行病学 主要是直接接触传播，也可通过污染的食物和饮水传播。多见于4月龄以下的幼犬。

症状 精神沉郁，嗜睡，饮欲降低。腹泻轻重不等，排出带有多量黏液的水样胆汁样粪便，持续3～7d。一般病情较轻。有的为血样腹泻，可使犬死亡。

病理变化 胃肠道充血、水肿和溃疡，结肠多见，偶尔可见小肠充血。

诊断要点 多感染4月龄以下的幼犬，水样腹泻。结肠充血、水肿等轻度炎症病变。采取新鲜粪便或肛门拭子，在改良Camp-BAP琼脂上分离培养。用试管凝集试验、间接血凝试验、补体结合试验检测血清抗体。

治疗 对庆大霉素、红霉素敏感，对青霉素、头孢菌素耐药。注意并发病的治疗。

防制措施 避免犬摄食被病菌污染的饲料和饮水；食具和用品应经常洗刷、消毒，搞好环境卫生；病犬及时隔离治疗，不可作为种用。

二、犬细小病毒感染

本病是由犬细小病毒引起犬的急性传染病。主要特征为出血性肠炎和非化脓性心肌炎，多发生于幼犬，病死率较高。

病原体 犬细小病毒（CPV），属于细小病毒科细小病毒属。具有细小病毒属病毒典型的形态和结构。病毒粒子细小，呈20面体对称，无囊膜，基因组为单股DNA。本病毒与猫泛白细胞减少症（猫细小病毒）有密切的抗原组分关系，后者的疫苗可抗本病毒。

病毒对外界环境具有较强的抵抗力。在室温下能存活90d，4～10℃存活180d，37℃存活14d，60℃存活1h，80℃存活15min。对甲羟胺和紫外线敏感，对氯仿、乙醚等有机溶剂不敏感。

流行病学

传播特性 感染犬和康复犬是传染源。通过粪便、尿液、唾液和呕吐物排毒。康复犬可能从粪、尿中长期排毒。一般认为主要经消化道感染。

流行特点　犬是自然宿主，其他犬科动物也可感染。各种年龄均有易感性，但幼犬更易感，断乳前后仔犬的发病率和病死率都高于其他年龄，往往以同窝暴发为特征。无明显的季节性，一般夏、秋季节多发。天气寒冷，气温骤变，拥挤，卫生不良和并发感染等，可使病情加重、病死率上升。

症状　本病在临诊上分为肠炎型和心肌炎型。

肠炎型　潜伏期1～2周，多见于青年犬。常突然发生呕吐，随后腹泻，粪便呈黄色或灰黄色，覆以多量黏液和假膜，然后排出恶臭带有血液呈番茄汁样的稀粪。精神沉郁，食欲废绝，体温升到40℃以上，迅速脱水，急性衰竭而死。病程4～5d，长的1周以上。白细胞数减少具有诊断意义，病初4～6d可减少到500～2000个/m^3。有些病犬只表现间歇性腹泻或仅排软便。成年犬一般不发热。

心肌炎型　多见于28～42日龄幼犬，常无先兆症状而突然发病，精神和食欲正常，偶见呕吐或轻度腹泻和体温升高。继而突然衰竭，呼吸困难，可视黏膜苍白，脉搏增快而弱，心律不齐且有杂音，心电图呈现R波降低，S－T波升高。病死率60%～100%，只有极少数轻症病例可以治愈。

病理变化

肠炎型　病死犬脱水、消瘦，可视黏膜苍白，肛门周围附有或从肛门流出血样稀便。空肠、回肠浆膜暗红色，浆膜下充血出血，黏膜坏死、脱落，绒毛萎缩，肠腔扩张，内容物水样，混有血液和黏液。大肠内容物稀软，恶臭，呈酱油色。肠系膜淋巴结充血、出血、肿胀。肝脏肿大，胆囊扩张。

心肌炎型　主要病变限于肺脏和心脏。肺脏水肿，局灶性充血、出血，致使肺表面色彩斑驳。心脏扩张，心房和心室内有淤血块，心肌和心内膜有非化脓性坏死灶，心肌纤维变性、坏死，受损的心肌细胞中常有核内包涵体。

诊断要点　根据流行病学、症状和病理变化初步诊断，与犬冠状病毒病鉴别诊断需做病原分离和鉴定。

临床诊断　肠炎型以青年犬多发，出血性腹泻，空肠和回肠黏膜出血、脱落，肠内容物中含有大量血液，白细胞数明显减少。心肌炎型以幼犬多发，突然发病，呕吐和腹泻，心脏听诊变化明显，心肌纤维严重损伤，心肌或心内膜有非化脓性坏死灶，死亡率高。

实验室诊断　采粪便病料离心，加入高浓度抗生素或过滤除菌，接种于原代或次代犬或猫胎肾细胞培养物或细胞系进行培养。接种3～5d后用荧光抗体检测细胞中的病毒，用已知抗血清做血凝抑制试验鉴定分离的病毒。用血凝试验、血凝抑制试验、ELISA，检测血清中的抗体。

治疗　主要是对症和支持疗法。选用犬细小病毒单克隆抗体和抗细小病毒高免血清，每48h肌肉注射1次，连用2～3次。同时应用病毒唑、病毒灵等抗病毒药物，效果更好。

防止细菌继发感染常用庆大霉素、环丙沙星、氨苄青霉素等，可配合使用地塞米松或氢化可的松。及时、大量、快速、多途径补液，结合抗菌、解毒、抗休克、止吐和止泻等对症疗法，可较快解除症状和缩短病程。心肌炎型可用ATP、细胞色素C和肌苷等。

防制措施 主要是注射疫苗和严格检疫。常用弱毒疫苗和灭活疫苗。联合疫苗也广泛使用，如三联苗（犬瘟热、犬细小病毒感染和犬传染性肝炎）和五联苗（犬瘟热、犬细小病毒感染、犬传染性肝炎、狂犬病和犬副流感），均有良好的预防效果。一般幼犬于7～8周龄、10～11周龄进行2次免疫，妊娠母犬在产前20d免疫1次，成年犬每年接种2次。一旦发病，应在严格隔离下治疗，污染的病犬舍在彻底消毒并空置1个月后，方可启用。

三、犬冠状病毒病感染

本病是由犬冠状病毒引起犬的急性肠道性传染病。主要特征为呕吐、腹泻、脱水及容易复发。

病原体 犬冠状病毒（CCV），属于冠状病毒科冠状病毒属。病毒具有冠状病毒的一般形态特征，呈圆形或椭圆形，有囊膜，基因型为单股RNA。

病毒对氯仿、乙醚、脱氧胆酸钠盐以及热敏感。用甲醛、紫外线可灭活，对胰蛋白酶和酸有抵抗力。病毒在粪便中存活6～9d。

流行病学 病犬和带毒犬是主要传染源。直接接触和间接接触传播，经呼吸道和消化道感染。不同品种、性别和年龄犬均可感染，但幼犬最易感，发病率近100%，病死率约50%。四季均可发生，但多见于冬季。还可感染貉和狐狸等犬科动物。气候骤变，卫生条件差，犬群密度大，断奶转舍及长途运输等可诱发本病。

症状 潜伏期为1～3d。传播迅速，数日内可蔓延全群。表现厌食、嗜眠、衰弱。病初有持续数天的呕吐，随后腹泻，粪便呈粥状或水样，黄绿色或橘红色，混有黏液，偶尔有少量血液，恶臭。

病理变化 有不同程度的胃肠炎变化，肠黏膜充血、出血和脱落。尸体严重脱水。腹部增大，腹壁松弛，肠管扩张，肠壁菲薄，肠内充满白色或黄绿色液体，易发生肠套叠。胃黏膜脱落出血。肠系膜淋巴结肿大。胆囊肿大。

诊断要点 各种年龄犬均可感染，一般是先呕吐后腹泻，但与细小病毒感染很难区别，只是本病感染时间长，具有间歇性，可反复发作。取粪便上清液与免疫血清作用，免疫电镜检查易观察到病毒，用中和试验、乳胶凝集试验、ELISA等检测血清抗体。

治疗 参照肠炎型犬细小病毒感染。

防制措施 主要是加强一般性卫生防疫措施，对犬舍、用具和工作服定期消毒；减少各种诱因；对病犬严格隔离并保持良好的卫生条件；用1∶30漂白粉水溶液和0.1%～1%甲醛对粪便消毒。

四、犬轮状病毒感染

本病是由犬轮状病毒引起犬的急性肠道传染病。主要特征为腹泻和脱水。

病原体 犬轮状病毒，属于呼肠孤病毒科轮状病毒属。病毒呈圆形，有双层衣壳，因其形状类似车轮而得名，基因组为RNA。根据存在于病毒内衣壳的群特异性抗原，将其分为A、B、C、D、E、F 6群，多数哺乳动物及人的轮状病毒在A群。

病毒对外界环境的抵抗力较强。在粪便及不含抗体的乳汁中，18～20℃半年仍有感染性。室温能保存 7 个月，63℃经 30min 灭活。0.01%碘、1%次氯酸钠或 70%酒精可使病毒丧失感染力。

流行病学　患病的人、犬和隐性感染犬为传染源。病毒主要存在于肠道内，随粪便排到外界，经消化道感染。传播迅速，多发生在晚秋、冬季和早春季节。应激因素特别是寒冷、潮湿、卫生条件不良、饲料营养不全等，对病死率影响很大。

症状　精神和食欲无明显变化，一般是先吐后泻，排黄绿色的稀便，夹杂有黏液，严重病例混有少量血液。被毛粗乱，肛门周围皮肤被粪便污染。轻度脱水，心跳加快，体温和皮温略有下降，脱水严重的常以死亡而告终。

病理变化　发病后短时间内死亡的幼犬病理变化不明显，病程较长的犬病变主要在小肠。轻症的表现肠管轻度扩张，肠壁变薄，肠内容物呈黄绿色。严重病例，小肠黏膜脱落、坏死，有的肠段呈弥漫性出血，肠内容物中混有血液。其他脏器不见异常。

诊断要点　精神和食欲正常，冬季多发，以幼龄犬多发，发病率高而死亡率低。病变主要在小肠，其他脏器不见异常。腹泻 24h 后采小肠及内容物或粪便为病料，分离培养和鉴定。用 ELISA 检测血清中的抗体。

治疗　根据脱水程度和电解质失衡情况选择补液的种类和量；应用抗生素防止继发感染；适当应用免疫增强剂。

防制措施　加强饲养管理，提高抗病能力；认真执行综合性防疫措施，彻底消毒，消灭病原。保证幼犬摄食足量的初乳，或给予成年犬的血清，使其获得免疫保护。目前疫苗尚未应用。隔离病犬，做好消毒工作，防止本病蔓延。

第二节　以呼吸系统症状为主症

以呼吸系统症状为主症的犬传染病包括犬结核病、犬副流感病毒感染、犬疱疹病毒感染、犬腺病毒Ⅱ型感染。

一、犬结核病

本病是由结核分枝杆菌引起的人和犬等多种动物共患的慢性传染病。主要特征为在多种组织器官形成结核结节、干酪样坏死。

病原体　结核分枝杆菌，病原特性参照牛结核病。

流行病学　主要经呼吸道和消化道感染。伴侣犬主要因舔吃被开放性结核病患者分泌物污染的物品，或吸入含结核菌的空气而感染。接触病犬、病猫等动物也可感染。被人型结核感染的病犬亦能感染人。室内犬比户外犬发病率高。

症状　潜伏期长短不一，与犬的年龄、体质、营养和管理有关。病初易疲劳，虚弱，而后出现进行性消瘦。肺结核病以咳嗽为主，由病初短而弱的干咳逐渐发展成频繁的湿咳，后期咳出黏而浓的痰液，常有胸水。腹部结核表现为消化紊乱，呕吐，腹泻与便秘交替，消瘦，常见腹水。皮肤结核以边缘不整齐、基底部由无感觉的肉芽组织构成的溃疡为特征。骨结核时出现跛行且易骨折。

病理变化 病变类似肿瘤，很少出现钙化，常见灰白色病变并有明显的界线。肺脏呈黄色，中央凹陷，边缘出血，有些肺脏有软的脓性中心或边缘不整的血洞，有时呈现多个灰色结节。肺部由灰红色支气管炎区组成，有时扩散成洞并与胸腔或支气管相通，有胸水或渗出物，肺下部常有塌陷。

诊断要点 表现易疲劳，虚弱，进行性消瘦，咳嗽。多种组织器官形成结核性结节，继而结节中心干酪样坏死。病原学和血清学诊断参照牛结核病。

治疗 早期应用抗生素有一定的疗效，可用异烟肼、利福平、链霉素等。出现全身症状时进行对症治疗。

防制措施 要采取综合性防制措施，严格消毒犬舍；可用弱毒疫苗免疫接种。注意公共卫生，及时淘汰病犬。

二、犬副流感病毒感染

本病是由副流感病毒5型引起犬的传染病。主要特征为突然发热、卡他性鼻炎和支气管炎。

病原体 副流感病毒5型，又称犬副流感病毒（CPIV），属于副黏病毒科副黏病毒属。病毒粒子呈多形性，囊膜表面有特征性突起。基因组为单股RNA。病毒只有一个血清型，但毒力有所差异。

病毒对热、乙醚、酸、碱不稳定，在0.5%水解乳蛋白和0.5%牛血清Hank's液中24h感染性不变。

流行病学 急性期病犬是主要传染源。病毒主要存在于呼吸系统，经呼吸道感染。可感染各种年龄犬，幼龄犬病情较重。本病传播迅速，常突然爆发。

症状 潜伏期较短。病犬突然发热，精神沉郁，厌食，鼻腔有大量黏性脓性分泌物。结膜炎，咳嗽和呼吸困难。若与支气管败血波氏杆菌混合感染，则症状严重，成窝犬咳嗽、肺炎，病程3周以上。11～12周龄幼犬死亡率较高。成年犬病症较轻，死亡率较低。有的表现后躯麻痹和运动失调。

病理变化 呈结膜炎、气管炎和肺炎病变。神经型主要出现急性脑脊髓炎和脑积水。组织学检查鼻上皮细胞有水疱变性，纤毛消失，黏膜和黏膜下层有大量白细胞浸润，肺、气管及支气管有炎性细胞浸润；神经型可见脑皮质坏死，血管周围有大量淋巴细胞浸润及非化脓性脑膜炎。

诊断要点 可见于各种年龄犬，幼龄犬病情较重，11～12周龄幼犬死亡率较高，突然发热，传播迅速。呈结膜炎、卡他性鼻炎和支气管炎病理变化及症状。采取呼吸道病料分离的病毒，用特异性豚鼠抗血清进行血凝抑制试验鉴定。用病毒中和试验、血凝抑制试验、乳胶凝集、对流免疫电泳和ELISA等，检测血清抗体。

治疗 尚无特效疗法。病犬应以对症疗法和支持疗法为主。

防制措施 主要是加强饲养管理，尤其是加强犬舍周围环境卫生，新购入犬进行检疫、隔离和预防接种。可用犬瘟热、犬细小病毒、犬副流感病毒及犬腺病毒四联苗。发现本病应及时隔离治疗，严防合并感染。

三、犬疱疹病毒感染

本病是由犬疱疹病毒引起犬的接触性传染病。主要特征为仔犬呼吸困难、全身脏器出血性坏死、急性死亡。

病原体　犬疱疹病毒（CHV），属于疱疹病毒科甲疱疹病毒亚科水痘病毒属。病毒具有疱疹病毒所共有的形态特征。

病毒对热的抵抗力较弱，对乙醚等脂溶剂、胰蛋白酶、酸性和碱性磷酸酶等敏感。pH4.5时，经30min失去感染力。

流行病学　患病仔犬和康复后带毒犬是主要传染源。仔犬主要通过分娩时与带毒母犬阴道接触，或生后由含毒的飞沫及仔犬之间间接接触感染，还可通过胎盘感染，但母源抗体滴度的高低可影响仔犬症状的严重程度。病毒只感染犬，2周龄内仔犬最易感，病死率可达80%，成年犬常无明显症状。

症状　潜伏期3～8d。2周龄以内犬常呈急性型，开始出现粪便变软，随后1～2d出现病毒血症。体温升高，精神沉郁，食欲废绝，呼吸困难，呕吐，腹痛，粪便呈黄绿色，嘶叫，常于1d内死亡。个别耐过仔犬常遗留中枢神经症状，如共济失调，向一侧做圆周运动或失明等。2～5周龄仔犬常呈轻度鼻炎和咽炎症状，主要表现打喷嚏，干咳，鼻分泌物增多，经2周左右自愈。母犬出现繁殖障碍，如流产、死胎、弱仔或屡配不孕，其本身无明显症状。公犬可见阴茎炎和包皮炎。

病理变化　死亡仔犬的典型剖检变化为实质脏器表面散在多量芝麻大小的灰白色坏死灶和小出血点，尤其以肾和肺的变化更为显著。胸腹腔内常有带血的浆液性液体积留。脾常肿大。肠黏膜呈点状出血。全身淋巴结水肿和出血。鼻、气管和支气管有卡他性炎症。妊娠母犬胎儿表面和子宫内膜出现多发性坏死。少数病犬有非化脓性脑膜脑炎变化。

诊断要点　以2周龄内仔犬最易感，病死率可达80%，仔犬呼吸困难、母犬流产和繁殖障碍及全身实质脏器尤其肾和肺呈现出血和坏死病理变化。采取幼龄犬肾、脾、肝和肾上腺，用已知抗血清作病毒中和试验鉴定分离病毒。用已知抗原作病毒中和试验和蚀斑减数试验，检测血清抗体。

治疗　对新生幼犬急性全身性感染治疗无效，在流行期间给幼犬腹腔注射1～2ml高免血清可减少死亡。提高环境温度对病犬的康复有利。对出现上呼吸道症状的病犬可用广谱抗生素来防止继发感染。口服5%的葡萄糖液，防止脱水可改善症状。

防制措施　加强饲养管理，定期消毒，防止与外来犬接触。病犬应采取严格隔离，重病犬应及时淘汰，消毒污染的环境。尚无有效疫苗。

四、犬腺病毒Ⅱ型感染

本病是由犬Ⅱ型腺病毒引起犬的急性热性传染病。主要特征为仔犬和仔狐最易发病，且死亡率高，持续性高热和支气管肺炎。

病原体　犬Ⅱ型腺病毒，属于腺病毒科哺乳动物腺病毒属。形态特征与其他哺乳动物腺病毒相似，病毒只凝集人O型红细胞，不凝集豚鼠及兔红细胞，是区别Ⅰ型腺病毒的依据之一。

流行病学　病犬、长期带毒犬和狐为传染源。通过飞沫经呼吸道感染。只感染各年龄犬和狐，常见于幼龄，尤其是刚断奶的仔犬和仔狐最易发病，且死亡率高。群体中一旦发生则不易根除。

症状 以喉气管炎为主。发热，持续性干咳，呼吸急迫，精神委顿，食欲不振，肌肉震颤，可视黏膜发绀。有的病例出现呕吐和腹泻。最终均因肺炎而死亡。

病理变化 主要为肺炎和支气管炎。肺膨胀不全，充血，有实变区，有时可见增生性腺瘤病灶。支气管淋巴结充血、出血。

诊断要点 根据流行病学、症状和病理变化可初步诊断，确诊需做病原分离和鉴定。

常见于幼犬和幼狐，尤其是刚断奶的仔犬和仔狐，且死亡率高。持续性高热和支气管肺炎。用已知抗血清作血凝抑制试验鉴定分离病毒。用病毒中和试验和血凝抑制试验，检测血清抗体。

治疗 在病初发热期，可用高免血清以抑制病毒扩散，而一旦出现明显症状，大剂量高免血清也无效。轻症病例，采取支持疗法和对症疗法，可用磺胺类药物和抗生素防止细菌继发感染。

防制措施 加强饲养管理，定期消毒，防止病毒传染人。可用犬Ⅱ型腺病毒弱毒疫苗，肌肉注射或喷雾免疫预防。病犬应采取严格隔离，重病犬应及时淘汰，消毒污染的环境。

第三节 以败血症为主症

以败血症状为主症的犬传染病包括犬瘟热、犬埃里希体病、犬传染性肝炎等。

一、犬瘟热

本病是由犬瘟热病毒引起犬和肉食动物的高度接触性传染病。主要特征为早期双相热、急性鼻卡他，随后支气管炎、卡他性肺炎、严重的胃肠炎和神经症状。

病原体 犬瘟热病毒（CDV），属于副黏病毒科麻疹病毒属。呈圆形或不整形，有时呈长丝状。基因组为负链 RNA。只有一个血清型。本病毒与麻疹和牛瘟病毒不仅在形态和超微结构上一致，而且具有共同的抗原性。

病毒在－70℃可存活数年，冻干可长期保存。对热和干燥敏感。3%福尔马林、5%石炭酸及3%苛性钠等均有良好的消毒作用。

流行病学

传播特性 病犬为主要传染源。病毒存在于鼻、眼分泌物和唾液中，还有血液、脑脊液、淋巴结、肝、脾、脊髓、心包液、胸水和腹水中。可通过尿液长期排毒。经消化道和呼吸道感染，也可经眼结膜和胎盘感染。

流行特点 不分年龄、性别均可感染，但 2 月龄以内的犬如有母源抗体，则 80%不受感染。3～12 月龄犬最易感发病，2 岁以上的犬有抵抗力。本病多发生于寒冷季节。一般每 2～3 年流行 1 次，但有些地区常年发病。康复犬可获得终身免疫力。

犬和雪貂最易感，狼、豺、狐狸、貂、水貂、獾、水獭，以及浣熊科的动物也易感。猴也有易感性。猫和猫属动物可隐性感染。人、小鼠、豚鼠、鸡、仔猪和家兔无易感性。

症状 潜伏期一般 3～5d。病初发热，达 39～41℃，精神委顿，食欲减少或废绝，眼、鼻流浆液性分泌物，后变脓性，有时带有血丝。发热 3d 后体温下降至正常，食欲恢复，精神好转。2～3d 后再次发热，并持续几周（双相热型），病情恶化，鼻镜、眼睑干燥甚至龟裂。厌食，呕吐，严重时水样腹泻且恶臭，混有黏液和血液。常伴有肺炎症状，消瘦，脱水，病程可延长。脚垫和鼻过度角质化。

神经症状一般多在感染后3～4周、全身症状好转之后的几天至十几天才出现，经胎盘感染的幼犬可在4～7周龄时出现。癫痫，转圈，或共济失调、反射异常，或颈部强直，肌肉痉挛，反复有节律性的咬肌颤动，最后出现惊厥而死亡。耐过的犬遗留"舞蹈病"和某部肢体麻痹等。

7日龄以内的犬常出现心肌炎，双目失明，牙齿生长不规则，常有嗅觉缺损。妊娠母犬感染后发生流产、死胎和仔犬成活率下降。

病理变化　本病是一种泛嗜性感染，病变分布广泛。有些病例皮肤出现水疱性脓疱性皮疹；有些病例鼻和脚底表皮角质层增生而呈角化病。上呼吸道、眼结膜呈卡他性或化脓性炎。肺脏呈卡他性或化脓性支气管肺炎。胃黏膜潮红，肠道呈卡他性或出血性肠炎，直肠黏膜出血。脾肿大。胸腺常明显缩小，且多呈胶冻状。肾上腺皮质变性。睾丸炎和附睾丸炎。

诊断要点

临床诊断　不分年龄、性别均可感染，但以3～12月龄犬最易感发病，而2岁以上犬有抵抗力，呈流行性。早期表现双相热、急性鼻卡他以及随后的支气管炎、卡他性肺炎、严重的胃肠炎和神经症状，少数病犬的鼻和足垫可发生角质化过度。实质脏器尤其是肺脏和肠道、淋巴结等出血性和坏死性病变，以及脑非化脓性脑炎病变。

实验室诊断　发病早期取淋巴组织，急性病例取胸腺、脾、肺、肝、淋巴结，呈脑炎症状者取小脑等病料，制成10%乳剂，经无菌处理后接种于犬肾原代细胞、鸡胚成纤维细胞或仔犬肺泡巨噬细胞，进行分离病毒。用已知抗血清作病毒中和试验鉴定分离毒。也可用PCR方法检查病原体。用病毒中和试验、琼脂扩散试验和ELISA等，检测血清中的抗体。

治疗　发热初期给予大剂量高免血清，可收到较好效果，但出现神经症状时则效果不佳。近年来已用犬瘟热单克隆抗体进行治疗，效果很好。本病常继发细菌感染而使病情复杂化，因此，使用抗生素或磺胺类药物，可减少死亡，缓解病情。根据病型和病症表现，采用强心、补液、解毒、退热、收敛、止痛、镇痛等对症疗法，具有一定治疗作用。

防制措施　平时加强卫生防疫措施；坚持平时预防接种。疫苗有犬瘟热鸡胚弱毒苗和三联苗（犬瘟热、犬传染性肝炎和犬细小病毒）。首免时间应测母源抗体（病毒中和试验），滴度1∶100以下是首免的指示滴度。如果不能检测，则9周龄首免为宜。二免时间为15周龄，以后每年免疫1次。

用人的麻疹疫苗给幼犬接种效果较好。麻疹疫苗注射后不被犬瘟热抗体中和，也不为宿主细胞排出。对刚断奶的幼犬用2～3份人用麻疹苗首免，半月后再以2～3周的间隔注射2～3次犬瘟热弱毒苗，可获较好的免疫效果。但成年犬注射犬瘟热苗后易发生接种性脑炎，母犬分娩后3d注射疫苗时，易使仔犬发生脑炎，应引起注意。

对病犬应严格隔离，尸体焚烧或深埋，污染的犬舍、场地和用具用3%甲醛、3%氢氧化钠、5%石炭酸消毒。假定健康和受威胁的犬进行紧急接种。

二、犬埃里希体病

本病是由犬埃里希体引起犬的败血性传染病。主要特征为出血、消瘦、浆细胞浸润、血细胞和血小板减少。

病原体 犬埃里希体，属于立克次体科埃里希体属。呈圆形、椭圆形或杆状，革兰氏阴性。病原体对理化因素抵抗力较弱，56℃10min或在普通消毒液中很快死亡。金霉素和四环素等广谱抗生素能抑制其繁殖。

流行病学 家犬、野犬和啮齿类动物是本病的宿主。主要传播媒介为血红扇头蜱。不同性别、年龄和品种的犬均可感染。多为散发，也可呈流行性。一般在夏末秋初发生。

症状 潜伏期7～12d。症状轻重不一。按病程分为急性期、亚临床期和慢性期。

急性期主要特征为发热，厌食，精神沉郁，体重减轻。结膜炎，淋巴结炎，肺炎，四肢及阴囊水肿。偶见呕吐，呼出气体恶臭，腹泻。血检表现短暂的各类血细胞减少。1～3周后，即转为亚临床期。

亚临床期无症状。血液学检查异常，血细胞总数尤其血小板减少。

慢性期可持续数月至数年。特征为各类血细胞减少、贫血、出血和骨髓发育不良。血细胞压积为10%～15%，白细胞低于6.0×10^9个/L，血小板少于5.0×10^9个/L。鼻出血，粪便带血，外伤出血不止。在单核细胞和中性粒细胞中见有埃里希体。多数犬有氮血症。尿检常见尿蛋白。骨髓造血细胞减少。

病理变化 可见消化道溃疡，胸水，腹水和肺水肿。器官和皮下组织浆膜和黏膜面上有出血点或瘀斑。全身淋巴结肿大，四肢水肿，有的见有黄疸。组织学检查可见多数器官尤其在脑膜、肾和淋巴组织的血管周围有很多浆细胞浸润。慢性病例，骨髓单核细胞和浆细胞显著增加。

诊断要点

临床诊断 多呈散发性，一般夏末秋初发生。发热，鼻出血，粪便带血，外伤出血不止等。血细胞和血小板减少、单核细胞和中性粒细胞中见有埃里希体。器官和皮下组织浆膜和黏膜面上有出血点或瘀斑，全身淋巴结肿大等。

实验室诊断 取病犬急性期或发热期血液分离白细胞，接种于犬单核细胞或DH82犬巨噬细胞系细胞，培养后用显微镜检查感染细胞胞质中的包涵体，或用免疫荧光抗体检查病原体。用ELISA检测血清中的抗体。病犬感染后7d产生抗体，2～3周达高峰。

治疗 土霉素、金霉素、四环素及磺胺二甲基嘧啶均有疗效，辅以对症疗法。

防制措施 无有效疫苗。预防主要依靠加强卫生管理和监测。定期消毒，灭蜱。疫区犬口服四环素有一定的预防作用。严格隔离病犬，及时治疗。

三、犬传染性肝炎

本病是由犬传染性肝炎病毒引起犬的急性、高度接触传染性、败血性传染病。主要特征为循环障碍、肝小叶中心坏死以及肝实质和内皮细胞出现核内包涵体。

病原体 犬传染性肝炎病毒（ICHV）。属于腺病毒科哺乳动物腺病毒属。本病毒为犬腺病毒Ⅰ型，犬腺病毒Ⅱ型引起犬传染性气管炎。两者具有70%的共同抗原，故具有交叉免疫反应。

病毒的抵抗力强，在污染物上能存活10～14d，60℃3～5min灭活。对乙醚、氯仿有耐受性，室温下能抵抗95%酒精达24h。

流行病学 病犬和带毒犬为传染源。在病的急性期，病毒分布于病犬的全身各组织，通过分泌物和排泄物排出体外。经消化道和胎盘感染。体外寄生虫也有可能传播。各种年龄均易感，但

1岁以内尤其是刚断奶（7周龄）的幼犬最易感发病。成年犬很少有症状。无明显的季节性。银狐、红狐和熊均可感染。人感染后不出现症状。

症状　体温升高至40～41℃，持续1d降至常温，经过1d又第二次发热，呈波型热。食欲不振，渴欲增加，呕吐和腹泻。眼和鼻流浆液性分泌物。呼吸加快，心搏动增强。黏膜苍白，有时牙龈有出血斑，血液不易凝结，流血不止，出血时间较长者转归不良。扁桃体常急性发炎肿大。在急性症状消失后7～10d，约有20%康复犬的一眼或两眼呈暂时性角膜混浊（眼色素层炎），称之为"肝炎性蓝眼病"。病程一般为2～14d，大多在2周内康复或死亡。幼犬时常1～2d突然死亡，如耐过48h者多能康复。1岁以上的成年犬多能耐过，并产生较强的免疫力。

病理变化　常见皮下水肿，腹腔积液。肠系膜有纤维蛋白渗出物。肝略肿大，胆囊呈黑红色，胆囊壁水肿增厚，有出血点，并有纤维蛋白沉着。脾脏肿大。胸腺、体表淋巴结、颈淋巴结和肠系膜淋巴结出血。肝小叶中心坏死和肝细胞核内出现包涵体。

诊断要点

临床诊断　刚断奶的幼犬最易感发病，体温呈波型热，常见呕吐和腹泻，眼和鼻流浆液性分泌物，黏膜苍白，有的康复犬有肝炎性蓝眼病等。并常见皮下水肿，腹腔积液，胆囊壁水肿增厚，有出血点，胸腺和淋巴结出血，肝实质和内皮细胞出现核内包涵体。

实验室诊断　生前取发热初期的血液、扁桃体和尿液，死亡动物取肝、脾等病料，经无菌处理后，接种于犬肾原代细胞或传代细胞分离病毒。用已知抗血清作血凝抑制试验鉴定分离毒。用病毒中和试验、凝集抑制试验、补体结合试验检测血清抗体。

治疗　早期用抗血清或康复犬的全血、血清或球蛋白进行治疗。辅以支持疗法，每日用250～500ml含5%水解乳蛋白的5%葡萄糖盐水输液，静脉点滴糖盐水或林格尔氏液等纠正水及电解质紊乱，腹腔穿刺排液，口服利尿剂。用抗生素等药物防止并发或继发感染。还可使用大青叶、板蓝根、抗毒灵、维生素B_{12}和维生素C等制剂。成犬眼炎时可用疱疹净点眼剂。

防制措施　平时加强卫生防疫措施。预防接种用弱毒苗和灭活苗。弱毒苗的首免时间为9周龄，二免时间为15周龄，以后每半年免疫1次。免疫后1～11d出现轻度角膜混浊。用人腺病毒Ⅱ型弱毒苗免疫，可获得较高的免疫保护力。病犬要隔离，尸体深埋，污染的环境和用具用5%石炭酸或2%氢氧化钠消毒。

第四节　以神经症状为主症

以神经症状为主症的犬传染病包括破伤风、肉毒梭菌毒素中毒、犬伪狂犬病、狂犬病。

一、破伤风

本病是由破伤风梭菌引起人和犬等动物的急性中毒性传染病。又称为"强直症"。主要特征为骨骼肌持续性痉挛和神经反射兴奋性增高。

病原体　破伤风梭菌。为两端钝圆的细长大杆菌，无荚膜，有鞭毛，有芽孢。芽孢呈圆形位于菌端，使菌体呈鼓槌状。革兰氏阳性，培养48h后转为阴性。在厌氧的条件下生长繁殖产生两种外毒素。一种为破伤风痉挛毒素，毒力非常强，可引起神经兴奋性异常增高和骨骼肌痉挛；另一种为破伤风溶血素，与致病性无关。

本菌繁殖体抵抗力不强，一般消毒药均能在短时间内将其杀死，但芽孢体抵抗力强，在土壤中可存活几十年，5%石炭酸10～15h才可将其杀死。

流行病学 由外伤形成深部创囊，造成厌氧条件时，由创伤感染的破伤风梭菌大量繁殖，产生外毒素而感染发病。各种动物均具有易感性，但犬有一定的抵抗力。流行无季节性。

症状 一般在创伤发生后5～10d发病，全身肌肉强直，步态僵硬，尾高举，角弓反张。因吞咽困难而流涎，结膜外露，面肌痉挛。常死于呼吸中枢麻痹。

病理变化 创伤深部发炎，内脏无眼观变化。

诊断要点 根据流行病学、症状可作出诊断。流行无季节性，具有深部创伤病史，并经1～2周潜伏期后出现神经症状。以全身肌肉强直，步态僵硬，尾高举，角弓反张姿势为特征。

治疗 本病必须尽早发现，尽早治疗。治疗原则为加强护理，消除病原，中和毒素，镇静解痉等对症疗法。将病犬置于干净且光线幽暗的环境中，保持环境安静，减少各种刺激因素，采食困难者，给予易消化且营养丰富的食物和足够的饮水。

破伤风梭菌主要存在于感染创中，故对病犬应仔细检查，发现创伤中有脓汁、坏死组织及异物等应及时清创和扩创。用3%的过氧化氢、1%高锰酸钾或5%～10%的碘酊进行消毒，再散布碘仿硼酸合剂，并结合青霉素、链霉素做创伤周围分点注射，以消除感染，减少毒素产生。氯丙嗪、巴比妥钠可镇静解痉，饮食饮水困难应补糖补液。

早期用破伤风抗毒素疗效好。它能中和组织中未与神经细胞结合的毒素，但不能进入脑脊髓和外周神经中，故应用越早越好。静脉注射时为防止过敏反应，可预先注射糖皮质激素或抗组织胺药。

防制措施 每年注射破伤风类毒素。第一次注射时应注射2次，间隔3周，可获得1年的保护期，以后每年注射1次。平时加强管理，防止外伤，一旦发生外伤，要及时处理，防止感染。对病犬要及时治疗，尸体要深埋，对尚未发病的犬要紧急接种，加强管理。

二、肉毒梭菌毒素中毒

本病是由肉毒梭菌毒素引起人和多种动物的中毒性疾病。主要特征为运动神经麻痹。

病原体 肉毒梭菌，属于梭菌属。为腐物寄生型专性厌氧菌。在一定条件下产生一种蛋白神经毒素，即肉毒梭菌毒素，毒力极强。对胃酸和消化酶都有很强的抵抗力，在消化道内不被破坏。

流行病学 本菌严格厌氧，广泛存在于土壤、肉类、饲料中，也可混入水中，经消化道进入体内而发病。犬主要因吃了腐肉而引起中毒，一般为单个发病或吃同一饲料而群体发病。夏季多发。

症状 吃入腐肉后数小时，病犬即不能站立，行动困难，运动失调，躺卧抽动，瞳孔放大，呼吸困难。可能死于呼吸麻痹。

病理变化 消化道有急性肠卡他病变，黏膜有小点状出血或血斑，肺水肿。

诊断要点 表现运动中枢和延髓麻痹及肠道机能障碍。采集动物胃肠内容物和可疑饲料，处理后进行动物接种，证明有毒素后，用已知抗毒素作毒素型别鉴定。

治疗　以解毒强心和补液为原则。越早使用抗毒素越好，再配合抗生素。

防制措施　根本措施是不给犬吃腐烂食物，禁止犬接触腐肉。当发生本病时，应尽早查找传染源，并进行无害化处理。病死犬应深埋或焚烧，不得食用。

三、伪狂犬病

本病是由伪狂犬病病毒引起犬等多种动物的急性传染病。主要特征为发热、表现神经症状。

病原体　伪狂犬病病毒（PRV），属于疱疹病毒科狂犬病病毒属。病毒呈球形，有囊膜和纤突。基因组为线状双股DNA。病毒只有一个血清型，但毒株间存在差异。能在鸡胚和多种哺乳动物细胞内增殖，并产生核内包涵体。

病毒对外界环境的抵抗力很强。8℃可存活46d，60℃经30min可灭活。对0.5%～1%氢氧化钠、福尔马林和日光敏感，常用消毒剂均有效。

流行病学　患伪狂犬病的各种动物是主要传染源。犬自然感染主要是吃入病猪、病鼠等的内脏而发病，也可经皮肤伤口感染。病犬可通过尿液以及擦破或咬破的皮肤渗出的血液污染饲料和饮水，造成间接传播。猪、牛、羊等家畜均具有易感性。本病多发于春、秋季节。致死率100%。

症状　潜伏期3～6d。病初犬对周围事物表现淡漠，舔擦皮肤某一受伤处，不安，拒食，卷缩，呕吐，随之痒觉增加，剧烈搔抓，不久形成烂斑，周围组织肿胀，甚至破损。个别病犬有攻击行为，狂叫不安，流涎，吞咽困难。大部分病犬头颈部肌肉和口唇部肌肉痉挛，呼吸困难，常于36h内死亡。

病理变化　中枢神经症状明显的犬，脑膜充血，脑脊液增多。组织学变化主要为中枢神经系统弥散性非化脓性脑膜脑炎及神经节炎，有明显的血管套及弥散性局部胶质细胞反应，同时有广泛的神经节细胞和胶质细胞坏死。在神经细胞和胶质细胞及毛细血管内皮细胞内，可见核内包涵体。

诊断要点　表现瘙痒，流涎，吞咽困难，头颈部肌肉和口唇部肌肉痉挛，呼吸困难。分离病毒和鉴定参照猪伪狂犬病。

治疗　早期应用抗伪狂犬病高免血清或丙种免疫球蛋白疗效较好。如已出现神经症状则效果不佳。

防制措施　防止鼠进入犬舍；禁止犬食用病猪肉及内脏。

四、狂 犬 病

本病是由狂犬病病毒引起的人和多种动物共患的急性自然疫源性接触性传染病。又称“恐水症”，俗称“疯狗病”。主要特征为神经兴奋和意识障碍，继而局部或全身麻痹而死亡，死亡率100%。

病原体　狂犬病病毒，属于弹状病毒科狂犬病病毒属，为RNA型病毒。病毒呈子弹状，有囊膜。主要存在于中枢神经组织、唾液腺和唾液内。在唾液腺和中枢神经细胞（尤其在海马角、大脑皮层、小脑）的胞浆内形成包涵体，呈圆形或卵圆形，染色后呈嗜酸反应，称为内基氏小体。

病毒易被紫外线、70%酒精、0.01%碘液、1%～2%肥皂水等灭活，对酸、碱、福尔马林等消毒药敏感。100℃ 2 min 可使其灭活，但在冷冻或冻干条件下可长期保存毒力。

流行病学 病犬是主要传染源。病毒通过咬伤、吸入和眼及口腔黏膜侵入。有些吸血蝙蝠的唾液中有狂犬病病毒，具有传染源的作用。犬及食肉动物最易感，其他温血动物包括人和各种家畜均有易感性。

症状 潜伏期一般为2～8周，平均15d，最短的1周，最长的可达数年。与动物的易感性、咬伤部位与中枢神经的距离、入侵病毒的毒力和数量有关，临床上分3期：

前驱期 通常持续2～3d，表现为恐惧、忧虑和孤独。对轻度刺激就可引起兴奋，有时望空扑咬。瞳孔扩大或两瞳孔大小不等，眼睑与角膜反射迟钝，唾液分泌物增多。

狂暴期 持续1～7d。烦躁不安，易激动，对听、视刺激的反应增强，高度兴奋，怕光。进而不听使唤，逃出不归，无目的游荡，攻击咬伤人畜，有异嗜现象。常发生肌肉不协调，定向能力障碍或全身性癫痫大发作。

麻痹期 持续2～4d，麻痹有时可从损伤处开始，进行性发展至全身。主要表现喉头和咬肌麻痹，口腔内流出大量的唾液，吞咽困难，用力呼吸。随后发展至后躯麻痹，不能站立，昏睡。由于昏迷或呼吸麻痹而死亡。

病理变化 最明显的是非化脓性脑脊髓炎，血管周围有淋巴细胞浸润。炎症主要发生于脑桥、延脑、脑干前部和丘脑，也是病毒滴度最高的部位。特征性病变是在感染的神经元内出现胞浆内嗜酸性包涵体，即内基氏体，在海马回的锥体细胞以及小脑的潘金氏细胞内最易发现，有时也可在唾液腺的神经细胞内见到。

诊断要点 根据流行病学，具有典型症状的基本可以诊断，无典型症状的需进行实验室检查。

具有前驱期、狂暴期及麻痹期的典型神经症状。病理变化以非化脓性脑炎和在神经细胞胞浆内可见内基氏小体为特征。分离病毒和鉴定以及血清学诊断参照猪狂犬病。

治疗 尚无有效的治疗方法。

防制措施 主要是接种狂犬病疫苗，每年1次，犬应预防接种，人应紧急接种。一旦发病，应立即向有关部门报告疫情，扑杀发病犬，房舍周围环境要消毒。人或动物被可疑病犬咬伤后，应快速处理，用肥皂水彻底清洗伤口，3%碘酊消毒，迅速免疫接种，有条件的可结合免疫血清治疗。

第五节 以贫血黄疸为主症

以贫血、黄疸症状为主症的犬传染病包括犬钩端螺旋体病和犬附红细胞体病。

一、犬钩端螺旋体病

本病是由钩端螺旋体引起人和多种动物共患的自然疫源性传染病。主要特征为贫血、黄疸、呕吐、腹泻，发病率较高，死亡率低。

病原体 钩端螺旋体。是有螺旋结构的纤细微生物，一端或两端呈钩状，菌体为多形状。暗视野显微镜下观察呈小珠链状。用镀银法和姬姆萨染色法检查效果较好。

钩端螺旋体耐寒冷，在含水的泥土中可存活半年，但对热、酸、碱均敏感。70%酒精、0.5%石炭酸、0.05%氯化汞液、2%盐酸均可将其杀死。

流行病学　病犬和老鼠为主要传染源。食入被病犬、带菌鼠的尿液污染的食物或物品，经消化道感染。受损的黏膜或皮肤均可感染。所有温血动物均有易感性，公犬发病率高，幼犬更易感，但死亡率不高。

症状　潜伏期5～15d。发病突然，病犬厌食，体虚，呕吐，体温高达39.5～40.5℃，眼结膜微红。发病几天后，体温降低，呼吸困难，渴欲增强，精神不振，可能出现黄疸。不愿站起，触诊腰区、背腹前部有痛感。口腔有带血黏液，黏膜有出血斑。随着病情发展，出现肌肉震颤，体温降至36℃，呕吐物和粪便中均带血。眼凹陷，脉搏细弱，出现尿毒症。血液学检查红细胞减少，血红素下降，淋巴细胞和单核细胞上升。尿中有白蛋白和管型。主要死于肾功能衰竭。

病理变化　浆膜、黏膜出血、黄疸，肺脏有出血点，脾脏肿大，胃肠有出血性炎症变化，肝脏肿大，有时出血，有肾小球性肾炎或间质性肾炎的变化。

诊断要点　犬钩端螺旋体病和犬附红细胞体病均有贫血、黄疸、呕吐、腹泻等，不易区别。但犬钩端螺旋体病虽发病率较高，但死亡率低，口腔黏膜有出血斑，有肾小球肾炎和间质性肾炎病变。

生前检查早期用血液，中后期用脊髓液和尿。死后检查最迟不得超过3h，否则组织中的菌体大多数发生溶解。一般采取肝、肾、脾、脑等组织。病料采集后应立即处理，并进行暗视野直接镜检或用镀银染色后检查，并将病料接种于钩端螺旋体培养基进行分离培养，用荧光抗体鉴定分离菌。用ELISA检测血清中的抗体。

治疗　青霉素和双氢链霉素对本病有较好的疗效。对脱水严重者应补液和补充复合维生素B，保肝和止吐，腹泻可用收敛药。配合应用高免血清效果更好。

防制措施　平时加强灭鼠工作，强化卫生管理，避免水和饲料被污染，禁喂污染的肉类食物。常发本病的地区可接种疫苗。病犬要严格隔离，保护水源和食物不被污染。

二、犬附红细胞体病

本病是由附红细胞体引起的人兽共患传染病。主要特征为贫血、黄疸和发热。

病原体　附红细胞体，属于立克次体目无浆体科附红细胞体属。多数为环形、球形和卵圆形，少数为顿号形和杆状。多在红细胞表面单个或成团寄生，呈链状或鳞片状，也有的在血浆中游离。革兰氏染色阴性，姬姆萨染色呈紫红色，瑞氏染色呈淡蓝色。

附红细胞体对干燥和化学药物较为敏感，常有浓度的消毒药在几分钟内即可杀死。对低温和冷冻抵抗力较强，可存活数年。

流行病学　易感动物有猪、牛、马、绵羊、山羊、犬、猫、兔等。传播途径尚不完全清楚，吸血昆虫可能是主要的传播媒介。本病多发于夏季或雨水较多的季节。自然死亡率最高可达80%以上。

症状　以贫血、黄疸、发热为基本特征。急性型精神沉郁，食欲不振或废绝，体温升高至39～40℃，但较少超过41℃。心跳加快至130～200次/min，呼吸增快。被毛粗乱，明显消瘦，皮肤缺乏弹性。眼结膜苍白或黄染，有的可见散在小出血点。四肢无力，喜卧嗜眠而不愿走动，强令其行走，步态蹒跚。绝大多数有呕吐、腹泻，便稀腥臭，常混有黏液或血液，色黑红或暗褐色，尿少，色深黄，不同程度脱水。血常规检查可见红细胞总数减少为 3.8×10^6 个/mm^3（平均值），血红蛋白含量减少到9.8g/100ml，红细胞压积降到29%。慢性型多呈隐性感染而不出现明显临床症状。

病理变化 黏膜和浆膜黄染，肝脏肿大，脂肪变性，胆汁浓稠，肝有实质性炎性和坏死。脾脏肿大，被膜有结节，结构模糊。弥漫性血管炎症，有浆细胞、淋巴细胞和单核细胞等聚集于血管周围。

诊断要点 根据流行病学、症状和病理变化可初步诊断。以贫血、黄疸、发热为基本特征。肝实质坏死，脾被膜有结节，死亡率高等。鲜血压片或涂片染色，在红细胞和血浆中见有不同形态的附红细胞体，即可确诊。用补体结合试验、间接血凝试验、ELISA 等诊断，还可进行流行病学调查和监测。注意与梨形虫病相鉴别。

治疗 一般应用四环素类抗生素可收到显著疗效，同时进行必要的强心、补液、纠正酸碱平衡紊乱、补充维生素、止血、杀菌消炎等对症疗法，可提高疗效。只要对症和对因治疗正确，控制并发症和继发感染，多数患病动物经 2～4d 治疗，均可康复，治愈率可达 90%以上。

防制措施 要采取综合性措施，尤其要驱除媒介昆虫，做好针头、注射器的消毒，消除应激因素。

第六节 以繁殖障碍综合征为主症

以繁殖障碍综合征为主症的犬传染病主要有犬布鲁菌病。

布 鲁 菌 病

本病是由布鲁菌引起的急性或慢性人和多种动物共患病。简称布病。主要特征为生殖器官和胎膜发炎，引起流产、不育、睾丸炎。

病原体 在布鲁菌的 7 个种中，感染犬的主要是狗型布鲁菌和牛型布鲁菌、猪型布鲁菌、羊型布鲁菌。其形态、染色、培养特性和抵抗力参照牛布鲁菌病。

流行病学 病犬和带菌犬为主要传染源。虽然本病可以通过破损的皮肤、黏膜、呼吸道和尘埃传播，但主要经消化道感染。通过羊水、阴道分泌物、饮水或污染的饲料、乳汁或公犬的精液可传播。犬的易感性随着性成熟接近而升高，性别对易感性无显著差别。

症状 感染牛型、羊型和猪型布鲁菌后，多表现为隐性感染，症状不明显。感染犬型布鲁菌病后，可发生流产，多出现在妊娠后 40～50d（正常妊娠期为 64d±4d）。阴道流出污秽的分泌物。公犬发生睾丸炎，附睾、淋巴结肿大，有菌血症，慢性病例睾丸萎缩，公犬射精困难，性欲下降。

病理变化 母犬病变不明显，流产胎衣呈炎性肿胀与出血，胎儿皮下出血。公犬附睾肿大，睾丸萎缩，阴囊肿大并有炎性渗出物。

诊断要点 母犬妊娠后流产，公犬发生睾丸炎，附睾、淋巴结肿大等。可从流产的胎儿、胎衣、阴道分泌物、精液或乳汁中采取病料，接种于血清甘油琼脂或肝汤琼脂培养基进行分离培养。

治疗　布鲁菌寄生于细胞内，抗生素很难发生作用，药物亦很难通过公犬的血睾屏障，故治疗困难。早期可口服米诺环素，持续3周以上，也可肌肉注射双氢链霉素，持续1周。

防制措施　最好是自繁自养，若必须引进种犬或补充犬群时，要隔离饲养2个月，同时定期检疫，确认无本病方可混群。无本病的犬群，应定期检疫（至少1年1次），一经发现，即应淘汰。目前尚无有效的疫苗。

发现病犬后，应严格隔离，对环境、圈舍、用具、运输工具等，均用10%石灰乳或5%热苛性钠溶液进行彻底消毒，被污染物应消毒后深埋处理。疫区的犬皮及饲料也应消毒或放置2个月以上方可利用。

复习思考题

1. 犬与其他动物共患传染病，以犬为主的传染病。
2. 人与犬共患传染病，防制犬传染病的公共卫生意义。
3. 弯曲菌病的特征。
4. 犬细小病毒感染各型的症状和病理变化特点。
5. 犬冠状病毒感染的症状特点，与犬细小病毒感染的鉴别诊断。
6. 犬轮状病毒感染的病理变化特点。
7. 犬副流感病毒感染的症状特点。
8. 犬疱疹病毒感染的病理变化特点。
9. 犬瘟热的流行特点、症状、临床诊断要点。
10. 犬埃里希体病的特征。
11. 犬传染性肝炎的症状特点、病理变化特点。
12. 犬破伤风的特征。
13. 肉毒梭菌毒素中毒的病因、特征。
14. 犬伪狂犬病与狂犬病的鉴别诊断。
15. 犬钩端螺旋体与附红细胞体的鉴别诊断。
16. 布鲁菌病的诊断要点。
17. 制定犬场主要传染病的综合性防制措施。

第八章　兔的传染病

第一节　以消化系统症状为主症

以消化系统症状为主症的兔传染病主要有兔产气荚膜梭菌病、兔沙门菌病、兔大肠杆菌病和兔轮状病毒感染。

一、兔产气荚膜梭菌病

本病是由A型产气荚膜梭菌及其毒素引起兔的急性传染病。主要特征为急性剧烈腹泻和迅速死亡。

病原体　主要为A型产气荚膜梭菌。参照猪梭菌性肠炎病原体。

流行病学　主要经消化道或伤口感染。1～3月龄仔兔最易感。四季均可发生，尤以冬、春季发病率高。常呈地方流行性。

症状　主要为急剧腹泻和突然死亡。体温不高，被毛粗乱，精神不佳，拒食。最初粪便变形，很快变为带血色、胶冻样或褐色稀粪，有腥臭味，肛门周围和后肢及尾部被稀便污染。脱水，消瘦。病程一般不超过2d。

病理变化　最常见于胃和盲肠。胃内充满食物和气体，胃底部黏膜有出血斑和溃疡。盲肠肿大，肠壁松弛，浆膜多处有出血斑，内积有黑绿色稀薄内容物，有腥臭腐败气味。空肠和回肠充满胶冻样液体，肠壁薄而透明。肝质地变脆。脾深褐色。肾充血。

诊断要点　1～3月龄仔兔发病率最高。急性剧烈腹泻，迅速死亡。病变最常见于胃和盲肠。取病死兔的结肠、盲肠内容物作为病料。病原学和血清学诊断参照猪梭菌性肠炎。

治疗　早期应用痢菌净有一定效果。一旦发病，对未发病的兔可在饲料或饮水中添加乳酸环丙沙星等药物进行预防。

防制措施　平时加强饲养管理，饲养用具和工具要经常消毒；注意灭鼠；常发地区用产气荚膜梭菌氢氧化铝甲醛灭活苗进行预防接种。发病后要及时隔离病兔；尸体深埋或焚烧；对兔舍、运动场、饲养用具要彻底消毒。

二、兔沙门菌病

本病是由鼠伤寒沙门菌和肠炎沙门菌引起兔的消化道性传染病。主要特征为幼兔腹泻和孕母兔流产。

病原体　鼠伤寒沙门菌和肠炎沙门菌。参照猪副伤寒病原体。

流行病学　传染源是病兔和带菌动物。主要经消化道感染，野生啮齿类动物和苍蝇为传播者。可使多种家畜发病。幼兔的易感性高。不良的卫生环境，拥挤，恶劣天气，污染的饲料，妊娠和分娩，寄生虫病，长途运输，病毒感染等均能促使本病的发生。

症状 断奶的仔兔腹泻，体温升高，厌食，精神沉郁，个别突然死亡。妊娠1个月的母兔阴道黏膜水肿、充血，流出脓性分泌物，常发生流产并死亡。流产后的康复兔不易受孕。

病理变化 病变因病程长短而不同。突然死亡的病例呈败血症变化，大多数内脏器官充血，有出血斑点，胸、腹腔内有多量浆液或纤维素性渗出物，肝、脾出现针尖大小的坏死灶。病程稍长的病例，肠壁表面的淋巴滤泡肿大，有的坏死。怀孕或已流产的母兔出现化脓性子宫炎，子宫内有死胎或木乃伊胎。

诊断要点 以幼兔下痢和怀孕母兔流产为特征。急性病例可以从血清中分离到细菌，也可以从肝、脾、肠系膜淋巴结分离出细菌。血清学诊断参照猪副伤寒。

治疗 选用诺氟沙星、庆大霉素及三甲苄磺胺嘧啶等，并辅以收敛、强心、补液等对症治疗法。

防制措施 常用现地分离的菌株制成活苗进行预防接种。平时加强卫生和饲养管理，避免应激因素尤为重要。发病后立即隔离病兔，尸体要深埋，兔笼和饲养用具要彻底消毒。发病的兔群可用凝集试验进行检疫，阳性兔淘汰，阴性兔用分离菌株制成的灭活苗定期进行预防。

三、兔大肠杆菌病

本病是由致病性大肠杆菌引起传染病。主要特征为腹泻，回肠、结肠及直肠内有胶冻样物。

病原体 大肠埃希杆菌。参照仔猪黄痢病原体。

流行病学 主要发生于1～4月龄的仔兔。四季均可发生，呈地方流行性。饲养管理不当和气候突变等因素可促使本病的发生。

症状 主要以腹泻、体重减轻和流涎为特征。有些病例未见腹泻而突然死亡。病程稍长的体温稍低或正常，精神沉郁，被毛粗乱；剧烈腹泻，由于脱水使体重很快减轻；腹部膨胀；肛门和后肢被粪便严重污染；四肢发冷；磨牙，流涎。病程一般为7～8d。

病理变化 回肠和结肠病变具有特征性。回肠内容物呈半固体黏液胶样；结肠扩张，有透明胶样黏液。结肠和盲肠浆膜、黏膜充血或有出血点。直肠常充满胶冻样黏液。胆囊扩张，黏膜水肿。胃充满液体和气体。

诊断要点 主要发生于1～4月龄仔兔，水样腹泻和脱水。回肠和结肠病变具有特征性。取盲肠、结肠内容物为病料。病原体的分离培养和鉴定以及血清学诊断参照仔猪黄痢。

治疗 选用先锋霉素Ⅴ、呋喃妥因、羧苄青霉素、头孢三嗪等，并配合强心、补液、收敛等对症疗法。

防制措施 乳兔应及时吮吸初乳；仔兔的饲料配比要适当，不要饥饿或过饱，断乳期不要突然改变饲料；加强孕母兔产前和产后饲养和护理；防止应激因素。用本地分离的菌株制成灭活疫苗接种孕母兔，可使仔兔获得被动免疫。病兔要在严格隔离的条件下进行治疗；未发病的兔用敏感抗生素进行药物预防；尸体深埋；对笼具和饲养工具严格消毒。

四、兔轮状病毒感染

本病是由兔轮状病毒引起兔的传染病。主要特征为仔兔水样腹泻。

病原体 兔轮状病毒。参照猪轮状病毒感染病原体。

流行病学 30～60 日龄仔兔最易感，成年兔大多数呈隐性感染。恶劣的天气、饲养管理不佳、卫生条件不良是诱发本病的主要外界因素。

症状 潜伏期 19～96h。以日龄小的仔兔最为严重。体温升高，水样腹泻，混有黏液或血液，粪便呈棕色、灰白或浅绿色。在吃全奶的仔兔中，粪便常呈鲜明的黄色至白色。随着病程的延长，多数由于脱水和酸碱平衡失调，在腹泻 2～4d 后死亡。

病理变化 主要局限于小肠和结肠，表现为明显的扩张，黏膜有出血斑点。盲肠扩张，含有大量的液状内容物。

诊断要点 主要侵害 30～60 日龄仔兔，尤其是刚断奶的仔兔水样腹泻。病变主要在小肠和结肠。取小肠和结肠内容物作病原分离和鉴定。血清学诊断参照猪轮状病毒感染。

治疗 尚无有效疗法，主要采取对症治疗。为防止脱水和酸中毒，应补以葡萄糖盐水和碳酸氢钠，用抗菌素防止继发细菌感染等。

防制措施 尚无有效的疫苗。其他参照猪轮状病毒感染。

第二节 以呼吸系统症状为主症

以呼吸系统症状为主症的兔传染病主要有兔巴氏杆菌病、支气管败血波氏杆菌病和兔肺炎链球菌病。

一、兔巴氏杆菌病

本病是由多杀性巴氏杆菌引起兔的多症状传染病。主要特征为鼻炎、中耳炎、结膜炎、肺炎、皮下脓肿、败血症及子宫脓肿和睾丸炎等。

病原体 多杀性巴氏杆菌。参照猪巴氏杆菌病病原体。

流行病学 病兔和带菌兔为主要传染源。病菌随着唾液、鼻汁、粪便及尿液等排出，经呼吸道、消化道或损伤的皮肤、黏膜而感染。无明显的季节性，但以春、秋两季多发。常呈散发或地方性流行。长途运输，拥挤，环境卫生差，饲养不当以及其他疾病等都能成为发病的诱因。

症状 按临诊表现分为以下类型。

传染性鼻炎 是以浆液性或黏液脓性为特征的鼻炎和副鼻窦炎。病程 1～2 周，长者 1 个月以上。病初表现为上呼吸道卡他性炎症，流出浆液性鼻汁，而后转为黏液性及脓性鼻液。喷嚏，咳嗽，呼吸时有呼噜声，常用前爪擦鼻部，使局部被毛潮湿、缠结，甚至脱落。上唇和鼻孔皮肤和黏膜红肿发炎。病菌进入眼内、耳内或皮下，从而引起化脓性结膜炎、角膜炎、中耳炎或皮下脓肿。一般症状为体温升高，食欲减退或废绝，全身衰竭。

肺炎 呈现急性纤维素性化脓性肺炎和胸膜炎，听诊啰音和胸膜摩擦音。食欲不振和精神沉郁，常以败血症而告终。

中耳炎 单纯中耳炎时无明显的症状。病菌蔓延至内耳或脑时，则头颈歪斜或作旋转运动，影响食欲，消瘦。病程 1 个月以上。

生殖系统感染 多见于成年兔。母兔感染通常没有明显的症状，阴道流出浆液性、黏液性或黏液脓性分泌物，子宫蓄脓。公兔睾丸肿大或有硬结。

结膜炎　眼睑肿胀，结膜发红，有浆液性、黏液性或黏液脓性分泌物。炎症转为慢性时，红肿消退，但流泪经久不止。

脓肿　全身各部皮下都可发生脓肿，但内脏器官发生时往往不表现症状。一旦脓肿发生转移也可引起败血症及死亡。

败血症　急性型亦称出血性败血症，不表现任何症状而突然死亡。病程稍长的可见精神委靡，废食，呼吸急促，体温40℃以上，鼻腔有浆液性、黏液性分泌物，有时出现打喷嚏，腹泻，经1～3d死亡。死前体温下降，四肢抽搐。

病理变化

传染性鼻炎　初期鼻黏膜充血，鼻窦和副鼻窦黏膜红肿，鼻腔内积有多量鼻液。从急性型转为慢性型时，鼻液从浆液性变成黏液以致黏液脓性，黏膜增厚。

肺炎　肺膨胀不全，并有实变区，切面有出血。胸膜表面覆盖有纤维素性渗出物。后期主要为肺脓肿或整个肺小叶空洞。

中耳炎　在一侧或两侧鼓室内有奶油状白色渗出物。感染扩散至脑，可出现化脓性脑膜脑炎。

生殖系统感染　子宫高度扩张，充满黏稠的脓性渗出物。公兔一侧或两侧睾丸肿大，质地坚硬，有的伴有脓肿。

败血症　全身性出血、充血和坏死。心外膜、呼吸道黏膜、肺、各内脏器官浆膜和淋巴结有出血点，有些内脏器官有坏死灶。

诊断要点　表现为鼻炎、肺炎、中耳炎、结膜炎、全身脓肿及败血症等多种症状时应首先考虑本病。败血症病例可从心血、肝、脾或体腔流出物等采集病料；其他类型病例从病变部位的脓汁、流出物和呼吸道、阴道分泌物中采集病料。病原学和血清学诊断参照猪巴氏杆菌病。

治疗　选用喹乙醇和磺胺二甲嘧啶等治疗，效果较好。

防制措施　加强饲养管理，避免应激因素；坚持自繁自养，对引进种兔要隔离观察1个月，如健康方可混群；用当地分离菌株作灭活苗进行预防接种。病兔要严格隔离，加强消毒。对污染兔群要定期检疫，对阳性兔淘汰处理，逐渐净化，最终建立无病兔群。

二、支气管败血波氏杆菌病

本病是由支气管败血波氏杆菌引起兔的呼吸道传染病。主要特征为慢性鼻炎、支气管肺炎及咽炎。

病原体　支气管败血波氏杆菌。参照猪传染性萎缩性鼻炎病原体。

流行病学　病兔和带菌兔为主要传染源。主要经呼吸道感染。仔兔、幼兔患病较多。鼻炎型多呈地方流行性，而支气管肺炎型则多呈散发性。多发生于春、秋两季。各种导致兔体抵抗力下降的因素均能促使本病的发生。

症状　从鼻腔流出浆液性或黏液性分泌物，有的1～2d死亡。病程长者，出现咳嗽，呼吸加快，鼻腔流黏液至脓性分泌物。食欲不振，逐渐消瘦，病程在1个月以上。

病理变化　以鼻炎和肺炎病变为特征。鼻腔、气管和支气管黏膜充血、发炎、水肿，有浆液性、黏液性或黏液脓性分泌物。幼兔可见鼻甲骨萎缩。肺水肿，有暗红色实变区。支气管肺炎多见于心叶、上叶和中叶，重症病例波及全肺。

诊断要点 以鼻炎和肺炎为特征，幼兔因鼻炎引起鼻甲骨萎缩时应考虑本病。肺炎病变以小叶性肺炎为主。取呼吸道分泌物进行病原分离，分离方法和鉴定以及血清学诊断参照猪传染性萎缩性鼻炎。

治疗 参照猪传染性萎缩性鼻炎。

防制措施 平时加强卫生和饲养管理，消除发病诱因，常发地区用兔支气管败血波氏杆菌氢氧化铝甲醛灭活苗进行预防接种。病兔要严格隔离，封锁疫点，对笼具和饲养工具要彻底消毒，尸体要深埋或焚烧处理。根除的有效方法是反复检疫，淘汰阳性兔，逐渐建立无病兔群。

三、兔肺炎链球菌病

本病是由肺炎球菌引起兔的呼吸道传染病。主要特征为纤维素性胸膜肺炎。

病原体 肺炎链球菌，又称肺炎球菌。参照牛肺炎链球菌病病原体。

流行病学 经胃肠道、呼吸道或胎盘传染。以仔兔和妊娠母兔反应重。有明显的季节性，以春末夏初和秋末冬初较易发生，病死率高。

症状 体温升高，精神不振，食欲减退，呈现纤维素性胸膜症状，听诊有啰音和胸膜摩擦音等。妊娠母兔流产，产仔率低或产弱仔，仔兔成活率低。呈败血症者无任何征兆突然死亡。由本菌引起的鼻炎和中耳炎与巴氏杆菌病的症状相似。

病理变化 主要集中在呼吸道。可见气管出血、充血，有粉红色液体和纤维素性渗出物。肺有出血斑或水肿，呈大理石样花纹。肺与胸膜有粘连。胸腔积有红色渗出物。

诊断要点 根据流行病学、症状和病理变化可初步诊断，确诊需做病原分离和鉴定。以纤维素性大叶性肺炎病变为特征。病原学和血清学诊断参照牛肺炎链球菌病。

治疗 参照牛肺炎链球菌病治疗。

防制措施 用现地分离菌株制成灭活苗进行预防接种。病兔要隔离，尸体要深埋或焚烧处理，笼具和饲养工具等彻底消毒。

第三节 以败血症为主症

以败血症为主症的兔传染病主要有兔病毒性出血症、兔葡萄球菌病、兔李氏杆菌病和兔链球菌病。

一、兔病毒性出血症

本病是由兔病毒性出血症病毒引起兔的急性高度接触性传染病。主要特征为传染性极强，肺浆膜有出血斑，肝网状坏死。

病原体 兔出血症病毒。属于杯状病毒。病毒无囊膜，表面有短的纤突。病毒对紫外线和干燥等不良环境的抵抗力较强。1%氢氧化钠 4h、1%～2%甲醛、1%漂白粉 3h 才被灭活。

流行病学 病兔、隐性感染兔和带毒野兔是传染源。病毒随粪便、皮肤、呼吸道和生殖道分泌物排出，经呼吸道、消化道传染等多种途径感染。3 月龄以上的兔最易感，长毛兔的易感性更高于皮肉兔。四季都可发生，但北方一般以冬、春寒冷季节多发。在新疫区多呈暴发性流行，病势凶猛。

症状　潜伏期2～3d。根据病程分为最急性、急性和慢性三个型。

最急性型　多发生在流行初期。突然发病，一般在感染后10～12h迅速死亡，体温至41℃，几乎无明显症状。死前尖叫，死后两鼻孔流出血样泡沫和鲜血。

急性型　病程1～2d，多在流行高峰期发生。感染后24～48h，体温41℃以上，心跳加快，食欲减退，迅速消瘦。死前有短期兴奋、挣扎、咬笼架，继而前肢俯伏，后肢支起，全身颤抖，倒后四肢划动，惨叫几声而死。少数病死兔鼻孔中流出泡沫样血液。

慢性型　多见于老疫区或流行后期。潜伏期和病程较长。多见于老龄兔和3月以内的幼兔。体温41℃左右，精神委顿，食欲不振，被毛杂乱，最后消瘦、衰弱而死。

病理变化　以实质器官淤血、出血为主要特征。可见鼻腔、喉头和气管黏膜淤血和出血，气管和支气管内有泡沫状血液，肺充血，有数量不等的出血斑点，切开流出多量红色泡沫状液体。肝淤血、肿大、质脆，被膜弥漫性网状坏死，而致表面呈淡黄或灰白色条纹，切面粗糙，流出多量暗红色血液。胆囊胀大，充满稀薄胆汁。脾有的充血增大2～3倍。肾皮质有散在的针尖状出血点。心脏扩张淤血。胃黏膜脱落。小肠黏膜充血、出血。肠系膜淋巴结水样肿大，其他淋巴结多数充血。膀胱积尿。孕母兔子宫充血、淤血和出血。多数雄性病例睾丸淤血。脑和脑膜血管淤血。

诊断要点　常呈暴发性流行，发病率及病死率极高。特征为呼吸系统出血，肝坏死，实质脏器水肿、淤血及出血性变化。死后两鼻孔流出血样泡沫。取肝作为病料，处理后作血凝抑制试验鉴定病毒。用血凝和血凝抑制试验、间接血凝试验、ELISA等检测血清抗体。

治疗　尚无有效的治疗方法。因急性死亡，常来不及治疗。

防制措施　平时坚持自繁自养；认真执行卫生防疫措施，定期消毒；对新引进的兔隔离观察2周以上，如无本病方可混群。常发地区用兔病毒性出血症甲醛灭活苗进行免疫接种，免疫期为半年，仔兔断奶后可进行首免，以后每隔半年注一次即可。

当发生本病时，立即封锁疫点，严格隔离病兔，暂停种兔调剂，关闭兔及兔产品交易市场。对未发病的兔一律进行紧急接种。尸体要焚烧或深埋。对被污染的兔舍、饲养用具及运动场要彻底消毒。

二、兔葡萄球菌病

本病是由金黄色葡萄球菌引起兔的多种疾病的总称。主要特征为表现仔兔脓毒败血症、转移性脓毒血症、鼻炎、脚皮炎、乳房炎及仔兔急性肠炎等多种症状。

病原体　金黄色葡萄球菌。参照禽葡萄球菌病病原体。

流行病学　通过各种途径都可能发生感染，尤其是皮肤、损伤的黏膜、哺乳母兔的乳头。家兔对金黄色葡萄球菌最敏感，各年龄段家兔均易感。无明显的季节性。

症状　根据病性不同将其分为以下类型。

转移性脓毒血症　在皮下或肌肉、内脏器官形成脓肿，一般常被有结缔组织包膜，柔软而有弹性。皮下脓肿经1～2个月后可自行破裂，流出浓稠、乳白色干酪状或乳油样脓液，引起瘙痒而进一步损伤皮肤，不断形成新的脓肿。当脓肿向内破溃时，通过血液、淋巴液导致全身性感染，呈现脓毒败血症而迅速死亡。

仔兔脓毒败血症　仔兔出生后2～6d，皮肤出现白色脓疱，多数于2～5d内因脓毒败血症而死亡。10～21日龄的病兔，皮肤白色脓疱高出表皮，病程较长，但最终死亡。幸存者脓疱慢慢干固、消失而痊愈。

脚皮炎　脚掌部表皮充血、红肿和脱毛，继而出现脓肿，以后形成经久不愈的出血性溃疡面。腿不能动，食欲减退，消瘦。有些发生全身性感染，呈败血症症状，很快死亡。

乳房炎　急性乳房炎时，体温和乳房温度稍升高，乳房呈紫红色或蓝紫色。慢性乳房炎的初期，乳头和乳房局部发硬，逐渐增大。随着病程的发展，在乳房表面或深层形成脓肿。腹部皮下结缔组织化脓，脓汁呈乳白色或淡黄色乳油状物。

仔兔黄尿病（仔兔急性肠炎）　是仔兔吃入患乳房炎母兔的乳汁引起的急性肠炎。一般全窝发生，仔兔臀部和后肢被毛潮湿、腥臭，昏睡，全身发软，病程2～3d，死亡率较高。

鼻炎　常与脚皮炎伴发。鼻腔流出大量脓性分泌物，在鼻孔周围干结成痂，呼吸困难，打喷嚏，用前爪摩擦鼻部，鼻部周围被毛脱落。

病理变化

转移性脓毒血症　病兔或死兔的皮下、心脏、肺、肝、脾等内脏器官以及睾丸、附睾和关节、骨髓等处有脓肿，内脏脓肿常有结缔组织包膜，脓汁呈乳白色乳油状。

仔兔脓毒败血症　以患部的皮肤和皮下出现小脓疱为特征，脓汁呈乳白色油状物。

兔黄尿病　肠黏膜（尤其是小肠）充血、出血，肠腔充满黏液。膀胱极度扩张并充满尿液。

鼻炎　鼻黏膜充血，鼻腔内有大量的浆液脓性分泌物。有些病例有肺脓肿和胸膜炎病变。

诊断要点　特征是体表和各器官形成化脓灶或全身性败血症。取化脓灶的脓汁或败血症病例的血液、肝、脾等分离培养和鉴定病原体确诊，参照禽葡萄球菌病病原学诊断。

治疗　选用庆大霉素、红霉素、卡那霉素和磺胺类药物等，新型青霉素的耐药性低。体表脓肿可排脓和清除坏死组织，患部用3%结晶紫石炭酸液或5%龙胆紫酒精涂擦。

防制措施　平时保持兔笼和运动场的清洁卫生；清除一切锋利的物品；笼内避免拥挤，对性情暴躁好斗的兔要分开饲养。产仔箱要用柔软、光滑、干燥而清洁的物品铺垫。加强孕母兔产前和产后的饲养管理，防止乳汁过多过浓，断乳前减少多汁饲料，以免发生乳房炎。可采用当地分离的菌株作成灭活苗进行免疫接种，可预防或减少本病的发生。一旦发病，加强兔舍和运动场及饲养用具的消毒，避免兔发生外伤，加强饲养管理，增加兔群的抵抗力。

三、兔李氏杆菌病

本病是由李氏杆菌引起兔的散发性传染病。主要特征为幼兔表现以运动失调为主的神经症状，孕兔流产。

病原体　产单核细胞李氏杆菌。参照猪李氏杆菌病病原体。

流行病学　啮齿类动物是本菌的宿主。由于此菌在土壤、植被和粪便中广泛存在，许多种动物和人都可被隐性感染，通过消化道、呼吸道、眼结膜和皮肤伤口感染。幼兔和妊娠母兔最易感。常为散发性，有时呈地方流行性。凡是降低宿主免疫力的各种应激因素，均可促使细菌的大量繁殖，导致菌血症或败血症。

症状　出现明显症状者较少，一旦有症状多取急性死亡。幼兔多呈急性败血型。主要表现为精神委靡，食欲废绝，不愿走动。有的出现全身震颤，眼球凸出，表现运动失调等间歇性神经症状。最后倒地后仰，抽搐、衰竭死亡。妊娠母兔患病时，从阴道内排出红色或棕褐色的分泌物而流产，流产后很快康复，但长期不孕。

病理变化　体表淤血，皮下结缔组织呈胶冻样，皮下淋巴结肿大。腹水增加，混浊。肝实质有界限不明的坏死灶。流产母兔可见到子宫内膜充血，以至广泛性坏死。有神经症状的病兔，脑膜和脑可能见到充血、炎症和水肿变化，脑干变软。

诊断要点　表现以运动失调为主的神经症状，流产母兔呈现以出血性坏死性子宫内膜炎为特征的败血症。病原学和血清学诊断参照猪李氏杆菌病。

治疗　用磺胺嘧啶和链霉素有一定的疗效。本菌对广谱抗生素均较敏感。

防制措施　搞好兔舍和环境的卫生；消灭鼠类；驱除外寄生虫；杜绝从疫区引进种兔；对兔舍及饲养用具定期进行消毒。发现病兔要及时隔离，兔舍用石炭酸、来苏儿或氢氧化钠彻底消毒，尸体和皮毛必须无害化处理。接触病兔的工作人员，要注意洗手、消毒等自身防护。

四、兔链球菌病

本病是由溶血性链球菌引起兔的急性传染病。主要特征为腹泻，呼吸困难，皮下出血性水肿，脾急性肿胀，出血性肠炎。

病原体　链球菌，属C群链球菌。参照猪链球菌病病原体。

流行病学　带菌动物和病兔是主要的传染源。主要经消化道和呼吸道感染。四季均可发生，但春、秋两季多发。当饲养管理不当等因素导致兔体抵抗力降低时，可诱发本病。

症状　精神沉郁，食欲减退，体温达40℃以上，呼吸困难，有浆液性鼻汁，时有腹泻。

病理变化　皮下组织出血性浆液性浸润，脾急性肿胀，出血性肠炎，肝和肾脂肪变性。

诊断要点　以皮下出血性水肿，脾脏急性肿胀，出血性肠炎为特征。病原学和血清学诊断参照猪链球菌病。

治疗　选用庆大霉素、卡那霉素、红霉素、青霉素、土霉素、四环素及喹诺酮类抗生素。对脓肿用外科手术排脓后，按外伤处置。

防制措施　改善饲养管理，尽量避免应激因素；必需引进种兔时，须隔离观察2周以上。及时隔离病兔；尸体要深埋或焚烧处理；做好兔舍和环境的消毒工作。

第四节　以繁殖障碍综合征为主症

以繁殖障碍综合征为主症的兔传染病有兔密螺旋体病、兔沙门菌病、兔肺炎链球菌病和兔李氏杆菌病，后三种病已经阐述。

兔密螺旋体病

本病是由兔类梅毒密螺旋体引起兔的慢性传染病。主要特征为在皮肤和黏膜发生结节和溃疡，有时流产或产弱仔。

病原体 为兔类梅毒密螺旋体，属于螺旋体科密螺旋体属，呈极其纤细的螺旋形，染色困难，暗视野显微镜检查呈旋转运动。本菌抵抗力不强，一般消毒药品都能将其杀死。

流行病学 病兔和携带病原的兔是主要传染源。本菌主要存在于外生殖器官病灶中，经交配感染，因此发病多为成年兔。其他动物不感染本病。发病率较高，但几乎无死亡。无明显的季节性。

症状 潜伏期较长，2～10周不等。主要损害皮肤和黏膜。最早的症状见于阴茎、包皮、阴囊皮肤以及阴户边缘和肛门四周红肿，继而形成米粒大小的结节和溃疡，有的形成痂块，剥去痂块，溃疡面凹陷，边缘不整，易于出血。孕兔有时流产、产弱仔以及患无乳症。病程长达数月。可以自愈，康复兔无免疫力，可复发或再度感染。

病理变化 阴茎、包皮、阴囊皮肤以及阴户边缘和肛门四周红肿，有的形成小结节和溃疡。病变破裂后出现糜烂、溃疡，并形成褐色结痂。

诊断要点 多发生于成年兔，发病率较高，但几乎无死亡，某些部位皮肤和黏膜发生结节和溃疡。采取病变部的液体或溃疡面的渗出液，用暗视野显微镜检查，或做涂片用姬姆萨染色镜检密螺旋体，即可确诊本病。

治疗 用5%新胂凡纳明（914）溶液，静脉注射。同时配合青霉素进行治疗，效果更佳。除全身治疗外，局部可涂碘酊或青霉素油膏。

防制措施 目前尚无疫苗。主要是加强一般卫生防疫措施；坚持自繁自养，对新购进的种兔应严格隔离观察，检疫阴性者方可合群。发现病兔和疑似病兔，应停止其配种，严格隔离，重病兔淘汰；彻底清除污染物，消毒场地和用具。

复习思考题

1. 以消化道症状为主症的兔传染病的鉴别诊断，各自的防制措施。
2. 巴氏杆菌病各型的症状特点。
3. 兔肺炎链球菌病的防制措施。
4. 兔病毒性出血症的防制措施。
5. 兔葡萄球菌病各型的特点。
6. 兔密螺旋体病的流行特点、防制措施。

第九章　动物传染病实践技能训练

实训一　动物传染病疫情调查分析

实训内容

1. 动物传染病疫情调查。
2. 动物传染病疫情调查的初步统计。

实训目标　掌握动物传染病疫情调查的内容及方法，能进行调查资料的初步统计和整理。

材料准备

1. 动物疫情调查表。
2. 某乡、村或动物养殖场的疫情资料。

方法步骤

1. *疫区或疫点疫情调查的内容*　见第二章第一节流行病学诊断。

2. *疫情调查材料的初步整理*　将调查所获得的原始材料整理成系统的资料，再进一步研究和处理。

(1) 依次表：是将原始数字由小至大，按顺序排列成一个依次表。此排列方法称为整列。由依次表可以看出数字大概变异的情形。最小数与最大数之差称为“全距”。全距愈大，表示变异愈大，反之则表示变异愈小。这种方法最粗放，一般用于小样本得到的少数（10～30）数字的材料。

例：某地10个猪群猪瘟的发病头数分别是9、11、10、9、12、13、11、12、10、11头。排列成依次表为：9、9、10、10、11、11、11、12、12、13，其全距为13－9＝4。

(2) 次数分布表：用于大样本数字资料的整理。是按数字的大小分组，在某一限度之内的归为一组，然后按每组的次数排列成表。所谓次数（一般以 f 表示），即在各组中变数（一般以 x 表示）出现的次数。对于非连续性变数，并且变异范围较小的样本，可以采用其自然单位进行分组。

例：40个村猪瘟的发病头数为7、10、12、10、11、13、10、8、10、12、9、11、10、7、12、11、10、11、13、10、10、14、10、11、12、11、9、13、10、10、8、10、14、11、12、12、11、10、12、13。所有变数中每村发病数最少为7头，最多为14头，将以上发病头数按数序排列（表9-1）。

表9-1　次数分布表

变　数（x）	划　记	次　数（f）
7	‖	2
8	‖	2
9	‖	2
10	++++ ++++ ++	13
11	++++ ++	8
12	++++ +	7
13	+++	4
14	‖	2

（3）次数分布图：调查数字的分布情形，尚可用图解法即次数分布图来表示。

一般条图：表示变量（指标的参数）之间对比、变异和构成。以同样宽的直条长度表示事物的数量多少，可以对比，用绝对数与相对数均可。绘图时要注意各直条宽度及各条间的间隔要相等，间隔的宽度约为条宽的一半至与条宽相等。各直条除有自然顺序的资料之外，应由高到矮依次排列。各直条须有共同的基线，从“0”开始，如直条过长，中间可用折线折断，用数字标明。

圆面图：以圆面积内所占部分大小，说明事物总体的构成。绘图时以全面积为100%，每3.6°的面积为1%。可以用其百分比数乘以3.6°，即可知该数所占角的面积，用量角器绘制。各部分面积的排列按顺时针方向依次排列，从“12点”处开始，圆内各部分应标明百分数。如将两种相似的资料对比时，应取直径相同的圆，且圆内各部分排列次序亦应一致。

（4）统计表：根据整理和计算得出的数量结果（统计指标），如各组的均数或百分数，用表格的形式表达出来，便于资料的比较。统计表一般包括有表号、表目（标题）、表身、说明或脚注等部分。表头指表上端两横线之间部分，由文字排成若干列，最左侧一列为主词所在位置，右侧各列为宾词——纵表目所在位置；表身指表头两横线以下的部分，其最左侧为体现主词即被说明事物特征的所在位置——横标目，其右侧为体现宾词特征的统计指标，填写统计指标的方格总称表体；说明或脚注（包括资料来源）放在最下方横线的下边（表9-2）。

表9-2 统计表

第一横线	表　号	表目（标题）	
	（主　词）	（宾	词）
第二横线		纵标目	纵标目
	横标目	统计指标	统计指标
	横标目	（表	体）
第三横线			

说明或脚注：×××××

设计表格时要注意以下几点：内容要简明，内容众多的表格分为若干个小表；标题要明确，要包括何事、何时、何地；统计指标的单位一律附于标目之后，表体方格内不再写单位，只写阿拉伯数字，较复杂的单位可在脚注中加以说明；表内尽量少用线条，最基本的线是三条线；表中尽量少用文字说明，必要时可在欲说明处的右上角加星号，然后在表格底下加脚注（用同样星号）说明。

实训报告　根据调查结果整理出该乡、村或动物养殖场的疫情统计表（表9-3）。

表9-3 ＿＿年各类猪传染性胃肠炎发病率和死亡率统计表*

类　别（1）	总头数（2）（4）	发　病（2）		死　亡（2）	
		头数（4）	%（4）	头数（4）	%（4）
种公猪（3）	12（5）	11（5）	92（5）	0（5）	0（5）
经产母猪（3）	79（5）	68（5）	86（5）	0（5）	0（5）
后备母猪（3）	32（5）	27（5）	84（5）	0（5）	0（5）

* 本表资料引自××猪场

例如：猪传染性胃肠炎发病率和死亡率统计表。其中：(1) 为主词，(2) 为宾词，(3) 为横标目，(4) 为纵标目，(5) 为表体中的统计指标。

实训二　动物传染病防疫计划的制订

实训内容

1. 动物传染病防疫计划的编制。
2. 动物养殖场疫病预防计划的编制。

实训目标　初步掌握动物传染病防疫计划的编制方法。

材料准备

1. 某乡、村或养殖场、养殖户动物流行病学调查资料。
2. 预防接种计划表、检疫计划表、生物制剂抗生素及贵重药品计划表、普通药械计划表等。

方法步骤

1. 防疫计划的内容和范围　各级各类动物疫病防疫机构和部门，每年年终以前都应拟订次年的动物传染病防疫计划。动物传染病区域性防疫计划的内容包括一般传染病的预防、某些慢性传染病的检疫以及控制遗留疫情的扑灭等项工作。可分成以下几部分：

(1) 基本情况：简述所属地区与流行病学有关的自然概况以及社会和经济因素；畜牧业的经营管理；动物数目及饲养条件；动物医学人员的工作条件，包括人员、设备、基层组织和以往的工作基础等；本地区及其周围地带目前和最近二三年的疫情，对第二年疫情的估计等。

(2) 动物预防接种计划表：应考虑预防接种动物传染病的种类，使用疫苗的种类、数量、动物种类、地区范围以及选用的免疫程序等内容，可列表表示（表 9-4）。

表 9-4　(单位名称) ______ **年动物预防接种计划表**

第　页

接种名称	地区范围	畜别	应接种的头数	计划接种的头数				
				第一季度	第二季度	第三季度	第四季度	合计

制表人______　　审核人______　　年　月　日

(3) 诊断性检疫计划表：包括检疫动物传染病的种类、地区范围、动物种类、检疫的数量等内容。列表格式同预防接种计划表，只需将表中的“接种”改为“检疫”即可。

(4) 卫生监督及卫生措施计划：是指除了预防接种和检疫以外的疫病，以消灭现有传染病及预防出现新疫点为目的的一系列措施的实施计划。如改善饲养管理的计划；建立隔离地、产房、药浴池、贮粪池、尸坑及畜产品加工厂的计划；实施预防消毒和驱虫灭鼠的计划；加强对动物及其产品交易运输时的消毒和检疫计划等。

(5) 生物制剂及抗生素计划表：包括生物制品和药物名称、计算单位、全年需用量、库存、需要补充的情况等（表 9-5）。

(6) 普通药械计划表：包括药械名称、用途、现有数量、需补充数量、规格、使用时间等（表 9-6）。

(7) 经费预算：可按开支项目分季度列表表示。

表 9-5 （单位名称）______**年生物制剂和抗生素及贵重药品计划表**

第　页

药剂名称	计算单位	全年需用量					库存情况		需要补充量					备注
		第一季	第二季	第三季	第四季	合计	数量	失效期	第一季	第二季	第三季	第四季	合计	

制表人______　　审核人　　年　月　日

表 9-6 （单位名称）______**年普通药械计划表**

第　页

药械名称	用　途	单　位	现有数	需补充数	要求规格	代用规格	需用时间	备　注

制表人______　　审核人______　　年　月　日

2. 防疫计划的编制　在编制动物传染病防疫计划时，首先要进行充分的调查研究，详细了解上述“基本情况”的内容，为整个计划提出依据。在此基础上，编制预防接种计划、诊断性检疫计划以及卫生监督和卫生措施计划等；再进行生物制剂和抗生素计划、普通药械计划的制订；最后进行经费预算。

编制动物传染病防疫计划的“基本情况”时，要熟悉本地区（或养殖场）的地理、地形、植被、气候条件及气象学资料，了解区域或养殖场的经营发展方向。需要搜集和研究本地区以往有关动物传染病的统计报表资料、动物传染病流行地图、化验室资料及尸体剖检报告等。深入分析有哪些有利或不利于某些动物传染病发生和传播的自然因素及社会经济因素，充分考虑到避免或利用这些因素的可能性。

拟定某一区域动物防疫计划时，需要掌握该地区各种动物现有以及一二年内可能达到的数量，并充分考虑到现有动物医学人员的力量及其技术水平，估计到在开展防疫工作时培养和利用基层技术力量的可能性。如果技术力量及硬件条件不足时，应当把最重要而又有把握按计划实施的措施列为重点。

在各种防疫措施的时间安排上，在充分考虑动物传染病的季节性的基础上，还须考虑到生产活动的季节性，务必使措施的实施和生产实际密切配合，避免互相冲突。

计划初稿拟定以后，首先应在本单位讨论，修订通过后，再征求有关单位的意见，最后报请上级审核批准。

3. 动物养殖场疫病预防计划的编制　根据本场动物传染病流行情况、动物饲养管理的方式和水平、经济状况等实际情况来制订。内容主要包括免疫接种、药物预防及环境消毒等内容。

实训报告　制定某区域或动物养殖场本年度某种动物的疫病预防计划。

教学提示　实训前要求学生对实训内容充分预习，以便顺利完成教学。

实训三　动物传染病免疫接种技术

实训内容

1. 免疫接种前的准备。

2. 免疫接种技术。

3. 免疫接种用生物制剂的保存和运送方法。

实训目标　了解免疫接种前的准备工作；初步掌握动物免疫接种技术、生物制剂的保存和运送方法。

材料准备

1. 器材　金属注射器、一次性注射器、连续注射器、针头、气雾免疫发生器、镊子、剪毛剪、体温计、盆、毛巾、纱布、脱脂棉、搪瓷盘、出诊箱、工作服、登记卡片、保定动物用具等。

2. 药品及生物制品　5%碘酒、70%酒精、来苏儿或新洁尔灭等消毒剂、疫苗、免疫血清。

方法步骤　教师讲解示教后，学生分组操作。

一、免疫接种前的准备

1. 一般准备　根据动物传染病免疫接种计划，统计接种对象及数量，确定接种日期；准备器材和药品、免疫登记表；安排及组织接种和动物保定人员。

2. 生物制剂准备　接种前准备足够的生物制剂，对所有制剂认真检查，对无瓶签或瓶签模糊不清、瓶盖松动、疫苗瓶裂损、超过保存期、色泽与说明不符、瓶内有异物、发霉的疫苗等不得使用。

3. 动物准备　接种前对预定接种的动物进行了解及临诊观察，必要时进行体温检查。对完全健康的动物进行疫苗接种，凡体质过于瘦弱、妊娠后期、未断奶、体温升高或疑似患病的动物均不应接种，做好记录，以后及时补种。

4. 器械准备　将所用器械用纱布包裹，经121℃高压蒸汽灭菌20～30min，或煮沸消毒30min后无菌纱布包裹，冷却备用。

二、免疫接种技术

根据不同生物制剂的使用要求采用相应的接种方法。首先对注射部位剪毛，用碘酊或75%酒精棉擦拭消毒，然后进行注射。

1. 皮下接种技术　马、牛在颈侧；猪、羊在股内侧、肘后及耳根处；兔在耳后；家禽在胸部或颈部。根据药液浓度及动物大小，一般用16～20号针头。术者以左手拇指与食指捏起皮肤形成皱褶，右手持注射器使针头在皱褶底部稍倾斜快速刺入皮肤与肌肉间，注入药液，拔针后立即用挤干的酒精棉揉擦，使药液散开。

2. 皮内接种技术　牛、羊在颈侧、尾根皮肤皱襞及肩胛中央；猪在耳根后；马在颈侧；鸡在肉髯部。使用带螺口的注射器及19～25号1/4～1/2螺旋注射针头。羊、鸡等也可用1ml蓝心玻璃注射器及24～26号针头。术者以左手拇指与食指捏起皮肤形成皱褶，右手持注射器使针头几乎与皮肤面平行刺入真皮内，注入药液。如感到注入困难，同时有一小包，证明注射正确。然后用酒精棉球消毒针孔及其周围。对羊进行尾根皮内注射时，将尾根翻起，术者以左手拇指和食指将皮肤绷紧，针头与皮肤平行慢慢刺入，缓慢推入药液，有一小包为注射正确。

3. 肌肉接种技术　家畜一律在臀部或颈部，猪、羊还可在股内侧，鸡在胸部。一般采用14～20号针头。术者左手固定注射部位，右手持注射器，针头垂直或与皮肤表面呈45°角（避免疫苗流出）刺入肌肉内，回抽针芯，如无回血，将疫苗慢慢注入。若发现回血，应变更位置。注射时要将针头留有1/4在皮肤外面，以防折针后不易拔出。

4. 皮肤刺种技术　用于禽类，在翅内侧无血管处，用刺种针或钢笔尖蘸取疫苗刺入皮下。

5. 经口免疫技术　首先按动物头数和每头动物平均饮水量或摄食量，准确计算需用的疫苗剂量。免疫前停饮或停喂半天。稀释疫苗用水需纯净，不含消毒剂，如自来水中的漂白粉等。混合疫苗所用的水、饲料的温度，以不超过室温为宜。已经混合疫苗的饮水和饲料，进入动物体内的时间越短效果越好，不能存放。

6. 气雾免疫技术　将稀释的疫苗通过雾化发生器喷射出去，使其形成5～10μm的雾化粒子，均匀地浮游在空气中，使动物吸入体内。适用于大群免疫。压缩泵压力保持在2kg/cm^{2}以上，雾化粒子在5～10μm时才可使用。

（1）室内气雾免疫技术：疫苗用量根据房间大小而定。计算公式如下：

$$疫苗用量=\frac{DA\times 1\ 000}{tVB}$$

式中，D为免疫剂量；A为免疫室容积；B为疫苗浓度；t为免疫时间；V为常数。

以羊免疫为例，羊的V=3～6（羊每分钟吸入空气量为3 100～6 000ml，故以3～6作为羊气雾免疫的常数）。

计算好疫苗用量后，将动物赶入室内，关闭门窗。操作者站在门外，将喷头由门窗缝伸入室内，使喷头保持与动物头部同高，向室内均匀喷射，操作完毕后，动物在室内停留20～30min。

（2）野外气雾免疫技术：疫苗用量按动物数量而定。以羊免疫为例，如为1 000只，每只羊免疫剂量50亿活菌，则需50 000亿活菌，如每瓶菌苗含活菌4 000亿，则需12.5瓶，用500ml无菌生理盐水稀释，实际用量常比计算用量略高一些。免疫时操作人员站在动物群中，喷头与动物头部同高，朝动物头部方向喷射。操作人员要随走随喷，使每一动物都有吸入的机会。如为有风天气，操作者应站在上风向。喷射完毕，动物在圈内停留数分钟即可放出。

7. 滴鼻（眼）免疫技术　用乳头滴管吸取疫苗滴于鼻孔或眼内1～2滴。

三、生物制品的保存和运送

1. 保存　各种生物制品均需低温保存。通常免疫血清及灭活苗保存在2～15℃，防止冻结；

冻干活疫苗多要求在－15℃保存，温度越低，保存时间越长；冻结苗应在－70℃以下保存。保存时间不得超过所规定的期限。

2. 运送　生物制品的包装要完整，防止碰碎瓶子及散播病原。运送途中避免高温和阳光直射，并尽快送到保存地点或预防接种场所。北方地区要防止气温低而造成的冻结及温度高低不定而引起冻融。切忌于衣袋内运送疫苗。弱毒苗应在低温条件下运送，大量时应用冷藏车，少量可用带冰块的保温瓶运送。

四、免疫接种后的护理和观察

接种后的动物可发生暂时性的抵抗力降低现象，应对其进行较好的护理与管理，有时还可发生疫苗反应，需仔细观察，期限一般为7～10d。对有反应者予以适当治疗，极为严重的可屠宰。

五、免疫接种的注意事项

1. 工作人员穿工作服及胶鞋，必要时戴口罩。工作前后洗手消毒，工作中不应吸烟和吃食物。

2. 注射剂量按疫苗使用说明进行。须经稀释后才能使用的疫苗，应按说明书的要求进行稀释。

3. 在疫苗瓶盖上固定一个消毒针头专供吸取疫苗液用，每次吸后用酒精棉将针头包好。吸出的疫苗液不可再回注于瓶内。给动物注射用过的针头不能吸液，以免污染疫苗。

4. 疫苗使用前必须充分振荡，使其均匀混合后应用。免疫血清则不应震荡，沉淀不应吸取，并随吸随注射。

5. 严格执行消毒及无菌操作。注射时最好每注射一头家畜调换一个针头。在针头不足时可每吸液一次调换一个针头，但每注射一头后，应用酒精棉将针头拭净消毒后再用。

6. 针筒排气溢出的疫苗液，应吸积于酒精棉上，并将其收集于专用瓶内。用过的酒精棉花、碘酒棉花和吸入注射器内未用完的疫苗液都放入专用瓶内，集中烧毁。

实训报告　猪、鸡主要免疫接种技术及注意事项。

实训四　消　毒

实训内容

1. 常用消毒器械的使用。

2. 常用消毒液的配制。

3. 动物圈舍、用具、地面土壤和粪便的消毒。

实训目标　掌握畜舍、用具、地面土壤及粪便消毒的方法。

材料准备

1. 器材　喷雾消毒器、天秤或台秤、量筒、盆、桶、缸、清扫及洗刷用具、高筒胶鞋、工作服、胶手套等。

2. 药品　氢氧化钠、新鲜生石灰、漂白粉、来苏儿、高锰酸钾、福尔马林等。

方法步骤

一、常用消毒器械的使用

1. 喷雾器　有手动喷雾器和机动喷雾器两种。手动喷雾器又分背携式和手压式，常用于小面积的消毒。机动喷雾器分为背携式和担架式两种，常用于大面积的消毒。

在使用喷雾器前，要进行检查和调试，使用者要掌握操作要领。装药时对溶解不充分的药液要过滤，以免堵塞喷头。药液不应装得太满，以八成为宜。消毒完成后，如喷雾器内压力仍然较高，需先打开旁边的小螺丝放完气，然后打开桶盖，倒出剩余药液，用清水冲洗喷头、喷管及筒体，干净后晾干或擦干，置干燥处保存。

2. 火焰喷灯　是用汽油做燃料的一种工业用喷灯，常用以消毒被病原体污染了的各种金属制品，如鼠笼、兔笼、鸡笼等。需注意不要喷烧太久，以免将消毒物品烧坏。消毒时应有一定的次序，以免发生遗漏。

二、消毒液的配制

消毒液浓度表示法主要有百分比浓度、摩尔浓度等。常用百分比浓度，即每百克或每百毫升药液中含某种药品的克数或毫升数。配制消毒液时，首先计算好药品及水的比例或用量，然后将水倒入配药容器（盆、桶或缸）中，再将称量好的药品倒入水中，混合均匀或完全溶解即可应用。

三、消毒方法

1. 动物圈舍、用具的消毒　分两个步骤进行：

（1）机械清扫：首先用清水或消毒液喷洒畜舍地面、饲槽等，以免灰尘及病原体飞扬，随后对棚顶、墙壁、饲养用具、地面等清扫，彻底扫除粪便、垫草及残余饲料等污物，该污物按粪便消毒法处理。水泥地面的动物舍再用清水彻底冲洗地面、粪槽及清粪工具等。

（2）化学消毒剂消毒：消毒液用量一般按 $1000ml/m^2$ 计算，测算动物圈舍面积，计算应用消毒液总量。消毒时先由远门处开始，对天棚、墙壁、饲槽和地面按顺序均匀喷洒，后至门口。圈舍启用前，打开门窗通风，用清水洗刷饲槽、水槽等，消除药味。

化学药物蒸气消毒：常用福尔马林。用量按圈舍空间计算，福尔马林 $25ml/m^3$、水 $12.5ml/m^3$，两者混合后再放高锰酸钾（或生石灰）$25g/m^3$。消毒前将动物赶出，舍内用具、物品等适当摆开，紧闭门窗，室温保持在15～18℃以上。药物置于陶瓷容器内，用木棒搅拌，经几秒钟产生甲醛蒸汽，人员立即离开，将门关闭。经12～24h后打开门窗通风，待药气消散后动物再进入。如急需使用圈舍，可用氨气中和，按氯化氨 $5g/m^3$、生石灰 $2g/m^3$、75℃水 $7.5ml/m^3$，混合于桶内放入圈舍。也可用氨水代替，按25%氨水 $12.5ml/m^3$，中和20～30min，打开门窗通风20～30min。即可启用。

2. 地面土壤消毒　患病动物停留过的圈舍、运动场等，先清除粪便、垃圾和表土。小面积的地面土壤可用10%氢氧化钠、4%福尔马林等喷洒。大面积的土壤可翻地，深度约30cm，在翻地的同时撒上干漂白粉，一般传染病按 $0.5kg/m^2$，炭疽等芽孢杆菌性传染病时按 $5kg/m^2$，然后以水湿润、压平。

3. 粪便消毒

（1）焚烧法：在地上挖一壕沟，宽75～100cm，深75cm，长依粪便多少而定，在距离壕底40～50cm处加一层铁梁，以不使粪便漏下为宜，铁梁下面放置木材等燃料，上面放置欲消毒的粪便。如粪便太湿，可混一些干草，以便烧毁。

（2）化学消毒剂消毒法：用含2%～5%有效氯的漂白粉溶液或20%石灰乳，与粪便混合消毒。

（3）掩埋法：将粪便与漂白粉或生石灰混合后，深埋于地下2m左右。

（4）生物热发酵法：

发酵池法：在距居民点、农牧场200～250m以外，无河流、水井的地方挖筑发酵池，池的数量与大小视粪便多少而定。池壁池底用砖、水泥砌成，使之不透水。用时池底先垫一层土，每天清除的粪便倒入池内，至池快满时，在粪便表面铺一层干草，上面盖一层泥土封严，经1～3个月发酵后作肥料用。也可用沼气发酵池进行消毒。

堆粪法：在距农牧场100～200m以外的地方设一堆粪场。在地面挖一浅沟，深约20cm，宽1.5～2m，长度依粪便多少而定。先将非传染性的粪便或蒿秆等堆至25cm厚，其上堆放欲消毒的粪便、垫草等，高达1～1.5m，然后在粪堆外面再铺上10cm厚的非传染性的粪便或谷草，并覆盖10cm厚的沙子或泥土。堆放3周至3个月，即可作肥料用。粪便较稀时加些杂草，太干时倒入稀粪或加水，使其不干不稀，以促其迅速发酵。

实训报告　记录操作过程，分析存在的问题，提出搞好动物养殖场消毒工作的意见。

实训五　传染病病料的采取、保存和运送

实训内容　病料的采取、保存和运送方法。

实训目标　初步掌握传染病病料的采取、包装和运送方法。

材料准备

1. 器材　保温箱或保温瓶、解剖刀、剪刀、镊子、酒精灯、酒精棉、碘酊棉、注射器、针头、无菌棉拭子、胶布、不干胶标签、一次性手套、乳胶手套、无菌样品容器（小瓶、平皿、离心管及易封口样品袋、塑料包装袋）等。

2. 药品　葡萄糖、柠檬酸钠、柠檬酸、氯化钠、甘油、磷酸二氢钾、磷酸氢二钾、0.02%酚红、氯化钾、青霉素、链霉素、丁胺卡那霉素、制霉菌素、盐酸等。

3. 动物　新鲜的动物尸体。

方法步骤

一、病料的采取

根据不同的疫病或检验目的，采其相应的病料。进行流行病学调查、抗体检测、动物群体健康评估或环境卫生检测时，样品的数量应满足统计学的要求。在无法确认病因时，应系统采集病料。采取内脏病料时，如患畜已死亡，应尽快采集，最迟不超过6h。采样刀剪等器具和样品容

器须无菌。采样时作好人身防护，严防人畜共患病感染。凡发现怀疑炭疽等不宜解剖的患畜，严禁剖检。

1. 血液　大哺乳动物颈静脉或尾静脉采血；禽类翅静脉采血，也可心脏采血；兔背静脉、颈静脉或心脏采血。对采血部位剪毛消毒，用针头或三棱针穿刺，将血液滴到或抽入试管内。血样种类主要有以下两种：

（1）全血样品：全血样品通常用于血液学分析、细菌和病毒或原虫培养。样品中加抗凝剂。抗凝剂可用0.1%肝素、阿氏液（为红细胞保存液，使用时1份血液加2份阿氏液）或2%柠檬酸钠。采血时应直接将血液滴入抗凝剂中，并立即充分混合。也可将血液放入装有玻璃珠的灭菌瓶内，震荡，脱纤维蛋白抗凝。

（2）血清样品：采取血液（不加抗凝剂），置室温下静置至血液凝固，收集析出的血清。必要时，经低速离心分离血清。

2. 一般组织　切开动物皮肤、体腔后，须另换一套器械切取器官的组织块，并单独放在灭菌的容器内。

（1）病原分离样品：用于微生物学检验的病料应新鲜，尽可能减少污染。首先以烧红的刀片烫烙脏器表面，在烧烙部位刺一孔，用灭菌后的接种环伸入孔内，取少量组织或液体，作涂片镜检或划线接种于适宜的培养基上。

（2）组织病理学检查样品：采集包括病灶及临近正常组织的组织块，立即放入10倍于组织块的10%福尔马林溶液中固定。组织块厚度不超过0.5cm，一般切成1～2cm^2。

3. 肠道组织、内容物或粪便　选择病变最明显的肠道部分，通过灭菌生理盐水冲洗弃去其中的内容物，取肠道组织。取肠内容物时，烧烙肠壁表面，用吸管扎穿肠壁，从肠腔内吸取内容物放入盛有灭菌的30%甘油磷酸缓冲盐水保存液中送检，或将带有粪便的肠管两端结扎，从两端剪断。

4. 拭子样品　应用灭菌的棉拭子采集鼻腔、咽喉或气管内的分泌物、泄殖腔内容物。采集后立即将拭子浸入保存液中，密封后低温保存。一般每支拭子需保存液1ml。

5. 皮肤　直接采取病变部位，如病变皮肤的碎屑、未破裂水疱的水疱液、水疱皮等。

6. 胎儿　将流产后的整个胎儿用塑料薄膜包裹，装入容器内。

7. 骨　需要完整的骨标本时，应将附着的肌肉和韧带等全部除去，表面撒上食盐，然后包入浸过5%石炭酸溶液的纱布中，装入不漏水的容器中。

8. 脑、脊髓、管骨　可将脑、脊髓浸入30%甘油盐水缓冲液中，或将整个头部割下，包入浸过消毒液的纱布中，置于不漏水的容器内。

9. 液体样本　采集胆汁、脓汁等样品时，用烫烙法消毒采样部位，用灭菌吸管、毛细吸管或注射器经烫烙部位插入，吸取内部液体材料，注入灭菌试管中，塞好棉塞。采集乳汁时，乳房及挤乳者的手消毒，同时把乳房附近的毛刷湿，最初所挤的3～4把乳汁弃去，然后采集10ml左右乳汁于灭菌试管中。进行血清学检验的乳汁不应冻结、加热或强烈震动。

10. 家禽　将整个尸体包入塑料薄膜中，装入容器内。

11. 供显微镜检查的脓、血液及黏液抹片　将材料置于载玻片上，用一灭菌玻棒均匀涂抹或另用一玻片推抹。用组织块作触片时，持小镊子将组织块的游离面在玻片上轻轻涂抹即可。每份病料制片不少于2～4张，待涂片自然干燥后，彼此中间垫以火柴棍或纸片，重叠后用线缠住，用纸包好。每片应注明号码，并附说明。

二、送检病料的记录和包装

1. *采样单及标签的填写* 逐项填写采样单（一式三份）、样品标签和封条。应将采样单和病史资料装在塑料包装袋中，随样品一起送到实验室。样品信息至少应包括以下内容：主人姓名和动物场地址；饲养动物品种及数量；被感染动物或易感动物种类；首发病例和继发病例的日期及造成的损失；感染动物在动物群中的分布情况；死亡动物数、出现症状的动物数量及年龄；症状及其持续时间；饲养类型和标准；动物治疗史；送检样品清单和说明，包括病料种类、保存方法等；要求做何种试验；送检者的姓名、地址、邮编和电话；送检日期；采样人和被采样单位签章。

2. *送检病料的包装* 每个组织样品应仔细分别包装，在样品袋或平皿外贴上标签，标签注明样品名、样品编号、采样日期等，再将各个样品放到塑料包装袋中。拭子样品、小塑料离心管应放在特定塑料盒内。血清样品装于小瓶时，在其周围应加填塞物，以避免小瓶晃动。外层包装应贴封条，有采样人签章，并注明贴封日期，标注放置方向。

三、保存和运输

样品应置于保温容器中运输，一般使用保温箱或保温瓶。保温容器外贴封条，封条有贴封人（单位）签字（盖章），并注明贴封日期。样品应在特定的温度下运输，尽快送至检验部门，运送途中避免接触高温及日光。样品到达实验室后，应按有关规定冷藏或冷冻保存。长期保存的样品应－70℃超低温保存，尽量避免反复冻融。

注意事项 采集微生物检验材料时，要严格按照无菌操作进行，并严防散布病原；要严格遵守操作规程，注意消毒，严防人体感染。

实训报告 拟定一份猪瘟病料的采取、保存及运送方法。

参考资料 病料保存液的配制：

1. *阿氏液（Alsevers）* 葡萄糖2.05g、二水柠檬酸钠0.80g、柠檬酸0.055g、氯化钠0.42g。加蒸馏水至100ml，散热溶解后调pH 6.1后分装，69 kPa 15min高压灭菌，4℃冰箱保存备用。

2. *30%甘油盐水缓冲液* 甘油30ml、氯化钠4.2g、磷酸二氢钾1.0g、磷酸氢二钾3.1g、0.02%酚红1.5ml。加蒸馏水或无离子水至100ml，加热溶化，校正pH 7.6，100 kPa 15min灭菌，冷却后4℃冰箱保存备用。

3. *pH 7.4的等渗磷酸盐缓冲液（PBS）* 氯化钠8.0g、磷酸二氢钾0.2g、十二水磷酸氢二钠2.9g、氯化钾0.2g。将以上试剂按次序加入定量容器中，加适量蒸馏水溶解后，再定容至1 000ml，调pH 7.4，112 kPa 20min灭菌，冷却后4℃冰箱保存备用。

4. *棉拭子用抗生素PBS（病毒保存液）* 取上述PBS液，按要求加入下列抗生素：喉气管拭子用PBS液中加入青霉素（2 000IU/ml）、链霉素（2mg/ml）、丁胺卡那霉素（1 000IU/ml）、制霉菌素（1 000IU/ml）。粪便和泄殖腔拭子抗生素浓度应提高5倍。加入抗生素后应调

pH 7.4。采样前分装小塑料离心管，每管中加 1.0～1.3ml，采粪便时在西林瓶中加 1.0～1.5ml，采样前冷冻保存。

实训六　传染病动物尸体的处理

实训内容　传染病动物尸体的运送、处理方法。

实训目标　结合生产实践，初步掌握尸体的运送及处理方法。

材料准备

1. 器材　运尸车、铁锹、棉花、纱布、工作服、口罩、风镜、胶鞋、手套等。

2. 消毒剂

方法步骤　利用综合实训或岗前实训在动物养殖场完成。

1. 尸体的运送　尸体运送前，工作人员穿戴工作服、口罩、风镜、胶鞋及手套，准备好内壁衬钉铁皮运尸车。装车前将尸体各天然孔用蘸有消毒液的纱布、棉花密塞，小动物和禽类可直接装入塑料袋，以免流出粪便、分泌物、血液等污染周围环境。对尸体躺过的地方，应用消毒液喷洒消毒，如为土壤地面，应铲去表层土，连同尸体一起运走。运送尸体的车辆、用具以及工作人员用过的手套、衣物及胶鞋等应进行严格消毒。

2. 尸体的处理

(1) 掩埋法：选择远离住宅、农牧场、水源、草原及道路等，土质干松、地势高、地下水位低的地方挖坑。坑的长度和宽度以能容纳侧卧尸体即可，从坑沿到尸体表面不得少于 1.5～2m。掩埋时，坑底先铺 2～5cm 厚的生石灰，后将尸体及污染的土层等一起投入，再铺 2～5cm 厚的生石灰，填土夯实。

(2) 发酵法：选择远离住宅、农牧场、草原、水源及道路等，修建圆井形尸坑，坑深 8～10m，宽 1.5～2m，坑壁及坑底用砖和水泥等不透水材料砌成，坑口设一木盖，高出地面约 30cm 再设一密闭的金属盖，平时加锁。将尸体投入坑内，一般经 2～3 个月尸体即可完全腐烂。坑内尸体可以堆至距坑口 1.5m 处。

(3) 焚烧法：将尸体投入到焚尸炉中烧毁，亦可在焚尸坑中进行。挖一长方形坑，长 2.5m，宽 1.5m，深 0.6m。将挖出的土堆在坑沿的两侧，坑内架满木柴，坑沿横放数条粗湿木棍，将尸体放在木棍上，在尸体和木柴上浇柴油后自下面点燃，直至将尸体烧成黑炭为止，最后就地掩埋坑内。

(4) 化制法：

土灶化制法：炼制时大锅内先放入 1/3 清水，煮沸，然后加入用作化制的脂肪和肥膘小块，边搅拌边将浮油取出，再用压榨机压出油渣内油脂。不适用于烈性传染病。

湿化制法：用湿化制机进行，将高压蒸汽通入机内炼制。适用于烈性传染病。

干化制法：使用卧式带搅拌器的夹层真空锅。将肉块切成小块，放入锅内，蒸汽通过夹层，使锅内压力和温度升高，待升至一定温度，炼制物结构被破坏，脂肪液化从肉中析出，同时也杀灭了细菌。适用于普通传染病。

(5) 煮沸处理法：将肉尸分成重 2kg、厚 8cm 的肉块，放入大铁锅内煮沸 2～2.5h，煮到深层肉质无血色时即可。适用于普通传染病。

实训报告　拟定一份炭疽病畜尸体的处理方法。

实训七　巴氏杆菌病实验室诊断

实训内容　巴氏杆菌病细菌学诊断。

实训目标　初步掌握巴氏杆菌病的病理剖检变化及实验室诊断方法。

1. 器材　外科刀、外科剪、镊子、显微镜、载玻片、酒精灯、接种环、擦镜纸、吸水纸等。

2. 染色液及培养基　革兰氏染色液、美蓝染色液或瑞氏染色液、血液琼脂平板、麦康凯琼脂平板等。

3. 动物　小鼠、家兔、可疑病死动物、人工感染死亡动物（鸡、小鼠或家兔）。

方法步骤

1. 细菌学诊断

（1）染色镜检：取心血、肝脏及病变的淋巴结做成涂片或触片，经甲醇固定后，用美蓝染色或瑞氏染色，镜检。巴氏杆菌为两极浓染的球杆菌，在新鲜的病料中常带有荚膜。

（2）分离培养：取心血、肝、脾组织等分别划线接种于血液琼脂平板和麦康凯琼脂平板，37℃培养24h，观察细菌的生长特性。巴氏杆菌在血液琼脂平板上形成淡灰色、圆形、湿润、露珠样小菌落，不溶血；在麦康凯琼脂平板上不生长。钩取血液琼脂平板上的典型菌落涂片，经美蓝染色或瑞氏染色后镜检，为两极浓染的球杆菌。革兰氏染色呈阴性。如需进一步检查，则钩取可疑菌落进行纯培养，对纯培养物进行生化试验鉴定。

2. 动物试验　取病料制成1∶10乳剂，或用细菌的液体培养物，取0.2～0.5ml皮下注射小白鼠或家兔，经24～48h动物死亡。置解剖盘内剖检观察其败血症变化，同时取心血、肝、脾组织涂片，分别进行美蓝染色或瑞氏染色、革兰氏染色，镜检可见大量两极浓染球杆状的巴氏杆菌，革兰氏染色阴性。

实训报告　写一份巴氏杆菌病综合诊断报告。

实训提示　利用人工感染死亡动物与可疑病死动物，以保证取得正确实验结果。

实训八　猪瘟的诊断

实训内容

1. 猪瘟临诊及病理学诊断。

2. 猪瘟荧光抗体染色法诊断。

实训目标　初步掌握猪瘟的现场诊断和荧光抗体染色诊断方法。

材料准备

1. 器材　荧光显微镜、冰冻切片机、载玻片、盖玻片、外科刀、外科剪、灭菌平皿等。

2. 试剂　pH 7.2 0.01mol/L 磷酸盐缓冲液（PBS）、pH 9.0～9.5，0.5mol/L 缓冲甘油、丙酮等。

3. 诊断液　猪瘟荧光抗体（由指定单位购买，按说明书稀释使用）、猪瘟标准阳性血清及标准阴性血清。

4. 动物　可疑猪瘟病猪。

方法步骤

1. 临床诊断和病理剖检诊断　见第三章第三节。

2. 实验室诊断

（1）病料采集：在剖检尸体观察病理变化的同时，无菌操作采取扁桃体、肾脏、脾脏、淋巴结、肝脏和肺脏等脏器，置于灭菌的容器内。急性病例首选扁桃体，慢性病例首选回肠末段。

（2）猪瘟荧光抗体染色法：将上述组织制成冰冻切片，经冷丙酮固定 5～10min，晾干。滴加猪瘟荧光抗体覆盖于切片表面，置湿盒中 37℃作用 30min。然后用 pH 7.2 0.01mol/L PBS 液漂洗 3 次，每次 3min，自然干燥。用 pH 9.0～9.5，0.5mol/L 碳酸缓冲甘油封片，置荧光显微镜下观察。必要时设立抑制试验染色片，以鉴定荧光的特异性。在荧光显微镜下，见切片中有胞浆荧光，并由抑制试验证明为特异的荧光，判猪瘟阳性，无荧光判为阴性。

（3）抑制试验：取两组猪瘟感染猪的扁桃体冰冻切片，分别滴加猪瘟标准阳性血清和健康猪血清（猪瘟中和抗体阴性），在湿盒中 37℃作用 30min，用 PBS 液漂洗 2 次，然后进行荧光抗体染色。经用猪瘟标准阳性血清处理的扁桃体切片，隐窝上皮细胞不应出现荧光，或荧光显著减弱；而用阴性血清处理的切片，隐窝上皮细胞仍出现明亮的鹅黄绿色荧光。

实训报告　报告猪瘟的综合诊断方法及结果。

教学提示　本实训可根据病例的存在情况安排在集中实训时进行，也可利用人工感染动物在课内进行。

参考资料　试剂配制：

1. pH 7.2 0.01 mol/L 磷酸盐缓冲液　氯化钠 8.0g、氯化钾 0.2g、无水磷酸二氢钾 0.2 g、无水磷酸氢二钠 1.15 g、蒸馏水 1 000ml。将以上成分溶于水，另加 0.1g 硫柳汞防腐。

2. 缓冲甘油　优质纯甘油 9 份和碳酸盐缓冲液（0.5mol/L 碳酸钠 1 份、0.5mol/L 碳酸氢钠 3 份，混合即成）1 份混合即成。

实训九　猪丹毒的诊断

实训内容

1. 猪丹毒的临诊及病理学诊断。

2. 猪丹毒的实验室诊断。

实训目标　初步掌握猪丹毒临诊及病理学诊断要点；较系统的掌握猪丹毒细菌学诊断方法。

材料准备

1. 器材　外科刀、外科剪、显微镜、酒精灯、接种环、载玻片、灭菌平皿、擦镜纸等。

2. 染色液及培养基　革兰氏染色液、美蓝或瑞氏染色液、血液琼脂平板、血清琼脂平板等。

3. 实验动物　小鼠、家兔或鸽子、猪丹毒弱毒疫苗感染死亡鸽子。

方法步骤

1. 临床诊断 见有关章节。

2. 病理剖检诊断 见有关章节。

3. 实验室诊断

(1) 病料采集：可疑败血症型的采取心血、肝、脾、淋巴结等；疹块型的采取疹块部皮肤；慢性型的采取肿胀的关节内膜和心内膜疣状物。感染死亡实验动物采取心血和肝脏。注意无菌操作，做好实验所用器材的无菌处理。严防术者感染。

(2) 染色镜检：取以上采集病料制成涂片或触片，经甲醇固定后，用革兰氏染色法染色，镜检。猪丹毒杆菌为革兰氏阳性平直或微弯的纤细小杆菌，心内膜疣状物涂片常见有弯曲的长丝状菌体。

(3) 分离培养：分别取以上病料接种于血液琼脂平板或血清琼脂平板，37℃培养 24h，观察细菌的生长特性。猪丹毒杆菌长成针尖大小、灰白色、圆形、微隆起的露滴状小菌落或菲薄的小菌苔；在血液琼脂平板上菌落周围有狭窄绿色溶血环即呈 α 型溶血。钩取典型菌落涂片，经革兰氏染色法后镜检，为革兰氏阳性平直或微弯的纤细小杆菌。如需进一步检查，则钩取可疑菌落进行纯培养，对纯培养物进行生化试验鉴定。

4. 动物试验 将病料制成 1∶10 悬液，或用该菌的 24h 血清肉汤培养液，取 0.5～1.0ml 胸肌注射鸽子、0.2ml 皮下注射小白鼠，经 2～5d 动物死亡，置解剖盘内剖检观察其病理变化，同时取心血、肝组织涂片，革兰氏染色后镜检，可见大量的猪丹毒杆菌。

实训报告 写一份猪丹毒综合诊断报告。

教学提示 利用人工感染死亡动物或可疑病死动物，以保证取得正确的实验结果。

实训十 牛结核检疫技术

实训内容 结核菌素（PPD）皮内变态反应。

实训目标 掌握牛结核 PPD 皮内变态反应检疫技术。

材料准备

1. 器材 皮内注射器及针头、镊子、毛剪、卡尺、牛鼻钳、酒精棉、工作服、线手套等。

2. 药品 冻干 PPD、注射用水或灭菌生理盐水等。

方法步骤 结核菌素（PPD）皮内变态反应（参照 GB/T 18645—2002）。

1. 操作方法

(1) 将牛只编号后在颈侧中部上 1/3 处剪毛，3 月龄以内犊牛可在肩胛部，直径约 10 cm。用卡尺测量术部中央皮皱厚度，做好记录。注意术部应无明显病变。以 75%酒精消毒术部。

(2) 用注射用水或灭菌蒸馏水稀释 PPD，不论大小牛只，一律皮内注射 0.1ml（含 2 000IU）。注射后局部应出现小泡，如对注射有疑问，应另选 15cm 以外的部位或对侧重做。

PPD 中未加防腐剂，稀释后应当天用完，剩余的不得第二次再用。在注射 PPD 时，0.1ml 的注射量不易准确，可加等量的注射用水后皮内注射 0.2ml。

(3) 皮内注射后经 72h 判定，仔细观察局部有无热痛、肿胀等炎性反应，并做好皮皱厚度记录。对疑似反应牛应立即在另一侧以同一批 PPD 同一剂量进行第二次皮内注射，再经 72h 观察反应结果。对阴性牛和疑似反应牛，于注射后96h和120h再分别观察一次，以防个别牛出现较晚的迟发型变态反应。

2. 结果判定

(1) 阳性反应：局部有明显炎性反应，皮差厚大于或等于4.0mm。

(2) 疑似反应：局部炎性反应不明显，皮差厚大于或等于2.0mm、小于4.0mm。凡判定为疑似反应牛只，于第一次检疫60d后进行复检，其结果仍为疑似反应时，经60d再复检，如仍为疑似反应，则判为阳性。

(3) 阴性反应：无炎性反应。皮厚差在2.0mm以内。

实训报告 根据实训课的实际情况记录牛结核皮内变态反应检疫的操作方法，报告检疫结果。

实训十一 布鲁菌病检疫技术

实训内容

1. 虎红平板凝集试验。

2. 全乳环状试验。

3. 试管凝集试验。

实训目标 初步掌握布鲁菌病的检疫方法。

材料准备

1. 器材 恒温培养箱、水浴箱、采血针头及注射器、灭菌采血试管、小试管、试管架、灭菌吸管、微量移液器及滴头、玻璃板、酒精灯、火柴或牙签等。

2. 试剂及药品 稀释液（0.5%石炭酸生理盐水，用化学纯石炭酸与氯化钠配制，经高压灭菌后备用。检疫羊用稀释液为含0.5%石炭酸10%氯化钠溶液）、来苏儿或新洁尔灭、75%酒精棉等。

3. 生物制品 布鲁菌病虎红凝集抗原、布鲁菌病试管凝集抗原、布鲁菌病全乳环状抗原、布鲁菌病标准阳性血清和标准阴性血清。

方法步骤 参照GB/T18646—2002。虎红平板凝集试验、乳牛全乳环状试验适用于家畜布鲁菌病田间筛选试验和乳牛场布鲁菌病的监测及诊断泌乳母牛布鲁菌病的初筛试验。试管凝集试验和补体结合试验均适用于诊断羊种、牛种和猪种布鲁菌病感染的家畜，实践中较多应用试管凝集试验。

1. 受检样品的采集

(1) 血清：对被检牛及羊颈静脉采血、猪耳静脉或断尾采血7～10ml于灭菌的试管内，摆成斜面使之凝固，随后直立试管架上置室温下，经10～12h析出血清，吸入小试管或青霉素瓶内，标明血清号及动物号，待检。如不能及时检查，按9ml血清加入1ml 5%石炭酸液保存，但不超过15d。

(2) 乳样：被检乳样须为新鲜的全乳。采乳样时将母畜的乳房用温水洗净、擦干，然后将乳液挤入洁净的器皿中。采集的乳样夏季时应于当日内检查；保存于2℃时，7d内仍可使用。

2. 虎红平板凝集试验　取洁净玻璃板或白瓷板，用玻璃铅笔划成 4cm² 方格，各格标记被检血清号，然后加相应血清 0.03ml。在被检血清旁滴加布鲁菌病虎红抗原 0.03ml，用火柴或牙签混合，4min 内判定结果。每次试验应设阴性、阳性血清对照。在阴性、阳性血清对照成立的条件下，被检血清出现肉眼可见凝集现象者判为阳性（+）；无凝集现象，呈均匀粉红色者判为阴性（-）。

3. 全乳环状试验　取被检乳样 1ml 于灭菌小试管内，加布鲁菌病全乳环状抗原 1 滴（约 50μl）于乳样中，充分混匀，置 37～38℃水浴中 60min，取出判定结果。

强阳性反应（+++）：乳脂层形成明显红色的环带，乳柱白色，临界分明；

阳性反应（++）：乳脂层的环带呈红色，但不显著，乳柱略带颜色；

弱阳性反应（+）：乳脂层的环带颜色较浅，但比乳柱颜色略深；

疑似反应（±）：乳脂层的环带颜色不明显，与乳柱分界不清，乳柱不褪色；

阴性反应（-）：乳柱上层无任何变化，乳柱着色，颜色均匀。

4. 试管凝集试验　以检测牛、马、鹿、骆驼血清为例。

（1）操作方法：取 7 只小试管置于试管架上，4 只标记检验编号用于被检血清，3 只作对照。如检多份血清，可只作一份对照。吸取 0.5%石炭酸生理盐水，第 1 管加入 1.2ml，第 2～5 管加入 0.5ml，第 6、7 管不加。

另取吸管吸取被检血清 0.05ml 加入第 1 管，反复吹吸 3～4 次混匀，吸出 0.25ml 弃掉，再吸出 0.5ml 加入第 2 管，吹吸混匀第 2 管，再吸出 0.5ml 加入第 3 管，以此类推至第 4 管，混匀后吸出 0.5ml 弃掉。第 5 管不加血清为抗原对照，第 6 管加 1∶25 稀释的布鲁菌病阳性血清 0.5ml 为阳性血清对照，第 7 管加 1∶25 稀释的布鲁菌病阴性血清 0.5ml 为阴性血清对照（表 9-7）。

猪和羊的血清稀释法与上述基本一致，差异是第 1 管加 1.15ml 稀释液和 0.1ml 被检血清。

用 0.5%石炭酸生理盐水将布鲁菌病试管抗原进行 1∶20 稀释后，每管加入 0.5ml，充分振荡混匀。至此，牛、马、鹿和骆驼的血清最终稀释度则依次为 1∶50、1∶100、1∶200 和 1∶400，猪和羊的血清最终稀释度则依次为 1∶25、1∶50、1∶100 和 1∶200。大规模检疫时也可只用 2 个稀释度。牛、马、鹿、骆驼用 1∶50 和 1∶100，猪、山羊、绵羊和犬用 1∶25 和 1∶50。

置 37～40℃温箱 24h，取出检查并记录结果。

表 9-7　布鲁菌试管凝集反应操作术式

试管号	1	2	3	4	5	6	7
血清最终稀释倍数	1∶50	1∶100	1∶200	2∶400	对照		
					抗原对照	阳性对照	阴性对照
0.5%石炭酸生理盐水（ml）	1.2	0.5	0.5	0.5	0.5	/	/
被检血清（ml）	0.05	0.5	0.5	0.5	/	0.5	0.5
抗原（1∶20）（ml）	0.5	0.5	0.5	0.5	0.5	0.5	0.5
	弃去 0.25				弃去 0.5		

（2）反应强度及判定标准：

反应强度：在抗原对照、阳性血清对照及阴性血清对照管出现正确反应结果的前提下，根据被检血清各管中上层液体的透明度及管底凝集块的形状判定各管凝集反应的强度。

＋＋＋＋：管底有极显著的伞状凝集物，上层液体完全透明，表示菌体100％凝集；

＋＋＋：管底凝集物与“＋＋＋＋”相同，但上层液体稍有混浊，表示菌体75％凝集；

＋＋：管底有明显凝集物，上层液体不甚透明，表示菌体50％凝集；

＋：管底有少量凝集物，上层液体不透明，表示菌体25％凝集；

－：液体均匀混浊，不透明，管底无凝集，由于菌体自然下沉，管底中央有圆点状沉淀物，振荡时立即散开呈均匀混浊，表示菌完全不凝集。

判定标准：马、牛、鹿、骆驼在1∶100血清稀释度出现“＋＋”以上的反应强度判为阳性，在1∶50稀释度出现“＋＋”的反应强度判为可疑；猪、绵羊、山羊在1∶50血清稀释度出现“＋＋”以上的反应强度判为阳性，在1∶25稀释度出现“＋＋”的反应强度判为可疑。

可疑反应的家畜，经3～4周后采血重检。对于来自阳性畜群的被检家畜，如重检仍为可疑，可判为阳性；如畜群中没有临床病例及凝集反应阳性者，马和猪重检仍为可疑，可判为阴性，牛和羊重检仍为可疑，可判为阳性。

注意事项 采血最好在早晨或停食6h后进行，以免血清混浊；采血时用一次性注射器，使血液沿管壁流入，避免发生气泡或污染管外及地面；冬季采血应防止冻结；每采血1份，应立即标记试管号和畜号；抗原使用前，需置于室温中使其温度达到20℃左右，用时充分摇匀，如有摇不散的凝块，不得使用。

实训报告 根据训练课实际情况报告牛布鲁菌病初筛及确定检疫的方法步骤，报告检疫结果。

实训十二 鸡白痢的检疫

实训内容 鸡白痢全血平板凝集试验。

实训目标 掌握鸡白痢全血平板凝集试验检疫方法。

材料准备

1. 器材 玻璃板、定量滴管、吸管、金属丝环（内径7.5～8.0mm）、酒精灯、针头、消毒盘、酒精棉等。

2. 生物制品及药品 鸡白痢多价染色平板抗原、鸡白痢强阳性血清（500IU/ml）、鸡白痢弱阳性血清（10IU/ml）、鸡白痢阴性血清、70％酒精、来苏儿等。

方法步骤 参照NY/T 536—2002。

1. 操作方法 取洁净玻璃板，用玻璃铅笔划成1.5～2cm的方格，并编号。在20～25℃环境条件下，用定量滴管或吸管吸取鸡白痢多价染色平板抗原，垂直滴于玻璃板上1滴（约0.05ml），然后用针头刺破鸡的翅静脉或冠尖取血0.05ml（相当于内径7.5～8.0mm金属丝环的两满环血液），与抗原充分混合均匀，并使其散开至直径为2cm，不断摇动玻璃板，2min内判定结果。

每次试验应设强阳性血清、弱阳性血清、阴性血清对照。

2. 反应强度及结果判定

（1）反应强度：

100％凝集（＋＋＋＋）：紫色凝集块大而明显，混合液稍混浊；

75%凝集（+++）：紫色凝集块较明显，但混合液有轻度混浊；

50%凝集（++）：出现明显的紫色凝集颗粒，但混合液较为混浊；

25%凝集（+）：仅出现少量的细小颗粒，而混合液混浊；

0%凝集（−）：无凝集颗粒出现，混合液混浊。

（2）结果判定：抗原与强阳性血清应呈100%凝集（++++），弱阳性血清应呈50%凝集（++），阴性血清不凝集（−），判试验有效。在2min内，被检全血与抗原出现50%（++）以上凝集者为阳性，不发生凝集则为阴性，介于两者之间为可疑反应。可疑鸡隔离饲养1个月后再作检疫，若仍为可疑反应，按阳性反应判定。

注意事项　本实验只适用于母鸡和1岁以上公鸡的检疫，对幼龄仔鸡不适用；反应低于20℃时，需将反应板在酒精灯外焰上方微加温，使板均匀受热，达到适宜反应温度。

实训报告　根据实训课实际情况记录检疫方法及结果。

实训十三　新城疫的诊断

实训内容

1. 鸡新城疫临诊及病理学诊断。

2. 新城疫实验室诊断。

实训目标　掌握鸡新城疫临诊及病理学要点；较系统地了解和掌握新城疫的实验室诊断和免疫监测技术。

材料准备

1. 器材　温箱、照蛋器、蛋架、超净工作台、1ml注射器、20～27号针头、镊子、酒精灯、天平、恒温培养箱、微型振荡器、离心机、离心管、微量移液器、96孔V型微量血凝板、注射器、针头、试管、吸管等。

2. 试剂及药品　阿氏液（配制方法见实训五）、pH7.0～7.2 0.01mol/L的磷酸盐缓冲液（PBS）、灭菌生理盐水、青霉素、链霉素、新城疫病毒抗原、新城疫标准阳性血清等。

3. 可疑病鸡或病料、9～11日龄SPF鸡胚（或种母鸡未经新城疫免疫的鸡胚）。

方法步骤

一、临床诊断和病理剖检诊断

见第六章第三节。

二、实验室诊断

（一）病毒的分离与鉴定

1. 样品的采集与处理　无菌操作采取病料，死禽采取大脑组织、气管、肺、肝、脾；活禽可用气管和泄殖腔拭子。

组织样品以灭菌生理盐水制成1∶5（*W/V*）悬液；拭子浸入2～3ml含青霉素2 000IU/ml、链霉素2mg/ml的生理盐水中，粪便样品抗生素浓度提高5倍，反复挤压至无水滴出弃之。然后调 pH 7.0～7.4，37℃作用 1h，以 1 000r/min 离心 10min，取上清液 0.2 ml 经尿囊腔接种 9～10 日龄 SPF 鸡胚（或种母鸡未经新城疫免疫的鸡胚），继续按常规孵化 4～5d。

2. 培养物的收集与检测　将 24h 以后死亡的和濒死的以及结束孵化时存活的鸡胚取出，置 4℃冰箱 4h 或过夜冷却，收集尿囊液，用血凝及血凝抑制试验鉴定有无新城疫病毒增殖，同时观察鸡胚病变。感染阳性鸡胚出现充血和出血，头、翅和趾出血明显。为提高检出率，对反应阴性者可继续盲传 2～3 代，作进一步鉴定。

（二）微量血凝试验（HA）

确定收获的尿囊液是否有血凝性。

1. 1%鸡红细胞悬液的配制　采集 2～3 只健康公鸡血液与等量的阿氏液混合，放入离心管中，用 pH 7.0～7.2 0.01mol/L PBS 液洗涤 3 次，每次均以 1 000r/min 离心 10min，弃掉血浆和白细胞层，最后吸取压积红细胞用 PBS 液配成体积分数为 1%的红细胞悬液。

2. 操作方法

（1）在 96 孔微量血凝板上，向第 1～11 孔各加入 25μl PBS，12 孔不加；

（2）吸取 25μl 被检病毒液（感染尿囊液）加入第 1 孔，混合后吸出 25μl 加至第 2 孔，第 2 孔液体混合后，吸出 25μl 加至第 3 孔，以此类推，稀释至第 10 孔，第 10 孔混合后吸出 25μl 弃去。第 11 孔不加病毒液，作红细胞对照，12 孔加新城疫病毒抗原 25μl，作标准抗原对照；

（3）每孔再加入 25μl PBS；

（4）吸取 1%红细胞悬液，每孔加入 25μl（表 9-8）；

（5）将反应板置于微型振荡器上振荡 1min，或手持血凝板摇动混匀，室温下（约 20℃）静置 30～40min 或 37℃温箱中作用 15～30min，待红细胞对照孔红细胞全部沉淀后，判定结果。

结果判读时，将血凝板倾斜 45°角观察，凡沉于管底的红细胞沿着倾斜面向下呈线状流动即呈泪滴状流淌，与红细胞对照孔一致者，判为红细胞完全不凝集。

能使红细胞完全凝集的病毒液的最大稀释倍数称为血凝滴度或血凝价，亦代表一个血凝单位（HAU）。如表 9-8 举例结果中的血凝滴度为 2^6。

表 9-8　血凝试验操作术式

孔　号	1	2	3	4	5	6	7	8	9	10	11	12
病毒稀释倍数	2^1	2^2	2^3	2^4	2^5	2^6	2^7	2^8	2^9	2^{10}	红细胞对照	抗原对照
磷酸盐缓冲液（μl）	25	25	25	25	25	25	25	25	25	25	25	/
被检病毒液（μl）	25	25	25	25	25	25	25	25	25	25	弃 25/	25
磷酸盐缓冲液（μl）	25	25	25	25	25	25	25	25	25	25	25	25
1%鸡红细胞悬液（μl）	25	25	25	25	25	25	25	25	25	25	25	25
在微型振荡器上振荡 1min，或手持血凝板摇动混匀 室温（18～20℃）下作用 30～40min，或置 37℃温箱中作用 15～30min 后观察结果												
结果举例	+	+	+	+	+	+	±	±	±	−	−	+

注：+：红细胞完全凝集；±：红细胞不完全凝集；−：红细胞不凝。

（三）微量血凝抑制试验（HI）

病毒鉴定试验。确定尿囊液中的病毒是否为新城疫病毒。

1. *4 单位待检病毒液的制备*　将 HA 试验测定的病毒血凝滴度除以 4 即为 4 HAU 病毒液的稀释倍数。如血凝价为 2^6，则 4 单位病毒液的稀释倍数应为 1∶16（$2^6/4$）。吸取 HA 试验被检病毒液（感染尿囊液）1ml 加 15ml PBS 液，混匀即成。

2. *操作方法*

（1）在 96 孔微量血凝板上，向第 1～11 孔各加入 25μl PBS，12 孔不加；

（2）吸取 25μl 新城疫标准阳性血清加入第 1 孔，混匀后吸出 25μl 加到第 2 孔，依此类推，倍比稀释至第 10 孔，第 10 孔混合后吸出 25μl 弃去。11 孔加入 4 倍稀释的标准阳性血清 25μl，为 4 倍稀释的标准阳性血清对照；12 孔加入 4 倍稀释的标准阳性血清 25μl，设为 4 单位标准抗原与 4 倍稀释的标准阳性血清的血凝抑制对照；

（3）吸取 4 单位待检病毒液，第 1～10 孔每孔加入 25μl，11 孔不加，12 孔加入 4 单位标准抗原 25μl（表 9-9）；

（4）在微型振荡器上摇匀，室温（18～20℃）下作用 20min，或置 37℃ 温箱中作用 5～10min；

（5）吸取 1%红细胞悬液，每孔加入 25μl；

（6）将反应板置于微型振荡器上振荡 15～30s，或手持血凝板摇动混匀，并放室温（18～20℃）下作用 30～40min，或置 37℃温箱中作用 15～30min 后取出，观察并判定结果。4 倍稀释的标准阳性血清对照孔应呈明显的圆点沉于孔底。

能完全抑制红细胞凝集的血清最大稀释度为该血清的血凝抑制滴度或血凝抑制价，一般用对数 $\log_2^X$ 表示，如表 9-9 结果举例所示的血凝抑制滴度为 2^6，表示为 $6\log_2$。

实践工作中多是利用病毒的血凝抑制试验，用已知的新城疫病毒抗原检测被检鸡血清中是否含有相应的抗体及其血凝抑制滴度，对鸡群进行新城疫免疫监测。

表 9-9　血凝抑制试验操作术式

孔　号	1	2	3	4	5	6	7	8	9	10	11	12
血清稀释倍数	2^1	2^2	2^3	2^4	2^5	2^6	2^7	2^8	2^9	2^{10}	对照	对照
磷酸盐缓冲液（μl）	25	25	25	25	25	25	25	25	25	25	25	/
标准阳性血清（μl）	25	25	25	25	25	25	25	25	25	25	25	25
4 单位待检病毒液（μl）	25	25	25	25	25	25	25	25	25	25	弃 25/	25
在微型振荡器上振荡 1min												
室温（18～20℃）下作用 20min，或置 37℃温箱中作用 5～10min												
1%鸡红细胞悬液（μl）	25	25	25	25	25	25	25	25	25	25	25	25
在微型振荡器上振荡 15～30s												
室温下静置 30～40min，或置 37℃温箱中作用 15～30min 后观察结果												
举例结果	－	－	－	－	－	－	±	±	＋	＋	－	－

（四）结果判定

1. 疑似新城疫　有典型症状或典型病变。

2. 确诊新城疫　从疑似病例的样品中分离到 HA 滴度大于等于 2^4 的病毒，其血凝性能被新城疫标准阳性血清有效抑制。如确诊还需对分离毒株进行毒力测定，可进行鸡胚平均死亡时间（MDT）、1 日龄鸡脑内接种致死指数（ICPI）以及 6 日龄鸡脑内接种致死指数（IVPI）等指标的测定，分离毒的 ICPI 大于或等于 0.7 可判断为中等或强毒新城疫感染。

实训报告　根据实训课实际情况报告诊断方法及结果。

参考资料　0.01mol/L pH 7.0～7.2 的磷酸盐缓冲液（PBS）的配制：

氯化钠 8.0g、无水磷酸氢二钠 1.44g、磷酸二氢钠 0.24g，溶于 800ml 蒸馏水中，用 HCl 调 pH 7.0～7.4，加蒸馏水至 1 000ml，分装，121℃20min 高压灭菌，冷却后 4℃冰箱保存备用。

实训十四　鸡马立克病的诊断

实训内容

1. 鸡马立克病临床综合诊断。

2. 鸡马立克病琼脂扩散试验。

实训目标　初步掌握鸡马立克病临床综合诊断要点；学会鸡马立克病琼脂扩散诊断方法。

材料准备

1. 器材　外科剪子、镊子、搪瓷盘、平皿、打孔器、小试管、微量移液器、酒精灯等。

2. 药品　pH7.4 0.01mol/L 磷酸盐缓冲液（PBS）、1%硫柳汞溶液、琼脂糖或优质琼脂粉、马立克病标准琼脂扩散抗原和标准阳性血清等。

3. 可疑病鸡、病料。

方法步骤

1. 临床综合诊断　见第六章第六节。

2. 鸡马立克病琼脂扩散试验　参照 GB/T 18643—2002。本试验既可以用于病毒抗原的检出，也可以用于抗体的检测。一般在病毒感染 14～24d 后检出病毒抗原，在感染 3 周后检出抗体。本方法可用于 20 日龄以上鸡羽髓抗原检测和 1 月龄以上鸡的血清抗体检测。

（1）受检样品的采集：

羽髓：自被检鸡的腋下、大腿部拔 1 根新近长出的嫩毛或拔下带血的毛根，剪下毛根尖端下段 5～7mm，加 1～2 滴蒸馏水在试管内用玻璃棒挤压，制备待检羽髓浸液。

血清：自被检鸡翅静脉采血，置于小试管或吸入塑料管内，室温下析出血清。

（2）操作方法：

1%琼脂板制备：量取 100ml pH7.4 0.01mol/L PBS 液，加入 8g 氯化钠，溶解后加入 1g 琼脂糖或优质琼脂粉，水浴加温使充分融化后加入 1%硫柳汞溶液 1ml，冷却至 45～50℃时加入平皿，直径 85mm 平皿每皿用量约 20ml。加盖平置，室温下凝固冷却。

打孔：用直径 4mm 或 3mm 的打孔器按六角形图案打孔，或用梅花形打孔器打孔，中心孔与外周孔距离为 3mm。用针头斜挑出孔内琼脂，勿损坏孔的边缘或使琼脂层脱离皿底。

封底：用酒精灯火焰轻烤平皿底部至琼脂轻微溶化为止，封闭孔的底部，以防样品溶液侧漏。

加样：检测羽髓中的病毒抗原时，用微量移液器向中央孔加标准阳性血清，外周 1、4 孔加标准琼脂扩散抗原，2、3、5、6 孔加待检羽髓浸液或直接插羽髓。每孔均以加满不溢出为度，每加一个样品应换一个滴头。

检测血清抗体时，向中央孔滴加标准琼脂扩散抗原，外周 1、4 孔滴加标准阳性血清，2、3、5、6 孔滴加待检鸡血清，每孔均以加满不溢出为度，每加一个样品应换一个吸头。

观察结果：加样完毕后，静止 5 ～10 min，将平皿轻轻倒置，放入湿盒内，置 37℃温箱中反应，在 24～48h 后观察结果。

（3）结果判定：

阳性：当标准阳性血清与标准抗原孔间有明显沉淀线，待检血清与标准抗原孔间或待检抗原与标准阳性血清孔之间有明显沉淀线，且此沉淀线与标准抗原和标准血清孔间的沉淀线末端相融合，则待检样品为阳性。

弱阳性：当标准阳性血清与标准抗原孔的沉淀线的末端在比邻的待检血清孔或待检抗原孔处的末端向中央孔方向弯曲时，待检样品为弱阳性。

阴性：当标准阳性血清与标准抗原孔间有明显沉淀线，而待检血清与标准抗原孔或待检抗原与标准阳性血清孔之间无沉淀线，或标准阳性血清与抗原孔间的沉淀线末端向毗邻的待检血清孔或待检抗原孔直伸或向外侧偏弯曲时，该待检样品为阴性。

可疑：介于阴、阳性之间为可疑。可疑应重检，仍为可疑判为阳性。

实训报告　根据实训课实际情况报告诊断方法及结果。

参考资料　试剂配制：

1. pH 7.4 0.01mol/L *磷酸盐缓冲液*　十二水磷酸氢二钠 2.9g、磷酸二氢钾 0.3g、氯化钠 8.0g，蒸馏水加至 1 000ml，充分溶解即可。

2. 1%*硫柳汞*　硫柳汞 1.0g，加蒸馏水至 100ml，充分溶解即可。

下 篇

动物寄生虫病

绪 论

一、动物寄生虫病学研究的内容

动物寄生虫病学包括动物寄生虫和动物寄生虫病。动物寄生虫学是研究动物寄生虫的种类、形态构造、生理、生活史、地理分布及其在动物分类学中位置的科学；动物寄生虫病学是研究寄生虫的致病作用、流行病学、症状、病理变化、免疫、诊断、治疗和防制措施的科学。二者是两个独立的学科，从动物医学角度来讲，前者为后者的基础，后者为前者的继续。

二、动物寄生虫病学研究的历史和成就

1683年，荷兰人雷文虎克（Antony van Leeuwenhoek）发明了显微镜，他发现了兔肝球虫的卵囊、人肠道的兰氏贾第鞭毛虫、蛙肠中的玛瑙虫等。从此，人们进入了探知生物奥秘的微观世界。19世纪中叶德国人Liuckart发现了肝片吸虫的生活史，同时代比利时学者Von Beneden揭示了绦虫生活史。以此为引线，危害几亿人的血吸虫病才得以控制。

我国对动物寄生虫病的认识和防治有着悠久的历史。《黄帝内经》中对蛔虫病的症状就有记载。公元6世纪，后魏贾思勰所著《齐民要术》中，就曾记载了治疗马、牛、羊疥癣的方法，并已经认识到其相互感染性。唐朝李石著《司牧安骥集》中有医治马混睛虫的歌，并提出手术疗法。

新中国成立以来，我国在动物寄生虫病的研究和防治方面成就显著。在动物寄生虫分类区系基本明确的基础上，对许多种危害严重的寄生虫的生活史及其疾病的流行病学进行了研究；阐明了多种寄生虫的生活史，以及某些寄生虫病的地理分布、季节动态、传播方式、媒介与中间宿主的生物学特征以及感染途径等，为其防治提供了科学依据。对于广泛或严重流行的寄生虫病，如弓形虫病、梨形虫病、伊氏锥虫病、血吸虫病、猪囊尾蚴病和旋毛虫病等，已建立了免疫学诊断方法。研制和生产出许多种新型、低毒、高效的抗原虫药、抗绦虫药、抗线虫药和杀蜱螨药。牛环形泰勒原虫裂殖体胶冻细胞苗已在流行区广泛应用。

近代科学的发展常常以多学科的交叉渗透为特征，于是在动物寄生虫学中出现了寄生虫的生

态学、生理学、生物化学、细胞学、免疫学等多分支学科。电子显微镜可以探知寄生虫的亚微结构，使寄生虫的形态学和分类学产生了飞跃。生物化学技术广泛应用于寄生虫代谢、免疫和化学治疗等领域，对寄生虫的研究已经由实验寄生虫学阶段，步入免疫寄生虫学与生化及分子寄生虫学时代。核酸探针技术、PCR 技术、基因重组技术已被用于锥虫病、利什曼原虫病和旋毛虫病等的病原鉴定、实验研究和疫苗研制。

同时也应该看到，我国对动物寄生虫和寄生虫病的研究还存在着空白。因此，必须加速人才培养，提高科研水平，并使科研成果尽快应用于生产实际，为保证现代化畜牧业的快速发展和人类健康事业作出贡献。

三、动物寄生虫病的危害

1. *引起动物大批死亡*　在动物寄生虫病中，有些可以在某些地区广泛流行，引起动物急性发病和死亡，如牛、骆驼伊氏锥虫病，牛、马梨形虫病，牛、羊泰勒虫病，鸡、兔球虫病，猪弓形虫病，禽住白细胞虫病等。有些虽然呈慢性型经过，但在感染强度较大时也可以引起动物大批发病和死亡，如牛、羊肝片吸虫病，猪姜片吸虫病，牛、羊阔盘吸虫病和东毕吸虫病，禽棘口吸虫病和绦虫病，猪、鸡蛔虫病，牛、羊、猪肺线虫病，牛、羊消化道线虫病，猪、牛、羊、兔螨病等。

2. *降低动物的生产性能*　动物寄生虫病虽然多呈慢性经过，甚至不出现症状，但可以明显地降低动物的生产性能。如牛患肝片吸虫病时，可使产乳量下降 25%～40%，肉牛增重减少 12%；牛皮蝇蛆病可使牛产乳量下降 10%～25%，皮革损失 10%～15%；羊混合感染多种蠕虫可使产毛量下降 20%～40%、增重减少 10%～25%；羊螨病可使毛损失 50%～100%；鸡感染蛔虫，严重时可使产蛋下降 5%～20%。

3. *影响动物生长发育和繁殖*　年幼动物易受到寄生虫感染，使生长发育受阻。种用动物感染寄生虫后，由于营养不良，常使雌性动物发情异常，影响配种率和受胎率；妊娠动物易流产和早产，其后代生命力弱或成活率下降；母乳分泌不足。雄性动物配种能力降低。有些寄生虫还侵害动物生殖系统，直接降低繁殖能力，如牛胎毛滴虫病等。

4. *动物产品的废弃*　按照卫生检验检疫法规的规定，有些寄生虫病的肉品及脏器不能利用，甚至完全废弃，除直接经济损失外，还有饲养期间的间接经济损失，如猪囊尾蚴病、牛囊尾蚴病、猪旋毛虫病、棘球蚴病、细颈囊尾蚴病和住肉孢子虫病等。

第十章 动物寄生虫学基础知识

第一节 寄生虫与宿主

一、寄生生活

自然界中的各种生物，均需要有赖以生活、生长、繁殖的生存环境。有些生物适应于自由生活，而有些生物则需要两种生物生活在一起，这种现象称为共生生活。根据共生生活双方的利害关系，可将其分为以下类型：

1. 互利共生　共生生活中的双方互相依赖，双方获益而互不损害，这种生活关系称为互利共生。例如，寄居在反刍动物瘤胃中的纤毛虫，帮助其分解植物纤维，有利于反刍动物的消化；而瘤胃则为其提供了生存、繁殖需要的环境条件以及营养。

2. 偏利共生　共生生活中的一方受益，另一方既不受益也不受害，这种生活关系称为偏利共生，又称共栖。例如，鲫鱼用吸盘吸附在大型鱼类的体表被带到各处觅食，对大鱼亦没有任何损害，而大鱼对鲫鱼却不存在任何依赖。

3. 寄生　共生生活中的一方受益，而另一方受害，这种生活关系称为寄生生活。营寄生生活的动物称为寄生虫，被寄生的动物称为宿主。

二、寄生虫的类型

1. 内寄生虫与外寄生虫　这是从寄生虫寄生的部位来分。凡是寄生在宿主体内的寄生虫称为内寄生虫，如吸虫、绦虫、线虫等；寄生在宿主体表的寄生虫称为外寄生虫，如蜱、螨、虱等。

2. 单宿主寄生虫与多宿主寄生虫　这是从寄生虫的发育过程来分。凡是发育过程中仅需要一个宿主的寄生虫称为单宿主寄生虫（亦称土源性寄生虫），如蛔虫、球虫等，这类寄生虫分布较为广泛；发育过程中需要多个宿主的寄生虫称为多宿主寄生虫（亦称生物源性寄生虫），如吸虫、绦虫等。

3. 长久性寄生虫与暂时性寄生虫　这是从寄生虫寄生的时间来分。寄生虫的一生不能离开宿主，否则难以存活的寄生虫称为长久性寄生虫，如旋毛虫等；而只是在采食时才与宿主接触的寄生虫称为暂时性寄生虫，如蚊等。

4. 专一宿主寄生虫与非专一宿主寄生虫　这是从寄生虫寄生的宿主范围来分的。有些寄生虫只寄生于一种特定的宿主，对宿主有严格的选择性，称为专一宿主寄生虫，如马尖尾线虫只寄生于马属动物，鸡球虫只感染鸡等；有些寄生虫能寄生于多种宿主，称为非专一宿主寄生虫，如旋毛虫可以寄生于猪、犬、猫等多种动物和人。非专一宿主寄生虫可通过生物媒介在不同宿主之间传播，故分布广泛，难以防制。

5. 专性寄生虫与兼性寄生虫　这是从寄生虫对宿主的依赖性来分。寄生虫在生活史中必须有寄生生活阶段，否则，生活史就不能完成，这种寄生虫称为专性寄生虫，如吸虫、绦虫等；既可营自由生活，又能营寄生生活的寄生虫称为兼性寄生虫，如类圆线虫、丽蝇等。

三、宿主的类型

1. 终末宿主　寄生虫成虫（性成熟阶段）或有性生殖阶段寄生的宿主称为终末宿主，如人是猪带绦虫的终末宿主。某些寄生虫的有性生殖阶段不明显，这时可将对人最重要的宿主认为是终末宿主，如锥虫。

2. 中间宿主　寄生虫幼虫期或无性生殖阶段寄生的宿主称为中间宿主，如猪是猪带绦虫的中间宿主。

3. 补充宿主　某些寄生虫在发育过程中需要两个中间宿主，第二个中间宿主称为补充宿主，如枝睾吸虫的补充宿主是淡水鱼或虾。

4. 贮藏宿主　寄生虫的虫卵或幼虫在其宿主体内虽不发育，但保持对易感动物的感染力，这种宿主称为贮藏宿主，亦称为转续宿主或转运宿主，如蚯蚓是鸡蛔虫的贮藏宿主。贮藏宿主在流行病学上具有重要意义。

5. 保虫宿主　某些寄生虫适于寄生于某种宿主，有时也可寄生于其他宿主，但不普遍且无明显危害，通常把这种不经常被寄生的宿主称为保虫宿主，如耕牛是日本分体吸虫的保虫宿主。该宿主在流行病学上有一定作用。

6. 带虫宿主　宿主被寄生虫感染后，由于机体抵抗力增强或经药物治疗，处于隐性感染状态，体内仍有一定数量的虫体，这种宿主称为带虫宿主，亦称带虫者。该宿主不表现症状，对同种寄生虫再感染具有一定的免疫力。

7. 超寄生宿主　许多寄生虫可以作为另外寄生虫的宿主，称为超寄生宿主，如蚊子是疟原虫的超寄生宿主。

8. 传播媒介　通常是指在脊椎动物宿主之间传播寄生虫病的一类动物，主要是指吸血的节肢动物，如蜱在牛之间传播梨形虫等。

寄生虫与宿主的类型是人为的划分，各类型之间有交叉或重叠，有时并无严格的界限。

四、寄生虫对宿主的作用

寄生虫侵入宿主，在其体内移行、生长发育和繁殖过程中，对宿主机体产生多种有害作用。主要表现在以下方面：

（一）夺取营养

寄生虫所夺取的营养物质有蛋白质、碳水化合物、脂肪、维生素、矿物质和微量元素。如羊感染肝片吸虫和鸡感染蛔虫后，肝脏维生素 A 的含量明显减少；人寄生阔节裂头绦虫时夺取大量的维生素 B_{12}，导致发生恶性贫血；100 条羊仰口线虫 1d 所吸宿主血液达 8ml；某些原虫可大量破坏宿主红细胞，夺取血红蛋白等。

寄生虫吸取营养的方式有两种：一是具有消化器官的寄生虫，用口摄取宿主的血液、体液、组织以及食糜，如吸虫、线虫和昆虫等；二是无消化器官的寄生虫，通过体表摄取营养物质，如绦虫依靠体表突出的绒毛吸取营养，棘头虫以布满体表的细孔摄取营养等。

（二）机械性损伤

1. 固着　寄生虫利用吸盘、小钩、小棘、口囊、吻突等器官，固着于寄生部位，对宿主造成损伤，甚至引起出血和炎症。

2. 移行　寄生虫从进入宿主至寄生部位的过程称为移行。寄生虫在移行过程中形成虫道，破坏了所经过器官或组织的完整性，对其造成严重损伤，如肝片吸虫囊蚴侵入牛羊消化道后，幼虫经门静脉或穿过肠壁从肝脏表面进入，再穿过肝实质到达胆管，引起损伤和出血。

3. 压迫　某些寄生虫体积较大，压迫宿主的器官，造成组织萎缩和功能障碍，如寄生于动物和人的棘球蚴可达 5～10cm，压迫肝脏和肺脏。还有些寄生虫虽然体积不大，但由于寄生在宿主的重要器官，也因压迫而引起严重疾病，如猪囊尾蚴寄生于人或猪的脑和眼部等。

4. 阻塞　寄生于消化道、呼吸道、实质器官和腺体的寄生虫，常因大量寄生而引起阻塞，如猪蛔虫引起的肠阻塞和胆管阻塞等。

5. 破坏　在宿主组织细胞内寄生的原虫，在繁殖中使其大量破坏而引起严重疾病，如梨形虫破坏红细胞，球虫破坏肠上皮细胞等。

（三）继发感染

1. 接种病原　某些昆虫叮咬动物时，将病原微生物注入其体内，这亦是昆虫的传播媒介作用，如某些蚊虫传播日本乙型脑炎，某些蚤传播鼠疫，某些蜱传播脑炎、布鲁菌病和炭疽等。

2. 携带病原　某些蠕虫在感染宿主时，将病原微生物或其他寄生虫携带到宿主体内，如猪毛尾线虫携带副伤寒杆菌，鸡异刺线虫携带火鸡组织滴虫等。

3. 协同作用　某些寄生虫的侵入可以激活宿主体内处于潜伏状态的病原微生物和条件性致病菌，如仔猪感染食道口线虫后，可激活副伤寒杆菌；还可为病原微生物的侵入打开门户，如移行期的猪蛔虫幼虫，为猪支原体进入猪肺脏创造了条件而发生气喘病；亦可降低宿主抵抗力，促进传染病的发生，如犬感染蛔虫、钩虫和绦虫时，更易发生犬瘟热，鸡球虫病时更易发鸡马立克病。

4. 毒性作用　寄生虫的分泌物、排泄物和死亡虫体的分解产物对宿主均有毒性作用，如吸血的寄生虫分泌溶血物质和乙酰胆碱类物质，使宿主血凝缓慢、血液流出量增多；阔节裂头绦虫的分泌物和排泄物可以影响宿主的造血功能而引起贫血；寄生虫的代谢产物和死亡虫体的分解产物又都具有抗原性，可使宿主致敏而引起局部或全身变态反应等免疫病理反应。

五、宿主对寄生虫的作用

寄生虫进入宿主体内后，可激发机体对其产生免疫应答反应。宿主在全价营养和良好的饲养条件下，具有较强的抵抗力，或抑制虫体的生长发育，或降低其繁殖力，或缩短其生活期限，或能阻止虫体附着并促使其排出体外，或以炎症反应包围虫体，或能沉淀及中和寄生虫的产物等。例如，有人试验用 40 万个肥胖带绦虫的六钩蚴感染牛，在牛肌肉中只得到 1.1 万～3 万个牛囊尾蚴。

六、寄生虫与宿主相互作用的结果

寄生虫与宿主相互之间的作用，一般贯穿于从寄生虫侵入宿主、移行、寄生到排出的全部过程中，其结果一般可归纳为三类。

1. 完全清除　宿主清除了体内的寄生虫，症状消失，而且对再感染具有一定时间的抵抗力。

2. 带虫免疫　宿主自身作用或经过治疗，清除了大部分寄生虫，使感染处于低水平状态，但对再感染具有一定的抵抗力，并且寄生关系可维持相当长时间，此时宿主不表现症状。这种现象在寄生虫的感染中极为普遍。

3. 机体发病　宿主不能阻止寄生虫的生长或繁殖，当其数量或致病性达到一定强度时，宿主即可表现出症状和病理变化而发病。

总之，寄生虫与宿主的关系异常复杂，任何一个因素均不是孤立的，也不宜过分强调，他们之间关系的维持是综合因素促成的结果。

第二节　寄生虫生活史

一、寄生虫生活史的概念及类型

寄生虫完成一代生长、发育和繁殖的全过程称为生活史，亦称发育史。寄生虫的种类繁多，生活史形式多样，简繁不一。根据寄生虫在生活史中有无中间宿主，大体可分为两种类型。

1. 直接发育型　寄生虫完成生活史不需要中间宿主，虫卵或幼虫在外界发育到感染期后直接感染动物或人，此类寄生虫称为土源性寄生虫，如蛔虫、牛羊消化道线虫等。

2. 间接发育型　寄生虫完成生活史需要中间宿主，幼虫在中间宿主体内发育到感染期后再感染动物或人，此类寄生虫称为生物源性寄生虫，如旋毛虫、猪带绦虫等。

二、寄生虫完成生活史的条件

寄生虫完成生活史必须具备以下条件：

1. 适宜的宿主　适宜的甚至是特异性的宿主是寄生虫建立生活史的前提。

2. 具有感染性的阶段　寄生虫并不是所有的阶段都对宿主具有感染能力，虫体必须发育到感染性阶段，并且获得与宿主接触的机会。

3. 适宜的感染途径　寄生虫均有特定的感染宿主的途径，进入宿主体后要经过一定的移行路径到达其寄生部位，在此生长、发育和繁殖。在此过程中，寄生虫必须克服宿主的抵抗力。

三、寄生虫对寄生生活的适应性

寄生虫为适应寄生生活，发生了一系列形态构造和生理功能的变化。

1. 形态构造的适应　寄生虫在形态构造上的改变可概括为：附着器官和生殖器官发达，运动器官退化，消化器官简化或消失。例如，吸虫和绦虫的吸盘、小钩、小棘，线虫的唇、齿板、口囊，节肢动物肢端的爪、吸盘，消化道原虫的鞭毛、纤毛和伪足等。线虫的生殖器官几乎占原体腔的全部，雌性蛔虫卵巢和子宫的长度为体长的15～20倍，以增强产卵能力。寄生虫直接从宿主吸取丰富的营养物质，不再需要复杂的消化过程，其消化器官变得简单，甚至完全退化。

2. 生理功能的适应　胃肠道寄生虫，其体壁和原体腔液内有对胰蛋白酶和糜蛋白酶起抑制作用的物质，能保护虫体免受宿主小肠内蛋白酶的作用，提高对宿主体内环境的抵抗力。多数蠕虫卵和原虫卵囊都具有特质的壁，能抵抗不良的外界环境因素。许多消化道内的寄生虫能在低氧环境中以酵解的方式获取能量。寄生虫的生殖能力远远超过自由生活的虫体，如人蛔虫雌虫体长只有 30～35cm，但每天可产卵 20 万个以上，1 条雌虫体内含有约 2700 万个虫卵；日本分体吸虫 1 个毛蚴进入螺体，经无性繁殖可产生数万条尾蚴。寄生虫繁殖能力增强，是保持虫种生存，对自然选择适应性的表现。

四、宿主对寄生生活产生影响的因素

宿主对寄生虫所产生的抵抗，均会使寄生虫的生活史受到影响，其影响力主要取决于以下因素：

1. 遗传因素　某些动物对某些寄生虫具有先天不感受性，如马不感染多头蚴。

2. 年龄因素　不同年龄的个体对寄生虫的易感性有差异。一般来说，幼年动物对寄生虫易感，可能是免疫功能较低，对外界环境抵抗力弱的结果。

3. 机体组织屏障　宿主机体的皮肤黏膜、血脑屏障以及胎盘等，可阻止一些寄生虫的侵入。

4. 宿主体质　宿主优良的体质可有效地抵抗寄生虫感染，主要取决于营养状态、饲养管理条件等因素。这是动物和人抵御寄生虫的最重要因素。

5. 宿主免疫作用　在寄生虫侵入、移行和寄生过程中，宿主机体发生局部组织抗损伤作用，组织增生和钙化；同时可刺激宿主机体网状内皮系统发生全身性免疫反应，抑制虫体的生长、发育和繁殖。

第三节　寄生虫的分类和命名

一、寄生虫的分类

所有的动物均属动物界。在动物界又依据各种动物之间相互关系的密切程度，分别组成不同的分类阶元。寄生虫分类的最基本单位是种，是指具有一定形态学特征和遗传学特性的生物类群。近缘的种集合成属，近缘的属集合成科，以此类推为目、纲、门、界。为了更加准确地表达动物的相近程度，在上述分类阶元之间还有一些“中间”阶元，如亚门、亚纲、亚目与超科、亚科、亚属、亚种或变种等。寄生虫亦按此分类原则进行分类。

与动物医学有关的寄生虫主要隶属于扁形动物门吸虫纲、绦虫纲；线形动物门线虫纲；棘头动物门棘头虫纲；节肢动物门蛛形纲、昆虫纲；环节动物门蛭纲；还有原生动物亚界原生动物门等。

为了表述方便，习惯上将吸虫纲、绦虫纲、线虫纲的寄生虫统称为蠕虫；昆虫纲的寄生虫称为昆虫；原生动物门的寄生虫称为原虫。由其所致的寄生虫病则分别称为动物蠕虫病、动物昆虫病、动物原虫病。蛛形纲的寄生虫主要为蜱、螨。

二、命　名

（一）寄生虫的命名

国际公认的生物命名规则为双名制法，以此为寄生虫规定的名称称为学名，即科学名。学名由两个不同的拉丁文或拉丁化文字单词组成，属名在前，种名在后。例如，*Schistosoma japonicum*，学名为日本分体吸虫，其中 *Schistosoma* 意为分体属，*japonicum* 意为日本种。

（二）寄生虫病的命名

寄生虫病的命名，原则上以引起疾病的寄生虫属名定为病名，如阔盘属的吸虫所引起的寄生虫病称为阔盘吸虫病。在某属寄生虫只引起一种动物发病时，通常在病名前冠以动物种名，如鸭鸟蛇线虫病。但在习惯上也有突破这一原则的情况，如牛羊消化道线虫病，就是若干个属的线虫所引起寄生虫病的统称。

第四节　免疫寄生虫学基础知识

机体排除病原体和非病原体异体物质，或已改变了性质的自身组织，以维持机体的正常生理平衡的过程，称为免疫反应，或称免疫应答。

一、免疫的类型

（一）先天性免疫

先天性免疫是动物先天所建立的天然防御能力，它受遗传因素控制，具有相对稳定性，对寄生虫感染均具有一定程度的抵抗作用，但没有特异性，一般也不强烈，故又称为非特异性免疫。宿主对寄生虫的抵抗，包括自然抵抗力和恢复力。

1. 自然抵抗力　是指宿主在寄生虫感染之前就已存在，而且被感染后也不再提高的抵抗力，又称为自然抗性。主要是指宿主的皮肤、黏膜的阻隔等物理屏障作用，溶菌酶、干扰素等化学作用，pH、温度等理化环境，以及非特异性吞噬作用和炎性反应等生物学条件。

2. 恢复力　是指被寄生虫感染的个体对损伤恢复和补偿的能力。这种特性由遗传所决定，与免疫反应无关。

（二）获得性免疫

寄生虫侵入宿主后，由于抗原物质刺激宿主免疫系统而出现的免疫，称为获得性免疫。这种免疫具有特异性，往往只对激发动物产生免疫的同种寄生虫起作用，故又称为特异性免疫。其宿主对寄生虫产生的抵抗力称为获得性抵抗力，与自然抗性不同的是由抗体或细胞介导所产生。获得性免疫大致可分为两种类型。

1. 消除性免疫　是指宿主能完全消除体内的寄生虫，并对再感染具有特异性抵抗力。这种免疫状态较为少见。

2. 非消除性免疫　是指寄生虫感染宿主后，虽然可诱导宿主对再感染产生一定程度的抵抗力，但对体内原有的寄生虫则不能完全清除，维持在较低的感染状态，使宿主免疫力维持在一定水平上，如果残留的寄生虫被清除，宿主的免疫力也随之消失，这种免疫状态为带虫免疫，如患双芽巴贝斯虫病的牛痊愈后，就会出现带虫免疫现象。

二、寄生虫免疫的特点

寄生虫免疫具有与微生物免疫所不同的特点，主要体现在免疫复杂性和带虫免疫两个方面。由于绝大多数寄生虫是多细胞动物，因而组织结构复杂；虫种发生过程中存在遗传差异，有些为适应环境变化而产生变异；寄生虫生活史十分复杂，不同发育阶段具有不同的组织结构。这些因素均决定了寄生虫抗原的复杂性，因而其免疫反应亦十分复杂。带虫免疫是寄生虫感染中常见的一种免疫状态，虽然可以在一定程度上抵抗再感染，但这种抵抗力往往并不十分强大和持久。

三、免疫的实际应用

由于寄生虫组织结构和生活史复杂等因素，致使获得足够量的特异性抗原还有困难，而其功能性抗原的鉴别和批量生产更为不易。因此，寄生虫免疫预防和诊断等实际应用受到限制。

（一）免疫预防

1. *人工感染* 人工给宿主感染少量寄生虫，在感染的危险期给予亚治疗量的抗寄生虫药，使寄生虫不足以引起疾病，但能刺激机体产生对再感染的抵抗力。其缺点是宿主处于带虫免疫状态，仍可作为感染源存在。

2. *提取物免疫* 给宿主接种已死亡、整体或颗粒性寄生虫或其粗提物，诱导宿主产生获得性免疫，但其保护性极其微小，并可迅速消失。相比之下，从寄生虫的分泌物、排泄物，以及宿主体液或寄生虫培养液中提存抗原，给予宿主后所产生的保护力大大提高。如从感染巴贝斯虫动物血浆中分离可溶性抗原，从牛带绦虫离体培养液中提取抗原等。其缺点是提纯抗原不易批量生产，更不易标准化，但分子生物学技术和基因工程技术为功能抗原的鉴定和生产提供了前景。

3. *虫苗免疫*

（1）基因工程虫苗免疫：基因工程疫苗是利用DNA重组技术，将编码虫体的保护性抗原的基因导入受体菌（如大肠杆菌）或细胞，使其高度表达，表达产物经纯化复性后，加入或不加入免疫佐剂而制成的疫苗，如鸡球虫疫苗。

（2）DNA虫苗免疫：DNA疫苗又称核酸疫苗或基因疫苗。是利用DNA技术，将编码虫体的保护性抗原的基因插入到真核表达载体中，通过注射接种到宿主体内，在其体内表达后，可诱导产生特异性免疫，如羊绦虫的DNA虫苗免疫。

（3）致弱虫苗免疫：通过人工致弱或筛选，使寄生虫自然株变为无致病力或弱毒且保留保护性免疫源性的虫株，免疫宿主使其产生免疫，如鸡球虫弱毒苗，弓形虫、枯氏锥虫、牛羊网尾线虫致弱虫苗等。

（4）异源性虫苗免疫：利用与强致病力有共同保护性抗原且致病力弱的异源虫株免疫宿主，使其对强致病力的寄生虫产生免疫保护力，如用日本分体吸虫动物株免疫猴，能产生对日本分体吸虫人类株的保护力。

4. *非特异性免疫* 是对宿主接种非寄生虫抗原物质，以增强其非特异性免疫力。如给啮齿动物接种BCG免疫增强剂，可不同程度地保护其对巴贝斯虫、疟原虫、利什曼原虫、分体吸虫和棘球蚴的再感染。

（二）免疫学诊断

免疫学诊断是利用寄生虫所产生的抗原与宿主产生的抗体之间的特异性反应，或其他免疫反应而进行的诊断，如变态反应、沉淀反应、凝集反应、补体结合试验、免疫荧光抗体技术、免疫酶技术、放射免疫分析技术、免疫印渍技术等。其中，间接血凝试验在寄生虫病诊断和流行病学调查中得到应用，如肝片吸虫病、日本分体吸虫病、猪囊尾蚴病、棘球蚴病、旋毛虫病、弓形虫病、伊氏锥虫病等。免疫荧光技术已在吸虫病、锥虫病、旋毛虫病、弓形虫病、利什曼原虫病中应用。免疫酶技术（ELISA）已在多种寄生虫病的诊断中广泛应用。

复习思考题

1. 基本概念

寄生生活　寄生虫　宿主　终末宿主　中间宿主　补充宿主　贮藏宿主　保虫宿主　带虫宿主　传播媒介　移行　生活史　土源性寄生虫　生物源性寄生虫　免疫反应　先天性免疫　获得性免疫　消除免疫　非消除免疫　带虫免疫

2. 寄生虫的类型。
3. 寄生虫对宿主的作用，寄生虫与宿主相互作用的结果。
4. 寄生虫生活史的类型，寄生虫完成生活史的条件。
5. 寄生虫的分类方法和命名，动物寄生虫病的命名。
6. 寄生虫免疫的实际应用。

第十一章 动物寄生虫病学基础理论

第一节 动物寄生虫病流行病学

一、流行病学的概念

研究寄生虫病流行的科学称为寄生虫病流行病学或寄生虫病流行学，它是研究动物群体的某种寄生虫病的发生原因和条件、传播途径、流行过程及其发展与终止的规律，以及据此采取预防、控制及扑灭措施的科学。流行病学当然也包括对某些个体的研究，因为个体的疾病，有可能在条件具备时发展为群体。从概念上看，流行病学的内容涉及面极广，概括地说，它包括了寄生虫与宿主和足以影响其相互关系的外界环境因素的总和。

二、动物寄生虫病流行的基本环节

某种寄生虫病在一个地区流行必须同时存在三个基本环节，即感染来源、感染途径和易感宿主。

（一）感染来源

感染来源一般是指寄生有某种寄生虫的终末宿主、中间宿主、补充宿主、贮藏宿主、保虫宿主、带虫宿主及生物传播媒介等。虫卵、幼虫、虫体等病原体通过这些宿主的粪、尿、痰、血液以及其他分泌物、排泄物排出体外，污染外界环境并发育到感染性阶段，经一定的方式或途径感染易感宿主。有些病原体不排出宿主体外，但也会以一定的形式作为感染源，如旋毛虫，是以包囊的形式存在于宿主肌肉中。

（二）感染途径

感染途径是指寄生虫感染易感动物的方式，可以是单一途径，也可以是多种途径。主要有以下几种：

1. 经口感染　寄生虫随着动物的采食、饮水，经口腔进入宿主体内。这种途径最为多见。

2. 经皮肤感染　寄生虫从宿主皮肤钻入，如分体吸虫、仰口线虫、皮蝇幼虫等。

3. 经生物媒介感染　寄生虫通过节肢动物的叮咬、吸血而传播给易感动物。主要是一些血液原虫和丝虫。

4. 接触感染　寄生虫通过宿主之间直接接触而感染，或通过器械、用具、人员和其他动物等传递而间接接触感染。如蜱、螨和虱，交配感染的牛胎毛滴虫、马媾疫等。

5. 经胎盘感染　寄生虫从母体通过胎盘进入胎儿体内使其感染，如弓形虫等。

6. 自身感染　某些寄生虫产生的虫卵或幼虫，在原宿主体内使其再次遭受感染，如猪带绦虫患者可感染猪囊尾蚴病。

（三）易感宿主

易感宿主是指对某种寄生虫具有易感性的动物。寄生虫一般只能在一种或若干种动物体内生存，并不是所有动物。寄生虫只有感染属于其宿主专一性范围内的动物，才有可能引起疾病。易感动物的种类、品种、年龄、性别、饲养方式、营养状况等对其是否发病均会产生影响，而其中最重要的因素是营养状况。

三、动物寄生虫病流行病学的基本内容

（一）寄生虫的生物学特性

寄生虫的生物学特性所包括的内容十分广泛，在此只是对影响寄生虫病的流行，以及与寄生虫病防制关系密切的问题进行阐述。

1. 寄生虫成熟的时间　是指寄生虫的虫卵或幼虫感染宿主至其成熟排卵所需要的时间。寄生虫排卵的时间可以经过检查测知，据此可以推断最初感染的时间及其移行过程的时间。这对于有季节性的蠕虫病尤为重要，对制定防制措施的意义重大。

2. 寄生虫成虫的寿命　寄生虫在宿主体内的寿命，会决定该寄生虫向外界散布病原体的时间，如猪带绦虫在人体内的寿命可达25年以上；绵羊莫尼茨绦虫的寿命只有2～6个月，一般为3个月，而绵羊感染又有季节性（夏季），因此，绵羊患病就可能出现间断期。这些生物学特性常常构成该种寄生虫病流行的主要特征。

3. 寄生虫在外界的生存　主要包括寄生虫以哪个发育阶段及何种形式排出宿主体外；他们在外界环境生存所需要的条件及耐受性；一般条件和特殊条件下发育到感染阶段所需要的时间；在自然界的存活、发育和保持感染能力的期限等内容，这些资料对防制寄生虫病极具参考价值。

4. 中间宿主与传播媒介　许多寄生虫在发育过程中需要中间宿主和生物传播媒介，因此要了解他们的分布、密度、习性、栖息地、每年的出没时间和越冬地点以及有无天敌等；除此还要了解寄生虫幼虫进入中间宿主体内的可能性，在其体内的生长发育，以及进入补充宿主或终末宿主的时间和机遇等。

（二）寄生虫病的流行特点及其影响因素

寄生虫病的流行过程及其影响因素十分复杂，在数量上可表现为散发、暴发、流行或大流行；在地域上表现为地方性；在时间上表现为季节性；在临床症状上表现为慢性和隐性；在寄生强度上表现为多寄生性；在传播上表现为自然疫源性等。

1. 地方性　寄生虫病的流行与分布常有明显的地方性，即在某一地区经常发生。寄生虫的地理分布称为寄生虫区系。寄生虫区系的差异主要由寄生虫的生物学特性所决定，主要与下列因素有关：

（1）动物种群的分布：动物种群包括寄生虫的终末宿主、中间宿主、补充宿主、保虫宿主、带虫宿主和生物媒介。动物种群分布不同，决定了与其相关的寄生虫的分布。

（2）自然条件：气候、地理、生态环境等不同，对寄生虫存在的影响亦不同，这种寄生虫对自然条件适应性的差异，决定了不同自然条件的地理区域所特有的寄生虫区系。

（3）寄生虫的发育类型：一般规律是，直接型生活史的土源性寄生虫地理分布较广，而间接

型生活史的生物源性寄生虫的地理分布则受到严格限制。

(4) 社会因素：包括社会经济状况、文化教育和科学技术水平；有关法律法规的制定和执行；人们的生活方式、风俗习惯；动物饲养管理条件以及防疫保健措施等。这些均对寄生虫病的流行产生很大影响。

2. 季节性　多数寄生虫在外界环境中完成一定的发育阶段需要一定的条件，诸如温度、湿度、光照等，这些因素均会随着季节的变化而变化，而使寄生虫在宿主体外的发育具有季节性，因此，动物感染和发病的时间亦随之出现季节性，亦称为季节动态。生活史中需要中间宿主和以节肢动物作为宿主或传播媒介的寄生虫所引起的疾病，其流行季节与有关中间宿主和节肢动物的消长相一致。因此，由生物源性寄生虫引起的寄生虫病更具明显的季节性。

3. 慢性和隐性　动物寄生虫病多呈慢性和隐性经过，不表现症状或症状轻微，只是引起动物生产能力下降。其决定因素很多，其中最主要的是感染强度，即整个宿主种群感染寄生虫的平均数量。当宿主感染寄生虫后，只有原虫和少数其他寄生虫（如螨）可通过繁殖增加数量，而多数寄生虫不再增加数量，只是继续完成其个体发育。

4. 多寄生性　动物体内同时寄生两种以上寄生虫的多寄生现象较为常见，他们之间常常会出现制约或促进、增加或减少其致病作用的现象，从而影响临诊表现。动物实验已经证明，两种寄生虫在宿主体内同时寄生时，一种寄生虫可以降低宿主对另一种寄生虫的免疫力，即出现免疫抑制，从而导致这些寄生虫在宿主体内的生存期延长、生殖能力增强等。

5. 自然疫源性　有些寄生虫病既使没有人类或易感动物的参与，也可以通过传播媒介感染动物造成流行，并且长期在自然界循环，这些寄生虫病称为疫源性寄生虫病。存在自然疫源性疾病的地区，称为自然疫源地。在自然疫源地中，保虫宿主在流行病学上起着重要作用，尤其是往往被忽视而又难以施治的野生动物种群。

第二节　动物寄生虫病诊断

寄生虫病的诊断，遵循在流行病学调查及临床诊断的基础上，检查出病原体的基本原则进行。

一、流行病学调查

流行病学调查可为寄生虫病的诊断提供重要依据。调查内容亦是流行病学所包含的各项内容，现场调查主要有以下几个方面：

1. 基本概况　基本概况主要包括当地耕地数量及性质、草原数量、土壤和植物特性、地形地势、河流与水源、降雨量及季节分布、野生动物的种类与分布等。

2. 被检动物群概况　被检动物群概况包括动物的数量、品种、性别和年龄组成、补充来源等；生产性能包括产奶量、产肉量、产蛋率、繁殖率、剪毛量等；饲养管理包括饲养方式、饲料来源及质量、水源及卫生状况、其他环境卫生状况等。

3. 动物发病背景资料　动物发病背景资料主要为近 2～3 年动物发病情况，包括发病率、死亡率、发病与死亡原因、采取的措施及效果、平时防制措施等。

4. *动物发病现状资料*　动物发病现状资料主要包括动物营养状况、发病率、死亡率、临诊症状、剖检结果、发病时间、死亡时间、转归、是否诊断及结论、已采取的措施及效果、平时防制措施等。

5. *中间宿主和传播媒介*　中间宿主和传播媒介以及其他各类型宿主的存在和分布情况。与犬、猫有关的疾病，应调查其饲养数量、营养状况和发病情况等。

6. *居民情况*　怀疑为人兽共患病时，应了解当地居民饮食及卫生习惯、人的发病数量及诊断结果等。

二、临诊检查诊断

临诊检查主要是检查动物的营养状况、临诊表现和疾病的危害程度。对于具有典型症状的寄生虫病基本可以确诊，如球虫病、某些梨形虫病、螨病、多头蚴病、马副丝虫病和媾疫等；对于某些外寄生虫病可发现病原体而建立诊断，如皮蝇蛆病、各类虱病等；对于非典型疾病，可获得有关临诊资料，为下一步采取其他诊断方法提供依据。

寄生虫病的临诊检查，应以群体为单位进行大批动物的逐头检查，动物数量过多时，可抽查其中部分动物。群体检查时，注意从中发现异常和病态动物。一般检查时，重点注意营养状况，体表有无肿瘤、脱毛、出血、皮肤异常变化和淋巴结肿胀，有无体表寄生虫。系统检查时，按照临床诊断的方法进行。将搜集到的症状分类，统计各种症状的比例，提出可疑寄生虫病的范围。检查中发现可疑症状或怀疑为某种寄生虫病时，应随时采取相关病料进行实验室检查。

三、实验室检查诊断

实验室检查诊断是寄生虫病诊断中必不可少的手段，可为确诊提供重要依据。一般在流行病学调查和临诊检查的基础上进行。包括病原学诊断、免疫学诊断和其他实验室常规检查。

1. *病原学诊断*　这是诊断寄生虫病的重要方法。根据寄生虫生活史的特点，从动物的血液、组织液、排泄物、分泌物或活体组织中检查寄生虫的某一发育虫期，如虫体、虫卵、幼虫、卵囊、包囊等。

不同的寄生虫病采取不同的检验方法。主要有：粪便检查（虫体检查法、虫卵检查法、毛蚴孵化法、幼虫检查法等），皮肤及其刮下物检查，血液检查，尿液检查，生殖器官分泌物检查，肛门周围刮取物检查，痰及鼻液检查和淋巴穿刺物检查等。

必要时可进行实验动物接种，多用于上述实验室检查法不易检出病原体的某些原虫病。用采自患病动物的病料，对易感实验动物进行人工接种，待寄生虫在其体内大量繁殖后，再对其进行病原体检查，如伊氏锥虫病和弓形虫病等。

2. *免疫学诊断*　免疫学诊断是利用免疫反应的原理，在体外进行抗原或抗体检测的一种诊断方法。这虽然是寄生虫病诊断有价值的方法，但尚不能与证实病原体存在的病原学诊断和寄生虫学剖检的价值同等对待。寄生虫病的免疫学诊断方法基本与诊断传染病的免疫学方法相似。此外，还有诊断分体吸虫病的环卵沉淀反应、尾蚴膜反应和放射免疫酶测定，用于锥虫病和弓形虫病的团集反应，用于弓形虫病的染料试验等。近些年国内外发展起来的高新技术，如单克隆抗体技术、免疫印渍技术等，为寄生虫病的诊断或寄生虫分类提供了新的途径，具有广阔的应用前景。

3. 分子生物学诊断　已在寄生虫学上应用的分子生物学技术主要有：核型分析、DNA限制性内切酶酶切图谱分析、限制性DNA片断长度多态性分析、DNA探针技术、DNA聚合酶链反应（PCR）、核酸序列分析等。这些技术具有高度的灵敏性和特异性。

四、寄生虫学剖检诊断

寄生虫学剖检是诊断寄生虫病可靠而常用的方法，尤其适合于对群体动物的诊断。剖检可用自然死亡的动物、急宰的患病动物或屠宰的动物。它在病理解剖的基础上进行，既要检查各器官的病理变化，又要检查各器官的寄生虫并分别采集，确定寄生虫的种类和感染强度，以便确诊。

寄生虫学剖检还用于寄生虫的区系调查和动物驱虫效果评定。一般多采用全身各器官组织的全面系统检查，有时也根据需要，检查一个或若干个器官。

五、药物诊断

药物诊断是对可疑为某种寄生虫病的患病动物，用对该种寄生虫的特效药物进行驱虫或对动物治疗的诊断方法。适用于生前不能或无条件用实验室检查进行诊断的寄生虫病。

1. 驱虫诊断　用特效驱虫药对疑似动物进行驱虫，收集驱虫后3d内排出的粪便，肉眼检查其中的虫体，确定其种类及数量，以达到确诊的目的。适用于绦虫病、线虫病、胃蝇蛆病等胃肠道寄生虫病。

2. 治疗诊断　用特效抗寄生虫药对疑似动物进行治疗，根据治疗效果来进行诊断。治疗效果以死亡停止、症状缓解、全身状态好转以至痊愈等表现评定。多用于原虫病、螨病以及组织器官内蠕虫病。

第三节　动物寄生虫病的预防和控制

影响寄生虫病发生和流行的因素很多，防制应根据掌握的寄生虫生活史、生态学和流行病学等资料，采取各种预防、控制和治疗方法及手段，达到控制寄生虫病发生和流行的目的。

一、控制和消除感染源

（一）动物驱虫

驱虫是综合性防制措施的重要环节，具有双重意义：一方面是治疗患病动物；另一方面是减少患病动物和带虫者向外界散播病原体，可对健康动物产生预防作用。在防治寄生虫病中，通常是实施预防性驱虫，即按照寄生虫病的流行规律定时投药，而不论其发病与否。如北方地区防治绵羊蠕虫病，多采取一年两次驱虫的措施。春季驱虫在放牧前进行，目的在于防止污染牧场；秋季驱虫在转入舍饲后进行，目的在于将动物已经感染的寄生虫驱除，防止发生寄生虫病及散播病原体。预防性驱虫尽可能实施成虫期前驱虫，因为这时寄生虫尚未产生虫卵或幼虫，可以最大限度地防止散播病原体。在驱虫中尤其要注意寄生虫易产生抗药性，应有计划地经常更换驱虫药物。驱虫后 3d 内排出的粪便应进行无害化处理。

（二）保虫宿主

某些寄生虫病的流行，与犬、猫、野生动物和鼠类等保虫宿主关系密切，特别是利什曼原虫病、住肉孢子虫病、弓形虫病、贝诺孢子虫病、华枝睾吸虫病、裂头蚴病、棘球蚴病、细颈囊尾蚴病、豆状囊尾蚴病、旋毛虫病和刚棘颚口线虫病等，其中许多还是重要的人兽共患病。因此，应对犬和猫严加管理，控制饲养，对患寄生虫病和带虫者要及时治疗和驱虫，粪便深埋或烧毁。应设法对野生动物驱虫，最好的方法是在他们活动的场所放置驱虫食饵。鼠在自然疫源地中起到感染来源的作用，应搞好灭鼠工作。

（三）加强卫生检验

某些寄生虫病可以通过被感染的动物性食品（肉、鱼、淡水虾和蟹）传播给人类和动物，如猪带绦虫病、肥胖带绦虫病、裂头绦虫病、华枝睾吸虫病、并殖吸虫病、旋毛虫病、颚口线虫病、弓形虫病、住肉孢子虫病和舌形虫病等；某些寄生虫病可通过吃入患病动物的肉和脏器在动物之间循环，如旋毛虫病、棘球蚴病、多头蚴病、细颈囊尾蚴病和豆状囊尾蚴病等。因此，要加强卫生检验工作，对患病胴体和脏器以及含有寄生虫的鱼、虾、蟹等，按有关规定销毁或无害化处理，杜绝病原体的扩散。加强卫生检验在公共卫生上的意义重大。

（四）外界环境除虫

寄生在消化道、呼吸道、肝脏、胰腺及肠系膜血管中的寄生虫，在繁殖过程中随粪便把大量的虫卵、幼虫或卵囊排到外界环境并发育到感染期。因此，外界环境除虫对预防和控制寄生虫病具有重要意义。主要是粪便处理，有效的办法是粪便生物热发酵。随时把粪便集中在固定场所，经 10～20d 发酵后，粪堆内温度可达到 60～70℃，几乎完全可以杀死其中的虫卵、幼虫或卵囊。另外，尽可能减少宿主与感染源接触的机会，如及时清除粪便、打扫圈舍和定期化学药物消毒等，避免粪便对饲料和饮水的污染。

二、阻断传播途径

任何消除感染源的措施均含有阻断传播途径的意义，另外还有以下两个方面：

（一）轮牧

利用寄生虫的某些生物学特性可以设计轮牧方案。放牧时动物粪便污染草地，在他们还未发育到感染期时，即把动物转移到新的草地，可有效地避免动物感染。在原草地上的感染期虫卵和幼虫，经过一段时间未能感染动物则自行死亡，草地得到净化。不同种寄生虫在外界发育到感染期的时间不同，转换草地的时间也应不同。不同地区和季节对寄生虫发育到感染期的时间影响很大，在制定轮牧计划时均应予以考虑，如当地气温超过 18～20℃时，最迟也必须在 10d 内转换草地。如某些绵羊线虫的幼虫在某地区夏季牧场上，需要 7d 发育到感染阶段，便可让羊群在 6d 时离开；如果那些绵羊线虫在当时的温度和湿度条件下，只能保持 1.5 个月的感染力，即可在 1.5 个月后，让羊群返回原牧场。

（二）消灭中间宿主和传播媒介

对生物源性寄生虫病，消灭中间宿主和传播媒介可以阻止寄生虫的发育，起到消灭感染源和阻断传播途径的双重作用。应消灭的中间宿主和传播媒介，是指那些经济意义较小的螺、蝲蛄、剑水蚤、蚂蚁、甲虫、蚯蚓、蝇、蜱及吸血昆虫等无脊椎动物。主要措施有：

1. 物理方法　主要是改造生态环境，使中间宿主和传播媒介失去必需的栖息场所，如排水、交替升降水位、疏通沟渠增加水的流速、清除隐蔽物等。

2. 化学方法　使用化学药物杀死中间宿主和传播媒介，在动物圈舍、河流、溪流、池塘、草地等喷洒杀虫剂。但要注意环境污染和对有益生物的危害，必须在严格控制下实施。

3. 生物方法　养殖捕食中间宿主和传播媒介的动物对其进行捕食，养鸭及食螺鱼灭螺，养殖捕食孑孓的柳条鱼、花鳉等；还可以利用他们的习性，设法回避或加以控制，如羊莫尼茨绦虫的中间宿主是地螨，地螨惧强光和干燥，潮湿和草高而密的地带数量多，黎明和日暮时活跃，据此可采取避螨措施以减少绦虫的感染。

4. 生物工程方法　培育雄性不育节肢动物，使其与同种雌虫交配，产出不发育的卵，导致该种群数量减少。国外用该法成功地防治丽蝇、按蚊等。

三、增强动物抗病力

1. 全价饲养　在全价饲养的条件下，能保证动物机体营养状态良好，以获得较强的抵抗力，可防止寄生虫的侵入或阻止侵入后继续发育，甚至将其包埋或致死，使感染维持在最低水平，使机体与寄生虫之间处于暂时的相对平衡状态，制止寄生虫病的发生。

2. 饲养卫生　被寄生虫病原体污染的饲料、饮水和圈舍，常常是动物感染的重要原因。禁止从低洼地、水池旁、潮湿地带刈割饲草，或将其存放3～6个月后再利用；禁止饮用不流动的浅水；圈舍要建在地势较高和干燥的地方，保持舍内干燥、光线充足和通风良好，及时清除粪便和垃圾；动物密度适宜等。

3. 保护幼年动物　幼龄动物由于抵抗力弱而容易感染，而且发病严重，死亡率较高。因此，哺乳动物断奶后应立即分群，安置在经过除虫处理的圈舍。放牧时先放幼年动物，转移后再放成年动物。

4. 免疫预防　国内外比较成功地研制了牛羊肺线虫、血矛线虫、毛圆线虫、泰勒虫、旋毛虫、犬钩虫、禽气管比翼线虫、弓形虫和鸡球虫的虫苗，正在研究猪蛔虫、牛巴贝斯虫、牛囊尾蚴、猪囊尾蚴、牛皮蝇蛆、伊氏锥虫和分体吸虫的虫苗。但寄生虫的免疫预防尚不普遍。

复习思考题

1. 基本概念

感染来源　感染途径　易感宿主　寄生虫区系　季节动态　感染强度　疫源性寄生虫病　自然疫源地　驱虫诊断　治疗诊断　预防性驱虫　成虫期前驱虫

2. 动物寄生虫病流行的基本环节。

3. 动物寄生虫的感染途径。

4. 流行病学的含义及其内容。

5. 动物寄生虫病的流行特点。

6. 动物寄生虫病流行病学调查的内容，据此设计流行病学调查表。

7. 动物寄生虫病诊断的方法，采取综合性诊断的意义。

8. 病原学诊断在寄生虫病诊断中的意义。

9. 动物寄生虫病综合性防制措施的内容。

10. 控制和消灭感染来源有哪些方面，在防制寄生虫病中的意义。

第十二章　动物寄生虫形态构造及生活史概述

第一节　吸虫概述

一、形态构造

（一）外部形态

虫体多呈背腹扁平的叶状、舌状，有的似圆形或圆柱状。一般为乳白色、淡红色或棕色。长度为0.3～75mm。围绕口孔的为口吸盘，腹面的腹吸盘多数在前半部，在后端的则称为后吸盘，个别无腹吸盘。体壁由皮层和肌层构成皮肌囊。无体腔，囊内由网状组织（实质）包裹着各器官。

（二）消化系统

包括口、咽、食道和肠管。口通常位于前端，由口吸盘围绕。口下为呈球形的咽，其后接食道。下分两条位于两侧的肠管，向后延伸至后部，其末端为盲管称为盲肠。无肛门，肠内废物经口排出体外。

（三）生殖系统

除分体吸虫外，吸虫均为雌雄同体。生殖系统发达。

雄性生殖系统包括睾丸、输出管、输精管、贮精囊、射精管、前列腺、雄茎、雄茎囊和生殖孔等。一般有2个睾丸，圆形、椭圆形或分叶，左右或前后排列在腹吸盘后或虫体后半部，各有1条输出管，汇合为1条输精管，远端膨大为贮精囊，通入射精管，其末端为雄茎。贮精囊和雄茎之间有前列腺。贮精囊、射精管、前列腺和雄茎被包围在雄茎囊内。贮精囊在雄茎囊内时称为内贮精囊，在其外时称为外贮精囊。雄茎可伸出生殖孔外，与雌性生殖器官交配。

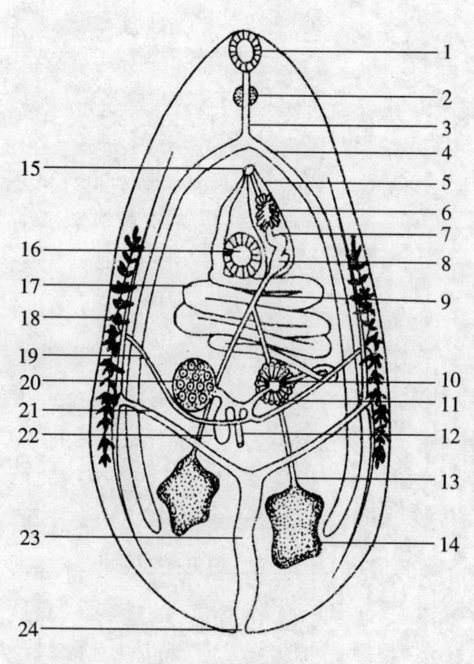

图12-1　吸虫构造模式图

1. 口吸盘　2. 咽　3. 食道　4. 肠　5. 雄茎囊　6. 前列腺　7. 雄茎　8. 贮精囊　9. 输精管　10. 卵模　11. 梅氏腺　12. 劳氏管　13. 输出管　14. 睾丸　15. 生殖孔　16. 腹吸盘　17. 子宫　18. 卵黄腺　19. 卵黄管　20. 卵巢　21. 排泄管　22. 受精囊　23. 排泄囊　24. 排泄孔

雌性生殖系统包括卵巢、输卵管、卵模、受精囊、梅氏腺、卵黄腺、子宫及生殖孔等。卵巢1个，其形态、大小和位置因种而异，所发出的输卵管与受精囊及卵黄总管相通。卵黄腺由许多卵黄滤泡组成，多在虫体两侧，左右两条卵黄管汇合为卵黄总管。卵黄总管与输卵管汇合处的囊腔为卵模，其周围的单细胞腺为梅氏腺。卵由卵巢排出后，与受精囊中的精子受精后向前进入卵模，卵黄腺分泌的卵黄颗粒进入卵模，与梅氏腺的分泌物共同形成卵壳。虫卵由卵模进入与此相连的子宫，成熟后通过子宫末端的阴道经生殖孔排出。阴道与雄茎多开口于1个共同的生殖腔，再经生殖孔通向体外（图12-1）。

另外，还有排泄系统、神经系统。有的吸虫还有淋巴系统。

二、吸虫生活史

吸虫在发育过程中均需要中间宿主，有的还需要补充宿主。中间宿主为淡水螺或陆地螺；补充宿主多为鱼、蛙、螺或昆虫等。发育过程有卵、毛蚴、胞蚴、雷蚴、尾蚴和囊蚴各期。

1. 虫卵　多呈椭圆形或卵圆形，为灰白、淡黄至棕色，具有卵盖（分体吸虫除外）。有些虫卵在排出时只含有胚细胞和卵黄细胞，有的已发育有毛蚴。

2. 毛蚴　外形似等边三角形，外被有纤毛，运动活泼。前部宽，有头腺。消化道、神经和排泄系统开始分化。当卵在水中发育时，毛蚴从卵盖破壳而出，遇到适宜的中间宿主，即利用其头腺钻入螺体，脱去纤毛，发育为胞蚴。

3. 胞蚴　呈包囊状，内含胚细胞、胚团及简单的排泄器。营无性繁殖，在体内生成雷蚴。

4. 雷蚴　呈包囊状，有咽和盲肠，还有胚细胞和排泄器。营无性繁殖。有的吸虫只有1代雷蚴，有的则有母雷蚴和子雷蚴两期。雷蚴发育为尾蚴，成熟后逸出螺体，游于水中。

5. 尾蚴　在水中运动活跃。由体部和尾部构成，体表有棘，有1～2个吸盘。除原始的生殖器官外，其他器官均开始分化。尾蚴从螺体逸出，黏附在某些物体上形成囊蚴而感染终末宿主；或直接经皮肤钻入终末宿主体内，脱去尾部，移行到寄生部位发育为成虫。有些吸虫尾蚴需进入补充宿主体内发育为囊蚴或后尾蚴再感染终末宿主。

6. 囊蚴　由尾蚴脱去尾部，形成包囊发育而成，呈圆形或卵圆形。有的生殖系统只有简单的生殖原基细胞，有的则有完整的生殖器官。囊蚴都通过其附着物或补充宿主进入终末宿主的消化道内，囊壁被消化液溶解，幼虫破囊而出，移行至寄生部位发育为成虫（图12-2、图12-3）。

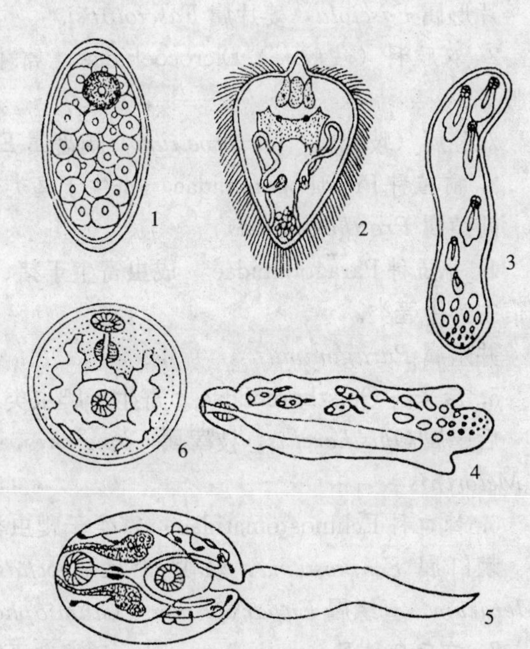

图12-2　吸虫各期幼虫形态构造模式图
1. 虫卵　2. 毛蚴　3. 胞蚴
4. 雷蚴　5. 尾蚴　6. 囊蚴

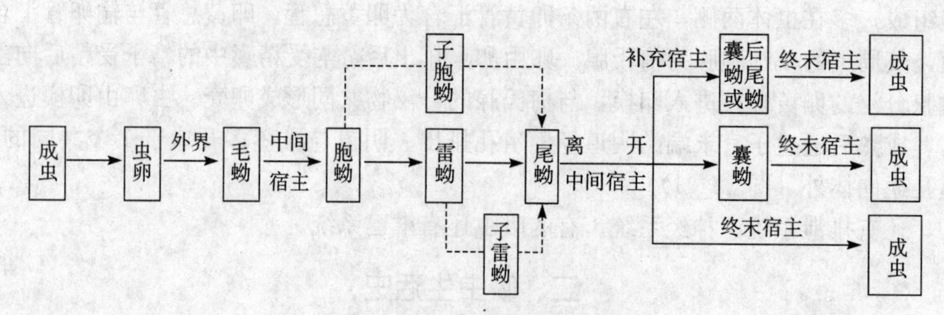

图 12-3 吸虫发育示意图

三、吸虫分类

吸虫属于扁形动物门（Platyhelminthes），吸虫纲（Trematoda），纲下分为 3 个目：单殖目（Monogenea）、盾腹目（Aspidogastrea）、复殖目（Digenea）。有的分类学家将此 3 个目提升为亚纲。与动物医学关系密切的为复殖目，其重要的科、属有：

1. 片形科 Fasciolidae　寄生于哺乳类肝脏胆管及肠道。

片形属 *Fasciola*，姜片属 *Fasciolopsis*

2. 双腔科（歧腔科）Dicrocoeliidae　寄生于两栖类、爬虫类、鸟类及哺乳类的肝、肠及胰脏。

双腔属（歧腔属）*Dicrocoelium*，阔盘属 *Eurytrema*

3. 前殖科 Prosthogonimidae　寄生于鸟类，较少在哺乳类。

前殖属 *Prosthogonimus*

4. 并殖科 Paragonimidae　成虫寄生于猪、牛、犬、猫及人的肺脏。中间宿主为淡水螺，补充宿主为甲壳类。

并殖属 *Paragonimus*

5. 后睾科 Opisthorchiidae　寄生于爬虫类、鸟类及哺乳类的胆管或胆囊。卵小，内含毛蚴。

后睾属 *Opisthorchis*，枝睾属 *Clonorchis*，微口属 *Microtrema*，对体属 *Amphimerus*，次睾属 *Metorchis*

6. 棘口科 Echinostomatidae　寄生于爬虫类、鸟类及哺乳类的肠道，偶尔在胆管及子宫。

棘口属 *Echinostoma*，棘隙属 *Echinochasmus*，棘缘属 *Echinoparyphium*，低颈属 *Hypoderaeum*，真缘属 *Euparyphium*（*Isthmiophora*）

7. 前后盘科 Paramphistomatidae　寄生于哺乳类的消化道。

前后盘属 *Paramphistomum*，殖盘属 *Cotylophoron*，杯殖属 *Calicophoron*，巨盘属 *Gigantocotyle*，巨咽属 *Macropharynx*，盘腔属 *Chenocoelium*，锡叶属 *Ceylonocotyle*

8. 腹袋科 Gastrothylacidae　寄生于反刍动物瘤胃。

腹袋属 *Gastrothylax*，菲策属 *Fishoederius*，卡妙属 *Carmyerius*

9. 腹盘科 Gastrodiscidae　寄生于盲肠、结肠（平腹属）和瘤胃（腹盘属、腹盘属）。

平腹属 *Homalogaster*，腹盘属 *Gastrodiscus*，腹盘属 *Gastrodiscoides*

10. 背孔科 Notocotylidae　寄生于鸟类盲肠或哺乳类消化道后段。

背孔属 *Notocotylus*，槽盘属 *Ogmocotyle*，同口属 *Paramonostomum*，下殖属 *Catatropis*

11. 异形科 Heterophyidae　寄生于哺乳动物和鸟类肠道。

异形属 *Heterophyes*，后殖属 *Metagonimus*

12. 分体科 Schistosomatidae　寄生于鸟类或哺乳类动物的门静脉血管内。

分体属 *Schistosoma*，东毕属 *Orientobilharzia*，毛毕属 *Trichobilharzia*

第二节　绦虫概述

一、绦虫形态构造

寄生于动物和人体的绦虫以圆叶目绦虫为多，其次是假叶目。现以圆叶目为例：

（一）外部形态

绦虫呈扁平的带状，多为乳白色，大小自数毫米至 10m 以上。从前至后分为头节、颈节与体节 3 部分。头节为吸附和固着器官，具有 4 个圆形或椭圆形吸盘，对称地排列在头节的四面。有的绦虫头节顶端中央有顶突，其上有 1 排或数排小钩，也起固着作用。顶突的有无、其上小钩的排列和数目，具有种的鉴定意义。假叶目绦虫的头节一般为指形，其背、腹面各有 1 个沟样的吸槽。颈节纤细，体节由此生长而成。体节由数目不等的节片组成，由数节至数千节。按生殖器官发育程度分成 3 个部分，接颈节的节片由于生殖器官尚未发育成形，称为未成熟节片（幼节）；其后已形成两性生殖器官，称为成熟节片（成节）；最后部分节片的生殖器官逐渐退化消失，只有充满虫卵的子宫，称为孕卵节片（孕节）。

绦虫体表为皮层，其下为肌层，没有体腔，各器官包埋于实质内。

（二）生殖系统

绦虫多为雌雄同体，即每个成熟节片中都具有 1 组或 2 组雄性和雌性生殖系统，故绦虫生殖器官十分发达。

雄性生殖系统有睾丸 1 个至数百个，呈圆形或椭圆形，输出管互相连接成网状，在节片中央部附近会合成输精管。输精管曲折向节片边缘，并有 2 个膨大部，一个在雄茎囊外，称为外贮精囊，另一个在雄茎囊内，称为内贮精囊。输精管末端为射精管和雄茎，雄茎可自生殖腔伸出体节边缘，生殖腔开口处为生殖孔。内贮精囊、射精管、前列腺及雄茎的大部分均包含在圆形的雄茎囊内。

雌性生殖系统有处在中心位置的卵模，其他器官均与此相通。卵巢在节片的后半部，一般呈两瓣状，均为许多细胞组成，各细胞有小管，最后汇合成 1 支输卵管通入卵模。阴道的膨大部分为受精囊，近端通入卵模，远端开口于生殖腔的雄茎下方。卵黄腺分为 2 叶或 1 叶，在卵巢附近，由卵黄管通向卵模。子宫一般为盲囊状，并且有袋状分枝，由于没有开口，虫卵不能自动排出，须孕卵节片脱落破裂时才散出虫卵。虫卵内含具有 3 对小钩的胚胎，称为六钩蚴。有些绦虫包围六钩蚴的内胚膜形成突起，似梨籽形状而称为梨形器。有些绦虫的子宫退化消失，若干个虫卵被包围在称为副子宫或子宫周器官的袋状腔内（图 12－4）。

绦虫还有神经系统、排泄系统，没有消化系统，通过体表吸收营养物质。

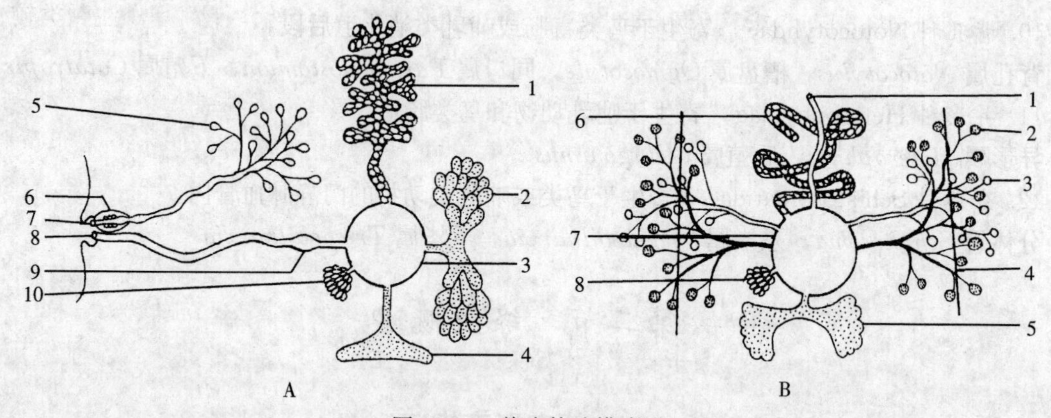

图 12-4　绦虫构造模式图

A. 圆叶目　1. 子宫　2. 卵巢　3. 卵模　4. 卵黄腺　5. 睾丸　6. 雄茎囊　7. 雄性生殖孔　8. 雌性生殖孔　9. 受精囊　10. 梅氏腺

B. 假叶目　1. 雌性生殖孔　2. 睾丸　3. 卵黄腺　4. 排泄管　5. 卵巢　6. 子宫　7. 卵模　8. 梅氏腺

二、绦虫生活史

绦虫的生活史比较复杂，绝大多数在发育过程中都需 1 个或 2 个中间宿主。绦虫的受精方式主要为同体节受精，也有异体节受精和异体受精。

圆叶目绦虫寄生于终末宿主的小肠内，孕卵节片（或孕卵节片先已破裂释放出虫卵）随粪便排出体外，被中间宿主吞食后，卵内六钩蚴逸出，在寄生部位发育为绦虫蚴期，此期称为中绦期。如果以哺乳动物作为中间宿主，在其体内发育为囊尾蚴、多头蚴、棘球蚴等类型的幼虫；如果以节肢动物和软体动物等无脊椎动物作为中间宿主，则发育为似囊尾蚴（图 12-5）。以上各种类型的幼虫被各自固有的终末宿主吞食，在其消化道内发育为成虫。

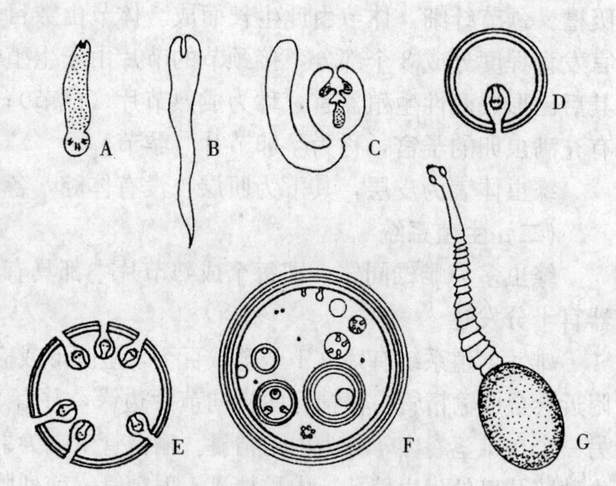

图 12-5　绦虫蚴形态构造模式图

A. 原尾蚴　B. 裂头蚴　C. 似囊尾蚴　D. 囊尾蚴　E. 多头蚴　F. 棘球蚴　G. 链尾蚴

假叶目绦虫的虫卵随宿主粪便排出体外，在水中适宜条件下孵化为钩毛蚴（钩球蚴），被中间宿主（甲壳纲昆虫）吞食后发育为原尾蚴，含有原尾蚴的中间宿主被补充宿主（鱼、蛙类或其他脊椎动物）吞食后发育为实尾蚴（裂头蚴），终末宿主吞食带有实尾蚴的补充宿主而感染，在其消化道内经消化液作用，蚴体吸附在肠壁上发育为成虫。

三、绦虫分类

绦虫隶属于扁形动物门（Platyhelminthes），绦虫纲（Cestoidea），与动物和人关系较大的为多节绦虫亚纲（Cestoda），其中以圆叶目（Cyclophyllidea）绦虫为多见，假叶目绦虫种类较少。

（一）圆叶目

1. 裸头科 Anoplocephalidae　成虫寄生于哺乳动物，幼虫为似囊尾蚴寄生于无脊椎动物。

裸头属 *Anoplocephala*，副裸头属 *Paranoplocephala*，莫尼茨属 *Moniezia*，无卵黄腺属 *Avitellina*，曲子宫属 *Helictometra*（*Thysaniezia*）

2. 带科 Taeniidae　成虫寄生于鸟类、哺乳动物和人，幼虫为囊尾蚴、多头蚴或棘球蚴，寄生于哺乳动物和人。

带属 *Taenia*，带吻属 *Taeniarhynchus*，多头属 *Multiceps*，棘球属 *Echinococcus*

3. 戴文科 Davaineidae　成虫一般寄生于鸟类，亦有寄生于哺乳动物；幼虫多数寄生于节肢动物的昆虫。

戴文属 *Davainea*，赖利属 *Raillietina*

4. 双壳科 Dilepididae　寄生于鸟类和哺乳动物。

复孔属 *Dipylidium*

5. 膜壳科 Hymenolepididae　成虫寄生于脊椎动物；幼虫通常以无脊椎动物为中间宿主，在其体内发育为似囊尾蚴。个别虫种可以不需要中间宿主而能直接发育。

膜壳属 *Hymenolepis*，伪裸头属 *Pseudanoplocephala*，剑带属 *Drepanidotaenia*，皱褶属 *Fimbriaria*

6. 中绦科 Mesocestoididae　成虫寄生于鸟类和哺乳动物。

中绦属 *Mesocestoides*

（二）假叶目

绦虫头节一般为双槽型。分节明显或不明显。生殖器官节常有1套。孕卵节片子宫常呈弯曲管状。成虫多寄生于鱼类。

1. 双叶槽科 Diphyllobothriidae　成虫主要寄生于鱼类，个别也见于爬行类、鸟类和哺乳动物。双叶槽属 *Diphyllobothriium*，迭宫属 *Spirometra*，舌形属 *Ligula*

2. 头槽科 Bothriocephalidae　成虫多数寄生于鱼类肠道。

头槽属 *Bottriocephalus*

第三节　线虫概述

一、线虫形态构造

（一）外部形态

线虫一般为两侧对称，圆柱形或纺锤形，有的呈线状或毛发状。前端钝圆，后端较尖细。活体呈乳白色或淡黄色，吸血虫体略带红色。小的仅1mm左右，最长可达1m以上。寄生性线虫均为雌雄异体，一般为雄虫小，雌虫大。线虫整个虫体可分为头、尾、背、腹和两侧。

线虫体壁由角皮（角质层）、皮下组织和肌层构成。角皮光滑或有横纹、纵线等。有些线虫体表还常有由角皮参与形成的特殊构造，如头泡、颈泡、唇片、叶冠、颈翼、侧翼、尾翼、乳突、交合伞等，有附着、感觉和辅助交配等功能，其位置、形状和排列是分类的依据。体壁包围的腔（假体腔）内充满液体，其中有器官和系统。

（二）消化系统

消化系统包括口孔、口腔、食道、肠、直肠、肛门。口孔位于头部顶端，常有唇片围绕，无唇片者，有的在口缘部发育为叶冠、角质环（口领）等。有些在口腔中有齿或切板等。食道多呈圆柱状、棒状或漏斗状，有些线虫食道后部膨大为食道球。食道的形状在分类上具有重要意义。食道后为管状的肠、直肠，末端为肛门。雌虫肛门单独开口。雄虫的肛门与射精管汇合，开口在泄殖孔，其附近乳突的数目、形状和排列具有分类意义。

（三）生殖系统

线虫雌雄异体。雌虫尾部较直，雄虫尾部弯曲或蜷曲。生殖器官都是简单弯曲并相通的管状，形态上几乎没有区别。

雌性生殖器官通常为双管型（双子宫型），少数为单管型（单子宫型）。由卵巢、输卵管、子宫、受精囊、阴道和阴门组成。有些线虫无受精囊或阴道。阴门的位置可在虫体腹面的前部、中部或后部，均位于肛门之前，其位置及形态具有分类意义。有些线虫的阴门被有表皮形成的阴门盖。双管型即有两组生殖器官，两条子宫最后汇合成1条阴道。

雄性生殖器官为单管型，由睾丸、输精管、贮精囊和射精管组成，开口于泄殖腔。许多线虫还有辅助交配器官，如交合刺、导刺带、副导刺带、性乳突和交合伞，具有鉴定意义。交合刺多为两根，包藏在交合鞘内并能伸缩，在交配时有掀开雌虫生殖孔的功能。导刺带具有引导交合刺的作用。交合伞为对称的叶状膜，由肌质的腹肋、侧肋和背肋支撑，在交配时具有固定雌虫的功能（图12-6、图12-7）。

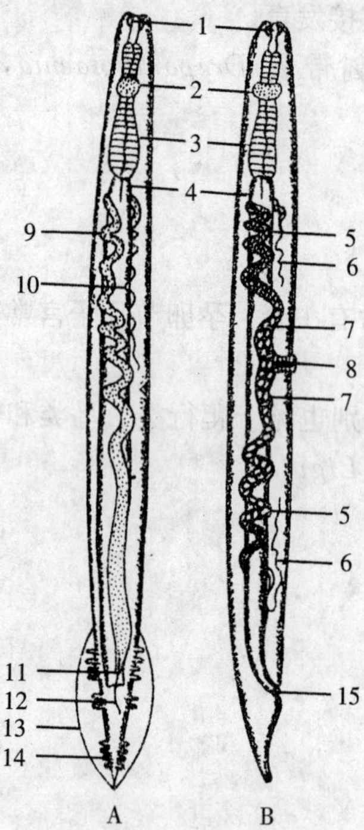

图12-6　线虫构造模式图

A. 雄虫　B. 雌虫

1. 口腔　2. 神经节　3. 食道　4. 肠　5. 输卵管　6. 卵巢　7. 子宫　8. 生殖孔　9. 输精管　10. 睾丸　11. 泄殖腔　12. 交合刺　13. 翼膜　14. 乳突　15. 肛门

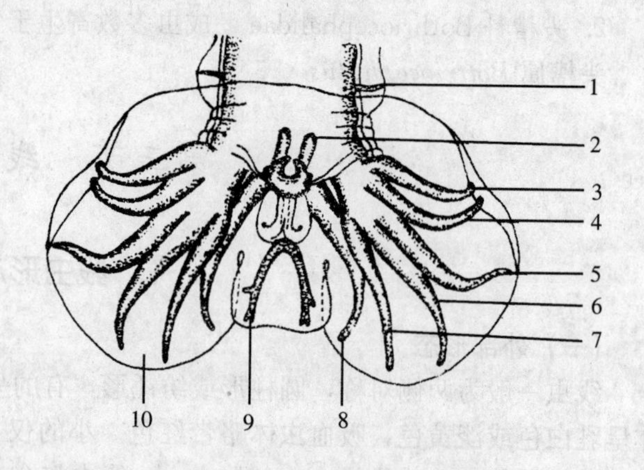

图12-7　圆形线虫雄虫尾部构造

1. 伞前乳突　2. 交合刺　3. 前腹肋　4. 侧腹肋　5. 前侧肋　6. 中侧肋　7. 后侧肋　8. 外背肋　9. 背肋　10. 交合伞膜

线虫还有排泄系统、神经系统，无呼吸器官和循环系统。

二、线虫生活史

雌虫与雄虫交配受精。大部分线虫为卵生，有的为卵胎生或胎生。卵生是指虫卵尚未卵裂，处于单细胞期，如蛔虫卵；卵胎生是指虫卵处于早期分裂状态，即已形成胚胎，如后圆线虫卵；胎生是指雌虫直接产出早期幼虫，如旋毛虫。

线虫的发育都要经过5个幼虫期，每期之间均要进行蜕皮（蜕化），因此，需有4次蜕皮。前2次蜕皮在外界环境中完成，后2次在宿主体内完成。绝大多数线虫虫卵发育到第3期幼虫才具有感染性，称为感染性幼虫。如果感染性幼虫在卵壳内不孵出，该虫卵称为感染性虫卵，或侵袭性虫卵。蜕皮是幼虫蜕去旧角皮，新生一层新角皮的过程。蜕皮时幼虫处于不生长、不采食、不活动的休眠状态。

1. 直接发育型　雌虫产出虫卵，虫卵在外界环境中发育成感染性虫卵或感染性幼虫，被终末宿主吞食后，幼虫逸出后经过移行或不移行（因种而异），再进行两次蜕皮发育为成虫。代表类型有蛲虫型、毛尾线虫型、蛔虫型、圆线虫型、钩虫型等。

2. 间接发育型　雌虫产出虫卵或幼虫，被中间宿主吞食，在其体内发育为感染性幼虫，然后通过中间宿主侵袭动物或被动物吃入而感染，在终末宿主体内经蜕皮后发育为成虫。中间宿主多为无脊椎动物。代表类型有旋尾线虫型、原圆线虫型、丝虫型、旋毛虫型等。

三、线虫分类

线虫的种类繁杂，相当一部分寄生于无脊椎动物和植物，小部分寄生于人和动物。与动物有关的线形动物门（Nematoda）分为尾感器纲和无尾感器纲。

（一）尾感器纲 Secernentea

1. 杆形目 Rhabditata

（1）类圆科 Strongyloididae　寄生于哺乳动物肠道。

类圆属 *Strongyloides*

（2）小杆科 Rhabdiasidae

小杆属 *Rhabditis*，微细属 *Micronema*

2. 圆线目 Strongylata

（1）毛圆科 Trichostrongylidae　主要寄生于反刍动物消化道。

毛圆属 *Trichostrongylus*，奥斯特属 *Ostertagia*，背带线虫属 *Teladorsagia*，血矛属 *Haemonchus*，长刺属 *Mecistocirrus*，马歇尔属 *Marshallagia*，古柏属 *Cooperia*，细颈属 *Nematodirus*，似细颈属 *Nematodirella*，猪圆线虫属 *Hyostrongylus*

（2）圆线科 Strongylidae　绝大多数寄生于哺乳动物。

圆线属 *Strongylus*，夏伯特属 *Chabertia*，三齿属 *Triodontophorus*，盆口属 *Craterostomum*，食道齿属 *Oesophagodontus*

（3）盅口科 Cyathostomidae（＝毛线科 Trichonematidae）　寄生于哺乳动物和两栖动物消化道。

盅口属 *Cyathostomum*（毛线属 *Trichonema*），盂口属 *Poteriostomum*，辐首属 *Gyalocephalus*，杯环属 *Cylicocyclus*，杯齿属 *Cylicodontophorus*，杯冠属 *Cylicostephanus*，鲍杰属 *Bourgelatia*，食道口属 *Oesophagostomum*

（4）网尾科 Dictyocaulidae　寄生于动物呼吸道和肺部。

网尾属 *Dictyocaulus*

（5）后圆科 Metastrongylidae　寄生于哺乳类呼吸系统。

后圆属 *Metastronglus*

（6）原圆科 Protostrongylidae　寄生于哺乳动物呼吸系统及循环系统。

原圆属 *Protostrongylus*，囊尾属 *Cystocaulus*，缪勒属 *Muellerius*，刺尾属 *Spiculocaulus*，新圆属 *Neostrongylus*，鹿圆属 *Elaphostrongylus*，拟马鹿圆属 *Parelaphostrongylus*

（7）比翼科 Syngamidae　寄生于鸟类及哺乳动物呼吸道和中耳中。

比翼属 *Syngamus*，哺乳类比翼属 *Mammomonogamus*

（8）钩口科 Ancylostomatidae　寄生于哺乳类消化道。

钩口属 *Ancylostoma*，旷口属 *Agriostomum*，仰口属 *Bunostomum*，盖格属 *Gaigeri*，球首属 *Globocephalus*，板口属 *Necator*，弯口属 *Uncinaria*

（9）冠尾科 Stephanuridae　寄生于哺乳动物肾脏及周围组织。

冠尾属 *Stephanurus*

（10）裂口科 Amidostomatidae　寄生于禽类肌胃角质膜下，偶见于腺胃。

裂口属 *Amidostomum*

3. 蛔目 Ascaridata

（1）蛔科 Ascaridae　寄生于哺乳动物肠道。

蛔属 *Ascaris*，副蛔属 *Parascaras*，弓蛔属 *Toxaacaris*，贝蛔属 *Baylisascaris*

（2）弓首科 Toxocaridae　寄生于肉食动物肠道。

弓首属 *Toxocara*，新蛔属 *Neoascaris*

（3）禽蛔科 Ascaridiidae　寄生于鸟类。

禽蛔属 *Ascaridia*

4. 尖尾目 Oxyurata

（1）尖尾科 Oxyuridae　寄生于哺乳动物消化道。

尖尾属 *Oxyuris*，无刺属 *Aspiculuris*，普氏属 *Probstmayria*，斯克里亚宾属 *Skrjabinema*，住肠属（蛲虫属）*Enterobius*，钉尾属 *Passalurus*，管状属 *Syphacia*

（2）异刺科 Heterakidae　寄生于两栖、爬行、鸟类和哺乳类动物肠道。

异刺属 *Heterakis*，同刺属 *Ganguleterakis*，副盾皮属 *Paraspydodera*

5. 旋尾目 Spirurata

（1）吸吮科 Thelaziidae　寄生于哺乳类、鸟类眼部组织。

吸吮属 *Thelazia*，尖旋尾属 *Oxyspirura*，后吸吮属 *Metathelazia*

（2）尾旋科 Spirocercidae　寄生于肉食动物。

尾旋属 *Spirocerca*

(3) 柔线科 Habronematidae 寄生于哺乳类的胃黏膜下。

柔线属 *Habronema*，德拉西属 *Drascheia*

(4) 华首科（锐形科）Acuariidae 寄生于鸟类消化道、腺胃或肌胃角质膜下。

副柔属 *Parabronema*，锐形属（华首属）*Acuaria*，棘结属 *Echinuria*

(5) 颚口科 Gnathostomatiidae 寄生于鱼类、爬行动物和哺乳动物的胃、肠，偶见于其他器官。

颚口属 *Gnathostoma*

(6) 泡翼科 Physalopteridae 寄生于脊椎动物胃或小肠。

翼属 *Physaloptera*

(7) 四棱科 Tetrameridae 寄生于家禽和鸟类腺胃黏膜下。

四棱属 *Tetrameres*

(8) 筒线科 Gongylonematidae 寄生于鸟类和哺乳动物的食道和胃壁。

筒线属 *Gongylonema*

6. 丝虫目 Filariata

(1) 腹腔丝虫科（丝状科）Setariidae 寄生于哺乳动物的腹腔。微丝蚴具鞘膜，在宿主的血液中。

丝状属 *Setaria*

(2) 丝虫科 Filariidae 寄生于哺乳动物结缔组织。

副丝虫属 *Parafilaria*

(3) 盘尾科 Onchocercidae 寄生于哺乳动物的结缔组织中。

盘尾属 *Onchocerca*

(4) 双瓣科 Dipetalonematidae 寄生于脊椎动物心脏或结缔组织中。

双瓣属 *Dipetalonema*，浆膜丝虫属 *Serofilaria*，恶丝虫属 *Dirofilaria*

7. 驼形目 Camallanata

龙线科 Dracunculidae 寄生于鸟类皮下组织，或哺乳动物的结缔组织中。甲壳类动物为中间宿主。

龙线属 *Dracunculus*，鸟蛇属 *Avioserpens*

(二) 无尾感器纲 AdenoPhorea

1. 毛尾目 Trichurata

(1) 毛形科 Trichinellidae 成虫寄生于哺乳动物肠道，幼虫寄生于肌肉。

毛形属 *Trichinella*

(2) 毛尾科 Trichuridae 寄生于哺乳动物肠道。

毛尾属 *Trichuris*

(3) 毛细科 Capillariidae 寄生于脊椎动物消化道或尿囊中。

毛细属 *Capillaria*，线形属（纤形属）*Thominx*

2. 膨结目 Dioctophymata

膨结科 Dioctophymatidae 寄生于哺乳动物的肾脏、腹腔、膀胱和消化道，或鸟类。

膨结属 *Dioctophyma*

第四节　蜱螨与昆虫概述

蜱螨和昆虫是动物界中种类最多的一门，占已知 120 多万种动物的 87%左右，大多数营自由生活，只有少数营寄生生活或作为生物传播媒介传播疾病。主要是蛛形纲蜱螨目和昆虫纲的节肢动物。

一、节肢动物形态特征

虫体左右对称，躯体和附肢既分节，又是对称结构。当虫体发育中体形变大时则必须蜕去旧表皮而产生新的表皮，这一过程称为蜕皮。

蛛形纲虫体呈圆形或椭圆形，分头胸和腹两部，或头、胸、腹完全融合。假头突出在躯体前或位于前端腹面，由口器和假头基组成。成虫有足 4 对。

昆虫纲的主要特征是身体明显分头、胸、腹三部。头部有触角 1 对。口器主要有咀嚼式、刺吸式、刮舐式、舐吸式及刮吸式。胸部有足 3 对、翅 2 对。腹部无附肢。

二、节肢动物生活史

蛛形纲的虫体为卵生，从卵孵出的幼虫，经若干次蜕皮变为若虫，再经过蜕皮变为成虫，其间在形态和生活习性上基本相似。若虫和成虫在形态上相同，只是体形小和性器官尚未成熟。

昆虫纲的昆虫多为卵生，极少数为卵胎生。发育具有卵、幼虫、蛹、成虫 4 个形态与生活习性都不同的阶段，这一类称为完全变态；另一类无蛹期，称为不完全变态。发育过程中都有变态和蜕皮现象。

三、节肢动物分类

节肢动物隶属于节肢动物门（Arthropoda），分类较为复杂，在此只是将与本书有关的分类列举如下。

（一）蛛形纲 Arachnida　蜱螨目 Acarina

1. 后气门亚目 Metastigmata（蜱亚目 Ixodides）

（1）硬蜱科 Ixodidae　硬蜱属 *Ixodes*，璃眼蜱属 *Hyalomma*，血蜱属 *Haemaphysalis*，扇头蜱属 *Rhipicephalus*，革蜱属 *Dermacentor*，牛蜱属 *Boophilus*，花蜱属 *Amblyomma*

（2）软蜱科 Argasidae　锐缘蜱属 *Argas*，钝缘蜱属 *Ornithodoros*

2. 无气门亚目 Astigmata（疥螨亚目 Sarcoptiformes）

（1）疥螨科 Sarcoptidae　疥螨属 *Sarcoptes*，背肛螨属 *Notoedres*，膝螨属 *Knemidocoptes*

（2）痒螨科 Psoroptidae　痒螨属 *Psoroptes*，足螨属 *Chorioptes*，耳痒螨属 *Otodectes*

（3）肉食螨科 Cheletidae　羽管螨属 *Syringophilus*

3. 中（气）门亚目 Mesostigmata

（1）皮刺螨科 Dermanyssidae　皮刺螨属 *Dermanyssus*，禽刺螨属 *Ornithonyssus*

（2）鼻刺螨科 Rhinonyssidae　新刺螨属 *Neonyssus*，鼻刺螨属 *Rhinonyssus*

4. 前气门亚目 Prostigmata（恙螨亚目 Trombiculidae）

(1) 蠕形螨科 Demodidae　蠕形螨属 *Demodex*

(2) 恙螨科 Trombiculidae　恙螨属 *Trombicula*，真棒属 *Euschongastia*，新棒螨属 *Neoschongastia*

(3) 跗线螨科 Tarsonemidae

(二) 昆虫纲 Insecta

1. 双翅目 Diptera

(1) 蚊科 Culicidae　按蚊属 *Anophele*，库蚊属 *Culex*，阿蚊属 *Armigeres*，伊蚊属 *Aedes*

(2) 蠓科 Ceratopogonidae　拉蠓属 *Lasiohelea*，库蠓属 *Culicoides*，勒蠓属 *Leptoconops*

(3) 蚋科 Simuliidae　原蚋属 *Prosimulium*，蚋属 *Simulium*，真蚋属 *Eusimulium*，维蚋属 *Withelmia*

(4) 虻科 Tabanidae　斑虻属 *Chrysops*，麻虻属 *Chrysozona*，虻属 *Tabanus*

(5) 狂蝇科 Oestridae　狂蝇属 *Oestrus*，鼻狂蝇属 *Rhinoestrus*，喉蝇属 *Cephalopina*

(6) 胃蝇科 Gasterophilidae　胃蝇属 *Gasterophilus*

(7) 皮蝇科 Hypodermatidae　皮蝇属 *Hypoderma*

(8) 虱蝇科 Hippoboscidae　虱蝇属 *Hippobosca*，蜱蝇属 *Melophagus*

2. 虱目 Anoplura

(1) 颚虱科 Linognathidae　颚虱属 *Linognathus*，管蝇属 *Solenopotes*

(2) 血虱科 Haematopinidae　血虱属 *Haematopinus*

(3) 虱科 Pediculidae

(4) 毛虱科 Trichodectidae　毛虱属 *Trichodectes*，猫毛虱属 *Felicola*，牛毛虱属 *Bovicola*

(5) 短角羽虱科 Menoponedae　鸭虱属 *Trinoton*，体虱属 *Menacanthus*，鸡虱属 *Menopon*

(6) 长角羽虱科 Philopteridae　啮羽虱属 *Esthiopterum*，鹅鸭虱属 *Anatoecus*，长羽虱属 *Lipeurus*，圆羽虱属 *Goniocotes*，角羽虱属 *Goniodes*

3. 蚤目 Siphonaptera

(1) 蠕形蚤科 Vermipsyllidae　蠕形蚤属 *Vermipsylla*，羚蚤属 *Dorcadia*

(2) 蚤科 Pulicidae　蚤属 *Pulex*，栉首蚤属 *Ctenocephalides*

第五节　原虫概述

原虫即是原生动物，是单细胞动物。寄生于动物的腔道、体液、组织和细胞内。

一、原虫形态构造

原虫微小，多数在 1～30μm，有圆形、卵圆形、柳叶形或不规则等形状，其不同发育阶段可有不同的形态。原虫的基本构造包括胞膜、胞质和胞核三部分。

胞膜是由三层结构的单位膜组成，能不断更新，胞膜可保持原虫的完整性，并参与摄食、营养、排泄、运动、感觉等生理活动。

胞质也称胞浆。中央区为内质，含有细胞核、线粒体、高尔基体等；周围区为外质，具有维持虫体结构的作用。

胞核多数为囊泡状（纤毛虫除外），染色质在核的周围或中央，有一个或多个核仁（图12-8）。原虫有鞭毛、纤毛、伪足和波动嵴等运动器官，还有动基体和顶复合器等。

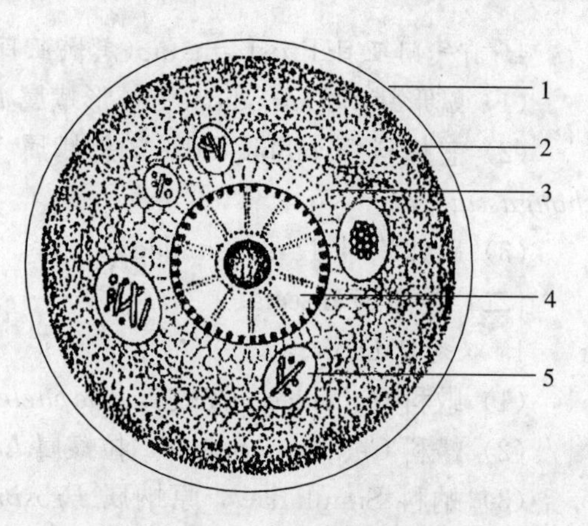

图12-8 原虫形态结构模式图

1. 胞膜 2. 外质 3. 内质 4. 胞核 5. 食物泡

二、原虫的生殖

（一）无性生殖

1. 二分裂　分裂由毛基体开始，依次为动基体、核、细胞，形成2个大小相等的新个体。鞭毛虫为纵二分裂，纤毛虫为横二分裂。

2. 裂殖生殖　亦称复分裂。细胞核先反复分裂，胞浆向核周围集中，产生大量子代细胞。其母体称为裂殖体，后代称为裂殖子。1个裂殖体内可含有数十个裂殖子。球虫常以此方式繁殖。

3. 孢子生殖　是在有性生殖的配子生殖阶段形成合子后，合子所进行的复分裂。孢子体可形成多个子孢子。

4. 出芽生殖　分为外出芽和内出芽两种形式。外出芽生殖是从母细胞边缘分裂出1个子个体，脱离母体后形成新的个体。内出芽生殖是在母细胞内形成2个子细胞，子细胞成熟后，母细胞破裂释放出2个新个体。

（二）有性生殖

1. 接合生殖　2个虫体结合，进行核质交换，核重建后分离，成为2个含有新核的个体。多见于纤毛虫。

2. 配子生殖　虫体在裂殖生殖过程中出现性分化，一部分裂殖体形成大配子体（雌性），一部分形成小配子体（雄性）。大、小配子体发育成熟后分别形成大、小配子，小配子进入大配子内，结合形成合子。1个小配子体可产生若干小配子，而1个大配子体只产生1个大配子（图12-9）。

三、原虫分类

目前，已记录的原生动物有65 000多种，其中10 000多种营寄生生活，故原虫分类十分复杂，始终处于动态之中，至今尚未统一。在此根据原虫分类学家推荐的分类系统，列出与动物医学有关的部分。在这一分类系统中，原生动物为原生生物界的1个亚界。

（一）肉足鞭毛门 Sarcomastigophora

鞭毛亚门 Mastigophora

　动鞭毛纲 Zoomastigophorea

　　动基体目 Kinetoplastida

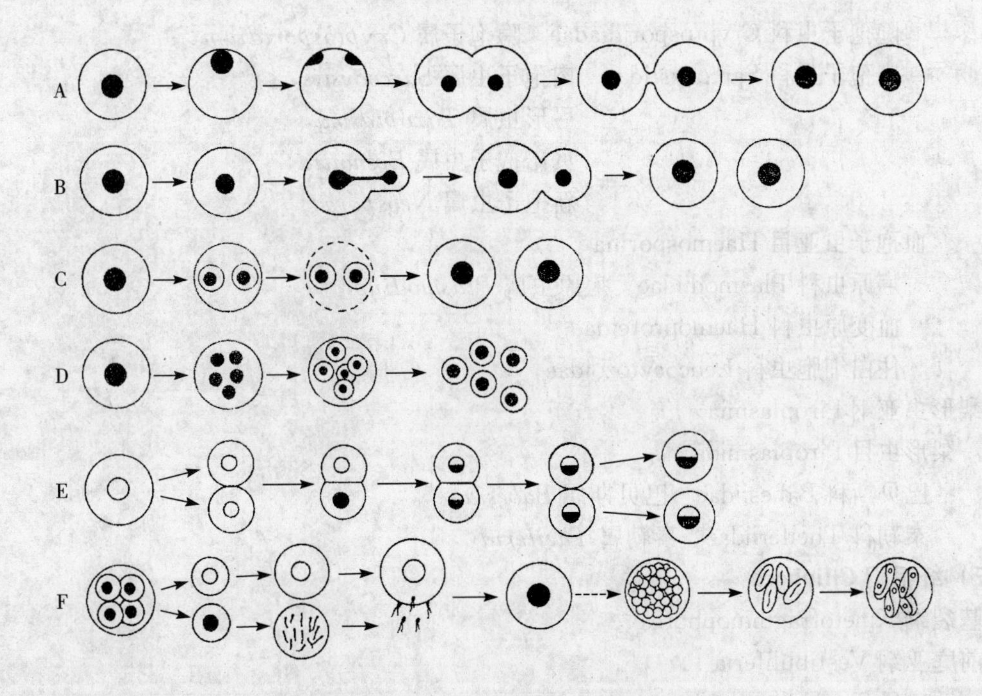

图 12-9　原虫生殖示意图

A. 二分裂　B. 外出芽生殖　C. 内出芽生殖

D. 裂殖生殖　E. 接合生殖　F. 配子生殖

波多亚目 Bodonina

锥体亚目 Trypanosomatina

锥体科 Trypanosomatidae　利什曼属 *Leishmania*，

锥体属 *Trypanosoma*

双滴虫目 Diplomonadida

双滴虫亚目 Diplomonadina

六鞭科 Hexamitidae　贾第属 *Giardia*

毛滴虫目 Trichomonadida

毛滴虫科 Trichomonadidae　三毛滴虫属 *Tritrichomonas*

单毛滴虫科 Monocercomonadidae　组织滴虫属 *Histomonas*

（二）顶复门 Apicomplexa

孢子虫纲 Sporozoea

球虫亚纲 Coccidia

真球虫目 Eucoccidiida

艾美耳亚目 Eimeriina

艾美耳科 Eimeriidae　艾美耳属 *Eimeria*，等孢属 *Isospora*，

温扬属 *Wenyonella*，泰泽属 *Tyzzeria*

隐孢子虫科 Cryptosporidiadae　隐孢子属 *Cryptosporidium*

肉孢子虫科 Sarcocystidae　肉孢子虫属 *Sarcocystis*，

弓形虫属 *Toxoplasma*，

贝诺孢子虫属 *Besnoitia*，

新孢子虫属 *Neospora*

血孢子虫亚目 Haemosporina

疟原虫科 Plasmodiidae　疟原虫属 *Plasmodium*

血变原虫科 Haemoproteidae

住白细胞虫科 Leucocytozoidae

梨形虫亚纲 Piroplasmia

梨形虫目 Piroplasmida

巴贝斯科 Babesiidae　巴贝斯属 *Babesia*

泰勒科 Theileriidae　泰勒属 *Theileria*

（三）纤毛门 Ciliphora

动基裂纲 Kinetofragminophorea

前庭亚纲 Vestibuliferia

毛口目 Trichostomatida

毛口亚目 Trichostomatina

小袋科 Balantidiidae　小袋虫属 *Balantidum*

复习思考题

1. 吸虫的形态构造及生活史。
2. 圆叶目绦虫的形态构造及生活史。
3. 线虫的形态构造及生活史。
4. 昆虫的形态构造特点及生活史。
5. 原虫的形态构造及生殖。

第十三章　反刍动物寄生虫病

第一节　消化系统寄生虫病

反刍动物消化系统主要吸虫病有片形吸虫病、双腔吸虫病、阔盘吸虫病、前后盘吸虫病；绦虫（蚴）病有绦虫病、棘球蚴病；线虫病有消化道线虫病、犊新蛔虫病；原虫病有球虫病、隐孢子虫病等。此外，还有绵羊双士吸虫病、印度槽盘吸虫病、细颈囊尾蚴病、筒线虫病、斯氏副柔线虫病、旋毛虫病，小肠黏膜内的乳突类圆线虫病，牛贾第虫病、绵羊内阿米巴虫病等。

一、片形吸虫病

本病是由片形科片形属的吸虫寄生于反刍动物肝脏胆管引起的疾病。又称为“肝蛭”。主要特征为多呈慢性经过，动物消瘦，发育障碍，生产力下降；急性感染时引起急性肝炎和胆管炎，并伴发全身性中毒和营养障碍，幼畜和绵羊可引起大批死亡。

病原体　肝片吸虫，虫体呈扁平叶状，活体为棕褐色。长21～41mm，宽 9～14mm。前端有一个三角形的锥状突起，其底部较宽似“肩”，往后逐渐变窄。口吸盘位于锥状突起前端，腹吸盘位于肩水平线中央稍后方。肠管有许多外侧枝，内侧枝少而短。两个高度分枝状的睾丸前后排列于虫体的中后部。1 个鹿角状的卵巢位于腹吸盘后右侧。卵模位于睾丸前中央。子宫位于卵模和腹吸盘之间，曲折重叠，内充满虫卵，一端通入卵模，另一端通向口、腹吸盘之间的生殖孔。卵黄腺呈颗粒状分布于虫体两侧，与肠管重叠。无受精囊。体后部中央有纵行的排泄管（图 13－1）。虫卵较大，呈长椭圆形，黄色或黄褐色，前端较窄，后端较钝，卵盖不明显，卵壳薄而光滑，半透明，分两层，卵内充满卵黄细胞和 1 个胚细胞。

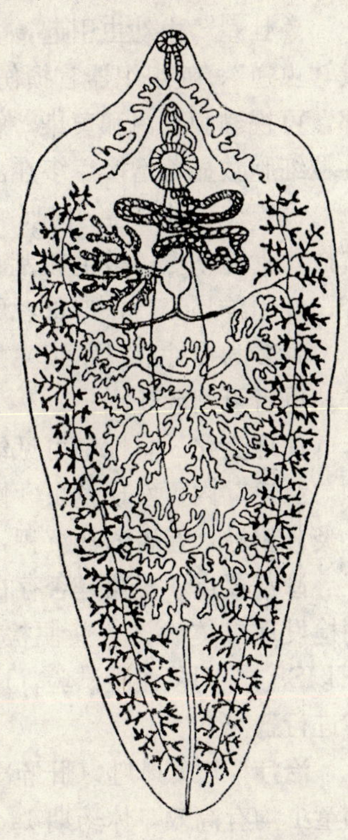

图 13－1　肝片吸虫

大片形吸虫，较少见。形态与肝片吸虫相似，虫体呈长叶状，肩不明显，两侧缘趋于平行，腹吸盘较大。虫卵与肝片吸虫卵相似。

生活史

寄生宿主　中间宿主为椎实螺科的淡水螺。肝片吸虫主要为小土窝螺，还有斯氏萝卜螺。大片形吸虫主要为耳萝卜螺，小土窝螺亦可。肝片吸虫的终末宿主主要是牛、羊、鹿、骆驼等反刍动物，绵羊敏感；猪、马属动物、兔及一些野生动物也可感染；人也可感染。大片形吸虫主要感染牛。

发育过程　成虫在终末宿主的肝脏胆管内产卵，虫卵随胆汁进入肠道后，随粪便排出体外，在适宜的温度、氧气、水分和光线条件下，经10～20d孵出毛蚴。毛蚴一般只能存活6～36h，若不能进入中间宿主体内则逐渐死亡。毛蚴在水中钻入中间宿主体内，经35～50d发育为胞蚴、母雷蚴、子雷蚴和尾蚴。尾蚴离开螺体，在水中或水生植物上，脱掉尾部形成囊蚴。终末宿主饮水或吃草时吞食囊蚴而感染，囊蚴在十二指肠中脱囊后发育为童虫，进入肝脏胆管经2～3个月发育为成虫。童虫主要从胆管开口处直接进入肝脏，还可钻入肠黏膜经肠系膜静脉进入肝脏，或穿过肠壁进入腹腔，由肝包膜钻入肝脏。成虫在终末宿主体内可存活3～5年。

流行病学

传播特性　感染来源为患病或带虫牛、羊等反刍动物。虫体繁殖力强，1条成虫1昼夜可产卵8 000～13 000个。幼虫在中间宿主体内进行无性繁殖，1个毛蚴可发育为数百甚至上千个尾蚴。虫卵在13℃时即可发育，25～30℃时最适宜；在干燥环境中迅速死亡，在潮湿的环境中可存活8个月以上；对低温抵抗力较强，但结冰后很快死亡，所以不能越冬。囊蚴对外界环境的抵抗力较强，在潮湿环境中可存活3～5个月，但对干燥和直射阳光敏感。

流行特点　分布广泛，多发生在地势低洼、潮湿、多沼泽及水源丰富的放牧地区。春末至秋季适宜幼虫及螺的生长发育，本病在同期流行。感染季节决定了发病季节，幼虫引起的急性发病多在夏、秋季，成虫引起的慢性发病多在冬、春季。南方感染季节较长。多雨年份能促进本病的流行。

症状　主要取决于虫体寄生的数量、毒素作用的强弱及动物机体的营养状况和抵抗力。

急性型　由幼虫引起，多发生于绵羊，由短时间内吞食大量囊蚴而引起。童虫在体内移行造成“虫道”，使组织器官损伤和出血，尤其是引起急性肝炎。主要表现食欲减退或废绝，精神沉郁，可视黏膜苍白和黄染，触诊肝区有疼痛感，体温升高。红细胞数和血红蛋白显著降低，嗜酸性粒细胞数显著增多。多在出现症状后3～5d内死亡。

慢性型　由成虫引起，一般在吞食囊蚴后4～5个月时发病。患羊主要表现为渐进性消瘦、贫血，食欲不振，被毛粗乱易脱落，眼睑、下颌水肿，有时波及胸、腹，早晨明显，运动后减轻。妊娠羊易流产，严重者可衰竭死亡。

牛多为慢性经过，犊牛症状明显。除上述症状外，常表现前胃弛缓、腹泻、周期性瘤胃臌胀。重者可引起死亡。

病理变化　急性型可见幼虫移行时引起的肠壁、肝组织和其他器官的组织损伤和出血，腹腔和“虫道”内可发现童虫。慢性型高度贫血，肝脏肿大，胆管呈绳索样凸出于肝脏表面，胆管壁发炎、粗糙，有磷酸盐沉积，肝实质变硬，切开后在胆管内可见成虫，有时亦在胆囊中。

诊断要点　根据是否存在中间宿主等流行病学资料，结合症状可初步诊断。通过粪便检查和剖检发现虫体确诊。粪便检查用沉淀法。还可应用免疫学诊断法，如固相酶联免疫吸附试验（ELISA）、间接血凝试验（IHA）等，不但适用于诊断急、慢性肝片吸虫病，亦可用于对动物群体进行普查。

治疗　三氯苯唑（肝蛭净），牛每千克体重10mg，羊每千克体重12mg，1次口服，对成虫和童虫均有高效，休药期14d。硝氯酚（拜耳9015），牛每千克体重3～4mg，羊每千克体重4～5mg，1次口服；应用针剂时，牛每千克体重0.5～1.0mg，羊每千克体重0.75～1.0mg，深部肌肉注射，只对成虫有效。溴酚磷（蛭得净），对成虫和童虫均有良好效果。丙硫咪唑（抗蠕敏），对成虫效果良好，对童虫效果较差。还可选用碘硝酚腈（休药期1个月）、硫双二氯酚、六氯对二甲苯等。

防制措施　根据流行病学特点和生活史，制定综合性防制措施。

定期驱虫　驱虫时间和次数根据当地流行情况确定。北方全年可进行2次驱虫，第1次在冬末春初（3～4月份），由舍饲转为放牧之前进行，第2次在秋末冬初（11～12月份），由放牧转为舍饲之前进行。南方每年可进行3次驱虫。粪便要无害化处理。

科学放牧　尽量不到低洼、潮湿地方放牧。牧区实行轮牧，每月轮换一块草地。避免饮用非流动水，在低洼湿地收割的牧草晒干后再作饲料。

消灭中间宿主　可用喷洒药物、兴修水利、改造低洼地、饲养水禽等措施灭螺。药物灭螺一般在每年3～5月份进行，用1∶50 000的硫酸铜或氨水，粗制氯硝柳胺（血防67，2.5mg/L）等。饲养水禽灭螺时，应注意感染禽吸虫病。

二、双腔吸虫病

本病是由双腔科双腔属的吸虫寄生于牛、羊等反刍动物肝脏胆管和胆囊引起的疾病。主要特征为胆管炎，肝硬变及代谢、营养障碍，常与肝片吸虫混合感染。

病原体　矛形双腔吸虫，又称枝双腔吸虫。虫体扁平，狭长呈“矛形”，活体呈棕红色。长6.7～8.3mm，宽1.6～2.2mm。口吸盘位于前端，腹吸盘位于体前1/5处。2个圆形或边缘有缺刻的睾丸，前后或斜列于腹吸盘后方。雄茎囊位于肠分叉与腹吸盘之间。生殖孔开口于肠分叉处。卵巢圆形，位于睾丸之后。卵黄腺呈细小颗粒状位于虫体中部两侧。子宫弯曲，充满虫体的后半部。虫卵呈卵圆形，黄褐色，一端有卵盖，左右不对称，内含毛蚴。

中华双腔吸虫，与矛形双腔吸虫相似，但虫体较宽，长3.5～9mm，宽2～3mm。主要区别为2个睾丸边缘不整齐或稍分叶，左右并列于腹吸盘后（图13-2）。

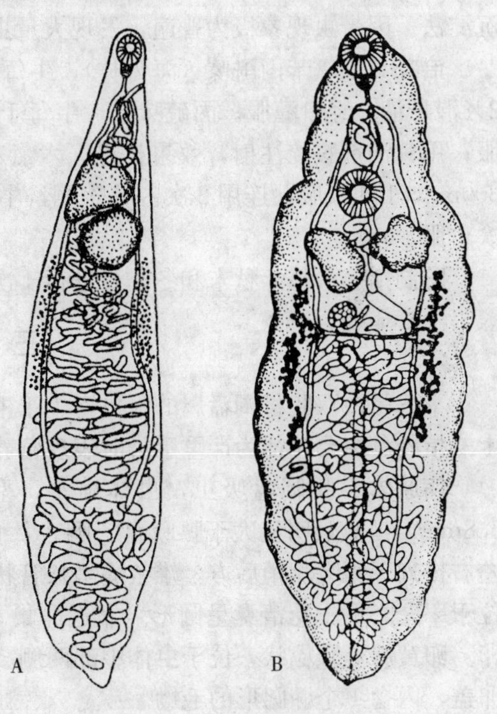

图13-2　双腔吸虫
A. 矛形双腔吸虫　B. 中华双腔吸虫

生活史

寄生宿主　中间宿主为陆地螺，主要为条纹蜗牛、枝小丽螺等。补充宿主为蚂蚁。终末宿主为牛、羊、鹿、骆驼等反刍动物，马属动物、猪、犬、兔、猴等也可感染，偶见于人。

发育过程　成虫在终末宿主胆管及胆囊内产卵，虫卵随胆汁进入肠道，再随粪便排出体外。虫卵被中间宿主吞食后，经82～150d发育为毛蚴、母胞蚴、子胞蚴、尾蚴。众多尾蚴聚集形成尾蚴群囊从螺体排出，黏附于植物叶及其他物体上，被蚂蚁吞食后形成囊蚴。终末宿主吞食了蚂蚁而感染，囊蚴经总胆管进入胆管及胆囊内，经72～85d发育为成虫。整个发育期为160～240d。

流行病学

传播特性　感染来源为患病或带虫牛、羊等反刍动物。虫卵对外界环境的抵抗力强，在土壤和粪便中可存活数月，18～20℃干燥1周仍可存活，对低温抵抗力更强。在中间宿主和补充宿主体内的各期幼虫均可越冬，且保持感染能力。

流行特点　分布广泛，与陆地螺和蚂蚁的分布广泛有关，多呈地方性流行。南方全年均可流行。北方由于中间宿主冬眠，动物感染具有春、秋两季特点，发病多在冬、春季节。随着年龄的增长，感染率和感染强度也逐渐增加。可感染数千条虫体。

症状　轻度感染时症状不明显，严重感染时，尤其在早春时症状明显，表现为慢性消耗性疾病症状。精神沉郁，食欲不振，逐渐消瘦，可视黏膜苍白、黄染，下颌水肿，腹泻，行动迟缓，喜卧等。常与肝片吸虫混合感染，症状加重，并可引起死亡。

病理变化　由于虫体的机械性刺激和毒素作用，致使胆管卡他性炎症，胆管壁增厚，肝脏肿大。

诊断要点　根据流行病学资料，结合症状、粪便检查和剖检发现虫体综合诊断。粪便检查用沉淀法。因带虫现象极为普遍，发现大量虫卵时方可确诊。

治疗　三氯苯丙酰嗪（海涛林），牛每千克体重30～40mg，羊每千克体重40～50mg，配成2%混悬液，经口灌服。丙硫咪唑，牛每千克体重10～15mg，羊每千克体重30～40mg，1次口服；用其油剂腹腔注射，效果良好。六氯对二甲苯（血防846），牛、羊均按每千克体重200～300mg，1次口服，连用2次。吡喹酮，牛每千克体重35～45mg，羊每千克体重60～70mg，1次口服。

防制措施　每年秋末和冬季各进行1次驱虫，粪便发酵处理；注意灭螺。

三、阔盘吸虫病

本病是由双腔科阔盘属的吸虫寄生于牛、羊等反刍动物胰管引起的疾病。偶尔寄生于胆管和十二指肠。主要特征为严重感染时表现营养障碍，腹泻，消瘦，贫血，水肿。

病原体　胰阔盘吸虫，虫体扁平，呈长卵圆形，活体呈棕红色。长8～16mm，宽5～5.8mm。口吸盘明显大于腹吸盘。咽小，食道短，两条肠支简单。睾丸2个，圆形或略分叶，左右排列于腹吸盘稍后方。雄茎囊呈长管状，位于腹吸盘和肠支分叉之间。卵巢分3～6个叶瓣，位于睾丸之后。受精囊呈圆形，靠近卵巢。子宫有许多弯曲，位于虫体后半部，内充满棕色虫卵。卵黄腺呈颗粒状，位于虫体中部两侧。虫卵为黄棕色或棕褐色，椭圆形，两侧稍不对称，有卵盖，内含1个椭圆形的毛蚴。

腔阔盘吸虫，与胰阔盘吸虫的主要区别是呈短椭圆形，体后端具有1个明显的尾突，口、腹吸盘大小相近，卵巢圆形，多数边缘完整，少数分叶。

枝睾阔盘吸虫，此种少见。虫体呈前端尖、后端钝的瓜子形，腹吸盘略大于口吸盘，睾丸呈分枝状（图13-3）。

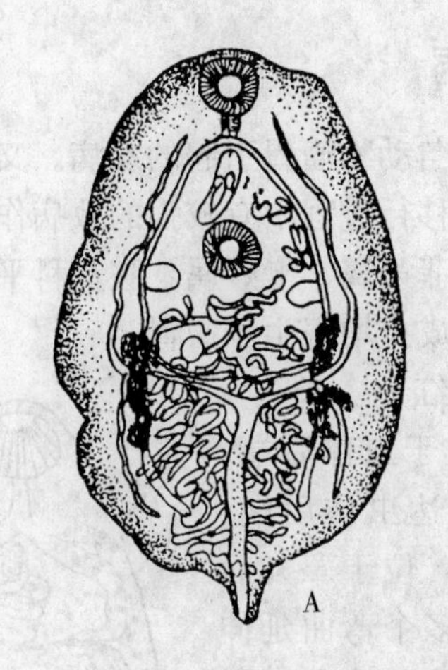

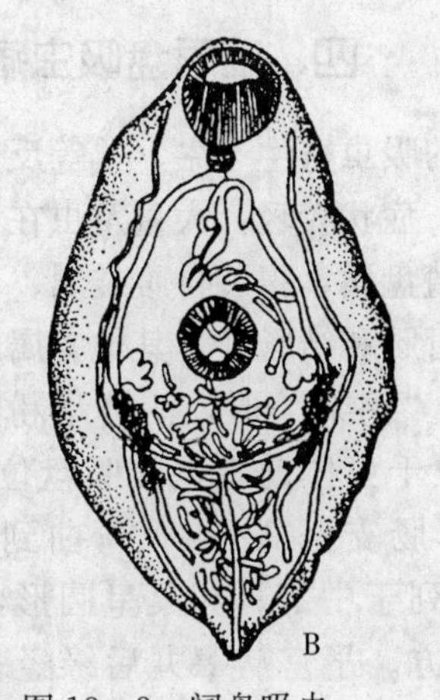

图 13-3　阔盘吸虫

A. 腔阔盘吸虫　B. 胰阔盘吸虫　C. 枝睾阔盘吸虫

生活史　3 种阔盘吸虫的生活史相似。

寄生宿主　中间宿主为陆地螺，主要为条纹蜗牛、枝小丽螺、中华灰蜗牛等。胰阔盘吸虫和腔阔盘吸虫的补充宿主为草螽，枝睾阔盘吸虫为针蟋。终末宿主主要为牛、羊、鹿和骆驼等反刍动物，还可感染兔、猪，人亦可感染。

发育过程　成虫在终末宿主胰管内产卵，虫卵随胰液进入肠道，再随粪便排出体外。被中间宿主吞食后，经 5～6 个月孵出毛蚴、母胞蚴、子胞蚴。成熟的子胞蚴体内含有许多尾蚴，子胞蚴逸出螺体，被补充宿主吞食，经 23～30d 发育为囊蚴。终末宿主吞食补充宿主而感染，囊蚴在十二指肠内脱囊，由胰管开口进入胰管内，经 80～100d 发育为成虫。整个发育期为 10～16 个月。

流行病学

传播特性　感染来源为患病或带虫牛、羊等反刍动物。

流行特点　以胰阔盘吸虫和腔阔盘吸虫流行最广，与陆地螺和草螽的分布广泛有关。7～10 月份草螽最为活跃，被感染后活动能力降低，故很容易被放牧牛、羊随草一起吞食。多在冬、春季节发病。

症状　取决于虫体寄生强度和动物体况，轻度感染时不明显。严重感染时，代谢失调和营养障碍，消化不良，精神沉郁，消瘦，贫血，下颌及前胸水肿，腹泻，粪便中带有黏液。重者可因恶病质而死亡。

病理变化　胰脏肿大，其内有紫黑色斑块或条索，胰管增厚，增生性炎症，切开可见虫体。

诊断要点　根据流行病学特点、症状、粪便检查和剖检发现虫体等进行综合诊断。粪便检查用沉淀法，发现大量虫卵时方可确诊。

治疗　吡喹酮，牛每千克体重 35～45mg，羊每千克体重 60～70mg，1 次口服；或牛、羊均按每千克体重 30～50mg，用液体石蜡或植物油配成灭菌油剂，腹腔注射。六氯对二甲苯，牛每千克体重 300mg，羊每千克体重 400～600mg，口服，隔天 1 次，3 次为 1 个疗程。

防制措施　定期预防性驱虫；消灭中间宿主；避免到补充宿主活跃地带放牧，实行轮牧。

四、前后盘吸虫病

本病是由前后盘科前后盘属的吸虫寄生于牛、羊等反刍动物瘤胃引起的疾病。又称为同盘吸虫病。主要特征为感染强度很大，症状较轻，大量童虫在移行过程中有较强的致病作用，甚至引起死亡。同类疾病还有前后盘科殖盘属，腹袋科腹袋属、菲策属、卡妙属，腹盘科平腹属等吸虫所引起。除平腹属的成虫寄生于盲肠和结肠外，其他各属成虫均寄生于瘤胃。

病原体 鹿前后盘吸虫，呈“鸭梨”形，活体呈粉红色。长 8～10mm，宽 4～4.5mm。口吸盘位于虫体前端，腹吸盘位于虫体后端，大小约为口吸盘的 2 倍。缺咽。肠支经 3～4 个弯曲到达虫体后端。睾丸 2 个，呈横椭圆形，前后排列于中部。卵巢呈圆形，位于睾丸后方。生殖孔开口于肠支分叉处后方。子宫从睾丸后缘经多个弯曲延伸至生殖孔。卵黄腺发达，呈滤泡状，分布于两侧，与肠支重叠（图 13－4）。虫卵呈椭圆形，淡灰色，卵壳薄而光滑，有卵盖，卵黄细胞不充满虫卵。

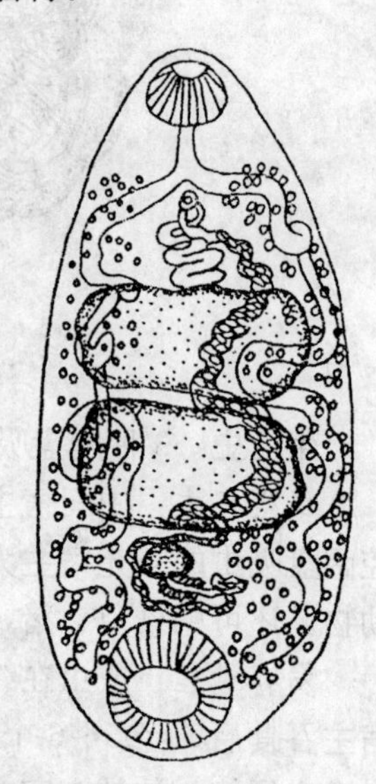

图 13－4 鹿前后盘吸虫

生活史

寄生宿主 中间宿主为淡水螺类，主要为椎实螺和扁卷螺。终末宿主为牛、羊、鹿、骆驼等反刍动物。

发育过程 成虫在反刍动物瘤胃内产卵，虫卵随粪便排出体外落入水中，在适宜条件下 14d 孵出毛蚴，毛蚴游于水中遇中间宿主即钻入其体内，经 43d 发育为胞蚴、雷蚴和尾蚴。尾蚴离开螺体，附着在水草上形成囊蚴，终末宿主吞食粘有囊蚴的水草而感染。囊蚴在肠道内脱囊，童虫在小肠、皱胃和其黏膜下以及胆囊、胆管和腹腔等处移行，几十天后到达瘤胃，经 3 个月发育为成虫。

流行病学 感染来源为患病或带虫牛、羊等反刍动物。流行广泛，多流行于江河流域、低洼潮湿等水源丰富地区。南方可常年感染，北方主要在 5～10 月份感染。幼虫引起的急性病例多发生于夏、秋季节，成虫引起的慢性病例多发生于冬、春季节。多雨年份易造成流行。

症状

急性型 由幼虫在宿主体内移行而引起，犊牛多见。精神沉郁，食欲降低，体温升高，顽固性下痢，粪便带血、恶臭，有时可见幼虫。重者消瘦，贫血，体温升高，中性粒细胞增多且核左移，嗜酸性粒细胞和淋巴细胞增多，可衰竭死亡。

慢性型 由成虫寄生而引起。食欲减退，消瘦，贫血，颌下水肿，腹泻等消耗性症状。

病理变化 童虫移行时，在小肠、皱胃、胆囊和腹腔等处有“虫道”，黏膜和器官有出血点，肝脏淤血，胆汁稀薄，病变处见有大量幼虫。慢性病例可见瘤胃壁黏膜肿胀，其上附有大量成虫。

诊断要点 根据流行病学、症状、粪便检查和剖检发现虫体综合诊断。粪便检查用沉淀法，发现大量虫卵时方可确诊。排出的粪便中常混有虫体。

治疗 氯硝柳胺（灭绦灵），牛每千克体重 50～60mg，羊每千克体重 70～80mg，1 次口服。

硫双二氯酚，牛每千克体重 40～50mg，羊每千克体重 80～100mg，1 次口服。两种药物对成虫作用明显，对童虫和幼虫效果较好。

防制措施　参照肝片吸虫病。

五、绦虫病

本病是由裸头科裸头属、副裸头属、莫尼茨属、曲子宫属、无卵黄腺属的多种绦虫寄生于牛、羊小肠内引起疾病的总称。主要特征为消瘦、贫血、腹泻，尤其对犊牛和羔羊危害严重。

病原体　主要有以下 4 种：

扩展莫尼茨绦虫、贝氏莫尼茨绦虫，均为大型绦虫，共同特征为虫体呈乳白色长带状，头节小呈球形，有 4 个吸盘，无顶突和小钩；体节宽度大于长度；每个成熟节片内有 2 组生殖器官，生殖孔开口于节片两侧；睾丸数百个，呈颗粒状，分布于两条纵排泄管之间；卵巢呈扇形分叶状，与块状的卵黄腺共同组成花环状，卵模在其中间，分布在节片两侧；子宫呈网状；节片后缘均有横列的节间腺；虫卵内含梨形器。扩展莫尼茨绦虫长可达 10m，宽可达 16mm，节间腺呈环状分布于每个节片的整个后缘；虫卵近似三角形。贝氏莫尼茨绦虫长可达 4m，宽可达 26mm，节间腺为小点状，聚集为条带状分布于节片后缘的中央部（图 13－5）；虫卵近似方形。

盖氏曲子宫绦虫，为大型虫体，体长可达 4.3m，每个成熟节片内有 1 组生殖器官，左右不规则地交替排列。雄茎囊发达并向节片外侧突出，使外观两侧边缘不整齐而呈锯齿状。睾丸呈颗粒状，分布于两侧纵排泄管的外侧。子宫呈波浪状弯曲，横列于两个纵排泄管之间。虫卵近似圆形，无梨形器，每一个副子宫器包围 5～15 个虫卵。

中点无卵黄腺绦虫，体长 2～3m，宽 2～3mm。每个成熟节片内有 1 组生殖器官，左右不规则交替排列。睾丸呈颗粒状，分布于两条纵排泄管的两侧。子宫呈囊状，位于节片中央，使外观虫体中央构成 1 条纵向白线。卵巢呈圆形，位于生殖孔与子宫之间。无卵黄腺或梅氏腺（图 13－6）。虫卵近圆形，内含六钩蚴，无梨形器，被包围在副子宫器内。

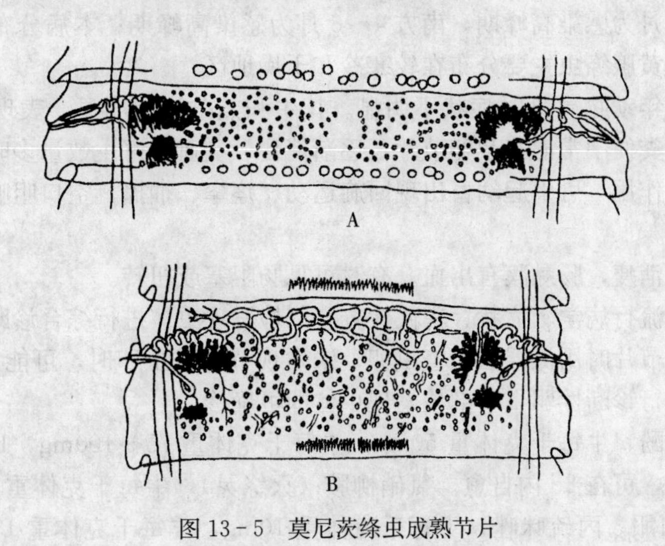

图 13－5　莫尼茨绦虫成熟节片

A. 扩展莫尼茨绦虫　B. 贝氏莫尼茨绦虫

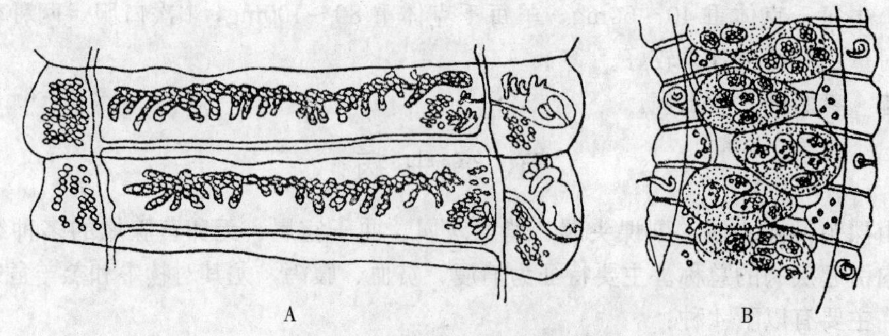

图 13-6　曲子宫绦虫与无卵黄腺绦虫成熟节片

A. 曲子宫绦虫　B. 无卵黄腺绦虫

生活史　上述绦虫的生活史相似。

寄生宿主　莫尼茨绦虫和曲子宫绦虫的中间宿主为地螨。无卵黄腺绦虫的中间宿主尚有争议，有人认为是弹尾目昆虫长角跳虫，也有人认为是地螨。终末宿主为牛、羊、鹿、骆驼等反刍动物。

发育过程　莫尼茨绦虫寄生于终末宿主小肠，孕卵节片或虫卵随粪便排出体外，被地螨吞食，虫卵内六钩蚴逸出，经 40d 发育为似囊尾蚴，终末宿主吃草时吞食含有似囊尾蚴的地螨而感染。似囊尾蚴以头节附着于小肠壁，经 45～60d 发育为成虫。成虫在牛、羊体内可寄生 2～6 个月，一般为 3 个月。

流行病学

传播特性　感染来源为患病或带虫牛、羊等反刍动物。地螨种类多、分布广，主要分布在潮湿、肥沃的土地里，在雨后的牧场上，数量显著增加。地螨耐寒冷，可以越冬，但对干燥和热敏感，气温 30℃以上，地面干燥或日光照射时钻入地下，因此，在早晨、黄昏及阴天较活跃。

流行特点　莫尼茨绦虫和曲子宫绦虫病的流行具有明显季节性（与地螨的分布和习性密切相关），北方地区 5～8 月为感染高峰期，南方 4～6 月为感染高峰期；本病分布广泛，尤以北方和牧区流行严重。无卵黄腺绦虫主要分布在较寒冷和干燥地区。

症状　轻度或成年动物感染时症状不明显。犊牛和羔羊症状明显，表现消化紊乱，经常腹泻、肠臌气、下痢，粪便中常混有孕卵节片，逐渐消瘦、贫血。寄生数量多时可造成肠阻塞，甚至破裂。虫体的毒素作用，可引起幼畜出现回旋运动、痉挛、抽搐、空口咀嚼等神经症状。重者死亡。

病理变化　尸体消瘦，肠黏膜有出血。有时可见肠阻塞或扭转。

诊断要点　根据流行病学、症状、粪便检查和剖检发现虫体进行综合诊断。患病牛、羊粪便中有孕卵节片，不见节片时用漂浮法检查虫卵。未发现节片或虫卵时，可能为绦虫未发育成熟，因此可考虑用药物进行诊断性驱虫。剖检发现虫体即可确诊。

治疗　硫双二氯酚，牛每千克体重 50mg，羊每千克体重 75～100mg，1 次口服，用药后可能会出现短暂性腹泻，可在 2d 内自愈。氯硝柳胺（灭绦灵），牛每千克体重 50mg，羊每千克体重 60～75mg，1 次口服。丙硫咪唑，牛每千克体重 10mg，羊每千克体重 15mg，1 次口服。吡喹酮，牛每千克体重 5～10mg，羊按每千克体重 10～15mg，1 次口服。

防制措施　对羔羊和犊牛在春季放牧后4～5周时进行成虫期前驱虫，2～3周后再驱虫1次；成年牛、羊每年可进行2～3次驱虫，驱虫后的粪便要发酵处理；感染季节避免在低湿地放牧，并尽量不在清晨、黄昏和阴雨天放牧，有条件的地方可进行轮牧；对地螨滋生场所，采取深耕土地、种植牧草、开垦荒地等措施，以减少地螨的数量。

六、棘球蚴病

本病是由带科棘球属绦虫的幼虫寄生于羊、牛、猪等哺乳动物及人的脏器中引起的疾病。又称为“包虫病”。主要特征为虫体对器官引起机械性压迫，致组织萎缩和功能障碍，破裂时可引起严重的过敏反应。

病原体　单房型棘球蚴，是细粒棘球绦虫的幼虫。包囊状结构，内含液体。圆形，直径多为5～10cm。囊壁为两层，外层为角质层，无细胞结构；内层为胚层（生发层），生有许多原头蚴。胚层还可生出子囊，子囊亦可生出孙囊，子囊和孙囊内均可生出许多原头蚴。含有原头蚴的囊称为育囊或生发囊，而胚层上不能生出原头蚴的称为不育囊（多见于牛和猪）。子囊、孙囊和原头蚴可脱落游离于囊液中，统称为棘球砂。

细粒棘球绦虫，为小型虫体，长2～7mm。由头节和3～4个节片组成。孕卵节片的长度为宽度的若干倍，约占全虫长的一半（图13-7）。

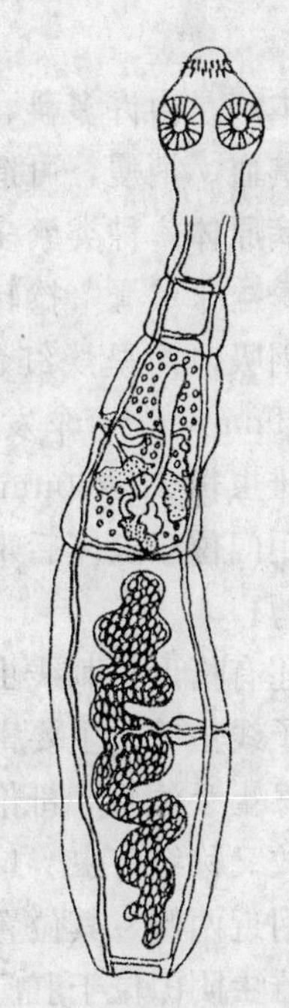

图13-7　细粒棘球绦虫

生活史

寄生宿主　中间宿主为羊、牛、猪、马、骆驼、多种野生动物和人。终末宿主为犬、狼、狐狸等肉食动物。

发育过程　成虫寄生于终末宿主小肠，孕卵节片脱落随粪便排出体外，被中间宿主吞食后，卵内六钩蚴在消化道内逸出，钻入肠壁血管，随着血液循环进入肝脏、肺脏等处，经5～6个月发育为棘球蚴。终末宿主吞食含有棘球蚴的脏器后，原头蚴经1.5～2个月在其小肠内发育为成虫。全部过程需6.5～8个月。成虫在犬体内的寿命为5～6个月。

流行病学　感染来源为患病或带虫犬等肉食动物。本病具有自然疫源性。易感动物常因吃入被犬粪便污染的饲草或饮水而感染。将废弃的患病脏器喂犬，造成在犬与羊等动物之间循环感染。人感染多因直接接触犬，致使虫卵粘在手上再经口感染；通过蔬菜、水果、饮水，误食虫卵亦可遭感染。猎人和皮毛加工者，可接触犬和狐狸的皮毛等而感染。虫卵在外界环境中能长期生存，5～10℃的粪堆中存活12个月，-20～20℃的干草中能生存10个月，土壤中可存活7个月。对化学药物亦有较强的抵抗力。

症状　棘球蚴对动物和人可引起机械压迫、中毒和过敏反应等作用，其严重程度主要取决于棘球蚴的大小、数量和寄生部位。机械性压迫使周围组织发生萎缩和功能障碍。代谢产物被吸收后，使周围组织发生炎症和全身过敏反应，严重者死亡。绵羊较敏感，死亡率也较高，严重感染者表现为消瘦，被毛逆立，呼吸困难，咳嗽，体温升高，腹泻，倒地不起。牛严重感染时常见消瘦，衰弱，呼吸困难或轻度咳嗽，产奶量下降。各种动物都可因囊泡破裂而产生严重的过敏反应而致死。

诊断要点 对动物生前诊断比较困难，往往尸体剖检时才能发现。动物和人均可采用皮内变态反应检查法诊断。取新鲜棘球蚴囊液，无菌过滤（使其不含原头蚴），在动物颈部注射0.1～0.2ml，注射5～10min观察皮肤变化，如出现直径0.5～2cm的红斑，并有肿胀或水肿为阳性。应在距注射部位相当距离处，用等量生理盐水同法注射以作对照。间接血凝试验和ELISA对动物和人有较高的检出率。

治疗 手术摘除棘球蚴。注意包囊绝对不可破裂。可选用丙硫咪唑，绵羊每千克体重60mg，连服2次。吡喹酮，每千克体重25～30mg，1次口服。

防制措施 对犬定期驱虫，氢溴酸槟榔碱按每千克体重2mg，或吡喹酮按每千克体重5mg，或甲苯咪唑按每千克体重8mg，均1次口服；犬粪应无害化处理；患病器官必须无害化处理后方可作饲料；保持畜舍、饲草、饲料和饮水卫生，防止犬粪污染；人与犬等动物接触时，应注意个人卫生防护。

七、消化道线虫病

本病是由许多科、属的线虫寄生于牛、羊等反刍动物消化道引起各种线虫病的总称。主要特征为贫血、消瘦，可造成牛、羊大批死亡。这些线虫病有许多共性，故综合叙述。

病原体 种类繁多，常见的主要虫种有：

寄生于皱胃 捻转血矛线虫，又称捻转胃虫，属于毛圆科血矛属，偶见于小肠。虫体呈毛发状，因吸血而呈淡红色。颈乳突明显，头端尖细，口囊小，内有1个背侧矛形小齿。雄虫长15～19mm，交合伞发达，有一个“人”字形背肋偏向一侧；交合刺短而粗，末端有小钩，有引器。雌虫长27～30mm，因白色的生殖器官环绕于红色（含血液）的肠道，故形成红白相间的外观；阴门位于虫体后半部，有一个显著的瓣状或舌状阴门盖。虫卵呈短椭圆形，灰白色或无色，卵壳薄。

还有指形长刺线虫、马歇尔线虫、古柏线虫、毛圆线虫等；主要寄生于牛的似血矛线虫、普氏血矛线虫等；主要寄生于羊的奥斯特线虫、背带线虫等。

寄生于结肠 哥伦比亚食道口线虫，属于盅口科（毛线科）食道口属。幼虫可在肠壁形成结节，故又称结节虫。口囊小而浅，其外周有明显的口领，口缘有叶冠，有或无颈沟，颈乳突位于食道附近两侧，其位置因种不同而异，有或无侧翼膜。雄虫的交合伞发达，有一对等长的交合刺。雌虫阴门位于肛门前方附近，排卵器发达，呈肾形。虫卵椭圆形，灰白色或无色，壳较厚，含8～16个深色胚细胞。

食道口属还有微管食道口线虫、粗纹食道口线虫、辐射食道口线虫、甘肃食道口线虫等；还有寄生于大肠的夏伯特线虫等。

寄生于小肠 羊仰口线虫，属于钩口科仰口属。偶见于皱胃。亦寄生于兔、猪、犬及人的胃中。虫体头端向背面弯曲，口囊大，呈漏斗状，口孔腹缘有1对半月形切板，口囊底部背侧有1个大背齿，腹侧有1对小亚腹侧齿。雄虫长12.5～17mm，交合伞发达，外背肋不对称，交合刺扭曲、较短，无引器。雌虫长15.5～21mm，尾端钝圆，阴门位于体后部。虫卵呈钝椭圆形，两侧平直，壳薄，灰白或无色，胚细胞大而少，内含暗色颗粒。

牛仰口线虫，属于钩口科仰口属，主要是十二指肠。与羊仰口线虫相似，区别为口囊底部腹侧有2对亚腹侧齿，雄虫交合刺长；雌虫阴门位于虫体中部前。虫卵两端钝圆，胚细胞呈暗黑色。

蛇形毛圆线虫，属于毛圆科毛圆属。虫体呈毛发状，头端偏细，无头泡，口囊不明显。雄虫长4～6mm，交合刺短、扭曲，近等长，远端有明显的三角突，引器呈梭形，背肋小，末端分小枝。雌虫长5～6mm，尾短呈锥状。

还有毛圆线虫、古柏线虫、细颈线虫、似细颈线虫等；主要寄生于羊的奥斯特线虫等。

寄生于盲肠　毛尾线虫，属于毛尾科毛尾属，虫体呈乳白色，前部细长呈毛发状，后部短粗，虫体粗细过度突然，外形似鞭，故又称为鞭虫。雄虫尾部卷曲，有1根交合刺，有交合刺鞘。雌虫尾部稍弯曲，后端钝圆，阴门位于粗细交界处。虫卵呈褐色或棕色，壳厚，两端具塞，呈腰鼓状。

生活史　牛、羊消化道线虫的发育过程基本相似。毛尾线虫的感染期为感染性虫卵，其余线虫的感染期均为感染性幼虫（第3期幼虫）。属直接发育型。均经口感染，但仰口线虫亦可经皮肤感染，而且幼虫发育率可达80%以上，而经口感染时，发育率仅为10%左右。

毛圆科线虫产出的虫卵随粪便排出体外，在适宜的条件下，逸出的幼虫经2次蜕皮，约需1周发育为感染性幼虫。幼虫移动到牧草的茎叶上，牛、羊吃草或饮水时吞食而感染。幼虫在皱胃或小肠黏膜内进行第3次蜕皮，第4期幼虫返回皱胃和肠腔，附着在黏膜上进行最后1次蜕皮，发育为成虫。

流行病学

传播特性　感染来源为患病或带虫牛、羊等反刍动物。第3期幼虫抵抗力强，多数可抵抗干燥、低温和高温等不利因素的影响。此期幼虫具有背地性和向光性的特点，在温度、湿度和光照适宜时，从土壤中爬到牧草上，而当环境条件不利时又返回土壤中隐蔽。故牧草受到幼虫污染，土壤可成为感染来源。

流行特点　本病分布广泛，地区性不明显。每年春季为发病高峰期，即“春季高潮”，许多地区有此现象，尤其以西北地区明显。其原因说法不一，但主要归结为两点：一是可以越冬的感染性幼虫，致使牛、羊春季放牧后很快获得感染；二是牛、羊当年感染时，由于牧草充足，抵抗力强，使体内的幼虫发育受阻，而当冬末春初，草料不足，机体抵抗力下降时，幼虫开始发育，至春季其成虫数量在体内迅速达到高峰，牛、羊发病数量剧增。

症状　牛、羊经常混合感染多种消化道线虫，多数线虫以吸食血液为生，引起宿主贫血。虫体的毒素作用干扰宿主的造血功能或抑制红细胞的生成，使贫血加重。虫体的机械性刺激，使胃、肠组织损伤，消化、吸收功能降低。表现精神沉郁，食欲不振，高度营养不良，渐进性消瘦，贫血，可视黏膜苍白，下颌及腹下水肿，腹泻或顽固性下痢，有时便中带血，或便秘与腹泻交替，可衰竭死亡。尤其羔羊和犊牛发育受阻，死亡率高。死亡多发生在春季高潮时期。

病理变化　尸体消瘦、贫血、水肿。幼虫移行经过的器官出现淤血性出血和小出血点。胃、肠黏膜发炎有出血点，肠内容物呈褐色或血红色。食道口线虫可引起肠壁结节，新结节中常有幼虫。在胃、肠道内发现大量虫体。

诊断要点 根据流行病学、症状、粪便检查和剖检发现虫体进行综合诊断。粪便检查用漂浮法。因牛、羊带虫现象极为普遍，故发现大量虫卵时才能确诊。

治疗 重症病例应配合对症、支持疗法。左咪唑，每千克体重 6～10mg，1 次口服，奶牛、奶羊休药期不得少于 3d。丙硫咪唑，每千克体重 10～15mg，1 次口服。甲苯咪唑，每千克体重 10～15mg，1 次口服。伊维菌素或阿维菌素，每千克体重 0.2mg，1 次口服或皮下注射。

防制措施 根据流行病学特点制定综合性防制措施。在春、秋两季各进行 1 次驱虫，北方地区可在冬末、春初驱虫，可有效防止“春季高潮”；对驱虫后排出的粪便应及时清理和发酵；注意饲料、饮水清洁卫生；在冬、春季合理补充精料、矿物质、多种维生素，以增强抗病力；放牧牛、羊尽量避开潮湿地及幼虫活跃时间，以减少感染机会；有条件的地方实行划地轮牧或畜种间轮牧。

八、犊新蛔虫病

本病是由弓首科新蛔属的牛新蛔虫寄生于犊牛小肠引起的疾病。主要特征为肠炎、腹泻、腹部膨大和腹痛。初生犊牛大量感染时可引起死亡。

病原体 牛新蛔虫，又称牛弓首蛔虫。虫体粗大，活体呈淡黄色。头端有 3 片唇。食道呈圆柱形，后端有 1 个小胃与肠管相接。雄虫长 11～26cm，尾部有一个小锥突，弯向腹面，交合刺 1 对，等长或稍不等长。雌虫长 14～30cm，尾直。虫卵近似圆形，淡黄色，卵壳厚，外层呈蜂窝状，内含 1 个胚细胞。

生活史 成虫寄生于犊牛小肠内，雌虫产出的虫卵随粪便排出体外，在适宜的条件下经 20～30d（27℃）发育为感染性虫卵，母牛吞食后在小肠内孵出幼虫，幼虫穿过肠黏膜移行至母牛的生殖系统组织中。母牛怀孕后，幼虫通过胎盘进入胎儿体内。犊牛出生后，幼虫在小肠约需 1 个月发育为成虫。

幼虫在母牛体内移行时，有一部分可经血液循环到达乳腺，使哺乳犊牛吸吮乳汁而感染。犊牛在外界吞食感染性虫卵后，发育的幼虫随血液循环在肝、肺等移行后，经支气管、气管、口腔，咽入消化道后随粪便排出体外，不能发育为成虫。成虫在犊牛小肠内可寄生 2～5 个月。

流行病学 感染来源为患病或带虫犊牛。虫卵对消毒剂抵抗力强，在 2%福尔马林中仍可正常发育；地表面阳光直射 4h 全部死亡，干燥环境中 48～72h 死亡。感染期虫卵需 80%的相对湿度才能存活，故南方多见。主要发生于 5 月龄以内的犊牛，成年牛只在器官组织中有移行阶段的幼虫，而无成虫寄生。

症状 犊牛一般在出生 2 周后症状明显，精神沉郁，食欲不振，吮乳无力，贫血。虫体损伤引起小肠黏膜出血和溃疡，继发细菌感染而导致肠炎、腹泻、腹痛、便中带血或黏液、腹部膨胀、站立不稳。虫体毒素作用可引起过敏、振发性痉挛等。成虫寄生数量多时，可致肠阻塞或肠破裂引起死亡。犊牛出生后在外界感染，由于幼虫移行损伤肺脏，而出现咳嗽、呼吸困难等，但可自愈。

病理变化 小肠黏膜出血、溃疡，大量寄生时可引起肠阻塞或肠穿孔。犊牛出生后感染，可见肠壁、肝脏、肺脏等有点状出血、炎症。血液中嗜酸性粒细胞明显增多。

诊断要点 根据 5 月龄以下犊牛多发等流行病学资料和症状可初步诊断，通过粪便检查和剖检发现虫体确诊。粪便检查用漂浮法。

治疗　枸橼酸哌嗪（驱蛔灵），每千克体重 250mg。丙硫咪唑，每千克体重 10mg。左咪唑，每千克体重 8mg。均为 1 次口服。伊维菌素、阿维菌素，每千克体重 0.2mg，皮下注射或口服。

防制措施　对 15～30 日龄的犊牛进行驱虫，不仅可以及时治愈病牛，还能减少虫卵对外界环境的污染；加强饲养管理，注意保持犊牛舍及运动场的环境卫生，及时清理粪便进行发酵。

九、球虫病

本病是由艾美耳科艾美耳属和等孢属的多种球虫寄生于牛、羊肠道上皮细胞内引起的疾病。主要特征为牛表现出血性肠炎；羊表现下痢、消瘦、贫血、发育不良。

病原体　艾美耳属球虫，孢子化卵囊内有 4 个孢子囊，每个孢子囊内含 2 个子孢子。牛球虫有 10 余种，多数是艾美耳属球虫，少数为等孢属球虫。绵羊和山羊球虫各有 10 余种，均为艾美耳属球虫。

生活史　与鸡球虫的发育过程基本相似，均为直接发育型。牛、羊体内发育过程有裂殖生殖和配子生殖，体外发育过程为孢子生殖。只有在体外发育为孢子化卵囊时才具有感染能力。

流行病学　感染来源为患病或带虫牛、羊，卵囊存在于粪便中。经口感染。犊牛和羔羊最易感，且发病较重。成年牛、羊多为带虫者。多发生于温暖季节，尤其是多雨季节。在潮湿、多沼泽的牧场上放牧时易发。哺乳期乳房被粪便污染时，容易引起犊牛和羔羊发病。突然更换饲料、应激反应、肠道性疾病及消化道线虫病时均易诱发本病。

症状　牛潜伏期为 14～21d。犊牛多呈急性经过，病程一般为 10～15d，严重者可在发病 1～2d内死亡。病初精神沉郁，体温略高或正常，粪稀稍带血。约 7d 后，体温升至 40～41℃，精神委顿，消瘦，喜躺卧；瘤胃蠕动减弱，肠蠕动增强，排带血稀便，便中带有纤维薄膜，恶臭，后期粪便呈黑色，几乎全为血液；可视黏膜苍白，体温下降，衰竭而死。慢性型病牛一般在 3～5d 逐渐好转，但下痢和贫血症状仍持续，病程可达数日，诊治不及时也可发生死亡。

羊急性型多见于 1 岁以下的羔羊，精神不振，食欲减退或废绝，体温升至 40～41℃，消瘦，贫血，腹泻，便中带血并混有脱落的肠黏膜。慢性型表现长期腹泻，逐渐消瘦，生长缓慢。

病理变化　犊牛尸体消瘦，可视黏膜贫血。肛门松弛、外翻，后肢和肛门周围被血粪污染。直肠黏膜肥厚、出血，有数量不等的溃疡灶。直肠内容物呈褐色，有纤维素性薄膜和黏膜碎片。肠系膜淋巴结肿大。

羔羊病变主要在小肠。小肠黏膜上有淡白或黄色的圆形结节，常成簇分布，从浆膜面上就可以看到。十二指肠和回肠有卡他性炎症，有点状或带状出血。

诊断要点　根据流行病学特点、症状、剖检变化及粪便检查进行综合诊断。粪便检查采用漂浮法，须检出大量卵囊才能确诊。

治疗　氨丙啉，每千克体重 25mg 口服，每天 1 次，连用 5d。莫能菌素或盐霉素，按每千克饲料添加 20～30mg 混饲。也可选用磺胺喹噁啉等其他一些抗球虫药物。还需配合抗菌消炎、止泻、强心、补液等对症疗法。并要注意更换药物，以免产生抗药性。

防制措施　幼龄与成年分开饲养；及时清理粪便并进行发酵；哺乳母牛和母羊的乳房要保持清洁；饲草和饮水避免被粪便污染；更换饲料时要逐渐过渡；在发病季节应进行药物预防。

十、隐孢子虫病

本病是由隐孢子虫科隐孢子虫属的隐孢子虫寄生于牛、羊和人胃肠黏膜上皮细胞内引起的疾病。是重要的人畜共患病。主要特征为严重腹泻。

病原体 隐孢子虫，卵囊呈圆形或椭圆形，卵囊壁薄而光滑，无色。孢子化卵囊内无孢子囊，内含4个裸露的子孢子和1个残体（图13-8）。主要有小鼠隐孢子虫和小隐孢子虫，前者寄生于胃黏膜上皮细胞绒毛层内，后者寄生于小肠黏膜上皮细胞绒毛层内。

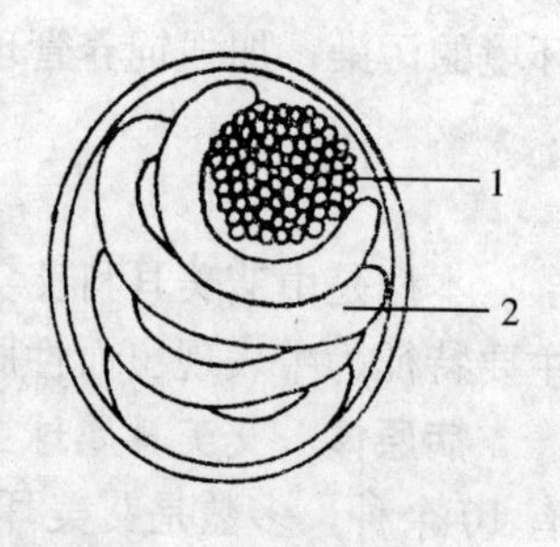

图13-8 隐孢子虫孢子化卵囊模式图

1. 残体 2. 子孢子

生活史 隐孢子虫的发育过程与球虫相似，也有裂殖生殖、配子生殖和孢子生殖阶段。

裂殖生殖 牛、羊等吞食孢子化卵囊而感染，子孢子进入胃肠上皮细胞绒毛层内进行裂殖生殖，产生3代裂殖体，其中第1、3代裂殖体含8个裂殖子，第2代裂殖体含4个裂殖子。

配子生殖 第3代裂殖子中的一部分发育为大配子体、大配子（雌性），另一部分发育为小配子体、小配子（雄性），大、小配子结合形成合子，外层形成囊壁后发育为卵囊。

孢子生殖 配子生殖形成的合子，可分化为两种类型的卵囊，即薄壁型卵囊（占20%）和厚壁型卵囊（占80%）。薄壁型卵囊可在宿主体内脱囊，造成宿主的自体循环感染；厚壁型卵囊发育为孢子化卵囊后，随粪便排出体外，牛、羊等吞食后重复上述发育过程。与球虫发育过程不同的是卵囊的孢子化过程是在宿主体内完成，排出的卵囊即已经孢子化。

流行病学

传播特性 感染来源为患病或带虫牛、羊和人，卵囊存在于粪便中。隐孢子虫不具有明显的宿主特异性，多数可交叉感染。人的感染主要来源于牛，人群中也可以互相感染。经口感染，也可通过自体感染。还可以感染马、猪、犬、猫、鹿、猴、兔、鼠类等。哺乳动物的隐孢子虫病均有其各自的病原体。本病在艾滋病人群中感染率很高，是重要的致死原因之一。卵囊对外界环境抵抗力很强，在潮湿环境中可存活数月，对大多数化学消毒剂有很强的抵抗力，50%氨水，30%福尔马林作用30min才能杀死。

流行特点 犊牛和羔羊多发，而且发病严重。人群中以1岁以下婴儿感染比较普遍。呈世界性分布，已有70多个国家报道。我国绝大多数省区存在本病，人、牛的感染率均很高。

症状 潜伏期为3～7d。表现精神沉郁，厌食，腹泻，消瘦，粪便带有黏液，有时带有血液。有时体温升高。羊的病程为1～2周，死亡率可达40%，牛的死亡率可达16%～40%。

病理变化 犊牛以组织脱水，大肠和小肠黏膜水肿、有坏死灶，肠内容物含有纤维素块和黏液。羔羊皱胃内有凝乳块，小肠黏膜充血和肠系膜淋巴结充血水肿。在病变部位有发育中的各期虫体。

诊断要点 根据流行病学特点、症状、剖检变化及实验室检查综合确诊。实验室检查是确诊本病的重要依据。病料涂片后用改良的酸性染色法染色后镜检，卵囊被染成红色，此法检出率较高。采用荧光显微镜检查，卵囊显示苹果绿荧光，检出率很高，是目前最常用的方法之一。死后刮取消化道病变部位黏膜涂片染色，可发现各发育期的虫体而确诊。由于隐孢子虫卵囊较小，粪便中卵囊的检出率低。

治疗　目前尚无特效药物，国内曾有报道大蒜素对人隐孢子虫病有效。国外有采用免疫学疗法的报道，如口服单克隆抗体、高免兔乳汁等方法治疗病人。有较强抵抗力的牛、羊，采用对症疗法和支持疗法有一定效果。

防制措施　加强饲养管理，提高动物免疫力，是目前唯一可行的办法。发病后要及时进行隔离治疗。严防牛、羊及人等粪便污染饲料和饮水。

第二节　呼吸系统寄生虫病

反刍动物呼吸系统主要线虫病有网尾线虫病；昆虫病有羊鼻蝇蛆病。还有肺脏的羊原圆线虫病、缪勒线虫病、刺尾线虫病、新圆线虫病；肝、肺的棘球蚴病；腹腔的细颈囊尾蚴病；组织细胞的弓形虫病等。偶见猪后圆线虫病。

一、网尾线虫病

本病是由网尾科网尾属的线虫寄生于牛、羊等反刍动物的支气管和细支气管引起的疾病。又称“肺线虫病”。主要特征为群发性咳嗽，咳出的黏液团块中含有虫卵和幼虫，体温一般正常。

病原体　丝状网尾线虫，寄生于绵羊、山羊、骆驼等支气管，有时见于气管和细支气管。虫体细线状，乳白色，肠管似1条黑线。雄虫长25～80mm，交合伞发达，后侧肋和中侧肋融合为一，末端稍分开；交合刺呈靴形，黄褐色，为多孔性结构。雌虫长40～110mm，阴门位于虫体中部附近。虫卵呈椭圆形，灰白色，卵内含第1期幼虫。

胎生网尾线虫，寄生于牛、骆驼和多种野生反刍动物的支气管和气管内，多见于牛。虫体呈丝状，黄白色。雄虫长40～50mm，交合伞的中侧肋与后侧肋完全融合；两根交合刺呈黄褐色，为多孔性结构；引器为椭圆形，为多泡性结构。雌虫长60～80mm，阴门位于虫体中央部，其表面略突起呈唇瓣状。虫卵内含第1期幼虫。

生活史　网尾线虫为直接发育型。成虫寄生于宿主的支气管内，雌虫产出的虫卵随咳嗽进入口腔后被咽下，在消化道中孵出第1期幼虫，随粪便排出体外，在适宜的条件下，经5～7d（20℃）蜕皮2次发育为感染性幼虫。宿主吃草或饮水时吞食感染性幼虫后感染，幼虫钻入肠壁，在肠淋巴结内蜕皮变为第4期幼虫，经淋巴循环到右心，再随血液循环到达肺脏，约需18d发育为成虫。成虫在羊体内的寿命与其营养状态和年龄有关，2～12个月不等。

流行病学

传播特性　感染来源为患病或带虫牛、羊等反刍动物。幼虫对热和干燥敏感，炎热季节不利于生存，干燥和直射阳光下可迅速死亡；但耐低温，4～5℃就可以发育，并可以保持活力100d之久。

流行特点　多见于潮湿地区，常呈地方性流行。胎生网尾线虫在西北、西南许多地区广泛流行，是放牧牛群，尤其是牦牛春季死亡的重要原因之一。主要危害幼龄动物，且症状明显，死亡率高。

症状 感染初期，幼虫移行引起肠黏膜和肺组织损伤，继发细菌感染时引起广泛性肺炎。成虫寄生时引起细支气管、支气管炎症，严重时使其阻塞。最明显的症状为咳嗽，由干咳转为湿咳，常具有群发性，特别是羊被驱赶或夜间时明显，常咳出黏液团块，镜检可检出虫卵或幼虫。常从鼻孔排出黏液分泌物，在鼻孔周围形成结痂，经常打喷嚏，逐渐消瘦，后期严重贫血。体温一般不升高。羔羊症状较严重，可引起死亡。成年羊症状较轻。

病理变化 剖检时有虫体及黏液、脓汁、分泌物、血丝等阻塞细支气管，肺有不同程度的膨胀不全、气肿。虫体寄生部位的肺表面隆起，呈灰白色，触诊有坚硬感，切开后常可发现虫体。支气管黏膜肿胀、充血、出血。

诊断要点 根据流行病学、症状、粪便检查和剖检变化以及发现虫体进行综合诊断。注意咳嗽发生的季节和群发性。粪便检查用幼虫分离法，检出第1期幼虫即可确诊。第1期幼虫头端钝圆，有一扣状结节，尾端细而钝，体内有黑色颗粒。剖检发现虫体和相应病变即可确诊。

治疗 左咪唑，每千克体重8～10mg，1次口服。丙硫咪唑，每千克体重10～15mg，1次口服。伊维菌素或阿维菌素，每千克体重0.2mg，口服或皮下注射。

防制措施 由放牧转舍饲前进行1次驱虫，使羊只安全越冬，2月初再进行1次驱虫，以免“春乏”死亡，驱虫后3～5d内，对羊实行圈养，集中粪便发酵；实行划地轮牧，成羊与羔羊分群放牧，保护羔羊不受感染；疏通牧场积水，注意饮水卫生；对羔羊接种致弱幼虫苗，可起到一定的保护作用。

二、羊鼻蝇蛆病

本病是由狂蝇科狂蝇属的羊狂蝇的幼虫寄生于羊的鼻腔及其附近的腔窦内引起的疾病。又称为“羊鼻蝇蚴病”。主要特征为流鼻汁和慢性鼻炎。

病原体 羊鼻蝇蛆，第3期幼虫体长28～30mm，前端尖，有两个黑色口前钩。背面隆起，每节背面具有深褐色的横带。腹面扁平，各节前缘具有数列小刺，后端平齐，有两个气门板（图13-9）。成蝇为羊鼻蝇，又称羊狂蝇，外形似蜜蜂，淡灰色，头大呈黄色，口器退化。

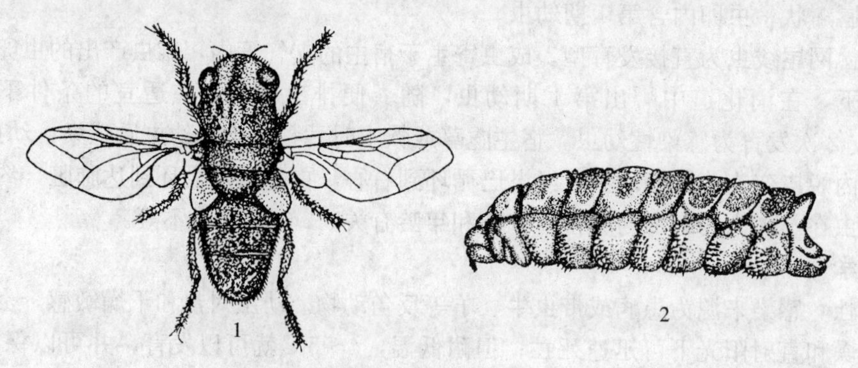

图13-9 羊鼻蝇

1. 成虫 2. 第3期幼虫

生活史 成蝇野居于自然界营自由生活。成蝇一般在夏季出现，雌、雄蝇交配后，雄蝇死亡。雌蝇体内幼虫形成后，择晴朗无风的白天活动，遇羊后突然冲向羊鼻孔，将幼虫产于鼻腔及鼻孔周围。1次能产下20～40个幼虫，每只雌蝇数日内可产出幼虫500～600只，产完后死亡。刚产下的第1期幼虫爬入鼻腔，以口钩固着于鼻黏膜上，并逐渐向深部移行，在鼻腔、鼻窦、额窦及角窦内蜕皮发育为第2期幼虫，再蜕皮发育为第3期幼虫。到第2年春天，幼虫向鼻孔外侧移行。当患羊打喷嚏时，将幼虫喷落于地面，钻入土内化蛹，最后羽化为成蝇。

在北方地区，幼虫进入鼻腔及附近的腔窦中寄生9～10个月。第3期幼虫多出现在第2年的3～5月份。蛹期为1～2个月。成蝇寿命2～3周，每年仅繁殖1代。在南方地区，其幼虫在鼻腔内寄生时间明显缩短，蛹期也缩短，每年可繁殖2代。

流行病学　感染来源为羊鼻蝇。经鼻孔感染。主要分布于北方养羊地区。

症状与病理变化　成虫在侵袭羊群产幼虫时，羊表现不安，互相拥挤，频频摇头、喷嚏，或以鼻孔抵于地面，或把头伸向另一只羊的腹下或两腿之间，或低头奔跑躲闪，严重影响采食和休息，导致消瘦、生长缓慢。

当幼虫进入鼻腔内固着或移行时，刺激鼻腔黏膜肿胀发炎，鼻腔流出浆液性或脓性分泌物，有时混有血丝，分泌物干固后形成鼻痂，堵塞鼻孔导致呼吸困难。患羊表现打喷嚏、摇头、摩擦鼻部，晚上常发出呼噜声。数月后症状较轻，但至第2年春天，虫体变大且移向鼻孔外侧，症状加重。

在寄生过程中，部分第1期幼虫可进入额窦、角窦，虫体长大后不能返回鼻腔。由于虫体分泌毒素，加之长期机械性刺激，致使发生额窦炎、角窦炎。严重时累及脑膜，此时出现转圈、歪头、低头等神经症状，其中以转圈运动较多见，因此本病又称为“假回旋病”。

诊断要点　根据流行病学特点和典型的症状可作出初步诊断，死后剖检在鼻腔及附近腔窦内发现各期幼虫后确诊。也可进行治疗性诊断，药物治疗后症状减轻或消失可确诊。当出现神经症状时，应与脑多头蚴病和莫尼茨绦虫病相区别。

治疗　伊维菌素或阿维菌素，每千克体重0.2mg，皮下注射或口服，连用2～3次，可杀灭各期幼虫。氯氰碘柳胺钠，5%注射液按每千克体重5～10mg，皮下或肌肉注射；5%混悬液，按每千克体重10mg，1次口服，可杀灭各期幼虫。

防制措施　北方地区可在11月份进行1～2次治疗，可杀灭第1、2期幼虫，同时避免发育为第3期幼虫，以减少危害。

第三节　循环系统寄生虫病

反刍动物循环系统主要吸虫病有日本分体吸虫病、东毕吸虫病；原虫病有梨形虫病（巴贝斯虫病和泰勒虫病）。还有组织细胞的弓形虫病，循环系统的伊氏锥虫病等。一些腹腔丝虫、牛副丝虫、牛盘尾丝虫、骆驼盘尾丝虫的微丝蚴可寄生于反刍动物的血液中。

一、日本分体吸虫病

本病是由分体科分体属的日本分体吸虫寄生于人和牛、羊等多种动物的门静脉系统的小血管引起的疾病。又称为“血吸虫病”。主要特征为急性或慢性肠炎、肝硬化、贫血、消瘦。是一种危害严重的人兽共患寄生虫病。

病原体 日本分体吸虫，雌雄异体，呈线状。雄虫为乳白色，大小为10～20mm×0.5～0.55mm，口吸盘在前端，腹吸盘在其后方，具有短而粗的柄与虫体相连。从腹吸盘后至尾部，体壁两侧向腹面卷起形成抱雌沟，雌虫常居其中，二者呈合抱状态。有口、食道，缺咽，2条肠管从腹吸盘之前起，在虫体后1/3处合并为一条。雄虫有睾丸7个，呈椭圆形，在腹吸盘后单行排列，生殖孔开口在腹吸盘后抱雌沟内。雌虫呈暗褐色，较雄虫细长，卵巢呈椭圆形，位于虫体中部偏后两肠管之间；输卵管折向前方，在卵巢前与卵黄管合并形成卵模；子宫呈管状，位于卵模前，内含50～300个虫卵；卵黄腺呈规则分支状，位于虫体后1/4处；生殖孔开口于腹吸盘后方（图13-10）。虫卵呈椭圆形，淡黄色，卵壳较薄，无盖，在其侧方有一个小刺，卵内含有毛蚴。

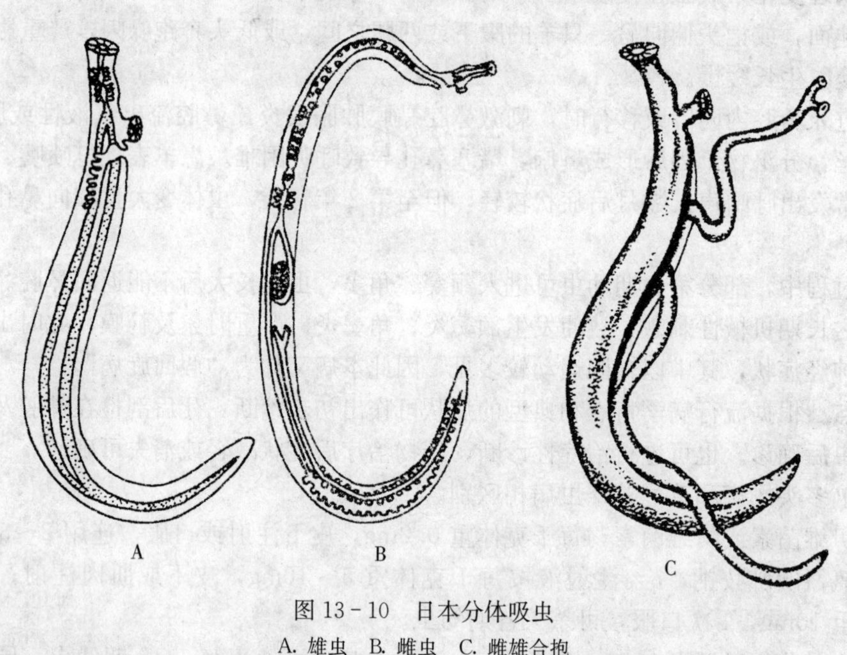

图13-10 日本分体吸虫

A. 雄虫 B. 雌虫 C. 雌雄合抱

生活史

寄生宿主 中间宿主为钉螺。终末宿主主要为人和牛，其次为羊、猪、马、犬、猫、兔、啮齿类及多种野生哺乳动物。

发育过程 日本分体吸虫寄生于终末宿主的门静脉和肠系膜静脉内，雌、雄虫交配后，雌虫产出的虫卵，一部分顺血流到达肝脏，一部分堆积在肠壁形成结节。虫卵在肝脏和肠壁发育成熟，其内毛蚴分泌溶组织酶由卵壳微孔渗透到组织，破坏血管壁，并致周围肠黏膜组织炎症和坏死，同时借助肠壁肌肉收缩，使结节及坏死组织向肠腔内破溃，使虫卵进入肠腔，随粪便排出体外。虫卵落入水中，在适宜条件下很快孵出毛蚴，毛蚴游于水中，遇钉螺即钻入其体内，经母胞蚴、子胞蚴发育为尾蚴。尾蚴离开螺体游于水表面，遇终末宿主后从皮肤侵入，经小血管或淋巴管随血流经右心、肺、体循环到达肠系膜静脉和门静脉内发育为成虫。

虫卵在水中，25～30℃，pH7.4～7.8时，几个小时即可孵出毛蚴；侵入中间宿主体内的毛蚴发育为尾蚴约需3个月；侵入黄牛、奶牛、水牛体后尾蚴发育为成虫分别为39～42d、

36～38d和46～50d。成虫寿命一般为3～4年，在黄牛体内可达10年以上。

流行病学

传播特性　感染来源为患病或带虫牛和人等。终末宿主主要经皮肤感染，亦可通过口腔黏膜感染，还可经胎盘感染胎儿。1条雌虫1d可产卵1 000个左右。1个毛蚴在钉螺体内经无性繁殖，可产出数万条尾蚴。尾蚴在水中遇不到终末宿主时，可在数天内死亡。

流行特点　广泛分布于长江流域及以南省、区。钉螺阳性率与人、畜的感染率呈正相关，病人、畜的分布与钉螺的分布相一致，具有明显的地区性特点。黄牛的感染率和感染强度高于水牛。黄牛年龄越大，阳性率越高。而水牛随着年龄增长，其阳性率则有所降低，并有自愈现象。在流行区，水牛在传播本病上可能起主要作用。

钉螺的存在对本病的流行起着决定性作用。钉螺能适应水、陆两种生活环境，多生活于雨量充沛、气候温和、土地肥沃地区，多见于江河边、沟渠旁、湖岸、稻田、沼泽地等。在流行区内，钉螺常于3月份开始出现，4～5月和9～10月是繁殖旺季。掌握钉螺的分布及繁殖规律，对防治本病具有重要意义。

症状　犊牛和犬的症状较重，羊和猪较轻，黄牛比水牛明显。幼龄比成年表现严重，成年水牛多为带虫者。

犊牛多呈急性经过，主要表现为食欲不振，精神沉郁，体温升至40～41℃，可视黏膜苍白，水肿，运动无力，消瘦，因衰竭死亡。慢性病例表现消化不良，发育迟缓甚至完全停滞，食欲不振，下痢，粪便含有黏液和血液。母牛不孕、流产。

人先出现皮炎，而后咳嗽、多痰、咯血，继而发热、下痢、腹痛。后期出现肝、脾肿大，肝硬化，腹水增多（俗称大肚子病），逐渐消瘦、贫血，常因衰竭而死亡。幸存者体质极度衰弱，成人丧失劳动能力，妇女不育，孕妇流产，儿童发育不良。

病理变化　尸体消瘦、贫血、腹水增多。主要变化为虫卵沉积于血管、肝，以及心、肾、脾、胰、胃等器官组织形成虫卵结节，即虫卵肉芽肿。主要病变在肝脏和肠壁，肝脏表面凸凹不平，表面和切面有米粒大灰白色虫卵结节，初期肝肿大，后期肝萎缩、硬化。严重感染时肠壁肥厚，表面粗糙不平，各段均有虫卵结节，尤以直肠为重；肠系膜淋巴结肿大；脾脏肿大明显；肠系膜静脉和门静脉血管壁增厚，血管内有多量雌雄合抱的虫体。

诊断要点　注重是否存在中间宿主等流行病学资料，结合症状、粪便检查和剖检变化进行综合诊断。粪便检查采用尼龙筛袋集卵法和毛蚴孵化法，二者常结合使用。剖检发现虫体和虫卵结节可以确诊。生前诊断还可用免疫学诊断法，如间接血凝试验、ELISA和环卵沉淀试验等。

治疗　吡喹酮，每千克体重30mg，1次口服，最大用药量黄牛不超过9g，水牛不超过10.5g，体重超过部分不计药量。为治疗人和牛、羊等血吸虫病的首选药。

六氯对二甲苯（血防846），用于急性期病例，黄牛每千克体重120mg，水牛每千克体重90mg，口服，每天1次，连用10d。黄牛每日极量为36g，水牛为36g。20%油溶液，按每千克体重40mg，每日注射1次，5d为1个疗程，15d后再注1次。

硝硫氰胺（7507），每千克体重60mg，1次口服，最大用药量黄牛不能超过18g，水牛不能超过24g。也可配成1.5%～2%的混悬液，黄牛按每千克体重2mg，水牛每千克体重1.5mg，1次静脉注射。

硝硫氰醚（7804），牛每千克体重5～15mg，瓣胃注射，也可按每千克体重20～60mg，1次口服。

防制措施 本病是危害人类健康的重要人兽共患病之一，应采取人和易感动物同步的综合性防制措施。流行区每年都应对人和易感动物进行普查，对患病者和带虫者进行及时治疗；加强终末宿主粪便管理，发酵后再做肥料，严防粪便污染水源；严禁人和易感动物接触"疫水"，对被污染的水源应作出明显的标志，疫区要建立易感动物安全饮水池；消灭中间宿主是防制本病的重要环节，在钉螺滋生处喷洒药物，如五氯酚钠、溴乙酰胺、茶子饼、生石灰等。

二、东毕吸虫病

本病是由分体科东毕属的多种吸虫寄生于牛、羊肠系膜静脉和门静脉引起的疾病。主要特征为腹泻、水肿、消瘦、贫血。

病原体 东毕吸虫，种类很多，我国有4种：土耳其斯坦东毕吸虫、程氏东毕吸虫、土耳其斯坦东毕吸虫结节变种、彭氏东毕吸虫。前两种最多见。现以土耳其斯坦东毕吸虫为代表。

雌雄异体，线状，常呈雌雄合抱状态。雄虫为乳白色，大小为4～5mm×0.35～0.45mm，睾丸70～80个，呈细小颗粒状，不规则双行排列。雌虫较雄虫纤细，暗褐色，大小为4～6mm×0.07～0.12mm，卵巢呈螺旋状扭曲，位于两肠管合并处之前，其前方有短的子宫，其内常只有1个虫卵（图13-11）。虫卵呈长椭圆形，浅黄色或无色，无卵盖，两端各有1个附属物，1个较尖，另1个钝圆。

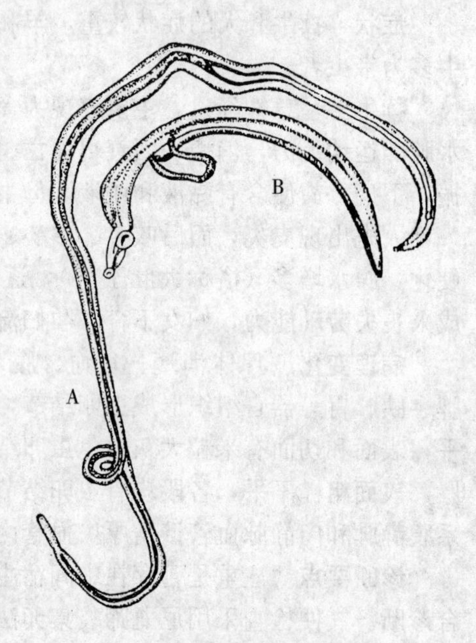

图13-11 土耳其斯坦东毕吸虫
A. 雌虫 B. 雌雄合抱

生活史 生活史与日本分体吸虫相似。

寄生宿主 中间宿主为椎实螺类，主要有耳萝卜螺、折叠萝卜螺、卵萝卜螺、小土窝螺等。终末宿主主要为牛、羊，还有骆驼、马属动物及一些野生哺乳动物。

发育过程 雌、雄虫交配后，雌虫在终末宿主肠系膜静脉及门静脉中产卵，虫卵被血流冲积到肝脏和肠壁黏膜形成虫卵结节。在肝脏处的虫卵被结缔组织包埋、钙化而死亡，或破坏结节随血流或胆汁注入小肠后排出体外；在肠壁黏膜处的虫卵使结节破溃而进入肠腔，随宿主粪便排出体外。虫卵在适宜的条件下10d孵出毛蚴，进入中间宿主体内经1个月，发育为母胞蚴、子胞蚴和尾蚴。尾蚴逸出后在水中遇到终末宿主即经皮肤侵入，移行至肠系膜静脉及门静脉内，经1.5～2个月发育为成虫。

流行病学 感染来源为患病或带虫牛、羊等动物。终末宿主经皮肤感染。分布广泛，尤以北方地区为重。一般在5～10月份流行，北方地区多在6～9月份。急性病例多见于夏、秋季，慢性病例多见于冬、春季。成年牛、羊比幼龄易感。感染强度可达1万～2万条，可引起羊只大批死亡。

症状　多为慢性经过，长期腹泻、贫血、消瘦，下颌及胸、腹下水肿，生长缓慢，重者衰竭死亡。母畜不孕或流产。急性病例为一次感染大量尾蚴所致，体温升高至40℃以上，食欲不振甚至废绝，精神极度沉郁，呼吸迫促，严重腹泻，迅速消瘦，重者死亡。

人主要因为与水接触而感染，尾蚴可侵入人皮肤内引起皮炎，称为尾蚴性皮炎、稻田皮炎。初期皮肤出现米粒大红色丘疹，1～2d内发展成绿豆大，周围有红晕及水肿，有时可连成风疹团，剧烈发痒。

病理变化　与日本分体吸虫相似，主要病变在肝脏和肠壁。

诊断要点　参照日本分体吸虫病。

治疗　参照日本分体吸虫病。

防制措施　参照日本分体吸虫病。

三、梨形虫病

本病是由梨形虫纲巴贝斯科巴贝斯属、泰勒科泰勒属的原虫所引起动物疾病的总称。除病原体外，其他有许多相似之处。

（一）巴贝斯虫病

本病是由巴贝斯科巴贝斯属的原虫寄生于牛、羊红细胞内引起的疾病。旧名称为“焦虫病”。由于经蜱传播，故又称为“蜱热”。主要特征为高热、贫血、黄疸、血红蛋白尿。

病原体　巴贝斯虫，种类很多，我国已报道牛有3种，羊有1种。均具有多形性的特点，有梨籽形、圆形、卵圆形及不规则形等多种形态。虫体大小也存在很大差异，长度大于红细胞半径的称为大型虫体，长度小于红细胞半径的称为小型虫体。虫体大小、排列方式、在红细胞中的位置、染色质团块数与位置及典型虫体的形态等，都是鉴定虫种的依据。典型虫体的形态具有诊断意义。

寄生于牛的主要有双芽巴贝斯虫、牛巴贝斯虫、卵形巴贝斯虫。寄生于羊的主要为莫氏巴贝斯虫（图13-12）。

生活史　牛、羊巴贝斯虫的发育过程基本相似，需要转换2个宿主才能完成其发育，一个是牛或羊，另一个是必须在一定种属的蜱体内发育并传播。现以牛双芽巴贝斯虫为例：

带有子孢子的蜱吸食牛血液时，子孢子进入红细胞中使其感染，以裂殖生殖的方式繁殖，产生裂殖子。当红细胞破裂后，释放出的虫体再侵入新的红细胞，重复上述发育，最后形成配子体。当蜱吸食带虫牛或病牛血液时，在蜱的肠内进行配子生殖，然后在蜱的唾液腺等处进行孢子生殖，产生许多子孢子。蜱吸食牛血液时吸入体内，再注入其他牛红细胞。

流行病学

传播特性　感染来源为患病或带虫牛、羊，虫体存在于血液中。经皮肤感染。双芽巴贝斯虫可经胎盘传播给胎儿。传播蜱主要为微小牛蜱。

流行特点　凡有传播蜱存在的地区均有本病流行。由于传播蜱的分布具有地区性，活动具有季节性，因此，本病的发生与流行也具有明显的地区性和季节性，每年春末至秋季均可发病。由于主要传播蜱在野外发育繁殖，所以本病多发生于放牧时期，舍饲牛则发病较少。

两岁以内的犊牛发病率高，但症状较轻，死亡率低。成年牛发病率低，但症状较重，死亡率

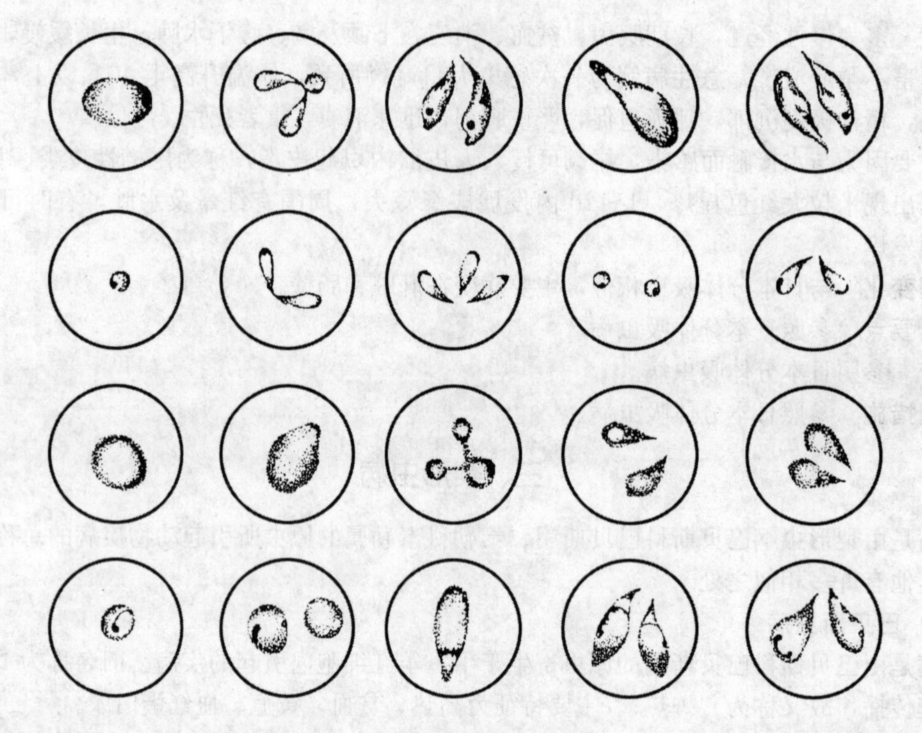

图 13－12 红细胞内巴贝斯虫

1. 双芽巴贝斯虫 2. 牛巴贝斯虫 3. 卵形巴贝斯虫 4. 莫氏巴贝斯虫

高，尤其是老、弱及使役过度的牛发病更加严重。纯种牛及外地引进牛易发病，发病较重且死亡率高，而当地牛具有一定的抵抗力。

症状 潜伏期为 8～15d。病初表现高热稽留，体温可达 40～42℃，脉搏和呼吸加快，精神沉郁，食欲减退甚至废绝，反刍迟缓或停止，便秘或腹泻，乳牛泌乳减少或停止，妊娠母牛常发生流产。病牛迅速消瘦，贫血，黏膜苍白或黄染。由于红细胞被大量破坏而出现血红蛋白尿。治疗不及时的重症病牛可在 4～8d 内死亡，死亡率可达 50%～80%。慢性病例，体温在 40℃上下持续数周，食欲减退，渐进性贫血和消瘦，需经数周或数月才能健康。幼龄病牛中度发热仅数日，轻度贫血或黄染，退热后可康复。

在出现血红蛋白尿时进行实验室检查，可见血液稀薄，红细胞数降至 200 万/mm^3 以下，血沉加快显著，红细胞着色淡，大小不均，血红蛋白减少到 25%左右。白细胞在病初变化不明显，随后数量可增加 3～4 倍，淋巴细胞增加，中性粒细胞减少，嗜酸性粒细胞降至 1%以下或消失。

病理变化 尸体消瘦，血液稀薄如水，凝固不良。皮下组织、肌间结缔组织及脂肪均有不同程度的黄染和水肿。脾脏肿大 2～3 倍，脾髓软化呈暗红色。肝脏肿大呈黄褐色，胆囊肿大，胆汁脓稠。肾脏肿大。肺脏淤血、水肿。心肌松软，心脏内膜及外膜、心冠脂肪、肝、脾、肾、肺等表面有不同程度的出血。膀胱膨大，黏膜有出血点，内有多量红色尿液。皱胃黏膜和肠黏膜水肿、出血。

诊断要点 根据流行病学特点、症状、病理变化和实验室常规检查初步诊断，确诊须作血液寄生虫学检查。还可用特效抗巴贝斯虫药物进行治疗性诊断。可用ELISA、间接血凝试验、补体结合反应、间接荧光抗体试验等免疫学诊断方法。

治疗　应及时诊断和治疗，辅以退热、强心、补液、健胃等对症、支持疗法。

咪唑苯脲，每千克体重1～3mg，配成10%的水溶液肌肉注射。该药在体内残留期较长，休药期不少于28d。对各种巴贝斯虫均有较好效果。

三氮脒（贝尼尔、血虫净），每千克体重3.5～3.8mg，配成5%～7%溶液深部肌肉注射。有时会出现毒性反应，表现起卧不安、肌肉震颤、频频排尿等。骆驼敏感，不宜应用。妊娠牛、羊慎用。水牛较敏感，一般1次用药较安全，连续用药应谨慎。休药期为28～35d。

硫酸喹啉脲（阿卡普林），每千克体重0.6～1mg，配成5%水溶液皮下注射。本药毒性较大，用药后可出现起卧不安、肌肉震颤、流涎、出汗、呼吸困难等不良反应，一般于1～4h后自行消失。有时导致妊娠牛、羊流产，毒性反应严重者可注射阿托品缓解。

锥黄素（吖啶黄），每千克体重3～4mg，配成0.5%～1%水溶液，静脉注射，症状未减轻时，24h后再注射1次。病牛在治疗后数日内避免烈日照射。

防制措施　搞好灭蜱工作，实行科学轮牧。在蜱流行季节，牛、羊尽量不到蜱大量滋生的草场放牧，必要时可改为舍饲；加强检疫，对外地调进的牛、羊，特别是从疫区调进时，一定要检疫后隔离观察，患病或带虫者应进行隔离治疗；在发病季节，可用咪唑苯脲进行预防，预防期一般为3～8周。

（二）泰勒虫病

本病是由泰勒科泰勒属的原虫寄生于牛、羊等动物的巨噬细胞、淋巴细胞和红细胞内引起的疾病。主要特征为高热稽留、贫血、黄染、体表淋巴结肿大。发病率和死亡率都很高。

病原体　环形泰勒虫，寄生于红细胞内的虫体以环形和卵圆形为主，还有杆形、圆形、梨籽形、逗点形、十字形和三叶形等多种形态。小型虫体为有一团染色质，多数位于虫体一侧边缘，经姬姆萨染色，原生质呈淡蓝色，染色质呈红色。裂殖体出现于单核巨噬系统的细胞内，如巨噬细胞、淋巴细胞等，或游离于细胞外，称为柯赫氏体、石榴体，虫体圆形，内含许多小的裂殖子或染色质颗粒（图13-13）。

还有瑟氏泰勒虫、山羊泰勒虫。

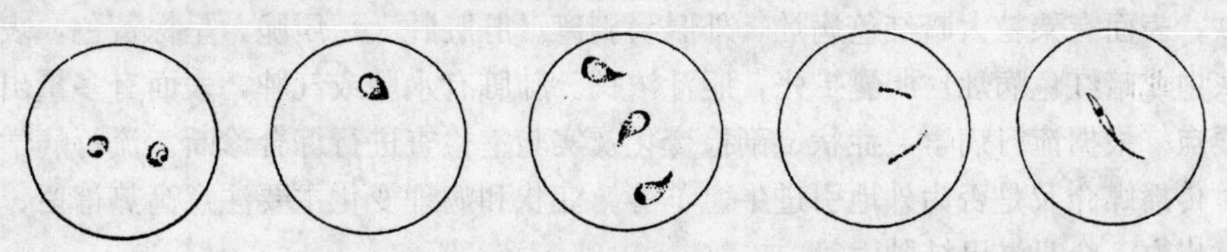

图13-13　红细胞内环形泰勒虫

生活史　寄生于牛、羊体内各种泰勒虫的发育过程基本相似。

带有子孢子的蜱吸食牛、羊血液时，子孢子随蜱唾液进入其体内，首先侵入局部单核巨噬系统的细胞内进行裂殖生殖，形成大裂殖体。大裂殖体发育成熟后破裂，释放出许多大裂殖子，大裂殖子又侵入其他巨噬细胞和淋巴细胞内重复上述裂殖生殖过程。与此同时，部分大裂殖子随淋巴和血液循环扩散到全身，侵入其他脏器的巨噬细胞和淋巴细胞再进行裂殖生殖，经若干世代后，形成小裂殖体，小裂殖体发育成熟后，释放出小裂殖子，进入红细胞中发育为配子体。幼蜱或若蜱吸食病牛或带虫牛血液时，将含有配子体的红细胞吸入体内，配子体由红细胞逸出，变为大配子和小配子，结合形成合子，继续发育为动合子。当蜱完成蜕化时，动合子进入蜱的唾腺变为合孢体开始孢子生殖，分裂产生许多子孢子。蜱吸食牛、羊血液时，子孢子进入其体内，重复上述发育过程。

流行病学

传播特性　感染来源为患病或带虫牛、羊，虫体存在于血液中。经皮肤感染。一种泰勒虫可以由多种蜱传播。

流行特点　本病随着传播蜱的季节性消长而呈明显的季节性变化。环形泰勒虫病主要流行于5～8月，6～7月为发病高峰期，因其传播蜱（璃眼蜱）为圈舍蜱，故多发生于舍饲牛。瑟氏泰勒虫病主要流行于5～10月，6～7月为发病高峰期，传播蜱（血蜱）为野外蜱，故本病多发生于放牧牛。羊泰勒虫病主要流行于4～6月，5月为发病高峰期，放牧羊多发。

在流行区，1～3岁牛多发，且病情较重。病愈牛可获得2.5～6年的免疫力。从非疫区引入的牛易于发病且病情严重。纯种牛、羊及杂交改良牛、羊易发病。1～6月龄羔羊多发且病死率高，1～2岁羊次之，3～4岁羊发病较少。

主要症状　潜伏期14～20d，多呈现急性经过。病初表现高热稽留，体温高达40～42℃，体表淋巴结（肩前、腹股沟浅淋巴结）肿大，有痛感，眼结膜初充血、肿胀，后贫血黄染；心跳加快，呼吸增数；食欲大减或废绝，有的出现啃土等异嗜现象，个别出现磨牙（尤其是羊）；颌下、胸腹下水肿。中后期在可视黏膜、肛门、阴门、尾根及阴囊等处出现出血点或出血斑；病牛迅速消瘦，严重贫血，红细胞数减少至300万/mm^3以下，血红蛋白降至30%～20%，血沉加快；肌肉震颤，卧地不起。多在发病后1～2周内死亡。濒死前体温降至常温以下。耐过病牛成为带虫者。

病理变化　全身皮下、肌间、黏膜和浆膜上均有大量出血点或出血斑。全身淋巴结肿大，切面多汁，有暗红色和灰白色大小不一的结节。皱胃黏膜肿胀，有许多针头至黄豆大暗红色或黄白色结节，有的结节坏死、糜烂后形成边缘不整且稍微隆起的溃病灶，胃黏膜易脱落。小肠和膀胱黏膜有时也可见到结节和溃疡。脾脏肿大明显，被膜有出血点，脾髓质软呈紫黑色泥糊状。肾脏肿大、质软，表面有粟粒大暗红色病灶，外膜易剥离。肝脏肿大、质脆，呈棕黄色，表面有出血点，并有灰白或暗红色病灶。胆囊扩张，胆汁浓稠。肺脏有水肿或气肿，表面有多量出血点。

诊断要点　根据流行病学、症状、剖检变化及实验室检查进行综合诊断。流行病学主要考虑发病季节、传播媒介及是否为外地引进牛、羊等。症状和病理变化主要注意高热稽留、贫血、黄疸、全身性出血、全身淋巴结肿大等。

治疗　要做到早期诊断、早期治疗，同时还要采取退热、强心、补液及输血等对症、支持疗法，才能提高治疗效果。为控制并发或激发感染，还应配合应用抗菌消炎药。

磷酸伯氨喹啉（PMQ），每千克体重按0.75～1.5mg，口服或肌肉注射，3～5d为1个疗程。三氮脒（贝尼尔），每千克体重7mg，配成7%水溶液，肌肉注射，每日1次，3～5d为1个疗程。该药副作用较大，应慎用。国内还有用青蒿琥酯治疗的报道，国外有用长效土霉素和常山酮治疗的报道。

防制措施　我国已成功研制出环形泰勒虫裂殖体胶冻细胞苗，接种20d后产生免疫力，免疫期在1年以上，但对瑟氏泰勒虫和羊泰勒虫无交叉免疫保护作用。在流行区内，根据发病季节，在发病前使用磷酸伯氨喹啉或三氮脒，预防期约1个月，亦有较好的效果。注意圈舍灭蜱，可向墙缝喷洒药物，或将其堵死；在发病季节应尽量避开山地、次生林地等蜱滋生地放牧；在引进牛、羊时，应进行体表蜱及血液寄生虫学检查。

第四节　皮肤寄生虫病

反刍动物皮肤主要昆虫病有牛皮蝇蛆病、硬蜱、螨病（疥螨和痒螨）；原虫病有贝诺孢子虫。还有蠕形螨、虱、蠕形蚤；一些双翅目昆虫可侵袭反刍动物。

一、牛皮蝇蛆病

本病是由皮蝇科皮蝇属的幼虫寄生于牛的背部皮下组织引起的疾病。又称为“牛皮蝇蚴病”。主要特征为引起患牛消瘦，生产能力下降，幼畜发育不良，尤其是引起皮革质量下降。

病原体　牛皮蝇蛆，最多见。第3期幼虫体粗壮，颜色随虫体的成熟程度而呈现淡黄、黄褐及棕褐色，长可达28mm，最后2节背、腹均无刺，背面较平，腹面凸而且有很多结节，有两个后气孔，气门板呈漏斗状（图13-14）。成蝇外形似蜂，全身被有绒毛，口器退化。虫卵为橙黄色，长圆形。

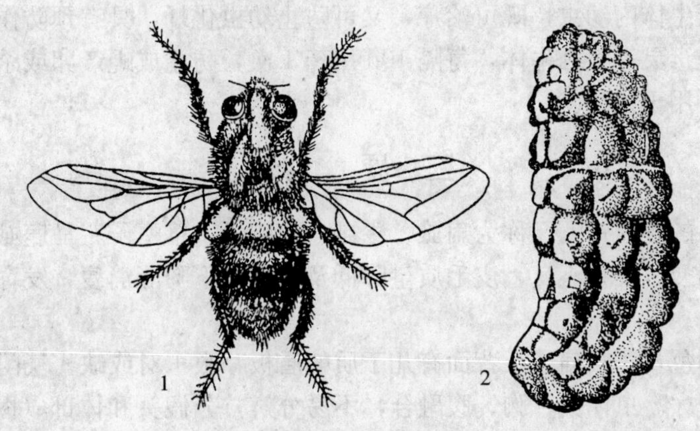

图13-14　牛皮蝇

1. 成虫　2. 第3期幼虫

生活史　属于完全变态，经卵、幼虫、蛹和成蝇4个阶段。成蝇多在夏季出现，雌、雄蝇交配后，雄蝇死亡。雌蝇在牛体产卵，产卵后死亡。虫卵经4～7d孵出第1期幼虫，经毛囊钻入皮下，移行至椎管硬膜的脂肪组织中，蜕皮变成第2期幼虫，然后从椎间孔钻出移行至背部皮下组织，蜕皮发育为第3期幼虫，在皮下形成指头大瘤状突起，皮肤有小孔与外界相通，成熟后落地化蛹，最后羽化为成蝇。

第1期幼虫到达椎管或食道的移行期约2.5个月，在此停留约5个月；在背部皮下寄生2～3个月，一般在第2年春天离开牛体；蛹期为1～2个月。幼虫在牛体内全部寄生时间为10～

12个月。成蝇在外界只存活5～6d。

流行病学 感染来源为牛皮蝇和纹皮蝇。主要流行于我国西北、东北及内蒙古地区。多在夏季发生感染。1条雌蝇一生可产卵400～800枚。牛皮蝇产卵主要在牛的四肢上部、腹部及体侧被毛上，一般每根毛上黏附1枚。有时也可感染马、驴及野生动物，人也有被感染的报道。

主要症状 成蝇虽然不叮咬牛，但在夏季繁殖季节，成群围绕牛飞翔，尤其是雌蝇产卵时引起牛惊恐不安、奔跑，影响采食和休息，引起消瘦，易造成外伤和流产，生产能力下降等。幼虫钻进皮肤时，引起局部痛痒，牛表现不安。有时因幼虫移行伤及延脑或大脑可引起神经症状，严重者可引起死亡。

病理变化 幼虫在体内移行时，造成移行各处组织损伤，在背部皮下寄生时，引起局部结缔组织增生和发炎，背部两侧皮肤上有多个结节隆起。当继发细菌感染时，可形成化脓性瘘管，幼虫钻出后，瘘管逐渐愈合并形成瘢痕，严重影响皮革质量。幼虫分泌的毒素损害血液和血管，引起贫血。

诊断要点 根据流行病学、症状及病理变化进行综合诊断。幼虫寄生于背部皮下时容易确诊。初期触诊有皮下结节，后期眼观可见隆起，可挤出幼虫，但注意勿将虫体挤破，以免发生变态反应。夏季在牛被毛上发现单个或成排的虫卵可为诊断提供参考。

治疗 伊维菌素或阿维菌素，每千克体重0.2mg皮下注射。蝇毒灵，每千克体重10mg，肌肉注射。2%敌百虫水溶液300ml，在牛背部皮肤上涂擦。还可以选用倍硫磷、皮蝇磷等。当幼虫成熟而且皮肤隆起处出现小孔时，可将幼虫挤出，虫体集中焚烧。

防制措施 消灭牛体内幼虫，既可治疗，又可防止幼虫化蛹，具有预防作用。在流行区感染季节可用敌百虫、蝇毒灵等喷洒牛体，每隔10d用药1次，防止成蝇产卵或杀死第1期幼虫。其他药物治疗方法均可用于预防。

二、硬　　蜱

硬蜱是指硬蜱科的各属蜱，又称为扁虱、牛虱、草爬子、草瘪子、马鹿虱、狗豆子等。主要特征为引起贫血，消瘦，发育不良，皮毛质量降低及产乳量下降等消瘦，发育不良，皮毛质量降低及产乳量下降等。

病原体 呈红褐色，背腹扁平，背面有几丁质的盾板，眼1对或缺，气门板1对。吸饱血后膨胀如赤豆或蓖麻籽大。虫体头、胸、腹融合，不易分辨，分假头和体部（图13-15）。硬蜱分布广泛，种类繁多，已知约有800余种，我国记载有100余种。

生活史 硬蜱发育要经过变态，包括卵、幼蜱、若蜱和成蜱4个阶段。雌蜱吸饱血后离开宿主产卵，虫卵呈卵圆形，黄褐色，胶着成团，经2～4周孵出幼蜱。几天后幼蜱侵袭宿主吸血，蛰伏一定时间后蜕皮变为若蜱，再吸血后蜕皮变为成蜱。在硬蜱整个发育过程中，需有2次蜕皮和3次吸血期。生活史的长短主要受环境温度和湿度影响，1个生活周期为3～12个月，环境条件不利时出现滞育现象，生活周期延长。

流行病学 大多数寄生于哺乳动物，少数寄生于鸟类和爬虫类，个别寄生于两栖类。硬蜱产卵数量因种而异，一般产卵为几千个。成蜱在饥饿状态下可活1年，饱血后的雄蜱可活1个月左右，而雌蜱产完卵后1～2周死亡。幼蜱和若蜱一般只能活2～4个月。硬蜱可在栖息场所或宿主

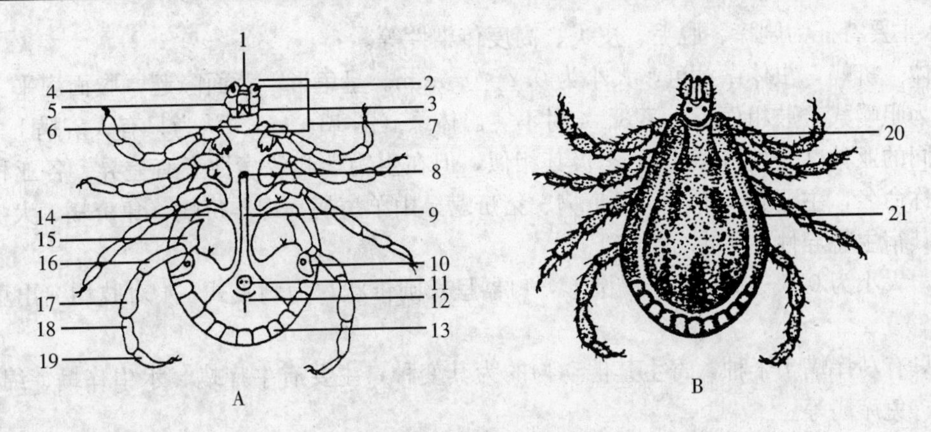

图 13-15　硬蜱（雄性）

A. 腹面　B. 背面

1. 口下板　2. 须肢第四节　3. 须肢第一节　4. 须肢第三节　5. 须肢第二节　6. 假头基　7. 假头　8. 生殖孔　9. 生殖沟　10. 气门板　11. 肛门　12. 肛沟　13. 缘垛　14. 基节　15. 转节　16. 股节　17. 胫节　18. 前跗节　19. 跗节　20. 颈沟　21. 侧沟

体上越冬，越冬的虫期因种类而异，有的各虫期均可越冬，有的以某一虫期越冬。分布与气候、地势、土壤、植被和宿主等有关，各种蜱均有一定的地理分布区。活动有明显的季节性，在四季变化明显的地区，多数在温暖季节活动。

主要危害　直接危害是吸食血液，并且吸食量很大，雌虫饱食后体重可增加 50～250 倍。大量寄生时可引起动物贫血，消瘦，发育不良，皮毛质量降低及产乳量下降等。由于叮咬使宿主皮肤产生水肿、出血、急性炎性反应。蜱的唾腺能分泌毒素，使动物产生厌食，体重减轻和代谢障碍。某些种的雌蜱唾腺可泌一种神经毒素，它抑制肌神经乙酰胆碱的释放，造成运动神经传导障碍，引起急性上行性肌萎缩性麻痹，称为“蜱瘫痪”。

蜱的主要危害是作为生物媒介传播疾病，已知可以传播 83 种病毒、15 种细菌、17 种螺旋体、32 种原虫以及衣原体、支原体、立克次体等。其中许多是人兽共患病，如森林脑炎、莱姆热、出血热、Q 热、蜱传斑疹伤寒、鼠疫、野兔热、布鲁菌病、牛羊梨形虫病等。对动物危害严重的巴贝斯虫病和泰勒虫病必须依赖硬蜱传播。

治疗　在蜱活动季节，每天刷拭动物体，使蜱体与皮肤垂直拔出，集中杀死。可选用 2%敌百虫，0.2%马拉硫磷，0.2%辛硫磷，0.2%杀螟松，0.2%害虫敌，0.25%倍硫磷，每隔 3 周向动物体表喷洒 1 次。还可用 0.1%马拉硫磷，0.1%辛硫磷，0.05%毒死蜱，0.05%地亚农等药浴。

其他治疗螨病的药物，对蜱多有杀灭作用。杀虫剂要几种轮换使用，以免发生抗药性。

防制措施　因地制宜采取综合性防治措施，以人工捕捉或用杀虫剂灭蜱。对圈舍的墙壁、地面、饲槽等小孔和缝隙撒克辽林或杀蜱药剂，堵塞后用石灰乳粉刷。也可用 0.05%～0.1%溴氰菊酯（倍特）、1%～2%马拉硫磷、1%～2%倍硫磷喷洒。

三、螨　病

本病是由疥螨科疥螨属的疥螨、痒螨科痒螨属的痒螨寄生于动物皮肤所引起的皮肤病。又称为“癞”。主要特征为剧痒、脱毛、皮炎、高度传染性等。

病原体 疥螨，虫体微黄色，大小为0.2～0.5mm。呈龟形，背面隆起，腹面扁平。口器呈蹄铁形，为咀嚼式。肢粗而短，第3、4对不突出体缘（图13-16）。认为只有人疥螨1个种，但可分为不同的亚种（变种），之间形态极其相似，但在生物学和致病性上有差异。各亚种的命名以宿主名称命名，主要有马疥螨、牛疥螨、猪疥螨、山羊疥螨、绵羊疥螨、兔疥螨、犬疥螨、驼疥螨等。其宿主特异性并不十分严格。

痒螨，大小为0.5～0.8mm，椭圆形，口器呈长圆锥状，为刺吸式，4对肢均突出虫体边缘（图13-17）。

认为只有马痒螨1个种，寄生其他动物的为其变种，主要有牛痒螨、水牛痒螨、绵羊痒螨、山羊痒螨、兔痒螨等。

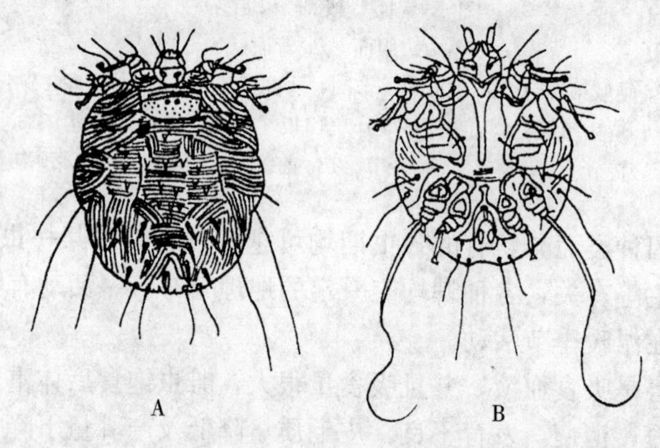

图13-16 疥 螨

A. 雌虫背面 B. 雄虫腹面

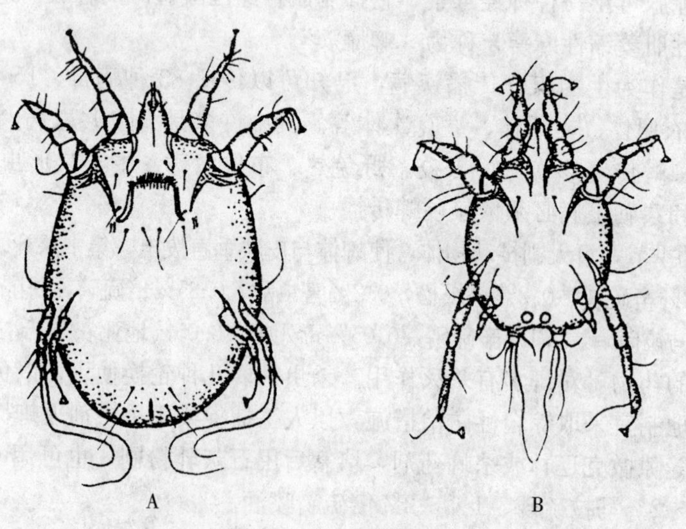

图13-17 痒螨腹面

A. 雌虫 B. 雄虫

生活史 疥螨属于不完全变态，其发育过程有卵、幼虫、若虫和成虫4个阶段。雄螨有1个若虫期，雌螨有2个若虫期。雌螨与雄螨交配后，雌螨在宿主表皮内挖掘隧道，以角质层组织和渗出的淋巴液为食。隧道每隔一段距离即有小孔与外界相通，作为进入空气和幼虫出入的通道。雌虫一生可产卵40～50个，卵孵化出幼虫，幼虫蜕皮变为若虫，再蜕皮变为成虫。完成1代发育需8～22d，平均为15d。雄虫交配后不久死亡。雌虫产卵期为4～5周，产完卵后的寿命为4～5周。

痒螨寄生于体表，以患部渗出物和淋巴液为营养。发育过程与疥螨相似。雌螨采食1～2d后开始产卵，一生约产卵40个。整个发育需10～12d，寿命约42d。

流行病学

传播特性　感染来源为羊、猪、牛、骆驼、马、犬、猫、兔等哺乳动物，尤以山羊和猪多发。通过动物直接接触传播，或通过被污染的物品及工作人员间接接触传播。雌虫产卵数量虽然较少，但发育速度很快，在适宜的条件下1～3周即可完成1个世代。螨在宿主体上遇到不利条件时，可休眠5～6个月，常为疾病复发的原因。离开宿主后可生存2～3周，并保持侵袭力。

流行特点　动物舍潮湿，饲养密度过大，皮肤卫生状况不良时容易发病。尤其在秋末以后，毛长而密，阳光直射动物时间减少，皮温恒定，湿度增高，有利于螨的生长繁殖。秋冬季节，尤其是阴雨天气，蔓延最快，发病强烈。幼龄动物病情较重，成年动物有一定的抵抗力，但往往成为感染来源。

症状与病理变化　疥螨多寄生于皮肤薄、被毛短而稀少的部位。直接刺激动物体，以及分泌有毒物质刺激神经末梢，使皮肤发生剧痒。当动物进入温暖圈舍或运动后皮温增高时，痒觉更加剧烈。动物擦痒或啃咬患处，使局部损伤、发炎、形成水疱和结节，局部皮肤增厚和脱毛。局部损伤感染后成为脓疱，水疱和脓疱破溃，流出渗出液和脓汁，干涸后形成黄色痂皮。病情继续发展，破坏毛囊和汗腺，表皮角质化，结缔组织增生，皮肤变厚，失去弹性，形成皱褶和龟裂。脱毛处不利于螨的生长发育，便逐渐向四周扩散，使病变不断扩大，甚至蔓延全身。动物表现烦躁不安，影响采食、休息和消化机能。冬季发生脱毛，体温散失，使脂肪大量消耗，逐渐消瘦，甚至衰竭死亡。潜伏期2～4周，病程可持续2～4个月。

诊断要点　根据流行病学、症状和皮肤刮下物实验室检查即可诊断。注意与以下类症相鉴别：虱和毛虱寄生时，皮肤病变不如疥螨病严重，眼观检查体表可发现虱或毛虱。秃毛癣时为界限明显的圆形或椭圆形病灶，覆盖易剥落的浅灰色干痂，痒觉不明显，皮肤刮下物检查可有真菌。湿疹无传染性，在温暖环境中痒觉不加剧。过敏性皮炎无传染性，病变从丘疹开始，以后形成散在的小干痂和圆形秃毛斑。

治疗　双甲脒（特敌克），每千克体重500mg，涂擦、药浴或喷淋。溴氰菊酯（倍特），每千克体重500mg，喷淋或药浴。二嗪农（螨净），每千克体重250mg，喷淋或药浴。巴胺磷，每千克体重200mg，药浴。辛硫磷，每千克体重500mg，药浴。3%敌百虫溶液患部涂擦。伊维菌素或阿维菌素，每千克体重0.2mg，皮下注射。

患病动物较多时，应先进行少数动物试验，然后再大批使用。涂擦给药时，每次涂药面积不应超过体表面积的1/3，以免中毒。多数杀螨药对卵的作用较差，故应间隔5～7d重复用药。

防制措施　预防尤为重要，发病后再治疗，往往损失很大。定期进行动物体检查和灭螨，流行区的群养动物，无论是否发病，均要定期用药。圈舍保持干燥，光线充足，通风良好；动物群密度适宜；引进动物要进行严格检查，疑似动物应及早确诊并隔离治疗；被污染的圈舍及用具用杀螨剂处理；螨病羊毛要妥善放置和处理，以防止病原扩散；防止通过饲养人员或用具间接传播。

四、贝诺孢子虫病

本病是由肉孢子虫科贝诺孢子虫属的贝氏贝诺孢子虫寄生于牛等动物的皮肤、皮下结缔组织等处引起的疾病。又称为“厚皮病”。主要特征为发热、皮肤增厚和龟裂、脱毛。

病原体 贝氏贝诺孢子虫，包囊寄生于牛皮肤及皮下结缔组织中，呈圆形，无中隔，直径为0.1～0.5mm，内含有大量新月形的缓殖子。急性病例的血液涂片中有时可见到新月形速殖子。卵囊存在于猫肠道及新鲜粪便中，在外界形成孢子化卵囊，每个卵囊内含有2个孢子囊，每个孢子囊内含有4个子孢子（图13-18）。

图13-18 贝诺孢子虫模式图

生活史

寄生宿主 牛和羚羊为天然中间宿主，羊、兔、小鼠等可感染。终末宿主为猫。

发育过程 卵囊随猫的粪便排出体外，发育为孢子化卵囊，中间宿主吞食后感染。子孢子在消化道内逸出，随血液循环进入血管内皮细胞，尤其是真皮、皮下组织、筋膜和呼吸道黏膜等处，进行内出芽生殖，速殖子由破裂的细胞逸出，再侵入其他细胞内继续增殖。速殖子从组织中消失后，转入结缔组织中形成包囊。猫吞食了含有包囊的牛肉等而感染，包囊内的缓殖子在小肠上皮细胞内变为裂殖体，并进行裂殖生殖和配子生殖，最后形成卵囊随粪便排出体外。

贝氏贝诺孢子虫与弓形虫的生活史相似，其不同点主要为：中间宿主不如弓形虫广泛；包囊主要寄生于皮肤及皮下结缔组织等处；在猫体内无肠外发育；孢子化卵囊只对中间宿主有感染性，而对猫无感染性。

流行病学 本病主要分布于东北和其相邻地区。不同品种、性别、年龄的牛均可发病，有一定的季节性，夏秋季多发。吸血昆虫可作为传播媒介。

症状与病理变化 牛人工感染时的潜伏期为4～10d，在热反应出现后6～28d，可在皮肤上发现包囊。临诊上可分为3期：

发热期 病初体温升至40℃以上，畏光，腹下、四肢常发生水肿，有时波及全身。步伐僵硬，呼吸脉搏增速。反刍缓慢或停止。体表淋巴结肿大。流泪，巩膜充血，角膜上布满白色隆起的虫体包囊。鼻黏膜潮红，长有许多包囊，初期流浆液性鼻汁，后期浓稠变为脓性，并带有血液。咽喉受侵害时发生咳嗽。妊娠母牛易流产。寄生于睾丸时常引起睾丸炎，导致公牛生殖机能障碍。5～10d后转为脱毛期。

脱毛期 皮肤显著增厚，失去弹性，被毛脱落，皮肤有龟裂，流出浆液性血样液体。在肘、颈和肩部产生硬痂，水肿消退。此期可能发生死亡，否则，病期可持续0.5～1个月，转为第3期。

干性皮脂溢出期　发生过水肿的部位，被毛大面积脱落，皮肤上生一层厚痂，似橡皮和患疥螨症状。淋巴结肿大。

诊断　对重症病例，根据症状可作出初步诊断，在病变部取皮肤表面的乳突状小结节剪碎后压片镜检，发现包囊或滋养体可确诊。对轻症病例，可仔细检查眼巩膜上是否有针尖大白色结节状包囊，必要时可剪下结节压片镜检，发现包囊或滋养体后可确诊。

治疗　目前尚无特效治疗药物，有报道用1%锑制剂有一定疗效。氢化可的松对急性病例有缓解作用。也可用磺胺类药物和磷酸伯氨喹啉试治。

防制措施　加强肉品卫生检验工作，严禁用生牛肉喂猫；严防猫粪污染牛的饲料和饮水。

第五节　肌肉寄生虫病

反刍动物肌肉主要绦虫蚴病有牛囊尾蚴病；原虫病有肉孢子虫病。还有羊囊尾蚴病、斯氏多头蚴病、牛副丝虫病、弓形虫病等。

一、牛囊尾蚴病

本病是由带科带吻属的肥胖带绦虫的幼虫寄生于牛肌肉中引起的疾病。又称为“牛囊虫病”。主要特征为幼虫移行时体温升高，虚弱，腹泻，反刍减弱或消失；幼虫定居后症状不明显。成虫寄生于人的小肠，是重要的人兽共患寄生虫病。

病原体　牛囊尾蚴，呈椭圆形半透明的囊泡，大小为5～9mm×3～6mm，呈灰白色，囊内充满液体，囊内有1个乳白色的头节，头节上无顶突和小钩。

成虫为肥胖带绦虫，又称为牛带吻绦虫、牛肉带绦虫、无钩绦虫。虫体呈乳白色，扁平带状。长5～10m。由1 000～2 000个节片组成。头节上有4个吸盘，无顶突和小钩。成熟节片近似方形，睾丸300～400个。孕卵节片窄而长，其内子宫侧支15～30对。虫卵呈椭圆形，胚膜厚，具辐射状，内含六钩蚴。

生活史　中间宿主为黄牛、水牛、牦牛等。终末宿主为人。孕卵节片随粪便排出体外，污染了饲料、饲草或饮水，牛吞食后，六钩蚴逸出进入肠壁血管中，随血液循环到达全身肌肉，经10～12周发育为牛囊尾蚴。主要分布在心肌、舌肌、咬肌等运动性强的肌肉中。人食入含有牛囊尾蚴的肌肉而感染，包囊被消化，头节吸附于小肠黏膜上，经2～3个月发育为成虫，其寿命可达25年以上。

流行病学

传播特性　感染来源为患病或带虫的人。中间宿主可经胎盘感染。每个孕卵节片含虫卵10万个以上，平均每日排卵可达70余万个。虫卵在水中可存活4～5周，在湿润粪便中存活10周，在干燥牧场上可存活8～10周，在低湿牧场可存活20周。

流行特点　呈世界性分布，无严格地区性，其流行主要取决于食肉习惯、人粪便管理及牛的饲养方式。有些地区居民有吃生或不熟牛肉的习惯，而呈地方性流行，其他地区多为散发。犊牛比成年牛易感性高。

症状　初期六钩蚴在体内移行时症状明显，主要表现体温升高，虚弱，腹泻，反刍减弱或消失，严重者可导致死亡。囊尾蚴在肌肉中发育成熟后，则不表现明显的症状。

病理变化 多寄生于咬肌、舌肌、心肌、肩胛肌、颈肌、臀肌等处，有时也可寄生于肺、肝、肾及脂肪等处。

诊断要点 牛囊尾蚴病的生前诊断比较困难，可采用血清学方法，如 ELISA、间接血凝试验等。宰后在肌肉中发现囊尾蚴即可确诊。但一般感染强度较低，检验时需注意。人的肥胖带绦虫病可检查粪便中的孕卵节片或虫卵确诊。

治疗 吡喹酮，每千克体重 30mg 口服，连用 7d。芬苯达唑，每千克体重 25mg，口服，连用 3d。人感染牛带吻绦虫病，可用氯硝柳胺、吡喹酮、丙硫咪唑等治疗。

防制措施 做好人群中牛肥胖带吻绦虫病的普查和驱虫工作；加强人粪便管理工作，避免污染牛的饲料、草场、饮水；加强卫生监督检验工作，病肉无害化处理；加强宣传工作，改变生食牛肉的习惯。

二、肉孢子虫病

本病是由肉孢子虫科肉孢子虫属的肉孢子虫寄生于多种动物和人的横纹肌所引起的疾病。主要特征为隐性感染，严重感染时症状亦不明显，但使胴体肌肉变性变色。是重要的人兽共患病。

病原体 肉孢子虫，约有 100 余种。同种虫体寄生于不同宿主时，其形态和大小有显著差异。寄生于牛的主要有 3 种，羊有 2 种，猪有 3 种，马有 2 种，骆驼有 1 种。以中间宿主和终末宿主的名称命名，如寄生于牛的枯氏肉孢子虫的终末宿主是犬、狼、狐等，故该种被命名为牛犬肉孢子虫。肉孢子虫在中间宿主肌纤维和心肌以包囊形态存在，在终末宿主小肠上皮细胞内或肠腔中以卵囊或孢子囊形态存在。

包囊（米氏囊） 乳白色，多呈圆柱形、纺锤形，也有椭圆形或不规则形，最大可达 10mm，小的需在显微镜下才可见到。包囊壁由两层组成，内层向囊内延伸，将囊腔间隔成许多小室。囊内含有母细胞，成熟后成为呈香蕉形的慢殖子（滋养体），又称为雷氏小体（图 13－19）。

卵囊 为哑铃形，壁薄易破裂，无微孔、极粒和残体，内含 2 个孢子囊，每个孢子囊内有 4 个子孢子。孢子囊呈椭圆形，壁厚而平滑，无斯氏体。

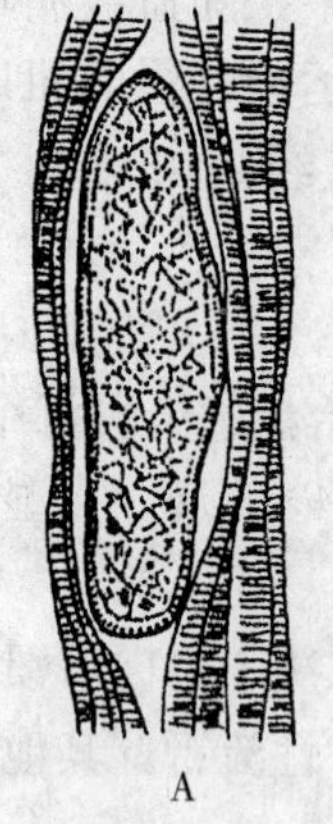
A

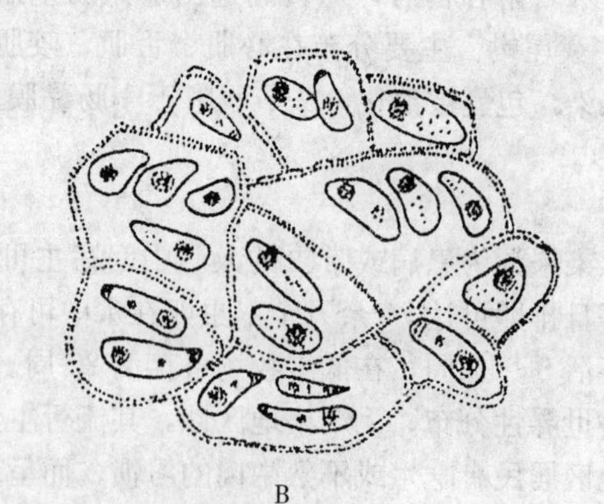
B

图 13－19 肉孢子虫

A. 包囊全形 B. 包囊部分结构放大

生活史

寄生宿主　中间宿主十分广泛，有哺乳类、禽类、鸟类、爬行类和鱼类，偶尔寄生于人。无严格的宿主特异性，可以相互感染。终末宿主为犬、狼、狐等食肉动物，还有猪、猫、人等。

发育过程　肉孢子虫发育必须更换宿主。终末宿主吞食含有包囊的中间宿主肌肉后，包囊被消化，慢殖子逸出，侵入小肠上皮细胞发育为大配子体和小配子体，小配子体又分裂成许多小配子，大、小配子结合为合子后发育为卵囊，在肠壁内发育为孢子化卵囊。成熟的卵囊多自行破裂，因此随粪便排到外界的卵囊较少，多数为孢子囊。孢子囊和卵囊被中间宿主吞食后，脱囊后的子孢子经血液循环到达各脏器，在血管内皮细胞中进行两次裂殖生殖，然后进入血液或单核细胞中进行第3次裂殖生殖，裂殖子随血液侵入横纹肌纤维内，经1～2个月或数月发育为成熟包囊。

流行病学　感染来源为患病或带虫的食肉动物和猪、犬、猫、人等，孢子囊和卵囊存在于粪便中。终末宿主体内的末代裂殖子对中间宿主也具有感染性。终末宿主和中间宿主均经口感染，亦可经胎盘感染。孢子囊对外界环境的抵抗力强，适宜温度条件下可存活1个月以上。但对高温和冷冻敏感，60～70℃100min，冷冻1周或－20℃存放3d均可灭活。各种年龄动物的感染率无明显差异，但牛、羊随着年龄增长而感染率增高。

症状　成年动物多为隐性经过。幼年动物感染后，经20～30d可能出现症状。犊牛表现发热，厌食，流涎，淋巴结肿大，贫血，消瘦，尾尖脱毛，发育迟缓。羔羊与犊牛症状相似，但体温变化不明显，严重感染时可死亡。怀孕动物易发生流产。因胴体有大量虫体寄生，使局部肌肉变性变色而不能食用。猫、犬等肉食动物症状不明显。

人作为中间宿主时症状不明显，少数病人发热，肌肉疼痛。作为终末宿主时，有厌食、恶心、腹痛和腹泻症状。

病理变化　在后肢、侧腹、腰肌、食道、心脏、膈肌等处，牛在食道肌、心肌和膈肌，绵羊在食道肌和心肌最常见。可见顺着肌纤维方向有大量的白色包囊。显微镜检查时可见完整的包囊，也可见到包囊破裂释放出的慢殖子。在心脏时可导致严重的心肌炎。

诊断要点　生前诊断困难，可用间接血凝试验，结合症状和流行病学进行综合诊断。慢性病例死后剖检发现包囊确诊。取病变肌肉压片，检查香蕉形的慢殖子，也可用姬姆萨染色后观察。注意与弓形虫区别，肉孢子虫染色质少，着色不均，弓形虫染色质多，着色均匀。

治疗　目前尚无特效药物。可试用抗球虫药如盐霉素、莫能菌素、氨丙啉、常山酮等预防。

防制措施　加强肉品卫生检验，带虫肉应无害化处理；严禁用病肉喂犬、猫等；防止犬、猫粪便污染饲料和饮水；人注意饮食卫生，不吃生肉或未熟的肉类食品。

第六节　其他寄生虫病

反刍动物其他寄生虫病主要有脑多头蚴病、牛胎儿毛滴虫病、牛吸吮线虫病、丝状线虫病。还有寄生于肝脏和腹腔引起的细颈囊尾蚴病；皮下、韧带和动脉壁的盘尾丝虫病；神经系统的犬新孢子虫病；羊皮肤及皮下结缔组织的贝诺孢子虫病等。

一、脑多头蚴病

本病是由带科带属的多头带绦虫的幼虫寄生于牛、羊等反刍动物的大脑内引起的疾病。有时也寄生于延脑、脊髓中。又称为"脑包虫病"、"回旋病"。主要特征为由于寄生部位的不同而表现相应的神经症状。人偶尔也能感染。

病原体 脑多头蚴，又称为脑共尾蚴、脑包虫。呈圆形或椭圆形，乳白色半透明的囊泡，直径约 5cm 或更大。囊壁由 2 层膜组成，外膜为角质层，内膜为生发层，其上有 100～250 个原头蚴。成虫的形态构造见犬、猫绦虫病。

生活史

寄生宿主 中间宿主为牛、羊、骆驼等反刍动物。终末宿主为犬、狼、狐狸等食肉动物。

发育过程 成虫寄生于终末宿主的小肠内，其孕卵节片或虫卵随粪便排出体外，污染了饲料、饲草、饮水，中间宿主吞食后感染，六钩蚴逸出进入肠壁血管，随血液循环到达脑、脊髓内，经 2～3 个月发育为脑多头蚴。终末宿主吞食了含有脑多头蚴的脑、脊髓后而感染，囊壁被消化，原头蚴逸出，吸附于小肠黏膜上，经 1.5～2.5 个月发育为成虫，可存活 6～8 个月至数年。

流行病学 感染来源为患病或带虫犬、狼、狐狸等肉食动物，孕卵节片存在于粪便中。牧羊犬和狼在疾病传播中起重要作用。分布广泛，但以西北、东北、内蒙古等牧区严重。

症状 表现过程可分为前、后两个时期。前期为急性期。是感染初期六钩蚴在脑组织移行引起的脑部炎性反应，表现体温升高，脉搏和呼吸加快，患畜作回旋、前冲或后退运动。有的病例出现流涎、磨牙、斜视、头颈弯向一侧等。发病严重的羔羊可在 5～7d 内因急性脑炎而死亡。

后期为慢性期。在一定时期内症状不明显，随着脑多头蚴的发育，逐渐出现明显症状。以寄生于大脑半球表面最为常见，出现典型的"回旋运动"，转圈方向与虫体寄生部位相一致，虫体大小与转圈直径成反比。虫体较大时可致局部头骨变薄、变软和皮肤隆起。如果压迫视神经，可致视力障碍以至失明。寄生于大脑额骨区时，头下垂，或向前冲，遇障碍物时用头抵住不动或倒地。寄生于枕骨区时，头高举。寄生于小脑时，站立或运动失去平衡，步态蹒跚。寄生于脊髓时，后躯无力或麻痹，呈犬坐姿势。上述症状常反复出现，终因神经中枢损伤及衰竭而死亡。如果多个虫体寄生于不同部位时，则出现综合性症状。

病理变化 急性病例可见脑膜充血和出血，脑膜表面有六钩蚴移行所致的虫道。慢性病例头骨变薄、变软，并有隆起，打开后可见虫体，周围组织萎缩、变性、坏死等。

诊断要点 急性型病例生前诊断比较困难。慢性病例可根据典型症状和流行病学资料初步确诊。死后剖检在寄生部位发现虫体确诊。

治疗 虫体寄生于头部前方大脑表面时，可采用外科手术的方法摘除。对急性病例可用吡喹酮和丙硫咪唑试治。吡喹酮，牛、羊每千克体重 100～150g，1 次口服，连用 3d 为 1 个疗程；也可按每千克体重 10～30mg，以 1∶9 的比例与液体石蜡混合，做深部肌肉注射，3d 为 1 个疗程。

防制措施 对牧羊犬和散养犬定期进行驱虫，排出的粪便发酵处理；对犬提倡拴养，以免粪便污染饲料和饮水；牛、羊宰后发现含有脑多头蚴的脑和脊髓，要及时销毁或高温处理，防止犬吃入。

二、牛胎儿毛滴虫病

本病是由毛滴虫科三毛滴虫属的毛滴虫寄生于牛的生殖器官引起的疾病。主要特征为生殖器官炎症、机能减退，孕牛流产等。

病原体　胎儿三毛滴虫，呈纺锤形、梨形，前半部有核，有波动膜，前鞭毛 3 根，后鞭毛 1 根，中部有一个轴柱，贯穿虫体前后，并突于虫体尾端。悬滴标本中可见其运动性（图 13－20）。

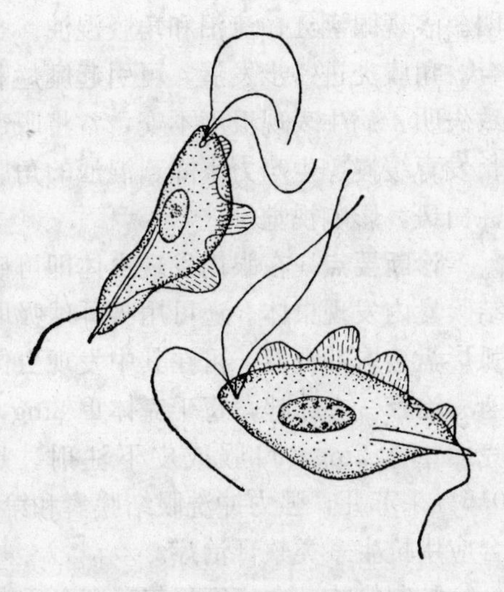

图 13－20　牛胎儿三毛滴虫

生活史　牛胎儿三毛滴虫主要寄生于母牛阴道和子宫内，公牛包皮鞘、阴茎黏膜和输精管等处。母牛怀孕后虫体可寄生在胎儿的皱胃、体腔以及胎盘和胎液中。虫体以纵二分裂方式进行繁殖。

流行病学　感染来源为患病或带虫牛。主要通过交配感染，人工授精时带虫的精液和器械亦可传播。多发生于配种季节。虫体对外界抵抗力较弱，对热敏感，对冷有较强耐受性；对化学消毒药敏感，大部分消毒剂可杀死。

症状　公牛感染后发生黏液脓性包皮炎，出现粟粒大小的结节，有痛感，不愿交配。随着病情发展，由急性转为慢性，症状消失，但仍带虫，为重要的感染来源。母牛感染后 1～3d，出现阴道红肿，黏膜可见粟粒大结节，排出黏液性或黏液脓性分泌物。怀孕后 1～3个月多发生流产、死胎。可导致子宫内膜炎、子宫蓄脓、发情期延长或不孕。

诊断要点　根据流行病学（是否配种季节）、症状及实验室检查综合确诊。采集生殖道分泌物或冲洗液、胎液、流产胎儿皱胃内容物镜检，发现虫体后确诊。

治疗　0.2％碘液，或 0.1％黄色素，或 0.1％三氮脒，冲洗生殖道，每天 1 次，连用数天。10％灭滴灵水溶液局部冲洗，隔日 1 次，连用 3 次。甲硝达唑（灭滴灵），每千克体重 10mg，配成 5％的水溶液静脉注射，每天 1 次，连用 3d。

防制措施　引进种公牛时要做好检疫，一般种公牛感染应淘汰，价值较高的种公牛可以治疗，但在判断是否治愈时应慎重。人工授精器械及授精员手臂要严格消毒。

三、牛吸吮线虫病

本病是由吸吮科吸吮属的多种线虫寄生于牛的结膜囊、第三眼睑和泪管中引起的疾病。又称为“牛眼虫病”。主要特征为眼结膜角膜炎，常继发细菌感染而致角膜糜烂和溃疡。

病原体　吸吮线虫，体表有明显的横纹，口囊小，无唇，边缘上有内外两圈乳突。雄虫有众多的泄殖孔前乳突。雌虫阴门位于虫体前部。罗氏吸吮线虫最常见。还有大口吸吮线虫、斯氏吸吮线虫。

生活史　中间宿主为蝇。终末宿主为黄牛、水牛。雌虫在结膜囊内产出幼虫，中间宿主在舔食牛眼分泌物时吞入，约需 1 个月发育为感染性幼虫，幼虫移行至蝇的口器，蝇再次舔食健康牛眼分泌物时，进入牛眼内约需 20d 发育为成虫。

流行病学 感染来源患病或带虫黄牛和水牛。温暖地区蝇类常年活动，因此常年流行，但夏、秋季多发。北方一般在蝇类活跃季节发病。

症状 虫体机械性地损伤结膜和角膜，引起结膜角膜炎，如继发细菌感染，最终可导致失明。表现眼潮红、流泪和角膜混浊。炎性过程加剧时，眼内有脓性分泌物流出，常使上下眼睑黏合。角膜炎进一步发展，可引起糜烂和溃疡，严重时角膜穿孔，水晶体损伤及睫状体炎，最后导致失明。病牛表现极度不安，常将眼部在其他物体上摩擦，摇头，严重影响采食和休息，导致生长发育缓慢、生产力下降。混浊的角膜发生崩解和脱落时，一般能缓慢愈合，但在患处留下永久性白斑，影响视觉。

诊断要点 在眼内发现虫体即可确诊。虫体爬至眼球表面时易被发现。打开眼睑，有时可在结膜囊内发现虫体。还可用吸耳球吸取 3%硼酸溶液，强力冲洗第 3 眼睑内侧和结膜囊，同时用弧形盘接取冲洗液，可在其中发现虫体。

治疗 左咪唑，每千克体重 8mg，口服，每天 1 次，连用 2d。伊维菌素或阿维菌素，每千克体重 0.2mg，口服或皮下注射。1%敌百虫水溶液，点眼。3%硼酸溶液、0.2%海群生、0.5%来苏儿，强力冲洗眼结膜囊和第三眼睑，可杀死或冲出虫体。当继发细菌感染时，需要配合应用抗生素类软膏治疗。

防制措施 在疫区每年秋、冬季节，结合牛体内的其他寄生虫，进行有计划驱虫，一般在蝇类大量出现之前还要进行 1 次驱虫，以减少病原体传播；搞好环境卫生，搞好灭蝇、灭蛆和灭蛹工作。

四、丝状线虫病

本病是由腹腔丝虫科丝状属的线虫寄生于牛、羊等反刍动物腹腔引起的疾病。又称为“腹腔丝虫病”。寄生于腹腔的成虫一般数量较少，致病性不强，症状不明显。但某些种类的幼虫（微丝蚴）可寄生于马和羊体内，引起马、羊脑脊髓丝虫病和马浑睛虫病，危害比较严重。

病原体 丝状线虫，呈乳白色。雄虫 1 对交合刺，不等长、不同形。雌虫尾部常呈螺旋状卷曲，尾尖上常有小结或小刺，阴门在食道部。雌虫产出的微丝蚴带鞘，在宿主的血液中。

鹿丝状线虫，又称唇乳突丝状线虫，寄生于牛、羚羊和鹿的腹腔。指形丝状线虫，寄生于黄牛、水牛和牦牛的腹腔。

生活史 中间宿主为一些蚊类和厩螯蝇。终末宿主为牛、羊、鹿等反刍动物。成虫寄生于终末宿主腹腔内，雌虫产出的微丝蚴进入血液循环，周期性地出现在外周血液中，当中间宿主吸食终末宿主的血液时，微丝蚴进入其体内 15d 发育为感染性幼虫，然后移行至中间宿主的口器内，当中间宿主再次吸食终末宿主血液时，感染性幼虫进入终末宿主体内，经 8～10 个月发育为成虫。

当带有指形丝状线虫感染性幼虫的中间宿主吸食非固有宿主马和羊的血液时，晚期幼虫进入脑、脊髓的硬膜下或实质中，引起脑脊髓丝虫病；指形丝状线虫、鹿丝状线虫、马丝状线虫的幼虫进入马属动物的眼前房中引起浑睛虫病。

流行病学 感染来源为患病或带虫牛、羊、鹿等反刍动物，幼虫存在于血液中。通过蚊、蝇等吸血昆虫经皮肤感染。分布于多蚊地区，感染多在蚊、蝇繁殖旺季。

症状　寄生于腹腔的成虫致病力不强，可引起轻度的腹膜炎，一般不显症状。

马脑脊髓丝虫病又称为“腰萎病”。早期症状主要表现为腰髓支配的后躯运动神经障碍；后期表现脑髓受损的神经症状，但不严重。食欲、体温、脉搏、呼吸无明显变化。

引起马浑睛虫病时，发生角膜炎、虹彩炎和白内障。表现畏光、流泪，角膜和眼房液稍混浊，瞳孔散大，视力减退，眼睑肿胀，结膜和巩膜充血，重者失明。

诊断要点　一般采取终末宿主的外周血液，镜检发现微丝蚴确诊。马脑脊髓丝虫病早期诊断可用皮内反应试验。用牛腹腔指形丝状线虫提纯抗原，皮内注射0.1ml，30min后测量其丘疹直径，15mm以上者为阳性，不足者为阴性。马浑睛虫病时，对光观察患眼，有虫体在眼前房游动。

治疗　可用伊维菌素、阿维菌素、海群生等药物治疗。马脑脊髓丝虫病治疗困难，可用海群生，按每千克体重50～100mg，1次内服；或制成20％～30％注射液，肌肉多点注射，4d为1疗程。马浑睛虫病，根本方法是用角膜穿刺术取出虫体。如眼分泌物多时，可用硼酸液清洗，并用抗菌素眼药水点眼。

防制措施　主要是杀灭吸血昆虫和防止叮咬宿主。马脑脊髓丝虫病在发病季节可用海群生预防，每月1次。

复习思考题

1. 反刍动物蠕虫病病原体代表性虫种的形态构造特点、生活史，对同类虫体进行对比（可列表）。
2. 反刍动物蠕虫病病原体的中间宿主、补充宿主、终末宿主等，在重要宿主的寄生部位（可列表）。
3. 反刍动物寄生虫病的流行病学特点、症状特征、诊断要点、防制措施。
4. 反刍动物与其他多种动物共患寄生虫病，寄生的其他动物及寄生部位。
5. 反刍动物蠕虫卵的形态构造特点，粪便检查方法。
6. 反刍动物寄生虫病首选治疗药物、用法及剂量。
7. 人与反刍动物共患寄生虫病，其防制在公共卫生上的意义。
8. 主要反刍动物蠕虫病的类症鉴别。
9. 硬蜱对动物的主要危害，防制措施。
10. 疥螨与痒螨的主要形态特征，螨病对动物的主要危害、防制措施。
11. 制定牛、羊养殖场或乡村蠕虫病的综合性防制措施。

第十四章　猪的寄生虫病

第一节　消化系统寄生虫病

猪的消化系统主要吸虫病有姜片吸虫病；绦虫病有伪裸头绦虫病；线虫病有蛔虫病、类圆线虫病、毛尾线虫病、食道口线虫病、胃线虫病；猪棘头虫病；原虫病有球虫病、结肠小袋虫病等。还有华枝睾吸虫病、球首线虫病、弓形虫病、隐孢子虫病等。偶尔感染肝片吸虫病、双腔吸虫病、阔盘吸虫病等。

一、姜片吸虫病

本病是由片形科姜片属的布氏姜片吸虫寄生于猪和人的小肠引起的疾病。主要特征为消瘦、发育不良和肠炎。

病原体　布氏姜片吸虫，虫体肥厚，叶片状，活体呈肉红色。长 20～75mm，宽 8～20mm，厚 2～3mm。体表被有小棘。口吸盘位于前端。腹吸盘呈倒钟状，与口吸盘靠近，大小为口吸盘的 3～4 倍。咽小，食道短。两条肠管呈波浪状弯曲，伸达后端。2 个分枝的睾丸前后排列在后部中央。雄茎囊发达。生殖孔开口于腹吸盘前方。卵巢分枝，位于中部稍偏后方。卵黄腺呈颗粒状，分布在两侧。无受精囊。子宫弯曲在前半部，位于卵巢与腹吸盘之间，内含虫卵（图 14－1）。虫卵呈长椭圆形或卵圆形，淡黄色，卵壳薄，有卵盖，卵内含有 1 个胚细胞和许多卵黄细胞。

图 14－1　布氏姜片吸虫

生活史

寄生宿主　中间宿主为淡水螺类的扁卷螺。终末宿主为猪，偶见于犬和野兔。可感染人。

发育过程　成虫在猪小肠产出虫卵，随粪便排出体外落入水中，在适宜的温度、氧气和光照条件下，经 3～7d 孵出毛蚴。毛蚴在水中进入中间宿主体内，经 25～30d 发育为胞蚴、母雷蚴、子雷蚴、尾蚴。尾蚴离开螺体进入水中，附着在水浮莲、水葫芦、菱角、荸荠、慈姑等水生植物上变为囊蚴。终末宿主吞食囊蚴而感染，经 100d 在小肠内发育为成虫。成虫寿命为 9～13 个月。

流行病学　感染来源为患病或带虫猪。1 条成虫 1 昼夜可产卵1万～5万个。囊蚴对外界环境的抵抗力强，30℃可生存90d，在5℃的潮湿环境下可生存1年，但干燥及阳光照射则易死亡。本病主要分布在习惯以水生植物喂猪的南方。5～7月份开始流行，6～9月为感染高峰。发病多为秋至冬季。

症状　少量寄生时不显症状。寄生数量较多时，精神沉郁，被毛粗乱无光泽，消瘦，贫血，眼结膜苍白，水肿，尤其以眼睑和腹部较为明显，食欲减退，消化不良，腹痛，腹泻，粪便混有黏液。初期体温不高，后期体温微高，重者可死亡。耐过的仔猪发育受阻，增重缓慢。母猪常因泌乳量下降而影响乳猪生长。

病理变化　虫体以强大的口吸盘和腹吸盘吸附肠黏膜，使吸着部位发生机械性损伤，引起肠炎，肠黏膜脱落，出血甚至发生脓肿。感染强度高时可引起肠阻塞，甚至肠破裂或肠套叠。贫血、水肿，嗜伊红粒细胞增多，嗜中性粒细胞减少。

诊断要点　根据猪有采食水生植物的病史等流行病学资料，结合症状、粪便检查和剖检等综合诊断。粪便检查可用直接涂片法或沉淀法。

治疗　敌百虫，每千克体重100mg，混料早晨空腹喂服，隔日1次，2次为1个疗程。硫双二氯酚，每千克体重60～100mg，混料喂服。吡喹酮，每千克体重50mg，混料喂服。还可选用六氯对二甲苯、硝硫氰胺、硝硫氰醚等。人体驱虫首选吡喹酮。

防制措施　在流行地区，每年春、秋两季进行定期驱虫；加强猪粪便管理，经生物热处理后再利用；人和猪禁止采食水生植物；做好人体尤其是儿童驱虫；注意灭螺。

二、伪裸头绦虫病

本病是由膜壳科伪裸头属的克氏伪裸头绦虫寄生于猪和人的小肠引起的疾病。主要特征为轻度感染时无症状，重度感染时消瘦、毛焦，幼畜生长发育迟缓。

病原体　克氏伪裸头绦虫，同物异名有盛氏伪裸头绦虫、盛氏许壳绦虫和陕西许壳绦虫。虫体呈乳白色，长64～106cm，最大宽度为3.8～6mm。节片几百节至2 000多节。头节有4个近似卵圆形的吸盘，顶突无钩。颈长而纤细。链体节片宽度大于长度若干倍。每个成熟节片有1套生殖器官，有24～43个球形的睾丸，不规则地分布于卵巢与卵黄腺的两侧。雄茎囊短，雄茎经常伸出于生殖孔外。生殖孔规则地开口于节片一侧边缘的正中。分叶型卵巢位于节片中央。卵黄腺为一实体，紧靠卵巢之后。孕节的子宫为简单的袋状物，其内充满虫卵。虫卵为圆形，棕褐色，壳厚，内含六钩蚴。

生活史　中间宿主为赤拟谷盗、黑粉虫等鞘翅目昆虫。终末宿主为猪、野猪和人。成虫寄生于终末宿主小肠内，脱落的孕卵节片或破裂后逸出的虫卵，随终末宿主的粪便排出体外，被中间宿主吞食后30～45d发育为似囊尾蚴，猪食入中间宿主而感染，似囊尾蚴在小肠内1个月发育为成虫。

流行病学　感染来源为患病或带虫猪、野猪和人。猪常因食入含有中间宿主的米、面、糠麸等感染。繁殖力较强，每个孕卵节片内含有2 000～5 000个虫卵。

症状　轻度感染无明显症状。大量寄生时，被毛粗乱，食欲不振，阵发性呕吐、腹泻、腹痛，粪便中常有黏液，逐渐消瘦。仔猪发育迟缓，常变为僵猪。

病理变化　肠黏膜充血，细胞浸润，细胞变性、坏死、脱落，黏膜水肿。

诊断要点 根据流行病学、症状、粪便检查进行综合诊断。粪便检查检出孕卵节片或漂浮法检查虫卵。

治疗 硫双二氯酚，每千克体重 30～125mg，混入饲料中喂服。吡喹酮，每千克体重 15mg，混料喂服。亦可用硝硫氰醚、丙硫咪唑。

防制措施 实行定期驱虫；猪粪堆积发酵；饲料在保管过程中注意杀灭仓库害虫和灭鼠。

三、蛔虫病

本病是由蛔科蛔属的猪蛔虫寄生于猪的小肠引起的疾病。主要特征为仔猪生长发育不良，严重的发育停滞，甚至造成死亡。

病原体 猪蛔虫，大型线虫。虫体近似圆柱形。活体呈淡红色或淡黄色。前端有 3 个唇片，排列成“品”字形。唇之间为口腔。食道呈圆柱形。雄虫体长 15～25cm，尾端向腹面弯曲，泄殖腔开口距后端较近，有 1 对较粗大等长的交合刺，无引器。雌虫体长 20～40cm，尾端直，生殖器为双管形，2 条子宫合为 1 个短小的阴道，阴门开口于虫体腹中线前 1/3 处，肛门距尾端较近。

虫卵近似圆形，黄褐色，卵壳厚，由 4 层组成，最外层呈波浪形的蛋白质膜。未受精卵较狭长，多数没有蛋白质膜，或有而甚薄，且不规则，内容物为很多油滴状的卵黄颗粒和空泡。

生活史 成虫寄生于猪的小肠，雌虫受精后，产出的虫卵随粪便排出体外，在适宜的温度、湿度和充足的氧气环境下，卵内胚细胞发育为第 1 期幼虫，蜕皮变为第 2 期幼虫，虫卵发育为感染性虫卵，被猪吞食后在小肠内孵出幼虫。大多数幼虫钻入肠壁血管，随血液循环进入肝脏，进行第 2 次蜕皮，变为第 3 期幼虫，幼虫随血液经肝静脉、后腔静脉进入右心房、右心室和肺动脉，穿过肺毛细血管进入肺泡，在此进行第 3 次蜕皮发育为第 4 期幼虫。幼虫上行到达咽部，被咽下后进入小肠，经第 4 次蜕皮发育第 5 期幼虫（童虫），继续发育为成虫。成虫寿命 7～10 个月。

温度对虫卵发育影响很大，28～30℃时，胚细胞发育为第 1 期幼虫需 10d，12～18℃时需 40d。虫卵发育为感染性虫卵需 3～5 周。进入猪体内的感染性虫卵发育为成虫需 2～2.5 个月。

流行病学

传播特性 感染来源为患病或带虫猪。母猪乳房沾染虫卵，使仔猪哺乳时感染。虫体繁殖力强，每条雌虫平均每天产卵 10 万～20 万个，高峰期每天可达 100 万～200 万个。虫卵对外界不良因素有很强的抵抗力，在疏松湿润的土壤中可以存活 2～5 年，在 2%福尔马林中可以正常发育。一般用 60℃以上的 3%～5%热碱水，20%～30%的热草木灰或新鲜石灰水才能杀死。

流行特点 猪蛔虫为土源性寄生虫，分布极其广泛。本病四季均可发生。以 3～6 月龄的仔猪感染严重，成年猪多为带虫者，但是重要的传染源。

症状 仔猪在感染早期，虫体移行引起肺炎，轻度湿咳，体温可升至 40℃左右。较为严重者，精神沉郁，食欲缺乏，异嗜，营养不良，被毛粗乱。有的生长发育受阻，成为僵猪。感染严重时呼吸困难，常伴发沉重而粗厉的咳嗽，并有呕吐、流涎和腹泻等。可能经 1～2 周好转，或逐渐虚弱，趋于死亡。寄生数量多时，可引起肠道阻塞，表现为疝痛，可引起死亡。虫体误入胆管时，可引起胆管阻塞而出现黄疸，极易死亡。成年猪寄生数量不多时症状不明显，但因胃、肠机能遭受破坏，常有食欲不振、磨牙和增重缓慢。

病理变化　初期肺组织致密，表面有大量出血斑点，肝、肺和支气管等器官常可发现大量幼虫。小肠卡他性炎症、出血或溃疡。肠破裂时可见有腹膜炎和腹腔内出血。病程较长者，有化脓性胆管炎或胆管破裂，肝脏黄染和变硬等。

诊断要点　根据流行病学、症状、粪便检查和剖检等综合判定。粪便检查采用直接涂片法或漂浮法。剖检发现虫体即可确诊。幼虫移行出现肺炎时，用抗生素治疗无效，可为诊断提供参考。

治疗　左咪唑，每千克体重 10mg，口服或混料喂服。丙硫咪唑，每千克体重 10mg，1 次口服。甲苯咪唑，每千克体重 10～20mg，混料喂服。氟苯咪唑，每千克体重 30mg，混料喂服，连用 5d。伊维菌素，每千克体重 0.3mg，1 次皮下注射。

防制措施　对散养育肥猪，仔猪断奶后驱虫 1 次，4～6 周后再驱虫 1 次。母猪在怀孕前和产仔前 1～2 周驱虫。育肥猪在 3 月龄和 5 月龄各驱虫 1 次。对规模化养猪场，对全群猪驱虫后，以后每年对公猪至少驱虫 2 次；母猪产前 1～2 周驱虫 1 次；仔猪转入新圈、群时驱虫 1 次；后备猪在配种前驱虫 1 次；新引进的猪驱虫后再合群。

圈舍要及时清理，勤冲洗，勤换垫草，粪便和垫草发酵处理；产房和猪舍在进猪前要彻底清洗和消毒；母猪转入产房前要用肥皂水清洗全身；运动场保持平整，排水良好。

四、类圆线虫病

本病是由小杆科类圆属的兰氏类圆线虫寄生于猪的小肠黏膜内引起的疾病。又称为“杆虫病”。主要特征为严重的肠炎，病猪消瘦、生长迟缓，甚至大批死亡。

病原体　兰氏类圆线虫，寄生性雌虫细小，呈乳白色。长 2～2.5mm。口具有 4 个不明显的唇片，口囊小，食道细长。阴门位于中后处，为 2 片小唇，稍向外突出。虫卵较小，呈椭圆形，卵壳薄而透明，内含幼虫。营自由生活与营寄生生活的虫体形态构造有差异。

生活史　成虫的生殖方式为孤雌生殖，猪体内只有雌虫寄生。虫卵随猪的粪便排出体外，在外界 12～18h 孵化出第 1 期幼虫（杆虫型幼虫）。当外界环境条件不利时，第 1 期幼虫进行直接发育，发育为感染性幼虫（丝虫型幼虫）；当外界环境条件适宜时，第 1 期幼虫进行间接发育，成为营自由生活的雌虫和雄虫。雌、雄虫交配后，雌虫产出含有杆虫型幼虫的虫卵，幼虫在外界孵出，根据条件而进行直接发育或间接发育，重复上述过程。

感染性幼虫经猪皮肤钻入或被吃入。经皮肤钻入时，幼虫直接侵入血管；当被吃入时，幼虫从胃黏膜钻入血管。幼虫进入血液循环后，经心脏、肺脏到咽，被咽下到小肠发育为雌性成虫。从皮肤侵入的感染性幼虫发育为成虫需 6～10d，经口感染时需 14d。

流行病学　感染来源为患病或带虫猪。仔猪可从母乳、胎盘感染。未孵化的虫卵能在适宜的环境下，保持其发育能力 6 个月以上。感染性幼虫在潮湿环境下可生存 2 个月。本病主要分布于南方。温暖潮湿的夏季容易流行。

症状　主要侵害仔猪。幼虫移行引起肺炎时体温升高。病猪消瘦，贫血，呕吐，腹痛，最后多因极度衰竭而死亡。少量寄生时不显症状，但影响生长发育。

病理变化　幼虫穿过皮肤移行时，常引起湿疹（仔猪）、支气管炎、肺炎和胸膜炎。仔猪寄生强度大时，小肠充血、出血和溃疡。

诊断要点 根据流行病学、症状、粪便检查等综合诊断。粪便检查用漂浮法，发现大量虫卵时才能确诊。也可用幼虫检查法。剖检发现虫体可确诊。

治疗 参照猪蛔虫病。还可用噻苯唑，按每千克体重 50mg 喂服。

防制措施 猪舍及运动场应保持清洁、干燥、通风，避免阴暗潮湿；妊娠母猪和哺乳母猪及时驱虫，以防止感染幼猪；及时清扫粪便，堆积在固定场所发酵；幼猪、母猪、病猪和健康猪均应分开饲养。

五、毛尾线虫病

本病是由毛尾科毛尾属的猪毛尾线虫寄生于猪的大肠（主要是盲肠）引起的疾病。又称“鞭虫病”。主要特征为严重感染时引起贫血、顽固性下痢。

病原体 猪毛尾线虫，虫体呈乳白色，前部为食道部，细长，内部由 1 串单细胞构成。后部为体部，短粗，内有肠道和生殖器官。雄虫长 20～52mm，尾端卷曲，有 1 根交合刺，交合鞘短而膨大呈钟形。雌虫长 39～53mm，后端钝圆，阴门位于粗细交界处（图 14－2）。虫卵呈黄褐色，腰鼓状，两端有塞状构造，壳厚，光滑，内含未发育的卵胚。

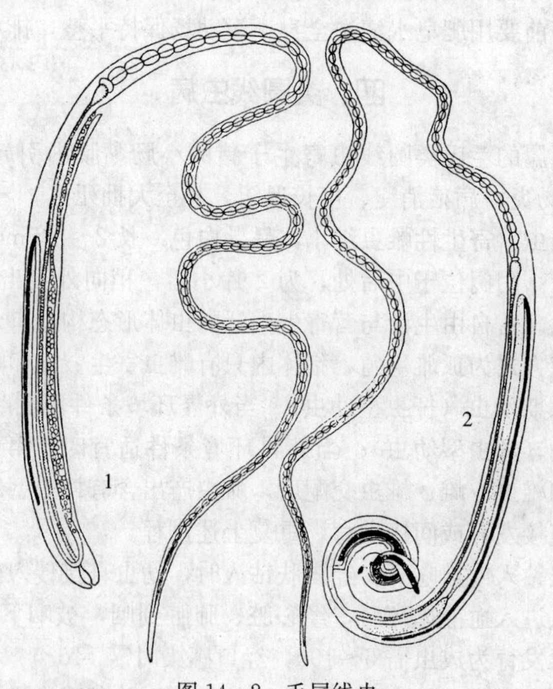

图 14－2 毛尾线虫

1. 雌虫 2. 雄虫

生活史 虫卵随猪的粪便排出体外，在适宜的温度和湿度条件下，经 3～4 周发育为含有第 1 期幼虫的感染性虫卵，猪吃入后幼虫在小肠内释出，钻入肠绒毛间发育，然后移行到盲肠和结肠钻入肠腺，在此进行 4 次蜕皮，经 40～50d 发育为成虫。成虫寄生于肠腔中，以头部固着于肠黏膜上。

流行病学　感染来源为患病或带虫猪。虫卵抵抗力强，感染性虫卵可在土壤中存活5年。四季均可感染，但夏季感染率高，秋、冬季出现症状。幼猪感染较多。

症状　轻度感染不显症状，严重感染时虫体可以达数千条，出现顽固性下痢，粪中常带黏液和血液，贫血，消瘦，食欲不振，发育障碍。重度感染者可致慢性贫血。可继发细菌及结肠小袋虫感染。

病理变化　大肠呈慢性卡他性炎症，有时呈出血性炎。严重感染时，肠黏膜有出血性坏死、水肿和溃疡。

诊断要点　根据流行病学、症状、粪便检查和剖检等综合诊断。粪便检查用漂浮法。因虫卵较小，需反复检查，以提高检出率。

治疗　羟嘧啶，为特效药，每千克体重2mg，口服或混料喂服。其他参照猪蛔虫病。

防制措施　参照猪蛔虫病。

六、食道口线虫病

本病是由盅口科食道口属的多种线虫寄生于猪的结肠引起的疾病。又称为“结节虫病”。主要特征为严重感染时肠壁形成结节，破溃后形成溃疡而致顽固性肠炎。

病原体　有齿食道口线虫，呈乳白色，口囊浅，头泡膨大。雄虫长8～9mm。雌虫长8～11.3。虫卵呈椭圆形，壳薄，内含8～16个胚细胞。还有长尾食道口线虫，寄生于盲肠和结肠；短尾食道口线虫，寄生于结肠。

生活史　虫卵随猪的粪便排出体外，经6～8d发育为披壳的感染性幼虫，猪吞食后在小肠内脱壳，然后移行到结肠黏膜深层，使肠壁形成结节，在其内蜕皮变为第4期幼虫，返回肠腔变为第5期幼虫，经30～60d发育为成虫。

流行病学　感染来源为患病或带虫猪。感染性幼虫抵抗力很强，在外界环境中可越冬，在22～24℃的湿润条件下可生存10个月，在－19～－20℃可生存1个月。虫卵在60℃时可迅速死亡。虫卵和幼虫对干燥敏感。

症状　一般无明显症状。严重感染时，肠壁结节破溃后，发生顽固性肠炎，粪便中带有脱落的黏膜，表现腹痛、腹泻，高度消瘦，发育障碍。继发细菌感染时，则有化脓性结节性大肠炎的表现。

病理变化　典型变化为肠黏膜形成结节。初次感染时很少有，但多次感染后，肠壁形成粟粒状结节，肠壁普遍增厚，有卡他性肠炎。感染细菌时有弥漫性大肠炎。

诊断要点　根据粪便检查发现虫卵或自然排出的虫体确诊。粪便检查用漂浮法。可进行驱虫性诊断。虫卵易与红色猪圆线虫卵混淆，多以第3期幼虫相区别。食道口线虫幼虫短而粗，尾鞘长；红色猪圆线虫幼虫长而细，尾鞘短。

治疗　参照猪蛔虫病。

防制措施　参照猪蛔虫病。

七、胃线虫病

本病是由似蛔科似蛔属、泡首属、西蒙属及颚口科颚口属的线虫寄生于猪胃内所引起疾病的总称。主要特征为急、慢性胃炎及胃炎后继发的代谢紊乱。

病原体 主要代表虫种有：

圆形似蛔线虫，为似蛔属。咽壁上有3叠或4叠的螺旋形角质厚纹，在虫体左侧有1个颈翼膜。雄虫长10～15mm，交合刺大小和形状均不相同。雌虫长16～22mm，阴门位于虫体中部稍前方。虫卵呈椭圆形，淡黄色，卵壳厚，内含幼虫。本属还有有齿似蛔线虫，口囊前部有1对齿。

六翼泡首线虫，为泡首属。颈乳突的位置不对称，口小，无齿。雄虫长61mm，交合刺不等长。雌虫长13～22mm，阴门位于虫体中部后方。

奇异西蒙线虫，为西蒙属。有1对颈翼，口腔有背齿和腹齿各1个。雄虫长12～15mm，尾部呈螺旋状卷曲，游离于胃腔或部分埋入胃黏膜中。孕卵雌虫长15mm。

刚棘颚口线虫，为颚口属。活体呈淡红色，表皮菲薄，可透见体内的白色生殖器官。头端呈球形膨大，其上有小棘。全身均有小棘排成环。雄虫长15～25mm，有1对不等长的交合刺。雌虫长22～45mm。虫卵呈椭圆形，黄褐色，表面颗粒状，一端有帽状结构。本属还有陶氏颚口线虫。

生活史

寄生宿主 似蛔属线虫的中间宿主为食粪甲虫。颚口属线虫的中间宿主为剑水蚤。鱼类、蛙或爬行动物可作为贮藏宿主。

发育过程 虫卵随猪的粪便排至外界，被中间宿主吞食后发育为感染性幼虫。猪采食中间宿主而感染，幼虫钻入胃黏膜内6个月发育为成虫。当含有感染性幼虫的中间宿主被不适宜的宿主采食后，幼虫可在其体内形成包囊，猪也可采食这些宿主而感染。

圆形似蛔线虫在中间宿主体内的幼虫发育为感染性幼虫需20d，六翼泡首线虫需36d，颚口线虫需7～17d。

流行病学 感染来源为患病或带虫猪。主要发生于南方散养猪。

症状 轻度感染时不显症状。严重感染时，呈慢性或急性胃炎症状，食欲不振，渴欲增加。重者呕吐，营养障碍，生长发育受阻，可引起死亡。

病理变化 成虫以其头部深入胃壁中，形成空腔，内含淡红色液体，周围组织红肿、发炎，黏膜显著肥厚，可形成局灶性溃疡。

诊断要点 根据流行病学、症状、粪便检查和剖检综合诊断。

治疗 敌百虫，每千克体重100mg，内服。丙硫咪唑，驱泡首线虫按每千克体重5mg，驱似蛔线虫按每千克体重60mg，驱颚口线虫按每千克体重20mg，均为1次口服。还可选用左咪唑、氯氰碘柳胺等。

防制措施 每日清扫粪便，并进行无害化处理；定期驱虫；防止猪吃到中间宿主和贮藏宿主。

八、猪棘头虫病

本病是由少棘科巨吻属的蛭形巨吻棘头虫寄生于猪的小肠（主要是空肠）引起的疾病。主要特征为下痢，粪便带血，腹痛。

病原体　蛭形大棘吻棘头虫，大型寄生虫。虫体呈乳白色或淡红色，长圆柱形，前部较粗，后部逐渐变细，体表有横皱纹，头端有1个可伸缩的吻突，上有5～6行小棘。虫体无消化器官，以体表的微孔吸收营养。雄虫长7～15cm，雌虫长30～68cm。虫卵呈长椭圆形，深褐色，卵壳壁厚，两端稍尖，卵内含有棘头蚴。

生活史

寄生宿主　中间宿主为金龟子及其他甲虫。终末宿主为猪。也感染野猪、犬和猫，偶见于人。

发育过程　雌虫所产虫卵随终末宿主粪便排出体外，被中间宿主的幼虫吞食后，虫卵在其体内孵化出棘头蚴、棘头体、棘头囊。猪吞食了含有棘头囊的中间宿主的幼虫或成虫而感染，棘头囊脱囊，以吻突固着于肠壁上发育为成虫。

幼虫在中间宿主体内的发育期因季节而异，如果甲虫幼虫在6月份以前感染，则棘头蚴可在其体内经3个月发育到感染期；如果在7月份以后感染，则需经过12～13个月才能发育到感染期。棘头囊发育为成虫需2.5～4个月。成虫在猪体内的寿命为10～24个月。

流行病学　感染来源为患病或带虫猪。虫卵对外界环境的抵抗力很强。放牧猪比舍饲猪感染率高，后备猪比仔猪感染率高。雌虫繁殖力很强，1条雌虫每天产卵26万～68万个，可持续10个月，使外界环境污染相当严重。本病呈地方性流行。金龟子一般出现在早春至6、7月，本病同季节感染。

症状　临诊表现随感染强度和饲养条件不同而异，虫体数量不多时症状不明显。若感染较多时，食欲减退，黏膜苍白，腹泻，粪内混有血液。若肠壁因溃疡而穿孔引起腹膜炎时，体温升高至41～41.5℃，腹部异常，疼痛，不食，起卧抽搐，多以死亡而告终。

病理变化　尸体消瘦，黏膜苍白。空肠和回肠浆膜上有灰黄或暗红色小结节，其周围有红色充血带，黏膜发炎，重者肠壁穿孔，吻突穿过肠壁吸着在附近浆膜形成粘连，肠壁增厚，有溃疡病灶。严重感染时，肠道塞满虫体，可能出现肠壁穿孔而引起腹膜炎。

诊断要点　结合流行病学和症状，以直接涂片法或沉淀法检查粪便中的虫卵确诊。

治疗　无特效药物。可试用左咪唑，氯硝柳胺，硝硫氰醚。

防制措施　对病猪进行驱虫，消除感染来源；粪便无害化处理，切断传播途径；改放牧为舍饲；消灭中间宿主。

九、球虫病

本病是由艾美耳科等孢属和艾美耳属的球虫寄生于猪小肠所引起的疾病。主要特征为仔猪下痢和增重缓慢。

病原体　猪等孢球虫，致病力最强。卵囊呈球形或亚球形，囊壁光滑，无色，无卵膜孔，囊内有2个椭圆形或亚球形的孢子囊，每个孢子囊内有4个子孢子。

还有粗糙艾美耳球虫、蠕孢艾美耳球虫、蒂氏艾美耳球虫、猪艾美耳球虫、有刺艾美耳球虫、极细艾美耳球虫、豚艾美耳球虫。

生活史　卵囊随猪粪便排出体外，在适宜条件下发育为孢子化卵囊，猪吃入后释放出子孢子，子孢子侵入肠壁进行裂殖生殖及配子生殖，大、小配子在肠腔结合为合子，最后形成卵囊。

裂殖生殖的高峰期是在感染后第 4 天。卵囊见于感染后第 5 天，孢子化时间为 63h。

流行病学 感染来源为患病或带虫猪。卵囊能耐受冰冻 26d。温暖、潮湿季节有利于卵囊的孢子化，为本病的高发季节。

症状 主要是腹泻，持续 4～6d。病猪排黄色或灰白色粪便，恶臭，初为黏液，12d 后排水样粪便，导致仔猪脱水。在伴有传染性胃肠炎、大肠杆菌和轮状病毒感染时，往往造成死亡。耐过的仔猪生长发育受阻。成年猪多不表现明显症状，成为带虫者。

病理变化 主要是空肠和回肠的急性炎症，黏膜上覆盖黄色纤维素坏死性假膜，肠上皮细胞坏死并脱落。在组织切片上可见绒毛萎缩和脱落，还有不同发育阶段的虫体。

诊断要点 确诊需作粪便检查，用漂浮法。亦可用小肠黏膜直接涂片检查。

治疗 可选用氨丙啉或磺胺类药物进行治疗。

防制措施 本病的控制主要是良好的卫生条件和阻止母猪排出卵囊。从母猪产仔前 1 周开始，直至整个哺乳期服用抗球虫药；对猪舍应经常清扫，将粪便和垫料进行无害化处理；地面用热水冲洗，亦可用含氨和酚的消毒剂喷洒，以减少环境中的卵囊数量。

十、结肠小袋虫病

本病是由纤毛虫纲小袋科小袋属的结肠小袋纤毛虫寄生于猪和人的大肠（主要是结肠）所引起的疾病。主要特征为隐性感染，重者腹泻。

病原体 结肠小袋虫，在发育过程中有滋养体和包囊两个阶段。

滋养体 一般呈不对称的卵圆形或梨形。体表有许多纤毛，沿斜线排列成行，其摆动可使虫体运动。虫体前端略尖，其腹面有 1 个胞口，与漏斗状的胞咽相连。胞口与胞咽处亦有许多纤毛。虫体中部和后部各有 1 个伸缩泡。大核多在虫体中央，呈肾形，小核呈球形，常位于大核的凹陷处（图 14－3）。

包囊 呈圆形或椭圆形，囊壁较厚而透明。在新形成的包囊内，可见到滋养体在囊内活动，但不久即变成一团颗粒状的细胞质。包囊内有核、伸缩泡，甚至食物泡。

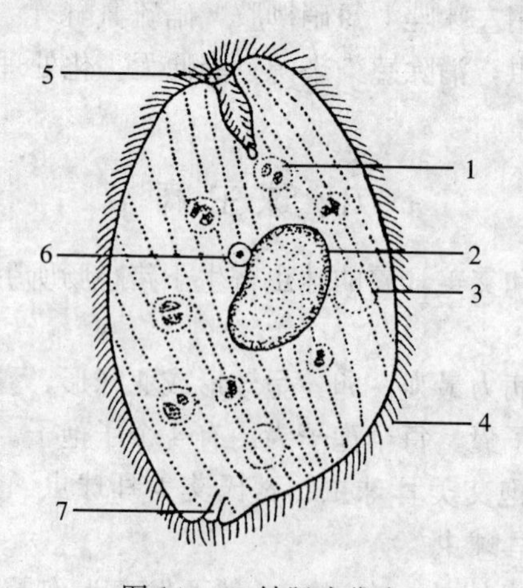

图 14－3 结肠小袋虫

1. 食物泡 2. 大核 3. 伸缩泡 4. 纤毛 5. 胞口 6. 小核 7. 胞肛

生活史　猪吞食小袋虫的包囊而感染，囊壁被消化后，滋养体逸出进入大肠，以二分裂法进行繁殖。当环境条件不适宜时，滋养体即形成包囊。滋养体和包囊均可随粪便排出体外。

流行病学　感染来源为患病或带虫猪和人。主要感染猪和人，有时也感染牛、羊以及鼠类。包囊有较强的抵抗力，在室温下至少可保持活力2周，在潮湿的环境下可活2个月，在直射阳光下3h死亡，在10%福尔马林中存活4h。本病分布较为广泛，南方地区多发。一般发生在夏、秋季节。

症状　因猪的年龄、饲养管理条件、季节不同而有差异。急性型多突然发病，短时间内死亡。慢性型可持续数周至数月，主要表现腹泻，粪便由半稀转为水泻，带有黏液碎片和血液，并有恶臭。精神沉郁，食欲减退或废绝，喜躺卧，全身颤抖，有时体温升高。重症可死亡。仔猪严重，成年猪常为带虫者。

病理变化　一般无明显变化。当宿主消化功能紊乱或因其他原因肠黏膜损伤时，虫体可侵入肠壁形成溃疡，主要发生在结肠，其次是直肠和盲肠。

诊断要点　生前根据症状和在粪便中检出滋养体和包囊确诊。急性病例的粪便中常有大量能运动的滋养体，慢性病例以包囊为多。用温热的生理盐水5～10倍稀释粪便，过滤后吸取少量粪液涂片镜检。也可滴加0.1%碘液，使虫体着色而便于观察。还可刮取肠黏膜作涂片检查。

治疗　可选用土霉素、四环素、金霉素或甲硝唑等药物。

防制措施　主要是搞好猪场的环境卫生和消毒工作；饲养人员注意个人卫生和饮食清洁，以防感染。

第二节　其他寄生虫病

猪的其他寄生虫病主要有囊尾蚴病、细颈囊尾蚴病、后圆线虫病、冠尾线虫病、旋毛虫病、弓形虫病、隐孢子虫病。后三种已在有关章节阐述。还有寄生于循环系统的日本分体吸虫病，皮肤的疥螨病、蠕形螨病、血虱，组织细胞的弓形虫病，胃肠黏膜上皮细胞的隐孢子虫病等。

一、囊尾蚴病

本病是由带科带属的猪带绦虫的幼虫寄生于猪的横纹肌所引起的疾病。又称为“猪囊虫病”。主要特征为寄生在肌肉时症状不明显，寄生在脑时可引起神经机能障碍。成虫寄生于人的小肠，是重要的人兽共患寄生虫病。

病原体　猪囊尾蚴，又称猪囊虫，俗称“痘”、“米糁子”。呈椭圆形，白色半透明的囊泡，囊内充满液体。大小为6～10mm×5mm，囊壁上有1个内嵌的头节，头节上有顶突、小钩和4个吸盘。

猪带绦虫，亦称有钩绦虫、链状带绦虫、猪肉绦虫。呈乳白色，扁平带状，2～5m。头节小呈球形，其上有4个吸盘，顶突上有2排小钩。全虫由700～1 000个节片组成。未成熟节片宽而短，成熟节片长宽几乎相等呈四方形，孕卵节片则长度大于宽度。每个节片内有1组生殖系统，睾丸为泡状，生殖孔略突出，在体节两侧不规则地交互开口。孕卵节片内子宫由主干分出7～13对侧枝。每1个孕节含虫卵3万～5万个。孕节单个或成段脱落（图14-4）。

虫卵呈圆形，浅褐色，两层卵壳，外层薄且易脱落，内层较厚，有辐射状的条纹，称为胚膜，卵内含六钩蚴。

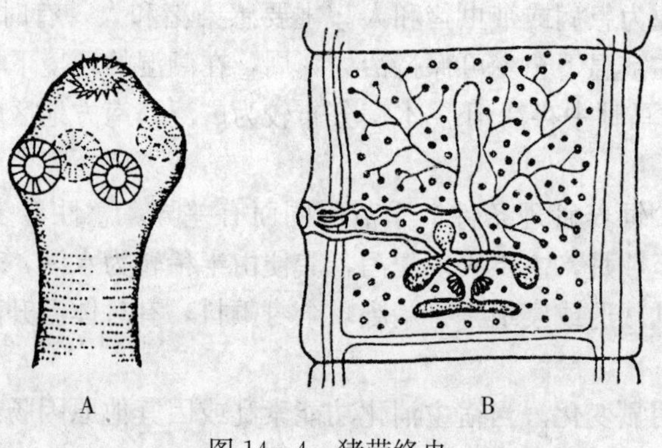

图 14-4 猪带绦虫
A. 头节 B. 成熟节片

生活史 猪带绦虫寄生于人的小肠中，其孕卵节片不断脱落，随粪便排出体外，孕卵节片在直肠或在外界由于机械作用破裂而散出虫卵。猪吞食孕卵节片或虫卵而感染，节片或虫卵经消化液的作用而破裂，六钩蚴借助小钩作用钻入肠黏膜的血管或淋巴管内，随血流带到猪体的各部组织中，主要是横纹肌内，经 2 个月发育为成熟的猪囊尾蚴。人吃入含有猪囊尾蚴的病肉而感染。猪囊尾蚴在胃液和胆汁的作用下，于小肠内翻出头节，用其小钩和吸盘固着于肠黏膜上 2～3 个月发育为成虫。一般只寄生 1 条，偶有数条。在人的小肠内可存活数年至数十年。

流行病学

传播特性 感染来源为患病或带虫的人。猪吃入绦虫患者的粪便或被粪便污染的饲料和饮水而感染。人患绦虫病是由于吃入猪囊尾蚴病肉。人亦可感染囊尾蚴病，其原因一是猪带绦虫的虫卵污染人的手、蔬菜等食物，被误食后而受感染；二是猪带绦虫的患者发生肠逆蠕动时，脱落的孕节随肠内容物逆行到胃内，卵膜被消化，逸出的六钩蚴返回肠道钻入肠壁血管，移行至全身各处而发生自身感染，多见于肌肉、皮下组织和脑、眼等部位。

绦虫患者每天通过粪便向外界排出孕卵节片，每月可排出 200 多节，可持续数年甚至 20 余年。每个节片含虫卵约 4 万个。虫卵在外界抵抗力较强，一般能存活 1～6 个月。

流行特点 猪散养或用人的粪便作饲料是猪感染的重要因素，“垃圾猪”亦不可忽视。人感染绦虫主要取决于饮食卫生习惯和烹调与食肉方法，如有吃生猪肉习惯的地区，则呈地方性流行。烹煮时间不够亦可能获感染。对肉品的检验不严格，病肉处理不当，均可成为本病重要的流行因素。

症状 猪囊尾蚴多寄生在活动性较大的肌肉中，如咬肌、心肌、舌肌、肋间肌、腰肌、肩胛外侧肌、股内侧肌等，严重时可见于眼球和脑内。轻度感染时症状不明显。严重感染时，体形可能改变，肩胛肌肉表现严重水肿、增宽，后肢部肌肉水肿隆起，外观呈哑铃状或狮子形；走路时四肢僵硬，左右摇摆；发音嘶哑，呼吸困难，睡觉发鼾。重度感染时，触摸舌根或舌腹面可发现囊虫引起的结节。寄生于脑时可引起严重的神经扰乱，特别是鼻部的触痛、强制运动、癫痫、视觉扰乱和急性脑炎，有时突然死亡。

人患猪带绦虫病时，表现肠炎、腹痛、肠痉挛，消瘦。虫体分泌物和代谢物等毒性物质被吸收后，可引起胃肠机能失调和神经症状。猪囊尾蚴寄生于脑时，多数患者有癫痫发作，头痛、眩晕、恶心、呕吐、记忆力减退和消失，严重者可致死亡。寄生在眼时可导致视力减弱，甚至失明。寄生于皮下或肌肉组织时肌肉酸痛无力。

诊断要点　猪囊尾蚴病生前诊断较为困难，在舌部有稍硬的豆状结节时可作为参考，但注意只是在重度感染时才可能出现。一般只能在宰后确诊。已有血清免疫学诊断方法。人猪带绦虫病可通过粪便检查发现孕卵节片和虫卵确诊。

治疗　在实际生产中，对本病的治疗意义不大。人驱虫后应检查排出的虫体有无头节，如无头节则虫体还会生长。

防制措施　加强肉品卫生检验，定点屠宰，病肉化制处理；对人群普查和驱虫治疗，排出的虫体和粪便深埋或烧毁；加强人的粪便管理，改善猪的饲养管理方法，做到粪便入厕，猪圈养，切断感染途径；加强宣传教育，提高人们对本病危害性和感染原因的认识，提高防病能力；注意个人卫生，不吃生的或不熟的猪肉。

二、细颈囊尾蚴病

本病是由带科带属的泡状带绦虫的幼虫寄生于猪等多种动物的腹腔中引起的疾病。主要特征为幼虫移行时引起出血性肝炎，腹痛。

病原体　细颈囊尾蚴，又称为“水铃铛”，是泡状带绦虫的幼虫期。呈乳白色，囊泡状，囊内充满液体。大小如鸡蛋或更大，囊壁上有1个乳白色具有长颈的头节。在肝、肺等脏器中的囊体，由宿主组织反应产生的厚膜包裹，故不透明，易与棘球蚴混淆。成虫形态构造见犬猫绦虫病。

生活史

寄生宿主　中间宿主为猪、牛、羊、骆驼等，幼虫寄生于肝脏、浆膜、大网膜、肠系膜、腹腔。终末宿主为犬、狼、狐狸等肉食动物，成虫寄生于小肠。

发育过程　孕卵节片随终末宿主的粪便排出体外，孕节破裂后，虫卵逸出，污染牧草、饲料和饮水，中间宿主吞食后，六钩蚴在消化道内逸出，钻入肠壁血管，随血流到肝实质停留0.5～1个月，以后逐渐移行到腹腔，经1～2个月发育为成熟的细颈囊尾蚴。终末宿主吞食了患病脏器后，在小肠内经52～78d发育为成虫。成虫寿命约1年。

流行病学　感染来源为患病或带虫犬等肉食动物。养犬集中的地区多发。

症状　轻度感染一般不表现症状。对仔猪、羔羊危害较严重。仔猪有时突然大叫后倒毙。多数幼畜表现为虚弱、不安、流涎、不食、消瘦、腹痛和腹泻。有急性腹膜炎时，体温升高并有腹水，按压腹壁有痛感，腹部增大。

病理变化　六钩蚴移行时肝脏出血，肝实质中有虫道。有时能见到急性腹膜炎，腹水混有渗出的血液，其中含有幼小的囊尾蚴体。

诊断要点　生前可试用血清学诊断方法，死后发现虫体确诊。

治疗　吡喹酮，每千克体重50mg，1次口服。

防制措施 对犬应定期驱虫；防止犬进入猪、羊舍内，以免污染饲料、饮水；禁止将屠宰动物的患病脏器随地抛弃，或未经处理喂犬。

三、后圆线虫病

本病是由后圆科后圆属的线虫寄生于猪的支气管、细支气管和肺泡所引起的疾病。又称为“肺线虫病”。主要特征为危害仔猪，引起支气管炎和支气管肺炎，严重时可造成大批死亡。

病原体 猪后圆线虫，又称猪肺线虫。虫体呈乳白色或灰色，口囊很小，口缘有1对分3叶的侧唇。雄虫交合伞一定程度的退化，有1对细长的交合刺。雌虫两条子宫并列，至后部合为阴道，阴门紧靠肛门，前方覆角质盖。卵胎生。常见的种有野猪后圆线虫（长刺后圆线虫）、复阴后圆线虫、萨氏后圆线虫。

生活史

寄生宿主 中间宿主为蚯蚓。野猪后圆线虫除寄生于猪和野猪外，偶见于羊、鹿、牛和其他反刍兽，亦偶见于人。复阴后圆线虫和萨氏后圆线虫寄生于猪和野猪。

发育过程 雌虫在宿主支气管内产卵，虫卵随黏液转至口腔被咽下，再经消化道随粪便排到外界，卵内孵出第1期幼虫。虫卵可因吸收水分，卵壳膨大而破裂而释出第1期幼虫。蚯蚓吞食了第1期幼虫或虫卵，经2次蜕皮变为感染性幼虫，随蚯蚓粪便排至土壤中。猪吞食了蚯蚓或土壤中的感染性幼虫而感染。幼虫在小肠逸出钻入肠壁，沿淋巴系统进入肠系膜淋巴结，在此蜕皮变为第4期幼虫，然后随血流至心脏和肺脏，穿过肺泡进入支气管，再蜕皮变为第5期幼虫，经25～35d发育为成虫。成虫一般可生存1年左右。

流行病学 感染来源为患病或带虫猪。猪感染后5～9周产卵最多，以后逐渐减少。1条蚯蚓最多含有4 000条感染性幼虫。虫卵和第1期幼虫抵抗力很强，在外界可生存6个月以上。感染性幼虫在蚯蚓体内可长期保存其生活力，如在环毛蚓中可生活1年，11～20℃时生存4周。病原体分布很广，尤其是野猪后圆线虫。温暖多雨季节最适于蚯蚓滋生繁殖，故夏季多发。

症状 轻度感染时症状不明显，但影响猪的生长。严重感染时，猪发育不良，阵发性咳嗽，尤其在早晚运动或遇冷空气刺激时，咳嗽尤为剧烈；被毛干燥、无光泽，鼻孔内有脓性黏稠液体流出，呼吸困难。病程长者常形成僵猪。有的在胸下、四肢和眼睑部呈现浮肿。严重病例发生呕吐，腹泻，最后因极度衰竭而死亡。

病理变化 眼观病变常不显著。严重感染时在肺隔叶腹面边缘有楔状气肿区，支气管增厚、扩张，靠近气肿区有坚实的灰色小结，小支气管周围呈淋巴样组织增生和肌纤维状肥大，支气管内有虫体和黏液。

诊断要点 根据流行病学、症状和粪便检查综合确诊。粪便检查用漂浮法。只有检出大量虫卵时才能认定。

治疗 可用丙硫咪唑、苯硫咪唑或伊维菌素等驱虫。出现肺炎时用抗生素治疗，防止继发感染。

防制措施 在流行地区，春、秋各进行1次驱虫；猪实行圈养，防止采食蚯蚓；及时清除粪便，进行生物热发酵。

四、冠尾线虫病

本病是由冠尾科冠尾属的有齿冠尾线虫寄生于猪的肾盂、肾周围脂肪和输尿管等处引起的疾病。又称为“肾虫病”。主要特征为仔猪生长迟缓，母猪不孕或流产。

病原体　有齿冠尾线虫，虫体粗状，形似火柴杆。活体呈灰褐色，体壁薄而透明，可隐约看到内部器官。口囊呈杯状，壁厚，底部有6～10个圆锥状大小不等的小齿。雄虫长20～30mm，交合伞小，有2根等长或稍不等的交合刺，有引器和副引器。雌虫长30～45mm，阴门靠近肛门。虫卵较大，呈椭圆形，灰白色，两端钝圆，卵壳薄，内含32～64个深灰色的胚细胞，胚与卵壳壁间有较大空隙。

生活史　终末宿主为猪，亦能寄生于黄牛、马、驴、豚鼠等。虫卵随猪尿液排出体外，在适宜的温度、湿度条件下，孵化出第1期幼虫，经过2次蜕化，发育为披鞘的第3期幼虫。猪经口感染时，幼虫钻入胃壁脱去鞘膜，蜕皮变为第4期幼虫，然后随血流经门静脉到达肝脏；经皮肤感染时，幼虫钻入皮肤和肌肉，蜕皮变为第4期幼虫，然后随血流经肺到达肝脏，停留3个月或更长时间。幼虫变为第5期幼虫后，穿过肝包膜进入腹腔，移行到肾脏或输尿管壁组织中形成包囊，经6～12个月发育为成虫。少数幼虫在移行中误入其他器官，均不能发育为成虫。

流行病学　感染来源为患病或带虫猪，虫卵存在于尿液中。经口感染主要是猪啃食泥土时，吞入土壤中的感染性幼虫；经皮肤感染主要是猪接触到环境中的感染性幼虫。成虫繁殖力强，猪中等程度感染时，每天可以排出100万个以上的虫卵。因此，即使是短期饲养过病猪的猪场，也可能受严重的污染。虫卵在日光和干燥条件下易死亡。虫卵和感染性幼虫对各种化学药品的抵抗力较强。一般发生在气候温暖的多雨季节，而炎热干旱季节感染较少。常呈地方性流行，主要分布在南方。

症状　食欲减退，精神委顿，逐渐消瘦，贫血，被毛粗乱，行动迟钝，后肢乏力，跛行，走路时后躯左右摇摆，喜卧地，尿液中常带有白色黏稠状物或脓液。有时后躯麻痹或僵硬，不能站立，拖地爬行，食欲废绝，颜面微肿。仔猪发育停滞，母猪不孕或流产，公猪可失去交配能力。严重者导致死亡。经皮肤感染时，表现皮肤炎症，有丘疹和红色小结节，体表淋巴结肿大。

病理变化　尸体消瘦，皮肤有丘疹和小结节，局部淋巴结肿大。肝内包囊和脓肿中有幼虫，肝肿大变硬，结缔组织增生，切面上有幼虫钙化的结节，肝门静脉中有血栓，内含幼虫。肾盂有脓肿，结缔组织增生。输尿管壁增厚，常有数量较多的包囊，内含成虫。有时膀胱外围亦有包囊，内含成虫，膀胱黏膜充血。腹水增多并有成虫。肠系膜淋巴淤血。在胸膜壁面和肺脏中有结节或脓肿，脓液中可能有幼虫。

诊断要点　根据流行病学、症状、尿液检查和尸体剖检进行综合诊断。皮内变态反应亦可用于早期诊断。

治疗　可选用左咪唑、丙硫咪唑、氟苯咪唑和伊维菌素。

防制措施　加强饲养管理，给予富有营养的饲料，尤其注意补充维生素和矿物质，以增强机体抵抗力；搞好猪舍及运动场的卫生，保持地面清洁和干燥；定期驱虫，定期消毒。

复习思考题

1. 猪蠕虫病病原体代表性虫种的形态构造特点、生活史。

2. 猪蠕虫病病原体的中间宿主、补充宿主、贮藏宿主、终末宿主，在重要宿主的寄生部位（可列表）。

3. 猪寄生虫病的流行病学特点、症状特征、诊断要点、防制措施。

4. 猪蠕虫卵的形态构造特点，粪学检查方法。

5. 猪寄生虫病首选治疗药物、用法及剂量。

6. 猪囊尾蚴病等重要人、猪共患寄生虫病的防制措施、公共卫生意义。

7. 当地重要猪蠕虫病的类症鉴别。

8. 棘头虫病病原体的形态构造特点、症状特征、防制措施。

9. 制定猪养殖场或乡村猪蠕虫病的综合性防制措施。

第十五章　禽的寄生虫病

第一节　消化系统寄生虫病

禽的消化系统主要吸虫病有棘口吸虫病、前殖吸虫病、后睾吸虫病；绦虫病有鸡绦虫病、膜壳绦虫病；线虫病有鸡蛔虫病、鸡异刺线虫病、禽胃线虫病、禽毛细线虫病；鸭棘头虫病；原虫病、鸡球虫、鸭球虫病、鹅球虫病。还有毛毕吸虫病、前殖吸虫病、纤细背孔吸虫病；毛细线虫病、锐形线虫病、四棱线虫病、嗉囊筒线虫病、鹅裂口线虫病、组织滴虫病等。

一、棘口吸虫病

本病是由棘口科的多种吸虫寄生于家禽和野禽的肠道中引起的疾病。主要特征为下痢、消瘦，幼禽生长发育受阻。

病原体　卷棘口吸虫，为棘口属，呈长叶形，活体为淡红色。长7.6～13mm，宽1.3～1.6mm。体表被有小刺，具有头棘。睾丸呈椭圆形，边缘光滑，在卵巢后方前后排列。卵巢呈圆形或扁圆形，位于虫体中央或稍前。子宫弯曲在卵巢前方，其内充满虫卵。卵黄腺分布于腹吸盘后方两侧，伸达虫体后端（图 15-1）。虫卵淡黄色，椭圆形，有卵盖，内含卵细胞。

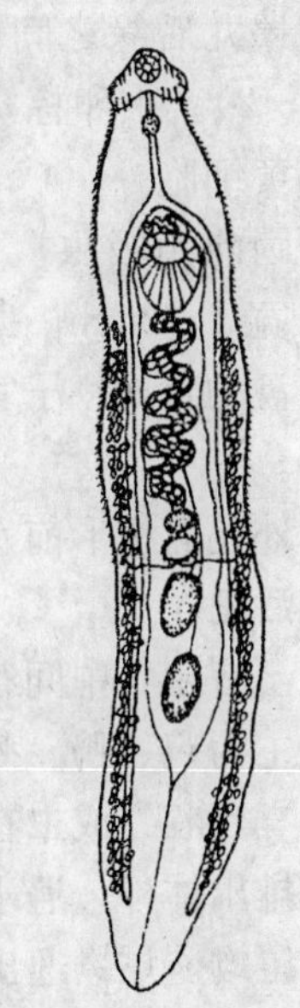

图 15-1　卷棘口吸虫

宫川棘口吸虫，又称卷棘口吸虫日本变种，与卷棘口吸虫相似，主要区别为睾丸分叶，卵黄腺在睾丸后方体中央扩展汇合。

还有日本棘隙吸虫，为棘隙属；似锥低颈吸虫，为低颈属。

生活史

寄生宿主　中间宿主为淡水螺类。补充宿主除淡水螺、淡水鱼或蛙类。终末宿主为鸡、鸭、鹅和一些野生禽类。本科的多种吸虫也可寄生于猪、犬、猫等哺乳动物和人。

发育过程　卷棘口吸虫成虫在终末宿主肠道内产卵，虫卵随粪便排至外界，在水中7～10d（气温30℃时）孵化出毛蚴，钻入中间宿主体内，经32～50d发育为胞蚴、母雷蚴、子雷蚴和尾蚴。尾蚴逸出螺体游于水中，侵入补充宿主体内变为囊蚴。终末宿主吞食补充宿主而感染，20d发育为成虫。

流行病学　感染来源为患病或带虫鸡、鸭、鹅等。流行广泛，南方普遍发生。用浮萍等水生植物作饲料时更易感染。

症状　主要危害雏禽。少量寄生时不显症状，严重感染时可引起食欲不振，消化不良，下痢，粪便中混有黏液，贫血，消瘦，生长发育受阻，可因衰竭而死亡。

诊断要点 根据流行病学、症状和粪便检查初步诊断，剖检发现虫体可确诊。粪便检查用沉淀法。

治疗 硫双二氯酚，每千克体重 150～200mg，混料喂服。氯硝柳胺，每千克体重 50～60mg，混料喂服。丙硫咪唑，每千克体重 20～40mg，1 次口服。

防制措施 流行区内的家禽应进行计划性驱虫，驱出的虫体和排出的粪便无害化处理；勿以浮萍或水草等作为饲料；改善饲养管理方式，减少感染机会。

二、前殖吸虫病

本病是由前殖科前殖属的多种吸虫寄生于家禽及鸟类的输卵管、法氏囊、泄殖腔及直肠所引起的疾病。主要特征为输卵管炎、产畸形蛋和继发腹膜炎。

病原体 透明前殖吸虫，呈梨形，前端稍尖，后端钝圆，体表前半部有小刺。长 6.5～8.2mm，宽 2.5～4.2mm。口吸盘呈球形，位于虫体前端，腹吸盘呈圆形，位于虫体前 1/3 处。睾丸卵圆形，并列于虫体中央两侧。卵巢多分叶，位于睾丸前缘与腹吸盘之间。子宫盘曲于腹吸盘和睾丸后，充满虫体大部。卵黄腺分布于腹吸盘后缘与睾丸后缘之间的虫体两侧。生殖孔开口于口吸盘的左前方（图 15－2）。虫卵棕褐色，椭圆形，一端有卵盖，另一端有小刺，内含卵黄细胞。

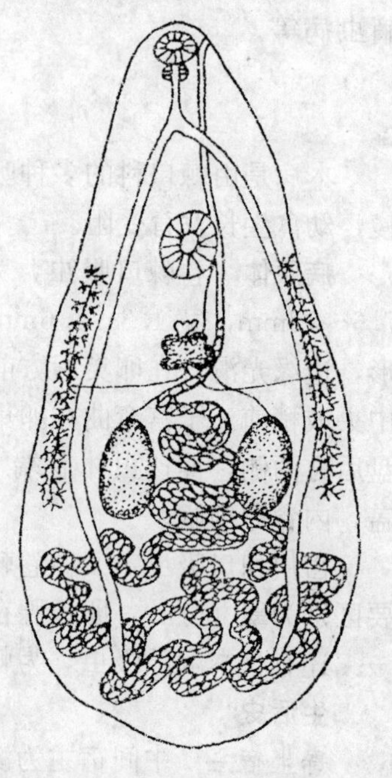

图 15－2 透明前殖吸虫

卵圆前殖吸虫，体前端狭，后端钝圆，体表有小刺。长 3～6mm，宽 1～2mm。睾丸椭圆形，并列于虫体中部。卵巢分叶，位于腹吸盘的背面。子宫盘曲于睾丸和腹吸盘前后。卵黄腺在虫体中部两侧。

另外还有楔形前殖吸虫、鲁氏前殖吸虫和家鸭前殖吸虫。

生活史

寄生宿主 中间宿主为淡水螺类。补充宿主为蜻蜓及其稚虫。终末宿主为鸡、鸭、鹅、野鸭和鸟类。

发育过程 成虫在终末宿主的寄生部位产卵，虫卵随其粪便和排泄物排出体外，遇水孵出毛蚴，或被中间宿主吞食发育为毛蚴、胞蚴、尾蚴。尾蚴逸出螺体游于水中，进入补充宿主肌肉经 70d 形成囊蚴。家禽啄食含有囊蚴的蜻蜓或其稚虫而感染，在消化道内囊蚴壁被消化，童虫逸出，经肠进入泄殖腔，再转入输卵管或法氏囊发育为成虫。在鸡体内囊蚴发育为成虫需 1～2 周，在鸭体内约需 3 周。成虫在鸡体内寿命为 3～6 周，在鸭体内 18 周。

流行病学 感染来源为患病或带虫鸡、鸭、鹅等。流行广泛，主要分布于南方。流行季节与蜻蜓的出现季节相一致。每年 5～6 月份蜻蜓的稚虫聚集在水池岸旁，并爬到水草上变为成虫，此时易被家禽啄食而感染，故放牧禽易感。

症状 本病主要危害鸡，特别是产蛋鸡，对鸭的致病性不强。初期症状不明显，有时产薄壳蛋且易破，随后产蛋率下降，产畸形蛋，有时仅排出卵黄或少量蛋白。随着病情的发展，病鸡食欲减退，消瘦，羽毛蓬乱脱落，产蛋停止，有时从泄殖腔排出卵壳的碎片或流出类似石灰水样的液体，腹部膨大下垂、压痛，泄殖腔突出，肛门潮红。后期体温上升，严重者可致死。

病理变化 主要是输卵管炎，黏膜充血，极度增厚，可见到虫体。腹膜炎时腹腔内有大量黄色混浊的液体，腹腔器官粘连。

诊断要点 根据蜻蜓活跃季节等流行病学资料、症状和粪便检查初步诊断，剖检发现虫体即可确诊。粪便检查用沉淀法。

治疗 丙硫咪唑，每千克体重 120mg，1 次口服。吡喹酮，每千克体重 60mg，1 次口服。氯硝柳胺，每千克体重 100～200mg，1 次口服。

防制措施 在流行区进行计划性驱虫，驱出的虫体以及排出的粪应堆积发酵处理后再利用。避免在蜻蜓出现的早、晚和雨后或到其稚虫栖息的池塘岸边放牧。改变家禽散养方式。

三、后睾吸虫病

本病是由后睾科多个属的多种吸虫寄生于鸭、鹅等禽类肝脏胆管及胆囊内引起疾病的总称。主要特征为肝脏胆管及胆囊肿大，下痢，消瘦，幼禽生长发育受阻。

病原体 鸭后睾吸虫，为后睾属。寄生于鹅、鸭和其他野禽胆管。虫体较长，前端尖细，后端稍钝圆。长 7～23mm，宽 1～1.5mm。体表平滑，口吸盘位于体前端，腹吸盘小于口吸盘。食道短或缺，肠管伸达虫体后端。睾丸分叶，前后纵列于虫体的后方。缺雄茎囊。生殖孔在腹吸盘之前。卵巢分许多小叶，受精囊小。子宫发达。梅氏腺不明显。卵黄腺位于虫体两侧，始于虫体中部，伸达卵巢上缘（图 15-3）。

鸭对体吸虫，为对体属。多寄生于鸭胆管内。虫体窄长，后端尖细，长 14～24mm，宽 0.9～1.1mm。腹吸盘小。两条肠管伸达虫体后端。睾丸呈长圆形，分叶或不分叶，前后排列在虫体后方。生殖孔位于腹吸盘的前缘。卵巢分叶，位于前睾丸之前。受精囊紧接卵巢之后。子宫位于肠支间，从卵巢处曲折前行直达腹吸盘。卵黄腺位于肠支两侧后方（图 15-4）。虫卵呈卵圆形，一端有卵盖，另一端有小突起。

东方次睾吸虫，为次睾属。主要寄生于鸭、鸡和野鸭的胆管和胆囊内。虫体呈叶状。长 2.4～4.7mm，宽 0.5～1.2mm。体表被有小棘。睾丸大，稍分叶，前后排列于虫体后端。生殖孔位于腹吸盘前方。卵巢椭圆形，位于睾丸前方。受精囊位于前睾丸前方，卵巢的右侧。卵黄腺分布于虫体两侧，始于肠分叉稍后方，终止于前睾丸前缘。子宫弯曲在卵巢前方，内充满虫卵（图 15-5）。虫卵呈浅黄色，椭圆形，有卵盖，内含毛蚴。

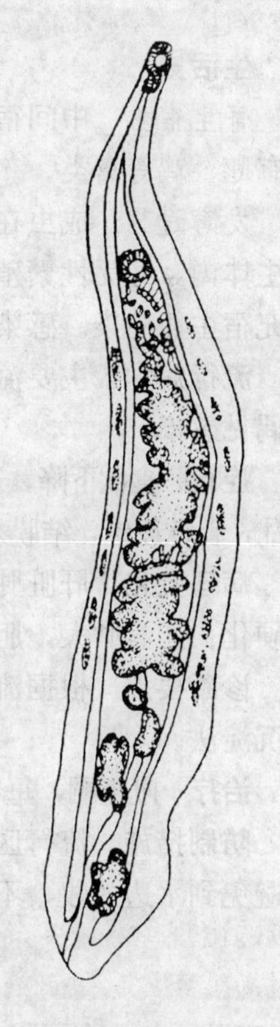

图 15-3 鸭后睾吸虫

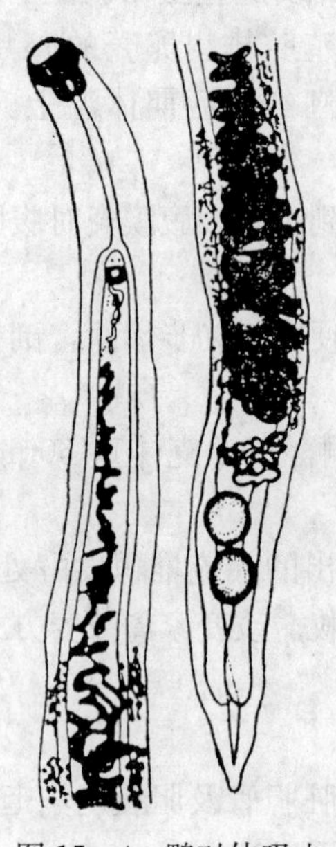

图 15-4 鸭对体吸虫

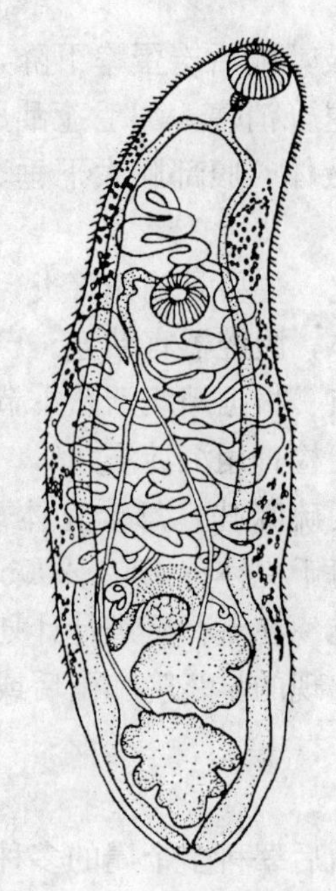

图 15-5 东方次睾吸虫

生活史

寄生宿主 中间宿主为淡水螺类的纹沼螺。补充宿主为麦穗鱼和爬虎鱼等。终末宿主为鸭，还有鹅、鸡等禽类。

发育过程 成虫在终末宿主胆管或胆囊内产卵，虫卵随粪便排到外界，孵出的毛蚴侵入中间宿主体内，经无性繁殖发育为尾蚴。尾蚴侵入补充宿主的肌肉和皮层发育为囊蚴，终末宿主吞食补充宿主而感染。感染后 16～21d 粪便中发现虫卵。

流行病学 主要流行于鸭群中，1 月龄以上的雏鸭感染率较高，感染强度可达百余条。鸡和鹅偶见感染。

症状 食欲下降，逐渐消瘦，病鸭在水中游走无力，缩颈闭眼，精神沉郁。随着病情加剧，羽毛松乱，食欲废绝，结膜发绀，呼吸困难，贫血，下痢，粪便呈草绿色或灰白色，并引起死亡。

病理变化 肝脏肿大，脂肪变性或坏死，胆管增生变粗，肝结缔组织增生，细胞变性萎缩，肝硬化。胆囊肿大，胆汁变质或消失，囊壁增厚。

诊断要点 根据流行病学特点，症状和粪便检查以及剖检发现虫体进行综合诊断。粪便检查用沉淀法。

治疗 吡喹酮，每千克体重 15mg，1 次口服。丙硫咪唑，每千克体重 75～100mg，1 次口服。

防制措施 流行区应根据流行季节进行计划性驱虫，减少病原扩散；粪便堆积发酵；流行区应避免到水边放牧，不用淡水鱼饲喂家禽；采取措施消灭淡水螺。

四、鸡绦虫病

本病是由戴文科赖利属和戴文属的多种绦虫寄生于鸡小肠中引起疾病的总称。主要特征为小肠黏膜发炎，下痢，生长缓慢和产蛋率下降。

病原体 四角赖利绦虫，虫体长可达25cm，宽3mm，头节较小，顶突上有90～130个小钩，排成1～3圈。吸盘椭圆形，上有8～10圈小钩。成节内含1组生殖器官，生殖孔位于同侧。每个副子宫器内含6～12个虫卵。虫卵呈灰白色，壳厚。

棘沟赖利绦虫，虫体长可达34cm，宽4mm，大小和形状颇似四角赖利绦虫。顶突上有200～240个小钩，排成2圈。吸盘圆形，上有8～10圈小钩。生殖孔位于节片一侧的边缘上。每个副子宫器内含6～12个虫卵。

有轮赖利绦虫，虫体较小，一般不超过4cm。头节大，顶突宽而厚，形似轮状，突出于前端，有400～500个小钩排成2圈。吸盘上无小钩。生殖孔在体缘不规则交替开口。孕节中有许多副子宫器，每个只有1个虫卵（图15-6）。

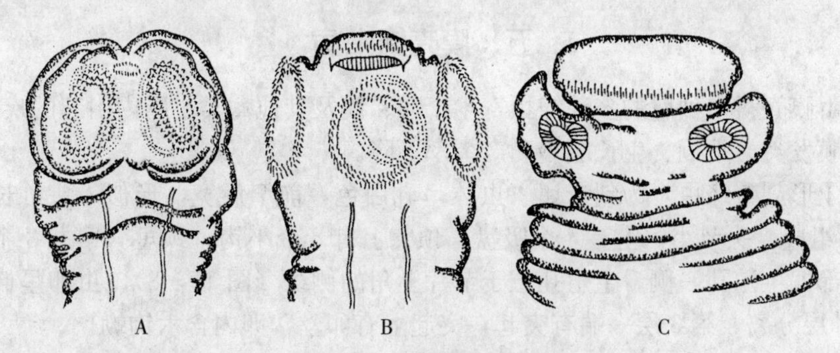

图15-6 赖利绦虫头节

A. 四角赖利绦虫 B. 棘沟赖利绦虫 C. 有轮赖利绦虫

节片戴文绦虫，虫体短小，仅有0.5～3mm，由4～9个节片组成。头节小，顶突和吸盘均有小钩，但易脱落。成节内含1组生殖器官，生殖孔规则地交替开口于每个体节侧缘前部。每个副子宫器内含1个虫卵（图15-7）。

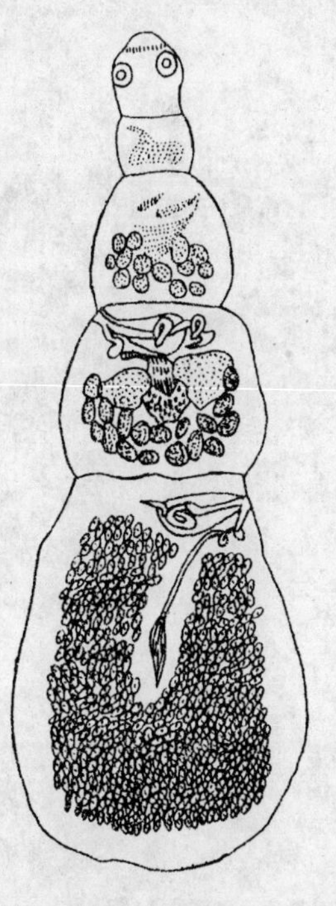

图15-7 节片戴文绦虫

生活史

寄生宿主 四角赖利绦虫的中间宿主为家蝇和蚂蚁；棘沟赖利绦虫为蚂蚁；有轮赖利绦虫为家蝇、金龟子、步行虫等昆虫；节片戴文绦虫为蛞蝓和陆地螺。终末宿主主要是鸡，还有火鸡、孔雀、鸽子、鹌鹑、珍珠鸡、雉等。

发育过程 成虫在鸡小肠内产卵，虫卵随粪便排至外界，被中间宿主吞食后，经14～21d发育为似囊尾蚴。中间宿主被终末宿主吞食后，似囊尾蚴经12～20d在小肠发育为成虫。

流行病学 感染来源为患病或带虫鸡等。不同年龄的禽类均可感染，但以幼禽为重，25～40日龄死亡率最高。常为几种绦虫混合感染。分布广泛，与中间宿主的分布面广有关。

症状 食欲下降，渴欲增强，行动迟缓，羽毛蓬乱，粪便稀且有黏液，贫血，消瘦。有时出现神经中毒症状。产蛋鸡产蛋量下降或停止。

雏鸡生长缓慢或停止，严重者可继发其他疾病而死亡。

病理变化 肠黏膜增厚、出血，内容物中含有大量脱落的黏膜和虫体。赖利绦虫为大型虫体，大量感染时虫体积聚成团，导致肠阻塞，甚至肠破裂引起腹膜炎而死亡。

诊断要点 根据流行病学、症状、粪便检查见到虫卵或节片诊断，剖检发现虫体确诊。粪便检查用漂浮法。

治疗 丙硫咪唑，每千克体重 10～20mg。吡喹酮，每千克体重 10～20mg。氯硝柳胺，每千克体重 80～100mg。均 1 次口服。

防制措施 搞好鸡场防蝇、灭蝇；雏鸡应在 2 个月龄左右进行第 1 次驱虫，以后每隔 1.5～2 个月驱虫 1 次，转舍或上笼之前必须进行驱虫；及时清除鸡粪便并做无害化处理；定期检查鸡群，治疗病鸡，以减少病原扩散。

五、膜壳绦虫病

本病主要由膜壳科多种属的多种绦虫寄生于鸭、鹅及其他禽类小肠内引起的疾病。主要特征为引起小肠黏膜发炎、下痢、生长缓慢和产蛋率下降。

病原体 矛形剑带绦虫，为剑带属。虫体呈乳白色，前窄后宽，形似矛头，长达 13cm，由 20～40 个节片组成。头节小，上有 4 个吸盘，顶突上有 8 个小钩。颈短。睾丸 3 个，呈椭圆形，横列于节片中部偏生殖孔一侧。生殖孔位于节片上角的侧缘（图 15－8）。虫卵呈椭圆形，无色，4 层膜，2 个外层分离，第 3 层一端有突起，突起上有卵丝，卵内含六钩蚴。

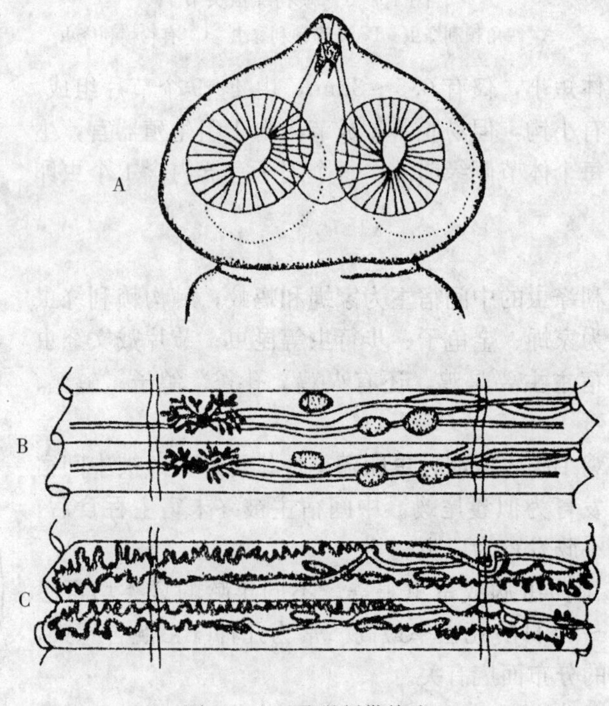

图 15－8 矛形剑带绦虫

A. 头节 B. 成熟节片 C. 孕卵节片

冠状膜壳绦虫，为膜壳属。虫体长12～19cm，宽3mm。顶突上有20～26个小钩，排成1圈呈冠状。吸盘上无钩。睾丸3个排成等腰三角形（图15-9）。虫卵呈圆形，无色，4层膜，内含六钩蚴。

片形皱褶绦虫，为皱褶属。虫体长20～40cm，在其前部有扩展的皱褶状假头节，由许多无生殖器官的节片组成，为附着器官。真头节位于假头节的顶端，顶突上有小钩。睾丸3个，卵圆形。卵巢呈网状，串连所有成熟节片。孕节的子宫为短管状，内充满虫卵。虫卵呈椭圆形，两端稍尖。寄生于鸭、鹅、鸡和鸟类小肠。

鸡膜壳绦虫，虫体长3～8cm，纤细，节片可达500个。头节纤细易断，顶突无钩。睾丸3个。寄生于鸡和火鸡的小肠。

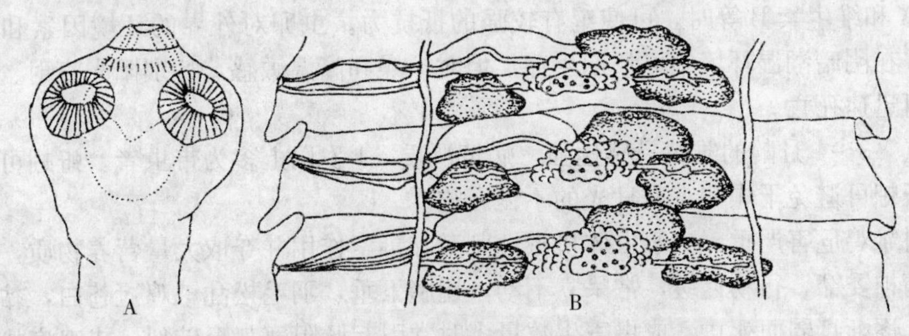

图15-9　冠状膜壳绦虫

A. 头节　B. 成熟节片

生活史

寄生宿主　中间宿主种类很多，许多甲壳类动物、蚯蚓及昆虫均可。螺可作为补充宿主。终末宿主广泛，虫体可寄生70余种禽类和鸟类，而且宿主特异性不强。

发育过程　成虫寄生于终末宿主小肠，孕节或虫卵随粪便排至体外，在水中被中间宿主吞食后20～30d发育为似囊尾蚴。中间宿主被终末宿主吞食后，似囊尾蚴在小肠内经19d发育为成虫。

流行病学　膜壳绦虫多呈地方性流行，多种水禽的感染率均较高。

症状　常表现下痢，排绿色粪便，有时带有白色米粒样的孕卵节片。食欲不振，消瘦，行动迟缓，生长发育受阻。当中毒时，表现运动障碍，失去平衡，常突然倒地。若病势持续发展，最终死亡。

诊断要点　根据流行病学、症状，粪便检查见到虫卵或节片初步诊断，剖检发现虫体确诊。

治疗　丙硫咪唑，每千克体重10～20mg。吡喹酮，每千克体重10～20mg。氯硝柳胺，每千克体重80～100mg。均1次口服。

防制措施　每年在春、秋两季进行计划性驱虫；禽舍和运动场的粪便及时清理，堆积发酵；幼禽与成禽分开饲养；放牧时尽量避开中间宿主滋生地。

六、鸡蛔虫病

本病是由禽蛔科禽蛔属的鸡蛔虫寄生于鸡小肠引起的疾病。主要特征为引起小肠黏膜发炎，下痢，生长缓慢和产蛋率下降。

病原体 鸡蛔虫，是鸡体的大型线虫，呈黄白色，头端有3个唇片。雄虫长2.7～7cm，尾端有明显的尾翼和尾乳突，有1个圆形或椭圆形的肛前吸盘，交合刺近于等长。雌虫长6.5～11cm，阴门开口于虫体中部。虫卵椭圆形，壳厚而光滑，深灰色，内含单个胚细胞。

生活史 虫卵随鸡粪便排至外界，在空气充足及适宜的温度和湿度条件下，17～18d发育为感染性虫卵。鸡吞食感染性虫卵，幼虫在肌胃和腺胃逸出，钻进肠黏膜发育一段时期后，重返肠腔经35～50d发育为成虫。

流行病学

传播特性 感染来源为患病或带虫鸡。饲养管理条件与感染有极大关系，饲料中富含蛋白质、维生素A和维生素B等时，可使鸡有较强的抵抗力。虫卵对外界的环境因素和消毒剂有较强的抵抗力，在阴暗潮湿环境中可长期生存，但对干燥和高温敏感，特别阳光直射、沸水处理和粪便堆沤时可迅速死亡。

流行特点 3～4月龄的雏鸡易感性强，病情严重，1岁以上多为带虫者。蚯蚓可作为贮藏宿主，并依靠蚯蚓可避免干燥和直射日光的不良影响。

症状 对雏鸡危害严重，由于虫体机械性刺激和毒素作用并夺取大量营养物质，表现为生长发育不良，精神委靡，行动迟缓，常呆立不动，翅膀下垂，羽毛松乱，鸡冠苍白，黏膜贫血，消化机能障碍，逐渐衰弱而死亡。成虫寄生数量多时常引起肠阻塞甚至破裂。成鸡症状不明显。

病理变化 幼虫破坏肠黏膜、绒毛和肠腺，造成出血和发炎，并易导致病原菌继发感染，此时在肠壁上常见颗粒状化脓灶或结节。

诊断要点 粪便检查发现大量虫卵及剖检发现虫体可确诊。粪便检查用漂浮法。

治疗 丙氧咪唑，每千克体重40mg。左咪唑，每千克体重30mg。哌哔嗪，每千克体重200～300mg。丙硫咪唑，每千克体重10～20mg。甲苯咪唑，每千克体重30mg。均混料喂服。

防制措施 在本病流行的鸡场，每年进行2～3次定期驱虫。雏鸡在2月龄左右进行第1次驱虫，第2次在冬季；成年鸡第1次在10～11月份，第2次在春季产蛋前1个月进行。成、雏鸡应分群饲养；鸡舍和运动场上的粪便逐日清除，集中发酵处理；饲槽和用具定期消毒；加强饲养管理，增强雏鸡抵抗力。

七、鸡异刺线虫病

本病是由异刺科异刺属的鸡异刺线虫寄生于鸡盲肠内引起的疾病。又称为“盲肠虫病”。主要特征为引起盲肠黏膜发炎、下痢、生长缓慢和产蛋率下降。

病原体 鸡异刺线虫，呈白色，细小丝状。头端略向背面弯曲，有侧翼，向后延伸的距离较长，食道球发达。雄虫长7～13mm，尾直，末端尖细，交合刺2根，不等长，有一个圆形的泄殖腔前吸盘。雌虫长10～15mm，尾细长，生殖孔位于虫体中央稍后方（图15-10）。卵呈灰褐色，椭圆形，壳厚，内含单个胚细胞。

生活史 虫卵随鸡粪便排至外界，在适宜的温度和湿度条件下，2周发育为感染性虫卵，鸡吞食后在盲肠内孵化出幼虫。幼虫钻进肠黏膜发育一段时期后，重返肠腔24～30d发育为成虫。成虫寿命约1年。

流行病学　感染来源为患病或带虫鸡。蚯蚓可作为贮藏宿主。各种年龄均有易感性，但营养不良和饲料中缺乏矿物质（尤其是磷和钙）的幼鸡最易感。虫卵对外界因素抵抗力很强，在低湿处可存活 9 个月，能耐干燥 16～18d。

鸡异刺线虫是火鸡组织滴虫的传播者。火鸡组织滴虫寄生于鸡的盲肠和肝脏，侵入异刺线虫卵内，使鸡同时感染。

症状　感染初期幼虫侵入盲肠黏膜使其肿胀，引起盲肠炎和下痢。成虫期时患鸡消化机能障碍，食欲不振。雏鸡发育停滞，消瘦，严重时死亡。成年鸡产蛋量下降。

鸡如果感染火鸡组织滴虫，可因血液循环障碍，使鸡冠、肉髯发绀，称为“黑头病”；对盲肠和肝脏造成炎症，故称“盲肠-肝炎”。

病理变化　尸体消瘦，盲肠肿大，肠壁发炎和增厚。

诊断要点　通过粪便检查发现虫卵和剖检发现虫体确诊。粪便检查用漂浮法。

治疗　参照鸡蛔虫病。

防制措施　参照鸡蛔虫病。

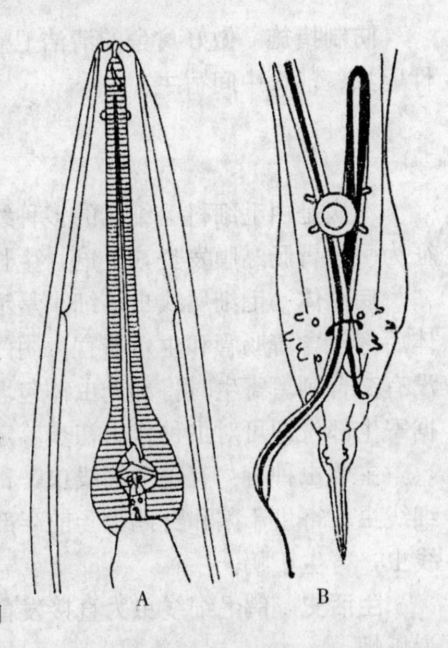

图 15－10　鸡异刺线虫
A. 头部　B. 雄虫尾部

八、禽胃线虫病

本病是由华首科（锐形科）华首属（锐形属）和四棱科四棱属的多种线虫寄生于禽类的胃内引起的疾病。主要特征为引起胃肠黏膜发炎、下痢、生长缓慢和产蛋率下降。

病原体　小钩锐形线虫，寄生于鸡和火鸡肌胃。头端有 4 条饰带，两两并列，成不整齐的波浪形，由前向后延伸，几达虫体后部，不折回也不相互吻合。雄虫长 9～14mm，交合刺不等长。雌虫长 16～19mm，阴门位于虫体中部的稍后方。

旋锐形线虫，寄生于鸡、火鸡、鸽子腺胃和食道，偶见于肠。头端 4 条饰带由前向后，然后折回但不吻合。雄虫长 7～8.3mm，两根交合刺不等长。雌虫长 9～10.2mm，阴门位于虫体后部。虫卵具有厚壳，内含幼虫。

美洲四棱线虫，寄生于鸡和火鸡腺胃。无饰带，雌雄异形。雄虫纤细，长 5～5.5mm，游离于腺胃腔中。雌虫长 3.5～4.5mm，呈亚球形，深藏于腺胃腺内。

生活史　禽胃线虫属间接发育型。小钩锐形线虫的中间宿主为蚱蜢、拟谷盗虫、象鼻虫等，旋锐形线虫为足类昆虫，美洲四棱线虫为直翅类昆虫。

虫卵随终末宿主粪便排至外界，被中间宿主吞食后，在其体内发育为感染性幼虫。终末宿主由于吞食了含有感染性幼虫的中间宿主而感染。

症状　虫体在寄生部位形成溃疡及出血，腺体遭受破坏，有时形成结节，影响胃肠的功能，严重者造成胃肠破裂。患禽消化不良，食欲下降，消瘦，贫血，重者死亡。

诊断要点　根据粪便检查发现虫卵和剖检发现虫体确诊。粪便检查用漂浮法。

治疗　甲苯咪唑，每千克体重 30mg，1 次口服。丙硫咪唑，每千克体重 10～15mg，1 次口服。

防制措施 做好禽舍的清洁卫生，将粪便堆积发酵；在流行区，满1月龄的雏鸡可进行预防性驱虫；消灭中间宿主。

九、禽毛细线虫病

本病是由毛细科毛细属的多种线虫寄生于禽类食道、嗉囊、肠道内引起的寄生虫病。主要特征为引起胃肠黏膜发炎，下痢，生长缓慢和产蛋率下降。

病原体 毛细属线虫，细小呈毛发状。虫体前部稍细，为食道部，短于或等于虫体后部，虫体后部包含着肠管和生殖器官。阴门位于体前后部分连接处。雄虫有1根交合刺，有的只有鞘而没有交合刺。寄生时将部分虫体包埋于黏膜内或全部包埋于组织内。毛细线虫寄生部位严格，根据寄生部位即可对虫种作出初步鉴定。虫卵呈桶形，两端具塞，色淡。

主要虫种有：有轮毛细线虫，寄生于鸡嗉囊和食道；鸽毛细线虫，寄生于鸽、鸡小肠；鹅毛细线虫，寄生于鹅和野鹅小肠前半部，也见于盲肠；膨尾毛细线虫，寄生于鸡、鸽小肠；鸭线形线虫，寄生于鸭。

生活史 鸽毛细线虫为直接发育型。有轮毛细线虫和膨尾毛细线虫为间接发育型，中间宿主为蚯蚓。

直接发育型 虫卵随终末宿主粪便排出体外，发育为感染性虫卵，终末宿主吞食后，幼虫需先在十二指肠黏膜内发育一段时间，后在肠腔内发育为成虫。在终末宿主体内发育为成虫需20～26d，成虫寿命为9个月。

间接发育型 虫卵随终末宿主粪便排出体外，在蚯蚓体内孵化为感染性幼虫。终末宿主啄食蚯蚓而感染。幼虫进入寄生部位的黏膜发育，然后再返回寄生部位发育为成虫。有轮毛细线虫和膨尾毛细线虫在中间宿主体内发育为感染性幼虫分别需要14～28d和9d，在终末宿主体内发育为成虫分别需要19～26d和22～24d。成虫寿命约为10个月。

流行病学 感染来源为患病或带虫鸡、鹅等禽类。分布广泛。虫卵在外界发育很缓慢，能长期保持活力。膨尾毛细线虫未发育的卵较已发育的卵更为耐寒。

症状 虫体对寄生部位造成机械性和化学性刺激。轻度感染时，局部出现轻微炎症和增厚。感染严重时，炎症加剧，并出现黏液或脓性分泌物，局部黏膜溶解、坏死或脱落。患禽食欲不振，下痢，贫血，消瘦，雏鸡和成年鸡均可死亡。

诊断要点 根据粪便检查发现虫卵和剖检发现虫体确诊。

治疗 甲苯咪唑，每千克体重70～100mg。左咪唑，每千克体重25mg。均1次口服。

防制措施 定期清洁禽舍，粪便堆积发酵；流行严重的地区应进行预防性驱虫；禽舍应保持通风干燥，以抑制虫卵发育和中间宿主的滋生。

十、鸭棘头虫病

本病是由多形科多形属和细颈科细颈属的虫体寄生于鸭小肠引起的疾病。主要特征为肠炎、血便。

病原体 多形科的特点为虫体体表有刺，吻突为卵圆形，吻囊壁双层，黏液腺一般为管状。多形属的主要有大多形棘头虫、小多形棘头虫、腊肠状多形棘头虫、四川多形棘头虫。

细颈科的特点为颈细长，黏液腺梨状、肾状或管状。细颈属的主要有鸭细颈棘头虫。

生活史　中间宿主为一些虾、蟹和栉水蚤。虫卵随终末宿主粪便排出，被中间宿主吞食后54～60d发育为具有感染性的棘头囊，鸭吞食中间宿主感染。经27～30d发育为成虫。

流行病学　感染来源为患病或带虫鸭。不同种鸭棘头虫的地理分布不同，多为地方性流行。春、夏季流行。部分感染性幼虫可在钩虾体内越冬。

症状　下痢、消瘦、生长发育受阻。雏鸭表现明显，严重感染者可死亡。

病理变化　棘头虫以吻突牢固地附着在肠黏膜上，引起卡他性肠炎，肠壁浆膜面上可看到肉芽组织增生的结节，黏膜面上可见有虫体和不同程度的创伤。有时吻突深入黏膜下层，甚至穿透肠壁，造成出血、溃疡，严重者可穿孔。

诊断要点　根据流行病学、症状、粪便检查发现虫卵或剖检发现虫体确诊。

治疗　选用丙硫咪唑、左咪唑。

防制措施　对流行区的鸭进行预防性驱虫；雏鸭与成年鸭分开饲养；选择未受污染或无中间宿主的水域放牧；加强饲养管理，饲喂全价饲料以增强抗病力。

十一、鸡球虫病

本病是由孢子虫纲艾美耳科艾美耳属的球虫寄生于鸡的肠道引起的疾病。主要特征为雏鸡多发，出血性肠炎，发病率和死亡率均高。

病原体　鸡球虫，卵囊呈椭圆形、圆形或卵圆形，囊壁1或2层，内有1层膜。有些种类在一端有微孔，或在微孔上有突出的帽称为极帽，有的微孔下有1～3个极粒。刚随粪便排出的卵囊内含有1团原生质。具有感染性的卵囊含有子孢子，即孢子化卵囊。孢子囊和子孢子形成后剩余的原生质称为残体，在孢子囊内称为孢子囊残体，其外的称为卵囊残体。孢子囊的一端有1个小突起称为斯氏体。子孢子呈前尖后钝的香蕉形。艾美耳属球虫孢子化卵囊内含有4个孢子囊，每个孢子囊内含有2个子孢子（图15-11）。公认的有以下7种：

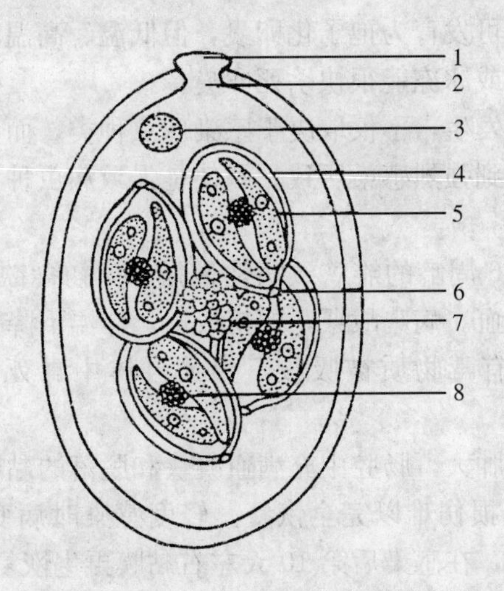

图15-11　鸡球虫孢子化卵囊模式图

1. 极帽　2. 微孔　3. 极粒　4. 孢子囊　5. 子孢子　6. 斯氏体　7. 卵囊残体　8. 孢子囊残体

柔嫩艾美耳球虫，主要寄生于盲肠及其附近区域，致病力最强。毒害艾美耳球虫，其裂殖生殖阶段主要寄生于小肠中1/3段，严重时可扩展到整个小肠，在小肠球虫中致病性最强，仅次于盲肠球虫。还有堆形艾美耳球虫、布氏艾美耳球虫、巨型艾美耳球虫、和缓艾美耳球虫、早熟艾美耳球虫等。

生活史 属于直接发育型，不需要中间宿主。整个发育过程分2个阶段，3种繁殖方式：在鸡体内进行裂殖生殖和配子生殖，在外界环境中进行孢子生殖。

卵囊随鸡粪便排到体外，在适宜的条件下，很快发育为孢子化卵囊，鸡吞食后感染。孢子化卵囊在鸡胃肠道内释放出子孢子，子孢子侵入肠上皮细胞进行裂殖生殖，产生第1代裂殖子，裂殖子再侵入上皮细胞进行裂殖生殖，产生第2代裂殖子。第2代裂殖子侵入上皮细胞后，其中一部分不再进行裂殖生殖，而进入配子生殖阶段，即形成大配子体和小配子体，继而分别发育为大、小配子，结合成为合子。合子周围形成厚壁即变为卵囊，卵囊一经产生即随粪便排出体外。完成1个发育周期约需7d。

流行病学

传播特性 感染来源为患病或带虫鸡。其他畜禽、昆虫、野鸟和尘埃以及饲养管理人员都可成为鸡球虫病的机械性传播者。一般爆发于3～6周龄雏鸡，很少见于2周龄以内的鸡群。柔嫩艾美耳球虫、堆型艾美耳球虫和巨型艾美耳球虫的感染常发生于21～50日龄的鸡，而毒害艾美耳球虫常见于8～18周龄的鸡。

流行特点 发病和流行与气候和雨量关系密切，故多发生于温暖潮湿的季节。南方可全年流行，北方4～9月份为流行期，以7～8月份最为严重。集约化饲养的鸡场，四季均可发病。饲养管理条件不良和营养缺乏均能促使本病的发生。拥挤、潮湿或卫生条件恶劣的鸡舍最易发病。

卵囊抵抗力 卵囊对外界环境和消毒剂具有很强的抵抗力。在土壤中可以存活4～9个月，在有树荫的运动场上可存活15～18个月。温暖潮湿的环境有利于卵囊的发育，当气温在22～30℃时，一般只需18～36h就可发育为孢子化卵囊，但低温、高温和干燥均会延迟卵囊的孢子化过程，有时会杀死卵囊，55℃或冰冻能很快杀死卵囊。

症状与病理变化 本病的发生，不仅取决于感染球虫种类，而且与感染强度有很大关系，其暴发或流行往往是在短期内遭到强烈感染所致。即使是强致病虫种，轻度感染时往往也不呈现明显症状，亦可能自行恢复。

柔嫩艾美耳球虫 对3～6周龄的雏鸡致病性最强。病初食欲不振，随着盲肠损伤的加重，出现下痢、血便，甚至排出鲜血。病鸡战栗，拥挤成堆，体温下降，食欲废绝。最终由于肠道炎症、肠细胞崩解等原因造成有毒物质被吸收，导致自体中毒死亡。严重感染时，死亡率高达80％。

严重感染病例，盲肠高度肿大，肠腔中充满血凝块和脱落的黏膜碎片，随后逐渐变硬，形成红色或红白相间的肠芯，黏膜损伤难以完全恢复。轻度感染时病变较轻，无明显出血，黏膜肿胀，从浆膜面可见脑回样结构，在感染后第10天左右黏膜再生恢复。

毒害艾美耳球虫 通常发生于2月龄以上的中雏，精神不振，翅下垂，弓腰，下痢和脱水。小肠中部高度肿胀或气胀，这是本病的重要特征之一。肠壁充血、出血和坏死，黏膜肿胀增厚，肠内容物中含有多量的血液、血凝块和坏死脱落的上皮组织。感染后第5天出现死亡，第7天达高峰，死亡率仅次于盲肠球虫。病程可延续到第12天。

诊断要点　由于鸡带虫现象非常普遍，所以不能将检出卵囊作为确诊的唯一依据。必须根据流行病学、症状、病理变化、粪便检查等综合诊断。粪便检查用漂浮法或直接涂片法，亦可刮取肠黏膜作涂片检查。多数情况下为两种以上球虫混合感染。

治疗　抗球虫药对球虫生活史早期作用明显，而一旦出现症状和组织损伤，再用药往往收效甚微，因此，应注意平时监测。常用的治疗药有：

磺胺二甲基嘧啶（SM_2），0.1%饮水，连用2d，或按0.05%饮水，连用4d，休药10d。磺胺喹噁啉（SQ），按0.1%混入饲料，用3d，停3d后用0.05%混入饲料，用2d后停药3d，再给药2d。磺胺氯吡嗪（Esb_3），0.03%混入饮水，连用3d。氨丙啉，0.012%～0.024%混入饮水，连用3d。百球清（Baycox），2.5%溶液，按0.002 5%混入饮水，连用3d。

防制措施　实践证明，依靠搞好环境卫生、消毒等措施尚不能有效地控制球虫病的发生，但网上或笼养方式，可以显著降低其发生。鸡场一旦流行本病则很难根除。集约化养鸡场必须对球虫病进行预防，主要是药物预防，其次是免疫预防。

药物预防　即从雏鸡出壳后第1天即开始使用抗球虫药。氨丙啉，按0.012 5%混入饲料，鸡整个生长期均可用。尼卡巴嗪，按0.012 5%混入饲料，休药5d。氯苯胍，按0.000 3%混入饲料，休药期5d。马杜拉霉素，按0.005%～0.007%混入饲料，无休药期。拉沙里菌素，按0.007 5%～0.012 5%混入饲料，休药期3d。莫能菌素，按0.000 1%混入饲料，无休药期。盐霉素，按0.005%～0.006%混入饲料，无休药期。常山酮，按0.000 3%混入饲料，休药期5d。氯氰苯乙嗪，按0.000 1%混入饲料，无休药期。

各种抗球虫药连续使用一定时间后，都会产生不同程度的耐药性。通过合理使用抗球虫药，可以减缓耐药性的产生，延长药物的使用寿命，并可以提高防治效果。对于有休药期规定的抗球虫药，必须严格按要求使用，以免产生药物残留而影响禽产品的质量。

为防止预防时产生耐药性，对肉鸡常采用下列两种用药方案：一是穿梭用药，即开始使用一种药物至鸡生长期时，换用另一种药物，一般是将化学药品和离子载体类药物穿梭应用；二是轮换用药，即合理地变换使用抗球虫药，可按季节或鸡的不同批次变换药物。

免疫预防　使用球虫疫苗可避免药物残留对环境和食品的污染以及耐药虫株的产生。国内外均有多种疫苗可以应用，但最大的问题是免疫剂量不易控制均匀，不论是活毒苗、弱毒苗还是混合苗，使用超量都会致病。

十二、鸭球虫病

本病是由艾美耳科泰泽属和温扬属的球虫寄生于鸭的小肠上皮细胞内引起的疾病。主要特征为出血性肠炎。

病原体　毁灭泰泽球虫，致病性较强。卵囊椭圆形，浅绿色，无卵膜孔。孢于化卵囊内无孢子囊，8个裸露的子孢子游离于卵囊内。

非莱氏温扬球虫，致病性较轻。卵囊大，卵圆形，浅蓝绿色。孢子化卵囊内含4个孢子囊，每个孢子囊内含4个子孢子。

生活史 发育过程与鸡球虫相似。

症状 雏鸭精神委顿，缩脖，食欲下降，渴欲增加，腹泻，随后排血便，腥臭。在发病当日或第2～3天出现死亡，死亡率一般为20%～30%，严重感染时可达80%，耐过病鸭生长发育受阻。成年鸭很少发病，但常常成为球虫的携带者和传染源。

病理变化 毁灭泰泽球虫常引起小肠泛发性出血性肠炎，尤以小肠中段最为严重。肠壁肿胀出血，黏膜上密布针尖大小的出血点，有的黏膜上覆盖着一层麸糠样或奶酪样黏液，或者是红色胶冻样黏液，但不形成肠芯。菲莱氏温扬球虫可致回肠后部和直肠轻度出血，有散在出血点，重者直肠黏膜弥漫性出血。

诊断要点 成年鸭和雏鸭的带虫现象极为普遍，所以不能只根据粪便中卵囊存在与否来作出诊断，应根据流行病学、症状、病理变化和粪便检查综合判断。急性死亡病例可根据病理变化和镜检肠黏膜涂片或粪便涂片作出诊断。粪便检查用漂浮法。

治疗 可选用磺胺六甲氧嘧啶（SMM）、磺胺甲基异噁唑（SMZ）或其复方制剂，以预防量的2倍进行治疗，连用7d，停药3d，再用7d。

防制措施 保持鸭舍干燥和清洁，定期清除鸭粪，防止饲料和饮水及其用具被鸭粪污染。在球虫病流行季节，当雏鸭由网上转为地面饲养时，或已在地面饲养至2周龄时，可选用下列药物进行预防：

磺胺六甲氧嘧啶，按0.1%混入饲料，连喂5d，停药3d，再喂5d。复方磺胺六甲氧嘧啶，按0.02%混入饲料，连喂5d，停药3d，再喂5d。磺胺甲基异噁唑，按0.1%混入饲料，或用SMZ+甲氧苄氨嘧啶（TMP），比例为5∶1，按0.02%混入饲料，连喂5d，停药3d，再喂5d。

十三、鹅球虫病

本病是由艾美耳科艾美耳属球虫寄生于肾脏和肠道上皮细胞内引起的疾病。主要特征为出血性肠炎。

病原体 艾美耳属球虫孢子化卵囊含有4个孢子囊，每个孢子囊内含有2个子孢子。主要有截形艾美耳球虫，寄生于肾小管上皮细胞，致病性最强；鹅艾美耳球虫，寄生于小肠；柯氏艾美耳球虫，寄生于小肠后段及直肠，严重时可寄生于盲肠及小肠中段。

生活史 与鸡球虫基本相似。

症状 幼鹅感染截形艾美耳球虫后常呈急性经过，表现为精神不振，食欲下降，腹泻，粪便白色，消瘦，衰弱，严重者死亡，死亡率高达87%。

病理变化 小肠充满稀薄的红褐色液体，卡他性出血性炎症最严重，也可能出现白色结节或纤维素性类白喉坏死性肠炎。在干燥的假膜下有大量的卵囊、裂殖体和配子体。

诊断要点 可根据流行病学、症状、病理变化和粪便检查综合诊断。粪便检查用漂浮法。

治疗 主要用磺胺类药物，如磺胺间甲氧嘧啶、磺胺喹噁啉等。氨丙啉、克球粉、尼卡巴嗪、盐霉素等也有较好的效果。

防制措施 幼鹅与成鹅分开饲养，放牧时避开高度污染地区。在流行地区的发病季节，可用药物预防。

第二节 皮肤寄生虫病

禽的皮肤寄生虫病主要有软蜱、禽羽虱、鸡螨病。

一、软 蜱

软蜱是指软蜱科的蜱，与动物医学有关的有锐缘蜱属和钝缘蜱属。

病原体 软蜱，虫体扁平，卵圆形或长卵圆形，前端较窄。与硬蜱的主要区别是假头在前部腹面头窝内，从背面不易见到，无孔区；须肢为圆柱状；口下板不发达，其上的齿较小；躯体体表为革质表皮并有皱襞；背面无盾板，腹面无腹板；大多数无眼；足基节无距。雌蜱与雄蜱的主要区别在生殖孔，前者呈横沟状，后者呈半月状。幼蜱和若蜱的形态与成蜱相似，但未形成生殖孔。幼蜱有 3 对足（图 15 - 12）。

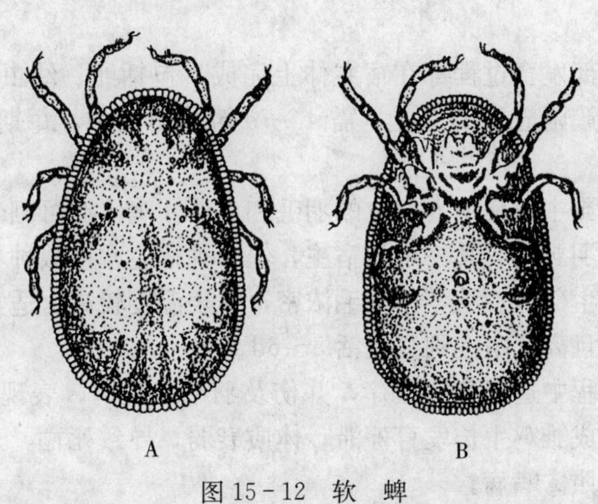

图 15 - 12 软 蜱

A. 背面 B. 腹面

生活史 生活史包括卵、幼蜱、若蜱和成蜱四个阶段。大多数软蜱属于多宿主蜱。卵孵化出幼蜱，经吸血后蜕皮变为若蜱，若蜱阶段有 1～8 期，由最后若蜱期变为成蜱。整个发育过程需要 1～2 个月。寿命 5～7 年，甚至可达 15～25 年。

生物学特性 软蜱一生多次产卵，每次产 50～300 个，一生可产 1 000 余个。软蜱具有极强的耐饥饿能力，如拉合尔钝缘蜱的 3 期若蜱和成蜱可耐饥 5～10 年。软蜱具有很长的存活期，一般寿命为 5～7 年，甚至 15～25 年。软蜱对干燥环境有较强的适应能力。若蜱变态期的次数和各期发育时间，主要取决于宿主的种类、吸血时间和饱血程度。幼蜱和若蜱各期必须吸食足够量的血液后才能蜕皮，然后进行下一次变态。成蜱必须吸血后才能产卵。软蜱吸血时间较短，只在吸血时才到动物体上。吸血多在夜间，白天隐伏在圈舍隐蔽处。软蜱在温暖季节活动和产卵。寒冷季节雌蜱卵巢内的卵细胞不能成熟。

主要危害 软蜱吸血后可使宿主消瘦，贫血，生产能力下降，软蜱性麻痹，甚至死亡。波斯锐缘蜱是鸡埃及立克次体和鸡螺旋体的传播媒介，也可传播羊泰勒虫病、无浆体病、马脑脊髓炎、布鲁菌病和野兔热等。

防制措施 参见硬蜱防制。鸡舍灭蜱要注意安全，可用敌敌畏块状烟剂熏杀，用量为 0.5g/m³，熏后关闭门窗 1～2h，然后通风排烟。敌敌畏块状烟剂为氮酸钾 20%、硫酸铵（化肥）15%、敌敌畏 20%、白陶土或黄土 25%、细干锯末 20%，研细混匀，压制成块备用。国外将苏云金杆菌的制剂——内晶菌灵，涂洒于体表，能使蜱死亡率达 70%～90%。

二、禽羽虱

寄生于家禽体表的羽虱分别属于长角羽虱科和短角羽虱科的虫体。主要特征为禽体搔痒，羽毛脱落，食欲下降，生产力降低。

病原体 羽虱，体长 0.5～1mm，体型扁而宽或细长形，头端钝圆，头部宽度大于胸部。咀嚼式口器。触角分节。雄性尾端钝圆，雌性尾端分两叉。

鸡主要有长羽虱属广幅长羽虱、鸡翅长羽虱；圆羽虱属鸡圆羽虱；角羽虱属鸡角羽虱；鸡虱属鸡羽虱；体虱属鸡体虱。鸭鹅羽虱主要有鹅鸭虱属细鹅虱、细鸭虱；鸭虱属鹅巨毛虱、鸭巨毛虱。

生活史 禽羽虱的全部发育过程都在宿主体上完成，包括卵、幼虫、若虫、成虫 4 个阶段，其中若虫有 3 期。虱卵成簇附着于羽毛上，需 4～7d 孵化出若虫，每期若虫间隔约 3d。完成整个发育过程约需 3 周。

生活习性 大多数羽虱主要是啮食宿主的羽毛和皮屑。鸡体虱可刺破柔软羽毛根部吸血，并嚼咬表皮下层组织。每种羽虱均有其一定的宿主，但 1 种宿主常被数种羽虱寄生。各种羽虱在同一宿主体表常有一定的寄生部位。秋冬季绒毛浓密，体表温度较高，适宜羽虱的发育和繁殖。虱的正常寿命为几个月，一旦离开宿主则只能活 5～6d。

主要危害 虱采食过程中造成禽体搔痒，并伤及羽毛或皮肉，表现不安，食欲下降，消瘦，生产力降低。严重者可造成雏鸡生长发育停滞，体质衰弱，导致死亡。

治疗与防制措施 参照禽螨病。

三、鸡螨病

本病是由皮刺螨科皮刺螨属和禽刺螨属、恙螨科新棒螨属的多种螨寄生于鸡体及其他鸟类引起的疾病。主要特征为鸡日渐消瘦、贫血，产蛋量下降。还有羽螨科、羽轴螨科、翼螨科、皮螨科的多种螨。鸡螨科、鸡雏螨科和涟颚螨科的螨可寄生于禽类呼吸系统和气囊。

病原体 皮刺螨科的螨，背腹扁平，体长为 0.5～1.5mm，头部呈前端尖的长舌状，螯肢长呈鞭状。主要为皮刺螨属的鸡皮刺螨；禽刺螨属的林禽刺螨、囊禽刺螨、柏氏禽刺螨等。

恙螨科的螨类，以幼虫形态为鉴定依据。主要有新棒螨属的鸡新棒恙螨，其幼虫很小，0.4mm×0.3mm，饱食后呈橘黄色。有 3 对短足。背面盾板呈梯形，其上有 5 根刚毛，中央有感觉毛 1 对。盾板是鉴定属和种的重要特征。

生活史 均为不完全变态，发育过程包括卵、幼虫、若虫、成虫 4 个阶段。鸡皮刺螨的雌螨吸饱血后，离开鸡体返回栖息地，12～24h 后产卵，每次产 10 多个，一生可产 40～50 个。在 20～25℃条件下，渐次孵化出幼螨、第 1 期若螨、第 2 期若螨和成虫。全部过程需 7d。

林禽刺螨在鸡体上完成全部发育过程。囊禽刺螨也能在鸡体上完成其发育过程，但大部分卵产于鸡舍内。鸡新棒恙螨成虫在地上产卵，发育为幼虫后侵袭鸡只吸血，然后离开鸡体发育为若虫、成虫，全部过程需1～3个月。

生活习性 鸡皮刺螨栖息在鸡舍的缝隙、物品及粪块下面等阴暗处，夜间吸血时才侵袭鸡体，但如鸡白天留居舍内或母鸡孵卵时亦可遭受侵袭。成虫可耐饥4～5个月。成螨适应高湿环境，故一般多出现于春、夏雨季，干燥环境容易死亡。

林禽刺螨和囊禽刺螨能连续在鸡体上发育繁殖，故白天和夜间均存在于鸡体上；有时可侵袭人吸血；多出现于冬季。鸡新棒恙螨的幼虫寄生于宿主的翅内侧、胸两侧和腿内侧的皮肤上；雏鸡最易受侵害。

主要危害 皮刺螨吸食鸡体血液，引起不安，日渐消瘦，贫血，产蛋量下降。鸡皮刺螨可传播禽霍乱和螺旋体病。鸡新棒恙螨幼螨叮咬鸡体，患部奇痒，呈现周围隆起、中间凹陷的痘脐形的病灶，中央可见一小红点，用小镊子取出镜检，可见恙螨幼虫。大量虫体寄生时，腹部和翼下布满病灶。病鸡贫血，消瘦，垂头，不食，如不及时治疗，可能死亡。

治疗 可用拟除虫菊酯类药喷洒鸡体、垫料、鸡舍、槽架等，如溴氰菊酯或杀灭菊酯（戊酸氰醚酯、速灭杀丁）。治疗鸡群林禽刺螨需间隔5～7d连续2次，要确保药物喷至皮肤。在鸡体患部涂擦70%酒精、碘酊或5%硫黄软膏，1次即可杀死虫体，病灶逐渐消失，数日后痊愈。

防制措施 认真检查进出场人员、车辆等，防止携带虫体；不同鸡舍之间应禁止人员和器具的流动；防止鸟类进入鸡舍；经常更换垫草并烧毁；避免在潮湿的草地上放鸡。治疗鸡体和处理鸡舍应同时进行，处理鸡舍时应将鸡撤出。

第三节 其他寄生虫病

禽其他主要线虫病有鸭鸟蛇线虫病、原虫病有鸡住白细胞虫病。还有循环系统的鸭毛毕吸虫病；呼吸系统的禽气管比翼线虫病，鸡毛滴虫、龚地弓形虫、隐孢子虫，也可以寄生于家禽的呼吸系统。纤细背孔吸虫病；锐形线虫病、四棱线虫病、嗉囊筒线虫病、鹅裂口线虫病、组织滴虫病等。

一、鸭鸟蛇线虫病

本病是由龙线科鸟蛇属的台湾鸟蛇线虫寄生于鸭的皮下组织引起的疾病。主要特征为侵害雏鸭，在寄生部位形成结节。

病原体 台湾鸟蛇线虫，虫体细长，角皮光滑，有细横纹，头端钝圆，口周围有角质环，食道肌质部前端膨大，中后部呈圆柱状，腺质部的前部具有1个球形膨大。雄虫长6mm，尾部弯向腹面，交合刺1对。雌虫长10～24cm，尾部逐渐变为尖细，并向腹面弯曲，末端有1个小圆锤状突起。胎生。幼虫纤细，白色，长约0.4mm。幼虫脱离雌虫后，迅速变为被囊幼虫，长0.5mm，尾端尖。

生活史 雌虫在鸭的皮下组织用头端穿破皮肤，子宫与表皮一起破溃，流出乳白色液体，其中含有大量活跃的幼虫。鸭在水中游泳时，大量幼虫即进入水中，被中间宿主剑水蚤吞食后，发育到感染性阶段。剑水蚤被鸭吞食后，幼虫先进入肠腔，最终到达腮、咽喉部、眼周围和腿部等处的皮下，逐渐发育为成虫。

流行病学 感染来源为患病或带虫鸭。主要分布于南方。一般在气温达26～29℃，水温达25～27℃时，剑水蚤大量繁殖，最有利于本病的流行。发病率较高，死亡率可达10%～40%。主要侵害3～8周龄雏鸭。

症状 潜伏期1周。虫体在寄生部位形成结节，初如黄豆粒大小，以后逐渐增大，初时较硬，渐次变软。患部皮肤紧张，结节外壁菲薄，有时可在患部看到虫体脱出的痕迹或遗留的虫体断片。当结节逐渐增大时，压迫咽喉部以及邻近的气管、食道、神经和血管，引起呼吸和吞咽困难。寄生于腿部时，引起运动障碍。患鸭采食逐渐减少，消瘦，严重者可致死亡。

病理变化 尸体消瘦，黏膜苍白，患部呈青紫色。切开患部，流出凝固不全的稀薄血液和白色液体，内有大量幼虫。早期病变呈白色，在结缔组织的硬结中可见有缠绕成团的虫体。陈旧病变中的结缔组织已渐次吸收，留有黄褐色胶冻样浸润。

诊断要点 根据流行季节、症状可初步诊断。取出结节内的液体镜检，发现幼虫即可确诊。

治疗 可选用1%敌百虫、0.5%高锰酸钾、1%碘、2%氯化钠溶液，在结节部注射1～3ml，即可杀死虫体。结节可在10d内逐渐消失。

防制措施 在流行季节，避免到可疑有病原存在的稻田、池沼、河沟等地放牧。将虫体杀死在未成熟阶段，既可阻止病程的发展，又可减少对环境的污染。

二、鸡住白细胞虫病

本病是由疟原虫科住白细胞虫属的原虫寄生于鸡所引起的疾病，又称“白冠病”。主要特征为贫血，全身广泛性出血并伴有坏死灶。

病原体 不同发育阶段的住白细胞虫形态各异，在鸡体内发育的最终状态是成熟的配子体。主要有以下2种：

沙氏住白细胞虫，配子体见于白细胞内。大配子体呈长圆形，胞质深蓝色，核较小。小配子体胞质浅蓝色，核较大。宿主细胞呈纺锤形，胞核被挤压呈狭长带状，围绕于虫体一侧。

卡氏住白细胞虫，配子体可见于白细胞和红细胞内。大配子体近于圆形，胞质较多，呈深蓝色，核呈红色，居中较透明。小配子体呈不规则圆形，胞质少，呈浅蓝色，核呈浅红色，占有虫体大部分。被寄生的宿主细胞膨大为圆形，细胞核被挤压成狭带状围绕虫体，有时消失。

生活史 无性繁殖在鸡体内进行，有性繁殖在吸血昆虫体内进行。当吸血昆虫在病鸡体上吸血时，将含有配子体的血细胞吸进胃内，虫体在其体内进行配子生殖和孢子生殖，产生许多子孢子并进入唾液腺。当吸血昆虫再次到鸡体上吸血时，将子孢子注入鸡体内，经血液循环到达肝脏，侵入肝实质细胞进行裂殖生殖，其裂殖子一部分重新侵入肝细胞，另一部分随血液循环到各种器官的组织细胞，再进行裂殖生殖，经数代裂殖增殖后，裂殖子侵入白细胞，尤其是单核细胞，发育为大配子体和小配子体。

卡氏住白细胞虫到达肝脏之前，可在血管内皮细胞内裂殖增殖，也可在红细胞内形成配子体。

流行病学 沙氏住白细胞虫的传播媒介是蚋。卡氏住白细胞虫的传播媒介为库蠓。本病发生的季节性与传播媒介的活动季节相一致。当气温在20℃以上时，库蠓和蚋繁殖快，活力强。一般发生于4～10月。沙氏住白细胞虫多发生于南方，卡氏住白细胞虫多发生于中部地区。一般2～7月龄的鸡感染率和发病率都较高。随鸡年龄的增加而感染率增高，但发病率降低，8月龄以上的鸡感染后，大多数为带虫者。

症状　潜隐期为6～10d。急性病例的雏鸡，在感染12～14d后，突然咯血，呼吸困难，很快死亡。轻症病例，体温升高，卧地不动，下痢，1～2d内死亡或康复。特征性症状是死前口流鲜血，呼吸高度困难，严重贫血。中鸡死亡率较低，发育受阻。成鸡病情较轻，产蛋率下降。

病理变化　尸体消瘦，鸡冠、髯肉苍白。全身性出血，尤其是胸肌、腿肌、心肌有大小不等的出血点。肾、肺等各内脏器官肿大、出血。胸肌、腿肌、心肌及肝、脾等器官上有灰白色或稍带黄色的、针尖至粟粒大与周围组织有明显分界的小结节。

诊断要点　根据流行病学、症状和病理变化初步诊断。采取鸡外周血液或脏器涂片，姬姆萨染色镜检，发现虫体即可确诊。挑出内脏器官上的小结节制成压片，染色后可见到有许多裂殖子。

治疗　泰灭净，按0.01%拌料，连用2周；或按0.5%连用3d，再按0.05%连用2周。磺胺二甲氧嘧啶（SDM），又名制菌磺，用0.05%饮水2d，然后再用0.03%饮水2d。痢特灵，用0.04%混入饲料，连续用药5d，停药2～3d，改为0.02%连续服用。克球粉，用0.025%混入饲料，连续服用。乙胺嘧啶，按0.000 4%，配合磺胺二甲氧嘧啶0.004%混入饲料，连用1周。

防制措施　防止库蠓进入鸡舍。鸡舍用0.1%敌杀死、0.05%辛硫磷或0.01%速灭杀丁定期喷雾，每隔3～5d喷1次。住白细胞虫的裂殖体阶段可随鸡越冬，故在冬季对当年患病鸡群彻底淘汰，以免翌年再次发病及扩散病原体。

在流行季节到来之前进行药物预防。泰灭净，按0.002 5%～0.007 5%混入饲料，连用5d停2d为1个疗程。磺胺二甲氧嘧啶，按0.002 5%～0.007 5%混入饲料或饮水。乙胺嘧啶，按0.000 1%混入饲料。痢特灵，按0.01%混入饲料。国外有人取感染卡氏住白细胞虫7～13d的鸡脾脏，匀浆后给鸡接种，可获得一定的抵抗力。

复习思考题

1. 禽蠕虫病病原体代表性虫种的形态构造特点、生活史，对同类虫体进行对比（可列表）。
2. 禽寄生虫病病原体的中间宿主、补充宿主、贮藏宿主、终末宿主，在重要宿主的寄生部位（可列表）。
3. 禽蠕虫病的流行病学特点、主要症状、诊断要点、综合性防制措施。
4. 禽寄生虫病治疗的首选药物、用法及剂量。
5. 禽蠕虫卵的形态构造特点，粪学检查方法。
6. 鸡球虫病的药物预防、综合性防制措施。
7. 鸭、鹅球虫病的综合性防制措施。
8. 鸡、鸭和鹅各自重要寄生虫病的类症鉴别。
9. 禽外寄生虫的综合性防制措施。
10. 制定鸡、鸭和鹅养殖场或乡村其蠕虫病的综合性防制措施。

第十六章　犬、猫的寄生虫病

第一节　消化系统寄生虫病

犬、猫消化系统寄生虫病，主要吸虫病有华枝睾线虫病；绦虫病；线虫病有蛔虫病、钩虫病。

一、华枝睾吸虫病

本病是由后睾科枝睾属的吸虫寄生于犬、猫、猪等动物和人的肝脏胆管及胆囊中引起的疾病。又称为“肝吸虫病”。是重要的人兽共患病。主要特征为多呈隐性感染和慢性经过。

病原体　华枝睾吸虫，虫体背腹扁平，呈叶状，前端稍尖，后端较钝，半透明，长10～25mm，宽3～5mm。口吸盘略大于腹吸盘。食道短，肠支伸达虫体后端。睾丸分枝，前后排列于虫体后1/3，无雄茎、雄茎囊及前列腺。卵巢分叶，位于睾丸前。受精囊发达，呈椭圆形，位于睾丸与卵巢之间。卵黄腺呈细小颗粒状，分布于虫体两侧中间。子宫从卵模处开始盘绕向前，开口于腹吸盘前缘的生殖孔，内充满虫卵（图16－1）。虫卵很小，黄褐色，形似灯泡，内含成熟的毛蚴，一端有卵盖，另一端有1个小结。

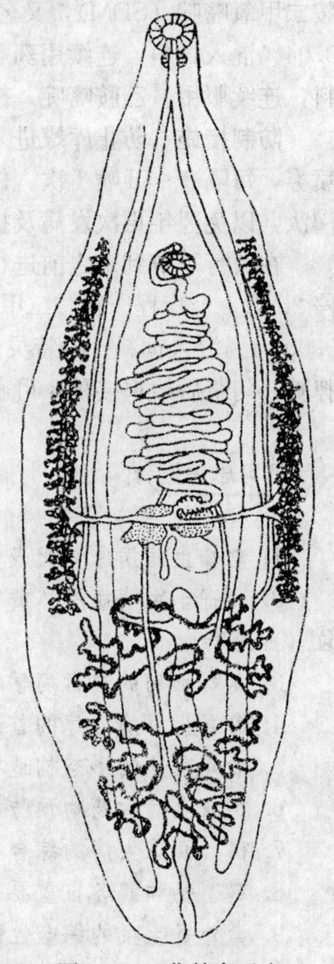

图16－1　华枝睾吸虫

生活史

寄生宿主　中间宿主为淡水螺类，以纹沼螺、长角涵螺和赤豆螺等分布最为广泛。补充宿主为70多种淡水鱼和虾。鱼多为鲤科，其中以麦穗鱼感染率最高，还有白鲩（草鱼）、黑鲩（青鱼）、鳊鱼、鲤鱼、鲢鱼等；淡水虾如米虾、沼虾等。终末宿主为犬、猫、猪等动物和人。

发育过程　成虫在终末宿主的肝脏胆管及胆囊中产卵，虫卵随胆汁进入消化道，并随粪便排出体外，被中间宿主吞食后，在其体内30～40d发育为毛蚴、胞蚴、雷蚴、尾蚴。尾蚴离开螺体游于水中，遇到补充宿主即钻入其肌肉形成囊蚴，终末宿主吞食补充宿主而感染。囊蚴进入终末宿主小肠，幼虫在十二指肠破囊后逸出，从总胆管进入肝脏胆管经30d发育为成虫。完成全部发育过程约需100d。幼虫也可以钻入十二指肠壁经血流到达胆管。在犬、猫体内分别可存活3.5年和12年以上；在人体内可存活20年以上。

流行病学　患病动物和人的粪便未经处理倒入鱼塘，螺感染后使鱼的感染率上升，有些地区可达50%～100%。囊蚴遍布鱼的全身，以肌肉中最多。动物感染多因食入生鱼、虾饲料或厨房废弃物而引起。人感染的主要原因是不良的食鱼习惯，有食生鱼菜肴、烫鱼、生鱼粥等习惯的地区，人的感染率很高。囊蚴对高温敏感，90℃时立即死亡。在烹制“全鱼”时，可因温度和时间不足而不能杀死囊蚴。囊蚴分布广泛。在水源丰富、淡水渔业发达地区流行严重。

症状 多数动物为隐性感染，症状不明显。严重感染时，主要表现消化不良，食欲减退，下痢，水肿，甚至腹水，逐渐消瘦和贫血，肝区叩诊有痛感。病程多为慢性经过，易并发其他疾病。

人主要表现胃肠道不适，食欲不佳，消化障碍，腹痛，有门静脉淤血症状，肝脏肿大，肝区隐痛，轻度浮肿，或有夜盲症。

病理变化 少量寄生时剖检无明显病变。大量寄生时可见卡他性胆管炎和胆囊炎，胆管变粗，胆囊肿大，胆汁浓稠呈草绿色，肝脏脂肪变性、结缔组织增生和硬化。

诊断要点 根据流行病学、症状、粪便检查和病理变化等综合诊断。因虫卵小，粪便检查可用漂浮法，沉淀法检出率低。死后剖检发现虫体可确诊。在流行地区，有以生鱼虾饲喂动物的习惯时，应注意本病。人可用间接血凝试验和 ELISA 作为辅助诊断。

治疗 吡喹酮，犬、猫每千克体重 50～60mg，1 次口服，隔周服用 1 次。丙硫咪唑，每千克体重 30 mg，口服，每日 1 次，连用 12d。六氯对二甲苯（血防 846），犬、猫每千克体重 50 mg，每天 1 次，连用 5d，总量不超过 25g，出现毒性反应后立即停药。硫双二氯酚（别丁），每千克体重 80～100mg，口服。

防制措施 流行区的易感动物和人要定期进行检查和驱虫；禁止以生鱼、虾饲喂易感动物，厨房废弃物经高温处理后再作饲料；防止终末宿主粪便污染水塘；人禁食生鱼、虾，改变不良的鱼、虾烹调习惯，做到熟食；消灭中间宿主。

二、绦虫病

本病是由多种绦虫寄生于犬、猫小肠引起疾病的总称。主要特征为消化不良、腹泻，多为慢性经过。

病原体 寄生于肉食动物的绦虫种类很多，其幼虫期（中绦期）多以其他家畜或人为中间宿主。

带科 为大、中、小型虫体。吸盘上无小钩，头节上有顶突，上有 2 圈小钩（牛带吻绦虫无）。每个成熟节片有 1 组生殖器官，生殖孔不规则地交替开口于节片侧缘。睾丸数目多。卵巢呈双叶状。子宫为管状。孕卵节片内子宫有主干和众多分枝。幼虫为囊尾蚴型。虫卵呈圆形或近圆形，壳厚，有辐射状条纹，黄褐色，内含六钩蚴。

带属主要虫种有：

泡状带绦虫，寄生于犬、猫小肠。幼虫期为细颈囊尾蚴，寄生于猪、羊、牛、鹿的大网膜、肠系膜、肝脏、横膈膜等，重者可进入胸腔寄生于肺。

羊带绦虫，寄生于犬科动物小肠。幼虫期为羊囊尾蚴，寄生于绵羊、山羊和骆驼的横纹肌。

豆状带绦虫，寄生于犬小肠，偶见于猫。幼虫期为豆状囊尾蚴，寄生于兔、野兔等啮齿动物肝脏、网膜和肠系膜等，呈葡萄状。

带状带绦虫，又称带状泡尾带绦虫，寄生于猫小肠。幼虫期为链状囊尾蚴（链尾蚴、叶状囊尾蚴），寄生于鼠类肝脏。

多头属主要虫种有：

多头带绦虫，或称多头多头绦虫，寄生于犬科动物小肠。幼虫期为脑多头蚴（脑共尾蚴、脑包虫），寄生于绵羊、山羊、黄牛、牦牛、骆驼等脑内，有时亦在延髓或骨髓中。人偶尔感染。

连续多头绦虫，寄生于犬科动物小肠。幼虫期为连续多头蚴（连续共尾蚴），寄生于兔、野兔等啮齿动物的皮下、肌肉、腹腔脏器、心肌、肺脏等。

斯氏多头绦虫，寄生于犬科动物小肠。幼虫期为斯氏多头蚴（斯氏共尾蚴），与脑多头蚴同物异名，只是寄生部位不同。寄生于羊和骆驼的肌肉、皮下、胸腔和食道等，偶见于心脏与骨骼肌。

棘球属主要虫种有：

细粒棘球绦虫，寄生于犬、狼等犬科食肉动物小肠。幼虫期为细粒棘球蚴，寄生于羊、牛、猪、骆驼、马及多种野生动物和人的肝、肺及其他器官。

多房棘球绦虫，寄生于犬、狼等犬科食肉动物小肠。幼虫期为多房棘球蚴，寄生于啮齿类的肝脏。

双壳科　中、小型虫体，吸盘上有或无小钩，多数有顶突，上有1～2圈小钩。每节有1组或2组生殖器官，睾丸数目多。孕卵节片子宫为横的袋状或分叶，或为副子宫器或卵袋所替代。

复孔属主要种有：犬复孔绦虫，寄生于犬、猫小肠，偶见于人。幼虫期为似囊尾蚴，寄生于犬蚤、猫蚤和犬毛虱。

中绦科　中、小型虫体，头节上有4个突出的吸盘，无顶突。生殖孔位于腹面中线上。

中绦属主要虫种有：中线绦虫，寄生于犬、猫小肠。幼虫期为似囊尾蚴和4盘蚴。中间宿主为地螨，补充宿主为啮齿类、禽类、爬虫类和两栖类。

双叶槽科　大、中型虫体，头节上有吸槽，分节明显。生殖孔和子宫孔同在腹面。卵巢位于体后部的髓质区。卵黄腺呈泡状，位于皮质区。子宫为螺旋管状，在阴道孔后向外开口。

双叶槽属主要虫种有：宽节双叶槽绦虫，寄生于犬、猫、猪、人及其他哺乳动物的小肠。幼虫期为裂头蚴，长约5mm，头节有吸槽。中间宿主为剑水蚤，补充宿主为鱼。

迭宫属主要种有：曼氏迭宫绦虫，寄生于犬、猫、虎、豹等肉食动物小肠。幼虫期为原尾蚴、裂头蚴。中间宿主为剑水蚤，补充宿主为蛙类、蛇类和鸟类。猪体内发现有裂头蚴。

生活史　成虫寄生于终末宿主小肠，随粪便排出孕卵节片或虫卵，进入中间宿主（有的还需进入补充宿主）体内发育为幼虫，被终末宿主吃入后，在其小肠发育为成虫。

流行病学　本病流行广泛。多数无明显的季节性。宿主范围广，养犬比较集中的牧区尤其多发，对牛、羊等家畜威胁很大。

症状　轻度感染时症状不明显，多为营养不良。严重感染时，食欲不振，消化不良，呕吐，慢性肠卡他，下痢，异嗜，逐渐消瘦，贫血，有时腹痛。虫体成团时可致肠阻塞、肠扭转甚至肠破裂，个别病例出现剧烈兴奋，有的发生痉挛和四肢麻痹。多呈慢性经过，很少死亡。

诊断要点　用漂浮法检查粪便发现虫卵可初步诊断，粪便中见有孕卵节片可确诊。

治疗　硫双二氯酚，犬、猫每千克体重200mg，1次口服。丙硫咪唑，犬每千克体重10～

20mg，每天口服1次，连用3～4d。氢溴酸槟榔素，犬每千克体重1～2mg，1次内服。吡喹酮，犬每千克体重5mg，猫每千克体重2mg，1次内服。氯硝柳胺，犬、猫每千克体重100～150mg，1次内服，对细粒棘球绦虫无效。

防制措施　严格肉品卫生检验制度，未经无害化处理的肉类废弃物不得喂犬、猫及其他肉食动物；对犬、猫应每年进行4次预防性驱虫，粪便深埋或焚烧；避免犬、猫吃入生鱼、虾；杀灭动物体和舍内的蚤和虱；搞好灭鼠。

三、蛔虫病

本病是由弓首科弓首属、蛔科弓蛔属的蛔虫寄生于犬、猫小肠内引起的疾病。主要特征为幼犬和幼猫发育不良，生长缓慢，重者死亡。

病原体　犬弓首蛔虫，为弓首属。头端有3片唇，虫体前端两侧有向后延展的颈翼膜，食道通过小胃与肠管相连。雄虫长5～11cm，尾端弯曲，有1小锥突，有尾翼，交合刺不等长，无引器。雌虫长9～18cm，尾端直，阴门开口于虫体前半部。虫卵呈亚球形，卵壳厚，表面有许多点状凹陷。

猫弓首蛔虫，为弓首属。外形与犬弓首蛔虫近似，颈翼前窄后宽。雄虫长3～6cm，尾部有指状突起。雌虫长4～10cm。虫卵与犬弓首蛔虫卵相似。

狮弓蛔虫，为弓蛔属。头端向背侧弯曲，颈翼中间宽，两端窄，使头端呈矛尖形，无小胃。雄虫长3～7cm，雌虫长3～10cm，阴门开口于虫体前1/3处。虫卵呈钝椭圆形，壳厚且光滑。

生活史　犬弓首蛔虫虫卵随犬的粪便排出体外，在适宜的条件下发育为感染性虫卵，幼犬吞食后在肠内孵出幼虫，进入血液循环经肝、肺移行，到达咽后重返小肠发育为成虫。成年母犬感染后，幼虫随血流到达各器官组织中形成包囊，但不进一步发育。母犬怀孕后，幼虫经胎盘或以后经母乳感染犬崽，犬崽出生后23～40d内小肠中已有成虫。感染性虫卵如被贮藏宿主吞入，在其体内形成含有第3期幼虫的包囊，犬摄入贮藏宿主后感染。

犬弓首蛔虫的贮藏宿主为啮齿类动物，猫弓首蛔虫为蚯蚓、蟑螂、一些鸟类和啮齿类动物，狮弓蛔虫多为啮齿类动物、食虫目动物和小的肉食动物。

猫弓首蛔虫移行途径与犬弓首蛔虫相似，亦可经母乳感染。狮弓蛔虫生活史简单。宿主吞食了感染性虫卵后，逸出的幼虫钻入肠壁内发育，其后返回肠腔，经3～4周发育为成虫。

流行病学　感染来源为患病或带虫犬、猫，虫卵存在于粪便中。怀孕母犬器官组织中的幼虫，可抵抗驱虫药物的作用，而成为幼犬的重要感染来源。主要经口感染，亦可经胎盘或母乳感染。主要发生于6月龄以下幼犬，成年犬则很少。每条犬弓首蛔虫雌虫每天随每克粪便可排出700个虫卵。虫卵对外界环境的抵抗力非常强，在土壤中可存活数年。

症状与病理变化　幼虫移行时引起腹膜炎、肝炎和蛔虫性肺炎。在肺脏移行时出现咳嗽，呼吸加快，泡沫状鼻漏，重者死亡。成虫寄生时刺激肠道可引起卡他性肠炎和黏膜出血，表现胃肠功能紊乱，呕吐，腹泻或与便秘交替出现，贫血，神经症状，生长缓慢，被毛粗乱。虫体大量寄生时可引起肠阻塞，亦可导致肠破裂、腹膜炎而死亡。当宿主发热、怀孕、饥饿、饲料成分改变或应激反应时，虫体可能窜入胃、胆管或胰管。犬弓首蛔虫严重时可引起幼犬死亡。

诊断要点　根据症状、呕吐物和粪便中混有虫体，结合粪便检查可确诊。粪便检查用漂浮法。

治疗 常用驱线虫药均有效。芬苯哒唑，每千克体重 50mg，每天 1 次，连喂 3d。哌嗪盐，每千克体重 40～65mg（指含哌嗪的量），口服。左咪唑，每千克体重 10mg，一次内服。伊维菌素，每千克体重 0.2～0.3mg，皮下注射或口服，有柯利血统的犬禁用。

防制措施 对犬、猫定期驱虫，母犬在怀孕后第 40 天至产后 14d 驱虫，以减少围产期感染；幼犬在 2 周龄首次驱虫，2 周后再次驱虫，2 月龄时第 3 次驱虫；哺乳期母犬与幼犬同时驱虫；犬、猫避免吃入中间宿主的患病脏器，以及补充宿主和贮藏宿主。

四、钩虫病

本病是由钩口科钩口属和弯口属的线虫寄生于犬、猫等动物小肠内引起的疾病。主要特征为贫血、肠炎和低蛋白血症。

病原体 犬钩口线虫，为钩口属。寄生于犬、猫、狐狸，偶尔寄生于人。虫体呈淡红色，长 10～16mm。前端向背面弯曲，口囊大，腹侧口缘上有 3 对大齿，深部有 2 对背齿和 1 对侧腹齿。虫卵呈椭圆形，无色，壳薄而光滑，随粪便排出的卵，内含 8 个卵细胞（桑葚期）。

巴西钩口线虫，为钩口属。寄生于犬、猫、狐狸。虫体头端腹侧口缘上有 1 对大齿和 1 对小齿。虫体长 6～10mm。虫卵与犬钩口线虫相似。

狭首弯口线虫，为弯口属。寄生于犬、猫等肉食动物。虫体呈淡黄色，两端稍细，头端向背面弯曲，口囊发达。虫体长 6～12mm。虫卵与犬钩口线虫相似。

生活史 虫卵随宿主粪便排出体外，在适宜温度和湿度下 1 周内发育为感染性幼虫，经皮肤侵入后进入血液循环，经心脏、肺脏转入咽部，咽下后进入小肠发育为成虫。经口感染时，幼虫侵入食道黏膜进入血液循环。狭首弯口线虫移行时一般不经过肺脏。

流行病学 感染来源为患病或带虫犬、猫等。母犬乳汁是幼犬感染的重要来源。经皮肤和口感染，经胎盘感染少见。狭首弯口线虫主要经口感染。多危害 1 岁以内的幼犬和幼猫，成年动物由于年龄免疫而不发病。圈舍阴暗、潮湿等不良因素有利于本病的流行。

症状与病理变化 幼虫钻入皮肤时引起瘙痒、皮肤炎症，可继发细菌感染，多发生在被毛较少处。一般无症状，大量幼虫移至肺时引起肺炎。成虫在小肠黏膜上吸血时不断变换部位，造成大量失血，表现贫血、呼吸困难、倦怠，哺乳期幼犬尤为严重，常伴有血性或黏液性腹泻，粪便呈黑色油状；血液稀薄，白细胞总数增多，嗜酸性粒细胞比例增大，血色素下降；小肠黏膜肿胀并有出血点，肠内容物混有血液。重者死亡。

诊断要点 根据流行病学、症状和粪便检查综合诊断。粪便检查用漂浮法。可在圈舍土壤或垫草内分离幼虫。

治疗 常用驱线虫药均有效。参照蛔虫病。

防制措施 定期驱虫；保持圈舍和活动处的清洁、干燥；用干燥或加热方法杀死幼虫；保护怀孕和哺乳动物。

第二节 其他寄生虫病

犬、猫的其他主要吸虫病有并殖吸虫病；线虫病有旋毛虫病、肾膨结线虫病；昆虫病有蠕形螨；原虫病有弓形虫病、球虫病。还有寄生于循环系统引起的日本分体吸虫病，皮肤的疥螨病，腹腔的细颈囊尾蚴病，大肠的溶组织阿米巴病，肺脏的卡氏肺孢子虫病，脑和肾脏的兔脑原虫病等。偶感双腔吸虫病。

一、并殖吸虫病

本病是由并殖科并殖属的吸虫寄生于犬等动物和人的肺脏中引起的疾病。又称“肺吸虫病”。主要特征为引起肺炎和囊肿，痰液中含有虫卵，异位寄生时引起相应症状。是重要的人兽共患寄生虫病。

病原体　并殖吸虫种类很多，主要是卫氏并殖吸虫，虫体肥厚，卵圆形，腹面扁平，背面隆起，体表被有小棘，活体呈红褐色。长7.5～16mm，宽4～6mm。口腹吸盘大小相近，腹吸盘位于体中横线之前。肠支呈波浪状弯曲，终于体末端。卵巢分5～6个叶，形如指状，位于腹吸盘的左后侧。子宫内充满虫卵与卵巢左右相对，其后是并列的分枝状睾丸。卵黄腺由密集的卵黄滤泡组成，分布于虫体两侧(图16-2)。虫卵呈金黄色，椭圆形，卵壳薄厚不均，卵内有十余个卵黄细胞，大多有卵盖。

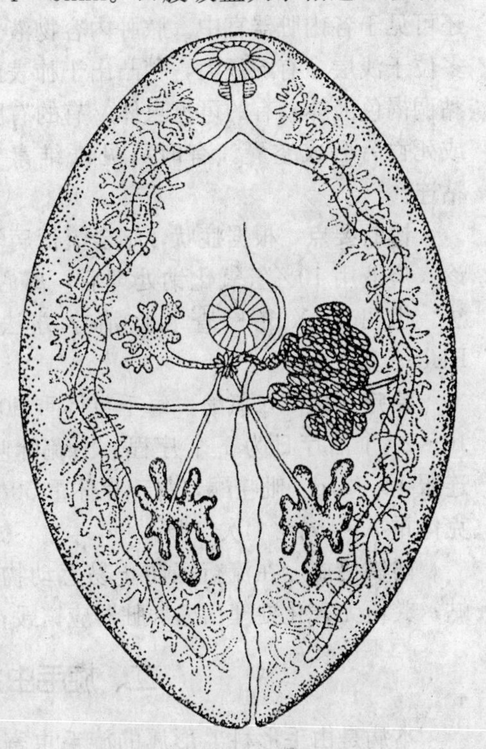

图16-2　卫氏并殖吸虫

生活史

寄生宿主　中间宿主为淡水螺类的短沟蜷和瘤拟黑螺。补充宿主为溪蟹类和蝲蛄。终末宿主主要为犬、猫、猪、人；还见于野生的犬科和猫科动物中，如狐狸、狼、貉、猞猁、狮、虎、豹等。

发育过程　成虫在终末宿主肺脏产卵，虫卵上行进入支气管和气管，随着宿主的痰液进入口腔，被咽下进入肠道随粪便排出体外。落于水中的虫卵在适宜的温度下，经2～3周孵出毛蚴，毛蚴侵入中间宿主体内发育为胞蚴、母雷蚴、子雷蚴及短尾的尾蚴。尾蚴离开螺体在水中游动，遇到补充宿主即侵入其体内变成囊蚴。终末宿主吃到含囊蚴的补充宿主后，幼虫在十二指肠破囊而出，穿过肠壁进入腹腔，在脏器间移行窜扰后穿过膈肌进入胸腔，钻过肺膜进入肺脏发育为成虫。成虫常成对被包围在肺组织形成的包囊内，包囊以微小管道与气管相通，虫卵则由此管道进入小支气管。

在外界中的虫卵孵出毛蚴需2～3周；从毛蚴进入中间宿主至补充宿主体内出现囊蚴约需3个月；进入终末宿主的囊蚴经移行到达肺脏需5～23d，到达肺脏的囊蚴发育为成虫需2～3个月。成虫寿命5～6年，甚至20年。

流行病学　感染来源为患病或带虫犬、猫、猪、人等。螺多滋生于山间小溪及溪底布满卵石或岩石的河流中。补充宿主溪蟹类主要分布于小溪河流旁的洞穴及石块下，蝲蛄多居于水质清晰河流的岩石缝内。本病的发生和流行与中间宿主的分布一致。由于中间宿主和补充宿主分布的特点，加之卫氏并殖吸虫的终末宿主范围广泛，因此，本病具有自然疫源性。

在补充宿主体内的囊蚴抵抗力强，经盐、酒腌浸大部分不能杀死，被浸在酱油、10%～20%盐水或醋中，部分囊蚴可存活24h以上，但加热到70℃3min时可全部死亡。

症状 精神不佳，食欲不振，消瘦，咳嗽，气喘，胸痛，血痰，湿性啰音。因并殖吸虫在体内有窜扰的习性，有时出现异位寄生。寄生于脑部时，表现头痛、癫痫、瘫痪等；寄生于脊髓时，出现运动障碍，下肢瘫痪等；寄生于腹部时，可致腹痛、腹泻、便血，肝脏肿大等；寄生于皮肤时，皮下出现游走性结节，有痒感和痛感。

病理变化 童虫和成虫在动物体内移行和寄生期间可造成机械损伤，引起组织损伤和出血，形成内含血液的结节性病灶，并有炎性渗出。虫体的代谢产物等抗原物质可导致变态反应，使病灶周围逐渐形成肉芽组织薄膜，其内大量细胞浸润、集聚、死亡，形成脓肿。以肺脏最为常见，还可见于各内脏器官中。脓肿内容物液化，肉芽组织增生形成囊壁而变为囊肿。肺脏中的囊肿，多位于浅层，有豌豆大，稍凸出于肺表面，呈暗红色或灰白色，单个散在或积聚成团，切开可见黏稠褐色液体，有的可见虫体，有的有脓汁或纤维素，有的虫体转移或死亡后形成空囊。有时可见纤维素性胸膜炎、腹膜炎并与脏器粘连。

诊断要点 根据症状，结合流行病学，检查痰液及粪便中虫卵确诊。痰液用10%氢氧化钠处理后，离心沉淀检查。粪便检查用沉淀法。也可用X光检查和血清学方法诊断，如间接血凝试验及ELISA等。

治疗 硫双二氯酚，每千克体重50～100mg，每日或隔日给药，10～20个治疗日为1个疗程。丙硫咪唑，每千克体重50～100mg，连服14～21d。吡喹酮，每千克体重50mg，1次口服。硝氯酚，每千克体重3～4mg，1次口服。

防制措施 在流行区防止易感动物及人生食或半生食溪蟹和蝲蛄；粪便无害化处理；患病脏器应销毁；搞好灭螺。

二、旋毛虫病

本病是由毛形科毛形属的旋毛虫寄生于多种动物和人引起的疾病。主要特征为动物对旋毛虫有较大的耐受力，常常不显症状。成虫寄生在肠道，称为肠旋毛虫；幼虫寄生在肌肉，称为肌旋毛虫。是重要的人兽共患病，是肉品卫生检验重点项目之一，在公共卫生上具有重要意义。

病原体 旋毛虫，成虫细小，前部较细，较粗的后部为肠管和生殖器官。雄虫长1.4～1.6mm，尾端有泄殖孔，有两个呈耳状悬垂的交配叶。雌虫长3～4mm，阴门位于身体前部的中央，胎生。幼虫长1.15mm，卷曲在由机体炎性反应所形成的包囊内，包囊呈圆形、椭圆形，连同囊角而呈梭形，长0.5～0.8mm（图16－3、图16－4）。

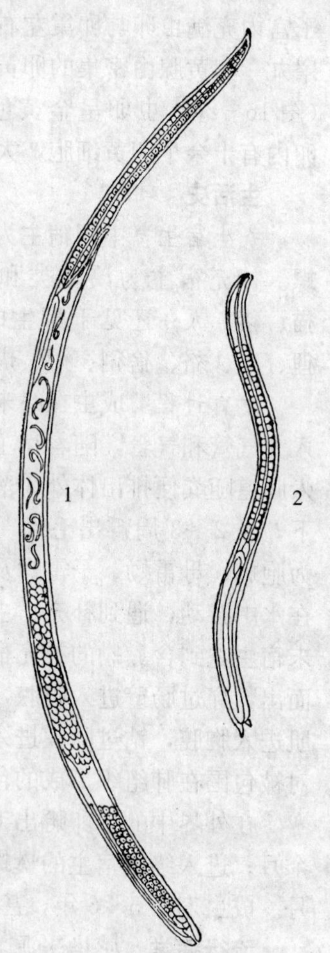

图16－3 旋毛虫成虫

1. 雌虫 2. 雄虫

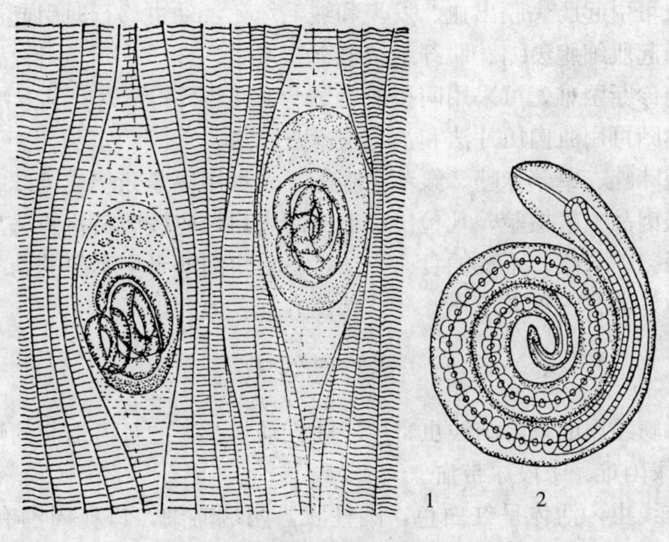

图 16-4　旋毛虫幼虫

1. 肌肉中的包囊　2. 幼虫

生活史

寄生宿主　成虫与幼虫寄生于同一宿主，先为终末宿主，后为中间宿主。宿主包括猪、犬、猫、鼠等几乎所有哺乳动物和人。

发育过程　宿主摄食含有感染性幼虫包囊的动物肌肉而感染，包囊在宿主胃内被消化溶解，幼虫在小肠经 2d 发育为成虫。雌、雄虫交配后，雄虫死亡。雌虫钻入肠黏膜深部肠腺中产出幼虫，幼虫随淋巴进入血液循环散布到全身。到达横纹肌的幼虫，在感染后 17～20d 开始蜷曲，周围逐渐形成包囊，到第 7～8 周时包囊完全形成，此时的幼虫具有感染力。每个包囊一般只有 1 条虫体，偶有多条。到 6～9 个月后，包囊从两端向中间钙化，全部钙化后虫体死亡。否则，幼虫可保持生命力数年至 25 年之久。

流行病学　感染来源为患病或带虫猪、犬、猫、鼠等哺乳动物，包囊幼虫存在于肌肉中。猪感染旋毛虫主要是吞食老鼠，鼠为杂食性，且互相残食，一旦感染将会在鼠群中保持平行感染；或用未经处理的厨房废弃物喂猪均可引起感染。犬活动范围广，因此许多地区犬的感染率可达 50%以上。

人感染旋毛虫病多与食用腌制与烧烤不当的猪肉制品有关；个别地区有吃生肉或半生不熟肉的习惯；切过生肉的菜刀、砧板均可能黏附有旋毛虫的包囊，亦可能污染食品而造成食源性感染。

1 条雌虫能产出 1 000～10 000 条幼虫。包囊幼虫的抵抗力很强，在−20℃时可保持生命力 57d，高温 70℃才能杀死；盐渍和熏制品不能杀死肌肉深部的幼虫；在腐败肉里能活 100d 以上。

症状　动物对旋毛虫耐受性较强，犬、猫往往不显症状。人感染旋毛虫后症状明显。成虫侵入肠黏膜时引起肠炎，严重带血性腹泻。幼虫进入肌肉后引起急性肌炎，表现发热和肌肉疼痛；同时出现吞咽、咀嚼、行走和呼吸困难，眼睑水肿，食欲不振，极度消瘦。严重感染时多因呼吸肌麻痹、心肌及其他脏器病变和毒素作用而引起死亡。

病理变化 成虫可引起肠黏膜出血、发炎和绒毛坏死。幼虫移行时引起肌炎、血管炎和胰腺炎，在肌肉定居后引起肌细胞萎缩、肌纤维结缔组织增生。

诊断要点 生前诊断困难，可采用间接血凝试验和 ELISA 等免疫学方法。目前国内已有快速诊断试剂。死后诊断可用肌肉压片法和消化法检查幼虫。

治疗 可用丙硫咪唑、甲苯咪唑、氟苯咪唑等。人可用甲苯咪唑或噻苯唑。

防制措施 加强肉品卫生检验，凡检出旋毛虫的肉尸，应按肉品检验法规处理；猪圈养，厨房废弃物高温后再喂猪；人改善不良的食肉方法，不食生肉或半生不熟的肉类食品；禁止用生肉喂犬、猫等动物；做好犬舍内灭鼠工作，注意勿使犬等食入灭鼠药。

三、肾膨结线虫病

本病是由膨结科膨结属的肾膨结线虫寄生于哺乳动物及人的肾盂引起的疾病。又称为“肾虫病”。主要特征为排尿困难、末段尿带血。

病原体 肾膨结线虫，活体呈红白色，圆柱状，两端略细，口孔周围有 2 圈乳突。雄虫长 14～45cm，交合伞呈钟形，无肋，交合刺 1 根。雌虫长 20～100cm，生殖器官为单管型，阴门开口于食道后端。虫卵呈椭圆形，棕色，表面不平，两端具塞状物。

生活史

寄生宿主 中间宿主为蚯蚓等环节动物。补充宿主为鱼或蛙类。终末宿主为犬、水貂、狐狸、猪、马、牛等哺乳动物及人。主要寄生于肾盂中，少数在泌尿系统的其他器官，个别在肝脏和胸、腹腔。

发育过程 虫卵随宿主尿液排出体外，在中间宿主体内发育为第 2 期幼虫，在补充宿主体内发育为第 3 期幼虫。终末宿主因吃入补充宿主而感染，幼虫进入肠壁血管，随血流移行到肾盂，经需 6 个月发育为成虫。

流行病学 感染来源为患病或带虫犬等哺乳动物，虫卵存在于尿液中。感染原因是用生鱼、蛙或其废弃物作动物饲料。

症状 多数病例不表现症状。严重时表现排尿困难，末段尿带血，动物迅速消瘦，弓背，跛行，不安，腹股沟淋巴结肿大，有腹痛或腰痛症状。有时发生失血性贫血，或出现神经症状。

病理变化 右侧肾受害严重。初期肾实质有虫道，后期实质萎缩，肾包膜和基质纤维化，包膜骨胶质沉积，甚至肾脏形成一个膨大的纤维质包囊，内充满脓血样液体和虫体。

诊断要点 根据流行病学、症状、尿液检查和剖检等综合判定。尿液检查用沉淀法。剖检可见虫体。

治疗 施行肾切除手术。

防制措施 在本病流行地区要禁止易感动物吞食生鱼或其他水生动物；患病动物的粪尿应严格处理，防止病原扩散。

四、蠕形螨病

本病是由蠕形螨科蠕形螨属的各种蠕形螨寄生于犬等动物及人的毛囊和皮脂腺中引起的疾病。又称为“脂蠕”或“毛囊虫”。主要特征为脱毛、皮炎、皮脂腺炎和毛囊炎等。

病原体 蠕形螨，呈半透明乳白色，身体细长，长0.25～0.3mm，可分为头、胸、腹三部分。胸部有4对很短的足，腹部长，有横纹，口器由1对须肢、1对螯肢和1个口下板组成（图16-5）。主要有犬蠕形螨、牛蠕形螨、山羊蠕形螨、绵羊蠕形螨、猪蠕形螨、马蠕形螨、人毛囊蠕形螨、皮脂蠕形螨等。各种蠕形螨均有其专一宿主，互不交叉感染。

图16-5 蠕形螨

生活史 蠕形螨属于不完全变态，发育过程包括卵、幼虫、若虫和成虫阶段，全部在宿主体上进行。雌虫在毛囊和皮脂腺内产卵，经2～3d孵出幼虫，经1～2d蜕皮变为第1期若虫，经3～4d蜕皮变为第2期若虫，再经2～3d蜕皮变为成螨。全部发育期为14～15d。

流行病学 感染来源为犬、羊、牛、猪、马等动物及人。以犬最多，马少见。通过动物直接接触或通过饲养人员和用具间接接触传播。皮肤卫生差，环境潮湿，通风不良，应激状态，免疫力低下等原因，均可诱发本病发生。

症状 大多发生于头部及腿部，重者可蔓延至躯干。患部脱毛，发生皮炎、皮脂腺炎、毛囊炎。

犬主要发生于头部、眼睑和腿部。开始为鳞屑型，患部脱毛，皮肤肥厚，发红并复有糠皮状鳞屑，随后皮肤变红铜色。后期伴有化脓菌侵入，患部脱毛，形成皱褶，生脓疱，流出的淋巴液干涸成为痂皮，重者因贫血及中毒而死亡。

山羊皮下有结节，有时可挤压出干酪样内容物。牛形成粟粒至核桃大疖疮，内含淀粉状或脓样物，皮肤变硬、脱毛。猪痛痒轻微，皮肤增厚，有结节或脓疱。

诊断要点 根据症状及皮肤结节和镜检脓疱内容物发现虫体确诊。

治疗 局部治疗或药浴时，患部剪毛，清洗痂皮，然后涂擦杀螨药或药浴。犬局部病变可用鱼藤酮、苯甲酸苄酯或过氧化苯甲酰凝胶等杀螨剂处理。全身病变可用9%双甲脒，每千克体重50～1 000mg，每周1次，8～16次为1疗程。此药有短时的镇静作用，用药后1日内避免惊吓动物。1%伊维菌素，每千克体重0.2mg，1次皮下注射，10d后再注射1次。有深部化脓时，配合用抗生素。

防制措施 对患病动物进行隔离治疗；圈舍用二嗪农、双甲脒等喷洒处理；圈舍保持干燥和通风；犬患全身蠕形螨病时不宜繁殖后代。

五、弓形虫病

本病是由弓形虫科弓形虫属的龚地弓形虫寄生于动物和人的有核细胞中引起的疾病。主要特征为多呈隐性感染，主要引起神经、呼吸及消化系统症状。对人致病性严重，是重要的人兽共患病。

病原体 龚地弓形虫，只此1种，但有不同的虫株。全部发育过程有5个阶段，即5种虫型：

速殖子 又称滋养体。以二分裂法增殖。呈月牙形或香蕉形，一端较尖，一端钝圆。经姬姆萨或瑞氏染色后，胞浆呈淡蓝色，有颗粒，核呈深蓝色，位于钝圆一端。速殖子主要出现在急性病例。有时众多速殖子集聚在宿主细胞内，被宿主细胞膜所形成的假囊包围。

包囊　又称组织囊。见于慢性病例的多种组织。包囊呈卵圆形，有较厚的囊壁，包囊可随虫体的繁殖而增大至1倍。囊内的虫体以缓慢的方式增殖，称为慢殖子，由数十个至数千个。在机体免疫力低下时，包囊可破裂，慢殖子从包囊中逸出，重新侵入新的细胞内形成新的包囊。但不会致宿主死亡。包囊是弓形虫在中间宿主体内的最终形式，可存在数月甚至终生。

裂殖体　见于终末宿主肠上皮细胞内。呈圆形，内含4～20个裂殖子。游离的裂殖子前尖后钝。

配子体　见于终末宿主。裂殖子经过数代裂殖生殖后变为配子体，大配子体形成1个大配子，小配子体形成若干小配子，大、小配子结合形成合子，最后发育为卵囊。

卵囊　在终末宿主小肠绒毛上皮细胞内产生。随终末宿主粪便排出的卵囊为圆形，孢子化后为近圆形，含有2个椭圆形孢子囊，每个孢子囊内有4个子孢子（图16-6）。

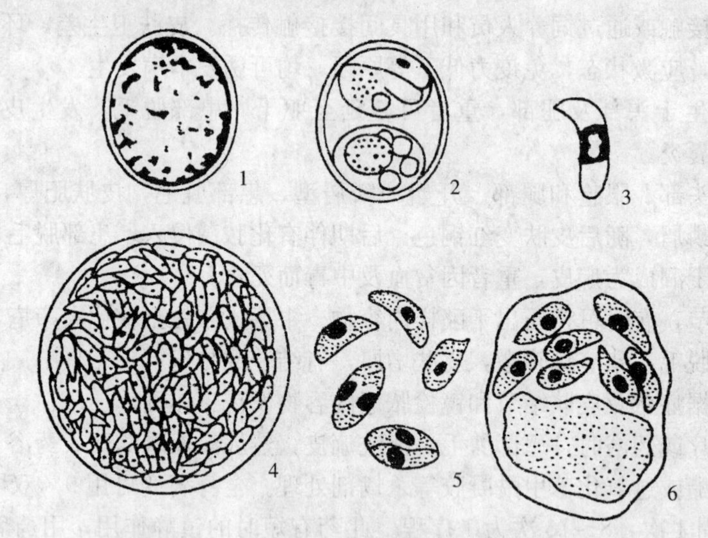

图16-6　弓形虫

1. 未孢子化卵囊　2. 孢子化卵囊　3. 子孢子　4. 包囊　5. 速殖子　6. 假囊

生活史

寄生宿主　中间宿主有200多种动物和人。速殖子、包囊寄生于中间宿主的有核细胞内；急性感染时，速殖子可游离于血液和腹水中。猫（猫科动物）是唯一的终末宿主，在本病的传播中起重要作用。裂殖体、配子体、卵囊可寄生于终末宿主小肠绒毛上皮细胞中。

发育过程　弓形虫全部发育过程需要两种宿主。在中间宿主和终末宿主组织细胞内进行无性繁殖，称为肠内期发育；在终末宿主体内进行有性繁殖，称为肠外期发育。

中间宿主吃入速殖子、包囊、慢殖子、孢子化卵囊、孢子囊等各阶段虫体或经胎盘均可感染。子孢子通过淋巴和血液循环进入有核细胞，以内二分裂增殖，形成速殖子和假囊，引起急性发病。当宿主产生免疫力时，虫体繁殖受到抑制，在组织中形成包囊，并可长期生存。

猫吃入速殖子、包囊、慢殖子、卵囊、孢子囊等各阶段虫体均可感染。一部分虫体进入肠外期发育；另一部分虫体进入肠上皮细胞进行数代裂殖生殖后，再进行配子生殖，最后形成合子和卵囊，卵囊随猫的粪便排出体外。肠内期发育亦可在终末宿主体内进行，故终末宿主亦可作为中间宿主。猫从感染到排出卵囊需3～5d，高峰期在5～8d，卵囊在外界完成孢子化需1～5d。

流行病学

传播特性　患病或带虫的中间宿主和终末宿主均为感染来源。速殖子存在于患病动物的唾液、痰、粪便、尿液、乳汁、肉、内脏、淋巴结、眼分泌物，以及急性病例的血液和腹腔液中；包囊存在于动物组织；卵囊存在于猫的粪便。中间宿主之间、终末宿主之间、中间宿主与终末宿主之间均可相互感染。

主要经消化道感染，也可通过呼吸道、损伤的皮肤和黏膜及眼感染，母体血液中的速殖子可通过胎盘进入胎儿，使胎儿发生生前感染。猫每天可排出1 000万个卵囊，可持续10～20d。

卵囊在常温下，可保持感染力1～1.5年，一般常用消毒剂无效，土壤和尘埃中的卵囊能长期存活。包囊在冰冻和干燥条件下不易生存，但在4℃时尚能存活68d，有抵抗胃液的作用。速殖子和裂殖子的抵抗力最差，在生理盐水中，几小时后即丧失感染力，各种消毒剂均能杀死。

流行特点　由于中间宿主和终末宿主分布广泛，故本病广泛流行，无地区性。

症状　主要引起神经、呼吸及消化系统症状。

急性型　突然废食，体温升高可达40℃以上，呈稽留热型。食欲降低甚至废绝。便秘或腹泻，有时粪便带有黏液或血液。呼吸急促，咳嗽。眼内出现浆液性或脓性分泌物，流清鼻涕。皮肤有紫斑，体表淋巴结肿胀。孕畜流产或产死胎。发病后数日出现神经症状，后肢麻痹，病程2～8d，常发生死亡。耐过后转慢性型。

慢性型　病程较长，表现厌食，逐渐消瘦、贫血。随着病情发展，可出现后肢麻痹。个别可导致死亡，但多数动物可耐过。

病理变化　急性病例多见于年幼动物，出现全身性病变，淋巴结、肝、肺和心脏等器官肿大，有许多出血点和坏死灶；肠系膜淋巴结呈索状肿胀，切面外翻；肠道重度充血，肠黏膜可见坏死灶，肠腔和腹腔内有多量渗出液。慢性病例多可见内脏器官水肿，并有散在的坏死灶。隐性感染主要是在中枢神经系统内见有包囊，有时可见有神经胶质增生性肉芽肿性脑炎。

诊断要点　本病的症状、病理变化和流行病学虽有一定的特点，但仍不能以此作为确诊的依据，必须查出病原体或特异性抗体。

急性病例可用肺、淋巴结和腹水作成涂片，用姬姆萨或瑞氏染色法染色，检查有无滋养体。

将肺、肝、淋巴结等组织研碎，加入10倍生理盐水，室温下放置1h，取其上清液0.5～1ml接种于小鼠腹腔，观察是否出现症状，1周后剖杀取腹腔液镜检，阴性者需传代至少3次。

血清学诊断　主要有染料试验、间接血凝试验、间接免疫荧光抗体试验、ELISA等。

治疗　尚无特效药物。急性病例用磺胺类药物有一定疗效。磺胺-6-甲氧嘧啶，每千克体重60～100mg，口服；或按每千克体重加甲氧苄氨嘧啶增效剂14 mg，口服，每日1次，连用4次。磺胺嘧啶，每千克体重70 mg，或二甲氧苄氨嘧啶，每千克体重14mg，口服，每日2次，连用3～4d。

防制措施　主要防止猫粪污染食物、饲料和饮水；消灭鼠类，防止野生动物进入牧场；病死动物和流产胎儿要深埋或高温处理；发现患病动物及时隔离治疗；禁止用未煮熟的肉喂猫和其他动物；防止饲养动物与猫、鼠接触；加强饲养管理，提高动物抗病能力。

六、球虫病

本病是由艾美耳科等孢属的球虫寄生于犬、猫小肠（有时在盲肠和结肠）黏膜上皮细胞内引起的疾病。主要特征为轻度感染时不显症状，严重感染时表现消化道症状。

病原体 等孢球虫的孢子化卵囊内含有2个孢子囊，每个孢子囊内含4个子孢子。寄生于犬的主要有犬等孢球虫、二联等孢球虫。寄生于猫的主要有芮氏等孢球虫、猫等孢球虫。

生活史 与艾美耳属球虫发育相似，有孢子生殖、裂殖生殖和配子生殖3个阶段，最终以卵囊的形式随宿主粪便排出体外。

流行病学 在温暖潮湿的季节多发，尤其是卫生条件不良的圈舍更易发生。

症状 轻度感染时不显症状。严重感染时，幼龄犬、猫腹泻，排水样、黏液性或血性粪便，食欲减退，消化不良，消瘦，贫血，脱水。常继发细菌或病毒感染，如无继发感染，可自行康复。

诊断要点 根据典型症状和粪便检查确诊。粪便检查用漂浮法。

治疗 氨丙啉，每千克体重110～220mg，混入食物，连用7～12d。磺胺二甲氧嘧，每千克体重55mg，1次口服，或剂量减半，用至症状消失。因本病易继发其他细菌或病毒感染，故对症治疗尤为重要。

防制措施 用氨丙啉进行药物预防；搞好犬、猫舍及饮食用具的卫生；及时清理圈舍粪便。

复习思考题

1. 华枝睾吸虫、并殖吸虫、旋毛虫、弓形虫、球虫等形态构造特点、生活史。
2. 犬蠕虫病病原体的中间宿主、补充宿主、终末宿主，在重要宿主的寄生部位（可列表）。
3. 人与犬共患寄生虫病，其防制在公共卫生上的意义。
4. 犬与多种动物共患寄生虫病，寄生的其他动物及寄生部位。
5. 绦虫幼虫期所寄生的宿主及寄生部位。
6. 犬重要寄生虫病的流行病学特点、症状特征、诊断要点、防制措施。
7. 犬蠕虫病的首选治疗药物、用法及剂量。
8. 犬蠕虫卵的形态构造特点，粪学检查方法。
9. 制定犬养殖场犬蠕虫病的综合性防制措施。

第十七章　兔的寄生虫病

兔的寄生虫病中主要绦虫蚴病有豆状囊尾蚴病；线虫病有兔钉尾线虫病；昆虫病有兔螨病；原虫病有兔球虫病。还有循环系统的日本分体吸虫病，腹腔的连续多头蚴病，肝脏的肝毛细线虫病，胃肠黏膜和上皮细胞的隐孢子虫病，皮肤和皮下结缔组织的贝诺孢子虫病，肺脏的卡氏肺孢子虫病，脑和肾脏的兔脑原虫病等。偶感肝片吸虫病、双腔吸虫病、阔盘吸虫病等。

一、豆状囊尾蚴病

此病是由豆状带绦虫的幼虫寄生于兔的肝脏、肠系膜和腹腔内引起的疾病。主要特征为慢性经过，表现消化紊乱和体重减轻。

病原体　豆状囊尾蚴，呈卵圆形，包囊形如豌豆，大小为6～12mm×4～6 mm，囊内含1个头节。一般由5～15个或更多成串地附着在寄生部位。

生活史　中间宿主为兔、野兔等啮齿动物，寄生于肝脏、网膜和肠系膜等，呈葡萄状。成虫为豆状带绦虫，寄生于犬小肠，偶见于猫。孕卵节片和虫卵随终末宿主粪便排出体外，当中间宿主吃入虫卵后，六钩蚴在消化道逸出并钻进肠壁，随血液循环到达肝脏和腹腔，1个月发育为豆状囊尾蚴。终末宿主吞食了含有豆状囊尾蚴的内脏后，在其小肠经35d发育为成虫。

症状　本病对兔的致病力不强，多呈慢性经过，主要表现消化机能异常，消瘦，腹围增大，结膜苍白，增重缓慢。幼兔发育受阻。大量感染时可因急性肝炎死亡。剖检可见肝脏损伤，寄生部位器官粘连。

诊断要点　剖检发现虫体。

治疗　可试用丙硫咪唑或甲苯咪唑等。

防制措施　对犬进行定期驱虫，防止粪便污染饲料和饮水；勿用病兔内脏喂犬。

二、兔钉尾线虫病

本病是由尖尾科钉尾属的疑似钉尾线虫寄生于兔的盲肠和大肠内引起的疾病。又称为“兔蛲虫病”。

病原体　疑似钉尾线虫，虫体半透明。雄虫长4～5mm，尾端尖细似鞭状，有由乳突支撑着的尾翼。雌虫长9～11mm，有尖细的长尾。虫卵壳薄，一边平直，一边圆凸，如半月形，排出时已发育至桑葚期。

生活史　属直接发育型。虫卵随兔的粪便排出体外，发育为感染性虫卵，兔吃入后感染，幼虫在盲肠腺窝中发育为成虫。

症状　本虫无致病力或致病力甚小，一般不显示临诊症状。

诊断要点　粪便检查见有虫卵或剖检时在盲肠和大肠中见有虫体可确诊。

治疗　可试用哌嗪化合物，或丙硫咪唑。

防制措施 搞好兔舍卫生，发现病兔及时驱虫，定期消毒。

三、兔 螨 病

本病是由疥螨科、痒螨科、肉食螨科的螨类寄生于家兔体表或表皮内引起的慢性皮肤病。又称为“癞”。主要特征为剧痒及皮炎。

病原体 疥螨科主要有兔疥螨，呈圆形，直径为0.2～0.5mm，微黄白色，背面隆起，腹面扁平。兔背肛螨，与兔疥螨相似，肛门位于背面，离体后缘较远，肛门四周有环形角质皱纹。

痒螨科主要有兔痒螨，呈长圆形，长0.5～0.9mm，口器长，呈圆锥形，躯体背面表皮有细皱纹肛门位于躯体末端。足较长，前两足发达。兔足螨，与兔痒螨相似，呈卵圆形，虫体较小，口器较短，足长，跗节吸盘的柄不分节。

恙螨亚目肉食螨科主要有寄食姬螯螨，雌虫呈卵圆形，假头大，突出于体前端。须肢粗壮，远端有一钩状的须肢爪，可向内作90°弯曲，爪的内缘具细齿。

生活史 均为不完全变态，其发育过程包括卵、幼虫、若虫和成虫4个阶段。

流行病学 成年兔带螨现象较多，可成为重要的感染来源。直接接触或通过饲养人员和用具间接接触传播。疥螨在秋、冬季节，尤其是阴雨天气，发病剧烈；春末夏初，由于换毛、皮肤受光照充足，疥螨大量死亡，症状减轻或康复。痒螨、寄食姬螯螨寄生于体表，夏季对其发育不利，螨潜伏在体表隐蔽处，进入秋、冬季节则重新引起发病。

症状 主要是对机体产生机械性刺激和毒素作用，皮肤损伤，易引起继发感染，重者可导致死亡。

兔疥螨多寄生于口、鼻及脚爪，出现灰色痂块，重者出现血痂，迅速消瘦，导致死亡。

兔背肛螨多寄生于口、鼻和耳，皮肤增厚并龟裂。

兔痒螨、兔足螨多寄生于外耳道，引起炎症，耳分泌物增多，干固成痂，甚至完全堵塞。频频摇头，搔耳不安。波及脑部时有神经症状。

寄食姬螯螨寄生于体表，感染处有小红疹，剧痒，脱毛。

诊断要点 根据症状和皮肤刮下物检查虫体确诊。

治疗 参照反刍动物疥螨病。

防制措施 参照反刍动物疥螨病。

四、兔球虫病

本病是由艾美耳科艾美耳属球虫寄生于兔的肝脏和肠道黏膜上皮细胞所引起的疾病。主要特征为呈肠、肝混合型感染，并表现出相应症状，后期出现神经症状。

病原体 孢子化呈椭圆形，淡黄色，含4个孢子囊，每个孢子囊内含4个橘瓣形子孢子。有16种，其中危害较严重的有：斯氏艾美耳球虫，寄生于肝脏胆管，致病力最强。中型艾美耳球虫，寄生于空肠和十二指肠，致病力很强。大型艾美耳球虫，寄生于大肠和小肠，致病力很强。黄色艾美耳球虫，寄生于小肠、盲肠及大肠，致病力强。无残艾美耳球虫，寄生于小肠中部，致病力较强。肠艾美耳球虫，寄生于除十二指肠外的小肠，致病力较强。

生活史 发育经裂殖生殖、配子生殖和孢子生殖3个阶段。除斯氏艾美耳球虫前2个阶段在胆管上皮细胞发育外，其余种类均在肠上皮细胞内发育。最终形式为卵囊，孢子生殖阶段在外界环境中完成。

流行病学　感染来源为患病或带虫兔。仔兔主要是通过吃入母兔乳房上沾污的卵囊而感染；幼兔主要是通过饲料和饮水而感染。此外，饲养人员、工具、鼠和蝇类等昆虫均可机械性地传播本病。以4～5月龄内幼兔多发，3月龄最重，其感染率可达100%，死亡率可达70%。耐过的兔长期不能康复，体重可减少12%～27%。成年兔多为带虫者。温暖潮湿季节多发，晴雨交替、饲料骤变或单一可促进本病的暴发。

症状　食欲减退或废绝，精神沉郁，动作迟缓，伏卧不动，眼、鼻分泌物增多，唾液分泌增多，腹泻与便秘交替，尿频，由于肠膨胀、膀胱积尿和肝肿大而出现腹围增大，肝区疼痛，结膜苍白、黄染。后期出现神经症状，四肢痉挛、麻痹，多因高度衰竭而死亡。病程为10余天至数周。病愈后长期生长发育不良。

诊断要点　根据流行病学、症状和粪便检查发现卵囊确诊。粪便检查用漂浮法。

治疗　磺胺六甲氧嘧啶（SMM），按0.1%浓度混入饲料，连用3～5d，隔1周再用1个疗程。磺胺二甲基嘧啶（SM_2）与三甲氧苄胺嘧啶（TMP），按5∶1混合后，以0.02%浓度混入饲料，连用3～5d，停用1周后，再用1个疗程。克球粉和苄喹硫酯合剂，分别按每千克饲料100mg和8.35mg混入。氯苯胍，每千克体重30mg混入饲料，连用5d，隔3d再用1次。杀球灵，按1mg/L混入饲料，连用1～2个月，可预防本病。莫能菌素，按40 mg/L混入饲料，连用1～2个月，可预防本病。

防制措施　对病兔隔离治疗；引进兔时严格检疫；幼兔与成兔分隔饲养；兔舍保持清洁、干燥；笼具等用开水或火焰消毒；科学安排母兔繁殖时间，使幼兔断奶避开梅雨季节；流行季节在断奶仔兔饲料中添加药物预防；避免工作人员机械性传播；消灭兔场内鼠及蝇类。

复习思考题

1. 兔寄生虫病的主要病原体形态构造特点、生活史。
2. 兔球虫病的症状特点、诊断要点、首选治疗药物、防制措施。
3. 制定兔养殖场兔蠕虫病的综合性防制措施。

第十八章　动物寄生虫病实践技能训练

实训一　吸虫及其中间宿主形态构造观察

实训内容

1. 吸虫的基本形态构造；

2. 主要吸虫的形态构造特点；

3. 主要吸虫的中间宿主；

4. 观察患病器官病理变化。

教学目标　通过对胰阔盘吸虫或华枝睾吸虫的详细观察，能描述吸虫构造的共同特征，并绘制出形态构造图；通过对比的方法，指出主要吸虫的形态构造特点；认识主要吸虫的中间宿主。

材料准备

1. 形态构造图　吸虫构造模式图；肝片吸虫、双腔吸虫、阔盘吸虫、同盘吸虫、华枝睾吸虫、并殖吸虫以及其他主要吸虫的形态构造图；中间宿主形态图。

2. 标本　上述吸虫以及其他主要吸虫的浸渍标本和染色标本，两种标本编成对应一致的号码。各种吸虫中间宿主的标本，如椎实螺、扁卷螺、陆地蜗牛等；严重感染肝片吸虫的动物肝脏，以及其他吸虫病病理标本。

3. 仪器及器材　多媒体投影仪、显微投影仪、生物显微镜、实体显微镜、放大镜、毛笔、培养皿、直尺。

方法步骤

1. 示教讲解　教师用投影仪讲解描述吸虫的形态和器官的形状及位置，指出其形态构造特点。

2. 分组观察　学生用毛笔挑取代表性虫种，如胰阔盘吸虫或华枝睾吸虫的浸渍标本（注意不要用镊子夹取虫体，以免破坏内部构造），置于培养皿中，在放大镜下观察其一般形态，用直尺测量大小。然后取染色标本在显微镜下观察，注意观察口、腹吸盘的位置和大小；口、咽、食道和肠管的形态；睾丸数目、形状和位置；雄茎囊的构造和位置；卵巢、卵模、卵黄腺和子宫的形态与位置；生殖孔的位置等。

取各种吸虫的浸渍标本和制片标本，按上述方法观察，并找出形态构造特征。取各种中间宿主，在培养皿中观察其形态特征，测量其大小。观察病理标本，认识主要病理变化。

实训报告

1. 绘制胰阔盘吸虫或华枝睾吸虫形态构造图，并标出各个器官名称。

2. 将各种标号标本所见特征填入主要吸虫鉴别表（表 18 - 1），做出鉴定，并绘制该吸虫最具特征部分的简图。

表 18-1　主要吸虫鉴别表

标本号码	形状	大小	吸盘大小及位置	肠管形态	睾丸形状位置	卵巢形状位置	卵黄腺位置	子宫形状位置	生殖孔位置	其他特征	鉴定结果

教学提示　本实训可在“吸虫概述”讲授结束时选择代表性虫种进行一次；所有吸虫病讲授结束时再进行一次。

参考资料

1. 螺贝壳的基本构造　贝壳不对称，呈陀螺形、圆锥形、塔形或耳形，多为右旋，少数为左旋。贝壳分螺旋部和体旋部。螺旋部是内脏盘存之处，一般分几个螺层，其顶部为壳顶，各螺层交界处为缝合线，计数螺层数时使螺口向下，缝合线数加 1 即为螺层数；体旋部有壳口，是身体外伸的出口。螺的大小，从壳顶至壳底的垂线为高，左右间最大距离为宽。当软体部分缩入贝壳底后，足的后端常分泌一个角质或石灰质的厣封住壳口，起保护作用（图 18-1）。

2. 主要吸虫中间宿主　图 18-2、图 18-3。

3. 吸虫主要科鉴定略图　图 18-4。

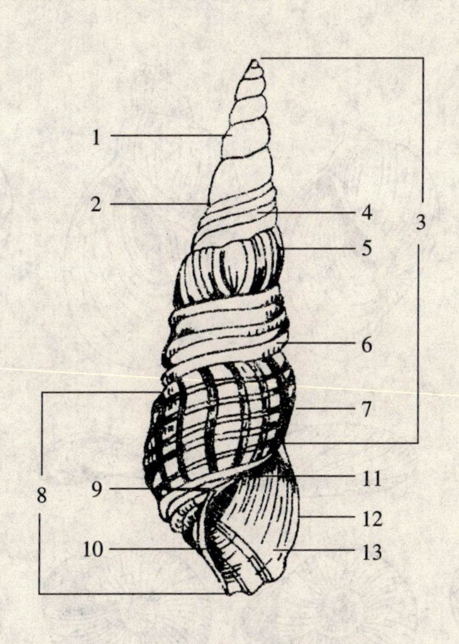

图 18-1　螺贝壳的基本构造

1. 螺层　2. 缝合线　3. 螺旋部　4. 螺旋纹　5. 纵肋
6. 螺棱　7. 瘤状结节　8. 体螺层　9. 脐孔　10. 轴唇（缘）
11. 内唇（缘）　12. 外唇（缘）　13. 壳口

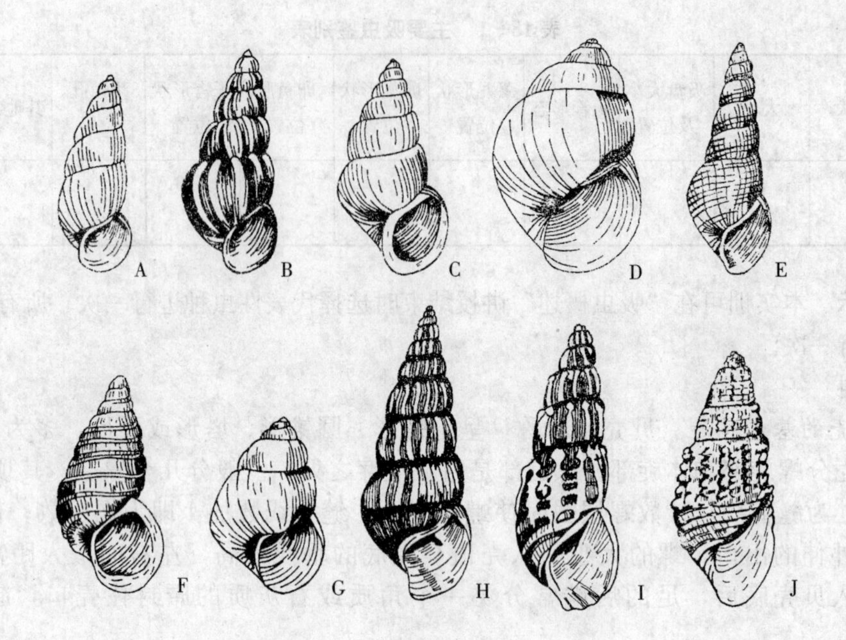

图 18-2 主要吸虫中间宿主（一）

A. 泥泞拟钉螺 B. 钉螺指名亚种 C. 钉螺闽亚种 D. 赤豆螺 E. 放逸短沟蜷
F. 中华沼螺 G. 琵琶拟沼螺 H. 色带短沟蜷 I. 黑龙江短沟蜷 J. 斜粒粒蜷

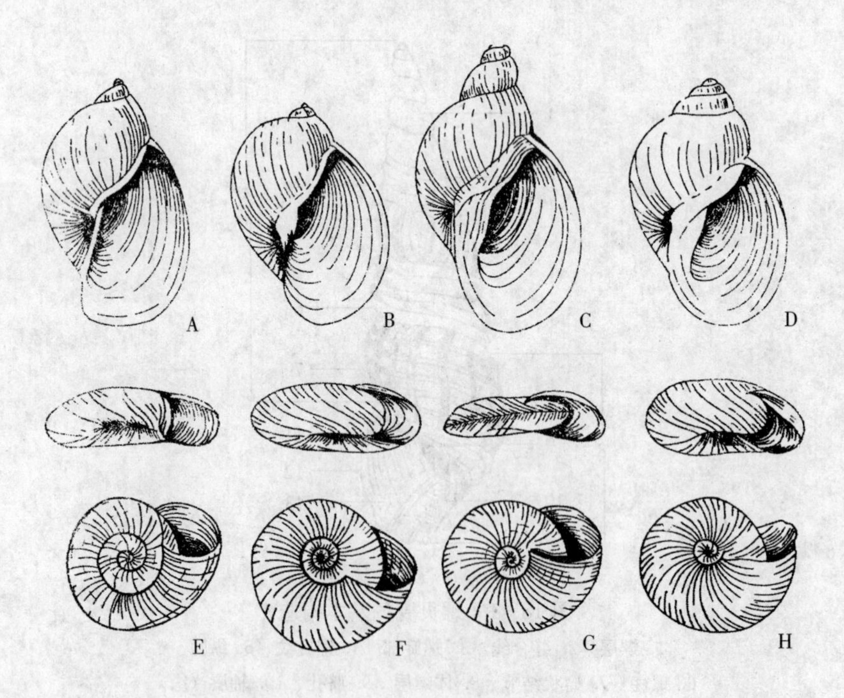

图 18-3 主要吸虫中间宿主（二）

A. 椭圆萝卜螺 B. 卵萝卜螺 C. 狭萝卜螺 D. 小土蜗 E. 凸旋螺
F. 大脐圆扁螺 G. 尖口圆扁螺 H. 半球多脉扁螺

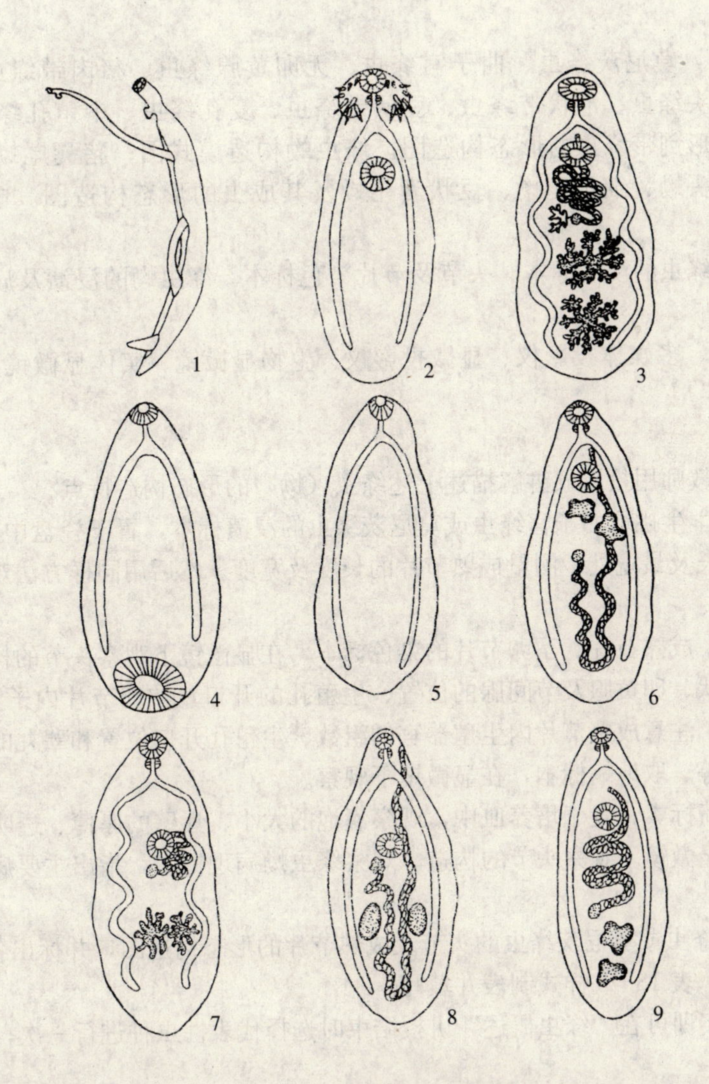

图 18-4 吸虫主要科鉴定略图

1. 分体科 2. 棘口科 3. 片形科 4. 前后盘科 5. 背孔科
6. 双腔科 7. 并殖科 8. 前殖科 9. 后睾科

实训二 绦虫（蚴）形态构造观察

实训内容

1. 绦虫（蚴）的形态构造特点；

2. 观察患病器官病理变化。

教学目标 通过对主要绦虫（蚴）的观察，能描述绦虫（蚴）的形态构造；认识主要绦虫蚴患病器官的病理变化。

材料准备

1. 形态构造图　莫尼茨绦虫、曲子宫绦虫、无卵黄腺绦虫、猪肉带绦虫、牛肉带绦虫、细粒棘球绦虫、多头绦虫、泡状带绦虫、豆状带绦虫、复孔绦虫、中殖孔绦虫、节片戴文绦虫、赖利绦虫、矛形剑带绦虫的形态构造图。绦虫蚴构造模式图；猪囊尾蚴、牛囊尾蚴、棘球蚴、多头蚴、裂头蚴、细颈囊蚴、豆状囊尾蚴及其成虫的形态构造图。中间宿主（地螨）的形态图。

2. 标本　上述绦虫的浸渍标本、头节及节片染色标本。绦虫蚴的浸渍及病理标本，头节染色标本；

3. 仪器及器材　多媒体投影仪、显微投影仪、生物显微镜、实体显微镜、放大镜、毛笔、培养皿、直尺。

方法步骤

1. 示教讲解　教师用投影仪讲解描述上述绦虫（蚴）的形态构造特点。

2. 分组观察　学生挑取曲子宫绦虫或莫尼茨绦虫的浸渍标本，置于瓷盘中观察其一般形态，用直尺测量虫体全长及最宽处，测量成熟节片的长度及宽度。然后用同样方法观察其他绦虫的浸渍标本。

取绦虫的头节、成熟节片、孕卵节片的染色标本，在显微镜下观察头节的构造，成熟节片的睾丸分布、卵巢形状、卵黄腺及节间腺的位置、生殖孔的开口，孕卵节片内子宫的形状和位置。然后观察其他绦虫。注意成熟节片内生殖器官的组数、生殖孔开口位置和睾丸的位置；孕卵节片内子宫形状和位置等。取地螨标本，在显微镜下观察。

取绦虫蚴的浸渍标本，置于培养皿中，观察囊泡的大小、囊壁的厚薄、透明程度、头节的有无；取染色标本在显微镜下观察头节的构造。观察绦虫蚴病理标本，指出主要病理变化。

实训报告

1. 绘出曲子宫绦虫或莫尼茨绦虫的头节及成熟节片的形态构造图，并标出各器官名称。

2. 按表 18－2、表 18－3 样式制表并填写。

教学提示　本实训可在“绦虫概述”讲授结束时选择代表性虫种进行一次；所有绦虫病讲授结束时再进行一次。

参考资料　判定囊尾蚴是否有活力，可进行活力试验。将病肉中的囊尾蚴仔细取出，去掉幼虫外面的结缔组织包膜，放入 50%～80%胆汁生理盐水中，在 37～40℃温箱中孵育数小时，随时观察头节是否翻出活动。若久置不动，则证明囊尾蚴已死亡。

表 18－2　主要绦虫鉴别表

编号	大小		头节		成熟节片					孕卵节片	鉴定结果
	长	宽	大小	吸盘附属物	生殖孔位置	生殖器组数	卵黄腺有无	节间腺形状	睾丸位置	子宫形状和位置	

表 18-3　主要绦虫蚴的特征

绦虫蚴名称	形状	大小	头节数	侵袭动物及其寄生部位	成虫名称及鉴别要点

实训三　线虫形态构造观察

实训内容

1. 圆线目雄性线虫尾端构造；

2. 主要线虫的形态构造特点。

教学目标　通过对哥伦比亚食道口线虫或捻转血矛线虫的观察，能描述圆线目雄性线虫尾端构造。通过对比的方法，掌握主要圆形线虫的形态构造特点。

材料准备

1. 形态构造图　圆线目雄性线虫尾端构造模式图；各种动物常见线虫的形态构造图。

2. 标本　哥伦比亚食道口线虫或捻转血矛线虫的雄虫透明标本；所讲述的线虫的浸渍标本及透明标本。

3. 仪器及器材　多媒体投影仪、显微投影仪、生物显微镜、实体显微镜、放大镜、解剖针、载玻片、盖玻片、培养皿、直尺。

方法步骤

1. 示教讲解　教师用投影仪讲解描述线虫的形态构造特点。

2. 分组观察　学生挑取哥伦比亚食道口线虫或捻转血矛线虫的雄虫透明标本制片（注意盖玻片不要过于用力），在显微镜下详细观察其尾部构造。然后取所备线虫透明标本制片，在显微镜下观察具有特征性的部位，如头部、阴户、尾部等。取肌旋毛虫标本片，在显微镜下观察其包囊。

实训报告　绘出一种圆线虫尾部构造图，并标出各部位名称。

教学提示　本实训可在“线虫概述”讲授结束时选择代表性虫种进行一次；所有线虫病讲授结束时再进行一次。观察虫体种类较多时，实训可分 2～3 次进行。

实训四　蜱螨及昆虫形态观察

实训内容

1. 疥螨、痒螨和蠕形螨的形态特征；

2. 羊狂蝇蛆、牛皮蝇蛆的形态特征；

3. 硬蜱成虫的一般形态。

教学目标 掌握疥螨、痒螨、蠕形螨、羊狂蝇蛆和牛皮蝇蛆的形态特点；熟悉硬蜱的一般形态。

材料准备

1. 形态构造图 疥螨、痒螨、蠕形螨和硬蜱的形态构造图；羊狂蝇蛆、牛皮蝇蛆形态图。

2. 标本 硬蜱的浸渍标本和制片标本；疥螨和痒螨雌、雄成虫以及蠕形螨的制片标本。

3. 仪器及器材 多媒体投影仪、显微投影仪、生物显微镜、实体显微镜、放大镜、解剖针、载玻片、盖玻片、培养皿。

方法步骤

1. 示教讲解 教师用投影仪讲解疥螨、痒螨、蠕形螨、皮刺螨的形态特征，指出疥螨和痒螨的鉴别要点。

2. 分组观察 取疥螨、痒螨和蠕形螨的标本片，在显微镜下观察其大小、形状、口器形状、肢的长短、肢端吸盘的有无、交合吸盘的有无等。取羊狂蝇蛆、牛皮蝇蛆的浸渍标本进行形态观察。取硬蜱的浸渍标本，置于培养皿中，在放大镜下观察其一般形态，然后在实体显微镜下进行观察。

实训报告 将疥螨和痒螨的特征按表 18-4 格式制表填入。

表 18-4 疥螨和痒螨鉴别表

名称	形状	大小	口器	肢	肢吸盘		交合吸盘
					♂	♀	
疥螨							
痒螨							

实训五 梨形虫形态观察

实训内容

1. 梨形虫的一般形态构造；

2. 重要梨形虫的形态特征；

3. 观察主要梨形虫病的病理标本。

教学目标 通过对牛巴贝斯虫的观察，熟悉梨形虫的一般形态构造；掌握重要梨形虫的形态特征；对病理标本作一般观察。

材料准备

1. 形态构造图 牛巴贝斯虫、羊巴贝斯虫、泰勒虫的形态图。

2. 标本 上述梨形虫的染色标本。严重感染梨形虫病的病理标本。

3. 仪器及器材 显微投影仪、多媒体投影仪、生物显微镜、载玻片、盖玻片、香柏油、拭镜纸、二甲苯等。

方法步骤

1. 示教讲解　教师用投影仪讲解巴贝斯虫和泰勒虫的形态构造特点。

2. 分组观察　学生取当地常见梨形虫的染色标本，在显微镜下详细观察其形状、大小、典型虫体的特征，红细胞的染虫率等。观察梨形虫病的病理标本，认识其主要的病理变化。

实训报告　绘出当地常见梨形虫的形态图，用文字说明其形态特征。

实训六　蠕虫病粪便检查技术

许多寄生虫的虫卵、卵囊或幼虫可随宿主的粪便排出体外。通过检查粪便，可以确定是否感染寄生虫及其种类和感染强度。粪便检查在寄生虫病诊断、流行病学调查和驱虫效果评定上均具有重要意义。

实训内容

1. 粪便采集及保存方法；
2. 虫体及虫卵简易检查技术；
3. 沉淀法；
4. 漂浮法。

教学目标　掌握粪便采集的方法；掌握粪便检查操作技术。

材料准备

1. 仪器及器材　天平、粪盒（或塑料袋）、粪筛、4.03×10^5 孔/m^2 尼龙筛、玻璃棒、镊子、口杯、100ml 烧杯、漏斗、台式离心机、离心管、试管、试管架、青霉素瓶、带胶乳头移液管、载玻片、盖玻片、污物桶、纱布等。

2. 其他材料　被检动物粪样；饱和盐水。

方法步骤　教师带领学生到现场进行动物粪便采集。对下列方法逐一讲述。学生对每种检查方法分别操作。

1. 粪样采集及保存方法

（1）粪样采集：被检粪样应该是新鲜且未被污染，最好从直肠采取。大动物按直肠检查的方法采集；小动物可将食指套上塑料指套，伸入直肠直接钩取粪便。自然排出的粪便，要采取粪堆上部未被污染的部分。采取的粪便应装入清洁的容器内。采集用品最好一次性使用，如多次使用则每次都要清洗，相互不能污染。

（2）粪样保存：采取的粪便应尽快检查，否则，应放在冷暗处或冰箱冷藏箱中保存。当地不能检查需送出或保存时间较长时，可将粪样浸入加温至 50～60℃、5%～10%福尔马林中，使其中的虫卵失去活力，但仍保持固有形态，还可以防止微生物的繁殖。

2. 虫体及虫卵简易检查技术

（1）虫体肉眼检查法：适用于对绦虫的检查，也可用于某些胃肠道寄生虫病的驱虫诊断。

对于较大的绦虫节片和大型虫体，在粪便表面或搅碎后即可观察。对于较小的绦虫节片和小型虫体，将粪样置于较大的容器中，加入 5～10 倍量的水（或生理盐水），彻底搅拌后静置 10min，然后倾去上层液，再重新加水、搅匀、静置，如此反复数次，直至上层液体透明为止，即反复水洗沉淀法。最后倾去上层液，每次取一定量的沉淀物放在黑色浅盘（或衬以黑色背景的培养皿）中观察，必要时可用放大镜或实体显微镜检查，发现虫体和节片则用分离针或毛笔取出，以便进一步鉴定。

(2) 直接涂片法：适用于随粪便排出的蠕虫卵（幼虫）和球虫卵囊的检查。本法操作简便、快速，但检出率较低。

取50%甘油水溶液或普通水1～2滴放于载玻片上，取火柴头大小的被检粪样与之混匀，剔除粗粪渣，加盖玻片镜检。

(3) 尼龙筛淘洗法：适用于体积较大虫卵（如片形吸虫卵）的检查。本法操作迅速、简便。

取5～10g粪便置于烧杯或塑料杯中，先加入少量的水，使粪便易于搅开。然后加入10倍量的水，用金属筛（6.2×10^4 孔/m^2）过滤于另一杯中。将粪液全部倒入尼龙筛网，先后浸入2个盛水的盆内，用光滑的圆头玻璃棒轻轻搅拌淘洗。最后用少量清水淋洗筛壁四周与玻璃棒，使粪渣集中于网底，用吸管吸取后滴于载玻片上，加盖玻片镜检。

3. 沉淀法　本法的原理是虫卵可自然沉于水底，便于集中检查。多用于体积较大虫卵的检查，如吸虫卵和棘头虫卵。

(1) 彻底洗净法：取粪便5～10g置于烧杯或塑料杯中，先加入少量的水将粪便充分搅开，然后加10～20倍量的水搅匀，用金属筛或纱布将粪液滤过于另一杯中，静置20min后倾去上层液，用反复水洗沉淀法，直至上层液透明为止。最后倾去上层液，用吸管吸取沉淀物滴于载玻片上，加盖玻片镜检。

(2) 离心沉淀法：取粪便3g置于小杯中，先加入少量的水将粪便充分搅开，然后加10～15倍水搅匀，用金属筛或纱布将粪液过滤于另一杯中，然后倒入离心管，用天平配平后放入离心机内，以2 000～2 500r/min离心沉淀1～2min，取出后倾去上层液，用反复水洗沉淀法，多次离心沉淀，直至上层液透明为止。最后倾去上层液，用吸管吸取沉淀物滴于载片上，加盖玻片镜检。

4. 漂浮法　本法的原理是用比重较虫卵大的溶液作为漂浮液，使虫卵、球虫卵囊浮于液体表面，进行集中检查。漂浮法对大多数较小的虫卵，如某些线虫卵、绦虫卵和球虫卵囊等有很高的检出率，但对吸虫卵和棘头虫卵检出效果较差。

(1) 饱和盐水漂浮法：取5～10g粪便置于100～200ml烧杯或塑料杯中，先加入少量漂浮液将粪便充分搅开，再加入约20倍的漂浮液搅匀，静置40min左右，用直径0.5～1cm的金属圈平着接触液面，提起后将液膜抖落于载玻片上，如此多次蘸取不同部位的液面，加盖玻片镜检。

(2) 浮聚法：取2g粪便置于烧杯或塑料杯中，先加入少量漂浮液将粪便充分搅开，再加入10～20倍的漂浮液搅匀，用金属筛或纱布将粪液过滤于另一杯中，然后将粪液倒入青霉素瓶，用吸管加至凸出瓶口为止。静置30min后，用盖玻片轻轻接触液面顶部，提起后放入载玻片上镜检。

最常用的漂浮液是饱和盐水溶液，其制法是将食盐加入沸水中，直至不再溶解生成沉淀为止，1 000ml水中约加食盐400g。用四层纱布或脱脂棉过滤后，冷却备用。为了提高检出效果，还可用硫代硫酸钠、硝酸钠、硫酸镁、硝酸铵和硝酸铅等饱和溶液作漂浮液，大大提高了检出效果，甚至可用于吸虫卵的检查，但易使虫卵和卵囊变形。因此，检查必须迅速，制片时可补加1滴水。

实训报告　写出离心沉淀法和浮聚法的操作流程示意图。

教学提示　本实训可分两次进行。

参考资料　尼龙筛网是将4.03×10^5孔/m^2的尼龙筛绢剪成直径30cm的圆片，沿圆周将其缝在粗铁丝弯成带柄的圆圈（直径10cm）上即可。

实训七　蠕虫卵形态观察

实训内容　识别常见吸虫、绦虫、线虫和棘头虫卵。

教学目标　识别主要吸虫、绦虫、线虫和棘头虫卵，并指出主要形态构造特点。

材料准备

1. 形态构造图　牛、羊常见蠕虫卵形态图；猪常见蠕虫卵形态图；肉食动物常见蠕虫卵形态图；禽常见蠕虫卵形态图；粪便中易与虫卵混淆的物质图。

2. 标本　含有牛、羊、猪、犬、鸡等常见吸虫、绦虫、线虫和棘头虫卵的浸渍标本。

3. 仪器及器材　生物显微镜、显微投影仪、载玻片、盖玻片、玻璃棒、纱布、污物桶等。

方法步骤

1. 示教讲解　教师用显微投影仪讲解所备标本，指出蠕虫卵的鉴别要领。

2. 分组观察　学生用玻璃棒蘸取所备虫卵浸渍标本于载玻片上，加盖玻片后镜检。观察时注意先用低倍镜找到虫卵，然后再转换高倍镜详细观察其形态构造。尤其要注意用玻璃棒蘸取一种虫卵浸渍标本后，一定要冲洗干净，用纱布擦拭后再蘸取另一种标本，以免混淆虫卵。

实训报告　将观察的各种虫卵特征，按表18-5格式制表填入，并绘出简图。

表18-5　主要虫卵鉴别表

虫名	大小	形态	颜色	卵壳特征	卵内容物

参考资料

1. 各纲蠕虫卵的基本特征　鉴别虫卵主要依据虫卵的大小、形状、颜色、卵壳和内容物的典型特征来加以鉴别。因此首先应了解各纲虫卵的基本特征，其次应注意区分那些易与虫卵混淆的物质。

（1）吸虫卵：多为卵圆形。卵壳数层，多数吸虫卵一端有小盖，被一个明显的沟围绕着，有的吸虫卵还有结节、小刺、丝等突出物。卵内含有卵黄细胞所围绕的卵细胞或发育成形的毛蚴。

（2）线虫卵：多为椭圆形。卵壳多为四层，完整的包围虫卵，但有的一端有缺口，被另一个增长的卵膜封盖着。卵壳光滑，或有结节、凹陷等。卵内含未分割的胚细胞，或分割着的多数细胞，或为一个幼虫。

（3）绦虫卵：假叶目虫卵椭圆形，有卵盖，内含卵细胞及卵黄细胞。圆叶目虫卵形状不一，卵壳的厚度和构造也不同，内含一个具有三对胚钩的六钩蚴，六钩蚴被覆两层膜，内层膜紧贴六钩蚴，外层膜与内层膜有一定的距离，有的虫卵六钩蚴被包围在梨形器里，有的几个虫卵被包在卵袋中。

2. 棘头虫卵的特征　多为椭圆形。卵壳三层，内层薄，中间层厚，多数有压痕，外层变化较大，并有蜂窝状构造。内含长圆形棘头蚴，其一端有三对胚钩。

3. 动物常见蠕虫卵　牛、羊常见蠕虫卵（图 18－5）；猪常见蠕虫卵（图 18－6）；禽寄生蠕虫卵（图 18－7）；肉食动物寄生蠕虫卵（图 18－8）。

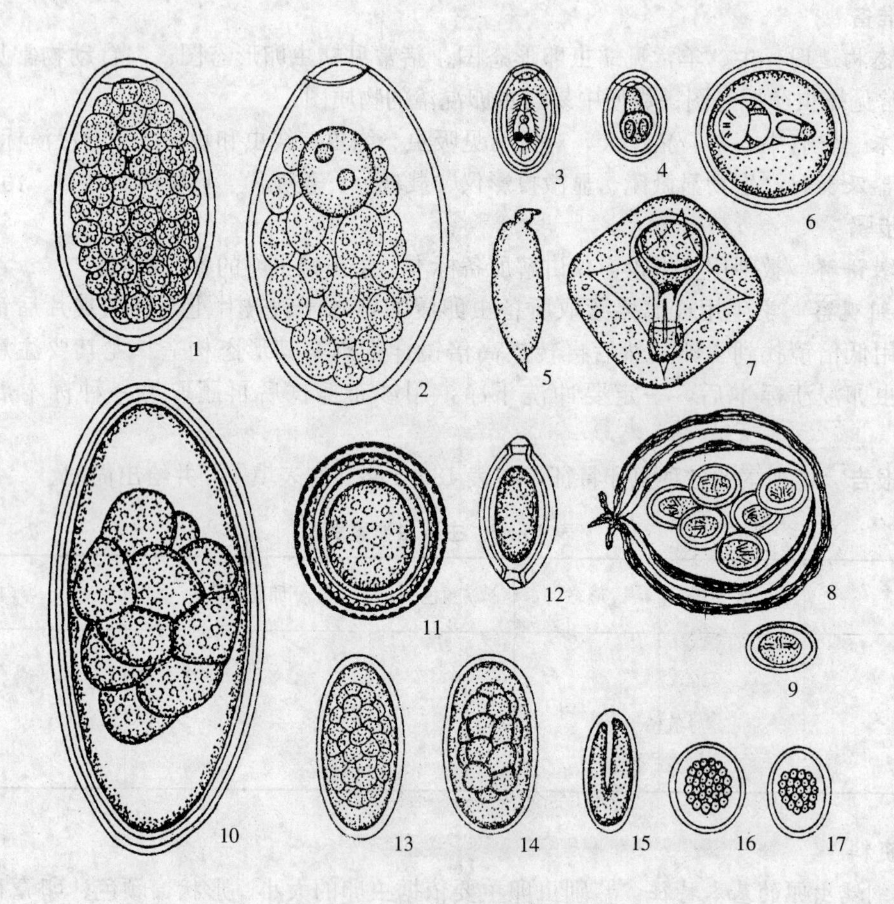

图 18－5　牛、羊常见蠕虫卵

1. 肝片吸虫卵　2. 前后盘吸虫卵　3. 胰阔盘吸虫卵　4. 双腔吸虫卵　5. 东毕吸虫卵　6、7. 莫尼茨绦虫卵
8. 曲子宫绦虫子宫周围器　9. 曲子宫绦虫卵　10. 钝刺细颈线虫卵　11. 牛弓首蛔虫卵　12. 毛尾线虫卵
13. 捻转血矛线虫卵　14. 仰口线虫卵　15. 乳突类圆线虫卵　16、17. 牛艾美耳属球虫卵囊

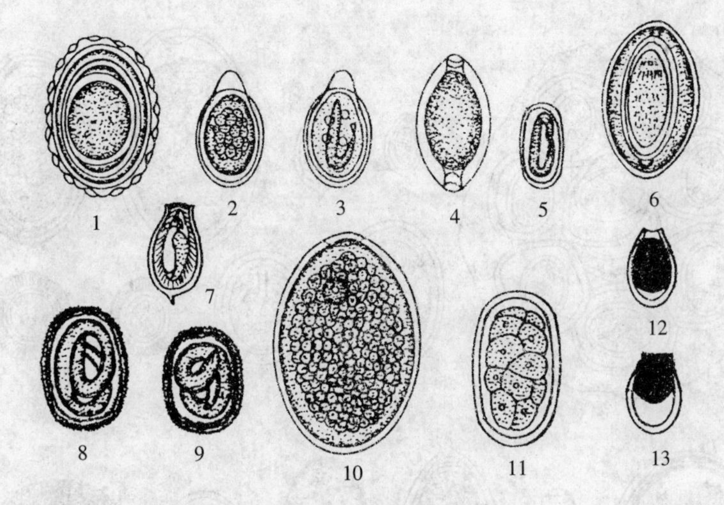

图 18 - 6　猪常见蠕虫卵

1. 猪蛔虫卵　2. 刚棘颚口线虫卵（新鲜虫卵）　3. 刚棘颚口线虫卵（已发育的虫卵）
4. 猪毛尾线虫卵　5. 六翼泡首线虫卵　6. 蛭形棘头虫卵　7. 华枝睾吸虫卵　8. 野猪后圆线虫卵
9. 复阴后圆线虫卵　10. 姜片吸虫卵　11. 食道口线虫卵　12、13. 猪球虫卵囊

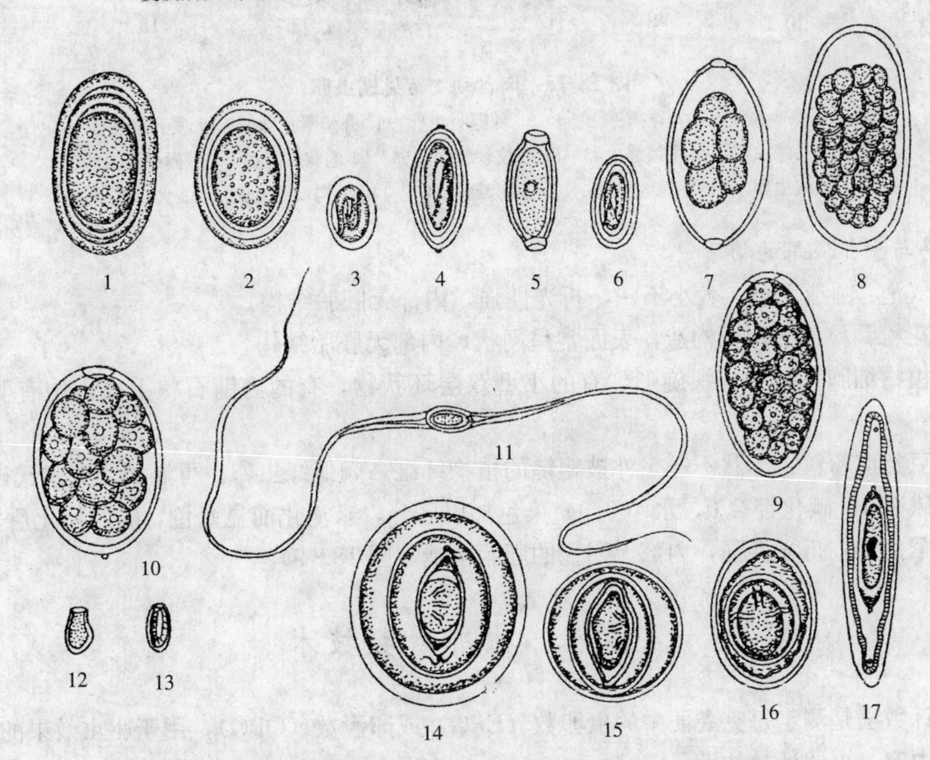

图 18 - 7　禽常见蠕虫卵

1. 鸡蛔虫卵　2. 鸡异刺线虫卵　3. 螺旋咽饰带线虫卵　4. 四棱线虫卵　5. 毛细线虫卵
6. 鸭束首线虫卵　7. 比翼线虫卵　8. 鹅裂口线虫卵　9. 隐叶吸虫卵　10. 卷棘口吸虫卵　11. 背孔吸虫卵
12. 前殖吸虫卵　13. 次睾吸虫卵　14. 矛形剑带绦虫卵　15. 膜壳绦虫卵　16. 有轮赖利绦虫卵　17. 鸭多型棘头虫卵

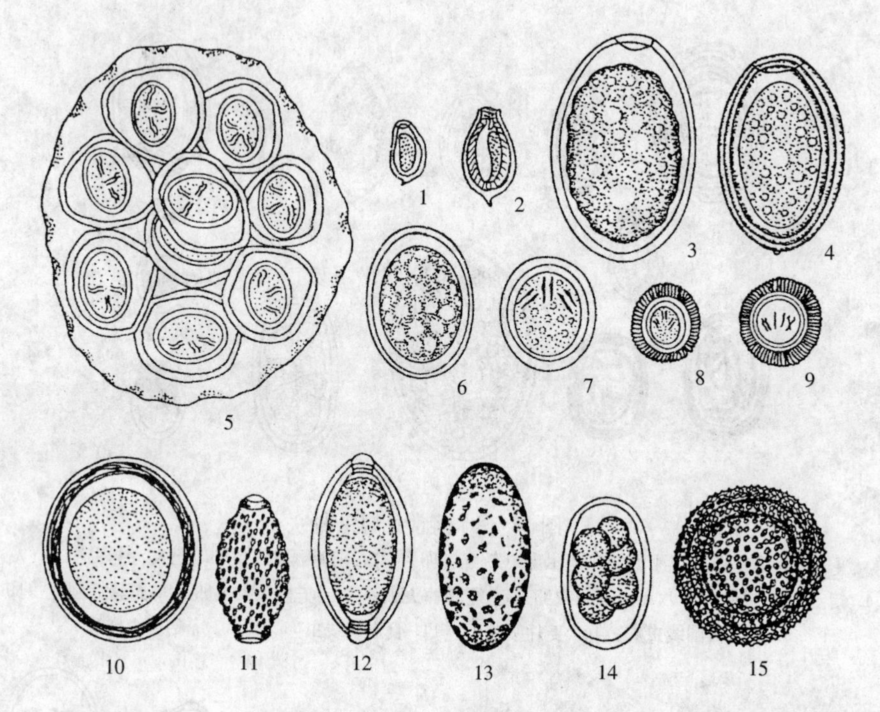

图 18-8 肉食动物常见蠕虫卵

1. 后睾吸虫卵 2. 华枝睾吸虫卵 3. 棘隙吸虫卵 4. 并殖吸虫卵 5. 犬复孔绦虫卵 6. 裂头绦虫卵 7. 中线绦虫卵 8. 细粒棘球绦虫卵 9. 泡状带绦虫 10. 狮弓蛔虫卵 11. 毛细线虫卵 12. 毛尾线虫卵 13. 肾膨结线虫卵 14. 犬钩口线虫卵 15. 犬弓首蛔虫卵

4. 易与虫卵混淆的物质

(1) 气泡：圆形无色、大小不一，折光性强，内部无胚胎结构。

(2) 花粉颗粒：无卵壳构造，表面常呈网状，内部无胚胎结构。

(3) 植物细胞：有的为螺旋形，有的小型双层环状物，有的为铺石状上皮，均有明显的细胞壁。

(4) 豆类淀粉粒：形状不一。外被粗糙的植物纤维，颇似绦虫卵。可滴加卢戈尔氏碘液（碘液配方为碘 0.1，碘化钾 2.0，水 100.0）染色加以区分，未消化前显蓝色，略经消化后呈红色。

(5) 霉孢子：折光性强，内部无明显的胚胎构造（图 18-9）。

实训八 虫卵计数技术

虫卵计数法是测定每克粪便中的虫卵数（EPG）或卵囊数（OPG），用于驱虫效果的评定。

实训内容 虫卵计数技术。

教学目标 掌握虫卵计数技术。

材料准备

1. 仪器及器材 生物显微镜、虫卵计数板、盖玻片、玻璃棒、纱布、水杯、污物桶等。

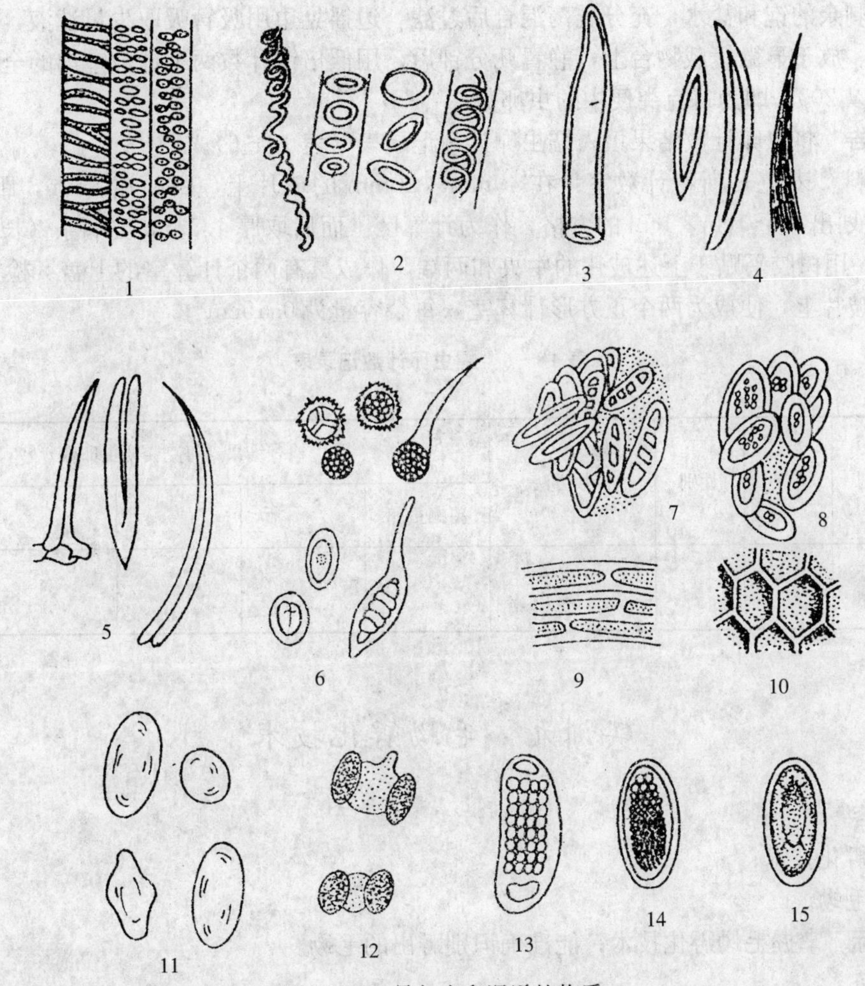

图 18-9　易与虫卵混淆的物质

1～10. 植物的细胞和孢子（1. 植物的导管　2. 螺纹和环纹　3. 管胞　4. 植物纤维　5. 小麦的颖毛　6. 真菌的孢子　7. 谷壳的一些部分　8. 稻米的胚乳　9、10. 植物的薄皮细胞）　11. 淀粉粒　12. 花粉粒　13. 植物线虫的一种虫卵　14. 螨的卵（未发育）　15. 螨的卵（已发育）

2. 检查材料　含有寄生虫虫卵的被检动物粪样。

方法步骤　教师讲解虫卵计数的操作。然后学生分别操作两种虫卵计数方法。

1. 斯陶尔法（Stoll's method）　适用于吸虫卵、线虫卵、棘头虫卵和球虫卵囊的计数。

在 100ml 三角烧瓶的 56ml 处和 60ml 处各作一刻度标记。先向烧瓶中加入 0.1mol/L（0.4%）的氢氧化钠溶液至 56ml 刻度处，再加入粪样使液面升至 60ml 刻度处，然后放入十数粒玻璃珠，用橡皮塞塞紧后充分振摇。边摇边用刻度吸管吸取 0.15ml 粪液，滴于 2～3 片载片上，加盖片镜检，分别统计其虫卵数，所得总数乘以 100，即为每克粪便中的虫卵数。

2. 麦克马斯特法（MacMaster's method）　适用于绦虫卵、线虫卵和球虫卵囊的计数。

量取 58ml 饱和盐水，取 2g 粪便放入烧杯中，先向其中加少量饱和盐水，将粪便捣碎搅匀，然后再加入剩余的饱和盐水，充分震荡混合后过滤。边摇晃边用吸管吸取少量滤液，注入计数板的计数室内，放于显微镜载物台上，静置几分钟后，用低倍镜计数两个计数室内的全部虫卵，取其平均值乘以 200，即为每克粪便中的虫卵数。

实训报告 将虫卵计数结果填入蠕虫卵计数记录表（表 18-6）。

参考资料 麦克马斯特计数室：在 49mm×20mm 的玻片上，距两端 8mm，距上、下缘 5mm 处，各划出一个 1cm×1cm 的方格，作为计算区。而后取厚 1.5mm 玻璃条（长 20mm，宽 3mm）3 条，用树胶平贴于上述玻片的中央和两端，作成具有两个计算室的上盖。检查时，将此上盖覆于载玻片上，便成为两个正方形计算室，每个容量为 0.15cm^3。

表 18-6 蠕虫卵计数记录表

年 月 日

编号	畜别	年龄	性别	计数方法	检查结果（每克粪便虫卵数）				
					猪蛔虫卵				

检查者

实训九 毛蚴孵化技术

实训内容

1. 毛蚴孵化技术；

2. 识别毛蚴。

教学目标 掌握毛蚴孵化技术；能准确识别孵出的毛蚴。

材料准备

1. 器材 烧杯、金属筛、500ml 三角瓶、尼龙筛网、玻璃瓶、玻璃杯、试管、天平、纱布等。

2. 检查材料 含有分体吸虫虫卵的被检动物粪样。

方法步骤 教师示教孵化法的具体操作方法，指出认识毛蚴的方法和注意事项。然后学生分组进行操作。

1. *三角瓶沉淀孵化法* 取 100g 粪便置于烧杯中，加 500ml 水后搅拌均匀，以 6.2×10^4 孔/m^2 的金属筛过滤入另一杯中，舍去粪渣静置粪液。经 30min 后倒出一半上层液，再加水静置，经 20min 后再用上法换水，以后每经 15min 换水一次，直至水色清亮透明为止。最后将粪渣置于 500ml 三角瓶中，加水至瓶口 2cm 处于 22～26℃，有一定光线条件下孵化。孵化后于 1、3、5h 在光线充足处进行观察。

2. *尼龙筛淘洗孵化法* 取 100g 粪便置于烧杯中，加 500ml 水搅拌均匀，以 6.2×10^4 孔/m^2 金属筛过滤到另一杯中，舍去粪渣，将粪液再全部倒入尼龙筛网中过滤，舍去粪液，然后边向尼龙筛中加水边摇晃，以便洗净粪渣。或者将尼龙筛通过 2～3 道清水，充分淘洗（见尼龙筛淘洗法)，直至滤液变清。最后将粪渣倒入500ml三角瓶中，加水后于22～26℃，在有一定光线条件下孵化，孵化后1、3、5h观察。

3. 顶管孵化法 顶管孵化法的设置是以玻璃瓶、玻璃杯或瓷缸作容器，容器上加盖（胶塞或木盖)，盖上有圆孔，可插入玻璃管或倒插的试管。先将粪使用沉淀法或尼龙筛淘洗法洗净粪便，将洗净的粪渣倒入容器，加水至满后加盖（注意防止漏水)，然后由盖的圆孔插入玻璃管或倒插入试管。插入玻璃管后由玻璃管上口加水，直至距管口下1cm处为止；倒插入试管时，试管预先要盛满水，倒插入容器后试管中仍保留一定高度的水柱。最后在22～26℃光亮处进行孵化，在孵化后1、3、5h观察玻璃管或试管中的毛蚴。

毛蚴为淡白色、折光性强的梭形小虫，多在距水面4cm的水内呈与水面平行的方向或斜行方向直线运动。在显微镜下观察，毛蚴呈前宽后狭的三角形，前端有一突起。应注意与水中原虫区别，详见表18－7。在光线明亮处衬以黑色背景用肉眼观察，必要时可借助于手持放大镜。

表18－7 毛蚴与原生动物鉴别要点

	毛 蚴	原 生 动 物
形态	大小一致，针尖大小，梭形，灰白色，折光性强	大小不一，形状不定，不透明，不折光
运动性质	呈直线运动，迅速而均匀，碰壁后折向，但临衰老时可出现反滚现象	运动缓慢，时游时停，摇摆反滚，无一定方向
运动范围	离水面1～4cm处，但刚孵出时，各层均可见	范围广，上、中、下层均可见

注意事项

1. 粪样必须新鲜，忌用接触过农药、化肥或其他化学药物的纸、塑料布等包装粪便。

2. 用水必须清洁，未被工业污水、农药和化肥或其他化学药物污染；水的酸碱度以pH 6.8～7.2为宜；自来水应含氯量少，含氯量高时存放过夜再用；河水、井水、池塘水等应加温60℃，杀死其中水虫，冷却后使用；水质混浊时，应用明矾澄清后再用，一般每50kg水加明矾3～5g。

3. 洗粪时应防止毛蚴过早孵出，为此可用1%～1.2%的生理盐水代替常水。一般在水温不足15℃时用常水；水温为15～18℃时，于第一次换水后改用盐水；水温超过18℃时一直用盐水。

4. 孵化温度以22～26℃为宜，室温不足20℃时应加温。虫卵在孵化时应保持一定的光线。

实训报告 写出一种毛蚴孵化法的操作流程示意图。

实训十 肌旋毛虫检查技术

实训内容

1. 肌肉压片检查技术；

2. 肌肉消化检查技术；

3. 认识肌旋毛虫。

教学目标 掌握肌肉压片检查技术；熟悉肌肉消化检查技术；认识肌旋毛虫。

材料准备

1. 形态构造图 肌旋毛虫形态构造图。

2. 标本 肌旋毛虫玻片标本。

3. 器材与药品 生物显微镜、实体显微镜、剪子、镊子、绞肉机、60ml 三角烧瓶、天平、带胶乳头移液管、载玻片、盖玻片、纱布、污物桶等。胰蛋白酶消化液或胃蛋白酶消化液。

4. 检查材料 旋毛虫病肉，已消化的旋毛虫病肉肉汤，或旋毛虫人工感染大鼠。

方法步骤 教师示教后，学生分组操作。并用离心机分离已经消化的肉汤，检查肉汤中旋毛虫幼虫；观察肌旋毛虫的标本片。

1. 肌肉压片检查技术 取左右两侧膈肌脚肉样 0.5～1g，剪成 3mm×10mm 的肉块，用厚玻片压薄后镜检。

2. 肌肉消化检查技术 取 100g 肉样，搅碎或剪碎，放入 3 000ml 烧瓶内。将 10g 胃蛋白酶溶于 2 000ml 蒸馏水中后，倒入烧瓶内，再加入 25%盐酸 16ml，放入磁力搅拌棒。将烧瓶置于磁力搅拌器上，设温于 44～46℃，搅拌 30min 后，将消化液用 180μm 的滤筛滤入 2 000ml 的分离漏斗中，静置 30min 后，放出 40ml 于 50ml 量筒内，静置 10min，吸去上清液 30ml，再加水 30ml，摇匀后静置 10min，再吸去上清液 30ml。剩下的液体倒入带有格线的平皿内，用 20～50 倍显微镜观察。

实训报告 根据检查结果，写一份旋毛虫病诊断的报告。

实训十一 螨病实验室检查技术

实训内容

1. 皮肤刮下物的采集方法；

2. 螨的检查技术；

3. 认识疥螨、痒螨、蠕形螨。

教学目标 掌握用于螨病诊断的皮肤病料的采集方法，明确采取病料的注意事项；掌握检查螨的主要技术；进一步掌握疥螨和痒螨的形态特征。

材料准备

1. 形态构造图 疥螨和痒螨的形态构造图。

2. 器材与药品 生物显微镜、实体显微镜、手持放大镜、平皿、试管、试管夹、手术刀、镊子、载玻片、盖玻片、温度计、带胶乳头移液管、离心机、污物缸、纱布。5%氢氧化钠溶液，60%硫代硫酸钠溶液。

3. 检查材料 患螨病的动物（猪、牛、羊、马或兔）的含螨病料。

方法步骤 教师讲述皮肤刮取物的采集方法和注意事项后，学生按操作要求进行病料采取，同时进行患螨病动物的临诊检查，观察皮肤变化及全身状态。病料采取后，教师概述病料的各种检查法并做简要的示教，然后学生分组进行操作。

1. 疥螨和痒螨检查法　在宿主皮肤患部与健康部交界处，用外科凸刃小刀，在酒精灯上消毒，使刀刃与皮肤表面垂直，反复刮取表皮，直到稍微出血为止（对疥螨尤为重要）。将刮下的皮屑集中于培养皿或广口瓶中备检。

（1）直接检查法：可将皮屑放于载玻片上，滴加50%甘油溶液，覆以另一张载玻片，搓压玻片使病料散开，镜检。

（2）皮屑溶解法：将较多的病料置于试管中，加入10%氢氧化钠溶液，待皮屑溶解后虫体暴露，弃去上层液，吸取沉渣检查。需快速检查时，可将试管在酒精灯上煮数分钟，待其自然沉淀或以2 000r/min沉淀5min，弃去上层液，吸取沉渣检查。本法尤其适用于病料中虫体较少时。

（3）温水检查法：可将病料浸入盛有40～45℃水的培养皿中，置恒温箱1～2h后，取出后镜检。由于温热的作用，活螨由皮屑内爬出，集结成团，沉于水底部。还可将病料放于培养皿内并加盖，放于盛有40～45℃温水的杯上，经10～15min后，将培养皿翻转，则虫体与少量皮屑黏附于皿底，大量皮屑落在皿盖上，取皿底检查。

（4）分离虫体法：将病料放在黑纸上，置40℃恒温箱中或用白炽灯照射，虫体即可从病料中爬出，收集到的虫体较为干净，尤其适合作封片标本。

2. 蠕形螨检查法　蠕形螨寄生在毛囊内。先在动物四肢外侧、腹部两侧、背部、眼眶四周、颊部或鼻部皮肤，触摸寻找砂粒样或黄豆大结节，用手术刀切开挤压，将脓性分泌物或干酪样团块挑于载玻片上，滴加生理盐水1～2滴，均匀涂成薄片，加盖玻片镜检。

实训报告　根据训练结果，写出一份关于螨病的诊断和防治意见报告。

教学提示　为了保证训练效果，应充分利用患病的动物。如果为新鲜病料，所有方法均可；如用保存的含螨病料，只能进行皮屑溶液法和漂浮法。

实训十二　球虫病实验室诊断技术

实训内容　球虫病实验室诊断技术。

教学目标　掌握球虫病实验室技术；认识鸡、兔及其他动物的球虫卵囊。

材料准备

1. 形态构造图　鸡、兔、牛、羊、猪球虫形态图。

2. 器材与药品　生物显微镜、粪盒（或塑料袋）、粪筛、玻璃棒、铁丝圈、镊子、口杯、漏斗、载玻片、盖玻片、培养皿、试管（或青霉素瓶）、移液管、污物桶、大手术刀、剪子、解剖刀、剥皮刀、肠剪子等。饱和盐水、50%甘油水溶液。

3. 检查材料　球虫病动物粪便，或已存含有球虫孢子化卵囊的粪样。

方法步骤　教师示教以下两种方法后，学生分组进行操作。

1. 涂片法　在载玻片上滴1滴50%甘油水溶液（或生理盐水、普通水），取少量粪便与甘油水溶液混合，然后除去粪便中的粗渣，加上盖玻片，先用低倍镜检查，发现卵囊后，换取高倍镜检查。

2. 漂浮法　操作方法见实训六。

实训报告 根据检查结果写出一份球虫病诊断的报告。

教学提示 为了保证学习效果，应充分利用患球虫病的动物，最好安排球虫病的发病季节进行，以便从生产单位得到球虫病动物。实习动物的种类，可因各地不同情况而定。

实训十三 血液原虫检查技术

实训内容

1. 血片制作及染色技术；
2. 鲜血压滴检查技术；
3. 集虫检查技术；
4. 淋巴结穿刺物检查技术。

教学目标 掌握血液活锥虫检查方法，血片的制作及染色技术，梨形虫集虫检查法以及泰勒虫病淋巴结穿刺及其穿刺物的检查技术，进一步认识伊氏锥虫及各种梨形虫。

材料准备

1. 形态构造图 伊氏锥虫形态图，各种梨形虫形态图。

2. 仪器及器材 生物显微镜、载玻片、盖玻片、离心机、离心管、移液管、平皿、采血用针头、1 000ml 三角烧瓶、100ml 三角烧瓶、染色缸、污物缸、剪毛剪子、剪子、酒精棉盒等。

3. 药品 3.8%枸橼酸钠溶液、凡士林、姬姆萨染色液、瑞氏染色液、甲醇、磷酸盐缓冲液、2%枸橼酸钠溶液、生理盐水。

4. 动物 疑似梨形虫病的动物，疑似伊氏锥虫病牛，预先接种伊氏锥虫的小鼠。

方法步骤 教师示教操作后，学生分组操作。

1. 血液涂片检查技术 一般在动物高温时采耳静脉血制成涂片。血片干燥后，滴数滴无水甲醇固定 2～3min，待染。

(1) 姬姆萨染色法：在血片上滴加姬姆萨染色液，染色 30～60min，用缓冲液或中性蒸馏水冲洗，自然干燥后镜检。

(2) 瑞氏染色法：在血片上滴加瑞氏染色液 1～2 滴，染色 1min 后，加等量的中性蒸馏水或 pH 7.0 缓冲液与染液混合，5min 后用中性蒸馏水或 pH 7.0 缓冲液冲洗，自然干燥后镜检。

2. 鲜血压滴检查技术 在载玻片上滴加 1 滴生理盐水，滴上 1 滴被检血液，充分混合，加盖玻片，静置片刻后镜检。先用低倍镜暗视野检查，发现有可疑运动虫体时，再换高倍镜检查。适用于伊氏锥虫的检查。

3. 集虫检查技术 适用于伊氏锥虫病和梨形虫病的检查。其原理是锥虫或寄生有梨形虫的红细胞较正常红细胞的比重小，所以在第 1 次沉淀时，正常红细胞下降，而锥虫或寄生有梨形虫的红细胞尚悬浮在血浆中；第 2 次离心沉淀时，则将其浓集于管底。

在颈静脉沟上 1/3 与中 1/3 交界处，常规剪毛消毒，用 18 号注射针头刺入静脉采血。按 4∶1的比例与 3.8%的枸橼酸钠充分混合。取此抗凝血 6～7ml，以 500r/min 离心沉淀 5min，使其中大部分红细胞沉降；而后将含有少量红细胞、白细胞和虫体的上层血浆移入另一支离心管中，补加生理盐水，以 2 500r/min 离心沉淀 10min。取沉淀物制成抹片，用姬姆萨或瑞氏染色法染色镜检。

4. 淋巴结穿刺物检查技术 适用于泰勒虫病、弓形虫病的诊断。

在肩前淋巴结或股前淋巴结部位，常规剪毛消毒。先将淋巴结推到皮肤表层，用左手固定，然后用右手将灭菌针头刺入淋巴结，接上注射器吸取穿刺物。将穿刺物涂于载玻片上，干燥后用姬姆萨或瑞氏染色法染色镜检。

实训报告 根据检查结果，写一份锥虫病或梨形虫病的诊断报告。

教学提示 为了保证实训效果，应充分利用患病的动物，供学生学习病料采集和检查。

参考资料

1. 姬姆萨染色液配制 取姬姆萨染色粉 0.5g、中性甘油 25ml、无水中性甲醇 25ml。将染色粉置于研钵中，先加少量甘油充分磨研，然后边加甘油边研磨，直到甘油全部加完为止。将其倒入 100ml 的棕色瓶中，再用甲醇分几次冲洗研钵，均倒入试剂瓶中。塞紧瓶塞后充分摇匀，置于 65℃温箱中 24h 或室温下 3～5d，期间不断摇动和过滤，滤液即为原液。用时将原液充分振荡后，用缓冲液或中性蒸馏水 10～20 倍稀释。

2. 瑞氏染色液配制 取瑞氏染色粉 0.3g、中性甘油 3ml、无水甲醇（不含丙酮）97ml。将染色粉与甘油一起在研钵中研磨，然后加入甲醇，充分搅拌，装入棕色瓶内，塞紧瓶塞，经过 2～3 周，过滤后备用。该染色液放置时间愈长染色效果愈好。

3. 缓冲液配制 第一液为磷酸氢二钠 11.87g，加中性蒸馏水 1 000ml；第二液为磷酸二氢钾 9.077g，加中性蒸馏水 1 000ml。取第一液 61.1ml 与第二液 38.9ml 混合，即成 pH 7.0 缓冲液。

实训十四 动物寄生虫病流行病学调查

实训内容

1. 动物寄生虫病的流行病学调查与分析；
2. 动物临诊检查及病料采集的方法。

教学目标 掌握流行病学资料的调查、搜集和分析的方法，为确立诊断奠定基础。掌握病料采集的方法。

材料准备

1. 表格 流行病学调查表、临诊检查记录表（均可由学生设计）。
2. 器材 听诊器、体温计、试管、镊子、外科刀、粪盒（或塑料袋）、纱布等。

方法步骤 教师讲解流行病学调查、病料采集的方法和要求，学生模拟训练后，再进行实地调查。

1. 流行病学调查

（1）拟定调查提纲；

（2）设计流行病学调查表、临诊检查记录表；

（3）按照调查提纲，采取询问、查阅各种记录资料和实地考察等方式进行，尽可能全面收集有关资料；

(4) 对于获得的资料，应进行数据统计和情况分析，提炼出规律性资料。

2. 临诊检查与病料采集　临诊检查应以群体为单位进行检查。动物数量较少时，应逐头（只）检查；否则，可随机抽样检查。

(1) 群体观察：从中发现异常或病态动物；

(2) 一般检查：营养状况，体表有无肿瘤、脱毛、出血、皮肤异常变化和淋巴结肿胀，有无体表寄生虫，如有则搜集虫体并计数。如怀疑是螨病时应刮取皮屑备检。

(3) 系统检查：按临床诊断的方法进行。查体温、脉搏、呼吸数；检查呼吸、循环、消化、泌尿、神经等各系统，收集症状。根据怀疑寄生虫病的种类，可采取粪、尿、血样及制血片备检。

(4) 症状分析：将收集到的病状分类，统计各种病状比例，提出可疑寄生虫病范围。

实训报告　写出流行病学调查及临诊检查报告，并提出进一步确诊的建议。

参考资料　流行病学调查提纲的主要内容参照第十一章第二节。

实训十五　大动物蠕虫学剖检技术

实训内容　大动物蠕虫学剖检技术。

教学目标　掌握大动物蠕虫学剖检的操作技术。

材料准备

1. 器材　大动物解剖器（解剖刀、剥皮刀、解剖斧、解剖锯、骨剪子、肠剪子、剪子）、小动物解剖器（手术刀、剪子、镊子）、眼科镊子、分离针、大瓷盆、小瓷盆、成套粪桶、提水桶、黑色浅盘、手持放大镜、平皿、酒精灯、毛笔、铅笔、玻璃铅笔、标本瓶、青霉素瓶、载玻片、压片用玻璃板等，实体显微镜，食盐。

2. 实习动物　以绵羊为代表。

方法步骤　教师概述大动物全身蠕虫学剖检法的操作规程，指出绵羊各器官、部位寄生的常见蠕虫后，以1只绵羊进行剖检示教。然后学生分组进行绵羊蠕虫学剖检的具体操作。对发现的蠕虫进行采集，以寄生器官的不同和初步鉴定的不同虫体分别放置在平皿内。

1. 宰杀与剥皮　放血宰杀动物。放血时应采血涂片备检。剥皮前检查体表、眼睑和创伤等，发现体外寄生虫随时采集，遇有皮肤可疑病变则刮取材料备检。剥皮时应注意检查各部皮下组织，发现并采集病变和虫体。剥皮后切开四肢的各关节腔，吸取滑液立即检查；切开浅在淋巴结进行观察，或切取小块备检。

2. 采取脏器

(1) 腹腔脏器：切开腹壁后注意观察内脏器官的位置和特殊病变，吸取腹腔液体，用生理盐水稀释以防凝固，随后用实体显微镜检查，或沉淀后检查沉淀物。脏器采出方法是在结扎食管末端和直肠后，切断食管、各部韧带、肠系膜根和直肠末端后一次采出。采出肾脏。最后收集腹腔内的血液混合物备检。应注意观察和收集各脏器表面的虫体，并观察腹膜上有无病变和虫体。盆腔脏器亦以同样方式全部取出。

(2) 胸腔脏器：打开胸腔以后，观察脏器的自然位置和状态后，将胸腔脏器连同食管和气管全部摘出。再采集胸腔内的液体备检。

3. 脏器检查

（1）食管：沿纵轴剪开，仔细观察浆膜和黏膜表层。刮取食道黏膜夹于两载玻片之间，用放大镜或实体显微镜检查，当发现虫体时揭开载片，用分离针将虫体挑出。

（2）胃：剪开后将内容物倒入大盆内，挑出较大的虫体，然后洗净胃壁，并加足生理盐水搅拌均匀，使之自然沉淀。将胃壁平铺在搪瓷盘内，观察黏膜上是否有虫体；将黏膜表层刮下物浸入生理盐水中自然沉淀。以上两种材料都应在沉淀若干时间后，倒出上层液，再加生理盐水，重新静置，如此反复沉淀，直到上层液透明无色为止。然后每次取一定量的沉淀物，放在培养皿或黑色浅盘内观察，取出虫体。刮下的黏膜还应压片镜检。反刍动物应把前胃和皱胃分别处理。瘤胃应注意检查胃壁。

（3）小肠：分离以后放在大盆内，由一端灌入清水，使肠内容物随水流出，挑出大型虫体（如绦虫等）。肠内容物用生理盐水反复沉淀，检查沉淀物。肠壁用玻璃棒翻转，在水中洗下黏液，反复水洗沉淀。最后刮取黏膜表层，压薄镜检。肠内容物和黏液在水洗沉淀过程中会出现上浮物，其中也含有虫体，所以在换水时应收集后单独检查。羊的小肠前部线虫数量较多，可单独处理。

（4）大肠：分离后在肠系膜附着部沿纵轴剪开，倾出内容物。内容物和肠壁按小肠的方法处理。羊大肠后部自形成粪球处起剪开肠壁，挑取其表面及肠壁上的虫体。

（5）肠系膜：分离以后将肠系膜淋巴结剖开，切成小片压薄镜检。然后提起肠系膜，迎着光线检查血管内有无虫体。最后在生理盐水内剪开肠系膜血管，冲洗物进行反复水洗沉淀后检查沉淀物。

（6）肝脏：分离胆囊，把胆汁挤入烧杯中，用生理盐水稀释，待自然沉淀后检查沉淀物。将胆囊黏膜刮下物压片镜检。沿胆管将肝脏剪开检查，然后将肝脏撕成小块，用手挤压后捞出弃掉，反复水洗沉淀后检查沉淀物。也可用幼虫分离法对撕碎组织中的虫体进行分离。

（7）胰脏：同肝脏。

（8）肺脏：沿气管、支气管剪开检查。用载玻片刮取黏液，加水稀释后镜检。将肺组织撕成小块按肝脏检查法处理。

（9）脾和肾脏：检查表面后，切开进行眼观检查，然后压片镜检。

（10）膀胱：方法与胆囊相同，并按检查肠黏膜的方法检查输尿管。

（11）生殖器官：检查其内腔，并刮取黏膜压片镜检。

（12）脑与脊髓：眼观检查后，切成薄片压片镜检。

（13）眼：将眼睑黏膜及结膜在水中刮取表层，沉淀后检查。剖开眼球将眼房液收集在培养皿内镜检。

（14）鼻腔及额窦：先沿两侧鼻翼和内眼角连线切开，再沿两眼内角连线锯开检查，然后在水中冲洗，检查沉淀物。

（15）心脏及大血管：剪开后观察内膜，再将内容物洗在水内，沉淀后检查。将心肌切成薄片压片镜检。

（16）肌肉：切开咬肌、腰肌和臀肌检查囊尾蚴。采取膈肌脚检查旋毛虫。采取猪膈肌和牛、羊食道等肌肉检查住肉孢子虫。

4. 收集虫体　经反复水洗沉淀的沉淀物中发现虫体后，用分离针挑出，放入盛有生理盐水的广口瓶中等待固定，同时用铅笔在一小纸片上写清动物种类、性别、年龄和虫体寄生部位后投入其中。同一器官或部位收集的所有虫体应放入同一广口瓶中。寄生于肺部的线虫应在略为洗净后尽快投入固定液中，否则虫体易于破裂。

当遇到绦虫以头部附着于肠壁上时，切勿用力猛拉，应将此段肠管连同虫体剪下浸入清水中，5～6h 后虫体会自行脱落，体节也会自然伸直。

为了检获沉渣中小而纤细的虫体，可在沉渣中滴加浓碘液，使粪渣和虫体均染成棕黄色，然后用 5%硫代硫酸钠溶液脱去其他物质的颜色。如果器官内容物中的虫体很多，短时间内不能挑取完时，可将沉淀物中加入 3%福尔马林保存。

5. 结果登记　寄生虫病学的剖检结果，要记录在寄生虫病学剖检登记表中，对于发现的虫体，应按种分别计算，最后统计寄生虫的总数、各种（属、科）寄生虫的感染率和感染强度。

实训报告　将剖检结果填入蠕虫学剖检记录表（表 18－8）。

表 18－8　寄生虫学剖检记录表

<table>
<tr><td>日　期</td><td colspan="2"></td><td>编　号</td><td></td><td>畜　种</td><td></td></tr>
<tr><td>品　种</td><td colspan="2"></td><td>性　别</td><td></td><td>年　龄</td><td></td></tr>
<tr><td>动物来源</td><td colspan="2"></td><td>动物死因</td><td></td><td>剖检地点</td><td></td></tr>
<tr><td rowspan="6">主要病理剖检变化</td><td colspan="2"></td><td rowspan="6">寄生虫总数</td><td colspan="2">吸　虫</td><td></td></tr>
<tr><td colspan="2"></td><td colspan="2">绦　虫</td><td></td></tr>
<tr><td colspan="2"></td><td colspan="2">线　虫</td><td></td></tr>
<tr><td colspan="2"></td><td colspan="2">棘头虫</td><td></td></tr>
<tr><td colspan="2"></td><td colspan="2">昆　虫</td><td></td></tr>
<tr><td colspan="2"></td><td colspan="2">蜱　螨</td><td></td></tr>
<tr><td rowspan="8">寄生虫的种类和数量</td><td>寄生部位</td><td>虫　名</td><td>数　量</td><td>寄生部位</td><td>虫　名</td><td>数　量</td></tr>
<tr><td></td><td></td><td></td><td></td><td></td><td></td></tr>
<tr><td></td><td></td><td></td><td></td><td></td><td></td></tr>
<tr><td></td><td></td><td></td><td></td><td></td><td></td></tr>
<tr><td></td><td></td><td></td><td></td><td></td><td></td></tr>
<tr><td></td><td></td><td></td><td></td><td></td><td></td></tr>
<tr><td></td><td></td><td></td><td></td><td></td><td></td></tr>
<tr><td></td><td></td><td></td><td></td><td></td><td></td></tr>
<tr><td>备　注</td><td colspan="4"></td><td colspan="2">剖检者：</td></tr>
</table>

教学提示　为了保证剖检效果，应特别注意剖检动物的选择。可用蠕虫病死亡动物和禽的尸体作剖检动物；也可通过粪便检查，选择感染蠕虫种类多，感染强度大的动物；亦可在屠宰场从屠宰动物中选择患寄生虫病的脏器作为实习材料。在整个实训中，教师要指导学生解剖术式的准

确性和规范性，指导学生识别各器官发现的虫体，强调做到完全收集虫体，防止遗失，并指出收集各种虫体的具体方法。

实训十六 家禽蠕虫学剖检技术

实训内容 家禽蠕虫学剖检技术。

教学目标 掌握家禽蠕虫学剖检的操作技术。

材料准备 参照大动物蠕虫学剖检法。实习动物以鸡为代表。

方法步骤

1. 宰杀与剥皮 用舌动脉放血或颈动脉放血的方法宰杀。拔掉羽毛后检查皮肤和羽毛，发现虫体及时采集，皮肤有可疑病变时刮取材料备检。剥皮时要随时采集皮下组织中的虫体。

2. 摘出脏器 剥皮后除去胸骨。使内脏完全暴露，并检查气囊内有无虫体。然后分离脏器，首先分离消化系统（包括肝、胰），然后分离心脏和呼吸器官，最后摘出肾。器官摘出后，用生理盐水冲洗体腔，冲洗物反复水洗沉淀后检查。

3. 脏器检查

（1）食道和气管：剪开后检查其黏膜表面。

（2）肌胃：沿狭小部位剪开，倾去内容物，在生理盐水中剥离角质膜，检查内、外剥离面，然后将角质膜撕成小片，压片镜检。

（3）腺胃：在小瓷盘内剪开，倾去内容物，检查黏膜面。如有紫红色斑点和肿胀时，则剪下作压片检查。洗下的内容物反复水洗沉淀后检查。

（4）肠管：按十二指肠、小肠、盲肠和直肠几部分分别处理。肠管剪开后，将内容物和黏膜刮下物一起倾入容器内，反复水洗沉淀后检查。对有结节等病变的肠管，应刮取黏膜压片镜检。

（5）法氏囊和输卵管：按处理肠管的方法检查。

（6）肝、肾、心、胰、肺：分别处理。在生理盐水中剪碎洗净，捞出大块组织弃掉，水洗物反复水洗沉淀后检查。病变部位压片镜检。

（7）鼻腔：剪开后观察表面，用水冲洗后检查沉淀物。

（8）眼：用镊子掀起眼睑，取下眼球，用水冲洗后检查沉淀物。

4. 虫体收集 方法同大动物蠕虫学剖检法。

5. 结果登记 参照实训十五。

实训报告 参照实训十五设计记录表并填写。

实训十七 寄生虫材料的保存与固定技术

实训内容

1. 吸虫和绦虫的保存与固定；
2. 线虫和棘头虫的保存与固定；
3. 蜱螨与昆虫的保存与固定；

4. 原虫的保存与固定。

教学目标 掌握主要寄生虫材料的保存与固定技术。

材料准备

1. 器材 眼科镊子、分离针、黑色浅盘、平皿、酒精灯、毛笔、铅笔、标本瓶、青霉素瓶、载玻片、盖玻片等。

2. 药品 生理盐水、酒精、甘油、福尔马林。

3. 寄生虫材料 实训十五、实训十六所收集到的虫体。

方法步骤 教师讲述虫体固定方法及其注意事项后，学生进行固定液的配制，对收集的虫体进行分装、固定、保存和加标签。

1. 吸虫

(1) 采集：对于剖检时暂时保存于生理盐水中的虫体，较小的可摇荡广口瓶洗去污物；较大的可用毛笔刷洗。然后放入薄荷脑溶液中使虫体松弛。较大较厚的虫体，为方便以后制作压片标本，可将虫体放于两张载玻片之间，适当加以压力，两端用线或橡皮绳扎住。

(2) 固定：松弛后的虫体即可投入70%酒精或10%福尔马林固定液中，24h即可固定。

(3) 保存：经酒精固定的虫体可直接保存于其中，也可再加入5%甘油。经福尔马林固定液固定的虫体，可保存于3%～5%的福尔马林中。如对吸虫进行形态构造观察，需要制成整体染色标本或切片标本。

2. 绦虫

(1) 采集：对于剖检所获得的虫体或动物自然排出的虫体，洗涤方法同吸虫。大型绦虫可绕于玻璃瓶或试管上，以免固定时互相缠结。如果做绦虫装片标本，亦将虫体节片放于两张载玻片之间，适当加以压力，两端用线或橡皮绳扎住。

(2) 固定：上述处理后的绦虫可浸入70%酒精或5%福尔马林液中固定，较大而厚的虫体需12h。若要制成装片标本以观察其内部结构，则以酒精固定较好；浸渍标本则以福尔马林较好。

(3) 保存：浸渍标本用70%酒精或5%福尔马林保存均可。绦虫蚴或病理标本可直接浸入10%福尔马林固定保存。

3. 线虫

(1) 采集：较小的虫体可通过摇荡广口瓶，洗去所附着的污物；较大的虫体，可用毛笔刷洗，尤其是一些具有发达的口囊或交合伞的线虫，一定要用毛笔将杂质清除。有些虫体的肠管内含有多量食物时，影响观察鉴定，可在生理盐水中放置12h，其食物可消化或排出。

(2) 固定：将70%酒精或3%福尔马林生理盐水加热至70℃，将清洗净的虫体挑入，虫体即伸展并固定。

(3) 保存：大型线虫放入4%福尔马林中保存；小型线虫放入甘油酒精中保存。甘油酒精为甘油5ml，70%酒精95ml。

4. 蜱螨与昆虫

(1) 采集：采取蜱类时，使虫体与皮肤垂直缓慢拔出，或喷施药物杀死后拔出。体表寄生虫如血虱、毛虱、羽虱、虱蝇等，用器械刮下，或将附有虫体的羽或毛剪下，置于培养皿中再仔细收集。捕捉蚤类可用撒有樟脑的布将动物体包裹，数分钟后取下，蚤即落于布内。螨虫的采集见螨病实验诊断法。

（2）固定与保存：昆虫的幼虫、虱、毛虱、羽虱、蠕形蚤、虱蝇、舌形虫、蜱以及含有螨的皮屑等，用加热的70%酒精或5%～10%福尔马林固定。固定后可保存于70%酒精中，最好再加入5%甘油。有翅昆虫可用针插法干燥保存。

5. 原虫　梨形虫、伊氏锥虫、住白细胞虫等，用其感染动物血液涂片；弓形虫、组织滴虫等常用其感染动物的脏器组织触片。经过染色制成玻片标本，装于标本盒中保存。

6. 蠕虫卵

（1）采集：用粪便检查的方法收集虫卵；或将剖检所获得的虫体放入生理盐水中，虫体会继续产出虫卵，静置沉淀后可获得单一种的虫卵。

（2）固定与保存：将3%福尔马林生理盐水加热至70～80℃，把含有虫卵的沉淀物或粪便浸泡其中即可。

7. 标签　凡保存的虫体和病理标本，都应附有标签。瓶装浸渍标本应有外标签和用硬质铅笔书写的内标签。其内容与样式如下：

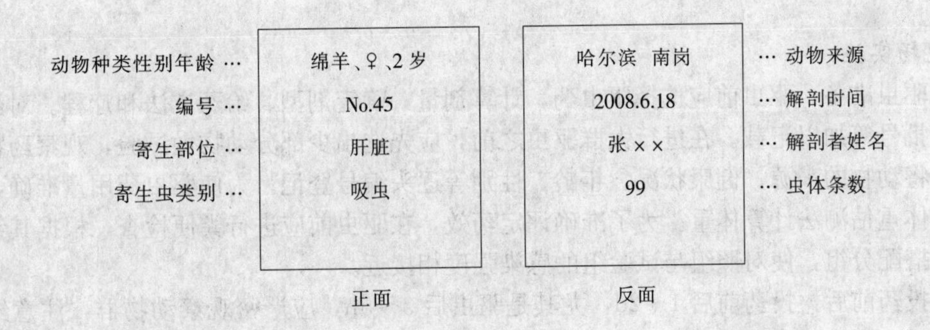

正面　　反面

教学提示　本实训可以用实训十五、实训十六采集的寄生虫材料进行；亦可用备存的寄生虫材料。

参考资料　薄荷脑溶液为薄荷脑24g，溶于95%酒精10ml中。使用时将此液1滴加入100ml水中即可。

实训十八　驱虫技术

实训内容

1. 驱虫药的选择与配制；
2. 给药方法；
3. 驱虫工作的组织实施；
4. 驱虫效果的评定。

教学目标　使学生熟悉大群驱虫的准备和组织工作，掌握驱虫技术、驱虫中的注意事项和驱虫效果的评定方法。

材料准备

1. *表格* 驱虫用各种记录表格。

2. *器材及药品* 各种给药用具，称重或估重用具，粪学检查用具等。常用各种驱虫药。

3. *动物* 现场的病畜或病禽。

方法步骤 教师讲解驱虫药选择原则、驱虫技术、注意事项、驱虫效果评定方法等。首先示范常用的各种给药方法，然后在教师指导下，学生分组进行驱虫操作，并随时观察动物的不同反应，做好各项记录，按时评定驱虫效果。

1. *药物选择* 原则是选择广谱、高效、低毒、方便和廉价的药物。广谱是指驱除寄生虫的种类多；高效是指对寄生虫的成虫和幼虫都有高度驱除效果；低毒是指治疗量不具有急性中毒、慢性中毒、致畸形和致突变作用；方便是指给药方法简便，适用于大群给药（如气雾、饲喂、饮水等）；廉价是指与其他同类药物相比价格低廉。治疗性驱虫应以药物高效为首选，兼顾其他；定期预防性驱虫则应以广谱药物为首选，但主要还是依据当地主要寄生虫病选择高效驱虫药。

2. *驱虫时间* 一定要依据当地动物寄生虫病流行病学调查的结果来确定。常有两种时机，一是在虫体尚未成熟前，以减少虫卵对外界环境的污染；二是秋、冬季，有利于保护动物安全越冬。

3. *现场实施*

（1）驱虫准备：驱虫前应选择驱虫药，计算剂量，确定剂型、给药方法和疗程。对药品的生产单位、批号等加以记载。在进行大群驱虫之前，应先选出少部分动物做试验，观察药物效果及安全性。将动物的来源、健康状况、年龄、性别等逐头编号登记。为使驱虫药用量准确，要预先称重或用体重估测法计算体重。为了准确评定药效，在驱虫前应进行粪便检查，根据其结果（感染强度）搭配分组，使对照组与试验组的感染强度相接近。

（2）投药前后：投药前后 1～2d，尤其是驱虫后 3～5h，应严密观察动物群，注意给药后的变化，发现中毒应立即急救。驱虫后 3～5d 内使动物圈留，将粪便集中用生物热发酵处理。给药期间应加强饲养管理，役畜解除使役。

4. *驱虫效果评定* 驱虫后要进行驱虫效果评定，必要时进行第 2 次驱虫。驱虫效果主要通过以下内容的对比来评定：对比驱虫前后动物的发病率与死亡率；对比驱虫前后动物各种营养状况的比例；观察驱虫后临诊症状的减轻与消失；对比驱虫前后的生产性能。

驱虫指标评定一般可通过虫卵减少率和虫卵转阴率确定，必要时通过剖检计算出粗计驱虫率和精计驱虫率。

$$虫卵减少率=\frac{驱虫前\ EPG-驱虫后\ EPG}{驱虫前\ EPG}\times 100\%$$

$$虫卵转阴率=\frac{虫卵转阴动物数}{驱虫动物数}\times 100\%$$

$$粗计驱虫率=\frac{驱虫前平均虫体数-驱虫后平均虫体数}{驱虫前平均虫体数}\times 100\%$$

$$精计驱虫率=\frac{排出虫体数}{排出虫体数+残留虫体数}\times 100\%$$

$$驱净率=\frac{驱净虫体的动物数}{驱虫动物数}\times 100\%$$

注意事项　为了比较准确地评定驱虫效果，驱虫前、后粪便检查时，所有的器具、粪样数量以及操作步骤所用的时间要完全一致；驱虫后粪便检查的时间不宜过早，一般为10～15d；应在驱虫前、后各进行粪便检查3次。

实训报告　写出畜（禽）驱虫总结报告。

教学提示　最好在前述粪学检查实训的基础上进行；亦可到生产现场选择患病动物群，预先进行诊断，针对主要寄生虫病选择相应的驱虫药物及给药方法。

主要参考文献

蔡宝祥 . 1999. 家畜传染病学 . 第三版 . 北京：中国农业出版社
朴范泽 . 2004. 家畜传染病学 . 北京：中国科学文化出版社
陆承平 . 2001. 兽医微生物学 . 第三版 . 北京：中国农业出版社
彭文伟 . 2000. 传染病学 . 第四版 . 北京：人民卫生出版社
张宏伟，武瑞 . 2005. 动物疾病防治 . 哈尔滨：黑龙江人民出版社
汪明 . 2003. 兽医寄生虫学 . 北京：中国农业出版社
孔繁瑶 . 1997. 家畜寄生虫学 . 第二版 . 北京：中国农业大学出版社
赵辉元 . 1996. 畜禽寄生虫与防制学 . 长春：吉林科学技术出版社
陈淑玉，汪溥钦 . 1994. 禽类寄生虫学 . 广东：广东科技出版社
张西臣 . 2001. 动物寄生虫病学 . 长春：吉林人民出版社
陈佩惠 . 1999. 人体寄生虫学 . 第四版 . 北京：人民卫生出版社